Praxis Heizlastberechnung

AF723399

Jetzt diesen Titel zusätzlich als E-Book downloaden und 70 % sparen!

Als Käufer dieses Buchtitels haben Sie Anspruch auf ein besonderes Kombi-Angebot: Sie können den Titel zusätzlich zum Ihnen vorliegenden gedruckten Exemplar für nur 30 % des Normalpreises als E-Book beziehen.

Der BESONDERE VORTEIL: Im E-Book recherchieren Sie in Sekundenschnelle die gewünschten Themen und Textpassagen. Denn die E-Book-Variante ist mit einer komfortablen Volltextsuche ausgestattet!

Deshalb: Zögern Sie nicht. Laden Sie sich am besten gleich Ihre persönliche E-Book-Ausgabe dieses Titels herunter.

In 3 einfachen Schritten zum E-Book:

1. Rufen Sie die Website **www.beuth.de/e-book** auf.

2. Geben Sie hier Ihren persönlichen, nur einmal verwendbaren E-Book-Code ein:

   29288509D75AC68

3. Klicken Sie das „Download-Feld“ an und gehen dann weiter zum Warenkorb. Führen Sie den normalen Bestellprozess aus.

Hinweis: Der E-Book-Code wurde individuell für Sie als Erwerber dieses Buches erzeugt und darf nicht an Dritte weitergegeben werden. Mit Zurückziehung dieses Buches wird auch der damit verbundene E-Book-Code für den Download ungültig.

DIN

Hans Markert

Praxis Heizlastberechnung

Grundlagen, Berechnungsverfahren und Beispiele nach DIN EN 12831-1

1. Auflage 2020

Herausgeber:
DIN Deutsches Institut für Normung e. V.

Beuth Verlag GmbH · Berlin · Wien · Zürich

Korrigierter Nachdruck 2023

Herausgeber: DIN Deutsches Institut für Normung e. V.

Berlin · Wien · Zürich
Saatwinkler Damm 42/43
13627 Berlin

Telefon: +49 30 2601.0
Telefax: +49 30 2601.1260
Internet: www.beuth.de
E-Mail: kundenservice@beuth.de

Satz: Beuth Verlag GmbH, Berlin
Druck: Prime Rate AG, Megyeri út 53, HU-1044 Budapest
Gedruckt auf säurefreiem, alterungsbeständigem Papier nach DIN EN ISO 9706

ISBN 978-3-410-29288-3
ISBN (E-Book) 978-3-410-29289-0

Inhaltsverzeichnis

Autorenporträt

Hans Markert, geboren 1943 in Dachau, aufgewachsen in Wien, Übersiedlung 1956 nach Bergheim an der Sieg (Siegkreis). Bis 1958 Besuch der Volksschule Bergheim. 1958–1961 Lehre als Feinmechaniker bei Modellbau Müller in Siegburg. 1961–1963 Feinmechaniker bei Dynamit-Nobel, Lülsdorf, in der messtechnischen Werkstatt. 1964–1965 Heizungsmonteur und Elektriker bei Fa. Odenthal in Siegburg. 1959–1962 parallel Besuch der Abendschule zur Erlangung der Fachhochschulreife. 1963 Praktikum bei Klöckner-Mannstaedt-Werke AG in Troisdorf (Gießerei und Formerei).

1965–1968 Studium an der FH Köln (Gas-, Wasser-, Heizungs- und Klimatechnik), anschließend 1968–1970 Tätigkeit als Ingenieur bei den Farbenfabriken Bayer in Dormagen sowie 1970–1976 als Ingenieur für Kälte- und Lüftungsanlagen bei MAN-Wärme- und Lufttechnik in Köln. 1977–1978 weiterhin tätig als freiberuflicher Ingenieur für das Ing.-Büro Schindler (SIG) in Offenbach, u.a. als Inbetriebnahmeingenieur großer Heizungs-, Lüftungs- und Kälteanlagen (z.B. Hauptverwaltung der Commerzbank, Frankfurt).

1978 Gründung der Fa. MW Software, Markert, Welfens & Partner GmbH, Köln. Ein parallel angefangenes Studium an der TH Aachen musste trotz erfolgreicher Absolvierung aller Klausuren des Vorexamens im Hauptstudium 1984 wegen Arbeitsüberlastung durch die Geschäftsführung der Fa. MW Software beendet werden.

Die Fa. MW Software entwickelte mit bis zu 70 Mitarbeitern überaus erfolgreich technische und kaufmännische Software für die Haustechnik. Beispielsweise 1983 Entwicklung der ersten europäischen Custom-ROMs (Rechenmodule) für den damals neuen programmierbaren Taschenrechner von Hewlett-Packard HP 41CV (*U*-Wert-, Heizlast- und Rohrnetzberechnung), weiterhin stellte MW-Software 17 verschiedene produktspezifische HP-Module her (u. a. Buderus-Heizflächenauslegung und Oventrop-Ventilauslegung). Zu den Kunden zählten neben tausenden Anwendern vor allem viele marktführende Industriekunden wie z. B. Buderus, Danfoss, Stiebel-Eltron, Velta etc.

Weitere nebenberufliche Tätigkeit als Dozent für Klimatechnik an der Rheinischen Akademie e.V., Köln von 1976–1980 sowie für das Fach EDV an der Fachhochschule Köln (Cologne University of Applied Sciences) von 1980–1996.

Im Mai 2000 Auflösung der Fa. MW Software nach Umsatzrückgang durch Wechsel des Betriebssystems von MS-DOS auf MS-Windows.

Ab Mai 2000 freiberufliche Tätigkeiten als Referent sowie für technische Ausarbeitungen und komplexe Programmierungen, z.B. figawa-Hallentool zur Berechnung des Jahres-Heizwärmebedarfs und Darstellung eines Systemvergleichs unterschiedlicher Anlagentechnik nach DIN V 18599 (getestet und geprüft vom ITG Dresden, Prof. Dr. Oschatz), Rohrnetzberechnung der Fa. Danfoss mit Auslegung von Thermostat- und Strangregulierventilen oder Heiz- und Kühllastberechnungen (DIN EN 12831 und VDI 2078).

Seit 2000 Mitglied im DIN-Normenausschuss „Heiz- und Raumlufttechnik sowie deren Sicherheit" (NHRS).

Vorwort

Die Wärmebedarfsberechnung begleitet mich schon seit meinem 13. Lebensjahr. Mein Vater war Heizungsingenieur und mehr aus pädagogischen als aus fachlichen Gründen wollte mein Vater damals, dass ich das Berechnungsformular der DIN 4701 ausfüllte. Das war seinerzeit die Ausgabe von 1959. Natürlich wollte mein Vater auch, dass seine zwei Söhne Heizungs- und Klimatechnik studieren und so habe ich auch noch gründlich die theoretischen Grundlagen dieser Norm kennengelernt. Als Jung-Ingenieur zunächst bei der Bayer AG in Dormagen und danach bei der Fa. MAN, Wärme- und Lufttechnik, gehörte die Wärmebedarfsberechnung zum selbstverständlichen Teil des Berufslebens. 1978 machte ich mich mit zwei Partnern selbstständig und gründete die Softwarefirma MW Software. Diese Firma erstellte Software ausschließlich für die SHK-Branche, die auf den damals sensationell leistungsfähigen Taschencomputern der Fa Hewlett-Packard, Modell HP 97, und den Wettbewerbsprodukten der Fa. Texas Instruments (Modell TI 59) lief. Beide Taschencomputermodelle waren mit Druckern ausgestattet, welche auf einer Papierrolle 32 Zeichen pro Zeile ausdrucken konnten.

Wichtigstes Programm unserer Firma wurde natürlich die Wärmebedarfsberechnung nach DIN 4701. Man muss sich vorstellen, dass Wärmebedarfsberechnungen als lästig und zeitraubend empfunden wurden. Heizungsfirmen und Ingenieurbüros kauften sich deshalb damals Computer, die nichts anderes konnten als eben nur die Wärmebedarfsberechnung (z. B. von der Fa. Plancal aus der Schweiz), und diese Rechner kosteten sage und schreibe 30.000 DM. Mit einem Stift mit kleinem Rädchen konnte man den Umfang eines Raumes von der Zeichnung abfahren und hatte bei gegeben *k*-Wert, der Raumhöhe und der Temperaturdifferenz sofort den Transmissionswärmeverlust der Wand. Anfang der 1980-Jahre brachte HP den programmierbaren Taschenrechner HP 41C und bald darauf den HP 41CV heraus. Diese Taschenrechner waren sehr leistungsstark und boten die Möglichkeit, mit sog. 8 kB-Customer-Modulen den Programmumfang erheblich zu erweitern, wobei drei Module im Datenverbund zusammenarbeiten konnten und noch ein Anschluss für einen Drucker vorhanden war.

1983 wurde eine neue Ausgabe von DIN 4701 eingeführt. Diesem Einführungstermin ging eine 5jährige Einspruchszeit voraus, in welcher die Norm nur als Entwurf vorlag. Während dieser Einspruchszeit musste ich mich intensiv mit der Norm auseinandersetzen um zu wissen, was letztlich gültig sein würde, da ich genau in diesem Zeitraum das HP-Modul zur Berechnung von *k*-Werten, Wärmebedarfsberechnung und Rohrnetzberechnung in Verbindung mit Heizflächenberechnung und Ventilauslegung programmierte. Daher nahm ich ausgiebig

Kontakt zu DIN in Berlin auf und konnte tatsächlich mit Erscheinen der neuen DIN 4701:1983-03 ein fehlerloses HP-Modul der Wärmebedarfsberechnung nach DIN 4701 präsentieren.

Diese intensive Zusammenarbeit mit DIN führte aber auch dazu, dass ich bei der Erstellung der Nachfolgenorm DIN EN 12831:2003-08 sowie beim zugehörigen Beiblatt 1:2008-07 aktiv als Mitglied im DIN-Normenausschuss „Heiz- und Raumlufttechnik sowie deren Sicherheit" (NHRS) mitarbeite. Auch bei der nun neuesten Fassung der DIN EN 12831-1:2017-09 sowie der nationalen Ergänzung DIN/TS 12831-1:2020-04 wirkte ich mit. Als ich angesprochen wurde, ob ich Lust hätte, den Kommentar zu dieser neuen Normausgabe zu schreiben, habe ich nicht lange nachgedacht und zugesagt.

Besonders viel Freude hat mir der historische Rückblick zu dieser Normenreihe bereitet. Es war für mich sehr interessant, wie sich die Norm seit der Erstausgabe von DIN 4701:1929 bis heute entwickelte, wobei auch 1929 schon auf damals bekannte wissenschaftliche Erkenntnisse und Vorschriften aufgebaut werden konnte. Ich habe sehr großen Respekt vor diesen frühen Pionieren und Wissenschaftlern der Heizungstechnik. Die Transmissionswärmebedarfsberechnung hat sich praktisch nicht verändert (außer der Berechnung von Verlusten an das Erdreich oder kleineren Korrekturen, wie z.B. des Wärmebrückenzuschlags). Die Berechnung des Lüftungswärmebedarfs aus natürlicher Infiltration hat sich allerdings fundamental weiterentwickelt. Wurde der Lüftungswärmebedarf in DIN 4701:1929 noch durch Zuschläge auf den *k*-Wert und Zuschläge für den Windangriff berücksichtigt, so wurde zunehmend deutlicher, dass die Fugenlängen von Fenstern und Türen und deren Undichtigkeiten eine große Rolle spielen (Ausgaben DIN 4701:1959 und DIN 4701-1:1983) bzw. ab 2002 bei immer dichteren Gebäuden die pauschale Gebäudedichtheit mit der Größe n_{50}. Eine weitere wesentliche Änderung besteht auch darin, dass bis zur Einführung von DIN EN 12831:2003 der Gebäudewärmebedarf als reine Gebäudeeigenschaft definiert war, während ab dieser neuen Norm der Wärmebedarf bei Räumen $\geq$ 4 m als vom Heizungssystem abhängig betrachtet wird.

Ich hoffe, dieser Kommentar trägt durch die vielen Beispielberechnungen dazu bei, dass die Leser insgesamt ein besseres Verständnis für die beschriebenen Berechnungsverfahren sowie die physikalische Hintergründe erlangen und so die Anwendung der teilweise doch sehr spröden Norm in der Praxis erleichtert wird.

Alle im Buch enthaltenen Beispiele wurden mittels einer von mir entwickelten Software zur Heizlastberechnung nach DIN EN 12831-1 berechnet. Das Tool enthält alle berechneten Räume der Beispielberechnungen nach Kapitel 6 und erlaubt insgesamt die Berechnung von 20 Räumen einschließlich erhöhter Auslegungstemperatur und Aufheizzuschlag (Kapitel 8) sowie hoher Räume (Kapitel 9). Sollte Interesse an der Nutzung der Software oder an einer DEMO-Version bestehen, bitte ich um Kontaktaufnahme per E-Mail unter hans.markert@web.de oder telefonisch unter (0221) 80 18 777.

Köln, Juli 2020 Hans Markert

1 Einleitung

Die Neuauflage von DIN EN 12831-1:2017-09 „Energetische Bewertung von Gebäuden – Verfahren zur Berechnung der Norm-Heizlast" einschließlich der nationalen Ergänzungen in DIN/TS 12831-1:2020-04[1] erfolgte hauptsächlich aufgrund der Überarbeitung der Berechnung der Luftvolumenströme. Die Berechnung der Transmissionswärmeverluste ist bis auf kleine formale Änderungen (Bezeichnungen, Indizes) und eine andere Berechnung des äquivalenten Wärmedurchgangskoeffizienten U_{equiv} gleichgeblieben. Obmann des Arbeitsausschusses zur Erarbeitung von DIN/TS 12831-1:2020-04 war Prof. Dr.-Ing. Bert Oschatz.

In den einschlägigen europäischen und internationalen Normen existieren unterschiedliche Rechenansätze, die zu gravierenden Unterschieden bei der Ermittlung der Infiltration der Außenluft führen. In der nun vorliegenden Norm wurde zur Ermittlung des Lüftungswärmeverlustes ein durchgängiges Verfahren auf Grundlage der internationalen Normen unter Mitwirkung von Experten des Fraunhofer-Institutes erarbeitet. Es basiert auf den Algorithmen von DIN EN 15242:2007:09 „Lüftung von Gebäuden – Berechnungsverfahren zur Bestimmung der Luftvolumenströme in Gebäuden einschließlich Infiltration".

Die Berechnung der Lüftungswärmeverluste ist folgendermaßen aufgeteilt:

- Freie Lüftung: keine ventilatorgestützte Lüftung und keine Außenwanddurchlässe (ALD)
- Allgemeines Berechnungsmodell: abgeglichene und unabgeglichene ventilatorgestützte Lüftung mit und ohne Außenwanddurchlässen (ALDs), technische Luftvolumenströme, z. B. von der Lüftungsanlage abgeführte Verbrennungsluftvolumenströme
- Außenluftvolumenströme durch große Öffnungen: permanent oder für längere Zeit offenstehende Tore in Hallen

Insbesondere muss das Gebäude in sogenannte Lüftungszonen eingeteilt werden. Lüftungszonen sind eine Gruppe von Räumen, die eine planmäßige direkte oder indirekte Luftverbindung aufweisen, z. B. durch Überströmluftdurchlässe (ÜLDs), verkürzte Türblätter, Wohnungslüftungen etc. Lüftungszonen können sich auch über mehrere Stockwerke erstrecken, z. B. kann ein Einfamilienhaus (EFH) als eine Lüftungszone betrachtet werden.

Im neuen Verfahren müssen grundsätzlich also zunächst die Zonenwerte bekannt sein, z. B. die Luftdichtheit der Zone oder der Zuluftvolumenstrom aller

1 Die Erarbeitung der nationalen Ergänzung erfolgte zunächst unter der Bezeichnung DIN SPEC 12831-1.

Räume dieser Zone, bevor die einzelnen Räume berechnet werden können. Die ermittelten Luftvolumenströme der Zone werden dann im Verhältnis der Hüllflächen der Zone zu den Hüllflächen der einzelnen Räume aufgeteilt. An dieser Stelle ist schon der erste gravierende Unterschied zu allen Vorgängernormen dargestellt: Ermittlung der infiltrierten Luftvolumenströme in Abhängigkeit der äußeren Umfassungsflächen statt, wie bisher, vom Raumvolumen.

Es sei darauf hingewiesen, dass die Vorgängernorm DIN EN 12831:2003-08 „Heizungsanlagen in Gebäuden – Verfahren zur Berechnung der Norm-Heizlast" mehrere deutsche Beiblätter (Bbl.) hat: zunächst DIN EN 12831 Bbl. 1:2004-04, geändert durch DIN EN 12831 Bbl. 1/A1:2005-03 aufgrund unrealistisch hoher Lüftungswärmeverluste, und schließlich DIN EN 12831 Bbl. 1:2008-07. In den folgenden Vergleichen wird nur auf die letzte Ausgabe des Beiblattes 1, kurz Bbl. 1:2008-07, verwiesen.

Eine weitere fundamentale Änderung betrifft den Begriff der Norm-Heizlast. Diese war bisher definiert als die Summe von Transmissions- sowie Lüftungswärmeverlusten

$$\Phi_N = \Phi_T + \Phi_V$$

und stellte bis zum Wechsel von DIN 4701 zu DIN EN 12831:2003-08 eine Gebäudeeigenschaft, nämlich die Norm-Heizlast, dar. In den Folgenormen wird der Einfluss des Wärmeübergabesystems in hohen Räumen ($\geq$ 4 m) auf die Heizlast berücksichtigt. Jedenfalls stellt per Definition die Norm-Heizheizlast ab Ausgabe DIN EN 12831:2003-08 nicht mehr eine reine Gebäudeeigenschaft dar.

Ausgabe DIN EN 12831-1:2017-09 geht nun noch einen Schritt weiter und schließt in die Norm-Heizlast eines Raumes auch evtl. Zuschläge ein:

$$\Phi_{HL,i} = \Phi_{T,i} + \Phi_{V,i} + \Phi_{hu,i} + \Phi_{gain,i}$$

mit

Φ_{hu} zusätzliche Aufheizleistung bei unterbrochenem Heizbetrieb

Φ_{gain} Wärmegewinn (gain = gewinnen, Gewinn)

wobei für die Heizlastberechnung in Deutschland $\Phi_{gain} = 0$ gesetzt wird.

Weiterhin erlaubt DIN/TS 12831-1:2020-04 neben der sowieso freien Vereinbarung individueller Innentemperaturen unter Abschnitt 6.4, b) eine pauschale Erhöhung der Standardwerte der Auslegungsinnentemperaturen um bis zu 3 K (siehe DIN/TS 12831-1:2020-04, Tabelle 32, sowie Abschnitt 6.4, c)) um einem in den letzten Jahren gesteigerten Wärmebedürfnis Rechnung zu tragen (siehe Abschnitt 4.1.3c). Aus der Erhöhung der Auslegungsinnentemperatur gegenüber dem Standardwert ergibt sich infolgedessen ein Zuschlag (Komfortzuschlag). In die Norm-Heizlast wird aber bezüglich der möglichen Zuschläge nur das Maximum von Aufheizzuschlag und Komfortzuschlag eingesetzt. Somit ergibt sich für die Norm-Heizlast eines Raumes die Beziehung:

$$\Phi_{HL,i} = \Phi_{T,i} + \Phi_{V,i} + \max(\Phi_{hu,i}\,;\,\Phi_{comf,i})$$

Die Summe aus Transmissions- und Lüftungswärmeverlusten wird zu dem Begriff Standard-Heizlast zusammengefasst, da diese mit den Standard-Auslegungsinnentemperaturen berechnet wird:

$$\Phi_{Stand,i} = \Phi_{T,stand,i} + \Phi_{V,stand,i}$$

Die Zuschläge fließen aber nicht automatisch in die Gebäude-Heizlast ein, um den Wärmeerzeuger nicht zu überdimensionieren, es sei denn, dies ist vereinbart.

Es sind also zukünftig zwei Berechnungen parallel durchzuführen:

- Wärmebedarfsberechnung mit Standard-Innentemperaturen und evtl. zusätzlich
- Wärmebedarfsberechnung mit von Standard-Innentemperaturen abweichenden Innentemperaturen.

Auslegungsinnentemperatur	$\theta_{int,stand,i}$	.... °C	+	$\Delta\theta_{comf,i}$	.... K	$\theta_{int,ausleg,i}$	.... °C

Diese parallelen Berechnungen werden auch in dem neu gestalteten Formblatt zur Berechnung der Heizlast bereits bei der Festlegung der Auslegungsinnentemperatur deutlich:

Auszug aus dem Formblatt:

Daraus ergibt sich folglich auch ein neues Berechnungsschema:

- Auslegungsinnentemperatur: Zunächst ist die Standard-Innentemperatur festzulegen, dann der evtl. Komfortzuschlag. Hieraus wird durch Addition die Auslegungsinnentemperatur gebildet.
- Transmissionswärmeverluste: Die zeilenweise Berechnung der Transmissionswärmeverluste der Raumbegrenzungsflächen wird nun mit der Standard-Innentemperatur durchgeführt und anschließend der Standard-Transmissionswärmeverlust des Raumes gebildet.
- Lüftungswärmeverlust: Die Berechnung der einzelnen Anteile des Lüftungswärmeverlustes (aus Infiltration, Zuluft und/oder Überströmung) wird ebenfalls mit der Standard-Innentemperatur durchgeführt, anschließend erfolgt die Bildung des Standard-Lüftungswärmeverlustes.
- Standardheizlast: Addition von Standard-Transmissionswärmeverlust und Standard-Lüftungswärmeverlust

- Zuschlag für erhöhte Auslegungsinnentemperatur: Wird als $\Delta\Phi_{comf,i}$ in den Fußzeilen separat ausgewiesen
- Zuschlag Aufheizleistung: Wird als $\Phi_{hu,i}$ in den Fußzeilen separat ausgewiesen
- Zuschlag auf die Standardheizlast: Bildung des Maximums aus dem Zuschlag für die erhöhte Auslegungsinnentemperatur und dem Zuschlag Aufheizleistung. Hiermit wird sichergestellt, dass gemäß DIN/TS 12831-1:2020-04, Abschnitt 6.4 c), vorletzter Absatz, keine Addition der einzelnen Zuschläge erfolgt, also keine Addition mehrerer Leistungszuschläge.
- Normheizlast: Addition von Standardheizlast und der Zuschlagsleistung

Weitere wesentliche Änderungen der Neuausgabe von DIN EN 12831-1:2017-09 sowie der neuen DIN/TS 12831-1:2020-04 betreffen:

- **Wärmeverlust an das Erdreich:**

  Die Berechnung von U_{equiv} hat sich geändert, siehe Abschnitt 4.2.3
- **Wegfall des Begriffes „Thermisch wirksamer Luftvolumenstrom"**
- Dieser Begriff wurde eingeführt, da nach alter Norm die einzelnen Anteile der Luftvolumenströme, bestehend aus natürlicher Infiltration und mechanisch infiltriertem Luftvolumenstrom durch Abluftüberschuss und Zuluft, zusammengefasst wurden und gemeinsam mit der Temperaturdifferenz $\theta_{int} - \theta_e$ (und $c_p \cdot \rho$) zum Lüftungswärmeverlust multipliziert wurden. Da aber der Zuluftvolumenstrom nicht immer Außentemperatur hat, sondern konditioniert sein kann, z. B. auf θ_{sup} = 15 °C, musste der Zuluftvolumenstrom zum sog. „thermisch wirksamen Luftvolumenstrom" umgerechnet werden mit dem Faktor $f_{V,i} = (\theta_{int} - \theta_{su}) / (\theta_{int} - \theta_e)$ – siehe Abschnitt 4.3.1.1.3.
- **Neuaufnahme Berechnung technische Luftvolumenströme**

  Neben Zu- und Abluftvolumenströme werden in der neuen Norm noch Verbrennungs- oder andere technisch notwendige Luftvolumenströme eingeführt, die allesamt Abluftvolumenströme darstellen.
- **Neuaufnahme Berechnung Luftvolumenströme großer Öffnungen**

  Hierunter sind große Tore in Hallen zu verstehen, welche permanent oder zumindest über längere Zeiträume offenstehen und keine Luftschleieranlage haben.
- **Erhöhte Innenlufttemperaturen in hohen Räumen**

  In hohen Räumen (≥ 4 m), z. B. Hallen, kann die Heizlast beeinflusst werden, z. B. durch die sich einstellende Temperaturschichtung. Weiterhin hat das Wärmübergabesystem Einfluss auf die Höhe der Heizlast. Die neue Norm setzt daher neben der eigentlichen Innentemperatur $\theta_{int,i}$ eine erhöhte oder niedrigere Innentemperatur $\theta'_{int,i}$ – je nach Wärmeübergabesystem – zur Berechnung des Lüftungswärmeverlustes ein.

- **Aufheizzuschlag**

  Das zweite Verfahren zur Ermittlung der zusätzlichen Aufheizleistung aufgrund des Innentemperaturabfalles bei unterbrochenem Heizbetrieb (DIN EN 12831 Bbl. 1:2008-07, Abschnitt 3.6.4) wurde beibehalten. Es wurden lediglich die Tabellen 14 und 15 in DIN/TS 12831-1:2020-04, Tabelle 20 zusammengefasst. Das erste Verfahren zur Ermittlung der zusätzlichen Aufheizleistung aufgrund des Nutzerverhaltens (DIN EN 12831 Bbl. 1:2008-07, Abschnitt 3.6.3) wurde ersatzlos gestrichen.

- **Norm-Außentemperatur**

  In DIN/TS 12831-1:2020-04 ist keine Tabelle der Norm-Außentemperaturen mehr enthalten, stattdessen ein elektronischer Anhang mit Klimadaten aller Orte mit PLZ, Benennung des Ortes, der Außenlufttemperatur, Jahresmittel der Außentemperatur und der geografischen Höhe. Die geografische Höhe deshalb, da nunmehr in Abhängigkeit der Höhenlage des Gebäudes zur Referenzhöhe ggf. eine Außentemperaturkorrektur vorgenommen werden kann. Insgesamt sind die neuen Werte den neuen Klimaverhältnissen angepasst. Die neuen Norm-Außentemperaturen sind in aller Regel höher als die der Vorgängernorm.

- **Ermittlung von U-Werten**

  In DIN/TS 12831-1:2020-04 sind nun Tabellen und Nomogramme zur Ermittlung oder Abschätzung der U-Werte von Altbauten enthalten. Die Ermittlung bzw. Abschätzung erfolgt z. B. anhand des Baujahres des Gebäudes, durch Messung oder durch Berücksichtigung nachträglich aufgebrachter Wärmedämmung.

- **Formblätter**

  Die Anzahl der verschiedenen Formblätter hat sich erheblich erhöht. Waren es in DIN EN 12831 Bbl. 1:2004-04 noch fünf verschieden Formblätter (Gebäudedaten, Vereinbarungen, Raumheizlast, Raumliste und Gebäudezusammenstellungen), so sind es in DIN/TS 12831-1:2020-04 schon neun verschiedene Formblätter (siehe Abschnitt 5).

- **Beiblätter**

  Weiterhin sind die bisherigen Beiblätter

  - DIN EN 12831 Beiblatt 1:2008-07 „Heizsysteme in Gebäuden – Verfahren zur Berechnung der Norm-Heizlast – Nationaler Anhang NA“

- DIN EN 12831 Beiblatt 2:2012-05 „Heizungsanlagen in Gebäuden – Verfahren zur Berechnung der Norm-Heizlast – Beiblatt 2: Vereinfachtes Verfahren zur Ermittlung der Gebäude-Heizlast und der Wärmeerzeugerleistung“

sowie

- DIN EN 12831 Beiblatt 3:2016-12 „Heizungsanlagen in Gebäuden – Verfahren zur Berechnung der Norm-Heizlast; Beiblatt 3: Vereinfachtes Verfahren zur Ermittlung der Raum-Heizlast“

mit den Anhängen:

- Anhang A: Vereinfachte Ermittlung von *U*-Werten
- A1: Nomogramme zur Bestimmung von *U*-Werten
- A2: Pauschalwerte für den Wärmedurchgangskoeffizienten nach Bauteilaltersklassen
- A2.1: Pauschalwerte ohne nachträgliche Dämmung
- A2.2: Wärmedurchgangskoeffizienten für zusätzlich gedämmte Bauteile

in DIN/TS 12831-1:2020-04 aufgenommen worden.

Schließlich sollte noch erwähnt werden, dass mit der Neufassung von DIN EN 12831-1 nun meist die englischen Begriffe verwendet werden, weiterhin finden sich nun teilweise sehr lange neue Begriffe und Indizes in der Norm. Die Verwendung dieser Begriffe ist anfangs doch etwas gewöhnungsbedürftig, ebenso die Verwendung der teils sehr langen Indizes.

2 Begriffe, Symbole und Indizes

Die Symbole, Bedeutungen und Abkürzungen sind ausführlich in DIN EN 12831-1:2017-09, Tabelle 2 und Tabelle 6 beschrieben. Mit Neufassung der Norm sind vor allem noch mehr englische Bezeichnungen eingeführt worden.

Nachstehend werden die wichtigsten Begriffe, Symbole und Indizes vorgestellt:

2.1 Gleiche Begriffe

Tabelle 1: In DIN EN 12831-1:2017-09 und DIN EN 12831: 2003-08 gleich verwendete Begriffe

Symbol	Bedeutung	Einheit	Bemerkung
Φ	Heizlast, Heizleistung, Wärmeverlust	W	
H	Wärmeverlustkoeffizient	W/K	
H_T	Transmissionswärmeverlustkoeffizient	W/K	
H_V	Lüftungswärmeverlustkoeffizient	W/K	
A	Fläche	m²	
U	Wärmedurchgangskoeffizient, U-Wert	W/m²K	
U_{equiv}	Äquivalenter U-Wert an erdreichberührte Bauteile	W/m²K	
θ	Temperatur	°C	
Δ	Delta, Differenzen	–	
f	Faktoren	–	
B'	Parameter zur Berechnung von Verlusten an das Erdreich	m	Flächen/Umfangverhältnis
P	erdreichberührter Umfang der Bodenplatte	m	
z	Tiefe der Bodenplatte	m	unter Erdbodenniveau

Symbol	Bedeutung	Einheit	Bemerkung
G_W	Korrekturfaktor für den Wärmeübergang an das Grundwasser	–	
τ	Thermische Zeitkonstante	h	
n	Luftwechselrate	h^{-1}	
n_{50}	Luftwechselrate	h^{-1}	LW bei $\Delta p = 50$ Pa

2.2 Begriffe gleicher Bedeutung aber mit unterschiedlichen Symbolen

Tabelle 2: Begriffe in DIN EN 12831-1:2017-09 mit gleicher Bedeutung wie in DIN EN 12831: 2003-08 aber mit unterschiedlichen Symbolen

Zeichen		Bedeutung	Einheit	Bemerkung
alt	neu			
ΔU_{WB}	ΔU_{TB}	Wärmebrückenzuschlag	W/m^2K	englischer Begriff ersetzt deutschen
c_{wirk}	c_{eff}	Volumenspezifische Wärmespeicherkapazität	Wh/m^3K	
Φ_{RH}	Φ_{hu}	Zusätzliche Aufheizleistung bei unterbrochenem Heizbetrieb	W	heat up = aufheizen
$H_{T,uie}$	$H_{T,iae}$	Transmissionswärmeverlust an unbeheizte Nachbarräume	W	vom Raum (i) über einen unbeheizten Raum (a) nach außen (e) adjacent = angrenzend, the adjacent Building = Das Gebäude nebenan
$H_{T,ij}$	$H_{T,ia}$	Transmissionswärmeverlust an beheizte Nachbarräume	W	vom Raum (i) über einen beheizten Raum (a)

<table>
<tr><th colspan="2">Zeichen</th><th rowspan="2">Bedeutung</th><th rowspan="2">Einheit</th><th rowspan="2">Bemerkung</th></tr>
<tr><th>alt</th><th>neu</th></tr>
<tr><td>V</td><td>q_v</td><td>Luftvolumenstrom</td><td>m³/h</td><td>Abgleich des Formelzeichens q mit DIN 1946-6, Tabelle 6</td></tr>
<tr><td>η_{WRG}</td><td>η_{rec}</td><td>Wirkungsgrad</td><td>–</td><td>Wärmerückgewinnung</td></tr>
<tr><td colspan="5">Faktoren: Umbenennung von Temperatur-Korrekturfaktor in Temperaturanpassungsfaktor mit folgender Systematik:

Index i: der betreffende Raum — Zusammengesetzt:
Index e: Wärmefluss nach außen — ie
Index a: Wärmefluss an einen angrenzenden Raum — ia (an einen beheizten Raum); iae (an einen unbeheizten Raum)
Index g: Wärmefluss an das Erdreich — ig
Index BE: Wärmefluss an eine angrenzende Gebäudeeinheit — iaBE

Zu diesen Index-Kombinationen wird immer noch der Index ‚k‘ angefügt. Damit wird gekennzeichnet, dass es sich um ein Bauteil handelt (siehe auch Abschnitt 2.4).</td></tr>
<tr><td>f_{ij}</td><td>$f_{ia,k}$</td><td>Temperaturanpassungsfaktor an beheizte Nebenräume</td><td>–</td><td>Alt: Temperatur-Korrekturfaktor</td></tr>
<tr><td>b_u</td><td>$f_{iae,k}$</td><td>Temperaturanpassungsfaktor an unbeheizte Nebenräume</td><td>–</td><td>Alt: Temperatur-Korrekturfaktor</td></tr>
<tr><td>f_{g1}</td><td>$f_{\vartheta ann}$</td><td>Korrekturfaktor zur Berücksichtigung der jährlichen Schwankung der Außentemperatur</td><td>–</td><td>Fixwert = 1,45 (wurde beibehalten)</td></tr>
<tr><td>f_{g2}</td><td>$f_{ig,k}$</td><td>Temperaturanpassungsfaktor an Erdreich</td><td>–</td><td>Alt: Temperatur-Korrekturfaktor</td></tr>
</table>

2.3 Neue Begriffe

Tabelle 3: Neue Begriffe in DIN EN 12831-1:2017-09

Zeichen	Bedeutung	Einheit	Bemerkung
A_{env}	Hüllfläche Raum (i), Zone (z), Gebäude (build)	m²	Envelope = Hüllfläche Die Hüllfläche ist die Summe aller Bauteilflächen, welche an Außenluft oder unbeheizte Räume grenzen. Sie kann auf Außen- oder Innenmaßen beruhen (hängt von den Bemessungsvorgaben der Luftdichtheitsprüfung ab); ein Bezug auf Außenflächen ist immer zulässig.
$H_{T,iaBE}$	Transmissionswärmeverlust an benachbarte Gebäude	W/K	vom Raum (i) in eine benachbarte Gebäudeeinheit
H_{12} $H_{T,12}$ $H_{V,12}$	Überschlägiger Wärmeverlustkoeffizient zwischen Räumen 1 und 2 (siehe DIN EN 12831-1:2017-09, Abschnitt 6.3.6)	W/K	Zur Berechnung der thermischen Zeitkonstante τ. (Zur Ermittlung der Außentemperaturkorrektur)
	Erläuterung: Zu Beginn der Berechnung ist der Wärmeverlustkoeffizient H des Gebäudes noch nicht bekannt. Er könnte während der Berechnung der einzelnen Räume permanent aktualisiert werden, aber die H_T- Werte an Erdreich oder Nachbarräume sind durch den Temperaturanpassungsfaktor von der Außentemperatur selbst abhängig. Um eine iterative Berechnung zu vermeiden, wird der Temperaturanpassungsfaktor von Bauteilen an unbeheizte Räume und Erdreich pauschal mit 0,5 gesetzt, ist damit von der Außentemperatur unabhängig, aber der *H*-Wert eben überschlägig – was im Genauigkeitsanspruch der Norm keine große Bedeutung hat.		

<table>
<tr><th>Zeichen</th><th>Bedeutung</th><th>Einheit</th><th colspan="2">Bemerkung</th></tr>
<tr><td rowspan="2">$\theta^{*}_{int,i}$</td><td rowspan="2">Mittlere Innenlufttemperatur des Raumes.

Diese wird in hohen Räumen nur zur Berechnung des Lüftungswärmeverlustes eingesetzt (siehe DIN EN 12831-1:2017-09, Abschnitt 6.3.3.3.1)</td><td rowspan="2">°C</td><td>Raumhöhe < 4 m</td><td>Raumhöhe ≥ 4 m</td></tr>
<tr><td>$\theta_{int,i}$ = eingesetzte Auslegungs-innentemperatur</td><td>$\theta^{*}_{int,i}$ = berechnen nach DIN EN 12831-1:2017-09, Gleichung (49)</td></tr>
<tr><td>$q_{env,50}$</td><td>Luftdurchlässigkeit der Gebäudehülle</td><td>m^3/m^2h</td><td colspan="2">Bei $\Delta p = 50$ Pa</td></tr>
<tr><td>a_{ATD}</td><td>Autorität des Außenluftdurchlasses</td><td>–</td><td colspan="2"></td></tr>
<tr><td>v_{meteo}</td><td>Meteorologische Windgeschwindigkeit</td><td>m/s</td><td colspan="2">Gemessen 10 m über Boden in offener Lage. Wird benötigt zur Berechnung des Luftvolumenstroms durch große Öffnungen (z. B. Tore in Hallen)</td></tr>
<tr><td>v_{fac}</td><td>Mittlere lokale Windgeschwindigkeit</td><td>m/s</td><td colspan="2">Umrechnung v_{meteo} in Abhängigkeit der Gebäudehöhe</td></tr>
<tr><td>GÖ</td><td>Kürzel für „Große Öffnung“</td><td></td><td colspan="2">Kennung als Abzugsfläche von großen Toren, z. B. in Hallen
Erweiterung der Abzugsflächen AF und AT in Außenwänden</td></tr>
<tr><td>$\Delta\Phi_{HL,i,comf}$</td><td>Leistungszuschlag auf die Normheizlast, welcher sich durch eine Erhöhung der Innentemperatur gegenüber der Normtemperatur nach DIN/TS 12831-1:2020-04, Gleichung (43) ergibt</td><td>W</td><td colspan="2">Dieser Zuschlag wird nur in die Heizlast des Raumes eingerechnet, nicht in die Auslegungsheizlast des Gebäudes, es sei denn, dies ist vereinbart.</td></tr>
</table>

2.4 Neue Indizes

Grundsätzlich sind folgende Zählindizes festgelegt:

build für Gebäude

BE für fremde Nutzungs- oder Gebäudeeinheit, z.B. eine angrenzende fremde Wohnung.

z für Zone (es handelt sich hierbei um Lüftungszonen, also Zonen, deren Räume in einem Lüftungsverbund stehen, z.B. durch Überströmgitter oder Zu- und Abluft. Zwischen zwei Zonen findet somit kein planmäßiger Luftaustausch statt. Ein Gebäude oder eine Nutzungseinheit kann mehrere Lüftungszonen enthalten oder auch nur eine, auch über mehrere Etagen, z.B. ein Einfamilienhaus)

i für Raum (dieser Index wurde auch in den Vorgängernormen verwendet)

k für Bauteil (Raumbegrenzungsflächen – dieser Index wurde auch in den Vorgängernormen verwendet)

Auf eine Anwendung dieser Indizes wird großer Wert gelegt. Daher sind diese Indizes auch in den Formblättern konsequent eingesetzt worden. Nachstehender Tabelle können weitere neue Indizes entnommen werden:

Tabelle 4: Neue Indizes in DIN EN 12831-01:2017-09 (Auszug)

Zeichen	Bedeutung	Einheit	Bemerkung
design	Auslegung		
z. B. $q_{v,ATD,design}$	Auslegungsluftvolumenstrom Luftdurchlass in den Raum oder die Zone	m^3/h	
z. B. $\Delta p_{ATD,design}$	Auslegungsdruckdifferenz Luftdurchlass	Pa	
build	Gebäude		
comb	Verbrennung		combustion = Verbrennung

z. B. q_{comb}	Aus dem Raum abgeführter Verbrennungsluftvolumenstrom	m³/h	
a_{ATD}	Autorität des Außenluftdurchlasses	–	air terminal device, gleiche Bedeutung wie ALD. Der Begriff „ALD“ ist in DIN 1946-6 seit Langem eingeführt und wurde in DIN EN 12831-1:2017-09 beibehalten. Bedeutung: Außenbauteil-Luftdurchlass

2.5 Entfallene Begriffe

Tabelle 5: Entfallene Begriffe aus DIN EN 12831:2003-08

Symbol	Einheit	Bedeutung
e	–	Abschirmungskoeffizient (siehe auch DIN EN 12831 Bbl. 1:2008-07, Tabelle 10)
ε	–	Höhenkorrekturfaktor (siehe auch DIN EN 12831 Bbl. 1:2008-07, Tabelle 11)
$f_{v,i}$	–	Temperatur-Reduktionsfaktor für den Zuluftvolumenstrom. Dieser war notwendig, da nach DIN EN 12831:2003-08 die einzelnen Anteile der Luftvolumenströme aus Infiltration und Zuluft zusammengefasst wurden und gemeinsam mit der Temperaturdifferenz $\theta_{int} - \theta_e$ (und $c_p \cdot \rho$) zum Lüftungswärmeverlust multipliziert wurden. Da aber der Zuluftvolumenstrom nicht immer Außentemperatur hat, sondern konditioniert sein kann, z. B. auf 15 °C, musste der Zuluftvolumenstrom zum sog. thermisch wirksamen Luftvolumenstrom umgerechnet werden (siehe Abschnitt 4.3.1.1.3 unter „Thermisch wirksamer Luftvolumenstrom“).

3 Erläuterung spezieller Begriffe

Folgende Begriffe sollen näher erläutert werden:

- wirksame Speicherfähigkeit c_{eff}
- Wärmeübertragungskoeffizient H
- thermische Zeitkonstante τ

mit folgender Begründung:

- Die Größe der thermischen Zeitkonstante τ kann evtl. zur **Senkung der Auslegungsaußentemperatur** und damit zu einer geringeren Heizlast führen (DIN/TS 12831-1:2020-04, Abschnitt 6.3.3). Thermisch schwere Gebäude reagieren weniger stark auf Außentemperaturveränderungen, woraus sich eine geringere notwendige Heizlast ergibt.
- Die Größe der thermischen Zeitkonstante τ wird weiterhin benötigt, falls eine **zusätzliche Aufheizleistung** bei unterbrochenem Heizbetrieb eingerechnet werden soll (DIN/TS 12831-1:2020-04, Gleichung (35)). Thermisch schwere Gebäude kühlen bei gleichem Unterbrechungszeitraum weniger stark aus, woraus sich eine geringere notwendige Aufheizleistung ergibt.

Die Zeitkonstante selbst ist von der Wärmespeicherkapazität c_{eff} und vom Wärmeverlustkoeffizient H abhängig. Die Berechnung der thermischen Zeitkonstante erfolgt nach der Beziehung

$$\tau = \frac{c_{eff}}{H} \quad \text{in h mit}$$

c_{eff} spez. wirksame Speicherfähigkeit des Gebäudes in Wh/m²K

H Wärmeverlustkoeffizient $H = H_T + H_V$ in W/K bzw. spez. W/m²K

Hinweis: Die spezifischen Werte sind abweichend von der Norm pro m² angegeben, nicht pro m³

3.1 Wirksame spezifische Speicherfähigkeit c_{eff}

Die wirksame spezifische Speicherfähigkeit eines Bauteils wird berechnet zu

$$c_{eff} = \sum_i (c_i \cdot \rho_i \cdot d_i) \quad \text{in Wh/m}^2\text{K mit}$$

c_{eff} spez. Wärmekapazität der Bauteilschicht in Wh/m²K

ρ spez. Dichte der Bauteilschicht in kg/m³

d Dicke der Bauteilschicht in m

Es wird aber nicht die gesamte Dicke des Bauteils in die Berechnung eingesetzt, sondern nur ein „wirksamer“ Anteil, im Normalfall (ohne Innendämmung) 10 cm von innen, also nur die Umfassungsmassen, welche mit Raumluft in Berührung stehen (nach DIN V 4108-6). Die Berechnung entspricht im Prinzip einer U-Wert-Berechnung und/oder einer Dampfdiffusionsberechnung, wobei die Stoffwerte lediglich um die Werte der spez. Speicherkapazität zu ergänzen sind. Diese Stoffwerte sind DIN EN 12524 „Baustoffe und -produkte – Wärme- und feuchteschutztechnische Eigenschaften“ zu entnehmen.

Beispiel: Berechnung Speicherfähigkeit von Wänden

Nachstehend ist die U-Wert-Berechnung einer Wand gezeigt. Die Berechnung der wirksamen Speicherfähigkeit wird in diesem Beispiel – wie die U-Wert-Berechnung auch – spezifisch pro m² Fläche durchgeführt.

Skizze Wandaufbau, Maße in m (Anmerkung: Nummerierung von innen nach außen):

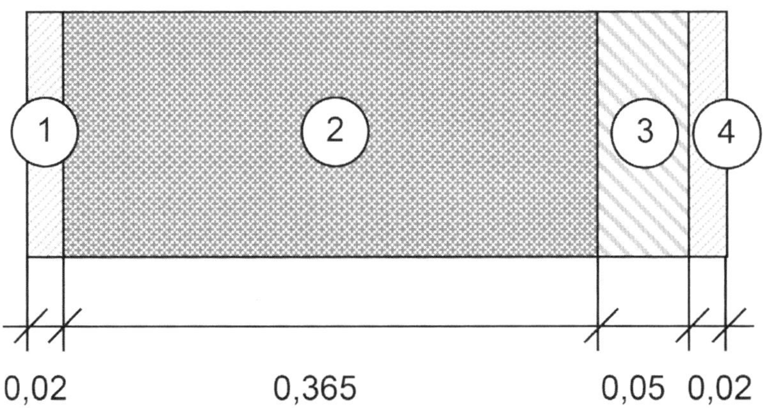

Diese Berechnung ist analog der U-Wert-Berechnung für jede Bauteilfläche (Wand, Decke oder Fußboden), welche beheizte Räume umschließen, durchzuführen.

Bauteil Schichtaufbau			Stoffwerte			Berechnung: U-Wert	Berechnung: Speicherfähigkeit	
Schicht	Baustoff	Dicke	Wärmeleitzahl	Dichte	Wärmespeicherkapazität	Widerstand	Wirksame Dicke	wirksame Speicherfähigkeit
Nr.		d	λ	ρ	c	$R = d/\lambda$	d [a]	c_{wirk} [b] $= c \cdot d \cdot \rho$
		m	W/mK	kg/m³	kJ/kgK	m²K/W	m	Wh/m²K
1	Putzmörtel aus Kalk	0,020	0,700	600	1,0	0,029	0,020	3,33 b
2	Mauerwerk aus Hüttenstein	0,365	0,580	800	1,0	0,629	0,080	17,78 b
3	Polyethylenschaum	0,050	0,035	70	2,3	1,429	–	–
4	Putzmörtel aus Kalkzement	0,020	1,000	1400	1,0	0,020	–	–
Summen		**0,460**			$\Sigma R_n =$	**2,106**	**0,100** [a]	**21,11** [b]
					$R_{si} =$	0,130		
					$R_{se} =$	0,040		
					$\Sigma R =$	2,276		
Ergebnisse			**$1/R =$**		**$U = 0{,}44$ W/m²K**		**$c_{eff} = 21{,}11$ Wh/m²K**	

a nach der 10 cm-Regel DIN V 4108-6, Abschnitt 6.5.2

b die Wärmespeicherkapazität c wird den Tabellen in kJ/kgK entnommen. Daher muss das Produkt $c \cdot \rho \cdot d$ mit 1 Wh/3,6 kJ korrigiert (dividiert) werden.

3.2 Wärmeübertragungskoeffizient *H*

3.2.1 Allgemein

Der Wärmeübertragungskoeffizient *H* ist ein fundamentaler Begriff in der EnEV (Energieeinsparverordnung), der DIN V 4108-6 „Wärmeschutz und Energieeinsparung in Gebäuden" oder der DIN V 18599 „Energetische Bewertung von Gebäuden", allesamt Vorschriften und Normen, welche mit der Ermittlung von Jahres-Energieverbräuchen zu tun haben. Er bedeutet den Wärmeverlust in W/K und stellt somit den Wärmeverlust bei einer Temperaturdifferenz von 1 K dar.

Der Wärmeübertragungskoeffizient *H* besteht, wie in der Heizlastberechnung auch, aus den Anteilen von Transmissions- und Lüftungswärmetransferkoeffizienten H_T und H_V und berechnet sich zu

$$H = H_T + H_V \quad \text{in W/K}$$

mit

$$H_T = A \cdot U$$

$$H_V = q_v \cdot c_p \cdot \rho$$

mit

A Fläche der Wand in m²

U U-Wert in W/m²K

q_v Lüftungsvolumenstrom in m³/h

c_p spez. Wärmekapazität der Luft = 1,0 kJ/kgK

mit 1 J = 1 Ws, daraus 1.000 J = 1.000 Ws = 1 kJ

Umrechnung in Std:

1 kJ = 1000 Ws/3.600 s/h = 0,278 Wh

ρ spez. Dichte der Luft = 1,2 kg/m³ (feuchte Luft bei 20 °C)

damit

$c_p \cdot \rho$ = 0,278 Wh · 1,2 kg/m³ = 0,34 Wh/m³K

So kann man den Wärmeverlust **monatsweise** mit der jeweiligen monatlichen mittleren Außentemperatur berechnen. Die monatlichen Außentemperaturen nach DIN V 18599-10, Tabelle 7 können Tabelle 6 entnommen werden:

Tabelle 6: Monatliche Außentemperaturen nach DIN V 18599-10, Tabelle 7

Jan	Feb	März	April	Mai	Juni
−1,3 °C	0,6 °C	4,1 °C	9,5 °C	12,9 °C	15,7 °C
Juli	**Aug**	**Sep**	**Okt**	**Nov**	**Dez**
18,0 °C	18,3 °C	14,4 °C	9,1 °C	4,7 °C	1,3 °C

Vereinfacht dargestellt wird der Wärmeberlustkoeffizient *H* mit der Differenz zwischen der monatlichen mittleren Außentemperatur und der Innentemperatur sowie mit der Anzahl der Stunden pro Monat multipliziert und man erhält den Heizwärmebedarf in kWh pro Monat:

$$\Phi_{HL,month} = H \cdot (\theta_{int} - \theta_{e,month}) \cdot 24 \text{ h/Tag} \cdot \text{Anzahl Tage/Monat} \quad \text{in kWh/month}$$

Die Summe aller Monate ergibt den Jahres-Heizwärmebedarf.

3.2.2 Anwendung in der Heizlastberechnung nach DIN EN 12831:2003-08

Der Wärmeübertragungskoeffizient *H* wurde in der Heizlastberechnung erstmals mit der Vorgängernorm DIN EN 12831:2003-08 eingeführt. Der spezifische Transmissionswärmetransfer-Koeffizient H_T' ist nützlich zur Kontrolle des im Energieausweis aufgeführten Wertes. Dieser wird ja lange vor der Heizlastberechnung im Rahmen des Baugenehmigungsverfahrens nach DIN V 4108-6 berechnet.

Ein weiterer Grund, den *H*-Wert des Gebäudes zu berechnen, war die Einführung der sogenannten Außentemperaturkorrektur, welche in Abhängigkeit von der thermische Zeitkonstante τ nach DIN EN 12831 Bbl. 1:2008-07, Tabelle 2 vorgenommen werden konnte:

Tabelle 7: Außentemperaturkorrektur gemäß DIN EN 12831 Bbl. 1:2008-07, Tabelle 2

Gebäudezeitkonstante τ [h]	Außentemperaturkorrektur [K]
< 100	0
100 – 140	1
141 – 210	2
211 – 280	3
> 280	4

Das Problem hierbei ist, dass der *H*-Wert des Gebäudes zu Beginn der Berechnung noch nicht bekannt ist, und somit auch nicht die thermische Zeitkonstante. Daher kann auch nicht die Größe der Außentemperaturkorrektur bestimmt werden. Dieses Problem hat die neue Heizlastberechnung DIN EN 12831-1:2017-09 allerdings auch.

Man kann sich insofern helfen, als dass im Rahmen des Baugenehmigungsverfahrens diese Werte bekannt sein müssten, oder in dem die Zeitkonstante mit Hilfe der überschlägigen Wärmeverlustkoeffizienten H_{12} (siehe Abschnitt 2.3 und Beispielberechnung zu „Wärmespeicherkapazität c_{eff} und thermische Zeitkonstante“ in Abschnitt 6.2.2) berechnet wird. Aber auch eine Korrekturrechnung nach Abschluss der Heizlastberechnung ist möglich, da dann die Größe der thermischen Zeitkonstante berechnet werden kann, was mit EDV-Unterstützung keine Schwierigkeiten bereiten sollte. Dies wird auch noch einmal ausführlich im Kapitel Beispielberechnung, Abschnitt 6.2.2 behandelt.

3.3 Thermische Zeitkonstante τ

3.3.1 Allgemein

Die Zeitkonstante ist ganz allgemein eine Größe, mit welcher sich die zeitlichen Abläufe natürlicher Vorgänge, wie z.B. aufheizen, auskühlen, diffundieren, Kondensatoren auf- und entladen, Wachstumsprozesse etc. beschreiben lassen. Hierbei treten die größten zeitlichen Veränderungen zu Beginn des Vorganges auf und werden im zeitlichen Ablauf immer kleiner. Diese natürlichen Abläufe werden durch eine Exponentialfunktion mathematisch beschrieben.

Ganz allgemein lassen sich diese zeitlichen Vorgänge wie folgt beschreiben:

- **absinkender Vorgang:**
  $\text{Zustand zur Zeit } t = \text{Anfangszustand} - (\text{Anfangszustand} - \text{Endzustand}) \cdot (1 - e^{-t/\tau})$
- **ansteigender Vorgang:**
  $\text{Zustand zur Zeit } t = \text{Anfangszustand} - (\text{Anfangszustand} - \text{Endzustand}) \cdot e^{-t/\tau}$

mit

t Zeit in h

τ Zeitkonstante in h

Im Falle einer Temperaturabkühlung nimmt die Gleichung konkret folgende Form an:

$$\theta_{\text{int,t}} = (\theta_{\text{int}} - \theta_{\text{e}}) \cdot (1 - e^{-t/\tau})$$

und im Falle einer Temperaturerhöhung:

$$\theta_{\text{int,t}} = \theta_{\text{int}} - (\theta_{\text{int}} - \theta_{\text{e}}) \cdot e^{-t/\tau}$$

Der typische Verlauf von solchen zeitlichen Vorgängen sieht dann aus, wie in den beiden folgenden Beispielen gezeigt:

Beispiel 1: Temperaturabkühlung durch Abschalten der Heizung

$\theta_{\text{int,ausleg}}$	20 °C
θ_{e}	−14 °C
τ	120 h (wird im Absatz 3.3.2 noch genauer erläutert)

Berechnung:

nach 1 Stunde:	$\theta_{\text{int,1}} = 20-(20-(-)14)\cdot(1-e^{-1/120})$	$= 19{,}72\,°C$
nach 12 Stunden:	$\theta_{\text{int,12}} = 20-(20-(-)14)\cdot(1-e^{-12/120})$	$= 16{,}76\,°C$
nach 24 Stunden:	$\theta_{\text{int,24}} = 20-(20-(-)14)\cdot(1-e^{-24/120})$	$= 13{,}84\,°C$
nach 120 Stunden:	$\theta_{\text{int,120}} = 20-(20-(-)14)\cdot(1-e^{-120/120})$	$= -1{,}49\,°C$
nach 500 Stunden:	$\theta_{\text{int,500}} = 20-(20-(-)14)\cdot(1-e^{-500/120})$	$= -13{,}47\,°C$
nach 1000 Stunden:	$\theta_{\text{int,1000}} = 20-(20-(-)14)\cdot(1-e^{-1000/120})$	$= -13{,}99\,°C$

Diagramm: Zeitlicher Verlauf von Auskühlungsvorgängen

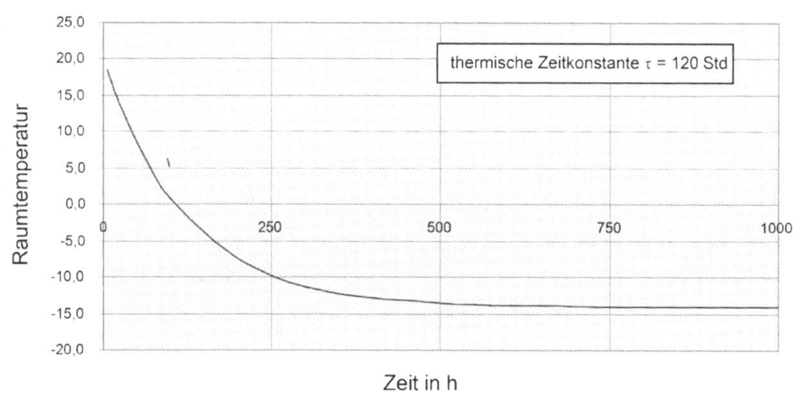

Beispiel 2: Temperaturerhöhung durch Aufheizen

$\theta_{int,ausleg}$	20 °C
θ_e	−14 °C
τ	120 h

Berechnung:

nach 1 Stunde:	$\theta_{int,1} = 20-(20-(-)14)\cdot(e^{-1/120})$	$= -13{,}72\ °C$
nach 12 Stunden:	$\theta_{int,12} = 20-(20-(-)14)\cdot(e^{-12/120})$	$= -10{,}76\ °C$
nach 24 Stunden:	$\theta_{int,24} = 20-(20-(-)14)\cdot(e^{-24/120})$	$= -7{,}84\ °C$
nach 120 Stunden:	$\theta_{int,120} = 20-(20-(-)14)\cdot(e^{-120/120})$	$= 7{,}49\ °C$
nach 500 Stunden:	$\theta_{int,500} = 20-(20-(-)14)\cdot(e^{-500/120})$	$= 19{,}47\ °C$
nach 1000 Stunden:	$\theta_{int,1000} = 20-(20-(-)14)\cdot(e^{-1000/120})$	$= 19{,}99\ °C$

Diagramm: Zeitlicher Verlauf von Aufheizvorgängen

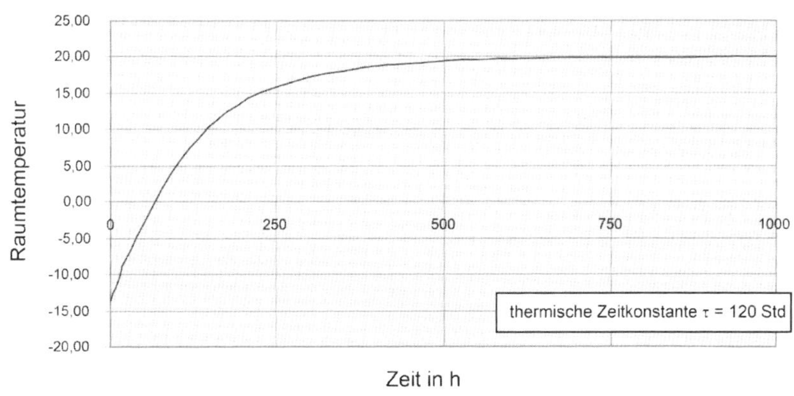

3.3.2 Berechnung der thermischen Zeitkonstante

Die thermische Zeitkonstante wird nach DIN EN 12831-1:2017-09, Gleichung (40) berechnet zu

$$\tau = \frac{C_{eff}}{H} \quad \text{in h mit}$$

C_{eff} wirksame spez. Speicherfähigkeit des Gebäudes in Wh/K

H Wärmeübertragungskoeffizient $H = H_T + H_V$ in W/K

Man kann erkennen, dass die thermische Zeitkonstante umso höher ist, je schwerer die Bauart des Gebäudes, und ebenfalls höher, je besser das Gebäude gedämmt ist, da der Wärmeverlust kleiner wird.

Beispiele:

a) Gegeben: Gut gedämmtes, schweres Haus

Wohnhaus 200 m², c_{eff} = 130 Wh/m²K, q_{spez} = 30 W/m²,

$\theta_e = -12\,°C$, $\theta_{int} = 20\,°C$

Berechnung:

$$H = \frac{q}{(\theta_{int} - \theta_e)} = \frac{30}{20-(-)12} = 0{,}94\,\text{W/Km}^2$$

$$\tau = \frac{C_{eff}}{H} = \frac{130}{0{,}94} = 139\,\text{h}$$

b) Gegeben: Schlecht gedämmtes, leichtes Haus

Wohnhaus 200 m², c_{eff} = 50 Wh/m²K, q_{spez} = 80 W/m²,

$\theta_e = -12\,°C$, $\theta_{int} = 20\,°C$

Berechnung:

$$H = \frac{q}{(\theta_{int} - \theta_e)} = \frac{80}{20-(-)12} = 2{,}50\,\text{W/Km}^2$$

$$\tau = \frac{C_{eff}}{H} = \frac{130}{2{,}50} = 52\,\text{h}$$

Tabelle 8 zeigt übersichtlich eine Gegenüberstellung der Absenkzeit mit verschiedenen Zeitkonstanten:

Tabelle 8: Gegenüberstellung mit verschiedenen Zeitkonstanten

Absenkzeit t [h]	Zeitkonstante τ [h]			
	75	100	150	250
	Raumtemperatur $\theta_{\text{int},\tau}$ [°C]			
0	20,0	20,0	20,0	20,0
4	18,4	18,8	19,2	19,5
8	17,0	17,7	18,4	19,1
10	16,3	17,1	18,1	18,8
50	5,4	8,2	11,5	14,6
75	1,0	4,2	8,2	12,2
100	–2,1	1,0	5,4	10,1
150	–5,9	–3,3	1,0	6,5
250	–8,9	–7,5	–4,3	1,0
500	–10,0	–9,8	–8,9	–5,9

Nachstehend sind weiterhin beispielhaft die Abkühlkurven von Gebäuden verschiedener Zeitkonstanten gezeigt:

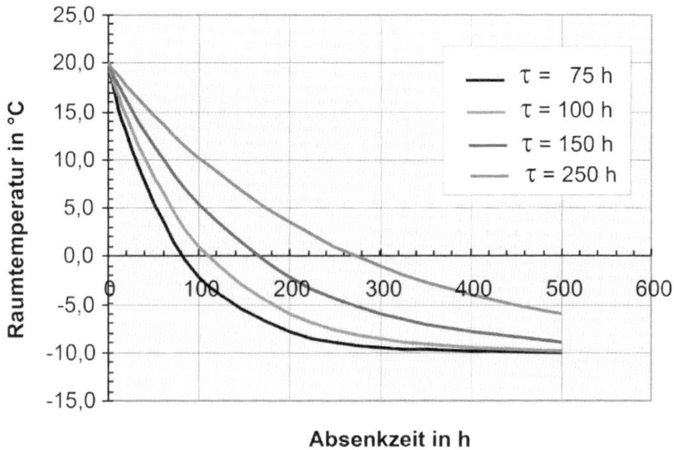

Bild 1: Abkühlvorgänge in Abhängigkeit verschiedener Zeitkonstanten

Am zeitlichen Verlauf des Absinkens der Raumtemperatur ist leicht zu erkennen, dass Gebäude mit kleinen Zeitkonstanten schneller auskühlen als solche mit großen Zeitkonstanten. So kühlt ein schlecht gedämmtes Gebäude mit einer Zeitkonstante von

$\tau = 75$ h nach 8 Std schon um 3 K auf 17 °C aus,

ein sehr gut gedämmtes, dichtes Gebäude (Passivhäuser haben ein $\tau > 200$ h) mit einer Zeitkonstante von

$\tau = 250$ h lediglich um 0,9 K auf 19,1 °C.

4 Wesentliche Änderungen gegenüber DIN EN 12831:2003-08

4.1 Allgemein

4.1.1 Meteorologische Daten

In DIN EN 12831 Bbl. 1:2008-07 und auch in allen Vorgängernormen der Reihe DIN 4701 sind die Außentemperaturen von relevanten Orten in der Norm selbst aufgelistet, z.B. in DIN 4701-83 und DIN EN 12831-1:2003 alle Städte ab 20.000 Einwohner.

In DIN/TS 12831-1:2020-04 sind die meteorologischen Werte einem elektronischen Anhang zu entnehmen. In diesem elektronischen Anhang sind alle 8199 deutschen Postleitgebiete mit PLZ, Ortsname, der Außentemperatur, der mittleren Außentemperatur und der realen Höhe des Referenzortes aufgenommen, wie nachstehend gezeigt:

Tabelle 9: Auszug meteorologische Daten Deutschland

Nr.	1	2	3	4	5	6
	Referenzort		Auslegungsaußentemperatur	Jahresmittlere Außentemperatur	Höhe	alte TRY-Region
	PLZ	Ort	$\theta_{e,Ref}$ [°C]	$\theta_{e,m,Ref}$ [°C]	h_{Ref} [m]	
1	01067	Dresden	−12,3	10,5	112	4
2	01069	Dresden	−12,4	10,4	115	4
3	01097	Dresden	−12,1	10,9	115	4
4	01099	Dresden	−14	9,3	253	4
...	...	...	...	...	...	...
2817	38440	Wolfsburg	−11,1	10	61	3
2818	38442	Wolfsburg	−11,5	9,7	57	3
2821	38448	Wolfsburg	−11,7	9,6	80	3
...	...	...	...	...	...	...
8193	99976	Rodeberg, Dünwald u.a.	−12,8	8,8	308	7
8194	99986	Vogtei, Kammerforst u.a.	−12,8	9	261	7
8198	99996	Menteroda, Obermehler	−13,3	8,5	337	7
8199	99998	Körner, Weinbergen	−12,9	9,2	221	7

4.1.2 Außentemperaturkorrektur

Mit DIN EN 12831:2003-08 wurde erstmals eine **Korrektur der Außentemperatur** in Abhängigkeit des thermischen Speicherverhaltens des Gebäudes eingeführt. Mit DIN EN 12831-1:2017-09 wurde in Abschnitt 6.3.7 mit einer **Höhenkorrektur** eine weitere Korrektur eingeführt, sodass es nun zwei Korrekturen gibt.

DIN EN 12831-1:2017-09 lässt die Höhenkorrektur für hohe Gebäude sogar etagenweise zu, ebenfalls die Korrektur in Abhängigkeit der thermischen Zeitkonstante τ, wenn z. B. massive untere Geschosse und leichtere obere Geschosse vorliegen. DIN EN 12831-1:2017-09 lässt aber zu, dass diesbezüglich in nationalen Regelungen davon abgewichen werden darf. In Deutschland wird diese Höhenkorrektur in DIN/TS 12831-1:2020-04 erst ab einem Betrag der Höhendifferenz $\geq$ 200 m eingesetzt und die thermische Zeitkonstante einheitlich für das gesamte Gebäude bestimmt.

- **Einfluss von Höhenunterschieden**

  In Deutschland wird die Höhenkorrektur erst ab einem Betrag der Höhendifferenz $\geq$ 200 m eingesetzt.

Tabelle 10: Höhenkorrektur nach DIN/TS 12831-1:2020-04, Tabelle 30

Betrag der Höhendifferenz $[h_{build} - h_{ref}]$ m	**vertikaler Temperaturgradient** $G_{\theta,Ref}$ K/m
< 200	0 (keine Anpassung)
≥ 200	−0,01

Daraus ergibt sich die Berechnungsformel für Höhendifferenzen ab 200 m:

$$\Delta\theta_h = (h_{build} - h_{ref}) \cdot G_{\theta,Ref} = (h_{build} - h_{ref}) \cdot (-0{,}01)$$

Beispiel:

$h_{build} - h_{ref} = 230$ m, daraus $\Delta\theta_h = 200 \cdot (-0{,}01) = 2{,}3$ K

Anmerkung: Der Begriff $\Delta\theta_h$ wird in DIN/TS 12831-1:2020-04 nur im Formblatt G1 verwendet.

- **Anpassung in Abhängigkeit der Zeitkonstante**

  In **DIN EN 12831 Bbl. 1:2008-07** wird der Wert der Korrektur direkt in Abhängigkeit der thermischen Zeitkonstante τ nach Tabelle 2 des Beiblatts abgelesen.

Nach **DIN/TS 12831-1:2020-04** wird die Korrektur $\Delta\theta_{e,\tau} = -0{,}8 + 0{,}016 \cdot \tau$ unter Berücksichtigung der Unter- und Obergrenzen berechnet.

Anmerkung: Bis einschließlich der letzten Ausgabe des Nationalen Anhangs der Vorgängernorm (DIN EN 12831 Bbl. 1:2008-07) wurden die Außentemperaturen in 2K-Sprüngen eingesetzt. Mit DIN/TS 12831-1:2020-04 werden nun die Außentemperaturen mit einer Nachkommastelle eingesetzt, was in Hinblick auf den Genauigkeitsanspruch der Norm etwas übertrieben erscheinen mag.

Tabelle 11: Vergleich Einfluss Zeitkonstante auf die Auslegungsaußentemperatur

DIN/TS 12831-1:2020-04, Tabelle 31			**DIN EN 12831 Bbl. 1:2008-07, Tabelle 2**	
Kennwerte			**Zeitkonstante τ**	**Korrektur $\Delta\theta_e$**
Basiswert	$\Delta\theta_{e,T,0}$	−0,800 K	< 100	0 K
Anstieg	k_T	0,016 K/h	100 bis 140	+ 1 K
Untergrenze	$\Delta\theta_{e,T,min}$	0,000 K	141 bis 210	+ 2 K
Obergrenze	$\Delta\theta_{e,T,max}$	4,000 K	211 bis 280	+ 3 K
			> 280	+ 4 K

4.1.3 Auslegungsinnentemperatur

Der Unterschied zwischen DIN/TS 12831-1:2020-04 und DIN EN 12831 Bbl. 1:2008-07 besteht bezüglich der Auslegungsinnentemperatur in einer etwas anderen Gliederung der Raumarten und der Hinzunahme von gewerblich genutzten Räumen, z. B. Hallen.

Tabelle 12: Vergleich Raumarten

DIN/TS 12831-1:2020-04, Tabelle 32				DIN EN 12831 Bbl. 1:2008-07, Tabelle 4		
	Raumart		θ_{int}	Nr.	Raumart	θ_{int}
1	Wohn- und Schlafräume		20	1	Wohn- und Schlafräume	20
2	Büro- und Sitzungsräume, etc.		20	2	Büroräume, Sitzungszimmer, Ausstellungsräume, Schalterhallen	20
3	Hotelzimmer		20	3	Hotelzimmer	20
4	Verkaufsräume, Ladengeschäfte		20	4	Verkaufsräume und Läden	20
5	Unterrichtsräume		20	5	Unterrichtsräume allgemein	20
6	Theater- und Konzerträume		20	6	Theater- und Konzerträume	20
7	Räume, welche unbekleidet benutzt werden, z. B. Bäder, Bade-, Dusch- Umkleide- und Untersuchungsräume		24	7	Bade-, und Duschräume, Umkleide- und Untersuchungsräume, generell Nutzung unbekleidet	24
8	WC-Räume		20	8	WC-Räume	20
9	Beheizte Nebenräume, z. B. Flure und Treppenhäuser		15	9	Beheizte Nebenräume (Flure und Treppenhäuser)	15
10	Gewerblich/industriell genutzte Räume	Schwere Tätigkeit, überwiegend stehend	15			
11		Mittelschwere Tätigkeit, überwiegend stehend	17			
12		leichte Tätigkeit, überwiegend sitzend	20			

DIN/TS 12831-1:2020-04 bietet im Abschnitt 6.4 drei Möglichkeiten zur Festlegung der Auslegungsinnentemperatur:

a) Anwendung des Standardwertes der Innentemperatur nach Tabelle 32 der Norm
b) Individuelle Vereinbarung
c) Erhöhung der Standardwerte um bis zu 3 K bei erhöhtem Wärmebedürfnis

Zu c) sollte noch folgender Auszug eines Beitrages von *Dr. Matthias Wagniz*[2], ZVSHK Potsdam, beachtet werden:

Für die Berechnung der Heizlast wird eine raumweise Auslegungsinnentemperatur benötigt. Bei deren Auswahl ist eine gewisse Umsicht notwendig. Ist sie zu hoch angenommen, wird dem Nutzer im Betrieb eine Heizleistung zur Verfügung gestellt, die er nicht benötigt. Es besteht die Gefahr, dass überschüssige Wärme unbewusst vom Nutzer durch übermäßiges Lüften tatsächlich abgerufen wird. Ist die gewählte Auslegungsinnentemperatur zu niedrig gewählt, kann im Betrieb in gewissen Grenzen durch Reserven in der Berechnung diese Temperatur auch zur Verfügung gestellt werden. In vielen Fällen wird dies aber dazu führen, dass die Heizkurve vom Nutzer zu höheren Temperaturen verschoben wird. Seitens des Wärmeerzeugers wird in den meisten Fällen diese Leistung auch zur Verfügung stehen. Durch die im Vergleich zur Auslegung erhöhten Systemtemperaturen erfolgt die Bereitstellung allerdings mit deutlich verminderter Effizienz. Eine niedriger angenommene Auslegungsinnentemperatur führt also nicht wie vielleicht zu erwarten zu einem geringeren, sondern über die tendenziell ineffizientere Wärmeerzeugung eher zu einem höheren Realverbrauch. Eine höher angenommene Auslegungsinnentemperatur führt hingegen über die effizientere Wärmebereitstellung eher zu einem niedrigeren Realverbrauch.

Bislang kannte der nationale Anhang zur DIN EN 12831 zwei Möglichkeiten für die Auswahl einer geeigneten Temperatur:

- Pauschalierte Tabellenwerte (zum Beispiel 20 °C für den Wohnbereich)
- Separate Vereinbarung der Temperatur mit dem Nutzer/Auftraggeber.

Unterschiedliche Studien ((Schröder, Franz et al., 2010-11), (Schröder, Franz et al., 2010-1), (Schröder, Franz et al., 2010-2), (Wagnitz, 2016), (Zentralverband Sanitär Heizung Klima, 2014)) belegen, dass die Annahmen in der Temperaturtabelle aus technischer Sicht natürlich geeignet sind. Verglichen

2 Gastbeitrag Dr. Matthias Wagnitz, ZVSHK, Geschäftsstelle Potsdam, Referat Energie und Wärmetechnik

mit den in der Praxis gewählten Temperaturen liegen diese aber eher im unteren Komfort-Bereich und sind damit aus Effizienzsicht nicht optimal. Es ist davon auszugehen, dass in der Praxis davon nach oben abgewichen wird.

Die Temperaturvereinbarung mit dem Nutzer als zweite Möglichkeit setzt voraus, dass der Nutzer zum Zeitpunkt der Planung schon bekannt ist. Darüber hinaus muss der Nutzer mit dem vereinbarten Temperaturwert auch einen realistischen Komfort verbinden, damit er versteht, was er vereinbart. Auch dies ist im Einzelfall fraglich.

Aus diesem Grund wird mit der Neuausgabe des Nationalen Anhangs eine dritte Möglichkeit für die Annahme einer geeigneten Auslegungsinnentemperatur aufgenommen. Es ist möglich, pauschal auf die Temperaturwerte aus DIN SPEC[3] 12831-1, Tabelle 32 bis zu 3 K aufzuschlagen. Dieser Wert erklärt sich aufgrund statistischer Überlegungen aus (Wagnitz, 2016). Die aus diesem Wert resultierende Auslegungsinnentemperatur von 23 °C befriedigt 95 % aller Nutzerwünsche. Deutlich höhere Wünsche sind nur sehr begrenzt zu erwarten. Die Norm spricht hier von „erhöhtem Wärmebedürfnis". Tatsächlich dokumentiert dieser Wert, dass die Standardtemperaturen eher einen unteren Komfortbereich abdecken.

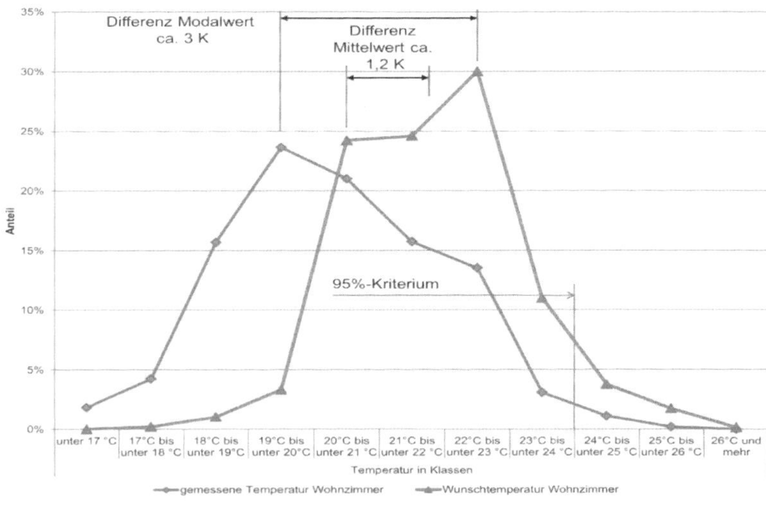

3 Die Bezeichnung DIN SPEC wurde mittlerweile geändert in DIN/TS.

Abbildung: *Gemessene Raumtemperatur und Wunschtemperatur während des Interviews (gefiltert auf Interviews in der Heizperiode, Grafik in Anlehnung an (Zentralverband Sanitär Heizung Klima, 2014), N= 537 bzw. 536 aus (Wagnitz, 2016) – Wunschtemperatur und tatsächlich gelebte Innentemperatur unterscheiden sich im Mittelwert um ca, 1,2 K. Beiden Kurven gemein ist die große Spreizung des Temperaturbereiches. Ein Bereich bis 23 °C deckt in beiden Fällen ca. 95 % der Nutzer ab. Ergebnisse aus (Schröder, Franz et al., 2010-1) und (Schröder, Franz et al., 2010-2) kommen zu vergleichbaren Ergebnissen und belegen, dass die realen Temperaturen mit steigendem Baustandard deutlich nach oben steigen.*

Die benötigte Heizlast des jeweiligen Raumes wird je nach gewählter Auslegungsaußentemperatur um weniger als 10 % erhöht. Resultierende Mehrkosten im Rahmen der Wärmeverteilung (durch erhöhte Volumenströme) bzw. der Wärmeübergabe (größere Heizkörper) bleiben in einem sehr überschaubaren Rahmen.

(Wagnitz, 2016) empfiehlt, durch geeignete Regeltechnik, zum Beispiel die Temperaturaufschaltung aus einem Leitraum im Einfamilienhaus, die tatsächlich gelieferte Leistung im Betrieb an den in diesem Moment vorherrschenden Nutzerwunsch anzupassen. Wenn also der Nutzer 20 °C als reale Innentemperatur am Regler wählt bei einer Auslegungsinnentemperatur von 23 °C, verschiebt sich die Heizkurve entsprechend nach unten in den effizienteren Bereich. Damit wird das oben beschriebene Ablüften von überschüssiger Wärme reduziert. Die Heizung arbeitet in Summe effizienter als bei herkömmlicher Auslegung.

Diese regeltechnische Möglichkeit kann die DIN SPEC[4] 12831-1 nicht aufführen, weil sie ausschließlich die Ermittlung der Normheizlast beschreibt. Sie ist nicht zuständig für die Auswahl der Technik und nur mittelbar verantwortlich für die Auslegung der restlichen Heizungsanlage. Um übermäßige Heizlasten zu vermeiden, geht die DIN SPEC[4] 12831-1 einen anderen Weg und definiert die vereinbarte Temperaturdifferenz als Leistungszuschlag. Gleichzeitig wird bestimmt, dass auf Raumebene andere Zuschläge, erwähnt ist der Aufheizzuschlag, nicht addiert werden können. Es wird ausschließlich der höchste Zuschlag für die Ermittlung der Raumheizlast verwendet. Dieser

4 Die Bezeichnung DIN SPEC wurde mittlerweile geändert in DIN/TS.

wird bei der Dimensionierung von Komponenten auch für die Wärmeübergabekomponenten (Heizkörper, ...), Wärmeverteilkomponenten (Rohrleitungen und Armaturen) und regelungstechnische Komponenten (Thermostatventile) genutzt. Auf Gebäudeebene soll der Temperaturzuschlag nur verwendet werden, wenn davon auszugehen ist, dass die erhöhte Temperatur auch bei Auslegungsaußentemperatur in allen Räumen gewünscht wird. Davon dürfte in der Regel, insbesondere in gut gedämmten Gebäuden mit relativ einheitlichen Temperaturniveau, auszugehen sein. Ob diese Berücksichtigung angesichts der Leistungsabstufungen bei Wärmeerzeugern und dem Leistungsbedarf für eine Warmwasserbereitung zu tatsächlich leistungsstärkeren Geräten führt, kann nur im Einzelfall überprüft werden. In den meisten Fällen dürfte der Temperaturzuschlag auf Gebäudeebene nicht zu größeren Wärmeerzeugern führen.

4.2 Transmissionswärmeverluste

Die Berechnung der Transmissionswärmeverluste ist in DIN/TS 12831-1:2020-04 vollkommen identisch zur Berechnung nach DIN EN 12831 Bbl. 1:2008-07 geblieben. Geändert haben sich lediglich einige Tabellenwerte des Wärmebrückenzuschlag ΔU_{TB}, weiterhin wurde die Tabelle der Wärmebrückenzuschläge ΔU_{TB} um zwei Varianten erweitert:

Tabelle 13: Vergleich Wärmebrückenzuschläge

<table>
<tr><th colspan="3">DIN/TS 12831-1:2020-04, Tabelle 2</th><th colspan="2">DIN EN 12831 Bbl. 1:2008-07, Tabelle 5</th></tr>
<tr><th></th><th>Auswahlkriterium</th><th>ΔU_{TB}</th><th>Auswahlkriterium</th><th>ΔU_{WB}</th></tr>
<tr><td></td><td></td><td>W/m²K</td><td></td><td>W/m²K</td></tr>
<tr><td>A</td><td>Einhaltung Planungsdetails nach DIN 4108, Kategorie A</td><td>0,05</td><td>Ohne bauseitiger Berücksichtigung von Wärmebrücken</td><td>0,10</td></tr>
<tr><td>B</td><td>Einhaltung Planungsdetails nach DIN 4108, Kategorie B</td><td>0,03</td><td>Mit bauseitiger Berücksichtigung von Wärmebrücken</td><td>0,05</td></tr>
<tr><td>C</td><td>Vorwiegend Innendämmung, welche von Massivbauteilen durchstoßen wird</td><td>0,15</td><td colspan="2" rowspan="2">Detaillierter Nachweis</td></tr>
<tr><td>D</td><td>Alle anderen Fälle</td><td>0,10</td></tr>
<tr><td>E</td><td colspan="4">Individuelle Ermittlung nach anerkannten Verfahren</td></tr>
</table>

4.2.1 Wärmeübertragungskoeffizient *H*

Der Wärmeverlustkoeffizient H_T wird nicht mehr im Rahmen der raumweisen Heizlastberechnung (DIN EN 12831 Bbl. 1:2008-07, Formblatt R, Spalte 15) extra berechnet und ausgewiesen. Er war im Rahmen der Heizlastberechnung als „Zwischenwert“ sowieso überflüssig.

4.2.2 Transmissionswärmeverlust an unbeheizte Nachbarräume

Zunächst wird in DIN EN 12831-1:2017-09 die Bezeichnung des Korrekturfaktors zur Berechnung der Transmissionswärmeverluste geändert:

- **Neuer Begriff:** Temperaturanpassungsfaktor $f_{ix,k}$
- **Alter Begriff:** Temperatur-Reduktionsfaktor b_u

Weiterhin unterscheiden sowohl DIN/TS 12831-1:2020-04 als auch DIN EN 12831 Bbl. 1:2008-07 zwischen Räumen derselben Nutzungseinheit und solchen in anderen Gebäudeeinheiten bzw. Nutzungseinheiten.

4.2.2.1 Unbeheizte Nachbarräume derselben Nutzungseinheit

Beide Normen stellen Tabellen zur Verfügung, aus welchen in Abhängigkeit der Raumart pauschale Temperaturanpassungsfaktoren bzw. Temperatur-Reduktionsfaktoren entnommen werden können:

Tabelle 14: Vergleich Temperaturkorrekturfaktoren (Auszug)

<table>
<tr><th colspan="4">DIN/TS 12831-1:2020-04, Tabelle 5</th><th colspan="2">DIN EN 12831 Bbl. 1:2008-07, Tab. 6</th></tr>
<tr><th colspan="3">Unbeheizter Raum</th><th>f_1</th><th>Unbeheizter Raum</th><th>b_u</th></tr>
<tr><td rowspan="6">allgemeine Räume (außer nachfolgend aufgeführte)</td><td colspan="2">ohne Außenwand</td><td>0,1</td><td>ohne Außenwand</td><td>0,1</td></tr>
<tr><td rowspan="2">mit einer Außenwand</td><td>ohne Türen/Fenster nach außen</td><td>0,4</td><td>mit einer Außenwand, ohne äußere Türen</td><td>0,4</td></tr>
<tr><td>mit Türen/Fenster nach außen</td><td>0,5</td><td>mit einer Außenwand, mit äußeren Türen</td><td>0,5</td></tr>
<tr><td rowspan="2">mit zwei Außenwänden</td><td>ohne Türen/Fenster nach außen</td><td>0,5</td><td>mit zwei Außenwänden, ohne äußere Türen</td><td>0,5</td></tr>
<tr><td>mit Türen/Fenster nach außen</td><td>0,6</td><td>mit zwei Außenwänden, mit äußeren Türen</td><td>0,6</td></tr>
<tr><td colspan="2">mit drei oder mehr Außenwänden</td><td>0,8</td><td>mit drei Außenwänden (auch außenliegende Treppenhäuser)</td><td>0,8</td></tr>
<tr><td colspan="3">Heizungsaufstellraum</td><td>0,2</td><td>Heizungsaufstellraum</td><td>0,2</td></tr>
</table>

Dachböden, Abseiten	offene, stark belüftete Dächer, Kaltdächer	1,0	keine Entsprechung	

Aufgeständerter Boden über Kriechraum	0,8	Aufgeständerter Boden über Kriechraum	0,8

Tabelle 5 in DIN/TS 12831-1:2020-04 ist gegenüber Tabelle 6 im Bbl. 1:2008-07 weitgehend belassen und nur um die Zeile „offene, stark belüftete Dächer, Kaltdächer" erweitert worden.

4.2.2.2 Unbeheizte Nachbarräume benachbarter Nutzungseinheiten

Hauptsächlich sind Nachbarwohnungen gemeint, welche zwar regelmäßig bewohnt sind, aber z. B. durch einen Winterurlaub nicht voll beheizt werden.

Diesbezüglich bieten beide Normen ebenfalls Tabellen an:

Tabelle 15: Vergleich angrenzender Temperaturen

DIN/TS 12831-1:2020-04, Tabelle 4: Anhaltswerte Temperaturen angrenzender Mehrfamilienhäuser		**DIN EN 12831 Bbl. 1:2008-07, Tabelle 7**	
Baulicher Wärmeschutz des angrenzenden Bereiches	θ_u **°C**	**Räume**	θ_u **°C**
Keine/geringe Dämmung, üblich bis 1979	12	Angrenzender Raum einer anderen Gebäudeeinheit, z. B. Apartment	$\frac{\theta_{int} + \theta_{m,e}}{2}$
Mittlere Dämmung, üblich 1980–1995	14	Angrenzender Raum eines separaten Gebäudes	$\theta_{m,e}$
Dämmung nach WärmeschutzV 1995 oder besser	16		

Wird durch entsprechende Regelung eine Mindesttemperatur zum Frostschutz eingehalten, gilt die Mindesttemperatur 5 °C (siehe DIN/TS 12831-1:2020-04, Abschnitt 4.4.1, Fußnote 2 sowie Abschnitt 4.4.3.2, Tabelle 6). Andernfalls muss die Mindesttemperatur separat auf Basis thermischer Berechnungen bestimmt werden.

Zusätzlich bietet DIN/TS 12831-1:2020-04 aber in Abschnitt 4.4.3 „Innentemperatur benachbarter Nutzungseinheiten“ noch ein vereinfachtes Verfahren an, um die Temperatur in einem unbeheizten Bereich zu berechnen. Die Annahmen hierfür sind in DIN/TS 12831-1:2020-04, Abschnitt 4.4.3.2 dargelegt und bestehen hauptsächlich darin, dass die sich einstellende Innentemperatur θ_U ausschließlich von den Wärmeströmen von und zu angrenzenden Räumen und Außenluft abhängig ist.

Die Beziehung zur Berechnung der Innentemperatur θ_U in °C lautet:

$$\theta_u = \max\left(\frac{\sum_j (H_{T,uj} \cdot \theta_j)}{\sum_j (H_{T,uj})}; \theta_{u,min}\right) \quad \text{in °C mit}$$

$H_{T,uj}$ Transmissionswärmetransferkoeffizienten zwischen dem betrachteten (unbeheizten) Raum und den abgrenzenden Bereichen j nach DIN/TS 12831-1:2020-04, Tabelle 7 in W/K

θ_j Temperaturen aller angrenzenden Bereiche (Räume, Außenluft) nach DIN/TS 12831-1:2020-04, Tabelle 7 in °C

$\theta_{u,min}$ Mindesttemperatur des unbeheizten Raumes nach DIN/TS 12831-1:2020-04, Tabelle 6 (siehe Tabelle 16)

Tabelle 16: Mindesttemperatur nach DIN/TS 12831-1:2020-04, Tabelle 6

Beschreibung	$\theta_{u,min}$ **in °C**
Temperaturregelung/Frostschutzsicherung mit bekannter Mindesttemperatur	Temperaturwert gemäß Vorgabe/ Einstellung
Standardwert bei Temperaturregelung/Frostschutzvorrichtung mit unbekannter Mindesttemperatur	5
keine Begrenzung vorhanden	θ_e

Weitere Randbedingungen zur Ermittlung der Innentemperatur θ_U sind in DIN/TS 12831-1:2020-04, Tabelle 7 geregelt (siehe Tabelle 17).

Tabelle 17: Randbedingungen zur Ermittlung θ_u DIN/TS 12831-1:2020-04, Tabelle 7

<table>
<tr><th></th><th colspan="4">an u angrenzender Bereich j</th><th>$H_{T,uj}$</th><th>θ_j</th></tr>
<tr><td>1</td><td rowspan="4">Teil desselben Gebäudes</td><td rowspan="3">planungsgemäß beheizt</td><td rowspan="2">Raum einer anderen Nutzungseinheit</td><td>regulär genutzt (z. B. Räume in Mietwohnungen)</td><td rowspan="5">$H_{T,ia}$ nach 6.3.2.3 DIN EN 12831-1: 2017-09, jedoch mit $f_1 = 1$ (6.3.2.5)</td><td>$\theta_{int,j}$ nach DIN/TS 12831-1: Tabelle 32</td></tr>
<tr><td>2</td><td>sporadisch genutzt (z. B. Räume in Ferienwohnungen)</td><td rowspan="2">max ⟨15 °C[a]; $\theta_{e,m}$⟩</td></tr>
<tr><td>3</td><td colspan="2">keiner Nutzungseinheit zugehörig (z. B. beheizte Hausflure)</td></tr>
<tr><td>4</td><td colspan="3">planungsgemäß unbeheizt (z. B. unbeheizte Treppenhäuser)</td><td rowspan="2">max ⟨5 °C; $\theta_{e,m}$⟩</td></tr>
<tr><td>5</td><td colspan="4">Teil eines anderen Gebäudes</td></tr>
<tr><td>6</td><td colspan="4">Außenluft</td><td>$H_{T,ie}$ nach 6.3.2.2 DIN EN 12831-1:2017-09 ($f_1 = 1$)</td><td>θ_e nach 6.3.7 DIN EN 12831-1</td></tr>
<tr><td>7</td><td colspan="4">Erdreich[a]</td><td>$H_{T,ig}$ nach 6.3.2.4 DIN EN 12831-1: 2017-09, jedoch mit $f_1 = 1$ (6.3.2.5)</td><td>$\theta_{e,m}$</td></tr>
<tr><td colspan="7">a Ist für den angrenzenden Bereich j von schlechter Wärmedämmung auszugehen oder besteht in den beheizten Räumen des betrachteten Gebäudes ein erhöhter Komfortanspruch, darf die Minimaltemperatur von j auf 10 °C verringert werden.</td></tr>
</table>

Die Berechnung der sich einstellenden Innentemperatur des unbeheizten Raumes lässt sich am besten mithilfe eines Beispiels nachvollziehen.

Beispiel

Es ist die Heizlastberechnung eines Neubaus mit verschieden Wohneinheiten vorzunehmen. Die jeweils angrenzenden benachbarten Wohneinheiten gelten als regulär benutzt, werden aber als unbeheizt angenommen, da unterstellt wird, dass diese in den Winterferien nur auf die Frostschutztemperatur von 5 °C beheizt werden. Der Grundrisszeichnung ist zu entnehmen, dass der unbeheizte Nachbarraum die Maße 5,00 m × 4,00 m und eine Geschosshöhe von 2,80 m aufweist. Der Raum wird begrenzt durch eine Außenwand mit Außenfenster, drei Innenwände und eine Decke sowie einen erdreichberührten Boden. Die weiteren Werte sind der nachfolgenden Tabelle 18 zu entnehmen.

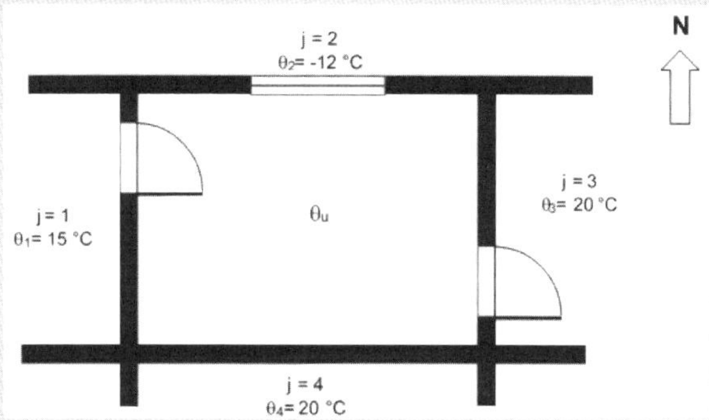

Tabelle 18: Berechnung Innentemperatur unbeheizter Nachbarraum nach DIN/TS 12831-1:2020-04, Abschnitt 4.4.3

Zeile	1	2	3	4	5	6	7	8	9	10	11	12	13	14	15
	O	BT	b	h/l	A_{brutto}	A_{abzug}	A_k	U	ΔU_{WB}	U_c	f_1	$H_{T,ui}$	θ_j	$H_{T,ui} \cdot \theta_j$	θ_u
	–	–	m		m²			W/m²K			–	W/K	°C	W	°C
1	N	AW	5,00	2,80	14,0	2,2	11,8	0,50	0,05	0,55	1,00	6,5	–12	–78	
2	N	AF	1,60	1,40	2,2		2,2	2,00	0,05	2,05	1,00	4,6	–12	–55	
3	O	IW	4,00	2,80	11,2		11,2	1,50	0,05	1,55	1,00	17,4	20	347	
4	S	IW	5,00	2,80	14,0		14,0	1,50	0,05	1,55	1,00	21,7	20	434	
5	W	IW	4,00	2,80	11,2		11,2	1,50	0,05	1,55	1,00	17,4	15	260	
6	H	DE	5,00	4,00	20,0		20,0	0,60	0,05	0,65	1,00	13,0	20	260	
7	H	FB	5,00	4,00	20,0		20,0	0,40	0,05	0,45	1,00	13,1	9,6	125	
Summen												**93,5**		**1.294**	**13,8 °C**

Ergebnis: Gemäß dieser Berechnung ergibt sich eine Innentemperatur von 1.294/93,5 = 13,8 °C.

Anmerkungen:

- Innentüren werden vernachlässigt
- Wanddicken wurden zur Vereinfachung nicht berücksichtigt
- Zeilen 1–7: Gemäß DIN/TS 12831-1:2020-04, Tabelle 7 wurde für alle Flächen der Temperaturanpassungsfaktor f_1 = 1,0 gesetzt, auch für die Innenwände.
- Zeile 7: Der Transmissionswärmeverlust FB an Erdreich wurde mit dem Faktor $f_{\theta,\text{ann}}$ = 1,45 berechnet, aber der korrigierte *U*-Wert (Spalte 10) wurde, wie die anderen U-Werte auch, mit $U + \Delta U_{\text{WB}}$ berechnet, also in diesem Beispiel nicht umständlich als äquivalenter *U*-Wert nach DIN/TS 12831-1:2020-04, Gleichung (3), was im Rahmen des Genauigkeitsanspruchs der Norm sicherlich zulässig ist.

Fazit

Die Berechnung der sich einstellenden Innentemperaturen unbeheizter Räume in anderen Nutzungseinheiten erfordert denselben Aufwand, wie die Heizlastberechnung auch, und birgt dennoch Unsicherheiten bezüglich der Genauigkeit. Daher wird man in der Praxis voraussichtlich auf die Tabellenwerte von DIN/TS 12831-1:2020-04, Tabelle 4 oder Tabelle 6 zurückgreifen.

4.2.3 Transmissionswärmeverlust an das Erdreich

Die Unterschiede zwischen DIN/TS 12831-1:2020-04 sowie DIN EN 12831:2003-08 in der Ermittlung der äquivalenten Wärmedurchgangszahl U_{equiv} können Tabelle 19 entnommen werden.

Tabelle 19: Vergleich Ermittlung äquivalente Wärmedurchgangszahl U_{equiv}

DIN/TS 12831-1:2020-04, Gleichung (3)

Keine Grafiken oder Tabellen zur Ermittlung des äquivalenten *U*-Wertes U_{equiv} zur Berechnung von Verlusten an Erdreich, stattdessen eine neue Formel.

$$U_{equiv,k'} = \frac{a}{b + (c_1 + B')^{n1} + (c_2 + z)^{n2} + (c_3 + U_k + \Delta U_{TB})^{n3}} + d$$

Damit ergeben sich kleine Differenzen des *U*-Wertes zwischen alter und neuer Norm (siehe auch Kapitel 7).

Die Parameter

- *B'*: geometrischer Parameter der Bodenplatte
- *z*: Abstand der Oberseite der Bodenplatte und Erdreich

sind mit DIN EN 12831:2003-08 identisch.

DIN EN 12831:2003-08

Bild 4 – U_{equiv}-Wert für Bodenplatten eines beheizten Kellers mit Bodenplatte 1,5 m unter Erdreichniveau

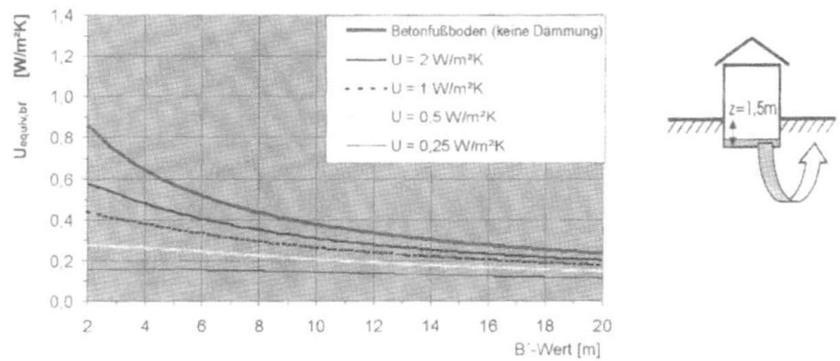

Beispiel Tabelle 5 (Auszug)

B'-Wert	U_{equiv} (für 1,5 m)				
	Keine Dämmung	U_{Boden} = 2,0 W/m²K	U_{Boden} = 1,0 W/m²K	U_{Boden} = 0,5 W/m²K	U_{Boden} = 0,25 W/m²K
2	0,86	0,58	0,44	0,28	0,16
4	0,64	0,48	0,38	0,26	0,16
6	0,52	0,40	0,33	0,25	0,15

Berechnungsformel für Boden: $U_{equiv} = C1 \cdot B'^{C2} - C3$

4.2.4 Hohe Räume

In DIN EN 12831:2003-08, Anhang B.1 ist eine Tabelle mit Raumhöhenkorrekturfaktoren f_{hi} enthalten. Mit diesen wurde bislang die „normal" ermittelte Heizlast multipliziert.

DIN EN 12831-1:2017-09 hingegen berechnet für hohe Räume eine mittlere Innenlufttemperatur $\theta^*_{int,i}$, welche allerdings nur zur Berechnung des Lüftungswärmeverlustes eingesetzt wird.

In beiden Fällen ist die Bestimmung des Höhenfaktors f_{hi} (DIN EN 12831:2003) bzw. die Berechnung der mittleren Innenlufttemperatur $\theta^*_{int,i}$ (DIN EN 12831-1:2017-09) vom Wärmeabgabesystem abhängig (siehe Tabelle 20).

4.3 Lüftungswärmeverluste

Wie in der Einleitung erwähnt, ist die Berechnung der Luftvolumenströme zwischen DIN EN 12831:2003-08 und DIN EN 12831-1:2017-09 nicht zu vergleichen. Darüber hinaus gelten neue Begriffe und neue Standardwerte.

4.3.1 Lüftungswärmeverluste des Raumes

Um überhaupt zwischen den Normen vergleichen zu können, wird folgend zunächst die Berechnung des infiltrierten Volumenstroms gegenübergestellt:

- **DIN EN 12831:2003-08, Gleichung (17)**

$$\dot{V}_{inf,i} = 2 \cdot V_i \cdot n_{50} \cdot e_i \cdot \varepsilon_i$$

mit

$V_{inf,i}$ infiltrierter Luftvolumenstrom in m^3/h

V_i Raumvolumen in m^3

n_{50} Luftwechselrate bei $\Delta p = 50$ Pa

e_i Koeffizient für Abschirmung

ε_i Höhenkorrekturfaktor

Hierbei ist es unerheblich, ob lüftungstechnische Maßnahmen vorhanden sind oder nur reine Infiltration.

- **DIN EN 12831-1:2017-09, Gleichung (18)**

Die Gesamtformel zur Berechnung des infiltrierten Luftvolumenstromes $q_{v,env,i}$ lautet:

$$q_{v,env,i} = \frac{q_{v,inf\text{-}add,z}}{q_{v,env,z}} \cdot \min(q_{v,env,z}; q_{v,leak+ATD,i} \cdot f_{dir}) + \frac{q_{v,env,z} - q_{v,inf\text{-}add,z}}{q_{v,env,z}} \cdot q_{v,leak+ATD,i}$$

Tabelle 20: Vergleich Behandlung Innentemperatur bei hohen Räumen

DIN/TS 12831-1:2020-04, Tabelle 8 **Parameter der Wärmeübergabe in hohen Räumen**				**DIN EN 12831:2003, Anhang B1** **Raumhöhenkorrekturfaktor f_{hi}**		
Wärmeübergabe-System	Lufttemperatur-Gradient	Temperaturunterschied zwischen Luft- und operativer Temperatur	Korrekturterm für den Einfluss auf Oberflächentemperaturen		Raumhöhe	
	$G_{\theta ail,i}$	$\Delta\theta_{rad}$	$\Delta\theta_{sur}$		5–10 m	10–20 m
Luftzeizung ohne zusätzl. Warmluftrückführung	1,00	0,00	0,00	**Überwiegend Strahlung**		
Luftheizung mit zusätzl. Warmluftrückführung	0,35	0,00	0,00	Warmer Fußboden	1,00	1,00
Deckenstrahlplatten	0,35	1,50	0,00	Warme Decke	1,15	Nicht geeignet
Dunkelstrahler	0,20	1,50	0,00	Abwärts gerichtete Strahlung	1,00	1,15
Hellstrahler	0,20	1,50	0,00	**Überwiegend konvektiv**		
bauteilintegrierte Flächenheizung	0,20	1,50	1,50	Natürliche Konvektion	1,15	Nicht geeignet
Heizkörper, Radiatoren	1,00	0,00	0,00	**Zwangskonvektion** Querstrom aus niedriger Höhe	1,30	1,60
Die Berechnung der mittleren Innenlufttemperatur erfolgt nach DIN EN 12831-1:2017-09 (49): $\theta^*_{int,i} = \theta_{int,i} + G_{\theta,air,l} \cdot (h_i / 2 - h_{occup}) - \Delta\theta_{rad}$ wobei h_{occup} als mittlere Höhe der Aufenthaltszone nach NA 6.5 vereinfachend mit 1,0 m eingesetzt wird.				Abwärts gerichtet aus großer Höhe Querstrom mittlerer und hoher Temperatur aus mittlerer Höhe	1,21 1,15	1,45 1,30

Hierin sind neben der Infiltration durch Undichtigkeiten der Gebäudehülle alle möglichen lüftungstechnischen Maßnahmen möglich, d.h. mit

$q_{v,leak+ATD,i}$ Außenluftvolumenströme über ALDs (DIN EN 12831-1: 2017-09, Gleichung (19))

$q_{v,env,z}$ Gesamt- Außenluftvolumenströme einschließlich Zu- und Abluft- und/oder anderer technischer Luftvolumenströme von außen (DIN EN 12831-1:2017-09, Gleichung (24))

Eine explizite Berechnungsformel nur zur Berechnung des infiltrierten Außenluftvolumenstroms $q_{v,env,i}$ ohne eine lüftungstechnische Anlage ist nicht angegeben.

Herausgelöst aus obiger Formel ergibt sich eine vereinfachte Berechnung des infiltrierten Luftvolumenstromes

$$q_{v,env,i} = 2 \cdot A_{env,I} \cdot q_{env,50} \cdot f_{qv,z}$$

mit

$q_{env,i}$ infiltrierter Außenluftvolumenstrom in m^3/h

$q_{env,50}$ Luftdurchlässigkeit bei $\Delta p = 50$ Pa

$A_{env,i}$ Hüllfläche des Raumes in m^2 (Außenflächen)

$f_{qv,z}$ Volumenstromfaktor (abhängig von der Abschirmung und der Höhe)

wie später im Abschnitt 6.3.1.1 „Vertiefung" noch ausführlich gezeigt wird.

4.3.1.1 Gegenüberstellung neuer Begriffe und Standardwerte

Zunächst werden die Begriffe gegenübergestellt, die in beiden Normen eine Entsprechung haben:

4.3.1.1.1 Begriffe mit gleicher Entsprechung

- **Mindestluftwechsel** n_{min}

  DIN/TS 12831-1:2020-04, Tabelle 12 wurde gegenüber DIN EN 12831 Bbl. 1:2008-07, Tabelle 8 modifiziert:

Tabelle 21: Vergleich Raumtypen / Raumarten

DIN/TS 12831-1:2020-04, Tabelle 12		DIN EN 12831 Bbl. 1:2008-07, Tabelle 8	
Raumtyp	n_{min} h^{-1}	**Raumart**	n_{min} h^{-1}
Für andauernden Personenaufenthalt	0,5	Daueraufenthaltsräume	0,5
Küchen und Sanitärräume mit Fenster	0,5	Küche ≤ 20 m³	1,0
Nebenräume ohne dauernden Personenaufenthalt	0	Küche > 20 m³	0,5
		WC oder Badezimmer mit Fenster	0,5
		Nebenräume, innenliegende Räume	0

Neben diesen luftwechselbasierten Mindestwerten kann auch eine Personenluftrate zum Einsatz kommen.

- **Luftdichtheit**

  Die Luftdichtheit wird in DIN EN 12831:2003-08 mit der Luftwechselrate n_{50}, in DIN EN 12831-1:2017-09 mit der Luftdurchlässigkeit q_{50} beschrieben:

Tabelle 22: Vergleich Luftdichtheit

<table>
<tr><th colspan="4">DIN/TS 12831-1:2020-04, Tabelle 11</th><th colspan="3">DIN EN 12831 Bbl. 1:2008-07, Tabelle 9</th></tr>
<tr><td></td><td>Luftdichtigkeitsprüfung</td><td>Luftdichtheit</td><td>$q_{env,50}$</td><td></td><td></td><td>n_{50} h^{-1}</td></tr>
<tr><td>A</td><td rowspan="2">Wird nach Fertigstellung durchgeführt</td><td>hoch</td><td>2</td><td>Ia</td><td>Nach EnEV errichtete Gebäude mit RLT-Anlagen</td><td>1,5</td></tr>
<tr><td>B</td><td rowspan="2">mittel</td><td>3</td><td>Ib</td><td>Nach EnEV errichtete Gebäude ohne RLT-Anlagen</td><td>3</td></tr>
<tr><td>C</td><td rowspan="2">Wurde und wird nicht durchgeführt</td><td>6</td><td>II</td><td>Nicht nach EnEV errichtete Gebäude, mittlere Dichtigkeit</td><td>4</td></tr>
<tr><td>D</td><td>gering</td><td>12</td><td>III</td><td>Fälle, die nicht in vorige Kategorien entsprechen</td><td>6</td></tr>
<tr><td>E</td><td colspan="2">Wert aus Messung</td><td></td><td>IV</td><td>Vorhandensein offensichtlicher Undichtigkeiten</td><td>10</td></tr>
</table>

Der Index „env" steht dabei für die Hüllfläche. Beide Größen sind ineinander umrechenbar:

$$q_{\text{env},50} = n_{50} \cdot \frac{V_{\text{build}}}{A_{\text{env,build}}}$$

- **Abschirmung**

  In beiden Normen gibt es den Begriff der Abschirmung, jedoch mit unterschiedlicher Auswahl aus den Tabellen:

Tabelle 23: Vergleich Klassifizierung der Abschirmung

DIN/TS 12831-1:2020-04, Tabelle 13 (Auszug)	DIN EN 12831 Bbl. 1:2008-07, Tabelle 10[a)]
stark	gute Abschirmung
normal	moderate Abschirmung
keine	keine Abschirmung

a) Auflistung der Abschirmung in DIN EN 12831 Bbl. 1 in umgekehrter Reihenfolge, hier zum Vergleich gegenübergestellt

4.3.1.1.2 Neu eingeführte Begriffe in DIN EN 12831-1:2017-09

- **Volumenstromfaktor** $f_{\text{qv,z}}$

  Dieser Faktor ist neu in DIN EN 12831-1:2017-09 aufgenommen worden. Er kann mit der Auswahl der Abschirmung, der Anzahl der Fassaden und der Höhenangabe aus DIN EN 12831-1:2017-09, Tabelle 13 ermittelt werden:

Tabelle 24: Volumenstromfaktor $f_{qv,z}$ nach DIN/TS 12831-1:2020-04, Tabelle 13

<table>
<tr><th></th><th>1</th><th>2</th><th>3</th><th>4</th><th>5</th><th>6</th><th>7</th></tr>
<tr><td rowspan="3"></td><td rowspan="3">Anzahl der Fassaden</td><td rowspan="3">Mittlerer vertikaler Abstand der Zone zum Erdreich $h_{g,z}$ a)</td><td rowspan="3">Abschirmung</td><td colspan="4">Volumenstromfaktor $f_{qv,z}$</td></tr>
<tr><td colspan="4">Zonenhöhe Δh_z b)</td></tr>
<tr><td>$\Delta h_z \leq 5$ m</td><td>$5 < \Delta h_z \leq 10$ m</td><td>$10 < \Delta h_z \leq 20$ m</td><td>$\Delta h_z > 20$ m</td></tr>
<tr><td>1</td><td>1</td><td>–</td><td>–</td><td rowspan="2">0,03</td><td rowspan="3">0,05</td><td rowspan="4">0,08</td><td rowspan="5">0,11</td></tr>
<tr><td>2</td><td rowspan="4">> 1</td><td rowspan="3">$h_{g,z} \leq 50$ m</td><td>stark</td></tr>
<tr><td>3</td><td>normal</td><td>0,05</td></tr>
<tr><td>4</td><td>keine</td><td colspan="2">0,07</td></tr>
<tr><td>5</td><td>$h_{g,z} > 50$ m</td><td>–</td><td colspan="3">0,09</td></tr>
<tr><td colspan="8">a) Vertikaler Abstand der Zone $h_{g,z}$: Mittlerer vertikaler Abstand zwischen Zone und Erdreich
b) Zonenhöhe Δh_z': Vertikale Ausdehnung der Zone von ihrem tiefsten bis zum höchsten Punkt</td></tr>
</table>

- **Anpassungsfaktor $f_{fac,z}$**

  Der Anpassungsfaktor kommt nur bei Vorhandensein von lüftungstechnischen Anlagen zum Einsatz, nicht bei Infiltration.

Tabelle 25: Anpassungsfaktor Fassadenanzahl nach DIN/TS 12831-1:2020-04, Tabelle 15

Anzahl der Fassaden	**Anpassungsfaktor $f_{fac,z}$**
1	12
>1	8

4.3.1.1.3 Alte Begriffe aus DIN EN 12831:2003-08

- **Abschirmungskoeffizient *e***

  Mit Auswahl der Abschirmung und der Angabe der dem Wind ausgesetzten Fassade(n) kann aus DIN EN 12831 Bbl. 1:2008-07, Tabelle 10 der Abschirmungskoeffizient *e* abgelesen werden:

Tabelle 26: Abschirmungskoeffizienten *e* nach DIN EN 12831 Bbl. 1:2008-07, Tabelle 10

Abschirmungsklasse	*e*		
	Raum mit		
	keiner dem Wind ausgesetzten Fläche bzw. Fassade	**einer** dem Wind ausgesetzten Fläche bzw. Fassade	**mehr** als einer dem Wind ausgesetzten Fläche bzw. Fassade
Keine Abschirmung	0	0,03	0,05
Moderate Abschirmung	0	0,02	0,03
Gute Abschirmung	0	0,01	0,02

- **Höhenkorrekturfaktor**

  Der Höhenkorrekturfaktor ε kann DIN EN 12831 Bbl. 1:2008-07, Tabelle 11 entnommen werden:

Tabelle 27: Höhenkorrekturfaktor ε nach DIN EN 12831 Bbl. 1:2008-07, Tabelle 11

Höhe des Raumes über Erdreich	**Höhenkorrekturfaktor ε**
0–10 m (oder 4 Geschosse)	1,0
>10–20 m	1,2
>20–30 m	1,5
...	...
>80 bis 90	2,6
>90 bis 100	2,8

- **Thermisch wirksamer Luftvolumenstrom**

  Diesen Begriff gab es nur in DIN EN 12831:2003-08 und nicht mehr in DIN EN 12831-1:2017-09. Die grundsätzliche Gleichung zur Bestimmung des in einen Raum einströmenden Luftvolumenstromes nach DIN EN 12831:2003-08 lautet:

  $\dot{V}_{i} = \dot{V}_{inf,i} + \dot{V}_{su,i} \cdot f_{v,i} + \dot{V}_{mech,inf,i}$ in m³/h mit

V_i gesamter Luftvolumenstrom des beheizten Raumes in m³/h

$V_{inf,i}$ infiltrierter Luftvolumenstrom in m³/h

$V_{su,i}$ konditionierter Zuluftvolumenstrom in m³/h

$f_{v,i}$ Temperatur-Reduktionsfaktor für den Zuluftvolumenstrom

$V_{mech,inf,i}$ mechanisch infiltrierte Luftvolumenstrom in m³/h

Bei Vorhandensein einer lufttechnischen Anlage kann der Luftvolumenstrom des beheizten Raumes also aus drei Anteilen bestehen:

- Luftvolumenstrom aus natürlicher Infiltration,
- Luftvolumenstrom aus Zuluftvolumenstrom und/oder
- Luftvolumenstrom aus mechanisch infiltriertem Abluftvolumenstrom-Überschuss.

Für das Gebäude gilt, dass beide von außen eindringenden Luftvolumenströme aus natürlicher und mechanischer Infiltration durch ALD selbstverständlich auch Außentemperatur haben. Sie können somit zur Berechnung des Lüftungswärmeverlustes addiert und gemeinsam mit $c_p \cdot \rho \cdot (\theta_{int} - \theta_e)$ multipliziert werden, um den Lüftungswärmebedarf zu berechnen. Die Zuluft hat jedoch nicht die thermischen Bedingungen der Außenluft (= Außenlufttemperatur), sondern eine höhere Zulufttemperatur, z.B. 16 °C. In diesem Fall muss der Luftvolumenstrom korrigiert werden, und zwar dergestalt, dass auch dieser korrigierte Zuluftvolumenstrom mit den von außen einströmenden infiltrierten Luftvolumenströmen addiert und gemeinsam mit $c_p \cdot \rho$ zum Lüftungswärmeverlust berechnet werden kann. Diese Korrektur wird mit dem Korrekturfaktor $f_{v,i}$ durchgeführt.

$$f_{V,i} = \frac{\theta_{int} - \theta_{su}}{\theta_{int} - \theta_e} \quad \text{mit } \theta_{su} = \text{Zulufttemperatur.}$$

Dieser so addierte Luftvolumenstrom wird als **„thermisch wirksamer“** Luftvolumenstrom bezeichnet. Er wird zwar in m³/h dargestellt, kann aber, weil er real gar nicht existiert, nicht gemessen werden und ist damit eine ziemlich unhandliche und gewöhnungsbedürftige Größe. Dementsprechend ist diese etwas kryptische Größe in DIN EN 12831-1:2017-09 nicht wieder aufgenommen worden.

4.3.1.2 Gegenüberstellung der Berechnung der infiltrierten Außenluftvolumenströme

Die Berechnung der infiltrierten Außenluftvolumenströme hat sich mit DIN EN 12831-1:2017-09 am gravierendsten gegenüber der alten Norm DIN EN 12831:2003-08 geändert.

4.3.1.2.1 DIN EN 12831:2003-08

In DIN EN 12831:2003-08 erscheint die Berechnung der Außenluftvolumenströme durch

- natürliche Infiltration aufgrund der Dichtheit der Hüllfläche,
- konditionierten Zuluftvolumenstrom und
- mechanisch erzeugten Unterdruck durch ALD

sehr einfach:

$$\dot{V}_i = \dot{V}_{inf,i} + \dot{V}_{su,i} \cdot f_{v,i} + \dot{V}_{mech,inf,i} \quad \text{in m}^3\text{/h mit}$$

$V_{inf,i}$ infiltrierter Luftvolumenstrom in m³/h

$V_{su,i}$ konditionierter Zuluftvolumenstrom in m³/h

$f_{v,i}$ Temperatur-Reduktionsfaktor für den Zuluftvolumenstrom

$V_{mech,inf,i}$ mechanisch infiltrierte Luftvolumenstrom in m³/h

Entsprechend wird der infiltrierte Luftvolumenstrom berechnet mit

$$V_{inf} = 2 \cdot V \cdot n_{50} \cdot e \cdot \varepsilon \quad \text{in m}^3\text{/h mit}$$

V_i Raumluftvolumen in m³

n_{50} Luftwechselrate bei Δp = 50 Pa

e Koeffizient für Abschirmung

ε Höhenkorrekturfaktor

4.3.1.2.2 DIN EN 12831-1:2017-09

Die Ermittlung der Luftvolumenströme durch Infiltration nach DIN EN 12831-1:2017-09 ist erheblich komplexer. Zunächst sind alle relevanten Daten zonenweise einzugeben:

- Neben eventuell vorhandenen Zu- und Abluftvolumenströmen sowie Überströmungen sind nun zusätzlich technische Abluftvolumenströme (z. B. Verbrennungsluftvolumenströme) oder sogar Luftvolumenströme durch große Öffnungen (in Hallen) sowie nach wie vor

- die Hüllflächen und Volumina der einzelnen Räume innerhalb der Lüftungszone

in ein der Heizlastberechnung der Räume vorgeschaltetes Zonen-Formblatt einzugeben.

In Bild 2 ist ein Berechnungsschema zur Ermittlung des infiltrierten Außenluftvolumenstromes gezeigt, um die komplexen Zusammenhänge darzustellen. Im Kapitel 6, „Beispielberechnungen", werden diese noch ausführlicher erläutert.

4.3.2 Lüftungswärmeverluste der Zone nach DIN EN 12831-1:2017-09

Der Lüftungswärmeverlust der Zone ergibt sich nach DIN EN 12831-1:2017-09, Abschnitt 6.3.3.3.1 aus

$$\Phi_{V,z} = \rho \cdot c_p \cdot \begin{pmatrix} \max(q_{v,leak+ATD,i} + q_{v,open,i}; f_{i-z} \cdot q_{v,min,i} - q_{v,tech,i}) \cdot (\theta^*_{int,i} - \theta_e) \\ + q_{v,sup,i} \cdot (\theta^*_{int,l} - \theta_{rec}) + q_{v,transfer,i} \cdot (\theta^*_{int,l} - \theta_{transfer,i}) \end{pmatrix}$$

mit folgenden Anteilen der Luftvolumenströme in m³/h:

$q_{v,leak+ATD,i}$ Außenluftvolumenstrom durch Undichtigkeiten und Außenwandluftdurchlässe

$q_{v,open,l}$ Außenluftvolumenstrom durch große Öffnungen

$q_{v,min,l}$ Mindest-Außenluftvolumenstrom

$q_{v,techn,l}$ technischer Luftvolumenstrom, seinerseits bestehend aus $q_{v,techn,l} = \max(q_{v,sup,l} + q_{v,transfer}\ ; q_{v,exh,i} + q_{v,comb,r})$

mit

$q_{v,sup,i}$ Zuluftvolumenstrom

$q_{v,transfer,i}$ Überströmung aus benachbarten Raum

$q_{v,exh,i}$ Abluftvolumenstrom

$q_{v,comb,i}$ Verbrennungs- oder anderer techn. erforderliche aus dem Raum abgeführter Luftvolumenstrom

In dieser Beziehung sind also alle denkbaren Lüftungssysteme eingebunden. Wenn keine lüftungstechnischen Maßnahmen und keine großen Öffnungen (Sonderfall) vorgesehen sind, dann reduziert sich die Formel auf einen Term:

$$\Phi_{V,z} = \rho \cdot c_p \cdot \sum(\max(q_{v,leak-ATD,i}; f_{i-z} \cdot q_{v,min,i}) \cdot (\theta^*_{int,i} - \theta_e))$$

$\theta^*_{int,l}$ = Innenlufttemperatur nach DIN EN 12831-1:2017-09, Gleichung (49); bei Räumen < 4 m = $\theta_{int,l}$

Um den Volumenstrom zu ermitteln wird anschließend der Faktor f_{i-z} gemäß DIN EN 12831-1:2017-09, Tabelle B5 (siehe Tabelle 28) gewählt.

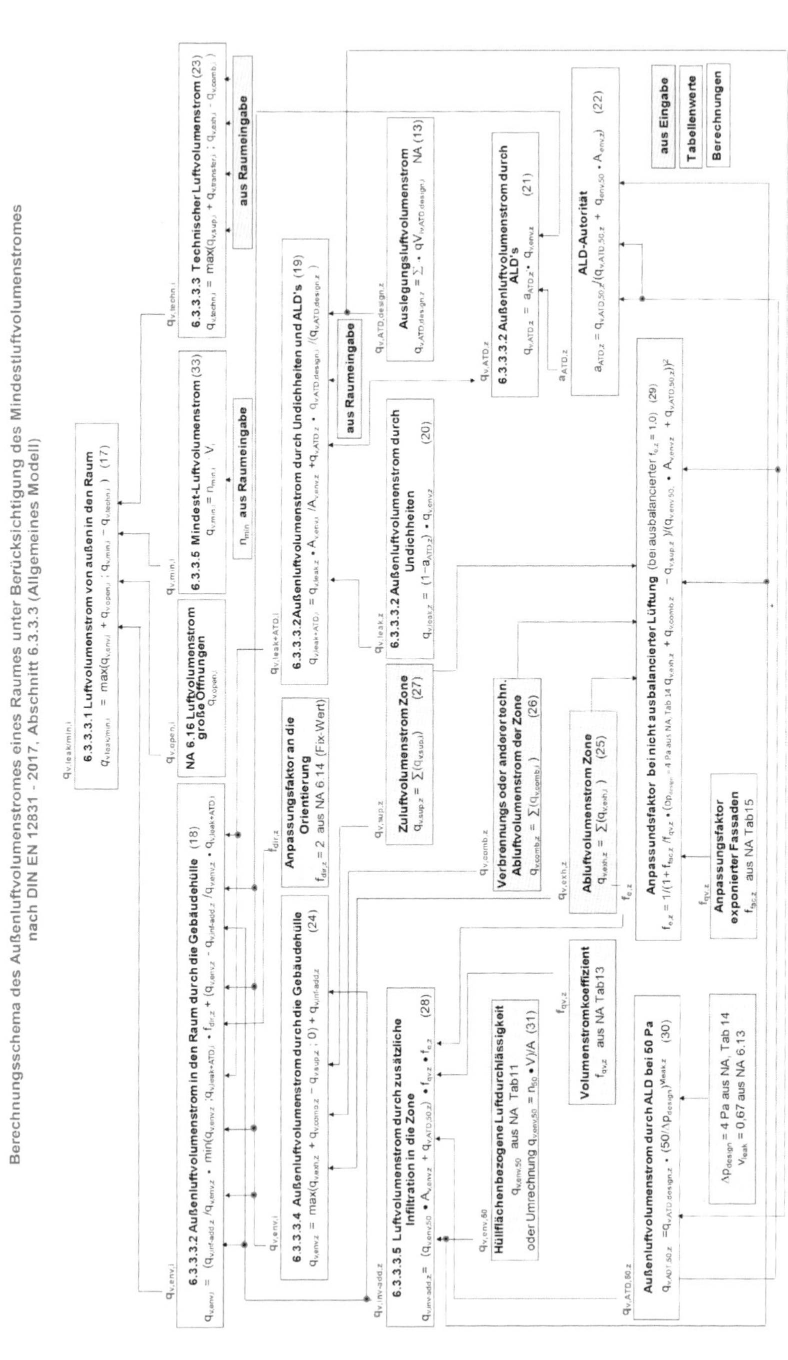

Bild 2: Berechnungsschema des Außenluftvolumenstroms nach DIN EN 12831-1:2017-09

Tabelle 28: Verhältnis Luftvolumenstrom Raum – Zone nach DIN EN 12831-1:2017-09, Tabelle B5

Anzahl der Räume (i) in Zone (z)	$f_{i\text{-}z}$*
1	1,0
≥ 2	0,5
* siehe vertiefende Ausführungen im Abschnitt 4.3.3.4	

Wenn in der Zone mehr als ein Raum vorhanden ist, ergibt sich mit $f_{i\text{-}z}$ = 0,5 folgende Formel, welche auch im Formblatt Z3 verwendet wird.

$$q_{v,z} = \sum(\max(q_{v,leak+ATD,i};0{,}5 \cdot q_{v,min,i}))$$

Gegenüber DIN EN 12831:2003-08 (siehe folgende Abschnitte und Beispielberechnungen) wurde der Faktor 0,5 für den Mindestluftvolumenstrom beibehalten.

4.3.3 Lüftungswärmeverluste des Gebäudes

4.3.3.1 DIN EN 12831:2003-08

Bei der Ermittlung der Lüftungswärmeverluste eines Gebäudes wurde in DIN EN 12831:2003-08 zwischen Gebäuden ohne und mit raumlufttechnischen Anlagen unterschieden:

- **Gebäude ohne raumlufttechnischen Anlagen**

  Aus DIN EN 12831:2003-08, Abschnitt 8.2:

  $$\sum\dot{V}_i = \max(0{,}5 \cdot \sum\dot{V}_{inf,i};\sum\dot{V}_{min,i}) \quad \text{in m}^3\text{/h}$$

  Der Grund für den Faktor 0,5 ist die Tatsache, dass der Wind nur von einer Seite gleichzeitig auf das Gebäude wirken kann, somit also, vereinfacht dargestellt, nur auf die Hälfte aller Räume. Somit wird als infiltrierter Außenluftvolumenstrom des Gebäudes nur die Hälfte der Summe aller Räume eingesetzt.

  Dies wurde in DIN EN 12831 Bbl. 1:2008-07 modifiziert:

  $$\sum\dot{V}_i = \max(\zeta \cdot \sum\dot{V}_{inf,i};0{,}5 \cdot \sum\dot{V}_{min,i})$$ in m³/h (V statt θ gemäß DIN EN 12831 Bbl. 1:2008-07, Gleichung (15))

  In DIN EN 12831:2003-08 ist der variable Gleichzeitigkeitsfaktor ζ nicht beibehalten worden, dort ist der konstante Wert 0,5 vorgesehen.

In DIN EN 12831 Bbl. 1:2008-07 wurde der Gleichzeitigkeitsfaktor ζ aus DIN 4701 beibehalten mit dem üblichen Vorschlagswert $\zeta = 0{,}5$, der aber je nach Situation vom Fachmann angepasst werden kann. Der ζ-Wert ist also variabel. Wenn z.B. nur ein Raum oder eine Halle berechnet wird, muss der Gleichzeitigkeitsfaktor $\zeta = 1{,}0$ gesetzt werden.

Die Konstante 0,5 für die Summe $\sum \dot{V}_{min}$ ist kein ζ-Wert, sondern ein Gleichzeitigkeitsfaktor für den Mindest-Außenluftvolumenstrom aufgrund des nutzerbedingten Verhaltens bei sehr kalten Tagen. Die Begründung für die Halbierung des Mindest-Luftvolumenstroms für das Gebäude liegt darin, dass dieser nicht gleichzeitig für das gesamte Gebäude vorgehalten werden muss. Es werden im täglichen Leben die Räume nicht gleichzeitig genutzt: Flure, Gästezimmer, die Kinder sind in der Schule, das Schlafzimmer wird sowieso kühler gehalten und evtl. abends gelüftet, bei sehr kalten Tagen wird die Fensterlüftung eingeschränkt etc.

DIN EN 12831 Bbl. 1:2008-07 summiert daher raumweise separat den Mindestlüftungswärmeverlust und den Verlust aus Infiltration ohne Berücksichtigung der raumweisen Maxima und wertet dann gebäudeweise das Maximum aus:

$$\sum \Phi_{i} = \max(\zeta \cdot \sum \Phi_{inf,i} ; 0{,}5 \cdot \sum \Phi_{min,i})$$

- **Gebäude mit raumlufttechnischen Anlagen**

  In DIN EN 12831:2003-08 erfolgt kein Vergleich mit $\sum \dot{V}_{min}$, da die raumlufttechnischen Anlagen so konzipiert sind, dass dieser gewährleistet wird.

  $$\sum \Phi_{V} = \zeta \cdot \sum \Phi_{V,inf,i} + \sum \Phi_{V,su,i} + \sum \Phi_{V\,mech,inf,i} \quad \text{in W mit}$$

  $\sum \Phi_{V,inf,i}$ aus Infiltration

  $\sum \Phi_{V,su,i}$ aus Zuluftvolumenstrom

  $\sum \Phi_{V\,mech,inf,i}$ aus Überschuss des Abluftvolumenstromes, der durch Außenluft ersetzt wird

4.3.3.2 DIN EN 12831-1:2017-09

Der Lüftungswärmeverlust des Gebäudes ergibt sich bei DIN EN 12831-1:2017-09 aus der Summierung der Zonenwerte:

$$\Phi_{V,build} = \sum \Phi_{V,z}$$

4.3.3.3 Wegfall Gleichzeitigkeitsfaktor ζ

In diesem Zusammenhang folgen Erläuterungen zum Wegfall des Gleichzeitigkeitsfaktors ζ:

Der Außenluftvolumenstrom des **Raumes** durch die Gebäudehülle wird nach DIN EN 12831-1:2017-09, Gleichung (18) wie folgt berechnet:

$$q_{v,env,i} = \frac{q_{v,int,add,z}}{q_{v,env,z}} \cdot \min(q_{v,env,z}\,; q_{v,leak+ATD,i} \cdot f_{dir}) + \frac{q_{v,env,z} - q_{v,inf\text{-}add,z}}{q_{v,env,z}}$$

Hierbei wird berechnet

$q_{v,env,i}$ nach DIN EN 12831-1:2017-09, Gleichung (18), Außenluftvolumenstrom des Raumes durch die Raumhülle

$q_{v,inf,add,z}$ nach DIN EN 12831-1:2017-09, Gleichung (28), Luftvolumenstrom durch zusätzliche Infiltration in die Lüftungszone

$q_{v,env,z}$ nach DIN EN 12831-1:2017-09, Gleichung (24), Außenluftvolumenstrom der Zone durch die Zonenhülle

$q_{v,leak+ATD,i}$ nach DIN EN 12831-1:2017-09, Gleichung (19), Außenluftvolumenstrom in den Raum durch Undichtigkeiten und ALDs

Der Außenluftvolumenstrom der **Zone** durch die Zonenhülle wird nach DIN EN 12831-1:2017-09, Gleichung (24) berechnet zu

$$q_{v,env,z} = \max(q_{v,exh,z} + q_{v,comb,z} - q_{v,sup,z}\,; 0) + q_{v,inf\text{-}add,z}$$

mit

$q_{v,exh,z}$ Abluftvolumenstrom der Zone

$q_{v,comb,z}$ Verbrennungs- oder anderer techn. erforderlicher Luftvolumenstrom

$q_{v,sup,z}$ Zuluftvolumenstrom der Zone

$q_{v,inf\text{-}add,z}$ Luftvolumenstrom durch zusätzliche Infiltration in die Lüftungszone

Sind keine Luftvolumenströme durch ALDs oder technische Volumenströme vorgesehen, ist

$$q_{v,env,z} = q_{v,inf\text{-}add,z}$$

Weiterhin ist der Außenluftvolumenstrom durch Undichtigkeiten und ALDs bestimmt durch DIN EN 12831-1:2017-09, Gleichungen (20) und (21)

$$q_{v,leak,z} = (1 - a_{ATD,z}) \cdot q_{v,env,z}$$

$$q_{v,ATD,z} = a_{ATD,z} \cdot q_{v,env,z}$$

Sind keine Luftvolumenströme durch ALDs oder technische Volumenströme vorgesehen, ist

$$q_{v,leak,z} = q_{v,env,z} \quad (\text{mit } a_{ATD,z} = 0)$$

und daraus

$$q_{v,env,z} = q_{v,inf\text{-}add,z} = q_{v,leak,z}$$

In DIN EN 12831-1:2017-09, Gleichung (18) ergibt sich somit der erste Term

$$\frac{q_{v,inf,add,z}}{q_{v,env,z}} = 1$$

und ferner der letzte Term

$$\frac{q_{v,env,z} - q_{v,inf\text{-}add,z}}{q_{v,env,z}} = 0$$

Es verbleibt

$$q_{v,env,i} = \min(q_{v,env,z}\,; q_{v,leak+ATD,i} \cdot f_{dir})$$

Da der Zonen-Außenluftvolumenstrom $q_{v,env,z} > q_{v,leak+ATD,i} \cdot f_{dir}$ (Raum-Außenluftvolumenstrom einschließlich des Faktors $f_{dir} = 2$) ist, verbleibt letztlich

$$q_{v,env,i} = q_{v,leak+ATD,i} \cdot f_{dir}{}^{5)}$$

Mit dem Anpassungsfaktor (siehe vertiefende Ausführungen im Abschnitt 4.3.3.4) $f_{dir} = 2$ nach DIN/TS 12831-1:2020-04, Abschnitt 4.15 wird also der von außen einströmende Luftvolumenstrom des Raumes mit 2 multipliziert; also quasi der Kehrwert des Gleichzeitigkeitsfaktors $\zeta = 0{,}5$ gemäß DIN 4701 für das Gebäude. Dieser ist allerdings nicht mehr variabel.[5]

Zur Klarstellung: Gemäß DIN EN 12831:2003-08 werden zunächst die Lüftungswärmeverluste aller einzelnen Räume berechnet, anschließend addiert, und zur Bemessung des Gebäude-Lüftungswärmeverlustes mit dem Gleichzeitigkeitsfaktor ζ – in aller Regel $\zeta = 0{,}5$ – multipliziert. Der Faktor 0,5 ergibt sich daraus, dass der Wind nur von einer Seite gleichzeitig auf das Gebäude wirken kann; also vereinfacht in etwa auf die Hälfte aller Räume des Gebäudes.

Nach DIN EN 12831-1:2017-09 erfolgt die Ermittlung umgekehrt: Zunächst wird der Außenluftvolumenstrom der Zone berechnet und die Bemessung der

5 Anmerkung: Hierbei wird unterstellt, dass das Gebäude bzw. die Zone mehrere Räume enthält. Wenn es sich nur um einen Raum, z.B. eine Halle, handelt, dann verbleibt bei $q_{v,env} = \min(q_{v,env,z}\,; q_{v,leak+ATD,i} \cdot f_{dir})$ als Minimum $q_{v,env,z}$, es findet also keine Multiplikation mit $f_{dir} = 2$ statt.

raumweisen Außenluftvolumenströme erfolgt anschließend im Verhältnis der Außen-Hüllflächen. Dieser so ermittelte raumweise Außenluftvolumenstrom wird gemäß DIN EN 12831-1:2017-09, Gleichung (18) mit dem Faktor f_{dir} = 2,0 multipliziert. Das bedeutet, dass auch nach neuer Norm der Außenluftvolumenstrom der Zone der Hälfte der Summe aller Räume entspricht. Der Gleichzeitigkeitsfaktor ζ als Variable entfällt und wird indirekt durch den Kehrwert von f_{dir} = 1/0,5 = 2 ersetzt.

4.3.3.4 Vertiefende Ausführungen zu den neuen Begriffen $f_{i\text{-}z}$ und f_{dir}

Beide Begriffe sind neu und bedürfen einer besonderen Erklärung:

$f_{i\text{-}z}$ Verhältnis zwischen dem Mindestwert des Luftvolumenstroms eines einzelnen Raumes (i), der Teil der betrachteten Zone ist, und des sich ergebenden Luftvolumenstromes der Zone.

Der Wert $f_{i\text{-}z}$ kann zwei konstante Werte annehmen:

Die Zone besteht aus nur einem Raum, z. B. eine Halle: $f_{i\text{-}z}$ = 1,0

Die Zone besteht aus mehreren Räumen: $f_{i\text{-}z}$ = 0,5

f_{dir} Orientierungsfaktor mit der Konstante: f_{dir} = 2

Diese Begriffe sollen an einem Beispiel erläutert werden. Da ausschließlich nur diese beiden neuen Begriffe behandelt werden, wird – um noch mehr Verwirrung zu vermeiden – der Luftvolumenstrom nur aus Infiltration berechnet und mit dem Mindestwert verglichen, also ohne mechanische Belüftung oder Außenluftvolumenstrom durch ALDs.

Zur Beachtung: In den Formeln zur Berechnung des Lüftungswärmeverlustes der Zone nach DIN EN 12831-1:2017-09, Gleichung (16) und eines zur Zone gehörenden Raumes nach DIN EN 12831-1:2017-09, Gleichung (17) ist implizit der Volumenstrom enthalten. Im Folgenden wird nur der Volumenstrom ermittelt und als solcher bezeichnet:

aus Gleichung (16) ohne $\rho \cdot c_p$: Volumenstrom $q_{v,env/min,z}$

aus Gleichung (17) ohne $\rho \cdot c_p$: Volumenstrom $q_{v,env/min,i}$

Die Bezeichnungen $q_{v,env/min,z}$ bzw. $q_{v,env/min,i}$ ist in DIN EN 12831-1:2017-09 nicht vorgesehen, wurde aber in DIN/TS 12831-1:2020-04 aufgenommen, um im Formblatt der Heizlastberechnung den Außenvolumenstrom als Maximum aus infiltriertem bzw. Mindestwert darzustellen.

Es werden zwei Fälle berechnet:

- Fall 1: Gebäude = Zone mit mehreren Räumen
- Fall 2: Gebäude = Zone mit nur einem Raum, z.B. eine Halle.

Fall 1: Gebäude = Zone mit 5 Räumen

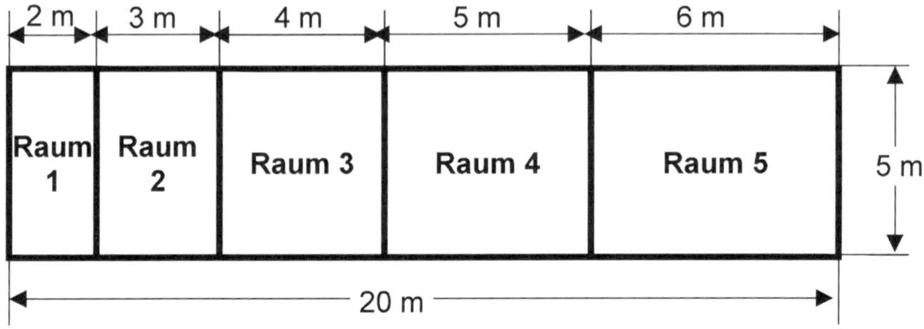

Raumhöhe = 3,0 m

Berechnung Außenluftvolumenstrom $q_{v,env,z}$ in die Zone:

Sind keine Lüftungsanlagen und auch keine ALD-Außenluftvolumenströme vorhanden, so vereinfachen sich die Beziehungen wie folgt:

Außenluftvolumenstrom der Zone durch die Gebäudehülle

$$q_{v,env,z} = q_{v,leak,z} = q_{v,inf\text{-}add,z}$$

wobei

$q_{v,env,z}$: Endgültig berechneter Außenluftvolumenstrom in die Lüftungszone durch die Gebäudehülle nach DIN EN 12831-1:2017-09, Gleichung (24), mit ev. Anteilen mech. Belüftung und ALD-Anteil

$q_{v,leak,z}$: Außenluftvolumenstrom in die Lüftungszone, ausschließlich durch Undichtigkeiten, nach DIN EN 12831-1:2017-09, 1. Term aus Gleichung (19), ohne Anteil durch ALDs (2. Term)

$q_{v,inf\text{-}add,z}$: Außenluftvolumenstrom durch zusätzliche Infiltration (durch ALDs) nach DIN EN 12831-1:2017-09, Gleichung (28)

ist.

Der Außenluftvolumenstrom durch zusätzliche Infiltration $q_{v,inf\text{-}add,z}$ berechnet sich nach DIN EN 12831-1:2017-09, Gleichung (28) zu

$$q_{v,inf\text{-}add,z} = (q_{env,50} \cdot A_{env,z} + q_{v,ATD,50,z}) \cdot f_{qv,z} \cdot f_{e,z}$$

Die Begriffe $q_{env,50}$, $q_{v,ATD,50,z}$, $f_{qv,z}$ und $f_{e,z}$ werden in den späteren Beispielberechnungen genau erklärt. Es ist in diesem Beispiel kein ALD-Außenluftvolumenstrom vorgesehen, daher ist der Anteil $q_{v,ATD,50,z} = 0$ und der Faktor $f_{e,z}$ ergibt sich zu $f_{e,z} = 1$.

Gleichung (28) reduziert sich somit auf

$$q_{v,inf\text{-}add,z} = q_{env,50} \cdot A_{env,z} \cdot f_{qv,z}$$

und berechnet sich mit

$q_{env,50}$	2 m³/(m²h)	(DIN/TS 12831-1:2020-04, Tabelle 11, Kategorie A)
$A_{env,z}$	150 m²	(3 m · (2 · 20 m + 2 · 5 m, ohne Decke)
$f_{qv,z}$	0,05	(DIN/TS 12831-1:2020-04, Tabelle 13, $\Delta h_z < 5$ m, Abschirmung normal)

auf

$$q_{v,inf\text{-}add,z} = 2 \cdot 150 \cdot 0{,}05 = 15\ \text{m}^3/\text{h}$$

und somit auch

$$q_{v,env,z} = q_{v,leak,z} = q_{v,inf\text{-}add,z} = 15\ \text{m}^3/\text{h}$$

Berechnung Außenluftvolumenströme $q_{v,env,i}$ in die einzelnen Räume:

Folgender Tabelle können die Daten zur Berechnung der Raumvolumen und der Raum-Hüllflächen entnommen werden:

Tabelle 29: Berechnung der Raumvolumen und der Raum-Hüllflächen

	Dim	**Raum**					
		1	**2**	**3**	**4**	**5**	$\sum$
l	m	2,00	3,00	4,00	5,00	6,00	
b	m	5,00	5,00	5,00	5,00	5,00	
h	m	3,00	3,00	3,00	3,00	3,00	
$\boldsymbol{V_i}$	**m³**	**30,0**	**45,0**	**60,0**	**75,0**	**90,0**	
$\boldsymbol{A_{env,i}}$	**m²**	**27,0**	**18,0**	**24,0**	**30,0**	**51,0**	**150,0**

Sind keine Lüftungsanlagen und auch keine ALD-Außenluftvolumenströme vorhanden, so vereinfachen sich die Beziehungen nach DIN EN 12831-1:2017-09, Gleichung (18) wie folgt:

$$q_{v,env,i} = \frac{q_{v,inf\text{-}add,z}}{q_{v,env,z}} \cdot \min(q_{v,env,z}; q_{v,leak+ATD,i} \cdot f_{dir})$$

Da $q_{v,inf\text{-}add,z} = q_{v,env,z}$, und somit $q_{v,inf\text{-}add,z} / q_{v,env,z} = 1$ wird, berechnet sich

$$q_{v,env,i} = \min(q_{v,env,z}\ ;\ q_{v,leak+ATD,i} \cdot f_{dir}).$$

Der Außenluftvolumenstrom $q_{v,leak+ATD,i}$ in den Raum wird ohne ALD-Außenluftvolumenstrom nach DIN EN 12831-1:2017-09, Gleichung(19), 1. Term wie folgt berechnet:

$$q_{v,leak+ADT,i} = q_{v,leak,z} \cdot \frac{A_{env,i}}{A_{env,z}}$$

Der Außenluftvolumenstrom $q_{v,env,i}$ der einzelnen Räume kann nun berechnet werden:

$$q_{v,env,i} = \min(q_{v,env,z}\ ;\ q_{v,leak+ATD,i} \cdot f_{dir})$$

mit dem zuvor berechneten Außenluftvolumenstrom der Zone $q_{v,env,z} = 15\ m^3/h$

$$q_{v,env,i} = \min(15\ m^3/h\ ;\ q_{v,leak+ATD,i} \cdot f_{dir})$$

Der Außenluftvolumenstrom $q_{v,leak+ATD,i}$ der einzelnen Räume kann nun in der folgenden Tabelle in Zeile 4 berechnet werden (Wert Zeile 1 × Wert Zeile 2 / Wert Zeile 3), ebenso der mit

$$f_{dir} = 2$$

beaufschlagte endgültige Außenluftvolumenstrom $q_{v,env,i}$ der Räume in Zeile 6 (Wert Zeile 4 × Wert Zeile 5).

Tabelle 30: Berechnung Außenluftvolumenstrom $q_{v,env,i}$

Zeile		**DIN EN 12831-1: 2017-09, Gleichung**	**Dim.**	**Raum**					Σ
				1	**2**	**3**	**4**	**5**	
1	$q_{v,env,z}$		m³/h	15					
2	$A_{env,i}$		m²	27,0	18,0	24,0	30,0	51,0	150
3	$A_{env,z}$		m²	150					
4	$q_{v,leak+ATD,i}$	**(19)**	**m³/h**	**2,7**	**1,8**	**2,4**	**2,0**	**5,1**	**15,0**
5	f_{dir}			2					
6	$q_{v,env,i}$	**(18)**	**m³/h**	**5,4**	**3,6**	**4,8**	**6,0**	**10,2**	**30,0**

In DIN EN 12831-1:2017-09, Gleichung (18) wird zur Berechnung des infiltrierten Raum-Außenluftvolumenstromes $q_{v,env,i}$ der im Verhältnis der Hüllflächen $A_{env,i}$ /$A_{env,z}$ aufgeteilte Volumenstrom $q_{v,leak+ATD,i}$ durch den Faktor f_{dir} = 2 multipliziert, also verdoppelt, da bei mehreren Räumen/Zone das Produkt $q_{v,leak+ATD,i} \cdot f_{dir}$ kleiner ist als der Außenluftvolumenstrom der Zone $q_{v,env,z}$.

Berechnung des einzusetzenden Luftvolumenstroms $q_{venv/min,i}$ ***der Räume:***

Wie zuvor erwähnt, wird aus DIN EN 12831-1:2017-09, Gleichung (17) ohne $\rho \cdot c_p$ der Volumenstrom $q_{v,env/min,i}$ ermittelt.

$$q_{v,env/min,i} = \max(q_{v,env,i} + q_{v,open,i}\,;\ q_{v,min} - q_{v,tech,i})$$

Da $q_{v,open,i}$ und $q_{v,min} - q_{v,tech,i}) = 0$ sind, verbleibt:

$$q_{v,env/min,i} = \max(q_{v,env,i}\,;\ q_{v,min})$$

Tabelle 31: Berechnung Außenluftvolumenstrom $q_{v,env/min,i}$

Zeile		DIN EN 12831-1: 2017-09, Gleichung	Dim.	Raum 1	Raum 2	Raum 3	Raum 4	Raum 5	Σ
1[a]	$q_{v,env,i}$		m³/h	5,4	3,6	4,8	6,0	10,2	30,0
2	n_{min}		h⁻¹	0,5					150
3	V_i		m³	30	45	60	75	90	300
4	$q_{v,min,i}$		m³/h	15	22,5	30	37,5	45	150
5[b]	$q_{v,env/min}$	**(17)**	**m³/h**	**15**	**22,5**	**30**	**37,5**	**45**	**150**

a Übernahme Zeile 6 aus Tabelle 30
b Maximum Zeile 1 und Zeile 4 – in aller Regel der Mindestwert

Berechnung des einzusetzenden Luftvolumenstroms $q_{venv/min,z}$ der Zone:

Der Luftvolumenstrom $q_{v,env/min,z}$ der Zone wird nach DIN EN 12831-1:2017-09, Gleichung (16) folgendermaßen berechnet:

$$q_{v,env/min,z} = \max(\sum(q_{v,leak+ADT,i}\ ;\ f_{i\text{-}z} \cdot q_{v,min}))$$
$$= \max(\sum(15\ ;\ 0{,}5 \cdot 150))$$
$$= 75\ m^3/h$$

mit

$\sum q_{v,leak+ADT,i} = 15\ m^3/h$

$\sum q_{v,min,i} = 150\ m^3/h$

$f_{i\text{-}z} = 0{,}5$ (DIN/TS 12831-1:2020-04, Tabelle 10, Anzahl Räume > 1)

Fall 2: Gebäude = Zone mit nur einem Raum

Berechnung einer Halle:

Die Beispielhalle hat der Vergleichbarkeit wegen die gleichen Maße wie das vorige Beispiel des Gebäudes mit 5 Räumen:

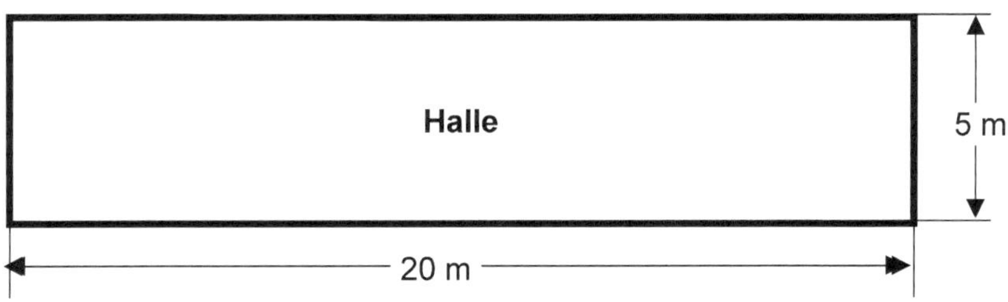

Die geometrischen Maße stellen sich dementsprechend folgendermaßen dar:

	Dim	Zone
l	m	20,00
b	m	5,00
h	m	3,00
V_z	m^3	300,0
$A_{env,i}$	m^2	150,0

Außenluftvolumenstrom $q_{v,env,z}$ der Zone:

Der Außenluftvolumenstrom der Zone durch die Gebäudehülle entspricht dem des vorigen Beispiels:

$$q_{v,env,z} = 15\ m^3/h$$

Berechnung Außenluftvolumenstrom $q_{v,env,i}$ des Raumes:

Da es sich um einen einzigen Raum in der Zone handelt, ist der Raumwert gleich dem Zonenwert:

$$q_{v,env,i} = q_{v,env,z} = 15\ m^3/h$$

Berechnung des einzusetzenden Luftvolumenstroms $q_{v,env/min,z}$ der Zone:

Der Luftvolumenstrom $q_{venv/min,z}$ der Zone wird nach DIN EN 12831-1:2017-09, Gleichung (16) folgendermaßen berechnet:

$$q_{v,env/min,z} = \max(\sum(q_{v,leak+ADT,i}\ ;\ f_{i-z} \cdot q_{v,min}))$$

$$q_{v,env/min,z} = \max(\sum(15\ ;\ 1{,}0 \cdot 150))$$

$$q_{v,env/min,z} = 150\ m^3/h$$

mit

$\sum q_{v,leak+ADT,i}$ = 15 m³/h (wenn Raum = Zone, dann $\sum q_{v,leak+ADT,i} = q_{v,leak+ADT,i}$)

$\sum q_{v,min}$ = 150 m³/h (wenn Raum = Zone, dann $\sum_{qv,min} = q_{v,min}$)

f_{i-z} = 1,0 (DIN/TS 12831-1:2020-04, Tabelle 10, Anzahl Räume = 1)

Resümee Faktor f_{i-z}

Wenn die Zone aus mehr als nur einem Raum besteht, halbiert der Faktor f_{i-z} den Gebäude-Mindest-Außenluftvolumenstrom, der sich aus der Summe aller Räume berechnet. Dieser Faktor 0,5 wurde bereits in der Vorgängernorm eingeführt, allerdings ohne eine spezielle Bezeichnung. Die Begründung hierfür ist, dass der volle Mindest-Außenluftvolumenstrom nicht für alle Räume gleichzeitig vorgehalten werden muss. Es werden im täglichen Leben die Räume nicht gleichzeitig oder permanent genutzt, z.B. Flure, Gästezimmer oder Kinderzimmer (wenn die Kinder in der Schule sind). Das Schlafzimmer wird häufig sowieso kühler gehalten und abends gelüftet und nur bei sehr kalten Tagen wird die Fensterlüftung eingeschränkt.

Handelt es sich aber um einen einzigen Raum, der eine Zone darstellt, wird der Faktor f_{i-z} = 1,0 gesetzt, da ja keine Gleichzeitigkeit mit anderen Räumen vorliegt, sondern dieser eine Raum seinen Mindest-Außenluftvolumenstrom benötigt.

Resümee Faktor f_{dir}

In allen Vorgängernormen wurden zuerst die einzelnen Räume berechnet und anschließend die Summen gebildet. Die Summe des Lüftungswärmeverlustes aller Räume wurde mit dem Gleichzeitigkeitsfaktor ζ (Standardfall = 0,5) multipliziert. Dies deshalb, da der Wind nur von einer Richtung gleichzeitig das Gebäude beaufschlagen kann, also (vereinfacht) statistisch nur die Hälfte aller Räume des Gebäudes gleichzeitig mit Außenluft infiltriert werden. Nach DIN EN 12831-01:2017-09 wird aber zuerst der gesamte Außenluftvolumenstrom der Zone berechnet. Der maximale Wert des raumweisen Außenluftvolumenstromes wäre nach DIN EN 12831-01:2017-09, Gleichung (18)

$$q_{v,env,i} = \min(q_{v,env,z} \, ; \, q_{v,leak+ATD,i} \cdot f_{dir})$$

$q_{v,env,z}$ selbst. Das wäre der Fall, wenn es sich z.B. nur um einen Raum, beispielsweise eine Halle, handeln würde. Ansonsten ist bei mehreren Räumen in einer Zone das Produkt $q_{v,leak+ATD,i} \cdot f_{dir}$ kleiner als $q_{v,env,z}$. Die einzelnen Räume erhalten daher den doppelten Außenluftvolumenstromanteil.

Der Orientierungsfaktor f_{dir} bedeutet praktisch die Umkehrung des Gleichzeitigkeitsfaktors nach DIN EN 12831 Bbl. 1:2008-07 ($1/\zeta = 1/0,5 = f_{dir} = 2$).

5 Formblätter

Die Gebäudedaten und die Berechnungsergebnisse sind in Formblätter nach DIN/TS 12831-1:2020-04, einzutragen. Es stehen neun Formblätter zur Verfügung:

V	Vereinbarungen
G1	Allgemeine Gebäudedaten
N1	Vorgabewerte Nutzungseinheit
Z1	Vorgabewerte Zone
R	Heizlastberechnung der einzelnen Räume
Z2	Zonenübersicht Heizlasten
Z3	Zonenübersicht Luftvolumenströme
N2	Zusammenstellung der Ergebnisse der Nutzungseinheiten und Lüftungszonen
G2	Zusammenstellung der Ergebnisse des Gebäudes

Bei Formblättern, welche mehr als einmal verwendet werden, wie z.B. Formblatt R zur Berechnung der Raum-Heizlast, wird die Seitenzahl nachgestellt, also R-1, R-2 etc. Das gilt auch für die Formblätter N1 und Z1 sowie die Ergebnislisten N2 und G2.

Formblatt V: Die Norm enthält Standardwerte für Auslegungsinnentemperaturen und Mindestluftwechsel sowie die Möglichkeit einer zusätzlichen Aufheizleistung bei unterbrochenem Heizbetrieb. Von diesen Standardwerten kann raumweise abgewichen werden. Dies ist zu dokumentieren. Die Gliederung des Formblattes V entspricht der möglichen Gliederung des Gebäudes in Nutzungseinheiten sowie pro Nutzungseinheit in Lüftungszonen.

Diese Vereinbarungen sollten von den Vertragspartnern unterschrieben werden.

Formblatt G1: In diesem Formblatt werden die allgemeinen Gebäudedaten eingetragen sowie alle Werte, welche als Parameter insgesamt für die Berechnung der einzelnen Räume erforderlich sind und für alle Räume gleichermaßen zutreffen.

Formblatt N1: Ein Gebäude kann in Nutzungseinheiten eingeteilt werden, in welchen unterschiedliche Bedingungen bezüglich Temperaturen, Mindest-Luftwechsel, thermischen Speicherverhaltens etc. herrschen. Wenn das Gebäude nicht in Nutzungseinheiten eingeteilt wird, z.B. bei einem EFH, ist dieses Formblatt nicht relevant. Den Nutzungseinheiten sind Lüftungszonen zuzuordnen. Lüftungszonen wurden in DIN EN 12831-1:2017-09 erstmalig eingeführt, da zur Berechnung von Luftvolumenströmen durch Undichtigkeiten die Hüllflächen eines jeden einzelnen Raumes in Verhältnis zur Hüllfläche der Lüftungszone gesetzt werden.

Formblatt Z1: Dieses Formblatt widmet sich den Lüftungszonen. In Lüftungszonen sind alle Räume enthalten, welche in einem Luftaustausch zueinanderstehen, unabhängig davon, ob eine freie oder eine ventilatorgestützte Lüftung vorliegt. Wenn es keine Zuordnung zu einer Nutzungseinheit gibt, da das Gebäude nicht in Nutzungseinheiten aufgeteilt wurde, entspricht die Lüftungszone dem Gebäude. In diesem Fall lautet die Bezeichnung der Lüftungszone: Wie Gebäude.

Formblatt R: In diesem Formblatt findet die raumweise Berechnung der Norm-Heizlast statt. Das Formblatt gliedert sich in:

- Eingabe der allgemeinen Kopfdaten des Raumes (Auslegungsinnentemperatur, Raumgeometrie, Erdreich betreffend, lüftungsrelevante Angaben);
- Tabellarische Berechnung der Standard-Transmissionswärmeverluste;
- Berechnung der Standard-Lüftungswärmeverluste.

Den Abschluss bilden die Ergebnisse:

- Normheizlast des Raumes mit den spez. Werten pro m² und pro m³;
- Zuschlag als Maximum von Komfortzuschlag und Zuschlag Aufheizleistung;
- Auslegungsheizlast des Raumes mit den spez. Werten pro m² und pro m³.

Formblatt Z2: Zusammenfassung der einzelnen Anteile der Wärmeverluste der berechneten Räume.

Formblatt Z3: Zusammenfassung der einzelnen Anteile der Luftvolumenströme der berechneten Räume.

Formblatt N2: Zusammenfassung der Ergebnisse der zu Nutzungseinheiten gehörigen Lüftungszonen.

Formblatt G2: Zusammenfassung aller relevanten Werte des Gebäudes.

Es müssen aber nicht in jedem Fall alle neun Formblätter ausgefüllt werden. Bei einem EFH ohne lüftungstechnische Maßnahme (nur Infiltration), bei welchem das Gebäude der Lüftungszone entspricht, genügen z.B. die Formblätter

- V Vereinbarungen
- G1 Allgemeine Gebäudedaten

- Z1 Zonendaten
- R-1 – R-X Raumweise Berechnung der Norm-Heizlast.
- G2 Gebäudezusammenstellung

Die Befüllung der Zusammenstellungen Z2 – Z3 ist optional.

Nachstehend sind die Formblätter gezeigt:

Formblatt V – Eintrag der Vereinbarungen

Projekt-Nr. / Projekt

CHECKLISTE VEREINBARUNGEN Datum Seite V

- ☐ Alle Räume mit Standard-Auslegungsinnentemperatur rechnen (6.4 - a)
- ☐ Innentemperatur nachfolgend raumweise festlegen (6.4 - b)
- ☐ Innentemperatur für alle Räume um .... K gegenüber Standardwert erhöhen (6.4 - c)

- ☐ Raumheizlasten ohne Aufheizzuschlägen
- ☐ Raumheizlasten aller Räume mit Aufheizzuschlägen berechnen [1]
- ☐ Aufheizzuschlägen nachfolgend raumweise festlegen [1]

- ☐ Maximum Aufheizzuschläge und erhöhte Innentemperaturen aller Räume in Gebäudeheizlast berücksichtigen [1]

Nutzungseinheit: **Lüftungszone**

1	2	3	4	5	6	7	8	9	10
Geschoss	Raum		Raumart	Innentemperatur		**Mindest-Außenluftwechsel**	Aufheiz-zuschlag [1]		**Aufheizzuschlag / erhöhte Raumtemperatur bei Gebäudeheizlast berücksichtigen** [1]
				Standardwert	ggf. abweichende Festlegung [2]		für Raum vorsehen	spezifischer Wert [3]	
	Nr (i)	Bezeichnung		$\theta_{int,stand,i}$	$\theta_{int,ausleg}$	$n_{min,i}$	ja/nein	φ_{hu}	ja/nein
				°C		h^{-1}		W/m²	

1 Spalten 9 und 10: Die Ausführungen in 4.21 (Aufheizzuschlag) und 6.4 (Auslegungsinnentemperatur) sind zu berücksichtigen. Werden Leistungszuschläge auf die Raumheizlast(en) vereinbart, ergibt sich hieraus keine Notwendigkeit, diese auch bei der Berechnung der Gebäudeheizlast zu berücksichtigen. Ob/inwieweit etwaige raumweise Leistungszuschläge auch in der Gebäudeheizlast berücksichtigt werden, ist im Einzelfall abzuwägen.

2 Spalte 6: Die Ausführungen in 6.4 (Auslegungsinnentemperatur) zur Festlegung von Auslegungsinnentemperaturen, welche von den Standardwerten abweichen, sind zu berücksichtigen. Unter bestimmten Bedingungen sind individuell vereinbarte Werte wie Standardwerte zu behandeln.

3 Spalte 9; (a) Berechnung nach vereinfachtem Ansatz 4.21 in Formblatt Z2 oder alternative individuelle Ermittlung/Festlegung.

Ort, Datum Auftragbeber Auftragnehmer

Bild 3: Formblatt Vereinbarungen (V); Anmerkung Spalte 7: Wird eine Personenluftrate vereinbart, muss für dieses Formblatt zunächst der Mindest-Luftwechsel errechnet werden.

Projekt-Nr. / Projekt								
ALLGEMEINE GEBÄUDEDATEN				Datum:		Seite		G1
GEOMETRIE								
Länge	l_{build}		m	Anzahl Geschosse			-	
Breite	b_{build}		m					
Höhe	h_{build}		m	Volumen	$V_{e,build}$		m³	
Grundfläche	A_{build}		m²	Hüllfläche	$A_{env,build}$		m²	
WÄRMEBRÜCKENZUSCHLAG								
Kategorie					ΔU_{TB}		W/(m²K)	
WÄRMESPEICHERKAPAZITÄT								
Wärmespeicherkapazität	c_{eff}		Wh/(m³·K)		C_{eff}		Wh/K	
Wärmeverlustkoeffizient					H_{Build}		W/K	
Zeitkonstante des Gebäudes					τ_{Build}		h	
LÜFTUNG								
Luftdichtheitsprüfung:				Anforderung an Luftdichtheit:				
Kennwert Durchlässigkeit	Kategorie	n_{50}	h^{-1}		$q_{env,50}$		m³(m²h)	
Anzahl der Fassaden					$f_{fac,z}$			
Abschirmung					$f_{qv,z}$			
Mittlere Windgeschwindigkeit (nur ausfüllen, wenn große Öffnungen berücksichtigt werden)							m/s	
Hauptwindrichtung (nur ausfüllen, wenn große Öffnungen berücksichtigt werden)								
AUßENTEMPERATUREN								
PLZ / Referenzort				Außentemperatur Referenzort	$\theta_{e,ref}$		°C	
Referenzhöhe					h_{ref}		m	
Standorthöhe					h_{build}		m	
Temperaturanpassung Höhendifferenz					$\Delta\theta_{e,\tau}$		K	
Auslegungsaußentemperatur am Gebäudestandort (Außenlufttemperatur)					$\Delta\theta_{e,0}$		°C	
Temperaturanpassung Zeitkonstante					$\Delta\theta_{e,\tau}$		K	
Auslegungsaußentemperatur					θ_e		°C	
Jahresmittel Außentemperatur					$\theta_{e,m}$		°C	
ERDREICH								
Tiefe der Bodenplatte [1]	z		m	Grundwassertiefe			m	
Erdreichberührter Umfang [2]	P		m	Faktor Grundwasser	f_{GW}		-	
Charakteristisches Bodenplatten	B'		m	Faktor per. Schwankun(	$f_{\theta,ann}$		-	

1 Im Normalfall ist die Ermittlung des überschlägigen Wärmeverlustkoeffizienten gemäß 4.6.3 und 4.6.4 durchzuführen. Es darf jedoch ein extern berechneter Wert eingesetzt werden, z.B. aus einer vorangegangenen Berechnung eines Energieausweises. Siehe auch die Erläuterungen unter B.3.2.7 (Beispielberechnung)

2 Die Parameter z, P und B' können alternativ raumweise ermittelt werden.

3 Für Räume mit U-Boden > 0,5 W/m²K muss B' raumweise berechnet werden

Bild 4: Formblatt Allgemeine Projektdaten (G1)

Formblatt N1 – Eintrag der Nutzungseinheiten

Projektnummer/-bezeichnung									
NUTZUNGSEINHEITEN		Datum:					Seite:		N1-1
1	2	3	4	5	6	7	8	9	10
Nutzungseinheit		**Volumen**	**spezifische Wärmespeicherkapazität**	**Wärmespeicherkapazität**	**Wärmeverlustkoeffizient**	**Zeitkonstante**	**Temperaturanpassung Zeitkonstante**	**Enthaltene Lüftungszonen**	
Nr. (BE)	Bezeichnung	$V_{e,BE}$	$c_{eff,BE}$	$C_{eff,BE}$	$H_{12,BE}$	τ_{BE}	$\Delta\theta_{e,\tau,BE}$	Nr. (z)	Bezeichnung
		m³	Wh/m³K	Wh/K	W/K	h	K		

Bild 5: Formblatt Nutzungseinheiten (N1)

Formblatt Z1 – Eintrag der Zonenwerte

Projekt-Nr. / Bezeichnung							
Nutzungseinheit:				Lüftungszone:		Datum	Seite Z1
ZONENDATEN							
Höhe Erdreich bis Unterkante Zone	h_z		m	Luftdichtheitsprüfung:			
Zonenhöhe	Δh_z		m	Anforderung an die Luftdichtheit:			
Mittlere Höhe der Zone über Erdreich	$h_{q,z}$		m	Anzahl der Fassaden:	$f_{fac,z}$		-
Volumen	V_z		m³	Hüllflächenbezogene Durchlässigkeit	$q_{env,50,z}$		m³/(m²h)
Hüllfläche	$A_{env,z}$		m²	Volumenstromfaktor	$f_{qv,z}$		-
VOLUMENSTRÖME							
Zuluftvolumenstrom	$q_{v,sup,z}$		m³/h	Auslegungsvolumenstrom ALD	$q_{v,ATD,design,z}$		m³/h
Wirkungsgrad der WRG [1]	$\eta_{rec,z}$		%	Auslegungsdruckdifferenz	$\Delta p_{ATD,design,z}$		Pa
Zulufttemperatur	$\theta_{rec,z}$		°C	Druckexponent Leckagen	$v_{leak,z}$		-
Abluftvolumenstrom	$q_{v,exh,z}$		m³/h	Verbrennungs- oder ä. techn. Volumenstrom	$q_{v,comb,z}$		m³/h

RAUMVERWALTUNG																		
1	2	3	4	5	6	7	8	9	10	11	12	13	14	15	16	17	18	19
Geschoss	Raum		Innen-temperatur		LW-min	Geometrie		Volumenströme					Temperaturen Überström-volumenströme		Aufheizzuschlag Berechnung oder Eingabe φ_{hu} [2]			
	Nr. (i)	Bezeichnung	$\theta_{int,stand}$	$\theta_{int,ausleg}$	$n_{min,i}$	$A_{enf,i}$	V_i	$q_{v,sup,i}$	$q_{v,exh,i}$	$q_{v,ATD,i}$	$q_{v,comb,i}$	$q_{v,transfer,ij}$	$\theta_{trans,ij}$	$\theta_{trans,comf}$	t_{sb}	t_{hu}	n_{sb}	φ_{hu}
			°C		h⁻¹	m²	m³	m³/h					°C		h	h	h⁻¹	W/m²

[1] Wirkungsgrad der Wärmerückgewinnung bei Auslegungstemperatur; im Falle eines Bypasses bei tiefen Außentemperaturen gilt für die Heizlastberechnung $\eta_{WRG} = 0$

[2] Nur ausfüllen, wenn Aufheizzuschlag vereinbart ist: siehe auch Formblatt V

Bild 6: Formblatt Zonen (Z1)

Formblatt R – Berechnung der Heizlast der einzelnen Räume

Projekt-Nr. / Bezeichnung			
RAUMHEIZLAST	Datum	Seite	R-x
Nutzungseinheit:	Lüftungszone:		
Geschoss .... Raum-Nr.	Bezeichnung:		

Auslegungsinnentemperatur $\theta_{int,stand,i}$ .... °C + $\Delta\theta_{comf,i}$ .... K = $\theta_{int,ausleg,i}$ .... °C

Abmessungen				**Mindestaußenluftwechsel**	$n_{min,i}$	....	h^{-1}
Raumlänge	l_i	....	m	**Mindestaußenluftvolumenstrom**	$q_{v,min,i}$	....	m³/h
Raumbreite	b_i	....	m	**Mechanische Belüftung**			
Raumfläche	A_{NGF}	....	m²	Zuluftvolumenstrom	$q_{v,sup,i}$	....	m³/h
Geschosshöhe	$h_{G,i}$	....	m	Temperatur	$\theta_{rec,z}$	....	°C
Deckendicke	d_i	....	m	Abluftvolumenstrom	$q_{v,exh,i}$	....	m³/h
Raumhöhe	h_i	....	m	**Auslegungsvolumenstrom ALD**	$q_{v,ADT,design,i}$	....	m³/h
Raumvolumen	V_i	....	m³	**Überströmung aus Nachbarraum**			
Raum-Hüllfläche	$A_{env,i}$	....	m²	Volumenstrom	$q_{v,trans,ij}$	....	m³/h
Erdreich				Temperatur	$\theta_{transfer,ij}$	....	°C
Tiefe unter Erdreich	z_i	....	m	**Verbrennungs/techn. Volumenstrom**	$q_{v,comb,i}$	....	m³/h
Bodenfläche	$A_{g,i}$	....	m²	**Technischer Luftvolumenstrom**	$q_{v,techn,i}$	....	m³/h
exponierter Umfang	P_i	....	m	**Außenluft große Öffnungen**	$q_{v,open,i}$	....	m³/h
char. Bodenplattenmaß	B'_i	....	m	**Infiltration, ALD oder Mindestwert**	$q_{v,env/min,i}$	....	m³/h

1	2	3	4	5	6	7	8	9	10	11	12	13	14	15
Orientierung	Bauteil	Anzahl	Breite	Länge / Höhe	Bruttofläche		Bauteilfläche	grenzt an	angrenzende Temperatur	Temperatur-anpassung	Bauteil U-Wert	Wärmebrücken zuschlag	Korrigierter U-Wert	Standard-Transmissions-Wärmeverlust
-	-	-	b_x	l/h_x	$A_{brutto,x}$	$A_{abzug,x}$	A_x	-	$\theta_{x,x}$	$f_{x,x}$	U_x	$\Delta U_{TB,x}$	$U_{c,equiv,x}$	$\Phi_{T,x}$
			m		m²				°C	-	W/m²K			W

Σ Standard-Transmissionswärmeverlust	$\Phi_{T,stand,i}$	**W**
Lüftungswärmeverluste durch		
- Außenluftvolumenstrom (Infiltration, ALD oder Mindestwert)	$\Phi_{V,env/min,i}$	W
- Zuluftvolumenstrom	$\Phi_{V,sup,i}$	W
- Volumenstrom Überströmung	$\Phi_{V,transfer,i}$	W
Σ Standard-Lüftungswärmeverlust	$\Phi_{V,stand,i}$	**W**

					$\Phi_{stand,i}$	**W**
Zuschlag erhöhte Auslegungsinnentemperatur			$\Delta\Phi_{comf,i}$	W		
Zuschlag Aufheizleistung	....	W/m²	$\Phi_{hu,i}$	W	$Max(\Delta\Phi_{comf,i}, \Phi_{hu,i})$	W
NORMHEIZLAST	....	**W/m²**	....	**W/m³**	$\Phi_{HL,i}$	**W**

Bild 7: Formblatt Raum (R)

Formblatt Z2 – Auflistung der Wärmeverluste

Projekt-Nr. / Bezeichnung		
ZONENÜBERSICHT HEIZLAST	Datum:	Seite: Z2
Nutzungseinheit:	Lüftungszone:	

1	2	3	4	5	6	7	8	9	10	11	12	13	14	15	16	17	18	19
Geschoss	Raum		Transmissionswärmeverluste direkt/indirekt nach außen [1]	Σ Standard-Transmissionswärmeverluste	Standard-Lüftungswärmeverluste der Zone										Standardheizlast [2]	Zuschlag für erhöhte Innentemperatur	Aufheizzuschlag	Normheizlast [3]
					durch Gebäudehülle	durch Undichtigkeiten	durch große Öffnungen	durch Mindest-außenluftwechsel	durch technischen Volumenstrom	Gesamtluftvolumenstrom Leckagen, ALD und Nutzung oder Mindestwert, bezogen auf Raum	Gesamtluftvolumenstrom … bezogen auf Zone $f_{i-z} = 0{,}5$	durch Zuluft	durch Überströmung	Lüftungswärmeverluste				
	Nr. (i)	Bezeichnung	$\Phi_{T,ie/iae/ig}$	$\Phi_{T,i,stand}$	$\Phi_{V,env,i}$	$\Phi_{V,leak+ATD,i}$	$\Phi_{V,open,i}$	$\Phi_{V,min,i}$	$\Phi_{V,techn,i}$	$\Phi_{V,env/min,i}$	$\Phi_{V,leak/min,i}$	$\Phi_{V,sup,i}$	$\Phi_{V,trans,ij}$	$\Phi_{V,stand,i}$	$\Phi_{stand,i}$	$\Delta\Phi_{comf,i}$	$\Phi_{hu,i}$	$\Phi_{HL,i}$
			W															
Summen																		

[1] Spalte 4: Summe aller Transmissionswärmeverluste direkt oder indirekt nach außen, welche bei der Berechnung der Gebäudeheizlast zu berücksichtigen sind

[2] Spalte 16: Heizlast des Raumes unter Standardbedingungen und ohne Zuschläge

[3] Spalte 19: Normheizlast des Raumes ggf. mit Zuschlägen, sofern vereinbart (siehe NA 5 - Begriffe), z. B. zur Auslegung von Heizflächen

Bild 8: Formblatt Zonenübersicht Heizlast (Z2)

Formblatt Z3 – Auflistung der Lüftungswärmeverluste

Projekt-Nr. / Bezeichnung	
ZONENÜBERSICHT VOLUMENSTRÖME	Datum: Seite: Z3
Nutzungseinheit:	Lüftungszone:

1	2	3	4	5	6	7	8	9	10	11	12	13	14	15
Geschoss	Raum		Luftvolumenströme											
			Mindestaußen-luftvolumenstrom	Zuluft	Abluft	durch Außenluft-durchlässe	Überströmung aus Nachbarraum	Verbrennungs-/ techn. bedingter Volumenstrom	Technischer Volumenstrom	durch große Öffnungen	durch Gebäudehülle	durch Undichtig-keiten und Außen-luftdurchlässe	Gesamtluft-volumenstrom Leckagen, ALD und Nutzung oder Mindestwert, bezogen auf Raum	Zone $f_{i-z} = 0{,}5$
	Nr (i)	Bezeichnung	$q_{v,min,i}$	$q_{v,sup,i}$	$q_{v,exh,i}$	$q_{v,ATD,des,i}$	$q_{v,trans,ij}$	$q_{v,comb,i}$	$q_{v,techn,i}$	$q_{v,open,i}$	$q_{v,env,i}$	$q_{v,leak+ATD,i}$	$q_{v,env/min,i}$	$q_{v,leak/min,i}$
			m³/h											
Summen Zone														

Bild 9: Formblatt Zonenübersicht Volumenströme (Z3)

Formblatt N2 – Ergebnisse der Nutzungseinheiten und Lüftungszonen

Projektnummer/-bezeichnung															
ERGEBNISZUSAMMENSTELLUNG NUTZUNGSEINHEITEN								Datum:						Seite:	N2-1
1	2	3	4	5	6	7	8	9	10	11	12	13	14	15	16
Nutzungseinheit		**Standard-Transmissionswärmeverluste**					**Standard-Lüftungswärmeverluste**						**Summe Nutzungseinheit**		
		an					**Zone**		durch						
		Außenluft	Erdreich	unbeheizte Bereiche und Nachbargebäude	andere Nutzungseinheiten	Summe Transmissionswärmeverluste			Leckagen,ALD und Nutzung oder Mindestwert	Zuluft	Überströmung aus Nachbarräumen	Summe Lüftungswärmeverluste	Standardheizlast	Zuschlag erhöhte Innentemperatur oder Aufheizzuschlag[1]	Normheizlast
Nr	Bezeichnung	$\Sigma\Phi_{T,ie}$	$\Sigma\Phi_{T,ig}$	$\Sigma\Phi_{T,iae}$	$\Sigma\Phi_{T,iaBE}$	$\Phi_{T,BE,stand}$	Nr	Bezeichnung	$\Sigma\Phi_{V,leak/min,i}$	$\Sigma\Phi_{V,sup,i}$	$\Sigma\Phi_{V,trans,i}$	$\Phi_{V,z,stand}$	$\Phi_{BE,stand}$	Φ_{zuschl}	$\Phi_{HL,BE}$
(BE)		W					(z)		W						
							Summe Nutzungseinheit								
							Summe Nutzungseinheit								
							Summe Nutzungseinheit								

[1] Spalte 15: Der Zuschlag errechnet sich aus dem Maximum von Komfortzuschlag und Aufheizzuschlag $\Phi zuschl = \Sigma(\max\langle\Delta\Phi_{comf,i}; \Phi_{hu,i}\rangle)$
Aufheizzuschlag für Nutzungseinheit und/oder Gebäude -- z. B. zur Dimensionierung (wohnungs-)zentraler Wärmeerzeuger -- sofern vereinbart

Bild 10: Formblatt Ergebnisse der Nutzungseinheiten und Lüftungszonen (N2)

Formblatt G2 – Ergebnisse des Gebäudes

Projekt-Nr. / Bezeichnung			
ERGEBNIS ZUSAMMENSTELLUNG GEBÄUDE	Datum:		Seite: G2
GEBÄUDEDATEN			
Nettogrundfläche	A_{NFG}		m^2
Bruttovolumen	V_e		m^3
Hüllfläche	A_{enf}		m^2
WÄRMEVERLUSTE			
Transmission			
an Außenluft	$\Sigma\Phi_{T,ie}$	W	
an unbeheizte Bereiche oder Nachbargebäude	$\Sigma\Phi_{T,iae}$	W	
an andere Nutungseinheiten	$\Sigma\Phi_{T,iaBE}$	W	
an Erdreich	$\Sigma\Phi_{T,ig}$	W	
Summe	$\Sigma\Phi_T$		W
Lüftung			
durch Leckagen, ALD oder Nutzung oder Mindestwert	$\Sigma\Phi_{V,leak/min,i}$	W	
Zuluftvolumenstrom	$\Sigma\Phi_{V,sup,i}$	W	
Überström-Luftvolumenstrom	$\Sigma\Phi_{V,transfer,ij}$	W	
Summe	$\Sigma\Phi_V$		W
HEIZLAST			
Standard-Heizlast	Φ_{stand}		W
Zuschlag erhöhte Innentemperatur oder Aufheizzuschlag [1]	Φ_{zuschl}	Nicht vereinbart	W
Norm-Heizlast	Φ_{HL}		**W**
spez. Werte	φ_{HL/m^2}		W/m^2
	φ_{HL/m^3}		W/m^3
WÄRMEVERLUSTKOEFFIZIENTEN			
Transmission	ΣH_T		W/K
Lüftung	ΣH_V		W/K
Summe	ΣH		**W/K**

[1] Zuschläge für gesamtes Gebäude, z. B. zur Dimensionierung Wärmerzeuger, sofern vereinbart

Bild 11: Formblatt Ergebnisse des Gebäudes (G2)

6 Beispiele zur Heizlastberechnung

Bei folgenden Beispielen handelt es sich um ein Einfamilienhaus (EFH). Dieses ist der Beispielberechnung aus DIN EN 12831 Bbl. 1:2008-07 entnommen. Damit ist ein direkter Vergleich der Berechnungsergebnisse möglich. Da es sich um ein EFH handelt, entspricht hier das Gebäude auch der Nutzungseinheit und gleichzeitig der Lüftungszone.

Als Luftdichtheit der Gebäudehülle wird gemäß DIN/TS 12831-1:2020-04, Tabelle 11, Luftdichtheitsklasse A $q_{env,50}$ = 2 m³/m²h eingesetzt.

Es werden nun drei Beispielberechnungen durchgeführt;

1. Einfaches Beispiel – nur Infiltration
2. Beispiel mit Zu- und Abluft sowie Wärmerückgewinnung
3. Beispiel mit Belüftung durch ALDs

Zunächst sind die Ansichten und Grundrisse dargestellt:

6.1 Ansichten und Grundrisse des Gebäudes

Ansichten

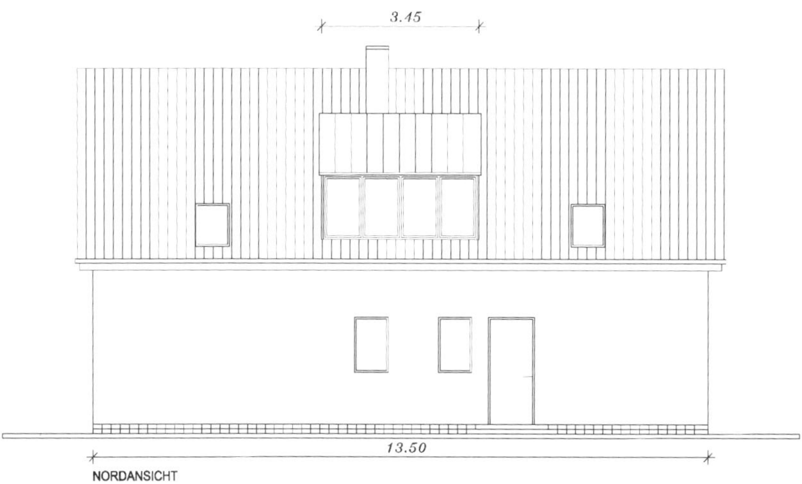

Bild 12: Nordansicht des Gebäudes

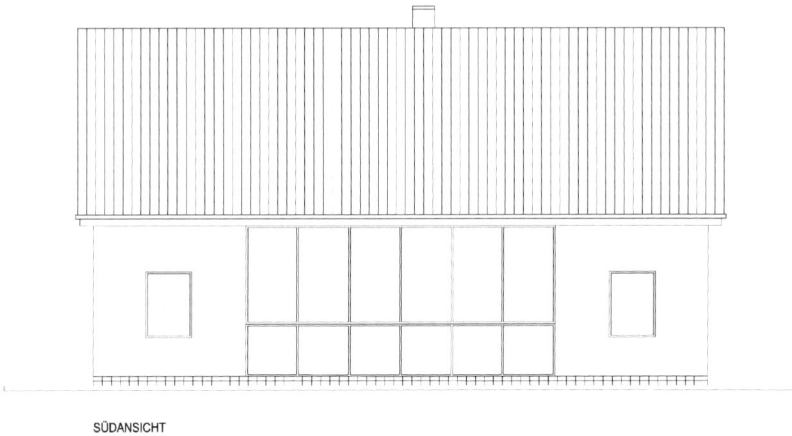

Bild 13: Südansicht des Gebäudes

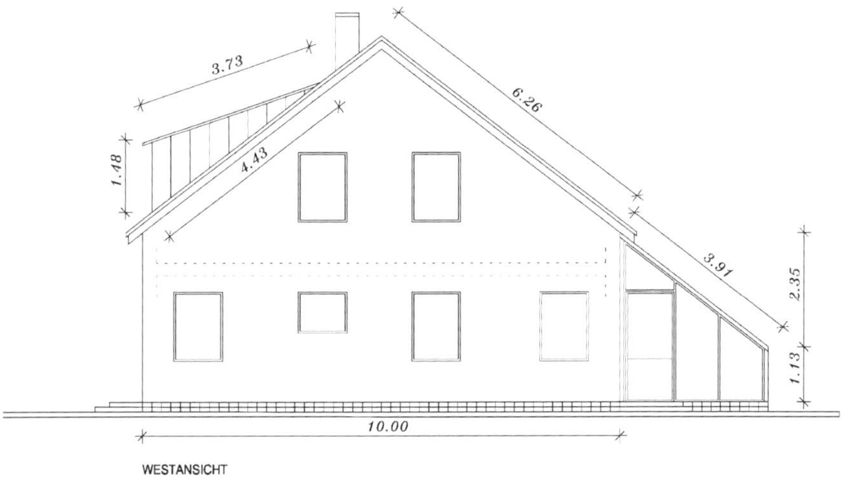

Bild 14: Westansicht des Gebäudes

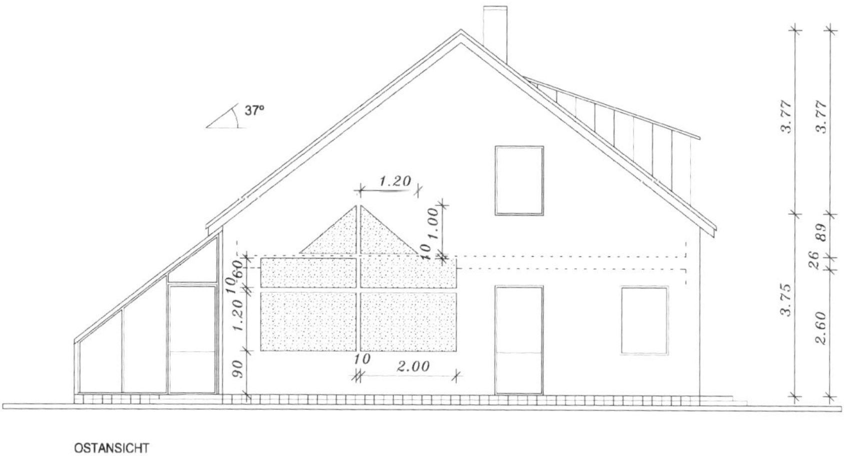

Bild 15: Ostansicht des Gebäudes

Grundriss Erdgeschoss

Zur besseren Nachvollziehbarkeit sind bereits die gemäß Norm einzusetzenden Wandlängen eingezeichnet, also einschließlich der Außenwanddicken und halben Innenwanddicken.

Hinweis: Die Tür neben der Schlafzimmertür, also gegenüber dem Bad, ist eine Tür zu einer Abstellkammer unterhalb der Treppe. Sowohl diese Abstellkammer als auch das Treppenhaus werden als unbeheizte Nebenräume behandelt mit dem Temperaturanpassungsfaktor f_1 = 0,1 nach DIN/TS 12831-1:2020-04, Tabelle 5, Zeile 1. Das Treppenhaus wird dennoch als Raum Nr. 8 aufgenommen, da es im Lüftungsverbund zwischen Galerie und Windfang steht und daher das Raumvolumen erfasst werden muss. Die untergeordnete Abstellkammer wird nicht weiter bezeichnet.

Zwecks Nachvollziehbarkeit des Beispiels können die geometrischen Maße der einzelnen Räume dem Anhang entnommen werden.

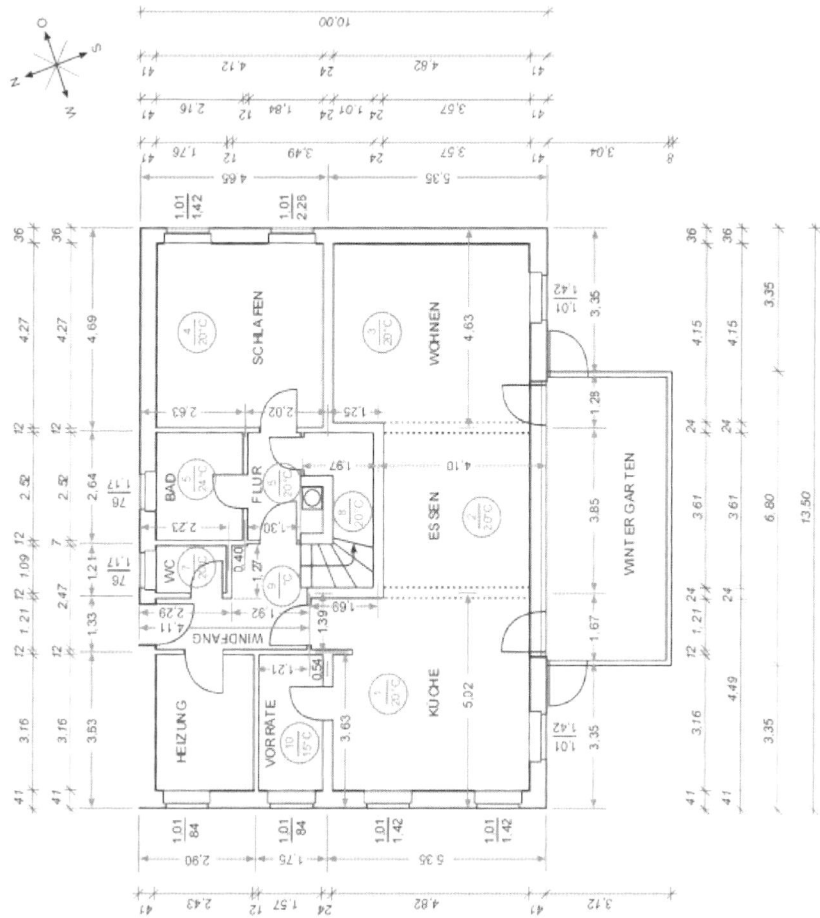

Bild 16: Grundriss Erdgeschoss

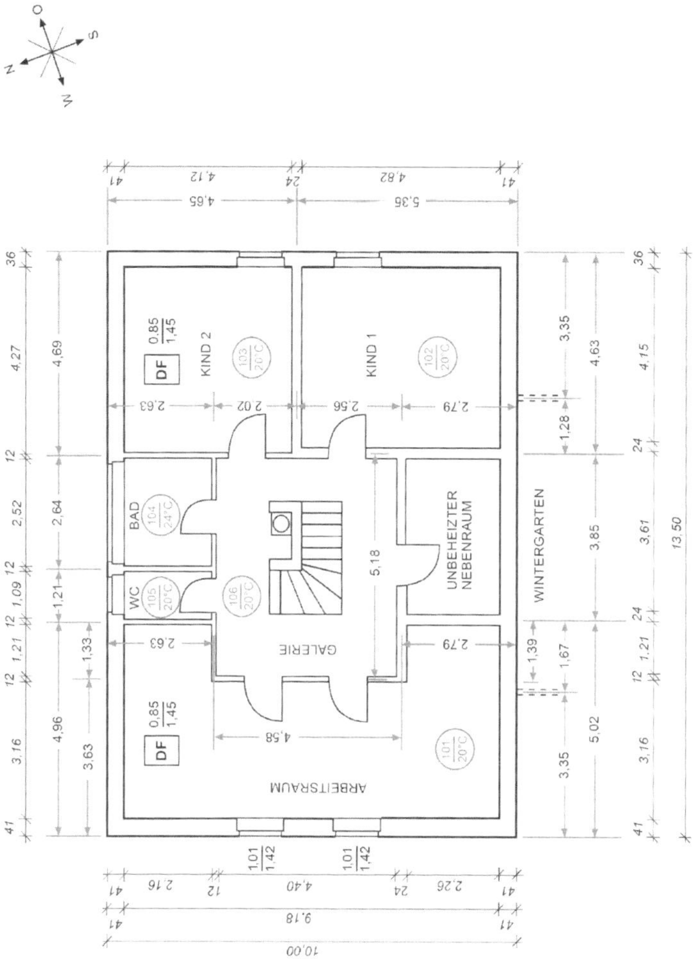

Bild 17: Grundriss Obergeschoss

U-Werte

Die U-Werte werden aus der Beispielberechnung DIN V 4108-6 übernommen:

Außenfenster	1,40 W/m²K	
Außentür (Glas)	1,40 W/m²K	(Raum Schlafen)
Außentür (Holz)	2,09 W/m²K	
Außenwand 41 cm	0,34 W/m²K	
Außenwand 36 cm	0,33 W/m²K (Ost)	
Außenwand (TWD)	0,56 W/m²K	
Innenwand 11,5 cm	1,88 W/m²K	
Innenwand 24 cm	1,28 W/m²K	
Innentür	2,00 W/m²K	
Innenfenster zum Wintergarten[6]	1,60 W/m²K	(Süd = Räume Küche, Essen und Wohnen)
Decke	0,54 W/m²K	
Bodenplatte auf Erdreich	0,58 W/m²K	
Gaubenwand	0,26 W/m²K	
Dach (mit Gaube)	0,18 W/m²K	

6 der *U*-Wert gilt ebenfalls für die Innentüren zum Wintergarten

6.2 Zusammenstellung der allgemein benötigten Daten

In diesem Abschnitt werden die für alle Beispiele gültigen Daten zusammengestellt.

6.2.1 Formblatt V – Vereinbarungen

Die Festlegungen der Raumtemperaturen, Luftwechsel und Wiederaufheizzeiten können dem ausgefüllten Formblatt V entnommen werden.

Nutzungseinheit / Lüftungszone

Dieses Beispiel eines EFH wird nicht weiter in Nutzungseinheiten oder Lüftungszonen eingeteilt. Daher erfolgt in beiden Fällen der Eintrag: Wie Gebäude

Festlegung der Auslegungsinnentemperatur

Einige Räume erhalten abweichend von den Standardtemperaturen andere Auslegungsinnentemperaturen, in diesem Fall der Windfang und der Raum „Vorräte". Daher muss im Formblatt „Innentemperatur nachfolgend raumweise festlegen" gewählt werden. Da diese Räume aber kühler beheizt werden als die Standardtemperatur (15 °C statt 20 °C), werden sie gemäß DIN/TS 12831-1:2020-04, Abschnitt 6.4, letzter Absatz, wie Standardtemperaturen behandelt.

CHECKLISTE VEREINBARUNGEN	Datum 14.07.2019	Seite V
☐ Alle Räume mit Standard-Auslegungsinnentemperatur rechnen (6.4 - a)		
☑ Innentemperatur nachfolgend raumweise festlegen (6.4 - b)		
☐ Innentemperatur für alle Räume um ______ K gegenüber Standardwert erhöhen (6.4 - c)		

Bild 18: Ausschnitt Formblatt V: Optionen zur Vereinbarung von Innentemperaturen

Für das Beispiel wird gemäß DIN/TS 12831-1:2020-04, Abschnitt 6.4, b) eine individuelle Vereinbarung getroffen, da für die Räume

- Flur und
- Treppenhaus

abweichend von den Standardwerten 15 °C eine Auslegungsinnentemperatur von 20 °C gewünscht wird. Ein Komfortzuschlag für alle Räume gemäß DIN/TS 12831-1:2020-04, Abschnitt 6.4, c) wurde nicht gewünscht. Für alle anderen Räume werden die Standardwerte gemäß Raumart nach DIN/TS 12831-1:2020-04, Tabelle 32, Spalte 2 als Auslegungsinnentemperatur eingesetzt. Der Komfortzuschlag $\Delta\theta_{comf,i}$ beträgt daher 0 K.

Aufheizzuschläge

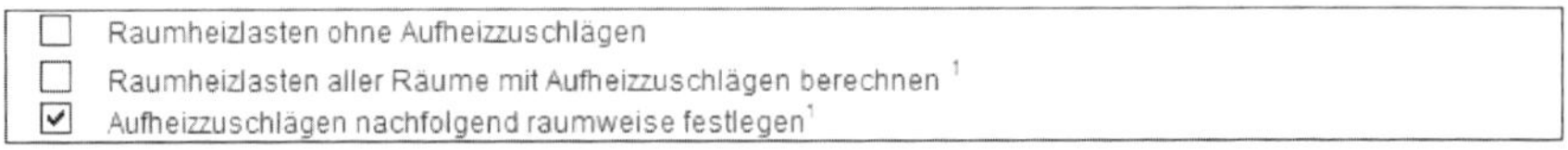
☐ Raumheizlasten ohne Aufheizzuschlägen
☐ Raumheizlasten aller Räume mit Aufheizzuschlägen berechnen [1]
☑ Aufheizzuschlägen nachfolgend raumweise festlegen[1]

Bild 19: Formblatt V, Ausschnitt: Optionen zur Vereinbarung von Aufheizzuschlägen

Die Ausführungen in DIN/TS 12831-1:2020-04, Abschnitt 4.21, (Aufheizzuschlag) und DIN/TS 12831-1:2020-04, Abschnitt 6.4 (Auslegungsinnentemperatur) sind zu berücksichtigen. Werden Leistungszuschläge auf die Raumheizlast(en) vereinbart, ergibt sich hieraus keine Notwendigkeit, diese auch bei der Berechnung der Gebäudeheizlast zu berücksichtigen. Ob und inwieweit etwaige raumweise Leistungszuschläge auch in der Gebäudeheizlast berücksichtigt werden, ist im Einzelfall abzuwägen.

Die Auswahl der Aufheizzuschläge wird raumweise festgelegt. Im betrachteten Beispiel werden für die Räume

- Küche
- Bad EG und OG
- Kind 1 und 2

Aufheizzuschläge vereinbart. Die Angabe konkreter Zahlenwerte des Aufheizzuschlags im Formblatt V (Spalte 9) kann daher entfallen. Stattdessen kann bei Vereinbarung mit Auftraggebern auf die Ermittlung nach DIN/TS 12831-1: 2020-04, Abschnitt 4.21.2 verwiesen werden, z. B. durch Hinweis in Spalte 9 des Formblatts. Für die übrigen Räume wurde kein Aufheizzuschlag vereinbart, da sich die Bewohner z. B. im Schlafzimmer nach dem Aufstehen in Bad oder Küche aufhalten.

6.2.2 Formblatt G1 – Geometrie

Die einzutragenen Werte können dem ausgefüllten Formblatt G1 entnommen werden. Folgende Erläuterungen sollten allerdings beachtet werden.

Geometrie

Die Befüllung der Kopfdaten erfolgt gemäß den entsprechenden Baudaten laut Plan:

GEOMETRIE					
Länge	l_{build}	13,50 m	Anzahl Geschosse		2 -
Breite	b_{build}	10,00 m			
Höhe	h_{build}	7,52 m	Volumen	$V_{e,build}$	760,9 m³
Grundfläche	A_{build}	135,00 m²	Hüllfläche	$A_{env,build}$	m²

Bild 20: Kopfdaten Geometrie

Das an dieser Stelle ausgewiesene Raumvolumen ergibt sich aus der Volumenberechnung des Hauses einschließlich aller, auch unbeheizter Räume, z.B. Dachräume, welche später bei der Heizlastberechnung nicht berücksichtigt werden. Daher stimmt dieses Volumen nicht mit dem berechneten Volumen aller in der Heizlast berechneten Räume überein. Es wird an dieser Stelle benötigt, um die Wärmespeicherkapazität des Gebäudes zu berechnen ($c_{eff} \cdot V_e$) und daraus letztlich die thermische Zeitkonstante τ.

Die Hüllfläche $A_{env,build}$ kann zu diesem Zeitpunkt noch nicht festgelegt werden, sie ergibt sich aus der laufenden Eingabe aller Räume des Projektes.

Ermittlung des Wärmebrückenzuschlages

Es sind Wärmebrückenzuschläge ΔU_{TB} nach DIN/TS 12831-1:2020-04, Tabelle 2 zu berücksichtigen. Für das Beispiel erfolgt die bauseitige Ausführung der Bauteilanschlüsse nach DIN 4108 Beiblatt 2:2019-06, Fall A mit:

$$\Delta U_{TB} = 0{,}05\ \text{W/m}^2\text{K}$$

Wärmespeicherkapazität c_{eff} und thermische Zeitkonstante τ

Für diese Beispielberechnung soll geprüft werden, ob eine Außentemperaturkorrektur vorgenommen werden kann. Zur Bestimmung der Außentemperaturkorrektur ist die Kenntnis der thermischen Zeitkonstante erforderlich. Hierzu werden jedoch die wirksame spezifische Speicherfähigkeit des Gebäudes c_{wirk} und der spezifische Wärmeverlustkoeffizient H benötigt. Diese sind zu Beginn der Heizlastberechnung noch nicht bekannt. H bzw. c_{wirk} werden im Rahmen der Heizlastberechnung nicht berechnet. Darüber hinaus hängt der Transmissionswärmeverlustkoeffizient H_T gemäß DIN EN 12831-1:2017-09, Abschnitt 6.3.2 seinerseits selbst von der — ggf. τ-korrigierten — Außentemperatur θ_e ab, da zur Berechnung der Transmissionswärmeverluste an unbeheizte Nachbarräume oder an erdreichgrenzende Böden zur Berechnung des Temperaturanpassungsfaktors die Auslegungsaußentemperatur einzusetzen ist. Dies würde aber zu dem unverhältnismäßigen Aufwand einer Iteration führen.

Folgende Möglichkeiten bestehen:

- **Berechnung mit überschlägigem Wärmeverlustkoeffizient**

  Um eben diese Iteration zu vermeiden, wurde der überschlägige Wärmeverlustkoeffizient H_{12} in DIN EN 12831-1:2017-09 eingeführt.

  Der Index „12“ steht hierbei verallgemeinernd für den Wärmetransport zwischen einem betrachteten Gebäudeabschnitt „1“ (z. B. Raum oder Nutzungseinheit) und einem Bereich „2“, zu welchem sich von „1“ aus Wärmeverluste durch Wandbauteile und/oder Undichtigkeiten und ggf. anderweitigen Luftübertrag ergeben (Außenluft, Erdreich, unbeheizte Räume).

  Hierbei wird der Transmissionswärmeverlustkoeffizient $H_{T,12}$ insofern überschlägig gerechnet, als dass der außentemperaturabhängige Temperaturanpassungsfaktor $f_{ix,k}$ nach DIN/TS 12831-1:2020-04, Abschnitt 4.6.3 ersetzt wird durch den fixen Faktor $f_x = 0{,}5$ für Bauteilflächen an unbeheizte Räume oder an Erdreich. Bauteile an beheizte Nachbarräume werden nicht berücksichtigt. Dieses Verfahren ist problemlos mit EDV-Unterstützung zu realisieren; die Außentemperaturkorrektur wird mit jeder Eingabe eines neuen Raumes für alle schon bereits berechneten Räume permanent aktualisiert.

  Der Lüftungswärmeverlust $H_{V,12}$ für das Gebäude ist nach DIN/TS 12831-1:2020-04, Abschnitt 4.6.4, mit der Σq_{12} aller Räume (bzw. Zonen) zu ermitteln. Hierzu wäre aber die Berechnung der infiltrierten Außenluftvolumenströme aller Räume bereits vor der eigentlichen Heizlast erforderlich.

  Anmerkung: Einfacher ist es, das Gebäude nach der Hüllflächenmethode nach DIN EN 12831-1:2017-09, Abschnitt 8 zu berechnen und daraus die überschlägigen Werte H_T und H_V zu berechnen – siehe 12.8.

  Die spezifische Speicherfähigkeit c_{eff} in Abhängigkeit von der Bauweise („leicht“, „mittel/ hoch“) ist DIN/TS 12831-1:2020-04, Tabelle 9 zu entnehmen. Eine exakte Berechnung in Abhängigkeit von konkreten Bauteilaufbauten ist in der Heizlastberechnung nach DIN EN 12831-1:2017-09 im vorliegenden Dokument nicht enthalten. Jedoch darf ein extern berechneter Wert der wirksamen Wärmespeicherkapazität verwendet werden.

- **Komplette Berechnung**

  Zunächst wird eine komplette Berechnung der Heizlast ohne Temperaturkorrektur durchgeführt. Als Ergebnis ist der Wärmeverlustkoeffizient H bekannt. Die Wärmespeicherkapazität c_{eff} wurde im Formblatt G1 gemäß DIN/TS 12831-1:2020-04, Tabelle 9 oder individuell schon eingetragen. Daraus ergibt sich die thermische Zeitkonstante $\tau = c_{eff}/H$ und die Temperaturanpassung kann ermittelt werden. Anschließend wird eine Korrekturberechnung der Heizlast durchgeführt. Das ist im Prinzip kein großer Aufwand, wenn die Berechnung durch eine Software durchgeführt wird. Das bedeutet, die Temperaturanpassung $\Delta\theta_{e,\tau}$ muss von Hand nachgetragen und die Heizlast neu berechnet werden. Das wäre aber die genaueste Berechnung.

- **Zugriff auf Berechnungen des Energieausweises**

  Im Rahmen des Baugenehmigungsverfahrens musste bereits die Gebäudehülle berechnet werden und der Wärmeverlustkoeffizient H und die Wärmespeicherkapazität c_{eff} (in DIN 4108 als c_{wirk} bezeichnet) liegen vor.

Für diese Beispielberechnung werden die entsprechenden Werte der Beispielberechnung aus DIN 4108-6, Tabelle F.8 entnommen. Sie müssten im Rahmen des Baugenehmigungsverfahrens berechnet und zugänglich sein.

- effektive Speicherfähigkeit c_{eff} = 31.835 Wh/K
- spezifischer Transmissionswärmeverlustkoeffizient H_T = 210 W/K
- spezifischer Lüftungswärmeverlustkoeffizient H_V = 119 W/K

Der Beispielberechnung in DIN 4108 wurde ein Luftwechsel von $n = 0{,}6\ \text{h}^{-1}$ zugrunde gelegt. Daher erfolgt nun zunächst eine Umrechnung auf den hier zugrunde gelegten Luftwechsel von $0{,}5\ \text{h}^{-1}$:

$$H_{V,0,5} = \frac{H_{V,0,6}}{0{,}6} \cdot 0{,}5 = \frac{119}{0{,}6} \cdot 0{,}5 = 99\ \text{W/K}$$

Wärmeverlustkoeffizient $H = H_T + H_V = 210\ \text{W/K} + 99\ \text{W/K}$, daraus $H = 309\ \text{W/K}$

Daraus folgt die Berechnung der Zeitkonstanten

$$\tau = \frac{C_{eff}}{H} = \frac{31.835}{309} = 103\,\text{h}$$

Lüftung (Dichtigkeit, Abschirmung)

Die hüllflächenbezogene Luftdurchlässigkeit wird DIN/TS 12831-1:2020-04, Tabelle 11 entnommen. Die Kriterien zur Kategorisierung der Luftdichtheit werden dabei wie folgt festgelegt:

Hüllflächenbezogene Dichtigkeit: Die Luftdichtigkeitsprüfung wird nach Fertigstellung durchgeführt.

Anforderung an die Luftdichtheit: hoch

Aus diesen beiden Angaben ergibt sich nach DIN/TS 12831-1:2020-04, Tabelle 11 die spezifische Luftdurchlässigkeit der Hülle bei 50 Pa: $q_{env,50} = 2\ \text{m}^3/\text{m}^2\text{h}$

Als Nebeninformation wird im Formblatt G1 die Luftwechselrate berechnet und ausgewiesen. Die Berechnung erfolgt nach DIN EN 12831-1:2017-09, Gleichung (31):

$$n_{50} = \frac{q_{\text{env},50} \cdot A_{\text{env},50}}{V_{\text{build}}} = \frac{2 \cdot 433{,}9}{760{,}9} = 1{,}1\,\text{h}^{-1}$$

- **Anpassungsfaktor für exponierte Fassaden:**

  Der Anpassungsfaktor für exponierte Fassaden wird DIN/TS 12831-1:2020-04, Tabelle 15 entnommen. Da es sich um ein Einfamilienhaus handelt, ist die Anzahl der Fassaden > 1. Daraus folgt der Anpassungsfaktor $f_{\text{fac,z}} = 8$

- **Abschirmung:**

  Die Abschirmung wird DIN/TS 12831-1:2020-04, Tabelle 13, Spalte 3 entnommen:

  - Stark: Dichte Bebauung mit mindestens ähnlich hohen Bauwerken, dichter Baumbewuchs
  - Normal: Normale Abschirmung, lockere Bebauung
  - Keine: Nahezu keine umliegende Bebauung, offene Lage

  Für das Beispiel wurde die Abschirmung „Normal" gewählt. Diese Angabe wird zur Bestimmung des Volumenstromkoeffizienten $f_{\text{qv,z}}$ benötigt.

Mittlere Windgeschwindigkeit und Hauptwindrichtung

Diese Angaben werden nur gebraucht, wenn Luftvolumenströme durch große Öffnungen berechnet werden sollen. Dies ist in diesem Beispiel nicht der Fall und das Formblatt diesbezüglich nicht auszufüllen.

Außentemperaturen

Nach Eingabe des Referenzortes (im Beispiel: 38448 Wolfsburg) sind die Außentemperatur des Referenzortes, die Referenzhöhe und das Jahresmittel der Außentemperatur des Referenzortes aus dem elektronischen Anhang zu DIN/TS 12831-1:2020-04, Abschnitt 6.3.1 zu übernehmen. Ebenfalls ist die reale Höhe des Gebäudes bzw. Gebäudestandorts über dem Meeresspiegel einzugeben.

Anschließend sind zwei verschiedene Außentemperaturkorrekturen zu bestimmen:

1. zur Berücksichtigung des Höhenunterschieds zwischen Gebäudestandort und Referenzort;
2. zur Berücksichtigung des Einflusses der Zeitkonstante.

Temperaturanpassung Höhendifferenz

Die Außentemperatur für den Höhenunterschied ist gemäß DIN EN 12831-1:2017-09, Gleichung (46) in Verbindung mit DIN/TS 12831-1:2020-04, Tabelle 30 zu berechnen. Diese Korrektur wird nur vorgenommen, wenn Höhenunterschieden zwischen der Referenzhöhe und der Standorthöhe > 200 m beträgt. Dann gilt die Beziehung:

$$\Delta\theta_{e,\tau} = -0{,}01 \cdot (h_{build} - h_{ref})$$

Für das Beispiel liegt keine Höhendifferenz vor, sodass $\Delta\theta_{e,\tau} = 0$ K ist.

Temperaturanpassung Zeitkonstante

Die Außentemperatur für die Zeitkonstante ist gemäß DIN EN 12831-1:2017-09, Gleichung (47) in Verbindung mit DIN/TS 12831-1:2020-04, Tabelle 31 zu berechnen:

$$\Delta\theta_{\tau} = \max(\min(k_{\tau} \times \tau + \Delta\theta_{e,\tau,0}\,;\, \Delta\theta_{e,\tau,\max})\,;\, \Delta\theta_{e,\tau,\max})\,;\, \Delta\theta_{e,\tau,\min})$$

Konstante gemäß DIN/TS 12831-1:2020-04, Tabelle 31

Basiswert	$\Delta\theta_{e,\tau,0} = -0{,}8$
Anstieg	$k_{\tau} = 0{,}016$
Untergrenze	$\Delta\theta_{e,\tau,\min} = 0{,}0$
Obergrenze	$\Delta\theta_{e,\tau,\max} = 4{,}0$

Mit $\tau = 103$ h ergibt sich:

$$\Delta\theta_{\tau} = -0{,}8 + 0{,}016 \times 103 = 0{,}8\,\mathrm{K}$$

Erdreich

Für Bauteile gegen Erdreich sind Wärmeverluste mit dem äquivalenten Wärmedurchgangskoeffizienten U_{equiv} nach DIN/TS 12831-1:2020-04, Abschnitt 4.3 zu berechnen. Dieser hängt bei Bodenplatten vom charakteristischen Bodenplattenmaß *B*' ab. Dieses kann für das gesamte Gebäude berechnet und dann denjenigen Räumen zugewiesen werden, welche keinen exponierten Bodenumfang (d. h. keine Außenwände bis Erdreich) besitzen oder über einen guten baulichen Wärmeschutz der Bodenplatte ($U \leq 0{,}5$ W/m²K) verfügen. Für alle anderen Räume muss *B*' raumweise ermittelt werden. Der *U*-Wert der Bodenplatte im Beispiel beträgt 0,58 W/m²K. Somit muss das charakteristische Bodenplattenmaß eines jeden Raumes mit Außenwänden individuell berechnet werden. Für Flur und Treppenhaus muss der Wert des Gebäudes herangezogen werden, da diese beiden Räume nicht über Außenwände verfügen.

Die Berechnung des äquivalenten *U*-Wertes erfolgt nach DIN/TS 12831-1:2020-04, Gleichung (3) in Verbindung mit Tabelle 3 der Norm.

6.2.3 Formblatt N1 – Vorgabewerte Nutzungseinheiten

Dieses Beispiel behandelt ein Einfamilienhaus, welches gleichzeitig die einzige Nutzungseinheit darstellt. Daher besteht keine Notwendigkeit, das Formblatt N1 auszufüllen.

6.2.4 Formblatt Z1 – Zonendaten

Das Formblatt Z1 stellt überwiegend lüftungsrelevante Eingabegrößen und Zwischenergebnisse einer Zone zusammen. Dies sind geometrische Angaben, Angaben zur Luftdichtheit sowie zu zonen- und raumweisen Volumenströmen. Darüber hinaus sind raumweise Angaben zum Aufheizzuschlag in das Formblatt integriert.

Angaben zur Lüftungszone

Geometrische Daten und Luftdichtheit: Da die Zone in diesem Beispiel dem Gebäude entspricht, können die geometrischen Daten aus den Gebäudedaten übernommen werden. Mit Ausnahme des Volumenstromfaktors $f_{qv,z}$ auch alle anderen lüftungsrelevanten Daten, die schon im Formblatt G1 erfasst sind. Selbst wenn das Gebäude aus mehreren Lüftungszonen besteht, so ist anzunehmen, dass die Angaben zu Luftdichtheit und Prüfung der Luftdichtheit für alle Zonen gleichermaßen gelten, weshalb diese schon im Formblatt G1 abgefragt werden.

Im Falle des Volumenstromfaktors ist das nicht so. Dieser ist abhängig vom mittleren Abstand der Zone von der Erdreichoberkante und kann daher nicht pauschal für alle Zonen gelten (Beispiel Hochhaus: Geschoss EG bis 5. OG Abschirmung: normal; die höheren Geschosse Abschirmung: keine).

Daher wird der Volumenstromfaktor $f_{qv,z}$ im Formblatt Z1 abgefragt. Dieser ist gemäß DIN/TS 12831-1:2020-04, Tabelle 13 zu bestimmen. Im Formblatt Z1 werden die Parameter $h_{g,z}$ (mittlerer vertikaler Abstand der Zone zum Erdreich) und Δh_z (Zonenhöhe als Ausdehnung vom tiefsten bis zum höchsten Punkt der Zone) abgefragt. Da es sich um ein EFH handelt, entsprechen diese Angaben den Gebäudedaten.

Der Volumenstromfaktor $f_{qv,z}$ für das Beispiel mit folgenden Parametern bestimmt:

- Abschirmung: normal
- mittlerer vertikaler Abstand der Zone zum Erdreich $h_{g,z}$ = 3,76 m (= halbe Gebäudehöhe $h_{g,z}/2$)
- Zonenhöhe als Ausdehnung Δh_z = 7,52 m (Gebäudehöhe)

Daraus folgt gemäß DIN/TS 12831-1:2020-04, Tabelle 13, Zeile 3, Spalte 5 ein Volumenstromfaktor $f_{qv,z}$ = 0,05

Volumenströme

Die Volumenströme ergeben sich aus der Addition der in der Raumverwaltung eingegeben Volumenströme gemäß Lüftungskonzept bzw. Lüftungsanlagendimensionierung (z. B. Summen der raumweisen Zu-/Abluftvolumenströme).

Raumverwaltung

Die der Zone zugeordneten Räume sind aus Formblatt V zu übernehmen einschließlich der dort bereits eingetragenen raumweisen Angaben (Geschoss- und Raum-Nr., Raumbezeichnung, Innentemperaturen $\theta_{int,stand}$ und $\theta_{int,ausleg}$, Mindestluftwechsel). Darüber hinaus sind hier ggf. raumweise geometrische Angaben (Raumfläche und Raumvolumen), Volumenströme (z. B. Zu-/Abluft gemäß Lüftungskonzept, Lüftungsplanung/Anlagendimensionierung o. ä.) und ggf. Angaben zum Aufheizzuschlag einzutragen. Die raumweisen geometrischen Angaben sind hierbei während der laufenden Heizlastberechnung aus den Angaben des Formblattes R herleitbar. Weiterhin sind ggf. Angaben zu den Überströmtemperaturen $\theta_{trans,ij}$ bzw. $\theta_{trans;comf,ij}$ einzugeben. Diese sind extern zu berechnen.

Ermittlung des Wiederaufheizzuschlags

Der Wohnbereich, Küche sowie die Kinderzimmer und die Bäder erhalten in diesem Beispiel eine Zusatz-Aufheizleistung. Der Wiederaufheizfaktor Φ_{hu} wird global für das gesamte Gebäude bestimmt. Der angenommene Innentemperaturabfall $\Delta\theta_{RH}$ wird gemäß DIN/TS 12831-1:2020-04, Gleichung (35) folgendermaßen berechnet:

$$\Delta\theta_{sb,i} = \min((\theta_{int,i} - \theta_{e,sb}) \cdot (1 - e^{-tsb,i/\tau}); (\theta_{int,i} - \theta_{e,sb}))$$

- **Zusammenstellung der zur Berechnung des Innentemperaturabfalls $\Delta\theta_{RH}$ benötigten Werte:**

  Auslegungsinnentemperatur: $\theta_{int,i}$ = 20 °C

  Außentemperatur während der Abkühlphase: $\theta_{e,sb}$ = −10,9 °C

  Dauer der Abkühlphase (23:00 bis 05:00): $t_{sb,i}$ = 6 h

- **Berechnung Zeitkonstante τ in der Aufheizzeit:**

  In DIN/TS 12831-1:2020-04, Abschnitt B.3.2.7 wird die Zeitkonstante für das Gebäude mit einem Luftwechsel von 0,5 h^{-1} berechnet, um den regulären Heizlastfall (unter Standardbedingungen) abzubilden. An dieser Stelle soll jedoch diejenige Zeitkonstante berechnet werden, welche in der Aufheizphase gilt, da bei dichten Gebäuden von einem deutlich kleineren Luftwechsel auszugehen ist (DIN/TS 12831-1:2020-04; Abschnitt 4.21.2 nennt einen Wert von 0,1 h^{-1}). Daher muss der Wärmeverlustkoeffizient H_V im Kontext des Aufheizzuschlags neu berechnet werden. Für das vorliegende Beispiel wird der bereits zuvor ermittelte Wert über das Verhältnis der Volumenströme umgerechnet:

  $$H_{V,0,1} = \frac{H_{V,0,5}}{0,5} \cdot 0,1 = \frac{99}{0,5} \cdot 0,1 = 20\,\text{W/K}$$

  Wärmeverlustkoeffizient $H = H_T + H_V = 210$ W/K + 20 W/K, somit $H = 230$ W/K

  Daraus ergibt sich folgende Berechnung der Zeitkonstanten:

  $$\tau = \frac{C_{eff}}{H} = \frac{31.835}{230} = 138\,\text{h}$$

- **Berechnung Innentemperaturabfall:**

  Für das Berechnungsbeispiel ist keine Stütztemperatur vorgegeben, daher wird der Temperaturabfall auf max. 5 K beschränkt.

  Berechnung für eine Innentemperatur von $\theta_{int,i} = 20\,°C$

  $$\Delta\theta_{sb,i} = \min(20 - (-)10,9) \cdot (1 - e^{-6/138}); 5) = 1,3\,\text{K}$$

  Ermittlung spez. Aufheizzuschlag Φ_{hu} aus DIN/TS 12831-1:2020-04, Tabelle 20:

  - Luftwechselrate: $n = 0,1\,h^{-1}$
  - wirksame Gebäudemasse:
    Zuordnung: mittel/hoch (nach DIN/TS 12831-1:2020-04, Tabelle 9)
  - Innentemperaturabfall: $\Delta\theta_{sb,i} = 1,3$ K
  - Wiederaufheizzeit: $t_{hu,i} = 2,0$ h

  Der spezifische Aufheizzuschlag kann nun mit dem ganzzahlig gerundeten Temperaturabfall aus DIN/TS 12831-1:2020-04, Tabelle 20 abgelesen werden. Eine lineare Interpolation zwischen Tabellenwerten ist hier ebenfalls zulässig. Für die vorliegende Berechnung wird beispielhaft linear interpoliert.

DIN/TS 12831-1:2020-04, Tabelle 20 werden folgende Werte entnommen:

- Wiederaufheizleistung bei 1 K: 5 W/m²K
- Wiederaufheizleistung bei 2 K: 15 W/m²K

Die spezifische Aufheizleistung bei einer Wiederaufheizzeit von 2 h und einem Temperaturabfall von 1,3 K ergibt sich wie folgt:

$$\varphi_{hu} = 5 + (15 - 5) \cdot \frac{1{,}3 - 1}{2 - 1} = 8{,}1\,\mathrm{W/m^2K}$$

Ergebnis Wiederaufheizfaktor Φ_{hu} = 8,1 W/K (bei $\theta_{int,i}$ = 20 °C)

6.2.5 Formblatt R – Berechnung der Raumheizlast

Die Erläuterungen zum Formblatt R werden beispielhaft für Raum 3 „Wohnen" mit natürlicher Infiltration durchgeführt.

6.2.5.1 Auslegungsinnentemperatur

Nach den organisatorischen Eingaben zu Nutzungseinheit, Lüftungszone, Geschoss und Raum ist die Auslegungsinnentemperatur nach den Festlegungen im Formblatt V „Vereinbarungen" (siehe DIN/TS 12831-1:2020-04, Bild B.5) einzutragen. Für den hier beispielhaft betrachteten Raum ist kein Komfortzuschlag vorgesehen. Die Auslegungsinnentemperatur ergibt sich also wie folgt:

Auslegungsinnentemperatur	$\theta_{int,stand,i}$	20 °C	+	$\Delta\theta_{comf,i}$	0 K =	$\theta_{int,ausleg,i}$	20 °C

6.2.5.2 Kopfdaten

Abmessungen: Gemäß Zeichnungen. Die lichte Innenraumbreite von 4,15 m wird flächengewichtet um den Anteil der gedachten halben Innenwanddicke (0,24 cm) und der Länge von 3,57 m auf 4,24 m korrigiert.

Erdreich: Entsprechende Einträge. Da in diesem Beispiel der U-Wert des Fußbodens an Erdreich > 0,5 W/m²K ist, müssen der exponierte Umfang *P* und das charakteristische Bodenmaß *B*' raumweise berechnet werden.

Mindestaußenluftwechsel: Übernahme aus dem Formblatt V und Berechnung des Mindestaußenluftvolumenstroms.

Restliche Angaben zur Belüftung: Eingabe gemäß Planung/Lüftungskonzept und Berechnung des von außen infiltrierten Luftvolumenstroms. Eintrag des Maximums aus infiltriertem Außenluftvolumenstrom und Mindestaußenluftvolumenstrom als $q_{v,env,min,i}$ als letzter Eintrag in den Kopfdaten.

In nachstehender Tabelle sind die Kopfdaten im einzelnen dargestellt:

Tabelle 32: Kopfdaten Beispielraum 3 (Wohnen)

Abmessungen				**Mindestaußenuftwechsel**	$n_{min,i}$	0,50	h^{-1}
Raumlänge	l_i	4,82	m	**Mindestaußenluftvolumenstrom**	$q_{v,min,i}$	26,6	m³/h
Raumbreite	b_i	4,24	m	**Mechanische Belüftung**			
Raumfläche	A_{NGF}	20,44	m²	Zuluftvolumenstrom	$q_{v,sup,i}$		m³/h
Geschosshöhe	$h_{G,i}$	2,86	m	Temperatur	$\theta_{rec,z}$		°C
Deckendicke	d_i	0,26	m	Abluftvolumenstrom	$q_{v,exh,i}$		m³/h
Raumhöhe	h_i	2,60	m	**Auslegungsvolumenstrom ALD**	$q_{v,ADT,design,i}$		m³/h
Raumvolumen	V_i	53,14	m³	**Überströmung aus Nachbarraum**			
Raum-Hüllfläche	$A_{env,i}$	32,46	m²	Volumenstrom	$q_{v,trans,ij}$		m³/h
Erdreich				Temperatur	$\theta_{transfer,ij}$		°C
Tiefe unter Erdreich	z_i	0,00	m	**Verbrennungs/techn. Volumenstrom**	$q_{v,comb,i}$		m³/h
Bodenfläche	$A_{g,i}$	24,77	m²	**Technischer Luftvolumenstrom**	$q_{v,techn,i}$		m³/h
exponierter Umfang	P_i	11,35	m	**Außenluft große Öffnungen**	$q_{v,open,i}$		m³/h
char. Bodenplattenmaß B'_i		4,36	m	**Infiltration, ALD oder Mindestwert**	$q_{v,env/min,i}$	26,6	m³/h

6.2.5.3 Transmissionswärmeverluste (Hüllflächentabelle – Eingabe der Bauteile)

Allgemeines

Die Berechnung der zeilenweisen Bauteil-Transmissionswärmeverluste erfolgt nach DIN/TS 12831-1:2020-04 mit der Standardinnentemperatur.

Anmerkung 1: Die Berechnung der Transmissionswärmeverluste ist seit Bestehen (1929) der normierten Heizlastberechnung nach DIN 4701 mit $Q = k \cdot F \cdot (t_i - t_a)$ gleichgeblieben. Geändert hat sich jedoch neben den Formelzeichen, Indizes und diversen Zuschlägen bei jeder Überarbeitung der Norm die Berechnung der Transmissionswärmeverluste an Erdreich. In DIN EN 12831-1:2017-09 wurde die Berechnung des äquivalenten Wärmedurchgangskoeffizienten U_{equiv} hinsichtlich der Ergebnisse mit dem zugrunde liegenden detaillierteren Verfahren nach DIN EN ISO 13370 abgeglichen und führt daher zu etwas höheren äquivalenten *U*-Werten als die vorhergehende Normfassung (siehe hierzu auch Kapitel 7).

Anmerkung 2: Bis einschließlich DIN 4701:1959 wurden als Bauteilmaße Innenmaße eingesetzt, da diese in den Grundrisszeichnungen direkt ablesbar sind. Allerdings wurden die Transmissionswärmeverluste an den Raumecken vernachlässigt. Seit DIN EN 12831:2003-08 sind deshalb Außenmaße einzusetzen. Allerdings werden die Transmissionswärmeverluste an den Raumecken damit doppelt eingesetzt, was an dieser Stelle zu einem etwas erhöhten Transmissionswärmeverlust des Raumes führt.

Berechnung des äquivalenten U_{equiv}-Wertes bei erdreichberührten Bauteilen

Der äquivalente *U*-Wert für erdreichberührte Bauteile U_{equiv} wird nach DIN/TS 12831-1:2020-04, Gleichung (3) wie folgt berechnet:

$$U_{equiv} = \frac{a}{b + (c_1 + B')^{n1} + (c_2 + z)^{n2*} + (c_3 + U_k + \Delta U_{TB})^{n3}} + d$$

mit

U_k konstruktiver Wärmedurchgangskoeffizient

ΔU_{TB} Wärmebrückenzuschlag

B' charakteristisches Bodenplattenmaß

z Tiefe z als Abstand der Oberseite Bodenplatte zur Erdreichoberfläche

Die Konstanten a, b, c_1, c_2, c_3, n_1, n_2 und n_3 sind in DIN/TS 12831-1:2020-04, Tabelle 3 dargestellt und im folgenden Beispiel eingesetzt.

Entscheidend ist hierbei die Bestimmung des Bodenplattenmaßes B'. Dieses wird nach DIN/TS 12831-1:2020-04, Gleichung (4) berechnet zu

$$B' = \frac{A_g}{0{,}5 \cdot P}$$

mit

A_g Grundfläche der Bodenplatte

P exponierter Bodenplattenumfang (P = Perimeter)

Entscheidend ist hierbei der konstruktive U-Wert der Bodenplatte:

- $U_k \leq 0{,}5$ W/m²K: Verwendung des erdreichberührten Umfanges P des gesamten Gebäudes für alle Räumen bzw. wenn der Raum innen liegend ist
- $U_k > 0{,}5$ W/m²K: individuelle Berechnung für jeden einzelnen Raum.

Folgendes Bild 21 soll die Situationsunterscheidung verdeutlichen:

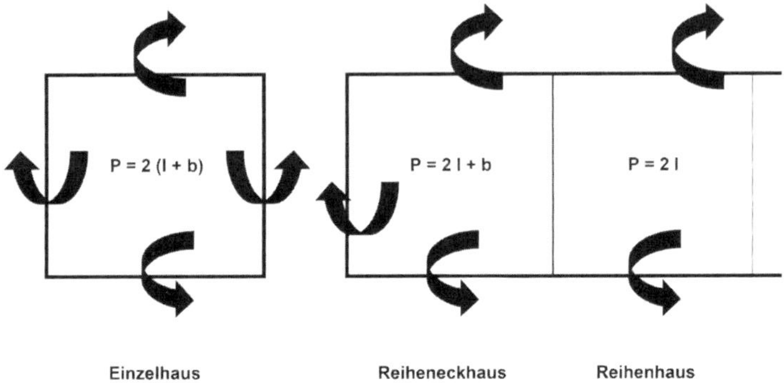

Bild 21: Situationen Bestimmung Perimeter P gebäudeweise

Es sind die Längen der erdreichberührenden Außenwände (und die an unbeheizte Nachbarräume grenzenden Innenwände) des Gebäudes als Umfang einzusetzen. Für das Einzelhaus ist dies der gesamte Umfang des Gebäudes. Bei den Reihenhäusern wird die Trennwand zur anderen Gebäudeeinheit nicht berücksichtigt.

Dies gilt für alle Fälle, bei denen $(U_{Boden} + \Delta U_{WB})^a < 0{,}5$ W/m²K ist.

- Sonderfall 1:

  Bei an Erdreich grenzenden Außenwände mit $(U_{Boden} + \Delta U_{WB})^{7} \geq 0{,}5$ W/m²K erfolgt eine raumweise getrennte Berechnung des B'-Wertes.

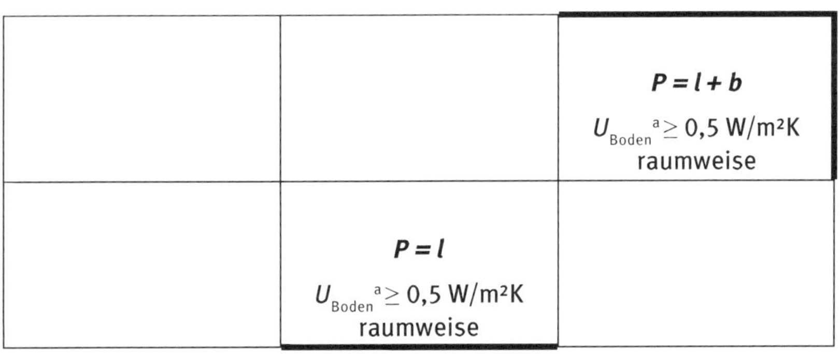

Bild 22: Situationen Bestimmung Perimeter *P* raumweise

7 einschl. ΔU_{WB} – in DIN EN 12831-1:2017-09 nicht vorgesehen, aber in Anlehnung an DIN V 4108-6 im Beiblatt 1 aufgenommen. Innenwände an unbeheizte Nebenräume werden in den Umfang der Bodenplatte *P* eingerechnet.

- Sonderfall 2:

  In jedem Falle muss bei innen liegenden Räumen, die keine an das Erdreich angrenzende Außenwand aufweisen, sondern nur Fußboden, der Parameter B' mit dem P-Wert aus den Gebäudedaten berechnet werden, auch wenn $(U_{Boden} + \Delta U_{WB})^a \geq 0{,}5$ W/m²K ist, da nicht mit $P = 0$ in Formel 9 durch Null dividieren darf.

Beispielberechnung (Raum Wohnen):

Im vorliegenden Beispiel beträgt der U-Wert der Bodenplatte 0,58 W/m²K. Es müssen daher die äquivalenten U-Werte raumweise für alle Räume mit Außenwänden einzeln berechnet werden. Nachfolgend wird beispielhaft der äquivalente U_{equiv}-Wert ermittelt.

- **Berechnung exponierter Umfang P:**

  Es handelt sich um einen Eckraum; deshalb müssen zwei Außenlängen berücksichtigt werden (Außenabmessungen). Hinzu muss die Innenwand an die unbeheizte Abstellkammer unter der Treppe gerechnet werden (siehe A.2.3, Raum Wohnen):

erdreichberührt	Ostwand:	4,82 + 0,41 + 0,24/2	= 5,35 m
	Südwand:	4,15 + 0,36 + 0,24/2	= 4,63 m [8]
	Innenwand:		= 1,37 m [9]
	***P*-Wert:**		**= 11,35 m**

- **Berechnung Parameter B' nach DIN/TS 12831-1, 2020-04, Gleichung (4):**

  $A_g = 5{,}35 \cdot 4{,}63 = 24{,}77$ m² (Außenmaße)

  $B' = A_g / (0{,}5 \cdot \mathrm{P}) = 4{,}77 / (0{,}5 \cdot 11{,}35) = 4{,}36$ m

- **Ermittlung des Wertes U_{equiv} gemäß DIN/TS 12831-1:2020-04, Gleichung (3)**

  $$U_{equiv} = \frac{a}{b + (c_1 + B')^{n1} + (c_2 + z)^{n2^*} + (c_3 + U_k + \Delta U_{TB})^{n3}} + d \quad \text{mit}$$

  $U = 0{,}58$ W/m²K

  $\Delta U_{TB} = 0{,}05$ W/m²K

  $B' = 4{,}36$ m

  $z = 0$ m

  und den Konstanten aus DIN/TS 12831-1:2020-04, Tabelle 3 berechnet sich

8 einschließlich IW-Länge an WG, da unbeheizt

9 an unbeheizte Abstellkammer

$$U_{\text{equiv}} = \frac{0{,}9671}{-7{,}445+(10{,}76_1+4{,}36)^{0{,}5532}+(9{,}773+0)^{0{,}6072}+(0{,}0265+0{,}58+0{,}05)^{-0{,}9296}}+(-0{,}0203)$$

U_{equiv} = 0,37 W/m²K

- **Bestimmung der Korrekturfaktoren:**
  - Korrekturfaktor jährliche Schwankung gem. DIN EN 12831-1:2017-09, Anhang B.2.3: $f_{\theta\,\text{ann}}$ = 1,45 (Fixwert)
  - Korrekturfaktor Grundwasser gem. DIN EN 12831-1:2017-09, Anhang B.2.3: f_{GW} = 1,0 (Grundwassertiefe > 1 m)
  - Temperaturanpassungsfaktor $f_{\text{ig,k}}$ für erdreichberührte Bauteile (Jahresmittel der Außentemperatur $\theta_{\text{e,m}}$ = 9,6 °C; Innentemperatur θ_{int} = 20 °C):

$$f_{\text{ig,k}} = \frac{20-9{,}6}{20-(-10{,}9)} = 0{,}34$$

6.2.5.4 Lüftungswärmeverluste

Die auf dem Formblatt R ausgewiesenen Lüftungswärmeverluste werden – genauso wie die Transmissionswärmeverluste – mit der Standardinnentemperatur berechnet.

Anmerkung: Ein wesentlicher Unterschied zur Berechnung der Lüftungswärmeverluste in allen Vorgängernormen liegt in der Berechnungsreihenfolge bezogen auf die einzelnen Gebäudeabschnitte:

- Vorgängernormen: Die Berechnung der Luftvolumenströme von außen (Infiltration) erfolgt erst raumweise. Dann werden die raumweisen Lüftungswärmeverluste zur Ermittlung des Gebäude-Lüftungswärmeverlustes addiert und mit dem Gleichzeitigkeitsfaktor ζ korrigiert.
- Ausgabe DIN EN 12831-1:2017-09: Zunächst wird der Außenluftvolumenstrom der Zone berechnet (im Beispiel des EFH ist die Zone auch das Gebäude selbst). Anschließend erfolgt eine Aufteilung des Zonen-Ergebnisses auf die einzelnen Räume anhand des Hüllflächenverhältnisses zwischen dem jeweiligen Raum und der Zone. Hüllflächen sind nach der vorliegenden Norm Flächen, die direkt an Außenluft oder an unbeheizte Bereiche grenzen.

Außenluftvolumenströme

- **Außenluftvolumenstrome durch Leckagen, ALD und Nutzung:**

  Der Gesamtzusammenhang wird anhand der Formeln zur Berechnung des Lüftungswärmeverlustes eines Raumes und einer Zone verdeutlicht, siehe Gleichung (16) und Gleichung (17) aus DIN EN 12831-1:2017-09, Abschnitt 6.3.3.3.1:

$$\Phi_{V,z} = \rho \cdot c_p \begin{pmatrix} \max(q_{vleak+ADT,i} + q_{v,open,i} \,;\, f_z \cdot (q_{v,min,i} - q_{v,tech,i}) \cdot (\theta^*_{int,I} - \theta_e) \\ + q_{v,sup,I} \cdot (\theta^*_{int,I} - \theta_{rec}) \\ + q_{v,transfer} \cdot (\theta^*_{int,I} - \theta_{transfer}) \end{pmatrix} \quad (16)$$

$$\Phi_{V,i} = \rho \cdot c_p \begin{pmatrix} \max(q_{v,env,i} + q_{v,open,i} \,;\, q_{v,min,i} - q_{v,tech,i}) \cdot (\theta^*_{int,I} - \theta_e) \\ + q_{v,sup,I} \cdot (\theta^*_{int,I} - \theta_{rec}) \\ + q_{v,transfer} \cdot (\theta^*_{int,I} - \theta_{transfer}) \end{pmatrix} \quad (17)$$

Die nationale Ergänzung DIN/TS 12831-1:2020-04 empfiehlt die zeilenweise Unterteilung dieses Zusammenhangs, sodass neben dem Gesamtlüftungsverlust bzw. -volumenstrom auch sinnvolle Teilergebnisse angegeben werden können (siehe DIN/TS 12831-1:2020-04, Abschnitt 4.19).

Tabelle 33: Unterteilung des Gesamtlüftungsverlustes und -volumenstroms nach DIN/TS 12831-1:2020-04, Abschnitt 4.19

Zeile in Gleichung (16) u. (17)	Verlustglied		Wär-me-verlust	Volumen-strom	Quelle
1	Außenluft durch Le-ckagen (Infiltration), Außenluftdurchlässe (ALD), ev. Abluft-über-schuss bei mech. Belüftung oder anderer technischer Luft-volumenstrom ($q_{v,comb,i}$) oder aus Mindestluftwechsel	in Raum-heiz-last wirk-samer Anteil	$\Phi_{V,env/min,i}$	$q_{v,env/min,i}$	Berechnung nach DIN EN 12831-1: 2017-09
		in Zonen-/ Ge-bäude-heizlast wirk-samer Anteil	$\Phi_{V,leak/min,i}$	$q_{v,leak/min,z}$	
2	Zuluft		$\Phi_{V,sup,i}$	$q_{v,sup,i}$	Pla-nung/-Lüf-tungskon-zept o. ä.
3	Überströmung		$\Phi_{V,transfer,ij}$	$q_{v,transfer,ij}$	

Während die Terme der zweiten und dritten Zeile (Zuluft und Überströmung) auf Eingangsgrößen basieren (z. B. aus einem Lüftungskonzept), sind Volumenstrom/Wärmeverlust des Terms der ersten Zeile zu berechnen. Nachfolgend wird ausführlich auf diese Berechnung eingegangen. Der Term beschreibt den Luftvolumenstrom von außen in die Zone bzw. in den Raum durch Undichtigkeiten (natürliche Infiltration, ALDs, evtl. Abluftüberschuss bei mech. Belüftung oder anderem technischen Abluft-Volumenstrom) oder durch den Mindestluftwechsel/-volumenstrom des Raums – siehe auch DIN/TS 12831-1:2020-04, Abschnitt 4.19. Dieser wird in der vorliegenden Norm nicht extra benannt, aber nach Abschnitt 4.19 sowie im Formblatt R mit dem Index **env/min** versehen, als Hinweis darauf, dass dieser Volumenstrom im Wesentlichen ggf. vorhandene Undichtigkeiten (Index „env“) bzw. die Raumnutzung (Mindestluftwechsel → Index „min“) abbildet. Er wird gemäß DIN/TS 12831-1:2020-04 berechnet als das Maximum aus dem Außenluftvolumenstrom durch Undichtigkeiten und dem Mindestaußenluftvolumenstrom:

$$q_{\text{env/min,i}} = \max(q_{\text{v,env,i}} + q_{\text{v,open,i}} ; q_{\text{v,min,i}} - q_{\text{v,tech,i}})$$

mit den Luftvolumenstromanteilen

$q_{\text{v,env,i}}$ Außenluftvolumenstrom durch die Gebäudehülle nach DIN EN 12831-1:2017-09, Gleichung (18). Die Berechnung des Außenluftvolumenstroms durch die Gebäudehülle berücksichtigt

- die natürliche Infiltration,
- den Auslegungs-Außenluftvolumenstrom durch Außenwandluftdurchlässe und
- evtl. den Abluftüberschuss bei mech. Belüftung oder anderer technischer Volumenstrom $q_{\text{v,comb,i}}$.

Diese Berechnung ist sehr aufwendig und nicht mit den Berechnungen irgendeiner Vorgänger-Norm zu vergleichen. Sie wird anschließend noch einmal ausführlich im Beispiel behandelt.

$q_{\text{v,open,i}}$ Außenluftvolumenstrom durch große Öffnungen (z. B. in Hallen). nach DIN/TS 12831-1:2020-04, Abschnitt 4.17. Die Berechnung des Außenluftvolumenstroms durch große Öffnungen ist neu aufgenommen und sehr aufwendig (siehe Abschnitt 10.3).

$q_{\text{v,min,i}}$ Mindest-Luftvolumenstrom nach DIN/TS 12831-1:2020-04, Abschnitt 4.11

$q_{\text{v,tech,i}}$ Technischer Luftvolumenstrom nach DIN EN 12831-1:2017-09, Abschnitt 6.3.3.3.3.

Berücksichtigt werden im Einzelnen der

- Zuluftvolumenstrom,
- Abluftvolumenstrom,
- Überström-Luftvolumenstrom aus Nachbarräumen,

und neu

- Verbrennungs- und/oder sonstige technisch erforderliche aus dem Raum abgeführter Luftvolumenstrom. Dieser ist nicht Gegenstand dieser Beispielberechnung

- **Berechnung des Außenluftvolumenstromes des Raumes durch die Gebäudehülle:**

Die Berechnung des Außenluftvolumenstromes durch die Gebäudehülle erfolgt nach DIN EN 12831-1:2017-09, Gleichung (18):

$$q_{v,env,i} = \frac{q_{v,inf,add,z}}{q_{v,env,z}} \cdot \min(q_{v,env,z}\,;q_{v,leak+ATD,i} \cdot f_{dir}) + \frac{q_{v,env,z} - q_{v,inf\text{-}add,z}}{q_{v,env,z}}$$

Der Außenluftvolumenstrom durch die Gebäudehülle wird mit folgenden Luftvolumenstromanteilen berechnet:

$q_{v,inf\text{-}add,z}$ Außenluftvolumenstrom **der Zone** durch Infiltration und ALD nach DIN EN 12831-1:2017-09, Gleichung (28)

$q_{v,env,z}$ Außenluftvolumenstrom **der Zone** durch Zu- und/oder Abluftvolumenstrom, evtl. aus dem Raum abgeführte Verbrennungsluft und durch zusätzliche Infiltration nach DIN EN 12831-1:2017-09, Gleichung (24)

$q_{v,leak+ATD,i}$ Außenluftvolumenstrom **des Raumes** durch Undichtigkeiten und ALD nach DIN EN 12831-1:2017-09, Gleichung (19)

- **Zusammenhang der Formeln zur Berechnung des Außenluftvolumenstroms:**

Mit Bild 23 ist eine Übersicht zum Zusammenhang der Formeln zur Berechnung Außenluftvolumenstrom gegeben.

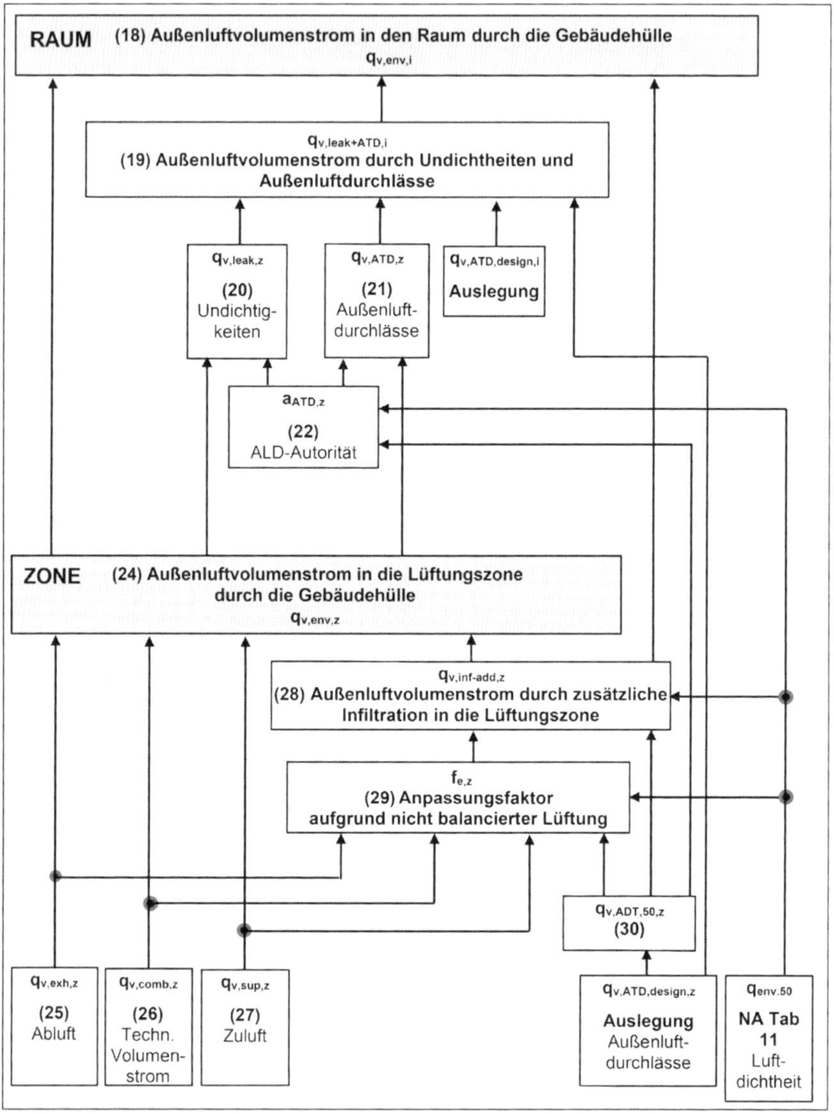

Bild 23: Schema Zusammenhang der Formeln zur Berechnung Außenluftvolumenstrom nach DIN/TS 12831-1:2020-04, Bild B.6

- **Zone:**

  Nachstehend sind die Zusammenhänge nochmals schematisch dargestellt (nach DIN/TS 12831-1:2020-04, Tabelle B.2). Hierbei wurden zum besseren Verständnis einzelne Formeln in ihre Bestandteile zerlegt, z. B. Gleichung (28) in die Anteile natürliche Infiltration durch Undichtigkeiten und durch Außenwandluftdurchlässe ALD.

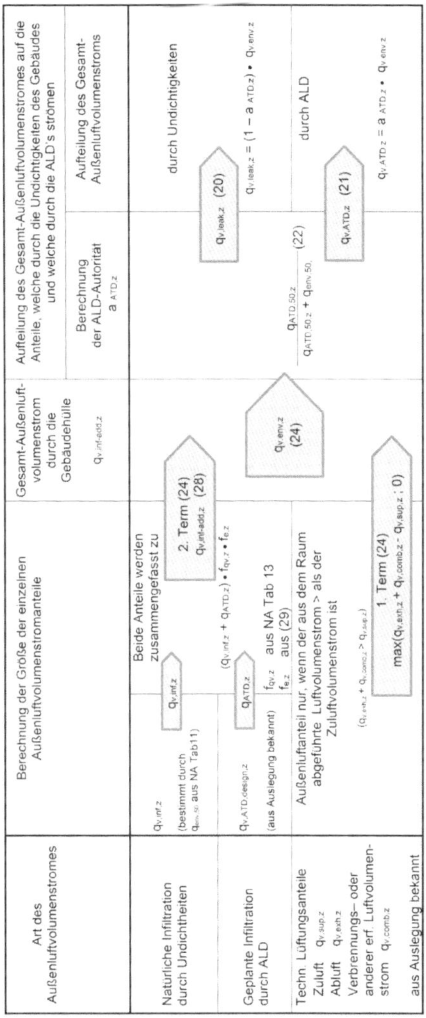

Bild 24: Zone: Schema Gesamtluftvolumenstrom von außen (ohne große Öffnungen) nach DIN/TS 12831-1:2020-04, Tabelle B.2

Sind keine Luftvolumenströme durch ALDs oder technische Volumenströme vorgesehen, ist $q_{\text{v.env,z}} = q_{\text{v.inf-add,z}} = q_{\text{v.inf,z}}$

- **Raum:**

  Gesamt-Luftvolumenstrom $q_{v,leak+ATD,i}$ von außen (ohne große Öffnungen) durch Undichtigkeiten und Außenwanddurchlässe ALDs

Tabelle 34: Gesamt-Luftvolumenstrom $q_{v,leak+ATD,i}$ von außen in die Zone nach DIN/TS 12831-1:2020-04, Tabelle B.3

Art des Außenluft-volumenstromes	Berechnung der Außenluftvolumen-stromanteile	Gesamt-Luftvolumenstrom Zusammenfassung der Luftvolumenströme
1. Anteil durch Undichtigkeiten	$q_{v,leak,i} = q_{v,leak,z} \cdot A_{env,I} / A_{env,z}$ 1. Term	$q_{v,leak+ATD,i} = q_{v,leak,I} + q_{v,ATD,I}$
2. Anteil durch ALDs	$q_{v,ATD,i} = q_{v,ATD,z} \cdot q_{v,ATD,design,i} / q_{v,ATD,design,z}$ 2. Term	

- **Bewerteter Luftvolumenstrom $q_{v,env,i}$ von außen in den Raum (ohne große Öffnungen):**

Tabelle 35: Bewerteter Luftvolumenstrom $q_{v,env,i}$ von außen in den Raum nach DIN/TS 12831-1:2020-04, Tabelle B.4

Art des Außenluftvolumenstromes	Berechnung der Außenluft-volumenstromanteile Aufteilung im Verhältnis der Luftvolumenströme	Bewerteter Luftvolumenstrom Zusammenfassung der Luftvolumenströme
1. Anteil nur Infiltration durch Undichtigkeiten und ALD	$q_{v,inf\text{-}add,z} / q_{v,env,z} \cdot \min(q_{v,env,z}\,;\,q_{v,leak+ATD,I} \cdot f_{dir})$ 1. Term mit f_{dir} als „Orientierungsfaktor“ Fixwert f_{dir} = 2 nach DIN/TS 12831-1	$q_{v,env,i}$
2. Anteil durch techn. Volumenstrom	$(q_{v,env,z} - q_{v,inf\text{-}add,z}) / q_{v,env,z} \cdot q_{v,leak+ATD,I}$ 2. Term	

6.2.6 Formblätter Z1, Z2, N2 und G2

Die Formblätter Z1, Z2, N2 und G2 dienen ausschließlich der Ergebnisdarstellung.

6.3 Berechnungsbeispiele

Die bisherigen Ausführungen zu

- Vereinbarungen,
- Geometrie,
- Wärmebrückenzuschlag,
- Wärmespeicherkapazität und Zeitkonstante,
- Dichtheit und Abschirmung,
- Außentemperatur und entsprechenden Korrekturen,
- Äquivalenter U-Wert an Erdreich und
- Zuschlag Aufheizleistung,

treffen auf alle Beispiele (Abschnitte 6.3.1, 6.3.2 und 6.3.3) gleichermaßen zu – unabhängig von der Art der Belüftung. Ergebnisunterschiede zwischen den Berechnungsbeispielen nach DIN/TS 12831-1:2020-04, Abschnitt B.4.2 und Abschnitt B.4.3 sind ausschließlich auf die Art der Lüftung zurückzuführen.

6.3.1 Beispiel 1: Nur Infiltration (keine Lüftungsanlage)

Bevor der von außen infiltrierte Luftvolumenstrom des Raumes berechnet werden kann, ist zuvor derjenige der **Lüftungszone** zu ermitteln (in diesem Beispiel ist die Zone identisch mit dem Gebäude). Dieser wird in DIN EN 12831-1:2017-09, 6.3.3.3.4, berechnet.

6.3.1.1 Bestimmung des Außenluftvolumenstroms der Zone durch die Gebäudehülle

In diesem Beispiel entspricht die Zone dem Gebäude. Der Außenluftvolumenstrom durch die Gebäudehülle wird nach DIN EN 12831-1:2017-09, Gleichung (24) bestimmt zu:

$$q_{v,env,z} = \max(q_{v,exh,z} + q_{v,comb,z} - q_{v,sup,z}\,; 0) + q_{v,inf\text{-}add,z}$$

und setzt sich aus folgenden Anteilen zusammen:

$q_{v,exh,z}$ Abluftvolumenstrom der Zone (Summe aller zur Zone gehörigen Räume) nach DIN EN 12831-1:2017-09, Gleichung (25)

$q_{v,comb,z}$ Technischer Luftvolumenstrom der Zone (z. B. aus dem Raum abgeführte Verbrennungsluft, Luftvolumenstrom durch große Öffnungen und durch zusätzliche Infiltration nach DIN EN 12831-1:2017-09, Gleichung (26)

$q_{v,sup,z}$ Zuluftvolumenstrom der Zone (Summe aller zur Zone gehörigen Räume) nach DIN EN 12831-1:2017-09, Gleichung (27)

$q_{v,inf\text{-}add,z}$ Außenluftvolumenstrom der Zone durch Infiltration und ALD nach DIN EN 12831-1:2017-09, Gleichung (28)

In diesem einfachen Beispiel sind $q_{v,exh,z}$, $q_{v,comb,z}$ und $q_{v,sup,z} = 0$, da keine lüftungstechnischen Maßnahmen vorgesehen sind. Daher wird nur $q_{v,inf\text{-}add,z}$ berechnet.

Beispielberechnung

Die korrekte Größe der Hüllfläche $A_{env,z}$ als Summe aller einzelnen Raum-Hüllflächen berechnet sich gemäß ausgefülltem Formblatt „Zonendaten“, Bild 28 zu 441,4 m^2.

Der Luftvolumenstrom durch Infiltration $q_{v,inf\text{-}add,z}$ wird auf

- Grundlage der Luftdurchlässigkeit der Gebäudehülle $q_{env,50}$ und des
- Luftvolumenstroms durch Außenluftdurchlässe $q_{v,ATD,50}$

gemäß DIN EN 12831-1:2017-09, Gleichung (28) bestimmt zu

$$q_{v,inf\text{-}add,z} = (q_{env,50} \cdot A_{env,z} + q_{v,ATD,50,z}) \cdot f_{qv,z} \cdot f_{e,z}$$

mit

$q_{env,50}$ 2,0 gem. DIN/TS 12831-1:2020-04, Tabelle 11, Luftdichtheit hoch

$A_{env,z}$ 441,4 m² – Hüllfläche Zone / Summe aller Räume

$q_{v,ATD,50,z}$ 0 m³/h – keine Außenluftdurchlässe

$f_{qv,z}$ 0,05 gem. DIN/TS 12831-1:2020-04, Tabelle 13, Abschirmung normal

$f_{e,z}$ 1,00 – Anpassungsfaktor aufgrund nicht balancierter Lüftung. Berechnung nach DIN EN 12831-1:2017-09, Gleichung (29) – nachstehend gezeigt:

$$f_{e,z} = \frac{1}{1 + \frac{f_{fac,z}}{f_{qv,z}} \cdot \left(\frac{q_{v,exh,z} + q_{v,comb,z} - q_{v,sup,z}}{q_{env,50} \cdot A_{env,z} + q_{v,ADT,50,z}} \right)^2}$$

In diesem Beispiel ist keine Lüftungsanlage vorgesehen, sodass gilt: $q_{v,exh,z} + q_{v,comb,z} - q_{v,sup,z} = 0$ und somit der letzte Term

$$\left(\frac{q_{v,exh,z} + q_{v,comb,z} - q_{v,sup,z}}{q_{env,50} \cdot A_{env,z} + q_{v,ADT,50,z}}\right)^2 = 0\ m^3/h$$

isl. Der Anpassungsfaktor berechnet sich somit zu

$f_{e,z} = 1{,}0$

Eingesetzt in DIN EN 12831-1:2017-03, Gleichung (28) ergibt sich folgendes Ergebnis:

$q_{v,inf\text{-}add,z} = (2{,}0 \cdot 441{,}4 + 0) \cdot 0{,}05 \cdot 1{,}0$

$q_{v,inf,add,z} = 44{,}1\ m^3/h$

Der Außenluftvolumenstrom in die Lüftungszone berechnet sich gemäß DIN EN 12831-1:2017-09, Gleichung (24) zu

$q_{v,env,z} = \max(q_{v,exh,z} + q_{v,comb,z} - q_{v,sup,z}\ ;\ 0) + q_{v,inf\text{-}add,z}$

Da keine Lüftungsanlage vorgesehen ist und keine technischen oder Luftvolumenströme durch große Öffnungen vorliegen, bleibt der infiltrierte Luftvolumenstrom = $q_{v,inf,add,z}$

Ergebnis infiltrierter Luftvolumenstrom der Zone: $q_{v,env,z} = 44{,}1\ m^3/h$

Sofern, wie in diesem Beispiel, keine Außenluftdurchlässe geplant sind, ist $a_{ATD,z} = 0$ und somit ist $q_{v,leak,z} = 44{,}1\ m^3/h$ und $q_{v,ATD,z} = 0{,}0\ m^3/h$.

Darstellung im Schema

Nachstehend ist die Bestimmung der einzelnen Luftvolumenströme grafisch dargestellt:

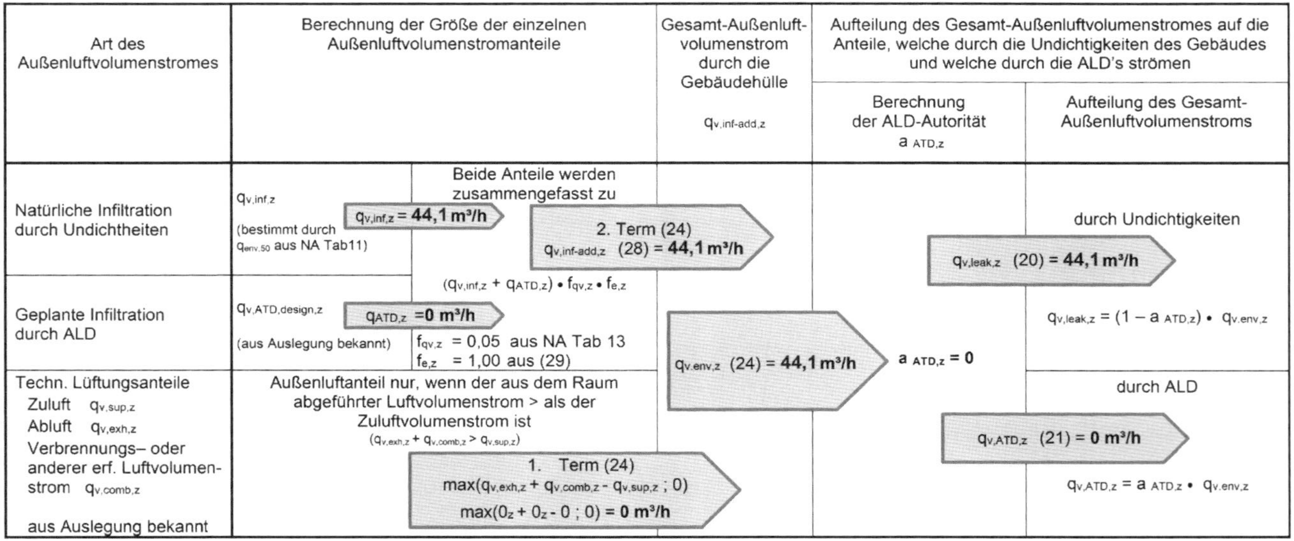

Bild 25: Schema Gesamtluftvolumenstrom der Zone von außen (nur Infiltration) nach DIN EN 12831-1:2017-09

6.3.1.2 Außenluftvolumenstrom des Raumes durch die Gebäudehülle

Der Außenluftvolumenstrom $q_{v,env,i}$ durch die Hülle berechnet sich nach DIN EN 12831-1:2017-09, Gleichung (18):

$$q_{v,env,i} = \frac{q_{v,inf\text{-}add,z}}{q_{v,env,z}} \cdot \min(q_{v,env,z}\,; q_{v,leak+ATD,i} \cdot f_{dir}) + \frac{q_{v,env,z} - q_{v,inf\text{-}add,z}}{q_{v,env,z}} \cdot q_{v,leak+ATD,i}$$

mit

$q_{v,inf\text{-}add,z}$ Luftvolumenstrom in die Zone durch zusätzliche Infiltration auf Grundlage der Luftdurchlässigkeit $q_{env,50}$ und des Luftvolumenstroms durch Außenluftdurchlässe nach DIN EN 12831-1:2017-09, Gleichung (28)

$q_{v,env,z}$ Außenluftvolumenstrom in die Zone durch die Gebäudehülle nach DIN EN 12831-1, Gleichung (24)

$q_{v,leak+ATD,i}$ Außenluftvolumenstrom in den Raum durch Undichtheiten und Außenwanddurchlässe nach DIN EN 12831-1:2017-09, Gleichung (19)

Die Volumenströme der Zone $q_{v,inf\text{-}add,z}$ und $q_{v,env,z}$ wurden bereits mit

- $q_{v,inf\text{-}add,z} = 43{,}4\ m^3/h$ und
- $q_{v,env,z} = 43{,}4\ m^3/h$ (beide gleich, da keine lufttechnische Anlage)

berechnet. Die Berechnung des Außenluftvolumenstroms $q_{v,leak+ATD,i}$ in den Raum durch Undichtigkeiten und Außenwanddurchlässe erfolgt nach DIN EN 12831-1:2017-09, Gleichung (19) im Verhältnis der Hüllflächen und der ALD-Volumenströme

$$q_{v,leak+ADT,i} = q_{v,leak,z} \cdot \frac{A_{env,i}}{A_{env,z}} + q_{v,ATD,z} \cdot \frac{q_{v,ATD,design,i}}{q_{v,ATD,design,z}}$$

mit den Luftvolumenstromanteilen

$q_{v,leak,z}$ Außenluftvolumenstrom **in die Zone** durch Undichtigkeiten nach DIN EN 12831-1:2017-09, Gleichung (20)

$q_{v,ATD,z}$ Außenluftvolumenstrom **in die Zone** durch Außenwanddurchlässe nach DIN EN 12831-1:2017-09, Gleichung (21)

$q_{v,ATD,design,z}$ Auslegungs-Luftvolumenstrom der Außenluftdurchlässe in die Zone

$q_{v,ATD,design,i}$ Auslegungs-Luftvolumenstrom der Außenluftdurchlässe in den Raum

Der Außenluftvolumenstrom wird aufgeteilt in die Anteile, welche

- durch die Undichtigkeit der Gebäudehülle und welche, die
- durch die Außenluftdurchlässe

in die Lüftungszone einströmen. Dieses Verhältnis wird bestimmt durch die Autorität der Außenluftdurchlässe nach DIN EN 12831-1:2017-09, Gleichung (20)

$$q_{v,leak,z} = (1 - a_{ATD,z}) \cdot q_{v,env,z}$$

$$q_{v,ATD,z} = a_{ATD,z} \cdot q_{v,env,z}$$

mit

$$a_{ATD} = \frac{q_{v,ATD,50,z}}{q_{v,ATD,50,z} + q_{env,50} \cdot A_{enf,z}}$$

Beispielberechnung

Anhand des **Beispielraumes 3** — Wohnen — wird die Berechnung des Außenluftvolumenstroms durch Undichtigkeiten (Infiltration) gezeigt.

Die Aufteilung erfolgt im Verhältnis der Hüllflächen:

$$q_{v,leak+ADT,i} = q_{v,leak,z} \cdot \frac{A_{env,i}}{A_{env,z}} + q_{v,ATD,z} \cdot \frac{q_{v,ATD,design,i}}{q_{v,ATD,design,z}}$$

Da kein Luftvolumenstrom durch ALDs vorgesehen ist, reduziert sich $q_{v,leak+ADT,i}$ (19) auf

$$q_{v,leak+ADT,i} = q_{v,leak,z} \cdot \frac{A_{env,i}}{A_{env,z}} = 44{,}1 \cdot \frac{32{,}5}{441{,}4} = 3{,}25\,m^3/h$$

mit

$q_{v,leak,z}$ 44,1 m^3/h (aus DIN EN 12831-1:2017-09, Gleichung (20))

$A_{env,i}$ 32,5 m^2 Hüllfläche Raum 3 – Wohnen

$A_{env,z}$ 441,4 m^2 Hüllfläche Zone

Da $q_{v,inf-add,z} = q_{v,env,z}$ verbleibt DIN EN 12831-1:2017-09, Gleichung (18) zu

$$q_{v,env,i} = \min(q_{v,env,z}\ ;\ q_{v,leak} + A_{TD,i} \cdot f_{dir})$$

$$q_{v,env,i} = \min(44{,}1\ ;\ 3{,}25 \cdot 2) = 6{,}5\ m^3/h$$

mit

$q_{v,env,z}$ 44,1 m^3/h

$q_{v,leak+ADT,i}$ 3,25 m^3/h

f_{dir} 2,0 – Orientierungsfaktor

Ergebnis: Der infiltrierte Luftvolumenstrom von außen beträgt $\boldsymbol{q_{v,env,i} = 6{,}5\ m^3/h}$

Ergebnis: Der infiltrierte Luftvolumenstrom von außen beträgt $q_{v,env,i} = 6,5\ m^3/h$

Wie im Abschnitt 6.2.5.4 ausgeführt, stellt der Term aus DIN EN 12831-1:2017-09, Gleichung (17) jenen von außen einströmenden Luftvolumenstrom in den Raum dar, welcher zur Berechnung des Lüftungswärmeverlustes mit der Temperaturdifferenz zwischen Rauminnen- und der Außentemperatur eingesetzt wird:

$$q_{env/min} = \max(q_{v,env,i} + q_{v,open,i}\ ;\ q_{v,min,I} - q_{v,tech,i})$$

Ein Luftvolumenstrom durch große Öffnungen liegt nicht vor, daher ist $q_{v,open,il} = 0\ m^3/h$. Weiterhin liegt kein technischer Luftvolumenstrom vor. Für dieses Beispiel mit nur natürlicher Lüftung ist also nur der Mindestluftvolumenstrom zu berechnen.

$$q_{v,min,i} = n_{min,i} \cdot V_i$$

$$q_{v,min,i} = 0,5 \cdot 53,1\ m^3/h$$

$$q_{v,min,i} = 26,6\ m^3/h$$

mit

$n_{min,i}$ 0,5 gem. DIN EN 12831-1:2017-09, Gleichung (17)

V_i 53,1 m^3 – Lichtes Raumvolumen

Ermittlung aus Term DIN EN 12831:2017-09, Gleichung (17)

$$q_{env/min,i} = \max(q_{v,env,i} + q_{v,open,I}\ ;\ q_{v,min,I} - q_{v,tech,i})$$

$$q_{env/min,i} = \max(6,5 + 0\ ;\ 26,6 - 0)$$

$$q_{env/min,i} = 26,6\ m^3/h$$

Ergebnis: Der Außenluftvolumenstrom wird bestimmt durch den Mindestwert.

Vertiefung

Die Berechnung des infiltrierten Luftvolumenstromes bei lediglich natürlicher Belüftung erscheint bei diesem enormen Formelaufwand äußerst komplex und verwirrend. Nachstehend wird eine Vereinfachung dargestellt, die nur den reinen Anteil der Infiltration zeigt, wenn keinerlei mechanische Belüftung vorliegt:

Die Formel zur Berechnung des Außenluftvolumenstromes in den Raum durch die Gebäudehülle gem. DIN EN 12831-1:2017-09 Gleichung (18) lautet:

$$q_{v,env,i} = \frac{q_{v,inf\text{-}add,z}}{q_{v,env,z}} \cdot \min(q_{v,env,z}\ q_{v,leak+ATD,i} \cdot f_{dir}) + \frac{q_{v,env,z} - q_{v,inf\text{-}add,z}}{q_{v,env,z}} \cdot q_{v,leak+ATD,i}$$

Wenn nur Infiltration vorliegt, so wird aus dem Außenluftvolumenstrom durch Undichtigkeiten und Außenwanddurchlässe

$$q_{v,leak+ADT,i} = q_{v,leak,z} \cdot \frac{A_{env,i}}{A_{env,z}} + q_{v,ATD,z} \cdot \frac{q_{v,ATD,design,i}}{q_{v,ATD,design,z}}$$

die reduzierte Formel

$$q_{v,leak+ADT,i} = q_{v,leak,z} \cdot \frac{A_{env,i}}{A_{env,z}}$$

Weiterhin wird aus dem Außenluftvolumenstrom nur durch Undichtigkeiten einschließlich durch ALDs

$$q_{v,leak,z} = (1 - a_{ATD,z}) \cdot q_{v,env,z}$$

der Außenluftvolumenstrom durch Undichtigkeiten nur durch Infiltration, da $a_{ATD,z} = 0$

$$q_{v,leak,z} = q_{v,env,z}$$

Weiterhin wird aus dem gesamten Außenluftvolumenstrom

$$q_{v,env,z} = \max(q_{v,exh,z} + q_{v,comb,z} - q_{v,sup,z}\,;\,0) + q_{v,inf\text{-}add,z}$$

nur der Außenluftvolumenstrom durch Undichtigkeiten der Gebäudehülle

$$q_{v,env,z} = q_{v,inf\text{-}add,z}$$

Dieser wird gem. DIN EN 12831-1:2017-09, Gleichung (28) berechnet zu

$$q_{v,inf\text{-}add,z} = (q_{env,50} \cdot A_{env,z} + q_{v,ATD,50,z}) \cdot f_{qv,z} \cdot f_{e,z}$$

und reduziert sich ohne ALD-Außenluftvolumenströme auf

$$q_{v,inf\text{-}add,z} = q_{env,50} \cdot A_{env,z} \cdot f_{qv,z} \cdot f_{e,z}$$

Eingesetzt in DIN EN 12831-1:2017-09, Gleichung (18)

$$q_{v,env,i} = \frac{q_{v,inf\text{-}add,z}}{q_{v,env,z}} \cdot \min(q_{v,env,z}\,;\,q_{v,leak+ATD,i} \cdot f_{dir}) + \frac{q_{v,env,z} - q_{v,inf\text{-}add,z}}{q_{v,env,z}} \cdot q_{v,leak+ATD,i}$$

ergibt sich mit $q_{v,env,z} = q_{v,inf\text{-}add,z}$ aus DIN EN 12831-1:2017-09, Gleichung (24):

$$q_{v,env,i} = \frac{q_{v,env,z}}{q_{v,env,z}} \cdot \min(q_{v,env,z}\,;\,q_{v,leak+ATD,i} \cdot f_{dir}) + \frac{q_{v,env,z} - q_{v,env,z}}{q_{v,env,z}} \cdot q_{v,leak+ATD,i}$$

$$q_{v,env,i} = 1 \cdot \min(q_{v,env,z}\,;\,q_{v,leak+ATD,i} \cdot f_{dir}) + \frac{0}{q_{v,env,z}} \cdot q_{v,leak+ATD,i}$$

und letztlich

$$q_{v,env,i} = \min(q_{v,env,z}\,; q_{v,leak+ATD,i} \cdot f_{dir})$$

Falls das Gebäude nicht nur aus einem Raum besteht, wird in

$$q_{v,leak+ATD,i} \cdot f_{dir} < q_{v,env,z}$$

der Außenluftvolumenstrom des Raumes kleiner als der der Zone sein, und es verbleibt

$$q_{v,env,i} = q_{v,leak+ATD,i} \cdot f_{dir}$$

Der Außenluftvolumenstrom $q_{v,leak+ATD,i}$ kann ersetzt werden gemäß DIN EN 12831-1:2017-09, Gleichung (19) durch

$$q_{v,leak+ATD,i} = q_{v,leak,z} \cdot \frac{A_{env,i}}{A_{env,z}}$$

wobei

$$q_{v,leak,z} = q_{v,env,z}$$

$$q_{v,env,z} = q_{v,inf\text{-}add,z}$$

und

$$q_{v,inf\text{-}add,z} = q_{env,50} \cdot A_{env,z} \cdot f_{qv,z} \cdot f_{e,z}$$

Somit ergibt sich

$$q_{v,env,i} = q_{env,50} \cdot A_{env,z} \cdot f_{qv,z} \cdot f_{e,z} \cdot \frac{A_{env,i}}{A_{env,z}} \cdot f_{dir}$$

$A_{env,z}$ kann noch gekürzt werden und es verbleibt:

$$q_{v,env,i} = q_{env,50} \cdot f_{qv,z} \cdot f_{e,z} \cdot A_{env,i} \cdot f_{dir}$$

Umgestellt mit $f_{dir} = 2$ und, da nur Infiltration $f_{e,z} = 1$:

$$q_{v,env,i} = 2 \cdot A_{env,I} \cdot q_{env,50} \cdot f_{qv,z}$$

Nachrechnung:

Mit den vorbestimmten Werten des Raumes 3 – Wohnen

$A_{env,I}$ 32,5 m²

$q_{env,50}$ 2 m³/m²h

$f_{qv,z}$ 0,05

ergibt sich ebenfalls

$$q_{v,env,i} = 2 \cdot A_{env,I} \cdot q_{env,50} \cdot f_{qv,z} = 2 \cdot 32{,}5 \cdot 2 \cdot 0{,}05 = 6{,}5\ m^3/h$$

Achtung: Diese Vereinfachung gilt nur bei natürlicher Infiltration ohne jegliche mechanische Be- oder Entlüftung.

6.3.1.3 Anteil des raumweisen Außenluftvolumenstroms für die Zone

In diesem Beispiel entspricht die Zone dem Gebäude. Der Zonenanteil wird berechnet nach DIN EN 12831-1:2017-09, Gleichung (16) und kennt keinen Begriff für den von außen einströmenden Luftvolumenstrom. Dieser ist implizit enthalten als Volumenstrom für den Raum:

$$\text{Max}(q_{v,leak+ATD,i} + q_{v,open,i}\ ;\ f_{i\text{-}z} \cdot q_{v,min,i} - q_{v,tech,i}) \text{ in } m^3/h$$

Der von außen einströmende Außenluftvolumenstrom wird im Folgenden als $q_{v,leak/min,i}$ bezeichnet. Dies dient als Hinweis darauf, dass dieser Volumenstrom auch den Mindest-Luftvolumenstrom berücksichtigt. Daher ergibt sich:

$$q_{v,leak/min,i} = \text{Max}(q_{v,leak+ADT,i} + q_{v,open,i}\ ;\ f_{i\text{-}z} \cdot q_{v,min,i} - q_{v,tech,i})$$

mit

$q_{v,leak+ADT,i}$	Außenluftvolumenstrom durch Undichtigkeiten und Außenluftdurchlässen ALDs in m³/h
$q_{v,open,i}$	Außenluftvolumenstrom durch große Öffnungen in m³/h
$q_{v,min,i}$	Mindest-Luftvolumenstrom in m³/h
$q_{v,tech,i}$	Anderweitiger technischer Luftvolumenstrom in m³/h

Gemäß der Beispielberechnung in Abschnitt 6.3.2.1 ergibt sich der Außenluftvolumenstrom in den Raum durch Undichtigkeiten und ALDs zu

$$q_{v,leak+ADT,i} = 3{,}25\ m^3/h$$

Daraus ergibt sich:

$$q_{v,leak/min,i} = \text{Max}(3{,}25 + 0\ ;\ 0{,}5 \cdot 26{,}6_i - 0) = 13{,}3\ m^3/h$$

(s.a. Bild 34, Zeile 3, Wohnzimmer)

mit

$$q_{v,open,i} = 0\ m^3/h$$

$$q_{v,min,i} = 26{,}6\ m^3/h$$

$$q_{v,tech,i} = 0\ m^3/h$$

6.3.1.4 Berechnung des Wärmetransferkoeffizienten *H*

Der Wärmetransferkoeffizient mit seinen Anteilen

- Transmissionswärmetransferkoeffizient H_T

und

- Lüftungswärmetransferkoeffizient H_V

wurde bereits in Kapitel 3.2 ausführlich beschrieben. Im Zusammenhang mit der Beispielberechnung sollen jedoch die verschiedenen Situationen näher beschrieben werden.

Berechnung des Transmissionswärmetransferkoeffizient H_T

Grundsätzlich erfolgt die Berechnung nach der Beziehung

$$H_T = A \cdot U \text{ in W/K}$$

mit

A Bauteilfläche in m²

U Wärmedurchgangskoeffizient in W/m²K

mit folgenden Anpassungen:

- Zum Wärmedurchgangskoeffizienten U wird noch der Wärmebrückenzuschlag ΔU_{TB} addiert.

  Daraus folgt für die Berechnung der Bauteile, die an Außenluft grenzen (AW, AF, AT, DA):

  $$H_{T,ie} = A_k \cdot (U_k + \Delta U_{TB}) \quad \text{in W/K}$$

  Gegenüber DIN EN 12831-1:2017-09, Gleichung (6) erfolgt die Darstellung der Formel hier ohne die Faktoren $f_{U,k}$ und $f_{ie,k}$, da diese in Deutschland nicht angewendet und mit dem Wert = 1 eingesetzt werden.

- Wenn das Bauteil **nicht** an Außenluft angrenzt (IW, IT, IF, DE, FB an Raum im darunterliegenden Geschoss) muss der Wärmeübertragungskoeffizient H_T noch mit einem sogenannten Temperaturanpassungsfaktor f_x so angepasst bzw. umgerechnet werden, dass dieser sich ebenfalls auf die Auslegungsaußentemperatur θ_e bezieht.

  Gemäß DIN EN 12831-1:2017-09, Gleichungen (9) und (10) gilt:

  $$f_1 = \frac{\theta_{int,i} - \theta_x}{\theta_{int,i} - \theta_e}$$

  Gemäß DIN/TS 12831-1:2020-04 werden aber im Gegensatz zu DIN EN 12831-1:2017-09, Gleichung (7) zur Berechnung des Transmissionswärmetransferkoeffizient H_T nur unbeheizte Nachbarräume berücksichtigt, da sich die H_T-Werte an beheizte Nachbarräume aufheben (des einen Raumes Gewinn, ist des anderen Raumes Verlust).

Daraus folgt für die Berechnung der Bauteile, die **nicht** an Außenluft grenzen gemäß DIN TS 12831-1:2020-04, Gleichung (2):

$$H_{T,iae} = A_k \cdot (U_k + \Delta U_{TB}) \cdot f_{iae,k} \quad \text{in W/K}$$

Anmerkung: Der Faktor f_x erhält im Gegensatz zu DIN TS 12831-01:2020-04 in diesem Kommentar den Index „iae" statt „ia", um konsequent den Verlust an einen unbeheizten Nachbarraum darzustellen.

Anpassung mit dem Temperaturanpassungsfaktor gemäß DIN EN 12831-1:2017-09, Gleichung (10)

$$f_1 = f_{iae,k} = \frac{\theta_{int,i} - \theta_{int,a}}{\theta_{int,i} - \theta_e}$$

mit

$f_{iae,k}$ Temperaturanpassungsfaktor an unbeheizte Nachbarräume

θ_{int} Innentemperatur in °C

$\theta_{int,a}$ Innentemperatur des angrenzenden Raumes in °C

θ_e Auslegungsaußentemperatur (DIN EN 12831-1:2017-09, Tabelle 7)

An Erdreich grenzende Bauteile (z.B. FB)

Berechnung eines Bauteils an Erdreich grenzend nach DIN EN 12831-1:2017-09, Gl. (8):

$$H_{T,ig} = f_{\theta\,ann} \cdot A_k \cdot (U_{equiv,k} + \Delta U_{TB}) \cdot f_{ig,k} \cdot f_{GW} \quad \text{in W/K}$$

Anmerkung: Abweichend zu DIN EN 12831-1:2017-09, Gleichung (8) erfolgt die Darstellung der Formel hier einschließlich des Wärmebrückenzuschlages ΔU_{TB}

mit

$U_{equiv,k}$ Äquivalenter Wärmedurchgangskoeffizient in W/m²K

Anpassung mit dem Temperaturanpassungsfaktor gem. DIN EN 12831-1:2017-09, Gl. (10)

$$f_1 = f_{ig,k} = \frac{\theta_{int,i} - \theta_{e,m}}{\theta_{int,i} - \theta_e}$$

$\theta_{int,i}$ Innentemperatur in °C

$\theta_{e,m}$ Jahresmittel der Außentemperatur in °C (DIN EN 12831-1:2017-09, Tabelle 7)

θ_e Auslegungsaußentemperatur in °C

$f_{\theta ann}$ Korrekturwert zur Berücksichtigung der jährlichen Schwankungen der Außentemperatur (Fixwert $f_{\theta ann} = 1{,}45$ nach DIN EN 12831-1:2017-09, B.2.3)

f_{GW} Korrekturwert zur Berücksichtigung des Einflusses von Grundwasser ($f_{GW} = 1{,}0$, wenn Δh zu Wasserspiegel $> 1{,}0$ m; wenn $\leq 1{,}0$ m $f_{GW} = 1{,}15$ nach DIN EN 12831-1:2017-09, B.2.3)

Beispielberechnung (Raum 3, Wohnen)

Die Berechnung erfolgt unmittelbar während der Bauteileingabe der Raumumschließungsflächen:

Angrenz-situation	***A***	f_x	$U + \Delta U_{TH}$	**Berechnung**	H_T
	m²	–	W/m²K	(Formel)	W/m²
ie	8,1	1,00	0,38	$A \cdot (U+\Delta U_{TB})$	3,1
ie	7,2	1,00	0,61	$A \cdot (U+\Delta U_{TB})$	4,4
ie	8,2	1,00	0,39	$A \cdot (U+\Delta U_{TB})$	3,2
ie	1,4	1,00	1,45	$A \cdot (U+\Delta U_{TB})$	2,1
iae	0,3	0,80	0,38	$A \cdot f_{iae} \cdot (U+\Delta U_{TB})$	0,1
iae	3,3	0,80	1,65	$A \cdot f_{iae} \cdot (U+\Delta U_{TB})$	4,4
iae	3,9	0,10	1,33	$A \cdot f_{iae} \cdot (U+\Delta U_{TB})$	0,5
ig	24,8	0,34	0,37	$A \cdot f_{ig} \cdot (U+\Delta U_{TB}) \cdot f_{GW} \cdot f_{\theta ann}$ a)	4,5
Summe (Raum 3 – Wohnen) Transmissionswärmetransferkoeffizient H_T					**22,2**

a) $f_{GW} = 1{,}0$ (Grundwassertiefe $> 1{,}0$ m), $f_{\theta ann} = 1{,}45$ (Fix-Wert)

Letztlich soll der Transmissionswärmetransferkoeffizient H_T für **das Gebäude** (oder Zone) ausgewiesen werden. Dieser ergibt sich aus der Summe der einzelnen Räume.

Berechnung des Lüftungswärmetransferkoeffizient H_V

Der in einen Raum eingebrachte Luftvolumenstrom kann aus drei Anteilen bestehen:

- Anteil 1: Aus minimalem Luftwechsel und Außenluft durch Undichtigkeiten oder ALDs
- Anteil 2: Aus konditionierter Zuluft
- Anteil 3: Aus Überströmung

Jeder Anteil muss separat betrachtet werden:

Anteil 1: Der Luftvolumenstrom strömt mit der Standorttemperatur $\theta_{e,0}$ ein (nicht mit der durch die Bauschwere korrigierten Auslegungsaußentemperatur θ_e).

Anteil 2: Die Zuluft wird konditioniert auf die Einblastemperatur θ_{rec}, z.B. durch einen Wärmetauscher

Anteil 3: Überströmung aus einem Nachbarraum mit der Temperatur des Nachbarraumes oder einer Mischtemperatur, wenn die Überströmung aus mehreren Räumen, z.B. über den Flur erfolgt.

Die Volumenströme der Anteile 2 und 3 haben nicht die Standorttemperatur und müssen daher durch Faktoren so umgerechnet werden, dass sie sich ebenfalls auf die Standorttemperatur beziehen, allerdings, wie erwähnt, **nicht** auf die aufgrund der Bauschwere korrigierte Auslegungsaußentemperatur θ_e. Dies liegt darin begründet, dass die Bauschwere keinen Einfluss auf die Temperatur des Außenluftvolumenstromes hat.

Die drei Anteile berechnen sich im Einzelnen wie folgt:

- Anteil 1: DIN EN 12831-1:2017-09 kennt keinen Begriff für den von außen einströmenden Luftvolumenstrom. Dieser ist implizit enthalten als Volumenstrom für den Raum gemäß DIN EN 12831-1:2017-09, Gl. (17):

  $\mathrm{Max}(q_{v,env,i} + q_{v,open,i}\,;\, q_{v,min,i} - q_{v,tech,i})$

  Der von außen einströmende Außenluftvolumenstrom wird im Folgenden als $q_{v,env/min,i}$ bezeichnet (siehe hierzu auch Abschnitt 6.2.5.4, Lüftungswärmeverluste). Daher ergibt sich

  $q_{v,env/min,i} = \mathrm{Max}(q_{v,env,i} + q_{v,open,i}\,;\, q_{v,min,i} - q_{v,tech,i})$

  mit

  $q_{v,env,i}$ Außenluftvolumenstrom durch Undichtigkeiten und Außenluftdurchlässen ALDs in m³/h

  $q_{v,open,i}$ Außenluftvolumenstrom durch große Öffnungen in m³/h

$q_{v,min,i}$ Mindest-Luftvolumenstrom in m³/h

$q_{v,tech,i}$ Anderweitiger technischer Luftvolumenstrom in m³/h

und der Lüftungswärmeverlustkoeffizient berechnet sich so zu

$H_{v,env/min,i} = c_p \cdot \rho \cdot q_{v,env/min,i}$ in W/K

- Anteil 2: Mit Zuluft

  $H_{v,sup,i} = c_p \cdot \rho \cdot q_{v,sup,i} \cdot f_{sup}$ in W/K

  Anmerkung: Der hier verwendete Faktor f_{sup} ist weder in DIN EN 12831-1:2017-09 noch in DIN TS 12831-1:2020-04 enthalten. Er wird hier verwendet, um den Zuluftvolumenstrom auf die Temperaturdifferenz $\theta_{int} - \theta_e$ beziehen zu können.

  $$f_{sup} = \frac{\theta_{int,i} - \theta_{rec}}{\theta_{int,i} - \theta_{e,0}}$$

  mit

  θ_{rec} Zulufttemperatur in °C

  $\theta_{e,0}$ Standorttemperatur in °C

- Anteil 3: Mit Überströmung aus Nachbarräumen

  $H_{v,trans,i} = c_p \cdot \rho \cdot q_{v,trans,i} \cdot f_{trans}$ in W/K

  Anmerkung: Zum Faktor f_{trans} siehe vorherige Anmerkung zum Anteil 2.

  $$f_{trans} = \frac{\theta_{int,i} - \theta_{trans}}{\theta_{int,i} - \theta_{e,0}}$$

  mit

  θ_{trans} Temperatur des Überströmvolumenstromes in °C

  $\theta_{e,0}$ Standorttemperatur in °C

Beispielberechnung

Im Beispiel (Raum Wohnen) liegt nur Außenluftvolumenstrom aus minimalem Luftwechsel und durch Undichtigkeiten vor, es kommt daher nur der Anteil 1 zur Anwendung. Folgende Werte entstammen der Beispielberechnung aus Abschnitt 6.3.1.2.

$$q_{v,env/min,i} = \text{Max}(q_{v,env,i} + q_{v,open,i} \,;\, q_{v,min,i} - q_{v,tech,i})$$

mit

$q_{v,env,i}$ 6,5 m³/h

$q_{v,min,i}$ 26,6 m³/n

$q_{v,open,i}$ 0 m³/h

$q_{v,tech,i}$ 0 m³/h

Daraus berechnet sich der Außenluftvolumenstrom zu

$q_{v,env/min,i}$ = Max(6,5 + 0 ; 26,9 – 0) = **26,6 m³/h**

und Lüftungswärmetransferkoeffizient H_V

$H_{v,env/min,i} = c_p \cdot \rho \cdot q_{v,env/min,i}$

$H_{v,env/min,i} = 0{,}34 \cdot 26{,}6 = \mathbf{9{,}03\ W/K}$

Letztlich soll der Lüftungswärmetransferkoeffizient für das Gebäude (oder die Zone) ausgewiesen werden, daher muss die Summe aller Lüftungswärmeverlustkoeffizienten der Räume mit dem Faktor $f_{i\text{-}z}$ multipliziert werden – siehe auch die vertiefenden Ausführungen zu den neuen Begriffen $f_{i\text{-}z}$ und f_{dir} in Abschnitt 4.3.3.4.

$H_{v,leak/min,z} = f_{i\text{-}z} \cdot \Sigma_i(H_{v,env/min,i})$ in W/K

Die Summe $H_{v,leak/min,i}$ beträgt gemäß Zusammenstellung in Bild 34, Spalte 15:

$H_{v,leak/min,z}$ = 113,3 W/K.

6.3.1.5 Beispielausdruck

Nachstehend ist der Beispielausdruck mit folgenden Räumen gezeigt:

Wohnen: Normaler Raum 20 °C, Standardbeispiel

Bad: Raumtemperatur 24 °C, mit Zuschlag Aufheizleistung

Flur: Innenliegender Raum, mit erhöhter Auslegungsinnentemperatur, kein min. Luftwechsel

Galeria: Innenliegender Raum, kein min. Luftwechsel, aber Infiltration

Innenliegende Räume, im Beispiele die Räume 6 (Flur), 8 (Treppenhaus) und 106 (Galerie) haben keinen Mindest-Luftwechsel erhalten. Einen Mindest-Luftwechsel können nur Räume erhalten, welche z. B. Außenfenster haben, die bei Bedarf (eben schlechter, verbrauchter Luft) von Hand geöffnet werden können und somit den Mindest-Luftwechsel ermöglichen.

Projekt-Nr. / Projekt 1-2019	Beispielberechnung DIN 12831
CHECKLISTE VEREINBARUNGEN	Datum 15.07.2020 Seite V

- [ ] Alle Räume mit Standard-Auslegungsinnentemperatur rechnen (6.4 - a)
- [x] Innentemperatur nachfolgend raumweise festlegen (6.4 - b)
- [ ] Innentemperatur für alle Räume um ...... K gegenüber Standardwert erhöhen (6.4 - c)

- [ ] Raumheizlasten ohne Aufheizzuschlägen
- [ ] Raumheizlasten aller Räume mit Aufheizzuschlägen berechnen [1]
- [x] Aufheizzuschlägen nachfolgend raumweise festlegen[1]

- [ ] Maximum Aufheizzuschläge und erhöhte Innentemperaturen aller Räume in Gebäudeheizlast berücksichtigen [1]

Nutzungseinheit: wie Gebäude **Lüftungszone** wie Gebäude

1	2	3	4	5	6	7	8	9	10
Geschoss	**Raum**		**Raumart**	**Innentemperatur**		**Mindest-Außenluftwechsel**	**Aufheiz-zuschlag[1]**		**Aufheizzuschlag / erhöhte Raumtemperatur bei Gebäudeheizlast berücksichtigen[1]**
				Standardwert	ggf. abweichede Festlegung[2]		für Raum vorsehen	spezifischer Wert[3]	
	Nr (i)	Bezeichnung		$\theta_{int,stand,i}$	$\theta_{int,ausleg}$	$n_{min,i}$	ja/nein	φ_{hu}	ja/nein
				°C		h^{-1}		W/m²	
EG	1	Küche	1. Wohn- und Schlafräun	20		0,5	ja	NA 4.21.2	nein
EG	2	Essen	1. Wohn- und Schlafräun	20		0,5	nein		nein
EG	3	Wohnzimmer	1. Wohn- und Schlafräun	20		0,5	nein		nein
EG	4	Schlafzimmer	1. Wohn- und Schlafräun	20		0,5	nein		nein
EG	5	Bad	7. Bäder, Duschen, Umk	24		0,5	ja	NA 4.21.2	nein
EG	6	Flur	2. Nebenräume innerhal	20			nein		nein
EG	7	WC EG	8. WC-Räume	20		0,5	nein		nein
EG	8	Treppenhaus	2. Nebenräume innerhal	20			nein		nein
EG	9	Windfang	2. Nebenräume innerhal	15		0,5	nein		nein
EG	10	Vorräte	2. Nebenräume innerhal	15		0,5	nein		nein
OG	101	Arbeitszimmer	2. Büro- und Sitzungräun	20		0,5	nein		nein
OG	102	Kind 1	1. Wohn- und Schlafräun	20		0,5	ja	NA 4.21.2	nein
OG	103	Kind 2	1. Wohn- und Schlafräun	20		0,5	ja	NA 4.21.2	nein
OG	104	Bad OG	7. Bäder, Duschen, Umk	24		0,5	ja	NA 4.21.2	nein
OG	105	WC OG	8. WC-Räume	20		0,5	nein		nein
OG	106	Galerie	4. Verkaufsräume, Lader	20			nein		nein

1 Spalten 9 und 10: Die Ausführungen in 4.21 (Aufheizzuschlag) und 6.4 (Auslegungsinnentemperatur) sind zu berücksichtigen. Werden Leistungszuschläge auf die Raumheizlast(en) vereinbart, ergibt sich hieraus keine Notwendigkeit, diese auch bei der Berechnung der Gebäudeheizlast zu berücksichtigen. Ob/inwieweit etwaige raumweise Leistungszuschläge auch in der Gebäudeheizlast berücksichtigt werden, ist im Einzelfall abzuwägen.

2 Spalte 6: Die Ausführungen in 6.4 (Auslegungsinnentemperatur) zur Festlegung von Auslegungsinnentemperaturen, welche von den Standardwerten abweichen, sind zu berücksichtigen. Unter bestimmten Bedingungen sind individuell vereinbarte Werte wie Standardwerte zu behandeln.

3 Spalte 9 (a) Berechnung nach vereinfachtem Ansatz 4.21 in Formblatt Z2 oder alternative individuelle Ermittlung/Festlegung,

Ort, Datum   Auftragbeber   Auftragnehmer

Bild 26: Formblatt Vereinbarungen (V), Berechnungsbeispiel 1 (nur Infiltration)

Projekt-Nr. / Projekt **1-2019**			**Beispielberechnung**			
ALLGEMEINE GEBÄUDEDATEN			Datum: 29.08.2019		Seite	G1
GEOMETRIE						
Länge	l_{build}	13,50 m	Anzahl Geschosse		2 -	
Breite	b_{build}	10,00 m				
Höhe	h_{build}	7,52 m	Volumen	$V_{e,build}$	760,9 m³	
Grundfläche	A_{build}	135,00 m²	Hüllfläche	$A_{env,build}$	440,9 m²	
WÄRMEBRÜCKENZUSCHLAG						
Kategorie A - Einhaltung der Planungsdetails DIN 4108 - Kategorie A				ΔU_{TB}	0,05 W/(m²K)	
WÄRMESPEICHERKAPAZITÄT						
Wärmespeicherkapazität (aus externer Berechnun	c_{eff}	41,8 Wh/(m³·K)		C_{eff}	31.835 Wh/K	
Wärmeverlustkoeffizient (individuelle Eingabe)				H_{Build}	309 W/K	
Zeitkonstante des Gebäudes				τ_{Build}	103 h	
LÜFTUNG						
Luftdichtheitsprüfung: Wird nach Fertigstellung durchgeführt			Anforderung an Luftdichtheit:		hoch	
Kennwert Durchlässigkeit	Kategorie A	n_{50} 1,2 h⁻¹		$q_{env,50}$	2,0 m³(m²h)	
Anzahl der Fassaden	>1			$f_{fac,z}$	8,00	
Abschirmung	normal			$f_{qv,z}$	0,05	
Mittlere Windgeschwindigkeit (nur ausfüllen, wenn große Öffnungen berücksichtigt werden)					3,0 m/s	
Hauptwindrichtung (nur ausfüllen, wenn große Öffnungen berücksichtigt werden)					SSO	
AUßENTEMPERATUREN						
PLZ / Referenzort 38448 Wolfsburg			Außentemperatur Referenzort	$\theta_{e,ref}$	-11,7 °C	
Referenzhöhe				h_{ref}	80 m	
Standorthöhe				h_{build}	96 m	
Temperaturanpassung Höhendifferenz				$\Delta\theta_{\tau}$	0,0 K	
Auslegungsaußentemperatur am Gebäudestandort (Außenlufttemperatur)				$\Delta\theta_{e,0}$	-11,7 °C	
Temperaturanpassung Zeitkonstante				$\Delta\theta_{e,\tau}$	0,8 K	
Auslegungsaußentemperatur				θ_e	-10,9 °C	
Jahresmittel Außentemperatur				$\theta_{e,m}$	9,6 °C	
ERDREICH						
Tiefe der Bodenplatte [1]	z	0,00 m	Grundwassertiefe		> 1 m	
Erdreichberührter Umfang [2]	P	47,00 m	Faktor Grundwasser	f_{GW}	1,00 -	
Charakteristisches Bodenplatten	B'	5,74 m	Faktor per. Schwankung	$f_{\theta,ann}$	1,45 -	

[1] Im Normalfall ist die Ermittlung des überschlägigen Wärmeverlustkoeffizienten gemäß 4.6.3 und 4.6.4 durchzuführen. Es darf jedoch ein extern berechneter Wert eingesetzt werden, z.B. aus einer vorangegangenen Berechnung eines Energieausweises. Siehe auch die Erläuterungen unter B.3.2.7 (Beispielberechnung)

[2] Die Parameter z, P und B' können alternativ raumweise ermittelt werden.

[3] Für Räume mit U-Boden > 0,5 W/m²K muss B' raumweise berechnet werden

Bild 27: Formblatt Allgemeine Gebäudedaten (G1), Berechnungsbeispiel 1 (nur Infiltration)

Projekt-Nr. / Bezeichnung	1-2019	Beispielberechnung		
Nutzungseinheit:	Wie Gebäude	Lüftung Wie Gebäude	Datum 29.08.2019	Seite Z1

ZONENDATEN

Höhe Erdreich bis Unterkante Zone h_z	0,00 m	Luftdichtheitsprüfung:	Wird nach Fertigstellung durchgeführt		
Zonenhöhe Δh_z	7,52 m	Anforderung an die Luftdichtheit:	hoch		
Mittlere Höhe der Zone über Erdreic $h_{a,z}$	3,76 m	Anzahl der Fassaden:	>1	$f_{fac,z}$	8 -
Volumen V_z	528,1 m³	Hüllflächenbezogene Durchlässigkeit		$q_{env,50,z}$	2 m³/(m²h)
Hüllfläche $A_{env,z}$	441,4 m²	Volumenstromfaktor		$f_{qv,z}$	0,05 -

VOLUMENSTRÖME

Zuluftvolumenstrom $q_{v,sup,z}$	m³/h	Auslegungsvolumenstrom ALD	$q_{v,ATD,design,z}$	m³/h
Wirkungsgrad der WRG [1] $\eta_{rec,z}$	85 %	Auslegungsdruckdifferenz	$\Delta p_{ATD,design,z}$	Pa
Zulufttemperatur $\theta_{rec,z}$	°C	Druckexponent Leckagen	$v_{leak,z}$	-
Abluftvolumenstrom $q_{v,exh,z}$	m³/h	Verbrennungs- oder ä. techn. Volumenstrom	$q_{v,comb,z}$	— m³/h

RAUMVERWALTUNG

1	2	3	4	5	6	7	8	9	10	11	12	13	14	15	16	17	18	19
Geschoss	Raum		Innen-temperatur		Mindest-LW	Geometrie		Volumenströme					Temperaturen Überström-volumenströme		Aufheizzuschlag Berechnung oder Eingabe φ_{hu} [2]			
	Nr. (i)	Bezeichnung	$\theta_{int,stand}$	$\theta_{int,ausleg}$	$n_{min,i}$	$A_{enf,i}$	V_i	$q_{v,sup,i}$	$q_{v,exh,i}$	$q_{v,ATD,i}$	$q_{v,comb,i}$	$q_{v,transfer,ij}$	$\theta_{trans,ij}$	$\theta_{trans,comf}$	t_{sh}	t_{hu}	n_{sh}	φ_{hu}
			°C		h⁻¹	m²	m³	m³/h					°C		h	h	h⁻¹	W/m²
EG	1	Küche	20	20	0,5	34,8	59,4								6	2	0,1	8,1
EG	2	Essen	20	20	0,5	32,8	35,7											
EG	3	Wohnzimmer	20	20	0,5	32,5	53,1											
EG	4	Schlafzimmer	20	20	0,5	28,8	45,7											
EG	5	Bad EG	24	24	0,5	7,6	14,2								6	2	0,1	9,8
EG	6	Flur	20	20		7,5	7,7											
EG	7	WC EG	20	20	0,5	3,5	5,0											
EG	8	Treppenhaus	20	20			11,3											
EG	9	Windfang	15	15	0,5	12,1	18,3											
EG	10	Vorräte	15	15	0,5	15,4	12,9											
EG	11	Arbeitszimmer	20	20	0,5	107,1	87,2											
1. OG	102	Kind 1	20	20	0,5	49,1	43,6								6	2	0,1	8,1
1. OG	103	Kind 2	20	20	0,5	39,7	37,3								6	2	0,1	8,1
1. OG	104	Bad OG	24	24	0,5	16,0	14,2								6	2	0,1	9,8
1. OG	105	WC OG	20	20	0,5	8,7	6,1											
1. OG	106	Galerie	20	20		46,0	76,3											

Bild 28: Formblatt Zonendaten (Z1), Berechnungsbeispiel 1 (nur Infiltration)

RAUMHEIZLAST	Datum: 29.08.2019	Seite R-3
Nutzungseinheit: Wie Gebäude	Lüftungszone: Wie Gebäude	
Geschoss EG Raum-N 3	Bezeichnung: Wohnzimmer	

Auslegungsinnentemperatur $\theta_{int,st,i}$ 20 °C + $\Delta\theta_{comf,i}$ 0 K = $\theta_{int,ausleg,i}$ 20 °C

Abmessungen				**Mindestaußenluftwechsel**	$n_{min,i}$	0,50	h^{-1}
Raumlänge	l_i	4,82	m	**Mindestaußenluftvolumenstrom**	$q_{v,min,i}$	26,6	m³/h
Raumbreite	b_i	4,24	m	**Mechanische Belüftung**			
Raumfläche	A_{NGF}	20,44	m²	Zuluftvolumenstrom	$q_{v,sup,i}$		m³/h
Geschosshöhe	$h_{G,i}$	2,86	m	Temperatur	$\theta_{rec,z}$		°C
Deckendicke	d_i	0,26	m	Abluftvolumenstrom	$q_{v,exh,i}$		m³/h
Raumhöhe	h_i	2,60	m	**Auslegungsvolumenstrom ALD**	$q_{v,ADT,design,i}$		m³/h
Raumvolumen	V_i	53,14	m³	**Überströmung aus Nachbarraum**			
Raum-Hüllfläche	$A_{env,i}$	32,46	m²	Volumenstrom	$q_{v,trans,ij}$		m³/h
Erdreich				Temperatur	$\theta_{transfer,ij}$		°C
Tiefe unter Erdreich	z_i	0,00	m	**Verbrennungs/techn. Volumenstrom**	$q_{v,comb,i}$		m³/h
Bodenfläche	$A_{g,i}$	24,77	m²	**Technischer Luftvolumenstrom**	$q_{v,techn,i}$		m³/h
exponierter Umfang	P_i	11,35	m	**Außenluft große Öffnungen**	$q_{v,open,i}$		m³/h
char. Bodenplattenmaß	B'_i	4,36	m	**Infiltration, ALD oder Mindestwert**	$q_{v,env/min,i}$	26,6	m³/h

1	2	3	4	5	6	7	8	9	10	11	12	13	14	15
Orientierung	Bauteil	Anzahl	Breite	Länge / Höhe	Bruttofläche	Abzugsfläche	Bauteilfläche	grenzt an	angrenzende Temperatur	Temperatur-anpassung	Bauteil U-Wert	Wärmebrücken zuschlag	Korrigierter U-Wert	Standard-Transmissions-Wärmeverlust
-	-	-	b_x	l/h_x	$A_{brutto,k}$	$A_{abzug,k}$	A_k	-	$\theta_{x,k}$	$f_{ix,k}$	U_k	$\Delta U_{TB,k}$	$U_{c,equiv,k}$	$\Phi_{T,k}$
			m		m²				°C	-	W/m²K			W
O	AW	1	5,35	2,86	15,3	7,2	8,1	ie	-10,9	1,00	0,33	0,05	0,38	95
	AW	1	4,00	1,80	7,2		7,2	ie	-10,9	1,00	0,56	0,05	0,61	135
S	AW	1	3,35	2,86	9,6	1,4	8,1	ie	-10,9	1,00	0,34	0,05	0,39	98
	AF	1	1,01	1,42	1,4		1,4	ie	-10,9	1,00	1,40	0,05	1,45	64
S	IW	1	1,28	2,86	3,7	3,3	0,3	iae		0,80	0,34	0,05	0,39	3
	IF	1	1,28	2,60	3,3		3,3	iae		0,80	1,60	0,05	1,65	136
W	IW	1	1,37	2,86	3,9		3,9	iae		0,10	1,28	0,05	1,33	16
H	FB	1	5,35	4,63	24,8		24,8	ig	9,6	0,34	0,58	0,05	0,37	139

Σ Standard-Transmissionswärmeverlust	$\Phi_{T,stand,i}$	**686 W**
Lüftungswärmeverluste durch		
- Außenluftvolumenstrom (Infiltration, ALD oder Mindestwert)	$\Phi_{V,env/min,i}$	286 W
- Zuluftvolumenstrom	$\Phi_{V,sup,i}$	0 W
- Volumenstrom Überströmung	$\Phi_{V,transfer,i}$	0 W
Σ Standard-Lüftungswärmeverlust	$\Phi_{V,stand,i}$	**286 W**

Standardheizlast			$\Phi_{stand,i}$	**972 W**
Zuschlag erhöhte Auslegungsinnentemperatur	$\Delta\Phi_{comf,i}$	0 W		
Zuschlag Aufheizleistung 0,0 W/m²	$\Phi_{hu,i}$	0 W	M Max($\Delta\Phi_{comf,i}$, $\Phi_{hu,i}$)	0 W
NORMHEIZLAST	**47,6 W/m²**	**18,3 W/m³**	$\Phi_{HL,i}$	**972 W**

Bild 29: Formblatt Raumheizlast (R-3), Berechnungsbeispiel 1 (nur Infiltration)

RAUMHEIZLAST	Datum: 29.08.2019	Seite R-5
Nutzungseinheit: Wie Gebäude	Lüftungszone: Wie Gebäude	
Geschoss EG Raum-N 5	Bezeichnung: Bad EG	

Auslegungsinnentemperatur	$\theta_{int,st,i}$ 24 °C	+ $\Delta\theta_{comf,i}$ 0 K =	$\theta_{int,ausleg,i}$ 24 °C

Abmessungen			**Mindestaußenluftwechsel**	$n_{min,i}$	0,50 h^{-1}
Raumlänge	l_i	2,52 m	**Mindestaußenluftvolumenstrom**	$q_{v,min,i}$	7,1 m³/h
Raumbreite	b_i	2,16 m	**Mechanische Belüftung**		
Raumfläche	A_{NGF}	5,44 m²	Zuluftvolumenstrom	$q_{v,sup,i}$	m³/h
Geschosshöhe	$h_{G,i}$	2,86 m	Temperatur	$\theta_{rec,z}$	°C
Deckendicke	d_i	0,26 m	Abluftvolumenstrom	$q_{v,exh,i}$	m³/h
Raumhöhe	h_i	2,60 m	**Auslegungsvolumenstrom ALD**	$q_{v,ADT,design,i}$	m³/h
Raumvolumen	V_i	14,15 m³	**Überströmung aus Nachbarraum**		
Raum-Hüllfläche	$A_{env,i}$	7,55 m²	Volumenstrom	$q_{v,trans,ij}$	m³/h
Erdreich			Temperatur	$\theta_{transfer,ij}$	°C
Tiefe unter Erdreich	z_i	0,00 m	**Verbrennungs/techn. Volumenstrom**	$q_{v,comb,i}$	m³/h
Bodenfläche	$A_{g,i}$	6,94 m²	**Technischer Luftvolumenstrom**	$q_{v,techn,i}$	m³/h
exponierter Umfang	P_i	2,64 m	**Außenluft große Öffnungen**	$q_{v,open,i}$	m³/h
char. Bodenplattenmaß B'_i		5,26 m	**Infiltration, ALD oder Mindestwert**	$q_{v,env/min}$	7,1 m³/h

1	2	3	4	5	6	7	8	9	10	11	12	13	14	15
Orientierung	Bauteil	Anzahl	Breite	Länge / Höhe	Bruttofläche	Abzugsfläche	Bauteilfläche	grenzt an	angrenzende Temperatur	Temperatur-anpassung	Bauteil U-Wert	Wärmebrücken zuschlag	Korrigierter U-Wert	Standard-Transmissions-Wärmeverlust
-	-	-	b_k	l/h_k	$A_{brutto,k}$	$A_{abzug,k}$	A_k	-	$\theta_{k,k}$	$f_{k,k}$	U_k	$\Delta U_{TB,k}$	$U_{c,equiv,k}$	$\Phi_{T,k}$
			m		m²				°C	-	W/m²K			W
N	AW	1	2,64	2,86	7,6	0,9	6,7	ie	-10,9	1,00	0,34	0,05	0,39	91
	AF	1	0,76	1,17	0,9		0,9	ie	-10,9	1,00	1,40	0,05	1,45	45
O	IW	1	2,63	2,86	7,5		7,5	ia	20,0	0,11	1,88		1,88	57
W	IW	1	0,40	2,86	1,1		1,1	ia	15,0	0,26	1,88		1,88	19
W	IW	1	2,23	2,86	6,4		6,4	ia	20,0	0,11	1,88		1,88	48
S	IW	1	2,64	2,86	7,6	1,8	5,7	ia	20,0	0,11	1,88		1,88	43
	IT	1	0,90	2,01	1,8		1,8	ia	20,0	0,11	2,00		2,00	14
H	FB	1	2,64	2,63	6,9		6,9	ig	9,6	0,41	0,58	0,05	0,35	51

Σ Standard-Transmissionswärmeverlust	$\Phi_{T,stand,i}$	**368 W**
Lüftungswärmeverluste durch		
- Außenluftvolumenstrom (Infiltration, ALD oder Mindestwert)	$\Phi_{v,env/min,i}$	86 W
- Zuluftvolumenstrom	$\Phi_{v,sup,i}$	0 W
- Volumenstrom Überströmung	$\Phi_{v,transfer,i}$	0 W
Σ Standard-Lüftungswärmeverlust	$\Phi_{V,stand,i}$	**86 W**

Standardheizlast				$\Phi_{stand,i}$	**454 W**
Zuschlag erhöhte Auslegungsinnentemperatur		$\Delta\Phi_{comf,i}$	0 W		
Zuschlag Aufheizleistung	9,8 W/m²	$\Phi_{hu,i}$	53 W	Max($\Delta\Phi_{comf,i}$, $\Phi_{hu,i}$)	53 W

NORMHEIZLAST	93 W/m²	36 W/m³	$\Phi_{HL,i}$	**507 W**

Bild 30: Formblatt Raumheizlast (R-5), Berechnungsbeispiel 1 (nur Infiltration)

Projekt-Nr. / Bezeichnung	**1-2019**	Beispielberechnung	
RAUMHEIZLAST		Datum: 29.05.2019	Seite R-6
Nutzungseinheit: Wie Gebäude		Lüftungszone: Wie Gebäude	
Geschoss EG	Raum-N 6	Bezeichnung: Flur	
Auslegungsinnentemperatur	$\theta_{int.stand,i}$ 20 °C + $\Delta\theta_{comf,i}$ 0 K =	$\theta_{int.ausleg,i}$	20 °C

Abmessungen			**Mindestaußenluftwechsel**	$n_{min,i}$		h^{-1}
Raumlänge	l_i	2,52 m	**Mindestaußenluftvolumenstrom**	$q_{v,min,i}$		m³/h
Raumbreite	b_i	1,18 m	**Mechanische Belüftung**			
Raumfläche	A_{NGF}	2,97 m²	Zuluftvolumenstrom	$q_{v,sup,i}$		m³/h
Geschosshöhe	$h_{G,i}$	2,86 m	Temperatur	$\theta_{rec,z}$		°C
Deckendicke	d_i	0,26 m	Abluftvolumenstrom	$q_{v,exh,i}$		m³/h
Raumhöhe	h_i	2,60 m	**Auslegungsvolumenstrom ALD**	$q_{v,ADT,design,i}$		m³/h
Raumvolumen	V_i	7,73 m³	**Überströmung aus Nachbarraum**			
Raum-Hüllfläche	$A_{env,i}$	7,54 m²	Volumenstrom	$q_{v,trans,ij}$		m³/h
Erdreich			Temperatur	$\theta_{transfer,ij}$		°C
Tiefe unter Erdreich	z_i	0,00 m	**Verbrennungs/techn. Volumenstrom**	$q_{v,comb,i}$		m³/h
Bodenfläche	$A_{g,i}$	3,43 m²	**Technischer Luftvolumenstrom**	$q_{v,techn,i}$		m³/h
exponierter Umfang	P_i	2,64 m	**Außenluft große Öffnungen**	$q_{v,open,i}$		m³/h
char. Bodenplattenmaß	B'_i	2,60 m	**Infiltration, ALD oder Mindestwert**	$q_{v,env/min,i}$	1,5	m³/h

1	2	3	4	5	6	7	8	9	10	11	12	13	14	15
Orientierung	Bauteil	Anzahl	Breite	Länge / Höhe	Bruttofläche	Abzugsfläche	Bauteilfläche	grenzt an	angrenzende Temperatur	Temperatur-anpassung	Bauteil U-Wert	Wärmebrücken zuschlag	Korrigierter U-Wert	Standard-Transmissions-Wärmeverlust
-	-	-	b_x	l/h_x	$A_{brutto,k}$	$A_{abzug,k}$	A_k	-	$\theta_{x,k}$	$f_{ix,k}$	U_k	$\Delta U_{TB,k}$	$U_{c,equiv,k}$	$\Phi_{T,k}$
			m		m²				°C	-	W/m²K			W
N	IW	1	2,64	2,86	7,6	1,8	5,7	ia	24,0	-0,13	1,88		1,88	-43
	IT	1	0,90	2,01	1,8		1,8	ia	24,0	-0,13	2,00		2,00	-14
W	IW	1	1,30	2,86	3,7	1,8	1,9	ia	15,0	0,16	1,88		1,88	18
	IT	1	0,90	2,01	1,8		1,8	ia	15,0	0,16	2,00		2,00	18
S	IW	1	2,64	2,86	7,5	1,8	5,7	iae		0,10	1,28	0,05	1,33	23
	IT	1	0,90	2,01	1,8		1,8	iae		0,10	2,00	0,05	2,05	11
H	FB	1	2,64	1,30	3,4		3,4	ig	9,6	0,34	0,58	0,05	0,43	22

Σ Standard-Transmissionswärmeverlust			$\Phi_{T,stand,i}$	**35 W**
Lüftungswärmeverluste durch				
- Außenluftvolumenstrom (Infiltration, ALD oder Mindestwert)			$\Phi_{V,env/min,i}$	16 W
- Zuluftvolumenstrom			$\Phi_{V,sup,i}$	0 W
- Volumenstrom Überströmung			$\Phi_{V,transfer,i}$	0 W
Σ Standard-Lüftungswärmeverlust			$\Phi_{V,stand,i}$	**16 W**
Standardheizlast			$\Phi_{stand,i}$	**51 W**
Zuschlag erhöhte Auslegungsinnentemperatur		$\Delta\Phi_{comf,i}$ 0 W		
Zuschlag Aufheizleistung	0,0 W/m²	$\Phi_{hu,i}$ 0 W	Max($\Delta\Phi_{comf,i}$, $\Phi_{hu,i}$)	0 W
NORMHEIZLAST	17,1 W/m²	6,6 W/m³	$\Phi_{HL,i}$	**51 W**

Bild 31: Formblatt Raumheizlast (R-6), Berechnungsbeispiel 1 (nur Infiltration)

Projekt-Nr. / Bezeichnung	**1-2018**	Beispielberechnung		
RAUMHEIZLAST DIN EN 12831		Datum: 29.08.2019	Seite	R-16
Nutzungseinheit: Wie Gebäude		Lüftungszone: Wie Gebäude		
Geschoss 1. OG	Raum-N 106	Bezeichnung: Galerie		

Auslegungsinnentemperatur $\theta_{int,st,i}$ 20 °C + $\Delta\theta_{comf,i}$ 0 K = $\theta_{int,ausleg,i}$ 20 °C

Abmessungen				**Mindestaußenluftwechsel**	$n_{min,i}$		h^{-1}
Raumlänge	l_i	5,00	m	**Mindestaußenluftvolumenstrom**	$q_{v,min,i}$		m³/h
Raumbreite	b_i	4,40	m	**Mechanische Belüftung**			
Raumfläche	A_{NGF}	22,00	m²	Zuluftvolumenstrom	$q_{v,sup,i}$		m³/h
Geschosshöhe	$h_{G,i}$	0,00	m	Temperatur	$\theta_{rec,z}$		°C
Deckendicke	d_i	0,00	m	Abluftvolumenstrom	$q_{v,exh,i}$		m³/h
Raumhöhe	h_i	3,47	m	**Auslegungsvolumenstrom ALD**	$q_{v,ADT,design,i}$		m³/h
Raumvolumen	V_i	76,34	m³	**Überströmung aus Nachbarraum**			
Raum-Hüllfläche	$A_{env,i}$	46,01	m²	Volumenstrom	$q_{v,trans,ij}$		m³/h
Erdreich				Temperatur	$\theta_{transfer,ij}$		°C
Tiefe unter Erdreich	z_i	0,00	m	**Verbrennungs/techn. Volumenstrom**	$q_{v,comb,i}$		m³/h
Bodenfläche	$A_{g,i}$		m²	**Technischer Luftvolumenstrom**	$q_{v,techn,i}$		m³/h
exponierter Umfang	P_i		m	**Außenluft große Öffnungen**	$q_{v,open,i}$		m³/h
char. Bodenplattenmaß B'_i			m	**Infiltration, ALD oder Mindestwert**	$q_{v,env/min,i}$	9,2	m³/h

1	2	3	4	5	6	7	8	9	10	11	12	13	14	15
Orientierung	Bauteil	Anzahl	Breite	Länge / Höhe	Bruttofläche	Abzugsfläche	Bauteilfläche	grenzt an	angrenzende Temperatur	Temperatur-anpassung	Bauteil U-Wert	Wärmebrücken zuschlag	Korrigierter U-Wert	Standard-Transmissions-Wärmeverlust
-	-	-	b_k	l/h_k	$A_{brutto,k}$	$A_{abzug,k}$	A_k	-	$\theta_{x,k}$	$f_{tx,k}$	U_k	$\Delta U_{TB,k}$	$U_{c,equiv,k}$	$\Phi_{T,k}$
			m		m²				°C	-	W/m²K			W
N	IW	1	2,64	2,86	7,6	1,8	5,7	ia	24,0	-0,13	1,88		1,88	-43
	IT	1	0,90	2,01	1,8		1,8	ia	24,0	-0,13	2,00		2,00	-14
N	DA	1	5,18	3,04	15,7		15,7	ie	-10,9	1,00	0,18	0,05	0,23	112
O	IW	1	4,58	0,90	4,1		4,1	iae		0,60	1,28	0,05	1,33	101
S	IW	1	3,85	2,86	11,0	1,8	9,2	iae		0,40	1,28	0,05	1,33	151
	IT	1	0,90	2,01	1,8		1,8	iae		0,40	2,00	0,05	2,05	46
S	DA	1	5,18	2,92	15,1		15,1	ie	-10,9	1,00	0,18	0,05	0,23	107
H	FB	1	1,33	1,58	2,1		2,1	ia	15,0	0,16	0,54		0,54	6

Σ Standard-Transmissionswärmeverlust	$\Phi_{T,stand,i}$	**466 W**
Lüftungswärmeverluste durch		
- Außenluftvolumenstrom (Infiltration, ALD oder Mindestwert)	$\Phi_{V,env/min,i}$	99 W
- Zuluftvolumenstrom	$\Phi_{V,sup,i}$	0 W
- Volumenstrom Überströmung	$\Phi_{V,transfer,i}$	0 W
Σ Standard-Lüftungswärmeverlust	$\Phi_{V,stand,i}$	**99 W**

Standardheizlast			$\Phi_{stand,i}$	**565 W**
Zuschlag erhöhte Auslegungsinnentemperatur		$\Delta\Phi_{comf,i}$ 0 W		
Zuschlag Aufheizleistung	0,0 W/m²	$\Phi_{hu,i}$ 0 W	Max($\Delta\Phi_{comf,i}$, $\Phi_{hu,i}$)	0 W
NORMHEIZLAST	25,7 W/m²	7,4 W/m³	$\Phi_{HL,i}$	**565 W**

Bild 32: Formblatt Raumheizlast (R-16), Berechnungsbeispiel 1 (nur Infiltration)

Projekt-Nr. / Bezeichnung	1-2019	Beispielberechnung		
ZONENÜBERSICHT HEIZLAST		Datum: 15.07.2020	Seite:	Z2
Nutzungseinheit:	Wie Gebäude	Lüftungszone:	Wie Gebäude	

1	2	3	4	5	6	7	8	9	10	11	12	13	14	15	16	17	18	19
Geschoss	Raum		Transmissionswärmeverluste direkt/indirekt nach außen [1]	Σ Standard-Transmissionswärmeverluste	Standard-Lüftungswärmeverluste der Zone										Standardheizlast [2]	Zuschlag für erhöhte Innentemperatur	Aufheizzuschlag	Normheizlast [3]
					durch Gebäudehülle	durch Undichtigkeiten	durch große Öffnungen	durch Mindestaußenluftwechsel	durch technischen Volumenstrom	Gesamtluftvolumenstrom Leckagen, ALD und Nutzung oder Mindestwert, bezogen auf Raum	Zone $f_{i-z} = 0,5$	durch Zuluft	durch Überströmung	Lüftungswärmeverluste				
	Nr. (i)	Bezeichnung	$\Phi_{T,ie/iae/ig}$	$\Phi_{T,i,stand}$	$\Phi_{V,env,i}$	$\Phi_{V,leak+ATD,i}$	$\Phi_{V,open,i}$	$\Phi_{V,min,i}$	$\Phi_{V,techn,i}$	$\Phi_{V,env/min,i}$	$\Phi_{V,leak/min,i}$	$\Phi_{V,sup,i}$	$\Phi_{V,trans,ij}$	$\Phi_{V,stand,i}$	$\Phi_{stand,i}$	$\Delta\Phi_{comf,i}$	$\Phi_{hu,i}$	$\Phi_{HL,i}$
			W															
EG	1	Küche	795	921	75	38		320		320	160			320	1.241	0	186	1.427
EG	2	Essen	670	670	71	35		193		193	96			193	863	0		863
EG	3	Wohnzimmer	686	686	70	35		286		286	143			286	972	0		972
EG	4	Schlafzimmer	573	516	62	31		246		246	123			246	762	0		762
EG	5	Bad	187	368	18	9		86		86	43			86	454	0	53	507
EG	6	Flur	57	36	16	8				16	8			16	52	0		52
EG	7	WC EG	86	132	7	4		27		27	13			27	159	0		159
EG	8	Treppenhaus														0		
EG	9	Windfang	238	34	22	11		83		83	41			83	117	0		117
EG	10	Vorräte	200	95	28	14		59		59	29			59	154	0		154
OG	101	Arbeitszimmer	1.088	1.114	231	115		470		470	235			470	1.584	0		1.584
OG	102	Kind 1	574	574	106	53		235		235	117			235	809	0	163	972
OG	103	Kind 2	481	444	86	43		201		201	100			201	645	0	143	788
OG	104	Bad OG	280	431	39	19		86		86	43			86	517	0	53	570
OG	105	WC OG	116	59	19	9		33		33	16			33	92	0		92
OG	106	Galerie	516	465	99	50				99	50			99	564	0		564
Summen			6.547								1.220					0	598	

Bild 33: Formblatt Zonenübersicht Heizlast (Z2), Berechnungsbeispiel 1 (nur Infiltration)

Projekt-Nr. / Bezeichnung	1-2019	Beispielberechnung	
ZONENÜBERSICHT VOLUMENSTRÖME		Datum: 15.07.2020	Seite: Z3
Nutzungseinheit:	Wie Gebäude	Lüftungszone:	Wie Gebäude

1	2	3	4	5	6	7	8	9	10	11	12	13	14	15
Geschoss	Raum		Luftvolumenströme											
			Mindestaußen-luftvolumenstrom	Zuluft	Abluft	durch Außenluft-durchlässe	Überströmung aus Nachbarraum	Verbrennungs-/ techn. bedingter Volumenstrom	Technischer Volumenstrom	durch große Öffnungen	durch Gebäudehülle	durch Undichtig-keiten und Außen-luftdurchlässe	Gesamtluft-volumenstrom Leckagen, ALD und Nutzung oder Mindestwert, bezogen auf Raum	Zone $f_{i-z} = 0,5$
	Nr (i)	Bezeichnung	$q_{v,min,i}$	$q_{v,sup,i}$	$q_{v,exh,i}$	$q_{v,ATD,des,i}$	$q_{v,trans,ij}$	$q_{v,comb,i}$	$q_{v,techn,i}$	$q_{v,open,i}$	$q_{v,env,i}$	$q_{v,leak+ATD}$	$q_{v,env/min}$	$q_{v,leak/min}$
			m³/h											
EG	1	Küche	29,7								7,0	3,5	29,7	14,9
EG	2	Essen	17,9								6,6	3,3	17,9	8,9
EG	3	Wohnzimmer	26,6								6,5	3,2	26,6	13,3
EG	4	Schlafzimmer	22,9								5,8	2,9	22,9	11,4
EG	5	Bad	7,1								1,5	0,8	7,1	3,5
EG	6	Flur									1,5	0,8	1,5	0,8
EG	7	WC EG	2,5								0,7	0,3	2,5	1,2
EG	8	Treppenhaus												
EG	9	Windfang	9,1								2,4	1,2	9,1	4,6
EG	10	Vorräte	6,4								3,1	1,5	6,4	3,2
OG	101	Arbeitszimmer	43,6								21,4	10,7	43,6	21,8
OG	102	Kind 1	21,8								9,8	4,9	21,8	10,9
OG	103	Kind 2	18,6								7,9	4,0	18,6	9,3
OG	104	Bad OG	7,1								3,2	1,6	7,1	3,5
OG	105	WC OG	3,1								1,7	0,9	3,1	1,5
OG	106	Galerie									9,2	4,6	9,2	4,6
Summen Zone														113,5

Bild 34: Formblatt Zonenübersicht Luftvolumenströme (Z3), Berechnungsbeispiel 1 (nur Infiltration)

Projekt-Nr. / Bezeichnung **1-2019**			
ERGEBNIS ZUSAMMENSTELLUNG GEBÄUDE	Datum: 15.07.2020		Seite: G2
GEBÄUDEDATEN			
Nettogrundfläche	A_{NFG}		206 m²
Bruttovolumen	V_e		761 m³
Hüllfläche	A_{enf}		441 m²
WÄRMEVERLUSTE			
Transmission			
an Außenluft	$\Sigma\Phi_{T,ie}$	3.911 W	
an unbeheizte Bereiche oder Nachbargebäude	$\Sigma\Phi_{T,iae}$	1.996 W	
an andere Nutungseinheiten	$\Sigma\Phi_{T,iaBE}$	W	
an Erdreich	$\Sigma\Phi_{T,ig}$	637 W	
Summe	$\Sigma\Phi_T$		**6.544 W**
Lüftung			
durch Leckagen, ALD oder Nutzung oder Mindestwert	$\Sigma\Phi_{V,leak/min,i}$	1.217 W	
Zuluftvolumenstrom	$\Sigma\Phi_{V,sup,i}$	0 W	
Überström-Luftvolumenstrom	$\Sigma\Phi_{V,transfer,ij}$	0 W	
Summe	$\Sigma\Phi_V$		**1.217 W**
HEIZLAST			
Standard-Heizlast	Φ_{stand}		**7.761 W**
Zuschlag erhöhte Innentemperatur oder Aufheizzuschlag [1]	Φ_{zuschl}	Nicht vereinbart	0 W
Norm-Heizlast	Φ_{HL}		**7.761 W**
spez. Werte	φ_{HL/m^2}		38 W/m²
	φ_{HL/m^3}		10 W/m³
WÄRMEVERLUSTKOEFFIZIENTEN			
Transmission	ΣH_T		207,9 W/K
Lüftung	ΣH_V		38,5 W/K
Summe	ΣH		**246,4 W/K**

[1] Zuschläge für gesamtes Gebäude, z. B. zur Dimensionierung Wärmerzeuger, sofern vereinbart

Bild 35: Formblatt Ergebnisse Gebäude (G2), Berechnungsbeispiel 1 (nur Infiltration)

6.3.2 Beispiel 2: Mit Zu- und Abluft sowie Wärmerückgewinnung

Die Bestimmung dieser Größen bzw. die Dimensionierung von Lüftungskomponenten und -anlagen ist nicht Bestandteil von DIN EN 12831-1:2017-09 sowie der nationalen Ergänzung DIN/TS 12831-1:2020-04. Im nachfolgenden Berechnungsbeispiel wird davon ausgegangen, dass Zu-/Abluftvolumenströme sowie ggf. Überströmvolumenströme aus einer externen Berechnung bekannt sind.

Das Beispielhaus sei mit einer Zu- und Abluftanlage mit Wärmerückgewinnung wie folgt ausgestattet:

- die Räume Wohnen, Schlafen, Essen, Kinder und das Arbeitszimmer erhalten Zuluft;
- die Abluftführung erfolgt über die Küche, die Toiletten, die Bäder und Flur;
- der Vorratsraum erhält Zu- und Abluft;
- es ist eine ausgeglichene (balancierte) Zu- und Abluftanlage vorgesehen; das bedeutet, Zu- und Abluftvolumenströme sind gleich. Es sind keine ALD vorhanden.

6.3.2.1 Bestimmung der Zu- und Abluftvolumenströme

Gegeben seien hierfür Zu-, Abluft und Überströmvolumenströme wie in Tabellen 36 und 37 ermittelt. Überströmung entsteht in Räumen, in welchen durch Absaugung eines größeren Volumenstroms $q_{v,exh,i}$ als der Zuluftvolumenstrom $q_{v,sup,i}$ ein Unterdruck entsteht und somit aus dem Nachbarraum oder den Nachbarräumen der fehlende Luftvolumenstrom angesaugt wird. Im Beispiel handelt es sich bei den Räumen mit Abluft um reine Ablufträume, also ohne Zuluft, außer Raum 10 (Vorratsraum). Aus diesem Grunde muss der gesamte Abluftvolumenstrom aus den Nachbarräumen überströmen. Der Vorratsraum erhält einen Zuluftvolumenstrom in gleicher Höhe, da keine verbrauchte Abluft aus der Küche angesaugt werden soll. Nachstehend werden in Anlehnung an DIN 1946-6:2019-12 die eingesetzten Volumenströme ermittelt. Hierzu ist zunächst der gesamte Außenluftvolumenstrom zu berechnen. Die Formel zur Berechnung des Luftvolumenstromes $q_{v,ges,NE}$ gem. DIN 1946-6:2019-12, Gleichung (8) lautet:

$$q_{v,ges,NE} = f_{L,ST} \cdot (-0{,}002 \cdot A_{NE}^{2} + 1{,}15 \cdot A_{NE} + 11) \quad \text{in m}^3\text{/h mit}$$

A_{NE} 205,6 m² (Fläche der Nutzeinheit NE)

$f_{L,ST}$ 1,3 – Faktor zur Berücksichtigung der Lüftungsstufe LSt (Intensivlüftung nach DIN 1946-6:2019-12, Tabelle 6)

Anmerkung: In diesem Beispiel wurde Intensivlüftung gewählt, damit sich hygienische Bedingungen in den Aufenthaltsräumen auch bei voller Belegung einstellen.

Hieraus errechnet sich der notwendige Außenluftvolumenstrom zu

$$q_{v,ges,NE} = 212 \text{ m}^3\text{/h}$$

Dieser wird im Verhältnis nach einem Verteilerschlüssel in Abhängigkeit von der Nutzungsart der Räume aufgeteilt:

Tabelle 36: Tabelle der Zulufträume

	Raum	Verteilschlüssel nach DIN 1946-6:2019-12, Tabelle 17	$q_{v,ges,NE} = q_{v,sup,i}$ [m³/h]
Erdgeschoss	Essen	1,5	23,5
	Wohnen	3	47,1
	Schlafen	2	31,4
	Vorratsraum	1,5	23,5
1. OG	Arbeitsraum	1,5	23,5
	Kind 1	2	31,4
	Kind 2	2	31,4
Summen		**13,5**	**211,8**

Die Abluftvolumenströme werden ebenfalls nach einem Verteilschlüssel ermittelt, aber nicht als Faktor, wie bei der Zuluft, sondern in Bezug auf Mindest-Abluftvolumenströme:

Tabelle 37: Tabelle der Ablufträume

	Raum	Verteilschlüssel nach DIN 1946-6:2019-12, Tabelle 16	$q_{v,ges,R,ab} = q_{v,exh,i}$ [m³/h]
Erdgeschoss	Küche	40	47,1
	Bad	40	47,1
	WC	20	23,5
	Vorräte	20	23,5
1. OG	Bad	40	47,1
	WC	20	23,5
Summen			**211,8**

Tabelle 38: Zu-/Abluftvolumenströme und Überströmvolumenströme

Raum		Volumenströme				Raum, aus welchem Über-/Abströmung erfolgt			
Nr.	Bezeichnung	$q_{v,ALD,i}$	$q_{v,exh,i}$	$q_{v,trans,i}$	$\theta_{v,trans,i}$	Nr	Bezeichnung	$q_{v,zu/ab,i}$	$\theta_{v,ausleg,i}$
		m³/h			°C			m³/h	°C
1	2	3	4	5	6	7	8	9	10
1	Küche		47,1	70,6	20 °C	2	Essen	70,6	20 °C
2	Essen	23,5		47,1	20 °C	3	Wohnen	47,1	20 °C
3	Wohnen	47,1							
4	Schlafen	31,4							
5	Bad EG		47,1	-47,1	20 °C	6	Flur	47,1	20 °C
6	Flur			15,7	18,3 °C	4	Schlafen	31,4	20 °C
						5	Bad EG	-47,1	24 °C
						9	Windfang	15,7	15 °C
7	WC EG		23,5	23,5	15 °C	9	Windfang	0,0	15 °C
8	Treppenhaus			15,7	20 °C	106	Galerie	20,0	20 °C
9	Windfang			39,2	20 °C	1	Küche	23,5	20 °C
						6	Flur	-15,7	20 °C
						7	WC EG	-23,5	20 °C
						8	Treppenhaus	15,7	20 °C
10	Vorräte	23,5	23,5						
101	Arbeitszimmer	23,5							
102	Kind 1	31,4							
103	Kind 2	31,4							
104	Bad OG		47,1	47,1	20 °C	106	Galerie	0,0	20 °C
105	WC OG		23,5	23,5	20 °C	106	Galerie	0,0	20 °C
106	Galerie			86,3		101	Arbeitszimmer	23,5	20 °C
						102	Kind 1	31,4	20 °C
						103	Kind 2	31,4	20 °C
						104	Bad OG	-47,1	24 °C
						105	WC OG	-23,5	20 °C
						8	Treppenhaus	-15,7	20 °C

Hinweis zu Raum 6, Flur: Die Temperatur des Überströmvolumens von 18,3 °C ergibt sich aus der Mischung von 31,4 m³/h aus dem Schlafzimmer mit 20 °C und 15,7 m³/h aus dem Windfang mit 15 °C. Die Volumenstrombilanz ist nachfolgend grafisch als Knotenpunktnetz veranschaulicht. Zuluftvolumenströme sind positiv, Abluftvolumenströme sind negativ dargestellt. Die Überströmungen zwischen den Räumen sind in weißer Schrift auf schwarzem Hintergrund dargestellt.

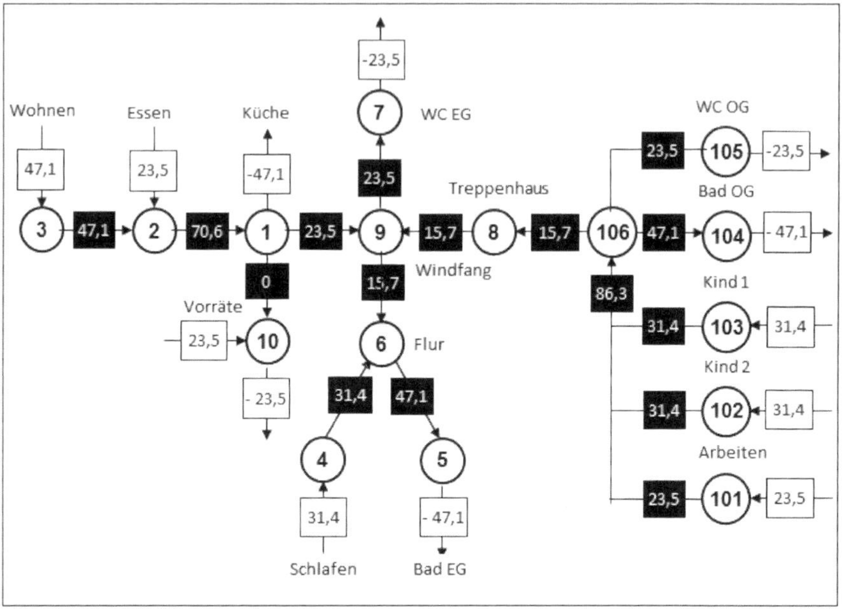

Bild 36: Volumenstrombilanz des Beispielgebäudes als Knotenpunktnetz

Bei diesem Beispiel handelt es sich um eine ausbalancierte Lüftungsanlage mit Zuluftvolumenstrom = Abluftvolumenstrom. D. h., dass die Summe alle internen Überströmvolumenströme = 0 m³/h sein muss. Dies ist im Windfang der Fall:

Raum	Zuströmungen	Abströmungen	Summe der Zu- und Abströmungen
Küche	23,5 m³/h		
WC EG		–23,5 m³/h	
Treppenhaus	15,7 m³/h		
Flur		–15,7 m³/h	
	39,2	**–39,2**	**0 m³/h**

6.3.2.2 Berechnung der Zulufttemperatur

Die Zulufttemperatur berechnet sich aus dem Wärmebereitstellungsgrad η_{rec} des Wärmerückgewinnungssystems sowie der Außen- und der Ablufttemperatur:

$$\theta_{rec,z} = \theta_{e,0} + \eta_{rec,z} \cdot (\theta_{exh,z} - \theta_{e,0})$$

Hierbei wird die Ablufttemperatur $\theta_{exh,z}$ als Mischtemperatur der einzelnen Abluftvolumenströme berechnet:

$$\theta_{exh,z} = \frac{\sum_i (q_{v,exh,i} \cdot \theta_{int,i})}{\sum_i q_{v,exh,i}}$$

Die Zulufttemperatur berechnet sich aus dem Wärmebereitstellungsgrad η_{rec} des Wärmerückgewinnungssystems:

$$\theta_{sup} = \theta_e + \eta_{rec} \cdot (\theta_{exh} - \theta_e)$$

Berechnung der mittleren Ablufttemperatur

Die Ablufttemperatur θ_{exh} wird aus der Mischtemperatur der einzelnen Abluftvolumenströme berechnet.

$$\theta_{exh,m} = \frac{\sum_i q_{v,exh,i} \cdot \theta_{int,i}}{\sum_i q_{v,exh,i}}$$

mit

	Raum	$q_{v,exh,i}$	θ_{int}
	Bez.	**m³/h**	**°C**
Erdgeschoss	Küche	47,1	20
	Bad	47,1	24
	WC	23,5	20
	Vorräte	23,5	15
1. OG	Bad	47,1	24
	WC	23,5	20
Summe		**211,8**	

Somit berechnet sich die mittlere Ablufttemperatur als Eintrittstemperatur in die Wärmerückgewinnung zu

$$\theta_{rec} = \frac{47{,}1 \cdot 20 + 47{,}1 \cdot 24 + 23{,}5 \cdot 20 + 23{,}5 \cdot 15 + 47{,}1 \cdot 24 + 23{,}5 \cdot 20}{211{,}8} = 21{,}2\,°C$$

Berechnung der Zulufttemperatur

Zur Berechnung der Zulufttemperatur muss gemäß 6.3.3 DIN/TS 12831-1:2020-04 die Außentemperatur $\theta_{e,0}$ ohne Einfluss der Zeitkonstante am Gebäudestandort eingesetzt werden.

$$\theta_{rec} = -11{,}7 + 0{,}85 \cdot (21{,}2 - (-11{,}7)) = 16{,}3\,°C$$

und gilt einheitlich für alle Zulufträume, da alle auf eine Raumtemperatur von 20 °C beheizt werden.

Dies hat Auswirkungen auf den Lüftungswärmeverlust durch den Zuluftvolumenstrom, im konkreten Beispiel des Raumes „Wohnen“ von 57 W auf 59 W.

6.3.2.3 Bestimmung des Außenluftvolumenstroms der Zone durch die Gebäudehülle

Der Außenluftvolumenstrom durch die Gebäudehülle wird durch DIN EN 12831-1:2017-09, Gleichung (24) bestimmt:

$$q_{v,env,z} = \max(q_{v,exh,z} + q_{v,comb,z} - q_{v,sup,z}\,;\,0) + q_{v,inf\text{-}add,z})$$

In diesem Beispiel mit Zu- und Abluftanlage liegen folgende Werte vor:

- $q_{v,exh,z}$ = 211,8 m³/h
- $q_{v,comb,z}$ = 0,0 m³/h
- $q_{v,sup,z}$ = 211,8 m³/h
- $q_{v,inf\text{-}add,z}$ = 44,1 m³/h [11]

11 Dies ist derselbe Wert wie in Beispiel 1, da eine balancierte Lüftung vorliegt.

Darstellung im Schema

Nachstehend ist die Bestimmung der einzelnen Luftvolumenströme grafisch dargestellt:

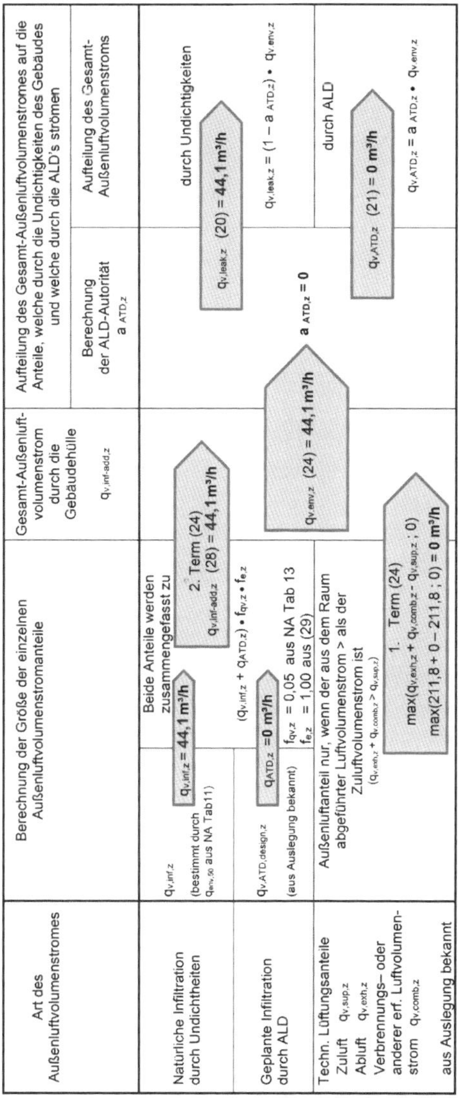

Bild 37: Schema Gesamtluftvolumenstrom der Zone von außen nach DIN EN 12831-1:2017-09 – Beispiel mit Zu- und Abluft

6.3.2.4 Berechnung des Außenluftvolumenstroms des Raumes durch die Gebäudehülle, Beispielraum Wohnen

Der Außenluftvolumenstrom durch die Hülle berechnet sich nach DIN EN 12831-1:2017-09, Gleichung (18):

$$q_{v,env,i} = \frac{q_{v,inf\text{-}add,z}}{q_{v,env,z}} \cdot \min(q_{v,env,z}\,;\, q_{v,leak+ATD,i} \cdot f_{dir}) + \frac{q_{v,env,z} - q_{v,inf\text{-}add,z}}{q_{v,env,z}} \cdot q_{v,leak+ATD,i}$$

mit den Luftvolumenstromanteilen

$q_{v,inf\text{-}add,z} = 43{,}4\ m^3/h$

$q_{v,env,z} = 43{,}4\ m^3/h$

$q_{v,leak+ATD,i}$ ist noch unbekannt

Die Berechnung erfolgt nach DIN EN 12831-1:2017-09, Gleichung (19)

$$q_{v,leak+ATD,i} = q_{v,leak,z} \cdot \frac{A_{env,i}}{A_{env,z}} + q_{v,ATD,z} \cdot \frac{q_{v,ATD,design,i}}{q_{v,ATD,design,z}}$$

Da kein Luftvolumenstrom durch ALD vorgesehen ist, beträgt der zweite Summand dieser Gleichung = 0 und $q_{v,leak+ADT,i}$ ergibt sich zu

$$q_{v,leak+ATD,i} = q_{v,leak,z} \cdot \frac{A_{env,i}}{A_{env,z}}$$

mit den Flächenanteilen

$A_{env,i} = 32{,}5\ m^2$ (s. Bild 38, Raum Wohnzimmer)

$A_{env,z} = 441{,}4\ m^2$ (s. Bild 38)

$$q_{v,leak+ATD,i} = 43{,}4 \cdot \frac{32{,}5}{441{,}4}$$

$q_{v,\ leak+ADT,i} = 3{,}2\ m^3/h$

Da im vorliegenden Beispiel $q_{v,inf,add,z} = q_{v,env,z}$ gilt, ergibt sich $q_{v,env,i}$ gem. DIN EN 12831-1:2017-09, Gleichung (18) zu

$q_{v,env,i} = \min(q_{v,env,z}\ ;\ q_{v,leak\ +ATD,i} \cdot f_{dir})$

$q_{v,env,i} = \min(43{,}3\ ;\ 3{,}2 \cdot 2)$

Ergebnis: Der infiltrierte Luftvolumenstrom von außen beträgt

$q_{v,env,i} = 6{,}4\ m^3/h$

Wie in diesem Abschnitt einleitend ausgeführt, stellt der Term aus DIN EN 12831-1:2017-09, Gleichung (17) jenen von außen einströmenden Luftvolumenstrom in den Raum dar, welcher zur Berechnung des Lüftungswärmeverlustes mit der Temperaturdifferenz zwischen Rauminnen- und der Außentemperatur eingesetzt wird:

$$q_{env/min} = \max(q_{v,env,i} + q_{v,open,i} \, ; q_{v,min,I} - q_{v,tech,i})$$

Ein Luftvolumenstrom durch große Öffnungen liegt nicht vor, daher ist $q_{v,open,iI} = 0$ m³/h, aber es liegen technische Luftvolumenströme vor. Der Mindestluftvolumenstrom wurde bereits im vorigen Beispiel mit 26,6 m³/h berechnet.

Technischer Luftvolumenstrom $q_{v,tech,i}$

Es gilt gemäß DIN EN 12831-1:2017-09, Gleichung (23)

$$q_{v,tech,i} = \max(q_{v,sup,I} + q_{v,transfer} \, ; q_{v,exh,i} + q_{v,comb,i})$$

$$q_{v,tech,i} = \max(47{,}1 + 0 \, ; 0{,}0_i + 0{,}0)$$

$$q_{v,tech,i} = 47{,}1 \text{ m}^3/\text{h}$$

Außenluftvolumenstrom des Raumes durch die Außenhülle $q_{v,env,i}$

Nach DIN EN 12831-1:2017-09, Gleichung (17) ergeben sich, bei Unterteilung nach DIN/TS 12831-1:2020-04, Abschnitt 4.19, folgende Volumenströme:

$$q_{env/min,i} = \max(q_{v,env,i} + q_{v,open,I} \, ; q_{v,min,I} - q_{v,tech,i})$$

$$q_{env/min,i} = \max(6{,}4 + 0 \, ; 26{,}6 - 47{,}1)$$

$$q_{env/min,i} = 6{,}4 \text{ m}^3/\text{h}$$

Ergebnis: Der Außenluftvolumenstrom wird bestimmt durch den Luftvolumenstrom von außen, da der Zuluftvolumenstrom (auch von außen) mit 47,1 m³/h einen höheren Wert aufweist als der Mindestwert mit 26,6 m³/h

6.3.2.5 Beispielausdruck

Es werden neben dem Vereinbarungsformblatt V, den allgemeinen Gebäudedaten G1, dem Zonenformblatt Z1 und den Zusammenstellungsformblättern Z2, Z3 und G2 alle Räume beispielhaft ausgedruckt.

Projekt-Nr. / Bezeichnung	1-2019	Beispielberechnung		
Nutzungseinheit:	Wie Gebäude	Lüftung Wie Gebäude	Datum 29.08.2019	Seite Z1

ZONENDATEN

Höhe Erdreich bis Unterkante Zone	h_z	0,00 m	Luftdichtheitsprüfung:	Wird nach Fertigstellung durchgeführt			
Zonenhöhe	Δh_z	7,52 m	Anforderung an die Luftdichtheit:	hoch			
Mittlere Höhe der Zone über Erdreic	$h_{\alpha,z}$	3,76 m	Anzahl der Fassaden:	>1	$f_{fac,z}$	8	-
Volumen	V_z	527,8 m³	Hüllflächenbezogene Durchlässigkeit		$q_{env,50,z}$	2	m³/(m²h)
Hüllfläche	$A_{env,z}$	441,4 m²	Volumenstromfaktor		$f_{qv,z}$	0,05	-

VOLUMENSTRÖME

Zuluftvolumenstrom	$q_{v,sup,z}$	m³/h	Auslegungsvolumenstrom ALD	$q_{v,ATD,design,z}$		m³/h
Wirkungsgrad der WRG [1]	$\eta_{rec,z}$	%	Auslegungsdruckdifferenz	$\Delta p_{ATD,design,z}$		Pa
Zulufttemperatur	$\theta_{rec,z}$	16,3 °C	Druckexponent Leckagen	$v_{leak,z}$		-
Abluftvolumenstrom	$q_{v,exh,z}$	180 m³/h	Verbrennungs- oder ä. techn. Volumenstrom	$q_{v,comb,z}$	—	m³/h

RAUMVERWALTUNG

1	2	3	4	5	6	7	8	9	10	11	12	13	14	15	16	17	18	19
Geschoss	Raum		Innen-temperatur		Mindest-LW	Geometrie		Volumenströme					Temperaturen Überström-volumenströme		Aufheizzuschlag Berechnung oder Eingabe φ_{hu} [2]			
	Nr. (i)	Bezeichnung	$\theta_{int,stand}$	$\theta_{int,ausleg}$	$n_{min,i}$	$A_{enf,i}$	V_i	$q_{v,sup,i}$	$q_{v,exh,i}$	$q_{v,ATD,i}$	$q_{v,comb,i}$	$q_{v,transfer,ij}$	$\theta_{trans,ij}$	$\theta_{trans,comf,i}$	t_{sh}	t_{hu}	n_{sh}	φ_{hu}
			°C		h⁻¹	m²	m³	m³/h					°C		h	h	h⁻¹	W/m²
EG	1	Küche	20	20	0,5	34,8	59,4		47,1			70,6	20,0	20,0	6	2	0,1	8,1
EG	2	Essen	20	20	0,5	32,8	35,7	23,5										
EG	3	Wohnzimmer	20	20	0,5	32,5	53,1	47,1										
EG	4	Schlafzimmer	20	20	0,5	28,8	45,7	31,4										
EG	5	Bad	24	24	0,5	7,6	14,2		47,1			47,1	20,0	20,0	6	2	0,1	9,8
EG	6	Flur	20	20		7,6	7,7					15,7	18,3	18,3				
EG	7	WC EG	20	20	0,5	3,5	5,0		23,5			23,5	15,0	15,0				
EG	8	Treppenhaus	20	20			11,0					15,7	20,0	20,0				
EG	9	Windfang	15	15	0,5	12,1	18,3					39,2	20,0	20,0				
EG	10	Vorräte	15	15	0,5	15,4	12,9	23,5	23,5									
OG	101	Arbeitszimmer	20	20	0,5	107,1	87,2	23,5										
OG	102	Kind 1	20	20	0,5	49,1	43,6	31,4							6	2	0,1	8,1
OG	103	Kind 2	20	20	0,5	39,7	37,3	31,4							6	2	0,1	8,1
OG	104	Bad OG	24	24	0,5	15,9	14,2		47,1			47,1	20,0	20,0	6	2	0,1	8,1
OG	105	WC OG	20	20	0,5	8,7	6,1		23,5			23,5	20,0	20,0				
OG	106	Galerie	20	20		46,0	76,3					86,3	20,0	20,0				

Bild 38: Formblatt Zonendaten (Z1), Berechnungsbeispiel 2 (Zu- und Abluft)

Projekt-Nr. / Bezeichnung	1-2019	Beispielberechnung		
RAUMHEIZLAST		Datum 29.08.2019	Seite	R-1
Nutzungseinheit: Wie Gebäude		Lüftungszone: Wie Gebäude		
Geschoss EG	Raum-N 1	Bezeichnung: Küche		

Auslegungsinnentemperatur	$\theta_{int,stand,i}$	20 °C	+	$\Delta\theta_{comf,i}$	0 K =	$\theta_{int,ausleg,i}$	20 °C

Abmessungen			**Mindestaußenluftwechsel**	$n_{min,i}$	0,50 h^{-1}
Raumlänge	l_i	4,82 m	**Mindestaußenluftvolumenstrom**	$q_{v,min,i}$	29,7 m³/h
Raumbreite	b_i	4,74 m	**Mechanische Belüftung**		
Raumfläche	A_{NGF}	22,85 m²	Zuluftvolumenstrom	$q_{v,sup,i}$	m³/h
Geschosshöhe	$h_{G,i}$	2,86 m	Temperatur	$\theta_{rec,z}$	16,4 °C
Deckendicke	d_i	0,26 m	Abluftvolumenstrom	$q_{v,exh,i}$	47,1 m³/h
Raumhöhe	h_i	2,60 m	**Auslegungsvolumenstrom ALD**	$q_{v,ADT,design,i}$	m³/h
Raumvolumen	V_i	59,40 m³	**Überströmung aus Nachbarraum**		
Raum-Hüllfläche	$A_{env,i}$	34,83 m²	Volumenstrom	$q_{v,trans,ij}$	70,6 m³/h
Erdreich			Temperatur	$\theta_{transfer,ij}$	20,0 °C
Tiefe unter Erdreich	z_i	0,00 m	**Verbrennungs/techn. Volumenstrom**	$q_{v,comb,i}$	m³/h
Bodenfläche	$A_{g,i}$	27,61 m²	**Technischer Luftvolumenstrom**	$q_{v,techn,i}$	70,6 m³/h
exponierter Umfang	P_i	12,18 m	**Außenluft große Öffnungen**	$q_{v,open,i}$	m³/h
char. Bodenplattenmaß B'_i		4,53 m	**Infiltration, ALD oder Mindestwert**	$q_{v,env/min,i}$	7,0 m³/h

1	2	3	4	5	6	7	8	9	10	11	12	13	14	15
Orientierung	Bauteil	Anzahl	Breite	Länge / Höhe	Bruttofläche		Bauteilfläche	grenzt an	angrenzende Temperatur	Temperatur-anpassung	Bauteil U-Wert	Wärmebrücken zuschlag	Korrigierter U-Wert	Standard-Transmissions-Wärmeverlust
-	-	-	b_k	l/h_k	$A_{brutto,k}$	$A_{abzug,k}$	A_k	-	$\theta_{x,k}$	$f_{x,k}$	U_k	$\Delta U_{TB,k}$	$U_{c,equiv,k}$	$\Phi_{T,k}$
			m		m²				°C	-	W/m²K			W
N	IW	1	3,63	2,86	10,4	1,8	8,6	ia	15,0	0,16	1,28		1,28	55
	IT	1	0,90	2,01	1,8		1,8	ia	15,0	0,16	2,00		2,00	18
N	IW	1	1,39	2,86	4,0	1,8	2,2	ia	15,0	0,16	1,88		1,88	20
	IT	1	0,90	2,01	1,8		1,8	ia	15,0	0,16	2,00		2,00	18
O	IW	1	1,81	2,86	5,2		5,2	iae		0,10	1,28	0,05	1,33	21
S	AW	1	3,35	2,86	9,6	1,4	8,1	ie	-10,9	1,00	0,34	0,05	0,39	98
	AF	1	1,01	1,42	1,4		1,4	ie	-10,9	1,00	1,40	0,05	1,45	64
S	IW	1	1,67	2,86	4,8	4,3	0,4	iae		0,80	0,34	0,05	0,38	4
	IF	1	1,67	2,60	4,3		4,3	iae		0,80	1,60	0,05	1,65	177
W	AW	1	5,35	2,86	15,3	2,9	12,4	ie	-10,9	1,00	0,34	0,05	0,39	150
	AF	2	1,01	1,42	2,9		2,9	ie	-10,9	1,00	1,40	0,05	1,45	128
W	IW	1	0,54	2,86	1,5		1,5	ia	15,0	0,16	1,88		1,88	15
H	FB	1	5,35	5,02	26,9		26,9	ig	9,6	0,34	0,58	0,05	0,37	149
H	FB	1	0,54	1,39	0,8		0,8	ig	9,6	0,34	0,58	0,05	0,37	4

Σ Standard-Transmissionswärmeverlust	$\Phi_{T,stand,i}$	**921 W**
Lüftungswärmeverluste durch		
- Außenluftvolumenstrom (Infiltration, ALD oder Mindestwert)	$\Phi_{v,env/min,i}$	75 W
- Zuluftvolumenstrom	$\Phi_{v,sup,i}$	0 W
- Volumenstrom Überströmung	$\Phi_{v,transfer,i}$	0 W
Σ Standard-Lüftungswärmeverlust	$\Phi_{V,stand,i}$	**75 W**

				$\Phi_{stand,i}$	**996 W**
Zuschlag erhöhte Auslegungsinnentemperatur		$\Delta\Phi_{comf,i}$	0 W		
Zuschlag Aufheizleistung	8,1 W/m²	$\Phi_{hu,i}$	186 W	Max($\Delta\Phi_{comf,i}$, $\Phi_{hu,i}$)	186 W
NORMHEIZLAST	**51,7 W/m²**	**19,9 W/m³**		$\Phi_{HL,i}$	**1.182 W**

Bild 39: Formblatt Raumheizlast Küche (R-1), Berechnungsbeispiel 2 (Zu- und Abluft)

Projekt-Nr. / Bezeichnung **1-2019**	Beispielberechnung
RAUMHEIZLAST	Datum: 15.07.2020 Seite R2
Nutzungseinheit: Wie Gebäude	Lüftungszone: Wie Gebäude
Geschoss EG Raum-Nr. 2	Bezeichnung: Essen

Auslegungsinnentemperatur $\theta_{int,stand,i}$ 20 °C + $\Delta\theta_{comf,i}$ -20 K = $\theta_{int,ausleg,i}$ °C

Abmessungen				**Mindestaußenluftwechsel**	$n_{min,i}$	0,50	h^{-1}
Raumlänge	l_i	3,85	m	**Mindestaußenluftvolumenstrom**	$q_{v,min,i}$	17,9	m³/h
Raumbreite	b_i	3,57	m	**Mechanische Belüftung**			
Raumfläche		13,74	m	Zuluftvolumenstrom	$q_{v,sup,i}$	23,5	m³/h
Geschosshöhe	$h_{G,i}$	2,86	m	Temperatur	$\theta_{rec,z}$	16,4	°C
Deckendicke	d_i	0,26	m	Abluftvolum -10,9	$q_{v,exh,i}$		m³/h
Raumhöhe	h_i	2,60	m	**Auslegungsvolumenstrom ALD**	$q_{v,ADT,design,i}$		m³/h
Raumvolumen	V_i	35,74	m³	**Überströmung aus Nachbarraum**			
Raum-Hüllfläche	$A_{env,i}$	32,76	m²	Volumenstrom	$q_{v,trans,ij}$		m³/h
Erdreich				Temperatur	$\theta_{transfer,ij}$		°C
Tiefe unter Erdreich	z_i	0,00	m	**Verbrennungs/techn. Volumenstrom**	$q_{v,comb,i}$		128
Bodenfläche	$A_{g,i}$	15,79	m²	**Technischer Luftvolumenstrom**	$q_{v,techn,i}$	23,5	m³/h
exponierter Umfang	P_i	7,70	m	**Außenluft große Öffnungen**	$q_{v,open,i}$		m³/h
char. Bodenplattenmaß	B'_i	4,10	m	**Infiltration, ALD oder Mindestwert**	$q_{v,env/min,i}$	6,6	m³/h

1	2	3	4	5	27	7	8	9	10	11	12	13	14	15
Orientierung	Bauteil	Anzahl	Breite	Länge / Höhe	Bruttofläche		Bauteilfläche	grenzt an	angrenzende Temperatur	Temperatur-anpassung	Bauteil U-Wert	Wärmebrücken zuschlag	Korrigierter U-Wert	Standard-Transmissions-Wärmeverlust
-	-	-	b_k	l/h_k	$A_{brutto,k}$	$A_{abzug,k}$	A_k	-	$\theta_{x,k}$	$f_{x,k}$	U_k	$\Delta U_{TB,k}$	$U_{c,equiv,k}$	$\Phi_{T,k}$
			m		m²				°C	-	W/m²K			W
S	IW	1	3,85	2,86	11,0	10,0	1,0	iae		0,80	0,34	0,05	0,38	10
	IF	1	3,85	2,60	10,0		10,0	iae		0,80	1,60	0,05	1,65	408
N	IW	1	3,85	2,86	11,0		11,0	iae		0,10	1,28	0,05	1,33	45
H	DE	1	3,85	2,79	10,7		10,7	iae		0,60	0,54	0,05	0,59	117
H	FB	1	4,10	3,85	15,8		15,8	ig	9,6	0,34	0,58	0,05	0,38	90

Σ Standard-Transmissionswärmeverlust $\Phi_{T,stand,i}$ **670 W**

Lüftungswärmeverluste durch

- Außenluftvolumenstrom Infiltration, ALD oder Mindestwert)	$\Phi_{V,env/min,i}$	71 W
- Zuluftvolumenstrom	$\Phi_{V,sup,i}$	29 W
- Volumenstrom Überströmung	$\Phi_{V,transfer,i}$	W

Σ Standard-Lüftungswärmeverlust $\Phi_{V,stand,i}$ **99 W**

Standardheizlast $\Phi_{stand,i}$ **769 W**

Zuschlag erhöhte Auslegungsinnentemperatur $\Delta\Phi_{comf,i}$ 0 W

Zuschlag Aufheizleistung W/m² $\Phi_{hu,i}$ W Max($\Delta\Phi_{comf,i}$, $\Phi_{hu,i}$) 0 W

NORMHEIZLAST 56,0 W/m² 21,5 W/m³ $\Phi_{HL,i}$ **769 W**

Bild 40: Formblatt Raumheizlast Essen (R-2), Berechnungsbeispiel 2 (Zu- und Abluft

Projekt-Nr. / Bezeichnung 1-2019	Beispielberechnung
RAUMHEIZLAST	Datum: 29.08.2019 Seite R-3
Nutzungseinheit: Wie Gebäude	Lüftungszone: Wie Gebäude
Geschoss EG Raum-N 3	Bezeichnung: Wohnzimmer

Auslegungsinnentemperatur $\theta_{int,st}$ 20 °C + $\Delta\theta_{comf,i}$ 0 K = $\theta_{int,ausleg,i}$ 20 °C

Abmessungen			Mindestaußenluftwechsel	$n_{min,i}$	0,50 h^{-1}
Raumlänge	l_i	4,82 m	Mindestaußenluftvolumenstrom	$q_{v,min,i}$	26,6 m³/h
Raumbreite	b_i	4,24 m	Mechanische Belüftung		
Raumfläche	A_{NGF}	20,44 m²	Zuluftvolumenstrom	$q_{v,sup,i}$	47,1 m³/h
Geschosshöhe	$h_{G,i}$	2,86 m	Temperatur	$\theta_{rec,z}$	16,3 °C
Deckendicke	d_i	0,26 m	Abluftvolumenstrom	$q_{v,exh,i}$	m³/h
Raumhöhe	h_i	2,60 m	Auslegungsvolumenstrom ALD	$q_{v,ADT,design,i}$	m³/h
Raumvolumen	V_i	53,14 m³	Überströmung aus Nachbarraum		
Raum-Hüllfläche	$A_{env,i}$	32,46 m²	Volumenstrom	$q_{v,trans,ij}$	m³/h
Erdreich			Temperatur	$\theta_{transfer,ij}$	°C
Tiefe unter Erdreich	z_i	0,00 m	Verbrennungs/techn. Volumenstrom	$q_{v,comb,i}$	m³/h
Bodenfläche	$A_{g,i}$	24,77 m²	Technischer Luftvolumenstrom	$q_{v,techn,i}$	47,1 m³/h
exponierter Umfang	P_i	11,35 m	Außenluft große Öffnungen	$q_{v,open,i}$	m³/h
char. Bodenplattenmaß B'_i		4,36 m	Infiltration, ALD oder Mindestwert	$q_{v,env/min,i}$	6,5 m³/h

1	2	3	4	5	6	7	8	9	10	11	12	13	14	15
Orientierung	Bauteil	Anzahl	Breite	Länge / Höhe	Bruttofläche	Abzugsfläche	Bauteilfläche	grenzt an	angrenzende Temperatur	Faktor Temperatur-Anpassung	Bauteil U-Wert	Wärmebrücken-Zuschlag	Korrigierter U-Wert	Standard-Transmissions-Wärmebedarf
-	-	-	b_k	l/h_k	$A_{brutto,k}$	$A_{abzug,k}$	A_k	-	$\theta_{x,k}$	$f_{x,k}$	U_k	$\Delta U_{TB,k}$	$U_{c,equiv,k}$	$\Phi_{T,k}$
			m		m²				°C	-	W/m²K			W
O	AW	1	5,35	2,86	15,3	7,2	8,1	ie	-10,9	1,00	0,33	0,05	0,38	95
	AW	1	4	1,8	7,2		7,2	ie	-10,9	1,00	0,56	0,05	0,61	135
S	AW	1	3,35	2,86	9,6	1,4	8,1	ie	-10,9	1,00	0,34	0,05	0,39	98
	AF	1	1,01	1,42	1,4		1,4	ie	-10,9	1,00	1,40	0,05	1,45	64
S	IW	1	1,28	2,86	3,7	3,3	0,3	iae		0,80	0,34	0,05	0,39	3
	IF	1	1,28	2,6	3,3		3,3	iae		0,80	1,60	0,05	1,65	136
W	IW	1	1,37	2,86	3,9		3,9	iae		0,10	1,28	0,05	1,33	16
H	FB	1	4,63	5,35	24,8		24,8	ig	9,6	0,34	0,58	0,05	0,37	139

Σ Standard-Transmissionswärmeverlust	$\Phi_{T,stand,i}$	**686 W**
Lüftungswärmeverluste durch		
- Außenluftvolumenstrom (Infiltration, ALD oder Mindestwert)	$\Phi_{v,env/min,i}$	70 W
- Zuluftvolumenstrom	$\Phi_{v,sup,i}$	59 W
- Volumenstrom Überströmung	$\Phi_{v,transfer,i}$	W
Σ Standard-Lüftungswärmeverlust	$\Phi_{V,stand,i}$	**129 W**
Standardheizlast	$\Phi_{stand,i}$	**815 W**
Zuschlag erhöhte Auslegungsinnentemperatur	$\Delta\Phi_{comf,i}$	0 W
Zuschlag Aufheizleistung 0,0 W/m²	$\Phi_{hu,i}$ 0 W; Max($\Delta\Phi_{comf,i}$, $\Phi_{hu,i}$)	0 W
NORMHEIZLAST 39,9 W/m² 15,3 W/m³	$\Phi_{HL,i}$	**815 W**

Bild 41: Formblatt Raumheizlast Wohnen (R-3), Berechnungsbeispiel 2 (Zu- und Abluft)

Projekt-Nr. / Bezeichnung	**1-2019**	Beispielberechnung		
RAUMHEIZLAST		Datum: 29.08.2019	Seite	R-4
Nutzungseinheit: Wie Gebäude		Lüftungszone: Wie Gebäude		
Geschoss EG	Raum-N 4	Bezeichnung: Schlafzimmer		

Auslegungsinnentemperatur	$\theta_{int,st,i}$ 20 °C	+ $\Delta\theta_{comf,i}$ 0 K =	$\theta_{int,ausleg,i}$ 20 °C

Abmessungen				**Mindestaußenluftwechsel**	$n_{min,i}$	0,50	h^{-1}
Raumlänge	l_i	4,27	m	**Mindestaußenluftvolumenstrom**	$q_{v,min,i}$	22,9	m³/h
Raumbreite	b_i	4,12	m	**Mechanische Belüftung**			
Raumfläche	A_{NGF}	17,59	m²	Zuluftvolumenstrom	$q_{v,sup,i}$	31,4	m³/h
Geschosshöhe	$h_{G,i}$	2,86	m	Temperatur	$\theta_{rec,z}$	16,4	°C
Deckendicke	d_i	0,26	m	Abluftvolumenstrom	$q_{v,exh,i}$		m³/h
Raumhöhe	h_i	2,60	m	**Auslegungsvolumenstrom ALD**	$q_{v,ADT,design,i}$		m³/h
Raumvolumen	V_i	45,74	m³	**Überströmung aus Nachbarraum**			
Raum-Hüllfläche	$A_{env,i}$	28,76	m²	Volumenstrom	$q_{v,trans,ij}$		m³/h
Erdreich				Temperatur	$\theta_{transfer,ij}$		°C
Tiefe unter Erdreich	z_i	0,00	m	**Verbrennungs/techn. Volumenstrom**	$q_{v,comb,i}$		m³/h
Bodenfläche	$A_{g,i}$	21,80	m²	**Technischer Luftvolumenstrom**	$q_{v,techn,i}$	31,4	m³/h
exponierter Umfang	P_i	10,06	m	**Außenluft große Öffnungen**	$q_{v,open,i}$		m³/h
char. Bodenplattenmaß	B'_i	4,33	m	**Infiltration, ALD oder Mindestwert**	$q_{v,env/min,i}$	5,8	m³/h

1	2	3	4	5	6	7	8	9	10	11	12	13	14	15
Orientierung	Bauteil	Anzahl	Breite	Länge / Höhe	Bruttofläche	Abzugsfläche	Bauteilfläche	grenzt an	angrenzende Temperatur	Temperatur-anpassung	Bauteil U-Wert	Wärmebrücken zuschlag	Korrigierter U-Wert	Standard-Transmissions-Wärmeverlust
-	-	-	b_x	l/h_x	$A_{brutto,x}$	$A_{abzug,x}$	A_x	-	$\theta_{x,k}$	$f_{lx,k}$	U_x	$\Delta U_{TB,k}$	$U_{c,equiv,k}$	$\Phi_{T,k}$
			m		m²				°C	-	W/m²K			W
N	AW	1	4,69	2,86	13,4		13,4	ie	-10,9	1,00	0,34	0,05	0,39	161
O	AW	1	4,65	2,86	13,3	3,7	9,6	ie	-10,9	1,00	0,33	0,05	0,38	112
	AF	1	1,01	1,42	1,4		1,4	ie	-10,9	1,00	1,40	0,05	1,45	64
	AT	1	1,01	2,26	2,3		2,3	ie	-10,9	1,00	1,40	0,05	1,45	102
W	IW	1	2,63	2,86	7,5		7,5	ia	24,0	-0,13	1,88		1,88	-57
W	IW	1	0,72	2,86	2,1		2,1	iae		0,10	1,88	0,05	1,93	12
H	FB	1	4,69	4,65	21,8		21,8	ig	9,6	0,34	0,58	0,05	0,37	122

Σ Standard-Transmissionswärmeverlust	$\Phi_{T,stand,i}$	**516 W**
Lüftungswärmeverluste durch		
- Außenluftvolumenstrom (Infiltration, ALD oder Mindestwert)	$\Phi_{V,env/min,i}$	62 W
- Zuluftvolumenstrom	$\Phi_{V,sup,i}$	38 W
- Volumenstrom Überströmung	$\Phi_{V,transfer,i}$	0 W
Σ Standard-Lüftungswärmeverlust	$\Phi_{V,stand,i}$	**100 W**

Standardheizlast				$\Phi_{stand,i}$	**616 W**
Zuschlag erhöhte Auslegungsinnentemperatur		$\Delta\Phi_{comf,i}$	0 W		
Zuschlag Aufheizleistung	0,0 W/m²	$\Phi_{hu,i}$	0 W	$Max(\Delta\Phi_{comf,i}, \Phi_{hu,i})$	0 W
NORMHEIZLAST	35,0 W/m²		13,5 W/m³	$\Phi_{HL,i}$	**616 W**

Bild 42: Formblatt Raumheizlast Schlafen (R-4), Berechnungsbeispiel 2 (Zu- und Abl

Projekt-Nr. / Bezeichnung	1-2019	Beispielberechnung		
RAUMHEIZLAST		Datum: 29.08.2019	Seite	R-5
Nutzungseinheit: Wie Gebäude		Lüftungszone: Wie Gebäude		
Geschoss EG	Raum-N 5	Bezeichnung: Bad EG		

Auslegungsinnentemperatur $\theta_{int,st,i}$ 24 °C + $\Delta\theta_{comf,i}$ 0 K = $\theta_{int,ausleg,i}$ 24 °C

Abmessungen				**Mindestaußenluftwechsel**	$n_{min,i}$	0,50	h^{-1}
Raumlänge	l_i	2,52	m	**Mindestaußenluftvolumenstrom**	$q_{v,min,i}$	7,1	m³/h
Raumbreite	b_i	2,16	m	**Mechanische Belüftung**			
Raumfläche	A_{NGF}	5,44	m²	Zuluftvolumenstrom	$q_{v,sup,i}$		m³/h
Geschosshöhe	$h_{G,i}$	2,86	m	Temperatur	$\theta_{rec,z}$	16,4	°C
Deckendicke	d_i	0,26	m	Abluftvolumenstrom	$q_{v,exh,i}$	47,1	m³/h
Raumhöhe	h_i	2,60	m	**Auslegungsvolumenstrom ALD**	$q_{v,ADT,design,i}$		m³/h
Raumvolumen	V_i	14,15	m³	**Überströmung aus Nachbarraum**			
Raum-Hüllfläche	$A_{env,i}$	7,55	m²	Volumenstrom	$q_{v,trans,ij}$	47,1	m³/h
Erdreich				Temperatur	$\theta_{transfer,ij}$	20,0	°C
Tiefe unter Erdreich	z_i	0,00	m	**Verbrennungs/techn. Volumenstrom**	$q_{v,comb,i}$		m³/h
Bodenfläche	$A_{g,i}$	6,94	m²	**Technischer Luftvolumenstrom**	$q_{v,techn,i}$	47,1	m³/h
exponierter Umfang	P_i	2,86	m	**Außenluft große Öffnungen**	$q_{v,open,i}$		m³/h
char. Bodenplattenmaß	B'_i	5,26	m	**Infiltration, ALD oder Mindestwert**	$q_{v,env/min}$	1,5	m³/h

1	2	3	4	5	6	7	8	9	10	11	12	13	14	15
Orientierung	Bauteil	Anzahl	Breite	Länge / Höhe	Bruttofläche	Abzugsfläche	Bauteilfläche	grenzt an	angrenzende Temperatur	Temperatur-anpassung	Bauteil U-Wert	Wärmebrücken zuschlag	Korrigierter U-Wert	Standard-Transmissions-Wärmeverlust
-	-	-	b_k	l/h_k	$A_{brutto,k}$	$A_{abzug,k}$	A_k	-	$\theta_{x,k}$	$f_{x,k}$	U_k	$\Delta U_{TB,k}$	$U_{c,equiv,k}$	$\Phi_{T,k}$
			m		m²				°C	-	W/m²K			W
N	AW	1	2,64	2,86	7,6	0,9	6,7	ie	-10,9	1,00	0,34	0,05	0,39	91
	AF	1	0,76	1,17	0,9		0,9	ie	-10,9	1,00	1,40	0,05	1,45	45
O	IW	1	2,63	2,86	7,5		7,5	ia	20,0	0,11	1,88		1,88	57
W	IW	1	0,40	2,86	1,1		1,1	ia	15,0	0,26	1,88		1,88	19
W	IW	1	2,23	2,86	6,4		6,4	ia	20,0	0,11	1,88		1,88	48
S	IW	1	2,64	2,86	7,6	1,8	5,7	ia	20,0	0,11	1,88		1,88	43
	IT	1	0,90	2,01	1,8		1,8	ia	20,0	0,11	2,00		2,00	14
H	FB	1	2,64	2,63	6,9		6,9	ig	9,6	0,41	0,58	0,05	0,35	51

Σ Standard-Transmissionswärmeverlust	$\Phi_{T,stand,i}$	**368 W**
Lüftungswärmeverluste durch		
- Außenluftvolumenstrom (Infiltration, ALD oder Mindestwert)	$\Phi_{V,env/min,i}$	18 W
- Zuluftvolumenstrom	$\Phi_{V,sup,i}$	0 W
- Volumenstrom Überströmung	$\Phi_{V,transfer,i}$	64 W
Σ Standard-Lüftungswärmeverlust	$\Phi_{V,stand,i}$	**82 W**

Standardheizlast				$\Phi_{stand,i}$	**450 W**
Zuschlag erhöhte Auslegungsinnentemperatur		$\Delta\Phi_{comf,i}$	0 W		
Zuschlag Aufheizleistung	9,8 W/m²	$\Phi_{hu,i}$	53 W	$Max(\Delta\Phi_{comf,i}, \Phi_{hu,i})$	53 W
NORMHEIZLAST	93 W/m²		36 W/m³	$\Phi_{HL,i}$	**504 W**

Bild 43: Formblatt Raumheizlast Bad EG (R-5), Berechnungsbeispiel 2 (Zu- und Abluft)

Projekt-Nr. / Bezeichnung **1-2019**	Beispielberechnung		
RAUMHEIZLAST	Datum: 15.07.2020	Seite	R6
Nutzungseinheit: Wie Gebäude	Lüftungszone: Wie Gebäude		
Geschoss EG Raum-Nr. 6	Bezeichnung: Flur		

Auslegungsinnentemperatur $\theta_{int,stand,i}$ 20 °C + $\Delta\theta_{comf,i}$ 0 K = $\theta_{int,ausleg,i}$ 20 °C

Abmessungen				**Mindestaußenluftwechsel**	$n_{min,i}$		h^{-1}
Raumlänge	l_i	2,52	m	**Mindestaußenluftvolumenstrom**	$q_{v,min,i}$		m³/h
Raumbreite	b_i	1,18	m	**Mechanische Belüftung**			
Raumfläche	A_{NGF}	2,97	m²	Zuluftvolumenstrom	$q_{v,sup,i}$		m³/h
Geschosshöhe	$h_{G,i}$	2,86	m	Temperatur	$\theta_{rec,z}$		°C
Deckendicke	d_i	0,26	m	Abluftvolumenstrom	$q_{v,exh,i}$		m³/h
Raumhöhe	h_i	2,60	m	**Auslegungsvolumenstrom ALD**	$q_{v,ADT,design,i}$		m³/h
Raumvolumen	V_i	7,73	m³	**Überströmung aus Nachbarraum**			
Raum-Hüllfläche	$A_{env,i}$	7,55	m²	Volumenstrom	$q_{v,trans,ij}$	15,7	m³/h
Raumhöhe	h_i		m	Temperatur	$\theta_{transfer,ij}$	18,8	°C
Tiefe unter Erdreich	z_i	0,00	m	**Verbrennungs/techn. Volumenstrom**	$q_{v,comb,i}$		m³/h
Bodenfläche	$A_{g,i}$	3,43	m²	**Technischer Luftvolumenstrom**	$q_{v,techn,i}$	15,7	m³/h
exponierter Umfang	P_i	2,64	m	**Außenluft große Öffnungen**	$q_{v,open,i}$		m³/h
char. Bodenplattenmaß B'_i		2,60	m	**Infiltration, ALD oder Mindestwert**	$q_{v,env/min,i}$	1,5	m³/h

1	2	3	4	5	6	7	8	9	10	11	12	13	14	15
Orientierung	Bauteil	Anzahl	Breite	Länge / Höhe	Bruttofläche	Abzugsfläche	Bauteilfläche	grenzt an	angrenzende Temperatur	Faktor Temperatur-Anpassung	Bauteil U-Wert	Wärmebrücken-Zuschlag	Korrigierter U-Wert	Standard-Transmissions-Wärmebedarf
-	-	-	b_k	l/h_k	$A_{brutto,k}$	$A_{abzug,k}$	A_k	-	$\theta_{x,k}$	$f_{tx,k}$	U_k	$\Delta U_{TB,k}$	$U_{c,equiv,k}$	$\Phi_{T,k}$
			m		m²				°C	-	W/m²K			W
N	IW	1	2,64	2,86	7,6	1,8	5,7	ia	24	-0,13	1,88		1,88	-43
	IT	1	0,9	2,01	1,8		1,8	ia	24	-0,13	2,00		2,00	-14
W	IW	1	1,3	2,86	3,7	1,8	1,9	ia	15	0,16	1,88		1,88	18
	IT	1	0,9	2,01	1,8		1,8	ia	15	0,16	2,00		2,00	18
S	IW	1	2,64	2,86	7,6	1,8	5,7	iae		0,10	1,28	0,05	1,33	24
	IT	1	0,9	2,01	1,8		1,8	iae		0,10	2,00	0,05	2,05	11
H	FB	1	1,3	2,64	3,4		3,4	ig	9,6	0,34	0,58	0,05	0,43	22

Σ Standard-Transmissionswärmeverlust	$\Phi_{T,stand,i}$	**36 W**
Lüftungswärmeverluste durch		
- Außenluftvolumenstrom (Infiltration, ALD oder Mindestwert)	$\Phi_{v,env/min,i}$	16 W
- Zuluftvolumenstrom	$\Phi_{v,sup,i}$	W
- Volumenstrom Überströmung	$\Phi_{v,transfer,i}$	6 W
Σ Standard-Lüftungswärmeverlust	$\Phi_{V,stand,i}$	**23 W**

Standardheizlast				$\Phi_{stand,i}$	**59 W**
Zuschlag erhöhte Auslegungsinnentemperatur		$\Delta\Phi_{comf,i}$	0 W		
Zuschlag Aufheizleistung	0,0 W/m²	$\Phi_{hu,i}$	0 W	Max($\Delta\Phi_{comf,i}$, $\Phi_{hu,i}$)	0 W
NORMHEIZLAST	19,7 W/m²		7,6 W/m³	$\Phi_{HL,i}$	**59 W**

Bild 44: Formblatt Raumheizlast Flur (R-6), Berechnungsbeispiel 2 (Zu- und Abluft)

Projekt-Nr. / Bezeichnung	1-2019	Beispielberechnung		
RAUMHEIZLAST		Datum: 29.08.2019	Seite	R-7
Nutzungseinheit: Wie Gebäude		Lüftungszone: Wie Gebäude		
Geschoss EG	Raum-N 7	Bezeichnung: WC EG		

Auslegungsinnentemperatur $\theta_{int,st,i}$ 20 °C + $\Delta\theta_{comf,i}$ 0 K = $\theta_{int,ausleg,i}$ 20 °C

Abmessungen			**Mindestaußenluftwechsel**	$n_{min,i}$	0,50 h^{-1}
Raumlänge	l_i	1,76 m	**Mindestaußenluftvolumenstrom**	$q_{v,min,i}$	2,5 m³/h
Raumbreite	b_i	1,09 m	**Mechanische Belüftung**		
Raumfläche	A_{NGF}	1,92 m²	Zuluftvolumenstrom	$q_{v,sup,i}$	m³/h
Geschosshöhe	$h_{G,i}$	2,86 m	Temperatur	$\theta_{rec,z}$	°C
Deckendicke	d_i	0,26 m	Abluftvolumenstrom	$q_{v,exh,i}$	23,5 m³/h
Raumhöhe	h_i	2,60 m	**Auslegungsvolumenstrom ALD**	$q_{v,ADT,design,i}$	m³/h
Raumvolumen	V_i	4,99 m³	**Überströmung aus Nachbarraum**		
Raum-Hüllfläche	$A_{env,i}$	3,46 m²	Volumenstrom	$q_{v,trans,ij}$	23,5 m³/h
Erdreich			Temperatur	$\theta_{transfer,ij}$	15,0 °C
Tiefe unter Erdreich	z_i	0,00 m	**Verbrennungs/techn. Volumenstrom**	$q_{v,comb,i}$	m³/h
Bodenfläche	$A_{g,i}$	2,70 m²	**Technischer Luftvolumenstrom**	$q_{v,techn,i}$	23,5 m³/h
exponierter Umfang	P_i	1,21 m	**Außenluft große Öffnungen**	$q_{v,open,i}$	m³/h
char. Bodenplattenmaß	B'_i	4,46 m	**Infiltration, ALD oder Mindestwert**	$q_{v,env/min,i}$	0,7 m³/h

1	2	3	4	5	6	7	8	9	10	11	12	13	14	15
Orientierung	Bauteil	Anzahl	Breite	Länge / Höhe	Bruttofläche	Abzugsfläche	Bauteilfläche	grenzt an	angrenzende Temperatur	Temperatur-anpassung	Bauteil U-Wert	Wärmebrücken zuschlag	Korrigierter U-Wert	Standard-Transmissions-Wärmeverlust
-	-	-	b_k	l/h_k	$A_{brutto,k}$	$A_{abzug,k}$	A_k	-	$\theta_{x,k}$	$f_{ix,k}$	U_k	$\Delta U_{TB,k}$	$U_{c,equiv,k}$	$\Phi_{T,k}$
			m		m²				°C	-	W/m²K			W
N	AW	1	1,21	2,86	3,4	0,9	2,6	ie	-10,9	1,00	0,34	0,05	0,39	31
	AF	1	0,76	1,17	0,9		0,9	ie	-10,9	1,00	1,40	0,05	1,45	40
O	IW	1	2,23	2,86	6,4		6,4	ia	24,0	-0,13	1,88		1,88	-48
S	IW	1	1,21	2,86	3,5		3,5	ia	15,0	0,16	1,88		1,88	33
W	IW	1	2,23	2,86	6,4	1,8	4,6	ia	15,0	0,16	1,88		1,88	43
	IT	1	0,90	2,01	1,8		1,8	ia	15,0	0,16	2,00		2,00	18
H	FB	1	2,23	1,21	2,7		2,7	ig	9,6	0,34	0,58	0,05	0,37	15

Σ Standard-Transmissionswärmeverlust $\Phi_{T,stand,i}$ **132 W**

Lüftungswärmeverluste durch

- Außenluftvolumenstrom (Infiltration, ALD oder Mindestwert) $\Phi_{v,env/min,i}$ 7 W
- Zuluftvolumenstrom $\Phi_{v,sup,i}$ 0 W
- Volumenstrom Überströmung $\Phi_{v,transfer,i}$ 40 W

Σ Standard-Lüftungswärmeverlust $\Phi_{V,stand,i}$ **47 W**

Standardheizlast $\Phi_{stand,i}$ **179 W**

Zuschlag erhöhte Auslegungsinnentemperatur $\Delta\Phi_{comf,i}$ 0 W

Zuschlag Aufheizleistung 0,0 W/m² $\Phi_{hu,i}$ 0 W Max($\Delta\Phi_{comf,i}$, $\Phi_{hu,i}$) 0 W

NORMHEIZLAST 93,5 W/m² 36,0 W/m³ $\Phi_{HL,i}$ **179 W**

Bild 45: Formblatt Raumheizlast WC EG (R-7), Berechnungsbeispiel 2 (Zu- und Abluft)

Projekt-Nr. / Bezeichnung	1-2019	Beispielberechnung		
RAUMHEIZLAST		Datum: 29.08.2019		Seite R-8
Nutzungseinheit: Wie Gebäude		Lüftungszone: Wie Gebäude		
Geschoss EG	Raum-N 8	Bezeichnung: Treppenhaus		
Auslegungsinnentemperatur	$\theta_{int,st,i}$ 20 °C	+ $\Delta\theta_{comf,i}$ 0 K =		$\theta_{int,ausleg,i}$ 20 °C

Abmessungen				**Mindestaußenluftwechsel**	$n_{min,i}$		h^{-1}
Raumlänge	l_i	3,61	m	**Mindestaußenluftvolumenstrom**	$q_{v,min,i}$		m³/h
Raumbreite	b_i	1,80	m	**Mechanische Belüftung**			
Raumfläche	A_{NGF}	6,50	m²	Zuluftvolumenstrom	$q_{v,sup,i}$		m³/h
Geschosshöhe	$h_{G,i}$	0,00	m	Temperatur	$\theta_{rec,z}$		°C
Deckendicke	d_i	0,00	m	Abluftvolumenstrom	$q_{v,exh,i}$		m³/h
Raumhöhe	h_i	1,69	m	**Auslegungsvolumenstrom ALD**	$q_{v,ADT,design,i}$		m³/h
Raumvolumen	V_i	10,98	m³	**Überströmung aus Nachbarraum**			
Raum-Hüllfläche	$A_{env,i}$		m²	Volumenstrom	$q_{v,trans,ij}$	15,7	m³/h
Erdreich				Temperatur	$\theta_{transfer,ij}$	20,0	°C
Tiefe unter Erdreich	z_i	0,00	m	**Verbrennungs/techn. Volumenstrom**	$q_{v,comb,i}$		m³/h
Bodenfläche	$A_{g,i}$	135,00	m²	**Technischer Luftvolumenstrom**	$q_{v,techn,i}$	15,7	m³/h
exponierter Umfang	P_i	47,00	m	**Außenluft große Öffnungen**	$q_{v,open,i}$		m³/h
char. Bodenplattenmaß	B'_i	5,74	m	**Infiltration, ALD oder Mindestwert**	$q_{v,env/min,i}$		m³/h

1	2	3	4	5	6	7	8	9	10	11	12	13	14	15
Orientierung	Bauteil	Anzahl	Breite	Länge / Höhe	Bruttofläche	Abzugsfläche	Bauteilfläche	grenzt an	angrenzende Temperatur	Temperatur-anpassung	Bauteil U-Wert	Wärmebrücken zuschlag	Korrigierter U-Wert	Standard-Transmissions-Wärmeverlust
-	-	-	b_k	l/h_k	$A_{brutto,k}$	$A_{abzug,k}$	A_k	-	$\theta_{x,k}$	$f_{x,k}$	U_k	$\Delta U_{TB,k}$	$U_{c,equiv,k}$	$\Phi_{T,k}$
			m		m²				°C	-	W/m²K			W

Σ Standard-Transmissionswärmeverlust	$\Phi_{T,stand,i}$	W
Lüftungswärmeverluste durch		
- Außenluftvolumenstrom Infiltration, ALD oder Mindestwert)	$\Phi_{V,env/min,i}$	0 W
- Zuluftvolumenstrom	$\Phi_{V,sup,i}$	0 W
- Volumenstrom Überströmung	$\Phi_{V,transfer,i}$	0 W
Σ Standard-Lüftungswärmeverlust	$\Phi_{V,stand,i}$	**0 W**

Standardheizlast				$\Phi_{stand,i}$	**0 W**
Zuschlag erhöhte Auslegungsinnentemperatur		$\Delta\Phi_{comf,i}$	0 W		
Zuschlag Aufheizleistung	0,0 W/m²	$\Phi_{hu,i}$	0 W	Max($\Delta\Phi_{comf,i}$, $\Phi_{hu,i}$)	0 W
NORMHEIZLAST	0,0 W/m²	0,0 W/m³		$\Phi_{HL,i}$	**0 W**

Bild 46: Formblatt Raumheizlast Treppenhaus (R-8), Berechnungsbeispiel 2 (Zu- und Abluft)

Projekt-Nr. / Bezeichnung	**1-2019**	Beispielberechnung		
RAUMHEIZLAST		Datum: 29.08.2019	Seite	R-9
Nutzungseinheit: Wie Gebäude		Lüftungszone: Wie Gebäude		
Geschoss EG	Raum-N 9	Bezeichnung: Windfang		
Auslegungsinnentemperatur	$\theta_{int,st,i}$ 15 °C	+ $\Delta\theta_{comf,i}$ 0 K =	$\theta_{int,ausleg,i}$	15 °C

Abmessungen				**Mindestaußenluftwechsel**	$n_{min,i}$	0,50	h^{-1}
Raumlänge	l_i	3,80	m	**Mindestaußenluftvolumenstrom**	$q_{v,min,i}$	9,1	m³/h
Raumbreite	b_i	1,85	m	**Mechanische Belüftung**			
Raumfläche	A_{NGF}	7,03	m²	Zuluftvolumenstrom	$q_{v,sup,i}$		m³/h
Geschosshöhe	$h_{G,i}$	2,86	m	Temperatur	$\theta_{rec,z}$		
Deckendicke	d_i	0,26	m	Abluftvolumenstrom	$q_{v,exh,i}$		m³/h
Raumhöhe	h_i	2,60	m	**Auslegungsvolumenstrom ALD**	$q_{v,ADT,design,i}$		m³/h
Raumvolumen	V_i	18,28	m³	**Überströmung aus Nachbarraum**			
Raum-Hüllfläche	$A_{env,i}$	12,10	m²	Volumenstrom	$q_{v,trans,ij}$	39,2	m³/h
Erdreich				Temperatur	$\theta_{transfer,ij}$	20,0	°C
Tiefe unter Erdreich	z_i	0,00	m	**Verbrennungs/techn. Volumenstrom**	$q_{v,comb,i}$		m³/h
Bodenfläche	$A_{g,i}$	8,04	m²	**Technischer Luftvolumenstrom**	$q_{v,techn,i}$	39,2	m³/h
exponierter Umfang	P_i	4,23	m	**Außenluft große Öffnungen**	$q_{v,open,i}$		m³/h
char. Bodenplattenmaß	B'_i	3,80	m	**Infiltration, ALD oder Mindestwert**	$q_{v,env/min,i}$	2,4	m³/h

1	2	3	4	5	6	7	8	9	10	11	12	13	14	15
Orientierung	Bauteil	Anzahl	Breite	Länge / Höhe	Bruttofläche	Abzugsfläche	Bauteilfläche	grenzt an	angrenzende Temperatur	Faktot Temperatur-Anpassung	Bauteil U-Wert	Wärmebrücken-Zuschlag	Korrigierter U-Wert	Standard-Transmissions-Wärmebedarf
-	-	-	b_k	l/h_k	$A_{brutto,k}$	$A_{abzug,k}$	A_k	-	$\theta_{x,k}$	$f_{x,k}$	U_k	$\Delta U_{TB,k}$	$U_{c,equiv,k}$	$\Phi_{T,k}$
			4,00		6,0				10,0	11		12		15
N	AW	1	1,33	2,86	3,8	2,0	1,8	ie	-10,9	1,00	0,34	0,05	0,39	18
	AT	1	1,01	2,01	2,0		2,0	ie	-10,9	1,00	2,09	0,05	2,14	112
N	IW	1	1,21	2,86	3,5		3,5	ia	20	-0,19	1,88		1,88	-33
O	IW	1	2,29	2,86	6,5	1,8	4,7	ia	20	-0,19	1,88		1,88	-45
	IT	1	0,9	2,01	1,8		1,8	ia	20	-0,19	2,00		2,00	-18
O	IW	1	1,3	2,86	3,7	1,8	1,9	ia	20	-0,19	1,88		1,88	-18
	IT	1	0,9	2,01	1,8		1,8	ia	20	-0,19	2,00		2,00	-18
O	IW	1	0,4	2,86	1,1		1,1	ia	24	-0,35	1,88		1,88	-19
S	IW	1	1,39	2,86	4,0	1,8	2,2	ia	20	-0,19	1,88		1,88	-20
	IT	1	0,9	2,01	1,8		1,8	ia	20	-0,19	2,00		2,00	-18
W	IW	1	2,9	2,86	8,3	1,8	6,5	iae		0,20	1,88	0,05	1,93	65
	IT	1	0,9	2,01	1,8		1,8	iae		0,20	2,00	0,05	2,05	19
H	DE	1	1,33	4,21	5,6		5,6	ia	20	-0,19	0,54		0,54	-15
H	FB	1	1,91	4,21	8,0		8,0	ig	9,6	0,21	0,58	0,05	0,39	24

Σ Standard-Transmissionswärmeverlust	$\Phi_{T,stand,i}$	**34 W**
Lüftungswärmeverluste durch		
- Außenluftvolumenstrom Infiltration, ALD oder Mindestwert)	$\Phi_{v,env/min,i}$	22 W
- Zuluftvolumenstrom	$\Phi_{v,sup,i}$	W
- Volumenstrom Überströmung	$\Phi_{v,transfer,i}$	-67 W
Σ Standard-Lüftungswärmeverlust	$\Phi_{V,stand,i}$	**-45 W**

Standardheizlast				$\Phi_{stand,i}$	**-11 W**
Zuschlag erhöhte Auslegungsinnentemperatur		$\Delta\Phi_{comf,i}$	0 W		
Zuschlag Aufheizleistung	0,0 W/m²	$\Phi_{hu,i}$	0 W	Max($\Delta\Phi_{comf,i}$, $\Phi_{hu,i}$)	0 W
NORMHEIZLAST	-1,5 W/m²		-0,6 W/m³	$\Phi_{HL,i}$	**-11 W**

Bild 47: Formblatt Raumheizlast Windfang (R-9), Berechnungsbeispiel 2 (Zu- und Abluft)

Projekt-Nr. / Bezeichnung 1-2019	**Beispielberechnung**
RAUMHEIZLAST	Datum: 15.07.2020 Seite R10
Nutzungseinheit: Wie Gebäude	Lüftungszone: Wie Gebäude
Geschoss EG Raum-Nr. 10	Bezeichnung: Vorräte
Auslegungsinnentemperatur $\theta_{int,st,i}$ 15 °C + $\Delta\theta_{comf,i}$ 0 K =	$\theta_{int,ausleg,i}$ 15 °C

Abmessungen				**Mindestaußenluftwechsel**	$n_{min,i}$	0,50 h^{-1}
Raumlänge	l_i	3,16	m	**Mindestaußenluftvolumenstrom**	$q_{v,min,i}$	6,4 m³/h
Raumbreite	b_i	1,57	m	**Mechanische Belüftung**		
Raumfläche	A_{NGF}	4,96	m²	Zuluftvolumenstrom	$q_{v,sup,i}$	23,5 m³/h
Geschosshöhe	$h_{G,i}$	2,86	m	Temperatur	$\theta_{rec,z}$	16,4 °C
Deckendicke	d_i	0,26	m	Abluftvolumenstrom	$q_{v,exh,i}$	23,5 m³/h
Raumhöhe	h_i	2,60	m	**Auslegungsvolumenstrom ALD**	$q_{v,ADT,design,i}$	m³/h
Raumvolumen	V_i	12,90	m³	**Überströmung aus Nachbarraum**		
Raum-Hüllfläche	$A_{env,i}$	15,39	m²	Volumenstrom	$q_{v,trans,ij}$	m³/h
Erdreich				Temperatur	$\theta_{transfer,ij}$	°C
Tiefe unter Erdreich	z_i	0,00	m	**Verbrennungs/techn. Volumenstrom**	$q_{v,comb,i}$	m³/h
Bodenfläche	$A_{g,i}$	6,35	m²	**Technischer Luftvolumenstrom**	$q_{v,techn,i}$	23,5 m³/h
exponierter Umfang	P_i	5,38	m	**Außenluft große Öffnungen**	$q_{v,open,i}$	m³/h
char. Bodenplattenmaß	B'_i	2,36	m	**Infiltration, ALD oder Mindestwert**	$q_{v,env/min,i}$	3,1 m³/h

1	2	3	4	5	6	7	8	9	10	11	12	13	14	15
Orientierung	Bauteil	Anzahl	Breite	Länge / Höhe	Bruttofläche	Abzugsfläche	Bauteilfläche	grenzt an	angrenzende Temperatur	Temperatur-anpassung	Bauteil U-Wert	Wärmebrücken zuschlag	Korrigierter U-Wert	Standard-Transmissions-Wärmeverlust
-	-	-	b_k	l/h_k	$A_{brutto,k}$	$A_{abzug,k}$	A_k	-	$\theta_{x,k}$	$f_{tx,k}$	U_k	$\Delta U_{TB,k}$	$U_{c,equiv,k}$	$\Phi_{T,k}$
			m		m²				°C	-	W/m²K			W
N	IW	1	3,63	2,86	10,4		10,4	iae		0,20	1,88	0,05	1,93	104
O	IW	1	0,54	2,86	1,5		1,5	ia	20,0	-0,19	1,88		1,88	-15
S	IW	1	3,63	2,86	10,4	1,8	8,6	ia	20,0	-0,19	1,28		1,28	-55
	IT	1	0,90	2,01	1,8		1,8	ia	20,0	-0,19	2,00		2,00	-18
W	AW	1	1,75	2,86	5,0	0,8	4,1	ie	-10,9	1,00	0,34	0,05	0,39	42
	AF	1	1,01	0,84	0,8		0,8	ie	-10,9	1,00	1,40	0,05	1,45	32
H	DE	1	3,63	1,75	6,3		6,3	ia	20,0	-0,19	0,54		0,54	-17
H	FB	1	3,63	1,75	6,3		6,3	ig	9,6	0,21	0,58	0,05	0,43	22

Σ Standard-Transmissionswärmeverlust	$\Phi_{T,stand,i}$	**95 W**
Lüftungswärmeverluste durch		
- Außenluftvolumenstrom (Infiltration, ALD oder Mindestwert)	$\Phi_{V,env/min,i}$	28 W
- Zuluftvolumenstrom	$\Phi_{V,sup,i}$	-11 W
- Volumenstrom Überströmung	$\Phi_{V,transfer,i}$	W
Σ Standard-Lüftungswärmeverlust	$\Phi_{V,stand,i}$	**17 W**

Standardheizlast			$\Phi_{stand,i}$	**112 W**
Zuschlag erhöhte Auslegungsinnentemperatur		$\Delta\Phi_{comf,i}$ 0 W		
Zuschlag Aufheizleistung	W/m²	$\Phi_{hu,i}$ W	Max($\Delta\Phi_{comf,i}$, $\Phi_{hu,i}$)	0 W
NORMHEIZLAST	22,5 W/m²	9 W/m³	$\Phi_{HL,i}$	**112 W**

Bild 48: Formblatt Raumheizlast Vorräte (R-10), Berechnungsbeispiel 2 (Zu- und Abluft)

Projekt-Nr. / Bezeichnung	**1-2019**	Beispielberechnung	
RAUMHEIZLAST		Datum: 29.08.2019	Seite R-11
Nutzungseinheit: Wie Gebäude		Lüftungszone: Wie Gebäude	
Geschoss EG	Raum-N 101	Bezeichnung: Arbeitszimmer	
Auslegungsinnentemperatur	$\theta_{int,st,i}$ 20 °C	+ $\Delta\theta_{comf,i}$ 0 K =	$\theta_{int,ausleg,i}$ 20 °C

Abmessungen				**Mindestaußenluftwechsel**	$n_{min,i}$	0,50	h^{-1}
Raumlänge	l_i		m	**Mindestaußenluftvolumenstrom**	$q_{v,min,i}$	43,6	m³/h
Raumbreite	b_i		m	**Mechanische Belüftung**			
Raumfläche	A_{NGF}	34,89	m²	Zuluftvolumenstrom	$q_{v,sup,i}$	23,5	m³/h
Geschosshöhe	$h_{G,i}$	0,00	m	Temperatur	$\theta_{rec,z}$	16,4	°C
Deckendicke	d_i	0,26	m	Abluftvolumenstrom	$q_{v,exh,i}$		m³/h
Raumhöhe	h_i	2,50	m	**Auslegungsvolumenstrom ALD**	$q_{v,ADT,design,i}$		m³/h
Raumvolumen	V_i	87,23	m³	**Überströmung aus Nachbarraum**			
Raum-Hüllfläche	$A_{env,i}$	107,13	m²	Volumenstrom	$q_{v,trans,ij}$		m³/h
Erdreich				Temperatur	$\theta_{transfer,ij}$		°C
Tiefe unter Erdreich	z_i	0,00	m	**Verbrennungs/techn. Volumenstrom**	$q_{v,comb,i}$		m³/h
Bodenfläche	$A_{g,i}$		m²	**Technischer Luftvolumenstrom**	$q_{v,techn,i}$	23,5	m³/h
exponierter Umfang	P_i		m	**Außenluft große Öffnungen**	$q_{v,open,i}$		m³/h
char. Bodenplattenmaß B'	B'_i		m	**Infiltration, ALD oder Mindestwert**	$q_{v,env/min,i}$	21,4	m³/h

1	2	3	4	5	6	7	8	9	10	11	12	13	14	15
Orientierung	Bauteil	Anzahl	Breite	Länge / Höhe	Bruttofläche	Abzugsfläche	Bauteilfläche	grenzt an	angrenzende Temperatur	Temperatur-anpassung	Bauteil U-Wert	Wärmebrücken zuschlag	Korrigierter U-Wert	Standard-Transmissions-Wärmeverlust
-	-	-	b_k	l/h_k	$A_{brutto,k}$	$A_{abzug,k}$	A_k	-	$\theta_{x,k}$	$f_{x,k}$	U_k	$\Delta U_{TB,k}$	$U_{c,equiv,k}$	$\Phi_{T,x}$
			m		m²				°C	-	W/m²K			W
N	AW	1	4,96	0,89	4,4		4,4	ie	-10,9	1,00	0,34	0,05	0,39	53
N	DA	1	3,63	6,26	22,7	1,2	21,5	ie	-10,9	1,00	0,18	0,05	0,23	152
	DF	1	1,45	0,85	1,2		1,2	ie	-10,9	1,00	1,40	0,05	1,45	55
N	DA	1	1,33	3,29	4,4		4,4	ie	-10,9	1,00	0,18	0,05	0,23	31
O	IW	1	2,79	1,88	5,4		5,4	iae		0,40	1,28	0,05	1,33	86
S	AW	1	3,35	0,89	3,0		3,0	ie	-10,9	1,00	0,34	0,05	0,39	36
S	IW	1	1,67	0,89	1,5		1,5	iae		0,80	0,34	0,05	0,39	14
S	DA	1	3,63	6,26	22,7		22,7	ie	-10,9	1,00	0,18	0,05	0,23	161
S	DA	1	1,39	3,49	4,9		4,9	ie	-10,9	1,00	0,18	0,05	0,23	34
W	AW	1	10,00	2,78	27,8	2,9	24,9	ie	-10,9	1,00	0,34	0,05	0,39	300
	AF	2	1,01	1,42	2,9		2,9	ie	-10,9	1,00	1,40	0,05	1,45	128
H	FB	1	1,75	3,63	6,4		6,4	ia	15,0	0,16	0,54		0,54	17
H	FB	1	2,90	3,63	10,5		10,5	iae		0,20	0,54	0,05	0,59	38
H	FB	1	2,63	1,33	3,5		3,5	ia	15,0	0,16	0,54		0,54	9

Σ Standard-Transmissionswärmeverlust	$\Phi_{T,stand,i}$	**1.114 W**
Lüftungswärmeverluste durch		
- Außenluftvolumenstrom (Infiltration, ALD oder Mindestwert)	$\Phi_{V,env/min,i}$	231 W
- Zuluftvolumenstrom	$\Phi_{V,sup,i}$	29 W
- Volumenstrom Überströmung	$\Phi_{V,transfer,i}$	0 W
Σ Standard-Lüftungswärmeverlust	$\Phi_{V,stand,i}$	**260 W**

Standardheizlast			$\Phi_{stand,i}$	**1.374 W**
Zuschlag erhöhte Auslegungsinnentemperatur		$\Delta\Phi_{comf,i}$ 0 W		
Zuschlag Aufheizleistung	0,0 W/m²	$\Phi_{hu,i}$ 0 W	$Max(\Delta\Phi_{comf,i}, \Phi_{hu,i})$	0 W
NORMHEIZLAST	39,4 W/m²	15,7 W/m³	$\Phi_{HL,i}$	**1.374 W**

Bild 49: Formblatt Raumheizlast Arbeitszimmer (R-101), Berechnungsbeispiel 2 (Zu- u. Abluft)

Projekt-Nr. / Bezeichnung 1-2019	Beispielberechnung
RAUMHEIZLAST	Datum: 29.08.2019 Seite R-12
Nutzungseinheit: Wie Gebäude	Lüftungszone: Wie Gebäude
Geschoss 1. OG Raum-N 102	Bezeichnung: Kind 1

Auslegungsinnentemperatur $\theta_{int,st}$ 20 °C + $\Delta\theta_{comf,i}$ 0 K = $\theta_{int,ausleg,i}$ 20 °C

Abmessungen				**Mindestaußenluftwechsel**	$n_{min,i}$	0,50	h^{-1}
Raumlänge	l_i	4,82	m	**Mindestaußenluftvolumenstrom**	$q_{v,min,i}$	21,8	m³/h
Raumbreite	b_i	4,15	m	**Mechanische Belüftung**			
Raumfläche	A_{NGF}	20,00	m²	Zuluftvolumenstrom	$q_{v,sup,i}$	31,4	m³/h
Geschosshöhe	$h_{G,i}$	0,00	m	Temperatur	$\theta_{rec,z}$	16,4	°C
Deckendicke	d_i	0,00	m	Abluftvolumenstrom	$q_{v,exh,i}$		m³/h
Raumhöhe	h_i	2,18	m	**Auslegungsvolumenstrom ALD**	$q_{v,ADT,design,i}$		m³/h
Raumvolumen	V_i	43,61	m³	**Überströmung aus Nachbarraum**			
Raum-Hüllfläche	$A_{env,i}$	49,06	m²	Volumenstrom	$q_{v,trans,ij}$		m³/h
Erdreich				Temperatur	$\theta_{transfer,ij}$		°C
Tiefe unter Erdreich	z_i	0,00	m	**Verbrennungs/techn. Volumenstrom**	$q_{v,comb,i}$		m³/h
Bodenfläche	$A_{g,i}$		m²	**Technischer Luftvolumenstrom**	$q_{v,techn,i}$	31,4	m³/h
exponierter Umfang	P_i		m	**Außenluft große Öffnungen**	$q_{v,open,i}$		m³/h
char. Bodenplattenmaß	B'_i		m	**Infiltration, ALD oder Mindestwert**	$q_{v,env/min,i}$	9,8	m³/h

1	2	3	4	5	6	7	8	9	10	11	12	13	14	15
Orientierung	Bauteil	Anzahl	Breite	Länge / Höhe	Bruttofläche	Abzugsfläche	Bauteilfläche	grenzt an	angrenzende Temperatur	Temperatur-anpassung	Bauteil U-Wert	Wärmebrücken-zuschlag	Korrigierter U-Wert	Standard-Transmissions-Wärmeverlust
-	-	-	b_k	l/h_k	$A_{brutto,k}$	$A_{abzug,k}$	A_k	-	$\theta_{x,k}$	$f_{ix,k}$	U_k	$\Delta U_{TB,k}$	$U_{c,equiv,k}$	$\Phi_{T,k}$
			m		m²				°C	-	W/m²K			W
O	AW	1	5,35	2,38	12,7	2,6	10,1	ie	-10,9	1,00	0,33	0,05	0,38	118
	AW	1	1,00	1,20	1,2		1,2	ie	-10,9	1,00	0,56	0,05	0,61	23
	AF	1	1,01	1,42	1,4		1,4	ie	-10,9	1,00	1,40	0,05	1,45	64
S	AW	1	3,35	0,89	3,0		3,0	ie	-10,9	1,00	0,34	0,05	0,39	36
S	IW	1	1,28	0,89	1,1		1,1	iae		0,80	0,34	0,05	0,39	11
S	DA	1	4,63	3,27	15,1		15,1	ie	-10,9	1,00	0,18	0,05	0,23	107
W	IW	1	2,79	1,87	5,2		5,2	iae		0,40	1,28	0,05	1,33	86
H	DE	1	4,63	2,56	11,9		11,9	iae		0,60	0,54	0,05	0,59	129

Σ Standard-Transmissionswärmeverlust $\Phi_{T,stand,i}$ **574 W**

Lüftungswärmeverluste durch

- Außenluftvolumenstrom (Infiltration, ALD oder Mindestwert) $\Phi_{v,env/min,i}$ 106 W
- Zuluftvolumenstrom $\Phi_{v,sup,i}$ 38 W
- Volumenstrom Überströmung $\Phi_{v,transfer,i}$ 0 W

Σ Standard-Lüftungswärmeverlust $\Phi_{V,stand,i}$ **144 W**

Standardheizlast $\Phi_{stand,i}$ **718 W**

Zuschlag erhöhte Auslegungsinnentemperatur $\Delta\Phi_{comf,i}$ 0 W

Zuschlag Aufheizleistung 8,1 W/m² $\Phi_{hu,i}$ 163 W Max($\Delta\Phi_{comf,i}$, $\Phi_{hu,i}$) 163 W

NORMHEIZLAST 44,0 W/m² 20,2 W/m³ $\Phi_{HL,i}$ **881 W**

Bild 50: Formblatt Raumheizlast Kind 1 (R-102), Berechnungsbeispiel 2 (Zu- und Abluft)

Projekt-Nr. / Bezeichnung	1-2019	Beispielberechnung		
RAUMHEIZLAST		Datum: 29.08.2019	Seite	R-13
Nutzungseinheit: Wie Gebäude		Lüftungszone: Wie Gebäude		
Geschoss 1. OG	Raum-N 103	Bezeichnung: Kind 2		
Auslegungsinnentemperatur $\theta_{int,st,i}$ 20 °C	+ $\Delta\theta_{comf,i}$ 0 K =	$\theta_{int,ausleg,i}$ 20 °C		

Abmessungen				**Mindestaußenluftwechsel**	$n_{min,i}$	0,50	h^{-1}
Raumlänge	l_i	4,27	m	**Mindestaußenluftvolumenstrom**	$q_{v,min,i}$	18,6	m³/h
Raumbreite	b_i	4,12	m	**Mechanische Belüftung**			
Raumfläche	A_{NGF}	17,59	m²	Zuluftvolumenstrom	$q_{v,sup,i}$	31,4	m³/h
Geschosshöhe	$h_{G,i}$	0,00	m	Temperatur	$\theta_{rec,z}$	16,4	°C
Deckendicke	d_i	0,00	m	Abluftvolumenstrom	$q_{v,exh,i}$		m³/h
Raumhöhe	h_i	2,12	m	**Auslegungsvolumenstrom ALD**	$q_{v,ADT,design,i}$		m³/h
Raumvolumen	V_i	37,30	m³	**Überströmung aus Nachbarraum**			
Raum-Hüllfläche	$A_{env,i}$	39,72	m²	Volumenstrom	$q_{v,trans,ij}$		m³/h
Erdreich				Temperatur	$\theta_{transfer,ij}$		°C
Tiefe unter Erdreich	z_i	0,00	m	**Verbrennungs/techn. Volumenstrom**	$q_{v,comb,i}$		m³/h
Bodenfläche	$A_{g,i}$		m²	**Technischer Luftvolumenstrom**	$q_{v,techn,i}$	31,4	m³/h
exponierter Umfang	P_i		m	**Außenluft große Öffnungen**	$q_{v,open,i}$		m³/h
char. Bodenplattenmaß B'	B'_i		m	**Infiltration, ALD oder Mindestwert**	$q_{v,env/min,i}$	7,9	m³/h

1	2	3	4	5	6	7	8	9	10	11	12	13	14	15
Orientierung	Bauteil	Anzahl	Breite	Länge / Höhe	Bruttofläche	Abzugsfläche	Bauteilfläche	grenzt an	angrenzende Temperatur	Temperatur-anpassung	Bauteil U-Wert	Wärmebrücken zuschlag	Korrigierter U-Wert	Standard-Transmissions-Wärmeverlust
-	-	-	b_k	l/h_k	$A_{brutto,k}$	$A_{abzug,k}$	A_k	-	$\theta_{x,k}$	$f_{ix,k}$	U_k	$\Delta U_{TB,k}$	$U_{c,equiv,k}$	$\Phi_{T,k}$
			m		m²				°C	-	W/m²K			W
N	AW	1	4,69	0,89	4,2		4,2	ie	-10,9	1,00	0,34	0,05	0,39	50
N	DA	1	4,69	3,27	15,3	1,2	14,1	ie	-10,9	1,00	0,18	0,05	0,23	100
	DF	1	1,45	0,85	1,2		1,2	ie	-10,9	1,00	1,40	0,05	1,45	55
O	AW	1	4,65	2,31	10,7	1,4	9,3	ie	-10,9	1,00	0,33	0,05	0,38	109
	AF	1	1,01	1,42	1,4		1,4	ie	-10,9	1,00	1,40	0,05	1,45	64
W	IW	1	2,63	1,88	4,9		4,9	ia	24,0	-0,13	1,88		1,88	-37
H	DE	1	4,69	2,02	9,5		9,5	iae		0,60	0,54	0,05	0,59	103

Σ Standard-Transmissionswärmeverlust	$\Phi_{T,stand,i}$	**444 W**
Lüftungswärmeverluste durch		
- Außenluftvolumenstrom (Infiltration, ALD oder Mindestwert)	$\Phi_{v,env/min,i}$	86 W
- Zuluftvolumenstrom	$\Phi_{v,sup,i}$	38 W
- Volumenstrom Überströmung	$\Phi_{v,transfer,i}$	0 W
Σ Standard-Lüftungswärmeverlust	$\Phi_{V,stand,i}$	124 W

Standardheizlast			$\Phi_{stand,i}$	**568 W**
Zuschlag erhöhte Auslegungsinnentemperatur		$\Delta\Phi_{comf,i}$ 0 W		
Zuschlag Aufheizleistung	8,1 W/m²	$\Phi_{hu,i}$ 143 W	Max($\Delta\Phi_{comf,i}$, $\Phi_{hu,i}$)	143 W
NORMHEIZLAST	40,4 W/m²	19,1 W/m³	$\Phi_{HL,i}$	**711 W**

Bild 51: Formblatt Raumheizlast Kind 2 (R-103), Berechnungsbeispiel 2 (Zu- und Abluft)

Projekt-Nr. / Bezeichnung	**1-2019**	**Beispielberechnung**		
RAUMHEIZLAST		Datum: 15.07.2020	Seite	R14
Nutzungseinheit: Wie Gebäude		Lüftungszone: Wie Gebäude		
Geschoss OG	Raum-Nr. 104	Bezeichnung: Bad OG		

Auslegungsinnentemperatur $\theta_{int,st,i}$ 24 °C + $\Delta\theta_{comf,i}$ 0 K = $\theta_{int,ausleg,i}$ 24 °C

Abmessungen				**Mindestaußenluftwechsel**	$n_{min,i}$	0,50	h^{-1}
Raumlänge	l_i	2,52	m	**Mindestaußenluftvolumenstrom**	$q_{v,min,i}$	7,1	m³/h
Raumbreite	b_i	2,16	m	**Mechanische Belüftung**			
Raumfläche	A_{NGF}	5,44	m²	Zuluftvolumenstrom	$q_{v,sup,i}$		m³/h
Geschosshöhe	$h_{G,i}$	2,86	m	Temperatur	$\theta_{rec,z}$	16,4	°C
Deckendicke	d_i	0,26	m	Abluftvolumenstrom	$q_{v,exh,i}$	47,1	m³/h
Raumhöhe	h_i	2,60	m	**Auslegungsvolumenstrom ALD**	$q_{v,ADT,design,i}$		m³/h
Raumvolumen	V_i	14,15	m³	**Überströmung aus Nachbarraum**			
Raum-Hüllfläche	$A_{env,i}$	15,94	m²	Volumenstrom	$q_{v,trans,ij}$	47,1	m³/h
Erdreich				Temperatur	$\theta_{transfer,ij}$	20,0	°C
Tiefe unter Erdreich	z_i	0,00	m	**Verbrennungs/techn. Volumenstrom**	$q_{v,comb,i}$		m³/h
Bodenfläche	$A_{g,i}$	135,00	m²	**Technischer Luftvolumenstrom**	$q_{v,techn,i}$	47,1	m³/h
exponierter Umfang	P_i	47,00	m	**Außenluft große Öffnungen**	$q_{v,open,i}$		m³/h
char. Bodenplattenmaß B'_i		5,74	m	**Infiltration, ALD oder Mindestwert**	$q_{v,env/min,i}$	3,2	m³/h

1	2	3	4	5	6	7	8	9	10	11	12	13	14	15
Orientierung	Bauteil	Anzahl	Breite	Länge / Höhe	Bruttofläche	Abzugsfläche	Bauteilfläche	grenzt an	angrenzende Temperatur	Temperatur-anpassung	Bauteil U-Wert	Wärmebrücken zuschlag	Korrigierter U-Wert	Standard-Transmissions-Wärmeverlust
-	-	-	b_k	l/h_k	$A_{brutto,k}$	$A_{abzug,k}$	A_k	-	$\theta_{x,k}$	$f_{lx,k}$	U_k	$\Delta U_{TB,k}$	$U_{c,equiv,k}$	$\Phi_{T,k}$
			m			m²			°C	-		W/m²K		W
N	AW	1	2,64	0,89	2,3		2,3	ie	-10,9	1,00	0,34	0,05	0,38	32
N	AW	1	2,64	1,48	3,9	3,4 2,7	1,2	ie	-10,9	1,00	0,26	0,05	0,31	13
	AF	3	0,76	1,17	2,7		2,7	ie	-10,9	1,00	1,40	0,05	1,45	135
O	IW	1	2,63	1,88	4,9		4,9	ia	20,0	0,11	1,88		1,88	37
O	AW	1	2,63	0,99	2,6		2,6	ie	-10,9	1,00	0,26	0,05	0,31	28
W	IW	1	2,63	2,86	7,5		7,5	ia	20,0	0,11	1,88		1,88	57
S	IW	1	2,64	2,86	7,5	1,8	5,7	ia	20,0	0,11	1,88		1,88	43
	IT	1	0,90	2,01	1,8		1,8	ia	20,0	0,11	2,00		2,00	14
H	DE	1	2,64	1,32	3,5		3,5	iae		0,60	0,54	0,05	0,59	43
N	DA	1	2,64	1,37	3,6		3,6	ie	-10,9	1,00	0,18	0,05	0,23	29

Σ Standard-Transmissionswärmeverlust $\Phi_{T,stand,i}$ **431 W**

Lüftungswärmeverluste durch

- Außenluftvolumenstrom (Infiltration, ALD oder Mindestwert)	$\Phi_{v,env/min,i}$	39 W
- Zuluftvolumenstrom	$\Phi_{v,sup,i}$	W
- Volumenstrom Überströmung	$\Phi_{v,transfer,i}$	64 W

Σ Standard-Lüftungswärmeverlust $\Phi_{V,stand,i}$ **103 W**

Standardheizlast					$\Phi_{stand,i}$	**534 W**
Zuschlag erhöhte Auslegungsinnentemperatur		$\Delta\Phi_{comf,i}$	0 W			
Zuschlag Aufheizleistung	9,8 W/m²	$\Phi_{hu,i}$	53 W		$Max(\Delta\Phi_{comf,i}, \Phi_{hu,i})$	53 W

NORMHEIZLAST 107,9 W/m² 41,5 W/m³ $\Phi_{HL,i}$ **587 W**

Bild 52: Formblatt Raumheizlast Bad OG (R-104), Berechnungsbeispiel 2 (Zu- und Abluft)

Projekt-Nr. / Bezeichnung	**1-2019**	**Beispielberechnung**		
RAUMHEIZLAST		Datum: 15.07.2020	Seite	R15
Nutzungseinheit: Wie Gebäude		Lüftungszone: Wie Gebäude		
Geschoss OG	Raum-Nr. 105	Bezeichnung: WC OG		
Auslegungsinnentemperatur	$\theta_{int,st}$ 20 °C	+ $\Delta\theta_{comf,i}$ 0 K =	$\theta_{int,ausleg,i}$	20 °C

Abmessungen				**Mindestaußenluftwechsel**	$n_{min,i}$	0,50	h^{-1}
Raumlänge	l_i	2,16	m	**Mindestaußenluftvolumenstrom**	$q_{v,min,i}$	2,5	m³/h
Raumbreite	b_i	1,09	m	**Mechanische Belüftung**			
Raumfläche	A_{NGF}	2,35	m²	Zuluftvolumenstrom	$q_{v,sup,i}$		m³/h
Geschosshöhe	$h_{G,i}$	2,86	m	Temperatur	$\theta_{rec,z}$	16,4	°C
Deckendicke	d_i	0,36	m	Abluftvolumenstrom	$q_{v,exh,i}$	23,5	m³/h
Raumhöhe	h_i	2,50	m	**Auslegungsvolumenstrom ALD**	$q_{v,ADT,design,i}$		m³/h
Raumvolumen	V_i	4,99	m³	**Überströmung aus Nachbarraum**			
Raum-Hüllfläche	$A_{env,i}$	8,73	m²	Volumenstrom	$q_{v,trans,ij}$	23,5	m³/h
Erdreich				Temperatur	$\theta_{transfer,ij}$	20,0	°C
Tiefe unter Erdreich	z_i	0,00	m	**Verbrennungs/techn. Volumenstrom**	$q_{v,comb,i}$		m³/h
Bodenfläche	$A_{g,i}$	135,00	m²	**Technischer Luftvolumenstrom**	$q_{v,techn,i}$	23,5	m³/h
exponierter Umfang	P_i	47,00	m	**Außenluft große Öffnungen**	$q_{v,open,i}$		m³/h
char. Bodenplattenmaß B'$_i$		5,74	m	**Infiltration, ALD oder Mindestwert**	$q_{v,env/min,i}$	1,7	m³/h

1	2	3	4	5	6	7	8	9	10	11	12	13	14	15
Orientierung	Bauteil	Anzahl	Breite	Länge / Höhe	Bruttofläche	Abzugsfläche	Bauteilfläche	grenzt an	angrenzende Temperatur	Temperatur-anpassung	Bauteil U-Wert	Wärmebrücken zuschlag	Korrigierter U-Wert	Standard-Transmissions-Wärmeverlust
-	-	-	b_k	l/h_k	$A_{brutto,k}$	$A_{abzug,k}$	A_k	-	$\theta_{x,k}$	$f_{tx,k}$	U_k	$\Delta U_{TB,k}$	$U_{c,equiv,k}$	$\Phi_{T,k}$
			m			m²			°C	-		W/m²K		W
N	AW	1	1,21	0,89	1,1		1,1	ie	-10,9	1,00	0,34	0,05	0,39	13
N	AW	1	1,21	1,48	1,8	0,9	0,9	ie	-10,9	1,00	0,26	0,05	0,31	9
	AF	1	0,76	1,17	0,9		0,9	ie	-10,9	1,00	1,40	0,05	1,45	40
O	IW	1	2,63	2,86	7,5		7,5	ia	24,0	-0,13	1,88		1,88	-57
W	AW	1	2,63	0,99	2,6		2,6	ie	-10,9	1,00	0,26	0,05	0,31	25
H	DE	1	1,32	1,21	1,6		1,6	iae		0,60	0,54	0,05	0,59	17
N	DA	1	1,37	1,21	1,7		1,7	ie	-10,9	1,00	0,18	0,05	0,23	12

Σ Standard-Transmissionswärmeverlust	$\Phi_{T,stand,i}$	**59 W**
Lüftungswärmeverluste durch		
- Außenluftvolumenstrom (Infiltration, ALD, Nutzung oder Mindestwert)	$\Phi_{v,env/min,i}$	19 W
- Zuluftvolumenstrom	$\Phi_{v,sup,i}$	W
- Volumenstrom Überströmung	$\Phi_{v,transfer,i}$	W
Σ Standard-Lüftungswärmeverlust	$\Phi_{V,stand,i}$	**19 W**

Standardheizlast			$\Phi_{stand,i}$	**78 W**
Zuschlag erhöhte Auslegungsinnentemperatur		$\Delta\Phi_{comf,i}$ 0 W		
Zuschlag Aufheizleistung	W/m²	$\Phi_{hu,i}$ W	Max($\Delta\Phi_{comf,i}$, $\Phi_{hu,i}$)	0 W
NORMHEIZLAST	33,0 W/m²	15,6 W/m³	$\Phi_{HL,i}$	**78 W**

Bild 53: Formblatt Raumheizlast WC OG (R-105), Berechnungsbeispiel 2 (Zu- und Abluft)

Projekt-Nr. / Bezeichnung	1-2019	Beispielberechnung		
RAUMHEIZLAST		Datum: 29.08.2019	Seite	R-16
Nutzungseinheit: Wie Gebäude		Lüftungszone: Wie Gebäude		
Geschoss 1. OG	Raum-N 106	Bezeichnung: Galerie		

Auslegungsinnentemperatur	$\theta_{int,st,i}$	20 °C	+ $\Delta\theta_{comf,i}$	0 K =	$\theta_{int,ausleg,i}$	20 °C

Abmessungen				**Mindestaußenuftwechsel**	$n_{min,i}$		h^{-1}
Raumlänge	l_i	5,00	m	**Mindestaußenluftvolumenstrom**	$q_{v,min,i}$		m³/h
Raumbreite	b_i	4,40	m	**Mechanische Belüftung**			
Raumfläche	A_{NGF}	22,00	m²	Zuluftvolumenstrom	$q_{v,sup,i}$		m³/h
Geschosshöhe	$h_{G,i}$	0,00	m	Temperatur	$\theta_{rec,z}$	16,4	°C
Deckendicke	d_i	0,00	m	Abluftvolumenstrom	$q_{v,exh,i}$		m³/h
Raumhöhe	h_i	3,47	m	**Auslegungsvolumenstrom ALD**	$q_{v,ADT,design,i}$		m³/h
Raumvolumen	V_i	76,34	m³	**Überströmung aus Nachbarraum**			
Raum-Hüllfläche	$A_{env,i}$	46,01	m²	Volumenstrom	$q_{v,trans,ij}$	98,0	m³/h
Erdreich				Temperatur	$\theta_{transfer,ij}$	20,0	°C
Tiefe unter Erdreich	z_i	0,00	m	**Verbrennungs/techn. Volumenstrom**	$q_{v,comb,i}$		m³/h
Bodenfläche	$A_{g,i}$		m²	**Technischer Luftvolumenstrom**	$q_{v,techn,i}$	98,0	m³/h
exponierter Umfang	P_i		m	**Außenluft große Öffnungen**	$q_{v,open,i}$		m³/h
char. Bodenplattenmaß B'_i			m	**Infiltration, ALD oder Mindestwert**	$q_{v,env/min,i}$	9,2	m³/h

1	2	3	4	5	6	7	8	9	10	11	12	13	14	15
Orientierung	Bauteil	Anzahl	Breite	Länge / Höhe	Bruttofläche	Abzugsfläche	Bauteilfläche	grenzt an	angrenzende Temperatur	Temperatur-anpassung	Bauteil U-Wert	Wärmebrücken zuschlag	Korrigierter U-Wert	Standard-Transmissions-Wärmeverlust
-	-	-	b_k	l/h_k	$A_{brutto,k}$	$A_{abzug,k}$	A_k	-	$\theta_{x,k}$	$f_{x,k}$	U_k	$\Delta U_{TB,k}$	$U_{c,equiv,k}$	$\Phi_{T,k}$
			m			m²			°C	-		W/m²K		W
N	IW	1	2,64	2,86	7,6	1,8	5,7	ia	24,0	-0,13	1,88		1,88	-43
	IT	1	0,90	2,01	1,8		1,8	ia	24,0	-0,13	2,00		2,00	-14
N	DA	1	5,18	3,04	15,7		15,7	ie	-10,9	1,00	0,18	0,05	0,23	112
O	IW	1	4,58	0,90	4,1		4,1	iae		0,60	1,28	0,05	1,33	101
S	IW	1	3,85	2,86	11,0	1,8	9,2	iae		0,40	1,28	0,05	1,33	151
	IT	1	0,90	2,01	1,8		1,8	iae		0,40	2,00	0,05	2,05	46
S	DA	1	5,18	2,92	15,1		15,1	ie	-10,9	1,00	0,18	0,05	0,23	107
H	FB	1	1,33	1,58	2,1		2,1	ia	15,0	0,16	0,54		0,54	6

Σ Standard-Transmissionswärmeverlust	$\Phi_{T,stand,i}$	**466 W**
Lüftungswärmeverluste durch		
- Außenluftvolumenstrom (Infiltration, ALD oder Mindestwert)	$\Phi_{V,env/min,i}$	99 W
- Zuluftvolumenstrom	$\Phi_{V,sup,i}$	0 W
- Volumenstrom Überströmung	$\Phi_{V,transfer,i}$	0 W
Σ Standard-Lüftungswärmeverlust	$\Phi_{V,stand,i}$	**99 W**

Standardheizlast					$\Phi_{stand,i}$	**565 W**
Zuschlag erhöhte Auslegungsinnentemperatur		$\Delta\Phi_{comf,i}$	0 W			
Zuschlag Aufheizleistung	0,0 W/m²	$\Phi_{hu,i}$	0 W	Max($\Delta\Phi_{comf,i}$, $\Phi_{hu,i}$)		0 W
NORMHEIZLAST	25,7 W/m²		7,4 W/m³		$\Phi_{HL,i}$	**565 W**

Bild 54: Formblatt Raumheizlast Galerie (R-106), Berechnungsbeispiel 2 (Zu- und Abluft)

Projekt-Nr. / Bezeichnung **1-2019**	Beispielberechnung
ZONENÜBERSICHT HEIZLAST	Datum: 15.07.2020 — Seite: Z2
Nutzungseinheit: Wie Gebäude	Lüftungszone: Wie Gebäude

1	2	3	4	5	6	7	8	9	10	11	12	13	14	15	16	17	18	19
Geschoss	Raum		Transmissionswärmeverluste direkt/indirekt nach außen [1]	Σ Standard-Transmissionswärmeverluste	Standard-Lüftungswärmeverluste der Zone: durch Gebäudehülle	durch Undichtigkeiten	durch große Öffnungen	durch Mindestaußenluftwechsel	durch technischen Volumenstrom	Gesamtluftvolumenstrom Leckagen, ALD und Nutzung oder Mindestwert, bezogen auf Raum	Zone $f_{i-z} = 0,5$	durch Zuluft	durch Überströmung	Lüftungswärmeverluste	Standardheizlast [2]	Zuschlag für erhöhte Innentemperatur	Aufheizzuschlag	Normheizlast [3]
	Nr. (i)	Bezeichnung	$\Phi_{T,ie/iae/ig}$	$\Phi_{T,i,stand}$	$\Phi_{V,env,i}$	$\Phi_{V,leak+ATD,i}$	$\Phi_{V,open,i}$	$\Phi_{V,min,i}$	$\Phi_{V,techn,i}$	$\Phi_{V,env/min,i}$	$\Phi_{V,leak/min,i}$	$\Phi_{V,sup,i}$	$\Phi_{V,trans,ij}$	$\Phi_{V,stand,i}$	$\Phi_{stand,i}$	$\Delta\Phi_{comf,i}$	$\Phi_{hu,i}$	$\Phi_{HL,i}$
			W															
EG	1	Küche	795	921	75	38		320		75	38			75	996	0	186	1.182
EG	2	Essen	670	670	71	35		193	160	71	35	30		100	770	0		770
EG	3	Wohnzimmer	686	686	70	35		286	320	70	35	59		129	815	0		815
EG	4	Schlafzimmer	573	516	62	31		246	214	62	31	40		102	618	0		618
EG	5	Bad	187	368	18	9		86	64	18	9		64	82	450	0	53	504
EG	6	Flur	57	36	16	8			9	16	8		9	25	61	0		61
EG	7	WC EG	86	132	7	4		27	40	7	4		40	47	179	0		179
EG	8	Treppenhaus														0		
EG	9	Windfang	238	34	22	11		83	-67	22	11		-67	-45	-11	0		-11
EG	10	Vorräte	200	95	28	14		59	120	28	14	-10		18	113	0		113
OG	101	Arbeitszimmer	1.088	1.114	231	115		470	160	231	115	30		261	1.375	0		1.375
OG	102	Kind 1	574	574	106	53		235	214	106	53	40		145	719	0	163	882
OG	103	Kind 2	481	444	86	43		201	214	86	43	40		125	569	0	143	712
OG	104	Bad OG	280	431	39	19		86	64	39	19		64	103	534	0	53	587
OG	105	WC OG	116	59	19	9		33		19	9			19	78	0		78
OG	106	Galerie	516	465	99	50				99	50			99	564	0		564
Summen			6.547								474	228	110			0	598	

Bild 55: Formblatt Zonenübersicht Heizlast (Z2), Berechnungsbeispiel 2 (Zu- und Abluft)

Projekt-Nr. / Bezeichnung		1-2019					Beispielberechnung							
ZONENÜBERSICHT VOLUMENSTRÖME							Datum: 15.07.2020						Seite:	Z3
Nutzungseinheit:		Wie Gebäude					Lüftungszone:	Wie Gebäude						
1	2	3	4	5	6	7	8	9	10	11	12	13	14	15
Geschoss	Raum		Luftvolumenströme											
			Mindestaußen-luftvolumenstrom	Zuluft	Abluft	durch Außenluft-durchlässe	Überströmung aus Nachbarraum	Verbrennungs-/ techn. bedingter Volumenstrom	Technischer Volumenstrom	durch große Öffnungen	durch Gebäudehülle	durch Undichtig-keiten und Außen-luftdurchlässe	Gesamtluft-volumenstrom Leckagen, ALD und Nutzung oder Mindestwert, bezogen auf Raum	Zone $f_{i-z} = 0,5$
	Nr (i)	Bezeichnung	$q_{v,min,i}$	$q_{v,sup,i}$	$q_{v,exh,i}$	$q_{v,ATD,des,i}$	$q_{v,trans,ij}$	$q_{v,comb,i}$	$q_{v,techn,i}$	$q_{v,open,i}$	$q_{v,env,i}$	$q_{v,leak+ATD}$	$q_{v,env/min}$	$q_{v,leak/min}$
			m³/h											
EG	1	Küche	29,7		47,1		70,6		70,6		7,0	3,5	7,0	3,5
EG	2	Essen	17,9	23,5					23,5		6,6	3,3	6,6	3,3
EG	3	Wohnzimmer	26,6	47,1					47,1		6,5	3,2	6,5	3,2
EG	4	Schlafzimmer	22,9	31,4					31,4		5,8	2,9	5,8	2,9
EG	5	Bad	7,1		47,1		47,1		47,1		1,5	0,8	1,5	0,8
EG	6	Flur					15,7		15,7		1,5	0,8	1,5	0,8
EG	7	WC EG	2,5		23,5		23,5		23,5		0,7	0,3	0,7	0,3
EG	8	Treppenhaus					15,7		15,7					
EG	9	Windfang	9,1				39,2		39,2		2,4	1,2	2,4	1,2
EG	10	Vorräte	6,4	23,5	23,5				23,5		3,1	1,5	3,1	1,5
OG	101	Arbeitszimmer	43,6	23,5					23,5		21,4	10,7	21,4	10,7
OG	102	Kind 1	21,8	31,4					31,4		9,8	4,9	9,8	4,9
OG	103	Kind 2	18,6	31,4					31,4		7,9	4,0	7,9	4,0
OG	104	Bad OG	7,1		47,1		47,1		47,1		3,2	1,6	3,2	1,6
OG	105	WC OG	3,1		23,5		23,5		23,5		1,7	0,9	1,7	0,9
OG	106	Galerie					86,3		86,3		9,2	4,6	9,2	4,6
Summen Zone				211,8	211,8		368,7							44,1

Bild 56: Formblatt Zonenübersicht Heizlast (Z3), Berechnungsbeispiel 2 (Zu- und Abluft)

Projekt-Nr. / Bezeichnung **1-2019**			
ERGEBNIS ZUSAMMENSTELLUNG GEBÄUDE	Datum: 15.07.2020		Seite: G2
GEBÄUDEDATEN			
Nettogrundfläche	A_{NFG}		206 m²
Bruttovolumen	V_e		761 m³
Hüllfläche	A_{ent}		**441** m²
WÄRMEVERLUSTE			
Transmission			
an Außenluft	$\Sigma\Phi_{T,ie}$	3.913 W	
an unbeheizte Bereiche oder Nachbargebäude	$\Sigma\Phi_{T,iae}$	1.996 W	
an andere Nutungseinheiten	$\Sigma\Phi_{T,iaBE}$	W	
an Erdreich	$\Sigma\Phi_{T,ig}$	638 W	
Summe	$\Sigma\Phi_T$		**6.547 W**
Lüftung			
durch Leckagen, ALD oder Nutzung oder Mindestwert	$\Sigma\Phi_{V,leak/min,i}$	474 W	
Zuluftvolumenstrom	$\Sigma\Phi_{V,sup,i}$	228 W	
Überström-Luftvolumenstrom	$\Sigma\Phi_{V,transfer,ij}$	110 W	
Summe	$\Sigma\Phi_V$		**812 W**
HEIZLAST			
Standard-Heizlast	Φ_{stand}		**7.359 W**
Zuschlag erhöhte Innentemperatur oder Aufheizzuschlag [1]	Φ_{zuschl}	Nicht vereinbart	0 W
Norm-Heizlast	Φ_{HL}		**7.359 W**
spez. Werte	φ_{HL/m^2}		36 W/m²
	φ_{HL/m^3}		10 W/m³
WÄRMEVERLUSTKOEFFIZIENTEN			
Transmission	ΣH_T		208,0 W/K
Lüftung	ΣH_V		22,3 W/K
Summe	ΣH		**230,3 W/K**

Bild 57: Ergebnis Zusammenstellung Gebäude

6.3.3 Beispiel 3: Mit Außenwand-Luftdurchlässen (ALDs)

Im Beispielhaus erhalten die Küche, die Bäder und die WCs eine Abluftanlage. Die Außenluft strömt als mechanisch infiltrierter Luftvolumenstrom gezielt über korrekt dimensionierte Außenwand-Luftdurchlässe (ALD) in die Zulufträume Wohnen, Schlafen und Essen und über die sich im OG befindlichen Kinderzimmer und das Arbeitszimmer ein. Die Überströmung innerhalb des Gebäudes erfolgt über entsprechende Überström-Luftdurchlässe (ÜLD).

6.3.3.1 Bestimmung der Zu- und Abluftvolumenströme

Die Bestimmung der Luftvolumenströme erfolgt über die Festlegung der Abluftvolumenströme nach DIN 1946-6:2019-12, Tabelle 16:

Tabelle 39: Tabelle der Ablufträume

	Raum	$q_{v,exh,i}$ **[m³/h]**
Erdgeschoss	Küche	40
	Bad	40
	WC	20
	Vorräte	20
1. OG	Bad	40
	WC	20
Summen		**180**

Hieraus können die infiltrierten Außenluftströme über die ALD in Abhängigkeit der Raumnutzung den jeweiligen Außenluftanteil gewichtet werden:

Tabelle 40: Tabelle der Zulufträume

	Zuluft	**Gewichtung nach DIN 1946-6:2019-12, Tabelle 17**	$q_{v,sup,i}$ **[m³/h]**
Erdgeschoss	Essen	1,5	20,0
	Wohnen	3	40,0
	Schlafen	2	26,7
	Vorratsraum	1,5	20,0
1. OG	Arbeitsraum	1,5	20,0
	Kind 1	2	26,7
	Kind 2	2	26,7
Summen		**13,5**	**180**

Überströmung entsteht in Räumen, in welchen durch Absaugung eines größeren Volumenstroms $q_{v,exh,i}$ als der Zuluftvolumenstrom $q_{v,sup,i}$ ein Unterdruck entsteht und somit aus dem Nachbarraum oder den Nachbarräumen der fehlende Luftvolumenstrom angesaugt wird. Im Beispiel handelt es sich bei den Räumen mit Abluft um reine Ablufträume, also ohne Zuluft. Aus diesem Grunde muss der gesamte Abluftvolumenstrom aus dem Nachbarraum überströmen.

Nachstehend ist die tabellarische Übersicht dargestellt:

Tabelle 41: Übersicht Zuluft, Abluft und Überströmluftvolumenströme

Raum		Volumenströme				Raum, aus welchem Über-/Abströmung erfolgt			
Nr.	Bezeichnung	$q_{v,ALD,i}$	$q_{v,exh,i}$	$q_{v,trans,i}$	$\theta_{v,trans,i}$	Nr	Bezeichnung	$q_{v,zu/ab,i}$	$\theta_{v,ausleg,i}$
		m³/h			°C			m³/h	°C
1	2	3	4	5	6	7	8	9	10
1	Küche		40,0	60,0	20 °C	2	Essen	60,0	20 °C
2	Essen	20,0		40,0	20 °C	3	Wohnen	40,0	20 °C
3	Wohnen	40,0							
4	Schlafen	26,7							
5	Bad		40,0	40,0	20 °C	6	Flur	40,0	20 °C
6	Flur			13,3	18,3 °C	4	Schlafen	26,7	20 °C
						5	Bad	-40,0	24 °C
						9	Windfang	13,3	15 °C
7	WC		20,0	20,0	15 °C	9	Windfang	20,0	15 °C
8	Treppenhaus			13,3	20 °C	106	Galerie	13,3	20 °C
9	Windfang			33,3	20 °C	1	Küche	20,0	20 °C
						6	Flur	-13,3	20 °C
						7	WC	-20,0	20 °C
						8	Treppenhaus	13,3	20 °C
10	Vorräte	20,0	20,0						
101	Arbeitszimmer	20,0							
102	Kind 1	26,7							
103	Kind 2	26,7							
104	Bad		40,0	40,0	20 °C	106	Galerie	40,0	20 °C
105	WC		20,0	20,0	20 °C	106	Galerie	20,0	20 °C
106	Galerie			73,3	20 °C	101	Arbeitszimmer	20,0	20 °C
						102	Kind 1	26,7	20 °C
						103	Kind 2	26,7	20 °C
						104	Bad	-40,0	24 °C
						105	WC	-20,0	20 °C
						8	Treppenhaus	-13,3	20 °C

Hinweis zu Raum 6 – Flur: Die Mischtemperatur von 18,3 °C ergibt sich aus der Mischung von 26,7 m³/h aus dem Raum Schlafen mit 20 °C und 13,3 m³/h vom Windfang mit 15 °C.

Die Volumenstrombilanz ist nachfolgend grafisch als Knotenpunktnetz veranschaulicht. Zuluftvolumenströme sind positiv; Abluftvolumenströme sind negativ dargestellt. Die Überströmungen sind in weißer Schrift auf schwarzem Hintergrund dargestellt.

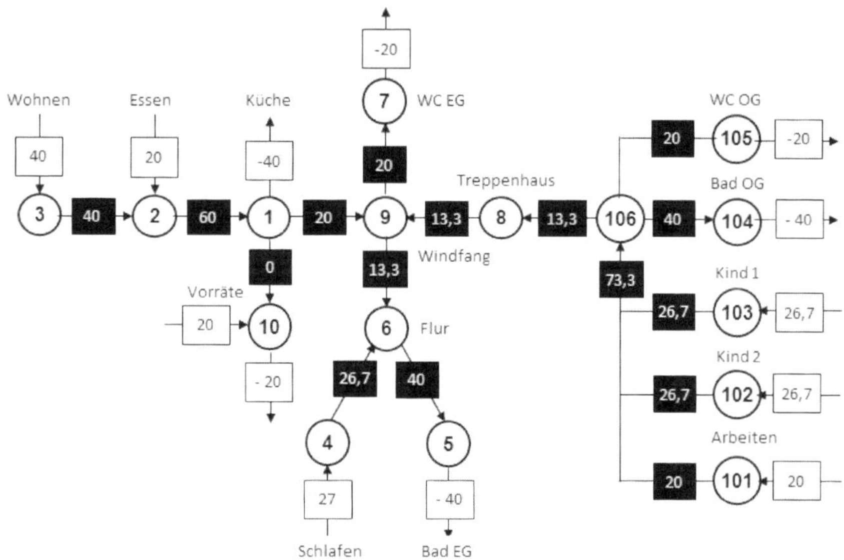

Bild 58: Volumenstrombilanz

6.3.3.2 Bestimmung des Außenluftvolumenstroms der Zone durch die Außenhülle

Der Außenluftvolumenstrom durch die Außenhülle wird nach DIN EN 12831-1:2017-09, Gleichung (24) bestimmt:

$$q_{v,env,z} = \max(q_{v,exh,z} + q_{v,comb,z} - q_{v,sup,z}\ ;\ 0) + q_{v,inf\text{-}add,z}$$

und weisen für das Beispiel 3 mit ALDs folgende Einzelwerte auf:

$q_{v,exh,z}$	180,0 m³/h
$q_{v,comb,z}$	0,0 m³/h
$q_{v,sup,z}$	0,0 m³/h
$q_{v,inf\text{-}add,z}$	Der Außenluftvolumenstrom der Zone durch Infiltration und ALDs nach DIN EN 12831-1:2017-09, Gleichung (28) ist noch unbekannt und muss wie nachstehend gezeigt berechnet werden.

Außenluftvolumenstrom durch Infiltration und ALDs in die Lüftungszone

Der Luftvolumenstrom durch zusätzliche Infiltration $q_{v,inf\text{-}add,z}$ wird auf

- Grundlage der Luftdurchlässigkeit der Gebäudehülle $q_{env,50}$ und des
- Luftvolumenstroms durch Außenwandluftdurchlässe $q_{v,ATD,50}$

Nach DIN EN 12831-1:2017-09, Gleichung (28) bestimmt

$$q_{v,inf\text{-}add,z} = (q_{env,50} \cdot A_{env,z} + q_{v,ATD,50,z}) \cdot f_{qv,z} \cdot f_{ez} \quad \text{in m}^3\text{/h}$$

mit

$q_{env,50}$ 2 m³/m²h gemäß DIN/TS 12831-1:2020-04, Tabelle 11, Luftdichtheit hoch

$A_{env,z}$ 433,9 m² – Hüllfläche Zone – Summe aller Räume

$q_{v,ATD,50,z}$ muss noch berechnet werden nach DIN EN 12831-1:2017-09, Gleichung (30):

$$q_{v,ATD,50,z} = q_{v,ATD,design,z} \cdot \left(\frac{50\,Pa}{\Delta p_{design}}\right)^{v_{leak}}$$

mit

Δp_{design} = 4 Pa gemäß DIN EN 12831-1:2017-09, Anhang B.2.12

$$q_{v,ATD,50,z} = 180 \cdot \left(\frac{50}{4}\right)^{0,67} = 978\,\text{m}^3\text{/h}$$

$f_{e,z}$ Anpassungsfaktor aufgrund nicht balancierter Lüftung; muss noch berechnet werden nach DIN EN 12831-1:2017-09, Gleichung (29):

$$f_{e,z} = \frac{1}{1 + \frac{f_{fac,z}}{f_{qv,z}} \cdot \left(\frac{q_{v,exh,z} + q_{v,comb,z} - q_{v,sup,z}}{q_{env,50} \cdot A_{env,z} + q_{v,ATD,50,z}}\right)^2}$$ eingesetzt:

$$f_{e,z} = \frac{1}{1 + \frac{0,05}{8,0} \cdot \left(\frac{180 + 0 - 0}{2,0 \cdot 433,9 + 978}\right)^2} = 0,40$$ mit

$f_{fac,z}$ = 8 gemäß DIN/TS 12831-1:2020-04, Tabelle 15

$f_{qv,z}$ = 0,05 gemäß DIN/TS 12831-1:2020-04, Tabelle 13

$q_{v,exh,z}$ = 180 m³/h

$q_{v,comb,z}$ = 0 m³/h

$q_{v,env,50}$ = 2,0 m³/m²h gemäß DIN/TS 12831-1:2020-04, Tabelle 11

$A_{env,z}$ = 433,9 m²

$q_{v,ADT,50,z}$ = 978 m³/h

Eingesetzt in DIN EN 12831-1:2017-09, Gleichung (28):

$$q_{v,inf\text{-}add,z} = (q_{env,50} \cdot A_{env,z} + q_{v,ATD,50,z}) \cdot f_{qv,z} \cdot f_{e,z}$$

$$q_{v,inf\text{-}add,z} = (2{,}0 \cdot 433{,}9 + 978) \cdot 0{,}05 \cdot 0{,}40$$

$$q_{v,inf\text{-}add,z} = 36{,}6\ m^3/h$$

Außenluftvolumenstrom in die Lüftungszone durch die Außenhülle

Der Außenluftvolumenstrom in die Lüftungszone durch die Außenhülle $q_{v,env,z}$ berechnet sich nach DIN EN 12831-1:2017-09, Gleichung (24) zu

$$q_{v,env,z} = \max(q_{v,exh,z} + q_{v,comb,z} - q_{v,sup,z}\ ;\ 0) + q_{v,inf\text{-}add,z}$$

$$q_{v,env,z} = \max(180{,}0 + 0{,}0 - 0{,}0\ ;\ 0) + 36{,}6 = 216{,}6\ m^3/h$$

Ergebnis infiltrierter Luftvolumenstrom der Zone:

$$q_{v,env,z} = 216{,}6\ m^3/h$$

Aufteilung auf Infiltration und ALDs

Der Außenluftvolumenstrom wird aufgeteilt in die Anteile, welche

- durch die Undichtigkeit der Gebäudehülle und
- durch die Außenluftdurchlässe

in die Zone strömen. Dies wird bestimmt durch die Autorität der Außenwandluftdurchlässe nach DIN EN 12831-1:2017-09, Gleichungen (20), (21) und (22):

$$q_{v,leak,z} = (1 - a_{ATD,z}) \cdot q_{v,env,z}$$

$$q_{v,ATD,z} = a_{ATD,z} \cdot q_{v,env,z}$$

mit

$$a_{ATD,z} = \frac{q_{v,ATD,50,z}}{q_{v,ATD,50,z} + q_{env,50} \cdot A_{enf,z}}$$

$$a_{ATD,z} = \frac{978}{978 + 2 \cdot 433{,}9} = 0{,}53$$

Die einzelnen Anteile des Außenluftvolumenstromes errechnen sich nun zu

$$q_{v,leak,z} = (1 - 0{,}53) \cdot 216{,}6 = 101{,}8\ m^3/h$$

$$q_{v,ATD,z} = 0{,}53 \cdot 216{,}6 = 114{,}8\ m^3/h$$

Darstellung im Schema

Nachstehend ist die Bestimmung der einzelnen Luftvolumenströme in die Zone grafisch dargestellt:

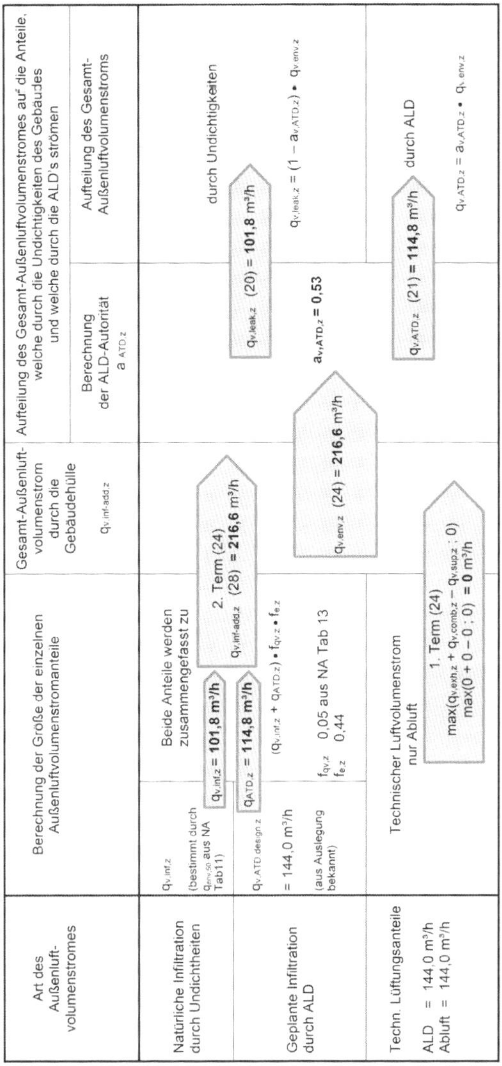

Bild 59: Gesamtluftvolumenstrom der Zone von außen nach DIN EN 12831-1:2017-09 – Beispiel mit ALD

Es ergibt sich eine ATD-Autorität von $a_{v,ATD,z}$ = 0,53 und daher eine Aufteilung der Außenluftvolumenströme durch Undichtigkeiten der Gebäudehülle von $q_{v,leak,z}$ = 101,8 m³/h und durch die ATDs von $q_{v,ATD,z}$ = 114,8 m³/h.

Hieraus folgt die Berechnung des Außenluftvolumenstromes des Raumes $q_{v,leak+ADT,i}$ durch Undichtigkeiten und ALDs nach DIN EN 12831-1:2017-09, Gleichung (19):

$$q_{v,leak+ATD,i} = q_{v,leak,z} \cdot \frac{A_{env,i}}{A_{env,z}} + q_{v,ATD,z} \cdot \frac{q_{v,ATD,design,i}}{q_{v,ATD,design,z}}$$

Anhand des Beispielraumes 3 – Wohnen – wird die Berechnung des Außenluftvolumenstroms in den Raum durch Undichtigkeiten (Infiltration + ALDs) gezeigt.

$$q_{v,leak+ATD,i} = 101{,}8 \cdot \frac{32{,}5}{433{,}9} + 114{,}8 \cdot \frac{40{,}0}{180{,}0} = 33{,}1\,m^3/h$$

Dies ist jedoch noch nicht der nach DIN EN 12831-1:2017-09 einzusetzende Außenluftvolumenstrom des Raumes, sondern dieser wird nach Gleichung (18) wie folgt berechnet:

$$q_{v,env,i} = \frac{q_{v,inf\text{-}add,z}}{q_{v,env,z}} \cdot \min(q_{v,env,z}\,; q_{v,leak+ATD,i} \cdot f_{dir}) + \frac{q_{v,env,z} - q_{v,inf\text{-}add,z}}{q_{v,env,z}} \cdot q_{v,leak+ATD,i}$$

mit

$q_{v,inf\text{-}add,z}$ 36,6 m^3/h

$q_{v,env,z}$ 216,6 m^3/h

$q_{v,leak+ATD,i}$ 33,1 m^3/h

f_{dir} = 2 – Orientierungsfaktor

Eingesetzt in die Gleichung ergibt sich:

$$q_{v,env,i} = \frac{36{,}6}{180} \cdot \min(216{,}6\,; 33{,}1 \cdot 2) + \frac{216{,}6 - 36{,}6}{180} \cdot 33{,}1 = 38{,}7\,m^3/h$$

Ergebnis: Der einzusetzende infiltrierte Luftvolumenstrom von außen beträgt $q_{v,env,i} = 38{,}7\ m^3/h$

6.3.3.3 Berechnung des Außenluftvolumenstroms des Raumes durch die Gebäudehülle am Beispiel Raum Wohnzimmer

Wie einleitend ausgeführt, stellt der Term aus DIN EN 12831-1:2017-09, Gleichung (17) jenen von außen einströmenden Luftvolumenstrom in den Raum dar, welcher zur Berechnung des Lüftungswärmeverlustes mit der Temperaturdifferenz zwischen Rauminnen- und der Außentemperatur eingesetzt wird:

$$q_{env/min} = \max(q_{v,env,i} + q_{v,open,i}\,; q_{v,min,I} - q_{v,tech,i})$$

Ein Luftvolumenstrom durch große Öffnungen liegt nicht vor, daher ist $q_{v,open,ij}$ = 0 m³/h. Weiterhin liegt kein technischer Luftvolumenstrom vor. Für dieses Beispiel mit nur natürlicher Lüftung ist also nur der Mindestluftvolumenstrom zu berechnen. Dieser wurde bereits in Beispiel 1 berechnet:

$$q_{v,min,I} = 26{,}6\ \mathrm{m^3/h}$$

Somit berechnet sich der Außenluftvolumenstrom $q_{v,env,i}$ unter Berücksichtigung des Mindestluftvolumenstroms folgendermaßen:

$$q_{env/min,i} = \max(38{,}7 + 0\ ;\ 26{,}6 - 0)$$

$$q_{env/min,i} = 38{,}7\ \mathrm{m^3/h}$$

Ergebnis: Der Außenluftvolumenstrom wird bestimmt durch den durch die Abluft erzeugten Unterdrucks einströmenden höheren Außenluftvolumenanteil als der Mindestwert.

6.3.3.4 Beispielausdruck

Nachstehend ist der Beispielausdruck mit folgenden Räumen gezeigt:

Küche: Raum mit Abluft

Wohnen: Raum mit ALD

Bad EG: Raum mit Abluft und Lüftungswärmeverlust aus Überströmung

Die Formblätter V und G1 werden nicht mehr aufgeführt; sie sind identisch mit den vorherigen Beispielen. Die Zusammenstellungsformblätter Z2 und Z3 sowie die Gebäudezusammenstellung werden gezeigt.

Projekt-Nr. / Bezeichnung	1-2019	Beispielberechnung		
Nutzungseinheit:	Wie Gebäude	Lüftung Wie Gebäude	Datum 29.08.2019	Seite Z1

ZONENDATEN					
Höhe Erdreich bis Unterkante Zone	h_z	0,00 m	Luftdichtheitsprüfung:	Wird nach Fertigstellung durchgeführt	
Zonenhöhe	Δh_z	7,52 m	Anforderung an die Luftdichtheit:	hoch	
Mittlere Höhe der Zone über Erdreich	$h_{g,z}$	3,76 m	Anzahl der Fassaden:	>1	$f_{fac,z}$ 8 -
Volumen	V_z	528,1 m³	Hüllflächenbezogene Durchlässigkeit		$q_{env,50,z}$ 2 m³/(m²h)
Hüllfläche	$A_{env,z}$	441,4 m²	Volumenstromfaktor		$f_{qv,z}$ 0,05 -

VOLUMENSTRÖME				
Zuluftvolumenstrom	$q_{v,sup,z}$	m³/h	Auslegungsvolumenstrom ALD	$q_{v,ATD,design,z}$ 180 m³/h
Wirkungsgrad der WRG [1]	$\eta_{rec,z}$	85 %	Auslegungsdruckdifferenz	$\Delta p_{ATD,design,z}$ 4 Pa
Zulufttemperatur	$\theta_{rec,z}$	°C	Druckexponent Leckagen	$v_{leak,z}$ 0,67 -
Abluftvolumenstrom	$q_{v,exh,z}$	180 m³/h	Verbrennungs- oder ä. techn. Volumenstrom	$q_{v,comb,z}$ — m³/h

RAUMVERWALTUNG

1	2	3	4	5	6	7	8	9	10	11	12	13	14	15	16	17	18	19
Geschoss	Raum		Innen-temperatur		Mindest-LW	Geometrie		Volumenströme					Temperaturen Überström-volumenströme		Aufheizzuschlag Berechnung oder Eingabe φ_{hu} [2]			
	Nr. (i)	Bezeichnung	$\theta_{int,stand}$	$\theta_{int,ausleg}$	$n_{min,i}$	$A_{enf,i}$	V_i	$q_{v,sup,i}$	$q_{v,exh,i}$	$q_{v,ATD,i}$	$q_{v,comb,i}$	$q_{v,transfer,ij}$	$\theta_{trans,ij}$	$\theta_{trans,comf,i}$	t_{sh}	t_{hu}	n_{sh}	φ_{hu}
			°C		h⁻¹	m²	m³	m³/h					°C		h	h	h⁻¹	W/m²
EG	1	Küche	20	20	0,5	34,8	59,4		40,0			40,0	20,0	20,0	6	2	0,1	8,1
EG	2	Essen	20	20	0,5	32,8	35,7			20,0								
EG	3	Wohnzimmer	20	20	0,5	32,5	53,1			40,0								
EG	4	Schlafzimmer	20	20	0,5	28,8	45,7			26,7								
EG	5	Bad EG	24	24	0,5	7,6	14,2		40,0			40,0	20,0	20,0	6	2	0,1	9,8
EG	6	Flur	20	20		7,5	7,7					13,3	20,0	20,0				
EG	7	WC EG	20	20	0,5	3,5	5,0		20,0			20,0	20,0	20,0				
EG	8	Treppenhaus	20	20			11,3					13,3	20,0	20,0				
EG	9	Windfang	15	15	0,5	12,1	18,3											
EG	10	Vorräte	15	15	0,5	15,4	12,9		20,0	20,0								
EG	11	Arbeitszimmer	20	20	0,5	107,1	87,2			20,0								
1. OG	102	Kind 1	20	20	0,5	49,1	43,6			26,7					6	2	0,1	8,1
1. OG	103	Kind 2	20	20	0,5	39,7	37,3			26,7					6	2	0,1	8,1
1. OG	104	Bad OG	24	24	0,5	16,0	14,2		40,0			40,0	20,0	20,0	6	2	0,1	9,8
1. OG	105	WC OG	20	20	0,5	8,7	6,1		20,0			20,0	20,0	20,0				
1. OG	106	Galerie	20	20		46,0	76,3					73,3	20,0	20,0				

Bild 60: Formblatt Zonendaten (Z1), Berechnungsbeispiel mit ALDs

Projekt-Nr. / Bezeichnung	**1-2019**	Beispielberechnung		
RAUMHEIZLAST		Datum 29.08.2019		Seite R-1
Nutzungseinheit: Wie Gebäude		Lüftungszone: Wie Gebäude		
Geschoss EG	Raum-N 1	Bezeichnung: Küche		
Auslegungsinnentemperatur	$\theta_{int,stand,i}$ 20 °C	+ $\Delta\theta_{comf,i}$ 0 K =		$\theta_{int,ausleg,i}$ 20 °C

Abmessungen				**Mindestaußenluftwechsel**	$n_{min,i}$	0,50	h^{-1}
Raumlänge	l_i	4,82	m	**Mindestaußenluftvolumenstrom**	$q_{v,min,i}$	29,7	m³/h
Raumbreite	b_i	4,74	m	**Mechanische Belüftung**			
Raumfläche	A_{NGF}	22,85	m²	Zuluftvolumenstrom	$q_{v,sup,i}$		m³/h
Geschosshöhe	$h_{G,i}$	2,86	m	Temperatur	$\theta_{rec,z}$		°C
Deckendicke	d_i	0,26	m	Abluftvolumenstrom	$q_{v,exh,i}$	40,0	m³/h
Raumhöhe	h_i	2,60	m	**Auslegungsvolumenstrom ALD**	$q_{v,ADT,design,i}$		m³/h
Raumvolumen	V_i	59,40	m³	**Überströmung aus Nachbarraum**			
Raum-Hüllfläche	$A_{env,i}$	34,83	m²	Volumenstrom	$q_{v,trans,ij}$	40,0	m³/h
Erdreich				Temperatur	$\theta_{transfer,ij}$	20,0	°C
Tiefe unter Erdreich	z_i	0,00	m	**Verbrennungs/techn. Volumenstrom**	$q_{v,comb,i}$		m³/h
Bodenfläche	$A_{g,i}$	27,61	m²	**Technischer Luftvolumenstrom**	$q_{v,techn,i}$	40,0	m³/h
exponierter Umfang	P_i	12,18	m	**Außenluft große Öffnungen**	$q_{v,open,i}$		m³/h
char. Bodenplattenmaß B'_i		4,53	m	**Infiltration, ALD oder Mindestwert**	$q_{v,env/min,i}$	9,5	m³/h

1	2	3	4	5	6	7	8	9	10	11	12	13	14	15
Orientierung	Bauteil	Anzahl	Breite	Länge / Höhe	Bruttofläche		Bauteilfläche	grenzt an	angrenzende Temperatur	Temperatur-anpassung	Bauteil U-Wert	Wärmebrückenzuschlag	Korrigierter U-Wert	Standard-Transmissions-Wärmeverlust
-	-	-	b_k	l/h_k	$A_{brutto,k}$	$A_{abzug,k}$	A_k	-	$\theta_{x,k}$	$f_{x,k}$	U_k	$\Delta U_{TB,k}$	$U_{c,equiv,k}$	$\Phi_{T,k}$
			m		m²				°C	-	W/m²K			W
N	IW	1	3,63	2,86	10,4	1,8	8,6	ia	15,0	0,16	1,28		1,28	55
	IT	1	0,90	2,01	1,8		1,8	ia	15,0	0,16	2,00		2,00	18
N	IW	1	1,39	2,86	4,0	1,8	2,2	ia	15,0	0,16	1,88		1,88	20
	IT	1	0,90	2,01	1,8		1,8	ia	15,0	0,16	2,00		2,00	18
O	IW	1	1,81	2,86	5,2		5,2	iae		0,10	1,28	0,05	1,33	21
S	AW	1	3,35	2,86	9,6	1,4	8,1	ie	-10,9	1,00	0,34	0,05	0,39	98
	AF	1	1,01	1,42	1,4		1,4	ie	-10,9	1,00	1,40	0,05	1,45	64
S	IW	1	1,67	2,86	4,8	4,3	0,4	iae		0,80	0,34	0,05	0,38	4
	IF	1	1,67	2,60	4,3		4,3	iae		0,80	1,60	0,05	1,65	177
W	AW	1	5,35	2,86	15,3	2,9	12,4	ie	-10,9	1,00	0,34	0,05	0,39	150
	AF	2	1,01	1,42	2,9		2,9	ie	-10,9	1,00	1,40	0,05	1,45	128
W	IW	1	0,54	2,86	1,5		1,5	ia	15,0	0,16	1,88		1,88	15
H	FB	1	5,35	5,02	26,9		26,9	ig	9,6	0,34	0,58	0,05	0,37	149
H	FB	1	0,54	1,39	0,8		0,8	ig	9,6	0,34	0,58	0,05	0,37	4

Σ Standard-Transmissionswärmeverlust	$\Phi_{T,stand,i}$	**921 W**
Lüftungswärmeverluste durch		
- Außenluftvolumenstrom (Infiltration, ALD oder Mindestwert)	$\Phi_{v,env/min,i}$	103 W
- Zuluftvolumenstrom	$\Phi_{v,sup,i}$	0 W
- Volumenstrom Überströmung	$\Phi_{v,transfer,i}$	0 W
Σ Standard-Lüftungswärmeverlust	$\Phi_{V,stand,i}$	**103 W**

					$\Phi_{stand,i}$	**1.024 W**
Zuschlag erhöhte Auslegungsinnentemperatur		$\Delta\Phi_{comf,i}$	0 W			
Zuschlag Aufheizleistung	8,1 W/m²	$\Phi_{hu,i}$	186 W	Max($\Delta\Phi_{comf,i}$, $\Phi_{hu,i}$)		186 W
NORMHEIZLAST	**52,9 W/m²**		**20,4 W/m³**		$\Phi_{HL,i}$	**1.209 W**

Bild 61: Formblatt Raumheizlast (R-1), Berechnungsbeispiel mit ALDs

Projekt-Nr. / Bezeichnung 1-2019	Beispielberechnung
RAUMHEIZLAST	Datum: 29.08.2019 Seite R-3
Nutzungseinheit: Wie Gebäude	Lüftungszone: Wie Gebäude
Geschoss EG Raum-N 3	Bezeichnung: Wohnzimmer

Auslegungsinnentemperatur $\theta_{int,st,i}$ 20 °C + $\Delta\theta_{comf,i}$ 0 K = $\theta_{int,ausleg,i}$ 20 °C

Abmessungen				**Mindestaußenluftwechsel**	$n_{min,i}$	0,50	h^{-1}
Raumlänge	l_i	4,82	m	**Mindestaußenluftvolumenstrom**	$q_{v,min,i}$	26,6	m³/h
Raumbreite	b_i	4,24	m	**Mechanische Belüftung**			
Raumfläche	A_{NGF}	20,44	m²	Zuluftvolumenstrom	$q_{v,sup,i}$		m³/h
Geschosshöhe	$h_{G,i}$	2,86	m	Temperatur	$\theta_{rec,z}$		°C
Deckendicke	d_i	0,26	m	Abluftvolumenstrom	$q_{v,exh,i}$		m³/h
Raumhöhe	h_i	2,60	m	**Auslegungsvolumenstrom ALD**	$q_{v,ADT,design,i}$	40,0	m³/h
Raumvolumen	V_i	53,14	m³	**Überströmung aus Nachbarraum**			
Raum-Hüllfläche	$A_{env,i}$	32,46	m²	Volumenstrom	$q_{v,trans,ij}$		m³/h
Erdreich				Temperatur	$\theta_{transfer,ij}$		°C
Tiefe unter Erdreich	z_i	0,00	m	**Verbrennungs/techn. Volumenstrom**	$q_{v,comb,i}$		m³/h
Bodenfläche	$A_{g,i}$	24,77	m²	**Technischer Luftvolumenstrom**	$q_{v,techn,i}$		m³/h
exponierter Umfang	P_i	11,35	m	**Außenluft große Öffnungen**	$q_{v,open,i}$		m³/h
char. Bodenplattenmaß B'_i		4,36	m	**Infiltration, ALD oder Mindestwert**	$q_{v,env/min,i}$	38,6	m³/h

1	2	3	4	5	6	7	8	9	10	11	12	13	14	15
Orientierung	Bauteil	Anzahl	Breite	Länge / Höhe	Bruttofläche	Abzugsfläche	Bauteilfläche	grenzt an	angrenzende Temperatur	Temperatur-anpassung	Bauteil U-Wert	Wärmebrücken zuschlag	Korrigierter U-Wert	Standard-Transmissions-Wärmeverlust
-	-	-	b_k	l/h_k	$A_{brutto,k}$	$A_{abzug,k}$	A_k	-	$\theta_{x,k}$	$f_{\theta,k}$	U_k	$\Delta U_{TB,k}$	$U_{c,equiv,k}$	$\Phi_{T,k}$
			m		m²				°C	-	W/m²K			W
O	AW	1	5,35	2,86	15,3	7,2	8,1	ie	-10,9	1,00	0,33	0,05	0,38	95
	AW	1	4,00	1,80	7,2		7,2	ie	-10,9	1,00	0,56	0,05	0,61	135
S	AW	1	3,35	2,86	9,6	1,4	8,1	ie	-10,9	1,00	0,34	0,05	0,39	98
	AF	1	1,01	1,42	1,4		1,4	ie	-10,9	1,00	1,40	0,05	1,45	64
S	IW	1	1,28	2,86	3,7	3,3	0,3	iae		0,80	0,34	0,05	0,39	3
	IF	1	1,28	2,60	3,3		3,3	iae		0,80	1,60	0,05	1,65	136
W	IW	1	1,37	2,86	3,9		3,9	iae		0,10	1,28	0,05	1,33	16
H	FB	1	5,35	4,63	24,8		24,8	ig	9,6	0,34	0,58	0,05	0,37	139

Σ Standard-Transmissionswärmeverlust $\Phi_{T,stand,i}$ **686 W**

Lüftungswärmeverluste durch

- Außenluftvolumenstrom (Infiltration, ALD oder Mindestwert)	$\Phi_{V,env/min,i}$	416 W
- Zuluftvolumenstrom	$\Phi_{V,sup,i}$	0 W
- Volumenstrom Überströmung	$\Phi_{V,transfer,i}$	0 W

Σ Standard-Lüftungswärmeverlust $\Phi_{V,stand,i}$ **416 W**

Standardheizlast $\Phi_{stand,i}$ **1.102 W**

Zuschlag erhöhte Auslegungsinnentemperatur $\Delta\Phi_{comf,i}$ 0 W

Zuschlag Aufheizleistung 0,0 W/m² $\Phi_{hu,i}$ 0 W Max($\Delta\Phi_{comf,i}$, $\Phi_{hu,i}$) 0 W

NORMHEIZLAST **53,9 W/m²** **20,7 W/m³** $\Phi_{HL,i}$ **1.102 W**

Bild 62: Formblatt Raumheizlast (R-3), Berechnungsbeispiel mit ALDs

Projekt-Nr. / Bezeichnung	**1-2019**	Beispielberechnung	
RAUMHEIZLAST		Datum: 29.08.2019	Seite R-5
Nutzungseinheit: Wie Gebäude		Lüftungszone: Wie Gebäude	
Geschoss EG	Raum-N 5	Bezeichnung: Bad EG	

Auslegungsinnentemperatur $\theta_{int,st}$ 24 °C + $\Delta\theta_{comf,i}$ 0 K = $\theta_{int,ausleg,i}$ 24 °C

Abmessungen				**Mindestaußenluftwechsel**	$n_{min,i}$	0,50	h⁻¹
Raumlänge	l_i	2,52	m	**Mindestaußenluftvolumenstrom**	$q_{v,min,i}$	7,1	m³/h
Raumbreite	b_i	2,16	m	**Mechanische Belüftung**			
Raumfläche	A_{NGF}	5,44	m²	Zuluftvolumenstrom	$q_{v,sup,i}$		m³/h
Geschosshöhe	$h_{G,i}$	2,86	m	Temperatur	$\theta_{rec,z}$		°C
Deckendicke	d_i	0,26	m	Abluftvolumenstrom	$q_{v,exh,i}$	40,0	m³/h
Raumhöhe	h_i	2,60	m	**Auslegungsvolumenstrom ALD**	$q_{v,ADT,design,i}$		m³/h
Raumvolumen	V_i	14,15	m³	**Überströmung aus Nachbarraum**			
Raum-Hüllfläche	$A_{env,i}$	7,55	m²	Volumenstrom	$q_{v,trans,ij}$	40,0	m³/h
Erdreich				Temperatur	$\theta_{transfer,ij}$	20,0	°C
Tiefe unter Erdreich	z_i	0,00	m	**Verbrennungs/techn. Volumenstrom**	$q_{v,comb,i}$		m³/h
Bodenfläche	$A_{g,i}$	6,94	m²	**Technischer Luftvolumenstrom**	$q_{v,techn,i}$	40,0	m³/h
exponierter Umfang	P_i	2,64	m	**Außenluft große Öffnungen**	$q_{v,open,i}$		m³/h
char. Bodenplattenmaß	B'_i	5,26	m	**Infiltration, ALD oder Mindestwert**	$q_{v,env/min}$	2,1	m³/h

1	2	3	4	5	6	7	8	9	10	11	12	13	14	15
Orientierung	Bauteil	Anzahl	Breite	Länge / Höhe	Bruttofläche	Abzugsfläche	Bauteilfläche	grenzt an	angrenzende Temperatur	Temperatur-anpassung	Bauteil U-Wert	Wärmebrücken-zuschlag	Korrigierter U-Wert	Standard-Transmissions-Wärmeverlust
-	-	-	b_k	l/h_k	$A_{brutto,k}$	$A_{abzug,k}$	A_k	-	$\theta_{x,k}$	$f_{x,k}$	U_k	$\Delta U_{TB,k}$	$U_{c,equiv,k}$	$\Phi_{T,k}$
			m		m²				°C	-	W/m²K			W
N	AW	1	2,64	2,86	7,6	0,9	6,7	ie	-10,9	1,00	0,34	0,05	0,39	91
	AF	1	0,76	1,17	0,9		0,9	ie	-10,9	1,00	1,40	0,05	1,45	45
O	IW	1	2,63	2,86	7,5		7,5	ia	20,0	0,11	1,88		1,88	57
W	IW	1	0,40	2,86	1,1		1,1	ia	15,0	0,26	1,88		1,88	19
W	IW	1	2,23	2,86	6,4		6,4	ia	20,0	0,11	1,88		1,88	48
S	IW	1	2,64	2,86	7,6	1,8	5,7	ia	20,0	0,11	1,88		1,88	43
	IT	1	0,90	2,01	1,8		1,8	ia	20,0	0,11	2,00		2,00	14
H	FB	1	2,64	2,63	6,9		6,9	ig	9,6	0,41	0,58	0,05	0,35	51

Σ Standard-Transmissionswärmeverlust	$\Phi_{T,stand,i}$	**368 W**
Lüftungswärmeverluste durch		
- Außenluftvolumenstrom (Infiltration, ALD oder Mindestwert)	$\Phi_{V,env/min,i}$	25 W
- Zuluftvolumenstrom	$\Phi_{V,sup,i}$	0 W
- Volumenstrom Überströmung	$\Phi_{V,transfer,i}$	54 W
Σ Standard-Lüftungswärmeverlust	$\Phi_{V,stand,i}$	**79 W**

Standardheizlast		$\Phi_{stand,i}$	**447 W**
Zuschlag erhöhte Auslegungsinnentemperatur	$\Delta\Phi_{comf,i}$ 0 W		
Zuschlag Aufheizleistung 9,8 W/m²	$\Phi_{hu,i}$ 53 W	Max($\Delta\Phi_{comf,i}$, $\Phi_{hu,i}$)	53 W
NORMHEIZLAST 92 W/m²	35 W/m³	$\Phi_{HL,i}$	**501 W**

Bild 63: Formblatt Raumheizlast (R-5), Berechnungsbeispiel mit ALDs

Projekt-Nr. / Bezeichnung 1-2019 | **Beispielberechnung**

ZONENÜBERSICHT HEIZLAST | Datum: 15.07.2020 | Seite: Z2

Nutzungseinheit: Wie Gebäude | **Lüftungszone:** Wie Gebäude

1	2	3	4	5	6	7	8	9	10	11	12	13	14	15	16	17	18	19
Geschoss	Raum		Transmissionswärmeverluste direkt/indirekt nach außen [1]	Σ Standard-Transmissionswärmeverluste	Standard-Lüftungswärmeverluste der Zone: durch Gebäudehülle	durch Undichtigkeiten	durch große Öffnungen	durch Mindestaußenluftwechsel	durch technischen Volumenstrom	Gesamtluftvolumenstrom Leckagen, ALD und Nutzung oder Mindestwert, bezogen auf Raum	Zone $f_{i-z} = 0,5$	durch Zuluft	durch Überströmung	Lüftungswärmeverluste	Standardheizlast [2]	Zuschlag für erhöhte Innentemperatur	Aufheizzuschlag	Normheizlast [3]
	Nr. (i)	Bezeichnung	$\Phi_{T,ie/iae/ig}$	$\Phi_{T,i,stand}$	$\Phi_{V,env,i}$	$\Phi_{V,leak+ATD,i}$	$\Phi_{V,open,i}$	$\Phi_{V,min,i}$	$\Phi_{V,techn,i}$	$\Phi_{V,env/min,i}$	$\Phi_{V,leak/min,i}$	$\Phi_{V,sup,i}$	$\Phi_{V,trans,ij}$	$\Phi_{V,stand,i}$	$\Phi_{stand,i}$	$\Delta\Phi_{comf,i}$	$\Phi_{hu,i}$	$\Phi_{HL,i}$
			W															
EG	1	Küche	795	921	103	88		320		103	88			103	1.024	0	186	1.209
EG	2	Essen	670	670	257	219		193		257	219			257	927	0		927
EG	3	Wohnzimmer	686	686	416	355		286		416	355			416	1.102	0		1.102
EG	4	Schlafzimmer	573	516	299	255		246		299	255			299	815	0		815
EG	5	Bad	185	366	25	21		86	54	25	21		54	79	445	0	53	499
EG	6	Flur	57	36	22	19				22	19			22	58	0		58
EG	7	WC EG	86	132	10	9		27		10	9			10	142	0		142
EG	8	Treppenhaus														0		
EG	9	Windfang	238	34	30	26		83		83	41			83	117	0		117
EG	10	Vorräte	200	95	173	148		59	102	173	148			173	268	0		268
OG	11	Arbeitszimmer	1.088	1.114	476	406		470		476	406			476	1.590	0		1.590
OG	102	Kind 1	573	573	358	306		235		358	306			358	931	0	163	1.093
OG	103	Kind 2	480	443	330	282		201		330	282			330	773	0	143	916
OG	104	Bad OG	280	431	53	45		86	54	53	45		54	107	538	0	53	592
OG	105	WC OG	116	59	26	22		27		26	22			26	85	0		85
OG	106	Galerie	516	465	136	116				136	116			136	601	0		601
Summen			**6.543**								**2.332**		**109**			**0**	**598**	

Bild 64: Formblatt Zonendaten (Z2), Berechnungsbeispiel mit ALDs

Projekt-Nr. / Bezeichnung	1-2019	Berechnungsbeispiel	
ZONENÜBERSICHT VOLUMENSTRÖME		Datum: 15.07.2020	Seite: Z3
Nutzungseinheit:	Wie Gebäude	Lüftungszone:	Wie Gebäude

1	2	3	4	5	6	7	8	9	10	11	12	13	14	15
			Luftvolumenströme											
Geschoss	Raum		Mindestaußen-luftvolumenstrom	Zuluft	Abluft	durch Außenluft-durchlässe	Überströmung aus Nachbarraum	Verbrennungs-/techn. bedingter Volumenstrom	Technischer Volumenstrom	durch große Öffnungen	durch Gebäudehülle	durch Undichtig-keiten und Außen-luftdurchlässe	Gesamtluft-volumenstrom Leckagen, ALD und Nutzung oder Mindestwert, bezogen auf Raum	Zone $f_{i-z} = 0{,}5$
	Nr (i)	Bezeichnung	$q_{v,min,i}$	$q_{v,sup,i}$	$q_{v,exh,i}$	$q_{v,ATD,des,i}$	$q_{v,trans,ij}$	$q_{v,comb,i}$	$q_{v,techn,i}$	$q_{v,open,i}$	$q_{v,env,i}$	$q_{v,leak+ATD,i}$	$q_{v,env/min,i}$	$q_{v,leak/min,i}$
			m³/h											
EG	1	Küche	29,7		40,0		40,0		40,0		9,5	8,1	9,5	8,1
EG	2	Essen	17,9			20,0					23,8	20,3	23,8	20,3
EG	3	Wohnzimmer	26,6			40,0					38,6	33,0	38,6	33,0
EG	4	Schlafzimmer	22,9			26,7					27,7	23,7	27,7	23,7
EG	5	Bad	7,1		40,0		40,0		40,0		2,0	1,7	2,0	1,7
EG	6	Flur					13,3		13,3		2,1	1,8	2,1	1,8
EG	7	WC EG	2,5		20,0		20,0		20,0		0,9	0,8	0,9	0,8
EG	8	Treppenhaus					13,3		13,3					
EG	9	Windfang	9,1								3,3	2,8	9,1	4,6
EG	10	Vorräte	6,4		20,0	20,0			20,0		19,1	16,3	19,1	16,3
OG	11	Arbeitszimmer	43,6			20,0					44,2	37,7	44,2	37,7
OG	102	Kind 1	21,8			26,7					33,2	28,4	33,2	28,4
OG	103	Kind 2	18,6			26,7					30,6	26,2	30,6	26,2
OG	104	Bad OG	7,1		40,0		40,0		40,0		4,4	3,7	4,4	3,7
OG	105	WC OG	2,5		20,0		20,0		20,0		2,4	2,0	2,4	2,0
OG	106	Galerie					73,3		73,3		12,6	10,7	12,6	10,7
Summen Zone					**180,0**	**180,1**	**259,9**							**219,0**

Bild 65: Formblatt Zonendaten (Z3), Berechnungsbeispiel mit ALDs

Projekt-Nr. / Bezeichnung 1-2019		**Beispielberechnung**	
ERGEBNIS ZUSAMMENSTELLUNG GEBÄUDE		Datum: 15.07.2020	Seite: G2
GEBÄUDEDATEN			
Nettogrundfläche	A_{NFG}		206 m^2
Bruttovolumen	V_e		761 m^3
Hüllfläche	A_{enf}		441 m^2
WÄRMEVERLUSTE			
Transmission			
an Außenluft	$\Sigma\Phi_{T,ie}$	3.911 W	
an unbeheizte Bereiche oder Nachbargebäude	$\Sigma\Phi_{T,iae}$	1.996 W	
an andere Nutungseinheiten	$\Sigma\Phi_{T,iaBE}$	W	
an Erdreich	$\Sigma\Phi_{T,ig}$	637 W	
Summe	$\Sigma\Phi_{T}$		**6.544 W**
Lüftung			
durch Leckagen, ALD oder Nutzung oder Mindestwert	$\Sigma\Phi_{V,leak/min,i}$	2.332 W	
Zuluftvolumenstrom	$\Sigma\Phi_{V,sup,i}$	0 W	
Überström-Luftvolumenstrom	$\Sigma\Phi_{V,transfer,ij}$	109 W	
Summe	$\Sigma\Phi_{V}$		**2.441 W**
HEIZLAST			
Standard-Heizlast	Φ_{stand}		**8.985 W**
Zuschlag erhöhte Innentemperatur oder Aufheizzuschlag [1]	Φ_{zuschl}	Nicht vereinbart	0 W
Norm-Heizlast	Φ_{HL}		**8.985 W**
spez. Werte	φ_{HL/m^2}		44 W/m^2
	φ_{HL/m^3}		12 W/m^3
WÄRMEVERLUSTKOEFFIZIENTEN			
Transmission	ΣH_T		207,9 W/K
Lüftung	ΣH_V		74,5 W/K
Summe	ΣH		**282,4 W/K**

[1] Zuschläge für gesamtes Gebäude, z. B. zur Dimensionierung Wärmerzeuger, sofern vereinbart

Bild 66: Formblatt Gebäudedaten (G2), Berechnungsbeispiel mit ALDs

6.4 Vergleich der Beispiele

Beispiel	Transmission	Lüftung				Summe
	$\Phi_{T,stand}$	$\Phi_{V,leak/min}$	$\Phi_{V,sup}$	$\Phi_{V,inf}$	$\Phi_{V,stand}$	Φ_{stand}
	W					
1. nur natürliche Infiltration	6.544	1.217	0	0	1.217	7.761
2. mit Zu- und Abluftanlage (ausbalanciert)	6.544	504	218	174	897	7.441
3. mit ALD-Abluftanlage	6.544	2.332	0	109	2.441	8.985

Die Transmissionswärmeverluste sind in allen drei Beispielen (logischerweise) identisch. Der Lüftungswärmeverlust ist im Beispiel mit Zu- und Abluftanlage (und Wärmerückgewinnung) am geringsten; mit ALD-Abluftanlage am höchsten.

7 Vergleich mit Vorgängernorm DIN EN 12831:2003-08 und Bbl. 1: 2008-07

Der Vergleich wird nur mit dem Berechnungsbeispiel 1 mit Infiltration durchgeführt, da sich im Wesentlichen nur die Ermittlung der von außen durch die Hülle infiltrierten Außenluftvolumenströme unterscheidet. Bei Belüftung mit lüftungstechnischen Maßnahmen unterscheiden sich die Berechnungen ohnehin nicht.

7.1 Transmissionswärmeverluste

Bezüglich der Transmissionswärmeverluste gibt es praktisch keinerlei Unterschiede, außer dass durch eine geänderte Formel marginale Unterschiede bei der Berechnung des äquivalenten U-Wertes an Erdreich zu verzeichnen sind. Am Beispielraum Wohnen wird die Ermittlung des äquivalenten U_{equiv}-Wertes durchgeführt.

7.1.1 Berechnung nach DIN EN 12831:2003-08

Exponierter Bodenplattenumfang P: 9,98 m (identisch zu DIN EN 12831-1:2017-09)

Parameter B': 4,96 m (identisch zu DIN EN 12831-1:2017-09)

- **Ermittlung des Wertes U_{equiv} aus DIN EN 12831:2003-08, Bild 3 bzw. Tabelle 4:**

  Auswahl aus DIN EN 12831:2003-08, Bild 3: $z = 0$ m

  U-Wert = 0,58 W/m²K

  Wärmebrückenzuschlag ΔU_{WB} = 0,05 W/m²K

  U_c-Wert = 0,63 W/m²K

  Parameter B' = 4,96 m

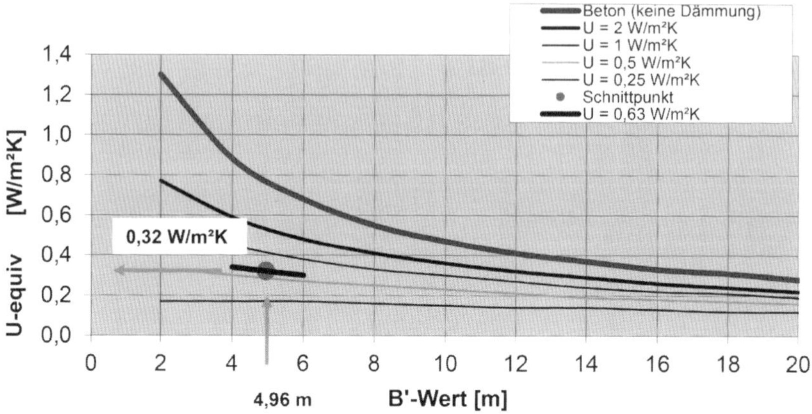

Bild 67: U_{equiv}-Wert des Kellerfußbodens nach DIN EN 12831:2003-08, Bild 3

Ergebnis: U_{equiv} (interpoliert) = 0,32 W/m²K

- **Ermittlung des Wertes U_{equiv} mittels Formel:**

  Bodenplatten auf dem Erdreich (DIN EN 12831:2003-08, Bilder 4, 5 und 6)

  Formel: $U_{equiv} = C_1 \cdot B^{C_2} - C_3$

  mit

  $C_1 = 1{,}2915 \cdot e^{-0{,}076 \cdot z} \cdot U^{0{,}3402} \cdot e^{-0{,}1784 \cdot z}$

  $C_2 = (0{,}0123 \cdot z - 0{,}0925) \cdot \ln U + (0{,}0209 \cdot z - 0{,}1606)$

  $C_3 = 0{,}6$

  - **Eingabedaten:**

    $U = 0{,}63$ W/m²K

    $B' = 4{,}96$ m

    $z = 0$ m

  - **Berechnung der Konstanten C_1 und C_2:**

    $C_1 = 1{,}2915 \cdot e^{-0{,}076 \cdot 0\,m} \cdot 0{,}63^{0{,}3402\, e^{-0{,}1784 \cdot 0\,m}} = 1{,}1036$

    $C_2 = (0{,}0123 \cdot 0\,m - 0{,}0925) \cdot \ln 0{,}63 + (0{,}0209 \cdot 0\,m - 0{,}1606) = -0{,}1179$

  - **Berechnung des äquivalenten Wärmeverlustkoeffizienten U_{equiv}:**

    $U_{equiv} = 1.1036 \cdot 4{,}96 - 0{,}1179 - 0{,}6 = 0{,}314$ W/m²K

    Zum Vergleich aus dem Diagramm abgelesen: 0,32 W/m²K

7.1.2 Berechnung nach DIN EN 12831-1:2017-09

- **Ermittlung des Wertes U_{equiv} gemäß DIN/TS 12831-1:2020-04, Gleichung (3):**

$$U_{equiv} = \frac{a}{b+(c_1+B')^{n1}+(c_2+z)^{n2^*}+(c_3+U_k+\Delta U_{TB})^{n3}}+d$$

- **Übernahme aus bereits erfolgter Berechnung in Abschnitt 6.2.5.4:**

U_{equiv} = 0,36 W/m²K

7.1.3 Ergebnisse des Vergleichs

	2003	2017	Diff	Dimension	Abweich-nung
u_{equiv}	0,32	0,36	0,04	W/m²	11 %

Die neue Norm DIN EN 12831-1:2017-09 berechnet damit ca. 10% höhere Werte, wobei die Formel der alten Norm DIN EN 12831:2003-08 genauer den Tabellenwerten der Norm entsprach. Im Rahmen des Genauigkeitsanspruches der Heizlastberechnung ist dies jedoch von geringer Bedeutung.

7.2 Lüftungswärmeverluste

Bezüglich der Lüftungswärmeverluste gibt es zwischen den beiden Normausgaben Unterschiede in der Berechnung des Außenluftvolumenstromes durch Infiltration, da die Volumenströme gänzlich anders berechnet werden. Es gibt zwei wesentliche Unterschiede:

1. Die neue Norm berechnet die Infiltration eines Raumes im Verhältnis der Raumhüllflächen zur Zonenhüllfläche. In die Hüllfläche werden neben den an Außentemperatur grenzenden Flächen auch die an unbeheizte Nachbarräume grenzenden Flächen eingesetzt und somit werden auch diese Innenwände als Hüllfläche betrachtet.

   In diesem Beispiel sind das die Räume Essen, Flur und die Galerie. Am Raum 2 (Essen) soll dies verdeutlicht werden:

   Vergleich Raum Essen

   2003: $V_{inf} = 2 \cdot V \cdot n_{50} \cdot e \cdot \varepsilon$ (DIN EN 12831:2003-08, Gleichung 17)

   mit

   $V = 53{,}7\ m^3$

   $n_{50} = 3\ h^{-1}$

$e = 0$ (keine dem Wind ausgesetzt Fassade – DIN EN 12831 Bbl. 1: 2008-07, Tabelle 10)

$\varepsilon = 1{,}0$ (h < 10 m – DIN EN 12831 Bbl. 1: 2008-07, Tabelle 11)

$V_{inf} = 2 \cdot 53{,}7 \cdot 3 \cdot 0 = 0$ m³/h

2017: $q_{v,env,i} = 2 \cdot A_{env,} \cdot q_{env,50} \cdot f_{qv,z}$ (siehe 6.3.1.1 – Vertiefung)

mit

$A_{env} = 32{,}7$ m²

$q_{env,50} = 2$ m³(m² · h)

$f_{qv,z} = 0{,}05$

$q_{v,env,i} = 2 \cdot 32{,}7 \cdot 2 \cdot 0{,}05 = 6{,}6$ m³/h

2. Der weitere Unterschied besteht darin, dass in DIN EN 12831:2003-08 der infiltrierte Luftvolumenstrom in Abhängigkeit vom Raumvolumen V, in der aktuellen DIN EN 12831-1:2017-09 aber (richtigerweise) in Abhängigkeit von der Hüllfläche Aenv berechnet wird. Hierbei werden in die Hüllfläche neben an außen grenzenden Flächen (Außenwände mit Fenster und Türen und Dächer) auch solche Flächen eingesetzt, welche an unbeheizte Nachbarräume grenzen (DIN EN 12831-1:2017-09, Tabelle 6 – Eingangsgrößen, 1. Symbol Aenv,i).

   An zwei weiteren Beispielen soll dieser Unterschied verdeutlicht werden:

   Vergleich Raum Wohnzimmer

   2003: $V_{inf} = 2 \cdot V \cdot n_{50} \cdot e$

   mit

   $V = 53{,}7$ m³

   $n_{50} = 3$ h⁻¹

   $e = 0{,}03$

   $\varepsilon = 1{,}0$ (h < 10 m – DIN EN 12831 Bbl. 1: 2008-07, Tabelle 11)

   $V_{inf} = 2 \cdot 53{,}7 \cdot 3 \cdot 0{,}03 = 9{,}6$ m³/h

   2017: $q_{v,env,i} = 2 \cdot A_{env} \cdot q_{env,50} \cdot f_{qv,z}$

   mit

   $A_{env} = 32{,}5$ m²

   $q_{env,50} = 2$ m³/(m² · h)

   $f_{qv,z} = 0{,}05$

   $q_{v,env,i} = 2 \cdot 32{,}5 \cdot 2 \cdot 0{,}05 = 6{,}5$ m³/h

Vergleich Raum Vorräte

2003: $V_{inf} = 2 \cdot V \cdot n_{50} \cdot e$

mit

$V = 12{,}9\ m^3$

$n_{50} = 3\ h^{-1}$

$e = 0{,}02$

$\varepsilon = 1{,}0$ (h < 10 m – DIN EN 12831 Bbl. 1: 2008-07, Tabelle 11)

$V_{inf} = 2 \cdot 12{,}9 \cdot 2 \cdot 0{,}02 = 1{,}5\ m^3/h$

2017: $q_{v,env,i} = 2 \cdot A_{env,} \cdot q_{env,50} \cdot f_{qv,z}$

mit

$A_{env} = 15{,}4\ m^2$

$q_{env,50} = 2\ m^3/(m^2 \cdot h)$

$f_{qv,z} = 0{,}05$

$q_{v,env,i} = 2 \cdot 15{,}4 \cdot 2 \cdot 0{,}05 = 3{,}1\ m^3/h$

Gegenüberstellung

Es zeigt sich, dass die beiden verschiedenen Berechnungsmethoden nicht verglichen werden können; im Endergebnis ergibt sich eine Differenz von ca. ±50 % und mehr bis zu 100 %.

Tabelle 42: Vergleich infiltrierter Luftvolumenstrom (Auszug)

Raum	**DIN EN 12831:2003**	**DIN EN 12831-1:2017**	**Vergleich**	
	V_{inf}	$q_{v,env,i}$		
	m³/h			**%**
Essen	0	6,6	6,6	100
Wohnen	9,6	6,5	–3,1	–47,7
Vorräte	1,5	3,1	1,6	51,6

Nachfolgend ist noch einmal die Gesamtübersicht für alle Räume dargestellt:

Tabelle 43: Vergleich infiltrierter Luftvolumenstrom (gesamt)

Nr.	**Bezeichnung**	**2003**	**2017**	**Differenz**	
(i)		$q_{v,inf,i}$	$q_{v,env,i}$	Δq	
		m³/h			**%**
1	Küche	10,7	7,0	–3,7	–52,7
2	Essen		6,6	6,6	100,0
3	Wohnzimmer	9,6	6,5	–3,1	–47,7
4	Schlafzimmer	8,2	5,8	–2,4	–41,4
5	Bad EG	1,7	1,5	–0,2	–13,3
6	Flur		1,5	1,5	100,0
7	WC EG	0,6	0,7	0,1	14,3
9	Windfang	2,2	2,4	0,2	8,3
10	Vorräte	1,5	3,1	1,6	51,6
101	Arbeitszimmer	15,7	21,4	5,7	26,6
102	Kind 1	7,8	9,8	2,0	20,4
103	Kind 2	6,7	7,9	1,2	15,2
104	Bad OG	1,7	3,2	1,5	46,9
105	WC OG	0,7	1,7	1,0	58,8
106	Galerie	13,7	9,2	–4,5	–48,9
Summen		**80,8**	**88,3**	**7,5**	**8,5**

Allerdings wird der Mindestwert des Außenluftvolumenstromes in beiden Normen (und auch den früheren) gleich berechnet, sodass, bei heutigen dichten Bauweisen, der Lüftungswärmeverlust in den allermeisten Fällen aus dem Mindestwert berechnet wird.

7.3 Gesamtübersicht

Nachstehend eine Gesamtübersicht zum Vergleich der verschiedenen Normausgaben:

Tabelle 44: Gesamtvergleich DIN EN12831 Bbl. 1:2008-07 – DIN/TS 12831-1:2020-04

1	2	3	4	5	6	7	8	9	10	11
	DIN EN12831 Bbl 1:2008-07				**DIN/TS 12831-1:2020-04**				**Differenzen**	
Raum	Q_T	$Q_{V,inf}$	$Q_{V,min}$	Q_{HL}*	Φ_T	$\Phi_{V,inf}$	$\Phi_{V,min}$	Φ_{HL}*	$\Delta\Phi_{HL}$	
	W								**W**	**%**
Küche	983	123	343	1.326	921	75	320	1.241	−85	−6,8
Essen	617		207	824	669	71	193	740	−84	−11,4
Wohnen	718	108	301	1.019	686	70	286	972	−47	−4,8
Schlafen	548	95	264	812	516	62	246	762	−50	−6,6
Bad EG	378	22	91	469	368	18	86	454	−15	−3,3
Flur	−4				35	16		51	51	100,0
WC EG	140	7	29	169	132	7	27	159	−10	−6,3
Windfang	53	21	86	139	34	22	83	117	−22	−18,8
Vorräte	111	15	64	175	95	28	59	154	−21	−13,6
Arbeitsraum	1.219	158	439	1.658	1.114	231	470	1.584	−74	−4,7
Kind 1	678	94	262	940	574	106	235	809	−131	−16,2
Kind 2	494	93	259	753	444	86	201	645	−108	−16,7
Bad OG	529	22	91	620	460	39	86	546	−74	−13,6
WC OG	92	8	35	127	66	19	33	99	−28	−28,3
Galeria	591			591	466	99		877	286	32,6
	7.147	**766**	**2.471**	**9.618**	**6.582**	**949**	**2.325**	**9. 200**	**−598**	**−6,6**

* Die Heizlast (Spalte 5 bzw. Spalte 9) wird gebildet aus dem Transmissionswärmeverlust (Spalte 2 bzw. Spalte 6) und dem Maximum des Lüftungswärmeverlustes aus Infiltration (Spalte 3 bzw. Spalte 7) oder Mindestwert (Spalte 4 bzw. Spalte 8).

7.4 Fazit

DIN EN 12831-1:2017-09 in Kombination mit DIN/TS 12831-1:2020-04 berechnet in diesem Beispiel einen verminderten Wärmebedarf von insgesamt ca. −6,6 %.

7.4.1 Transmissionswärmeverluste

Die Berechnung des Transmissionswärmeverlustes ($A \cdot U \cdot \Delta\theta$) ist prinzipiell wie in allen Vorgängerversionen gleich geblieben. Der verminderte Transmissionswärmebedarf ist lediglich auf die abgesenkte Außentemperatur in Verbindung mit der Außentemperaturkorrektur und andere Korrekturfaktoren zurückzuführen. Ein kleiner Unterschied ergibt sich auch aus den etwas höheren Verlusten an Erdreich aufgrund einer anderen Berechnungsgleichung (welcher allerdings die Bilder 3 bis 6 bzw. die Tabellen 4 bis 7 zur Ermittlung des äquivalenten U-Wertes der Vorgängernorm DIN EN 12831-1:2003-08 zugrunde liegen).

2008: 7.147 W

2017: 6.582 W

Diff: −567 W −8,6%

7.4.2 Lüftungswärmeverluste

Die Berechnung des infiltrierten Außenluftvolumenstromes hat sich im Laufe der Zeit immer grundsätzlich gegenüber den Vorgängernormen geändert: 1929 und 1944/47 wurden noch Zuschläge auf die U-Werte von Fenstern und Türen eingerechnet, 1959 und 1983 wurden Fugendurchlässigkeiten von Fenstern und Türen eingeführt und 2003 eine grundsätzliche Gebäudedichtigkeit mit der Luftwechselrate n_{50} ohne besondere Berücksichtigung von Fenstern und Türen. Das Bezugsmaß war immer das Raumvolumen.

Mit Ausgabe DIN EN 12831-1:2017-09 wurde das Prinzip der Gebäudedichtigkeit mit der spez. Luftdurchlässigkeit q_{50} zwar beibehalten, aber als Bezugsmaß wurde die Hüllfläche eingesetzt. Aus diesem Grund können die Lüftungswärmeverluste aus infiltrierten Luftvolumenströmen nicht verglichen werden, wie zuvor gezeigt. Die Lüftungswärmeverluste aus Mindest-Luftvolumenstrom können verglichen werden und unterscheiden sich nur durch die neu angepassten Außentemperaturen.

In nachstehendem Vergleich muss beachtet werden, dass zur Berechnung der Lüftungswärmeverluste nicht die korrigierte Außentemperatur θ_e (im Beispiel −10,9 °C) eingesetzt wird, sondern die nur höhenkorrigierte Außentemperatur $\theta_{e,0}$ (im Beispiel −11,7 °C). Weiterhin gibt es in diesem Beispiel den Fall, dass in den Räumen Flur und Galerie kein Mindest-Luftwechsel vorgesehen ist, aber ein infiltrierter Luftvolumenstrom berechnet wird, da Bauteilflächen an die Außenluft (Dach Galerie) oder unbeheizte Nachbarräume (Flur und Galerie) grenzen.

Nachstehend der Vergleich des Lüftungswärmeverlustes aus minimalem Luftwechsel:

2008: 2.471 W

2017: 2.325 W

Diff: –146 W –6,3%

Die neue Art der Berechnung der infiltrierten Luftvolumenströme von außen ergibt zwar deutlich unterschiedliche infiltrierte Luftvolumenströme, da aber bei normal dichten Gebäuden der Mindestwert eingesetzt wird, wirkt sich dieser Umstand nicht aus.

Sieht man von innenliegenden Räumen mit $n_{min} = 0\ h^{-1}$ und an unbeheizte Nachbarräume grenzend ab, so ergibt sich praktisch nur ein Unterschied zur Vorgängernorm durch die Anhebung der Außentemperatur.

8 Erhöhte Auslegungstemperatur und Aufheizzuschlag

Gemäß DIN EN 12831-1:2017-09 kann mit dem Auftraggeber eine

- zusätzliche Aufheizleistung bei unterbrochenem Heizbetrieb (DIN/TS 12831-1:2020-04, Abschnitt 4.21)

und/oder eine

- Erhöhung der Standardwerte der Auslegungsinnentemperaturen (DIN/TS 12831-1:2020-04, Abschnitte 6.4, b) und c))

vereinbart werden. Diese Erhöhungen sind aber nur zur Berechnung der Raum-Heizlast einzusetzen. Diese Überdimensionierung gegenüber den Standardwerten gemäß DIN/TS 12831-1:2020-04, Abschnitt 6.4, Tabelle 32 ist ausdrücklich nicht bei der Dimensionierung des Wärmeerzeugers einzurechnen, um eben Überdimensionierungen zu vermeiden, es sei denn, es ist ausdrücklich (nach entsprechender Belehrung) mit dem Auftraggeber oder dem verantwortlichen Planer vereinbart.

Weiterhin ist in DIN/TS 12831-1:2020-04, Abschnitt 6.4c) festgelegt, dass eventuelle Zuschläge nicht addiert werden dürfen, sondern der höchste einzusetzen ist. Es erfolgt also keine Addition mehrerer Leistungszuschläge.

Im folgenden Beispiel ist der Raum 3 (Wohnen) mit einer erhöhten Auslegungstemperatur von + 3 K = 23 °C und einem Aufheizzuschlag dargestellt.

Hierzu ist noch Folgendes anzumerken:

Gemäß DIN EN 12831-1:2017-09 und DIN/TS 12831-1:2020-04 wird empfohlen, diese Zuschläge nicht in die Leistung des Wärmeerzeugers einzurechnen. Das hat aber die Konsequenz, dass bei der Auslegungsaußentemperatur die um den Komfortzuschlag erhöhte Auslegungsinnentemperatur nicht erreicht wird, wie nachstehend beispielhaft aufgeführt:

Auslegungsaußentemperatur: θ_e = –10,9 °C

Standardinnentemperatur: $\theta_{int,stand}$ = 20 °C

Temperaturdifferenz: $\Delta\theta_{int,stand,i\text{-}e}$ = 30,9 K (Standard-Temperaturdifferenz)

Komfortzuschlag: $\Delta\theta_{comf}$ = 3 K

Das bedeutet einen Komfortzuschlag von ca. 9,7 %. Unter der Voraussetzung, dass der Wärmeerzeuger genau dimensioniert ist, kann die Auslegungsinnentemperatur von 23 °C also nur bis –10,9 °C + 3 K = –7,9 °C eingehalten werden.

Nun ist es in der Praxis so, dass durch

- die Leistungssprünge des Wärmeerzeugers dieser in aller Regel sowieso etwas überdimensioniert ist,
- die Vollbelegung und dadurch vollständige Lastanforderung durch alle Wärmeabnehmer des Gebäudes (Gleichzeitigkeit = 1) wahrscheinlich nicht gegeben ist,
- die Heizfläche und das Rohrnetz ebenfalls um den Komfortzuschlag vergrößert sind.

Das bedeutet in der Praxis, dass bei Außentemperaturen in der Nähe der Auslegungsaußentemperatur ein gewisser Anteil des gewünschten Temperatur-Komfortzuschlages eingehalten wird, aber eben nicht in voller Höhe.

Diesen Umstand sollte man unbedingt mit dem Auftraggeber klären bzw. vereinbaren.

Nachfolgend sind die Berechnungen des Komfortzuschlages und des Wiederaufheizfaktors gezeigt.

8.1 Komfort-Zuschlag

8.1.1 Transmissionswärmeverluste

Die Komfort-Raumtemperatur (= Auslegungsinnentemperatur) beträgt 23 °C; die Außentemperatur $\Delta\theta_{e,0} = -10{,}9\,°C$

Es lassen sich nur Transmissionswärmeverluste im Verhältnis $\Delta\theta_1 \,/\, \Delta\theta_2$ einfach umrechnen, wenn die Bauteilflächen an Außenluft grenzen.

$$\Phi_2 = \Phi_1 \cdot \Delta\theta_1 \,/\, \Delta\theta_2$$

Im konkreten Fall (Raum Wohnen) nach Tabelle 45, Zeile 1: O, AW, $\Phi_{T,20°C} = 95$ W mit

$$\Delta\theta_1 = 20\,°C - (-)10{,}9\,°C = 30{,}9\text{ K}, \quad \Delta\theta_2 = 23°C - (-)10{,}9\,°C = 33{,}9\text{ K},$$

$$\Phi_{T,23°C} = 95 \cdot 33{,}9 \,/\, 30{,}9 = 104\text{ W}$$

Für Bauteilfläche, welche an beheizte Nachbarräume oder an Erdreich grenzen, müssen die Temperatur-Anpassungsfaktoren neu berechnet werden, im Beispiel der Fußboden an Erdreich mit $\theta_{e,g} = 9{,}6\,°C$:

$$f_{x,,20°C} = (\theta_{int} - \theta_{e,g}) \,/\, (\theta_{int} - \theta_{e,0}) = (20 - 9{,}6) \,/\, (20 - (-)10{,}9) = 0{,}34$$

$$f_{x,,23°C} = (\theta_{int} - \theta_{e,g}) \,/\, (\theta_{int} - \theta_{e,0}) = (23 - 9{,}6)/(23 - (-)10{,}9) = 0{,}40$$

Nachfolgend ist die Berechnung der Transmissionswärmeverluste dargestellt:

Tabelle 45: Transmissionswärmeverlustberechnung mit Komfort-Raumtemperatur = 23°C

1	2	3	4	5	6	7	8	9	10	11
								23°C	20°C	
Orientierung	Bauteil	Bauteilfläche	ie/ig/ia	Bauteilfläche	angrenzende Temperatur	Temperatur-anpassung	korrigierter *U*-Wert	Transmissions-Wärmeverlust	Transmissions-Wärmeverlust	Differenz
		A_k	ie / ia	A	$\theta_{x,k}$	$f_{i,k}$	$U_{c,equiv}$	$\Phi_{T,23°C}$	$\Phi_{T,20°C}$	$\Delta\Phi_T$
			iae / ig	m²	°C	–	W/m²K	W	W	W
O	AW1	8,1	ie	15,3	−10,9	1,00	0,38	104	95	9
	AW3	7,2	ie	7,2	−10,9	1,00	0,61	149	135	14
S	AW2	8,1	ie	9,6	−10,9	1,00	0,39	108	98	10
	AF1	1,4	ie	1,4	−10,9	1,00	1,45	70	64	6
S	IW4	0,3	iae	3,7	–	0,80	0,39	4	3	1
	IF1	3,3	iae	3,3	–	0,80	1,65	149	136	13
W	IW1	3,9	iae	3,9	–	0,10	1,33	18	16	2
H	FB1	24,8	ig	24,8	9,6	0,40	0,37	179	139	40
Differenz Transmissionswärmeverlust $\Delta\Phi_{comf,T}$										**95**

8.1.2 Lüftungswärmeverluste

In diesem Beispiel liegt eine mechanische Belüftung (Zuluft) vor. Der Lüftungswärmeverlust setzt sich also aus zwei Anteilen zusammen:

1. Außenluft durch Infiltration oder Mindestwert:

   Die einströmende Luft hat Außenlufttemperatur und kann daher im Verhältnis der Temperaturdifferenzen umgerechnet werden. Der Lüftungswärmeverlust bei $\Phi_{Venv/min,,20°C}$ beträgt 70 W:

   $\Phi_{V.env/min,23°C} = 70 \cdot 33{,}9 / 30{,}9 = 77$ W

   $\Delta\Phi_{V.env/min} = 77 - 70 = 7$ W

2. Zuluft:

   Der Zuluftvolumenstrom beträgt 47,1 m³/h, die Zulufttemperatur beträgt 16,4 °C, der Lüftungswärmeverlust $\Phi_{V,sup,20°C}$ = 57 W. Die Berechnung des Lüftungswärmeverlustes erfolgt mit der üblichen Formel:

   $\Phi_V = q_{sup} \cdot c_p \cdot \rho \cdot (\theta_{int} - \theta_{sup})$

   $\Phi_{V,sup} = 47{,}1 \cdot 0{,}34 \cdot (23 - 16{,}4) = 105$ W

   $\Delta\Phi_{V,sup} = 105 - 57 = 48$ W

Die Differenz des Lüftungswärmeverlusts $\Delta\Phi_{comf,V}$ beträgt damit 7 + 48 = 55 W

8.1.3 Zusammenfassung

Der Komfortzuschlag $\Delta\Phi_{comf}$ berechnet sich entsprechend zu:

Differenz Wärmeverlust		
Bezeichnung	**Symbol**	**W**
Transmission	$\Delta\Phi_{comf,T}$	95
Lüftung	$\Delta\Phi_{comf,V}$	55
Summe	$\Delta\Phi_{comf}$	**150**

8.2 Wiederaufheizfaktor

Die Berechnung des Wiederaufheizfaktors erfolgt nach DIN/TS 12831-1:2020-04, Abschnitt 4.21.2 und Tabelle 20:

Auslegungsinnentemperatur: $\theta_{int,i}$ = 24 °C

Außentemperatur während der Abkühlphase: $\theta_{e,sb}$ = –10,9 °C

Dauer der Abkühlphase (23:00 bis 05:00): $t_{sb,i}$ = 6 h

Zeitkonstante (berechnet in 6.2.4.4): τ = 138 h

Luftwechselrate: $n = 0{,}1\ h^{-1}$

wirksame Gebäudemasse: Zuordnung: mittel/hoch

Innentemperaturabfall (nach DIN/TS12831-1:2020-04, Gleichung (35))

$\Delta\theta_{sb,i} = \text{Min}((\theta_{int,i} - \theta_{e,sb}) \cdot (1 - e^{-\tau sb,i/\tau})\ ;\ \theta_{int,i} - \theta_{e,sb})$

$\Delta\theta_{sb} = (23 - 10) \cdot (1 - e^{-6/138})$

$\Delta\theta_{sb,i} = 1{,}48$ K

Wiederaufheizzeit: $t_{hu,i}$ = 2,0 h

Der spezifische Aufheizzuschlag kann nun mit dem ganzzahlig gerundeten Temperaturabfall aus DIN/TS 12831-1:2020-04, Tabelle 20 abgelesen werden. Eine lineare Interpolation zwischen Tabellenwerten ist hier ebenfalls zulässig. Für die vorliegende Berechnung wird beispielhaft linear interpoliert.

DIN/TS 12831-1:2020-04, Tabelle 20, werden folgende Werte entnommen:

Wiederaufheizleistung bei 1 K: 5 W/m²K

Wiederaufheizleistung bei 2 K: 15 W/m²K

Die spezifische Aufheizleistung bei einer Wiederaufheizzeit von 2 h und einem Temperaturabfall von 1,44 K ergibt sich wie folgt:

$$\varphi_{hu} = 5 + (15 - 5) \cdot \frac{1{,}44 - 1}{2 - 1} = 9{,}4\ \mathrm{W/m^2K}$$

Die Fläche des Raumes beträgt 20,44 m²; daraus berechnet sich folgender Zuschlag Aufheizleistung:

$\Phi_{hu,i}$ = 9,4 · 20,44 = 192 W

8.3 Einsatz in Heizlastberechnung

Gemäß DIN/TS 12831-1:2020-04, Abschnitt 6.4 werden die Zuschläge nicht addiert (um zu hohe Überdimensionierungen zu vermeiden), sondern das Maximum der Zuschläge:

Max($\Delta\Phi_{comf,}$; $\Phi_{hu,i}$)

Max (150 W ; 192 W) = 192 W

Nachfolgend ist die Wärmebedarfsberechnung des Beispielraumes Wohnzimmer dargestellt:

Projekt-Nr. / Bezeichnung	**1-2019**	Beispielberechnung			
RAUMHEIZLAST		Datum: 29.08.2019		Seite	R-3
Nutzungseinheit:	Wie Gebäude	Lüftungszone:	Wie Gebäude		
Geschoss EG	Raum-N 3	Bezeichnung:	Wohnzimmer		
Auslegungsinnentemperatur	$\theta_{int,st,i}$ 20 °C	+ $\Delta\theta_{comf,i}$	3 K = 3	$\theta_{int,ausleg,i}$	23 °C

Abmessungen				**Mindestaußenluftwechsel**	$n_{min,i}$	0,50	h^{-1}
Raumlänge	l_i	4,82	m	**Mindestaußenluftvolumenstrom**	$q_{v,min,i}$	26,6	m³/h
Raumbreite	b_i	4,24	m	**Mechanische Belüftung**			
Raumfläche	A_{NGF}	20,44	m²	Zuluftvolumenstrom	$q_{v,sup,i}$	47,1	m³/h
Geschosshöhe	$h_{G,i}$	2,86	m	Temperatur	$\theta_{rec,z}$	16,4	°C
Deckendicke	d_i	0,26	m	Abluftvolumenstrom	$q_{v,exh,i}$		m³/h
Raumhöhe	h_i	2,60	m	**Auslegungsvolumenstrom ALD**	$q_{v,ADT,design,i}$		m³/h
Raumvolumen	V_i	53,14	m³	**Überströmung aus Nachbarraum**			
Raum-Hüllfläche	$A_{env,i}$	32,46	m²	Volumenstrom	$q_{v,trans,ij}$		m³/h
Erdreich				Temperatur	$\theta_{transfer,ij}$		°C
Tiefe unter Erdreich	z_i	0,00	m	**Verbrennungs/techn. Volumenstrom**	$q_{v,comb,i}$		m³/h
Bodenfläche	$A_{g,i}$	24,77	m²	**Technischer Luftvolumenstrom**	$q_{v,techn,i}$	47,1	m³/h
exponierter Umfang	P_i	11,35	m	**Außenluft große Öffnungen**	$q_{v,open,i}$		m³/h
char. Bodenplattenmaß	B'_i	4,36	m	**Infiltration, ALD oder Mindestwert**	$q_{v,env/min,i}$	6,5	m³/h

1	2	3	4	5	6	7	8	9	10	11	12	13	14	15
Orientierung	Bauteil	Anzahl	Breite	Länge / Höhe	Bruttofläche	Abzugsfläche	Bauteilfläche	grenzt an	angrenzende Temperatur	Temperatur-anpassung	Bauteil U-Wert	Wärmebrückenzuschlag	Korrigierter U-Wert	Standard-Transmissions-Wärmeverlust
-	-	-	b_k	l/h_k	$A_{brutto,k}$	$A_{abzug,k}$	A_k	-	$\theta_{x,k}$	$f_{x,k}$	U_k	$\Delta U_{TB,k}$	$U_{c,equiv,k}$	$\Phi_{T,k}$
			m		m²				°C	-	W/m²K			W
O	AW	1	5,35	2,86	15,3	7,2	8,1	ie	-10,9	1,00	0,33	0,05	0,38	95
	AW	1	4,00	1,80	7,2		7,2	ie	-10,9	1,00	0,56	0,05	0,61	135
S	AW	1	3,35	2,86	9,6	1,4	8,1	ie	-10,9	1,00	0,34	0,05	0,39	98
	AF	1	1,01	1,42	1,4		1,4	ie	-10,9	1,00	1,40	0,05	1,45	64
S	IW	1	1,28	2,86	3,7	3,3	0,3	iae		0,80	0,34	0,05	0,39	3
	IF	1	1,28	2,60	3,3		3,3	iae		0,80	1,60	0,05	1,65	136
W	IW	1	1,37	2,86	3,9		3,9	iae		0,10	1,28	0,05	1,33	16
H	FB	1	5,35	4,63	24,8		24,8	ig	9,6	0,34	0,58	0,05	0,37	139

Σ Standard-Transmissionswärmeverlust	$\Phi_{T,stand,i}$	**686 W**
Lüftungswärmeverluste durch		
- Außenluftvolumenstrom (Infiltration, ALD oder Mindestwert)	$\Phi_{v,env/min,i}$	70 W
- Zuluftvolumenstrom	$\Phi_{v,sup,i}$	57 W
- Volumenstrom Überströmung	$\Phi_{v,transfer,i}$	0 W
Σ Standard-Lüftungswärmeverlust	$\Phi_{V,stand,i}$	**127 W**

Standardheizlast			$\Phi_{stand,i}$	**813 W**
Zuschlag erhöhte Auslegungsinnentemperatur		$\Delta\Phi_{comf,i}$ 150 W		
Zuschlag Aufheizleistung	9,4 W/m²	$\Phi_{hu,i}$ 192 W	Max($\Delta\Phi_{comf,i}$, $\Phi_{hu,i}$)	192 W
NORMHEIZLAST	**49,2 W/m²**	**18,9 W/m³**	$\Phi_{HL,i}$	**1.006 W**

Bild 68: Raumheizlast mit erhöhter Auslegungsinnentemperatur und Zusatz-Aufheizleistung

9 Hohe Räume

Unter hohen Räumen werden Räume definiert, die eine Raumhöhe ≥ 4,00 m aufweisen. In diesen hohen Räumen hat das Wärmeübergabesystem Einfluss auf die Heizlast des Raumes aufgrund

- der Temperaturschichtung in Abhängigkeit von der Höhe des Raumes, ausgedrückt durch den Lufttemperaturgradienten,
- von Unterschieden zwischen der Luft- und Raumtemperatur,
- höherer Wärmeverluste durch höhere Oberflächentemperaturen der inneren Begrenzungsflächen.

Diese Einflüsse werden durch Temperaturanpassungsfaktoren berücksichtigt. Die entsprechenden Merkmalen können folgender Tabelle entnommen werden:

Tabelle 46: DIN EN 12831-1:2017-09, Tabelle B.3 – Merkmale der Wärmeübergabe, Anhaltswerte

Wärmeabgabesystem	**Luft-tem-pera-tur-gra-dient**	**Differenz zwischen Luft- und operativer Tempera-tur**	**Korrekturterm für den Einfluss des Wärmeübergabesystems auf die Oberflächentemperatur**		
	$G_{\theta air,i}$ K/m	$\Delta\theta_{rad}$ K	$\Delta\theta_{surf}$ K		
			Boden	Wand	Decke
Warmluftheizung ohne zusätzliche Entschichtung	1,00	0,00	0,00	0,00	0,00
Warmluftheizung ohne zusätzliche Entschichtung	0,35	0,00	0,00	0,00	0,00
Deckenstrahlplatten	0,35	1,50	0,00	0,00	0,00
Dunkelstrahler (Standard) [a]	0,20	1,50	0,00	0,00	0,00
Hellstrahler (Standard) [a]	0,20	1,50	0,00	0,00	0,00
Oberflächenintegrierte Wärmübergabe	0,20	1,50	1,50 [b]	1,50 [b]	1,50 [b]
Radiatoren	1,00	1,00	0,00	0,00	0,00

a Für diese Wärmeabgabesysteme sind produktspez. Werte zulässig.

b Der gegebene Wert für $\Delta\theta_{surf}$ darf nur auf beheizte Oberflächen angewendet werden (z. B. der Fußboden in einem Raum mit Fußbodenheizung). Für unbeheizte Oberflächen gilt $\Delta\theta_{surf}$ = 0 K

9.1 Temperaturschichtung und Unterschiede zwischen Luft- und Raumtemperatur

Die Temperaturschichtung und Unterschiede zwischen Luft- und der mittleren Lufttemperatur sind abhängig

- vom vertikalen Lufttemperaturgradient $G_{\theta,air,i}$
- von der mittleren Temperaturdifferenz zwischen Luft- und der Betriebstemperatur $\Delta\theta_{qrad}$ (Auslegungsinnentemperatur).

Beide Werte sind im Anhang von DIN EN 12831-1:2017-09 in Tabelle B.3 angegeben und sind mit DIN V 18599 abgestimmt. Die mittlere Lufttemperatur $\theta^{*}_{int,i}$ wird gemäß DIN EN 12831-1:2017-09, Gleichung (49) berechnet:

$$\theta^{*}_{int,i} = \theta_{int,i} + G_{\theta,air,i} \cdot (2 - h_{ocup,i}) - \Delta\theta_{rad} \quad \text{in °C}$$

mit

$q_{int,i}$ Auslegungsinnentemperatur in °C

$G_{\theta,air,i}$ Lufttemperaturgradient in Abhängigkeit des Wärmeübergabesystems in K/m nach DIN EN 12831-1:2017-09, Tabelle B.3

$\Delta\theta_{rad}$ Korrekturterm zur Berücksichtigung der Differenz zwischen Luft- und operativer Temperatur (der Auslegungsinnentemperatur) nach DIN EN 12831-1:2017-09, Tabelle B.3

h_i in m die mittlere Raumhöhe

h_{occup} in m die Höhe des Aufenthaltsbereiches, Standardwert = 1,00 m (gemäß DIN EN 12831-1:2017-09, Tabelle B.3, Fußnote)

Anmerkung: Der Korrekturterm $\Delta\theta_{rad}$ stellt die produktspezifische Variante dar und wird gemäß DIN V 18599-5:2018-09, Gleichung (40) berechnet zu

$$\Delta\theta_{rad} = 10 \cdot \left[\frac{70}{RF + 0,2} + 0,354 \cdot \left(\frac{70}{p_h} \right)^{0,12} \cdot \left(\frac{10}{h_R} \right)^{0,15} - 0,9 \right]$$

mit

RF Strahlungsfaktor [–] (produktspezifischer Wert)

p_h Spezifische. Leistung in W/m²

h_R Raumhöhe in m

Hierbei stellt der Strahlungsfaktor *RF* den Produktwert dar.

Beispiel:

Halle mit h_R = 12,5 m Höhe, spez. Heizleistung p_h = 100 W/m², Produktwert *RF* = 0,80

$$\Delta\theta_{rad} = 10 \cdot \left[\frac{70}{0{,}87 + 0{,}2} + 0{,}354 \cdot \left(\frac{70}{60}\right)^{0{,}12} \cdot \left(\frac{10}{12{,}5}\right)^{0{,}15} - 0{,}9 \right] = -2{,}21\,\text{K}$$

Es wird ein negativer Wert errechnet, was bedeutet, dass die mittlere Innenlufttemperatur (operative Raumtemperatur) um 2,15 K niedriger ist als die Norm-Innentemperatur. In DIN EN 12831-1:2017-09, Gleichung (49) muss $\Delta\theta_{rad}$ daher als Absolutwert abgezogen werden.

9.1.1 Beispielberechnung

Die folgende Tabelle zeigt Berechnungsergebnisse für die mittlere Lufttemperatur $\theta^*_{int,i}$ auf Grundlage der Anhaltswerte aus DIN EN 12831-1:2017-09, Tabelle B.3.:

Tabelle 47: Berechnung der mittleren Innenlufttemperatur, Raumhöhe 12 m

1	2	3	4
Auszug aus DIN EN 12831-1:2017-09, Tabelle B.3 Wärmeübergabesystem	$G_{\theta,air,i}$ K/m	$\Delta\theta_{rad}$ K	$\theta^*_{int,i}$ °C
WL-Heizung ohne zusätzlicher Entschichtung	1,00		24,9
WL-Heizung mit zusätzlicher Entschichtung	0,35		21,7
Deckenstrahlplatten	0,35	1,5	20,2
Dunkelstrahler	0,20	1,5	19,5
Hellstrahler	0,20	1,5	19,5
Oberflächenintegrierte Wärmeübergabe	0,20	1,5	19,5
Radiatoren	1,00		24,9

Die grafische Darstellung dieser Ergebnisse sieht wie folgt aus:

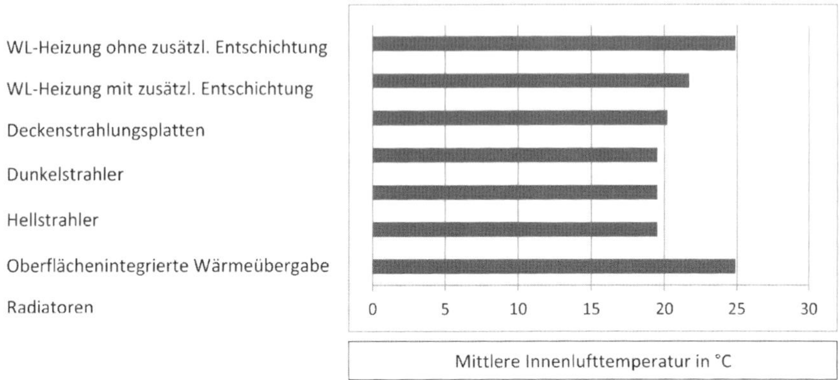

Bild 69: Mittlere Innenlufttemperatur bei Raumhöhe = 12 m

Es ist zu erkennen, dass bei Heizstrahlern die mittlere Innenlufttemperatur deutlich tiefer ist, als bei konvektiven Systemen. Hierzu sind folgende Erläuterungen zu beachten:

Wärme kann auf drei Arten übertragen werden:

- durch Leitung (Wärmefluss durch einen Festkörper aufgrund von Temperaturdifferenzen)
- durch Konvektion (ein gasförmiges oder flüssiges Medium, z. B. Luft, zirkuliert aufgrund von Temperaturunterschieden, z. B. an einem heißen Heizkörper, indem die erwärmte, spezifisch leichtere Luft aufsteigt, sich wieder abkühlt, spezifisch schwerer wird, erneut von Heizkörper erwärmt wird und wieder aufsteigt)
- durch Strahlung (z. B. durch Sonnenstrahlung oder Heizstrahler; dies ist ein physikalischer Vorgang in Abhängigkeit von der Oberflächentemperatur und der Oberflächenbeschaffenheit, z. B. der Farbe)

In den meisten Fällen besteht die Wärmeübertragung aus einer Kombination dieser drei Arten; bei Heizkörpern hauptsächlich aus Konvektion und einem geringeren Anteil Strahlung, wobei die Lufttemperatur ausschließlich durch die Konvektion erwärmt wird.

Bei reinen Strahlungsheizungen (Dunkelstrahler, Hellstrahler, Deckenstrahlplatten) erfolgt praktisch keine Konvektion, sondern die Wärmeübertragung durch Strahlung erhöht die Oberflächentemperaturen der Raum-Umfassungsflächen, die – neben der direkten Bestrahlung des Menschen durch den Strahler selbst – ihrerseits die Wärme durch Strahlung und Konvektion abgegeben.

Die Luft wird nicht auf direktem Wege erwärmt, sondern sekundär durch erwärmte Oberflächen. D. h., dass zur Erzielung einer bestimmten Raumtemperatur die Lufttemperatur kühler ist als bei Wärmeübertragung durch Konvektion – siehe Tabelle 47.

Bei konvektiven Heizungen (Warmluft) erfolgt die Wärmeübergabe genau anders herum: Wärmeenergie wird in Form warmer Luft in den Raum gebracht, die Erwärmung der Raumoberflächen und ggf. im Raum befindlicher Gegenstände erfolgt sekundär. Um eine gleiche Raumtemperatur zu erzielen, muss die Warmluftheizung deshalb mit höheren Lufttemperaturen arbeiten.

9.2 Temperaturen der inneren Begrenzungsflächen

Der Temperaturanpassungsfaktor $f_{ix,k}$ nach DIN EN 12831-1:2017-09 ist auch von der mittleren Temperatur $f_{ix,k}$ der Innenflächen eines Bauteils abhängig. Diese Abhängigkeit wird aber erst bei Räumen $\geq$ 4 m berücksichtigt. Gemäß DIN EN 12831-1:2017-09, Abschnitt 6.3.2.5 wird der Temperaturanpassungsfaktor $f_{ix,k}$ bestimmt durch

$$f_{ix,k} = f_1 + f_2$$

Für den Standardfall (Raumhöhe $<$ 4 m) gibt es für Wandbegrenzungsflächen, die nicht an Außenluft grenzen, nur die Beziehung:

$$f_{ix,k} = f_1 = \frac{\theta_{int,i} - \theta_x}{\theta_{int,i} - \theta_e}$$

mit θ_x = angrenzende Temperatur. Bei an die Außenluft grenzenden Flachen gilt daher $f_{ix,k}$ = 1,0. Bei hohen Räumen kommt der Faktor f_2 hinzu, welcher die mittlere Temperatur der Innenflächen berücksichtigt. Er wird wie folgt bestimmt:

$$f_2 = \frac{\theta^*_{int,k} - \theta_{int,i}}{\theta_{int,i} - \theta_e}$$

mit $\theta^*_{int,k}$ = mittlere Oberflächentemperatur der Raumbegrenzungsfläche in °C.

Die mittlere Oberflächentemperatur der Innenseite der Raumbegrenzungsflächen ist abhängig

- vom vertikalen Lufttemperaturgradient $G_{\theta,air}$,
- von der pauschalen Temperaturdifferenz zur Berücksichtigung der Differenz zwischen Luft- und Oberflächentemperatur $\Delta\theta_{surf}$.

Beide Werte sind im Anhang von DIN EN 12831-1:2017-09 in Tabelle B.3 angegeben und sind mit DIN V 18599 abgestimmt. Die mittlere Lufttemperatur $\theta^*_{int,k}$ wird gemäß DIN EN 12831-1:2017-09, Gleichung (48) berechnet:

$$\theta^{*}_{int,k} = \theta_{int,i} + G_{q,air,i} \cdot (h_k - h_{occup,i}) + \Delta\theta_{surf,k} \quad \text{in °C}$$

mit

$q_{int,i}$ Auslegungsinnentemperatur

$G_{q,air,i}$ Lufttemperaturgradient in Abhängigkeit des Wärmeübergabesystems nach DIN EN 12831-1:2017-09, Tabelle B.3

$\Delta\theta_{surf,k}$ Korrekturterm zur Berücksichtigung der Differenz zwischen Luft- und Oberflächentemperatur aufgrund von Bestrahlung

h_k mittlere Höhe des Bauteils (der Raumbegrenzungsfläche)

Fußboden: h_k = 0 m

Wand: h_k = 0,5 · Raumhöhe

Decke: h_k = Raumhöhe

h_{occup} Höhe des Aufenthaltsbereiches, Standardwert = 1,00 m (gemäß DIN EN 12831-1:2017-09, Tabelle B.3, Fußnote)

9.2.1 Beispielberechnung

Folgende Ausgangswerte werden für das Beispiel verwendet:

- Raumhöhe = 12 m
- Innentemperatur $q_{int,i}$ = 20 °C

Der Korrekturterm $\Delta\theta_{surf}$ beträgt einheitlich für alle beheizten Flächen (ob Boden, Wand oder Decke) q_{surf} = 1,5 K. Für alle unbeheizten Raumbegrenzungsflächen beträgt der Korrekturterm $\Delta\theta_{surf}$ = 0 K.

Die folgende Tabelle zeigt Berechnungsergebnisse für die mittlere Lufttemperatur $\theta^*_{int,k}$ auf Grundlage der Anhaltswerte aus DIN EN 12831-1:2017-09, Tabelle B.3.:

Tabelle 48: Oberflächentemperaturen

Wärmeübergabesystem	**aus Tabelle B.3**		**Boden**	**Wand**	**Decke**
	G_{qair} K/m	$\Delta\theta_{surf}$ K	$\theta^*_{int,k}$ °C		
WL-Heizung ohne zusätzlicher Entschichtung	1,00	0,0	20,0	25,0	31,0
WL-Heizung mit zusätzlicher Entschichtung	0,35	0,0	20,0	21,8	23,9
Deckenstrahlplatten	0,35	0,0	20,0	21,8	23,9
Dunkelstrahler	0,20	0,0	20,0	21,0	22,2
Hellstrahler	0,20	0,0	20,0	21,0	22,2
Oberflächenintegrierte Wärmeübergabe	0,20	1,5	21,5	22,5	23,2
Radiatoren	1,00	0,0	20,0	25,0	31,0

Die grafische Darstellung der Ergebnisse für Boden sieht wie folgt aus:

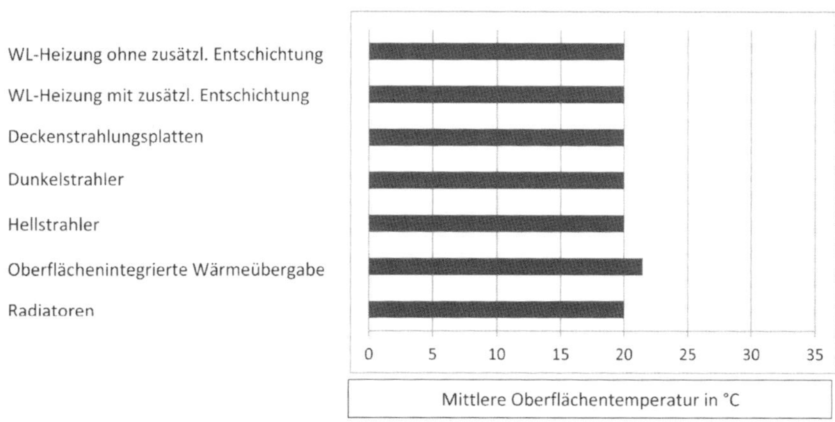

Bild 70: Oberflächentemperaturen Fußboden

Nur der Fußboden weist bei Fußbodenheizung eine höhere Oberflächentemperatur auf als die Innentemperatur. Dies muss auch so sein, da der Raum über den Fußboden beheizt wird.

Die grafische Darstellung der Ergebnisse für Wand sieht folgendermaßen aus:

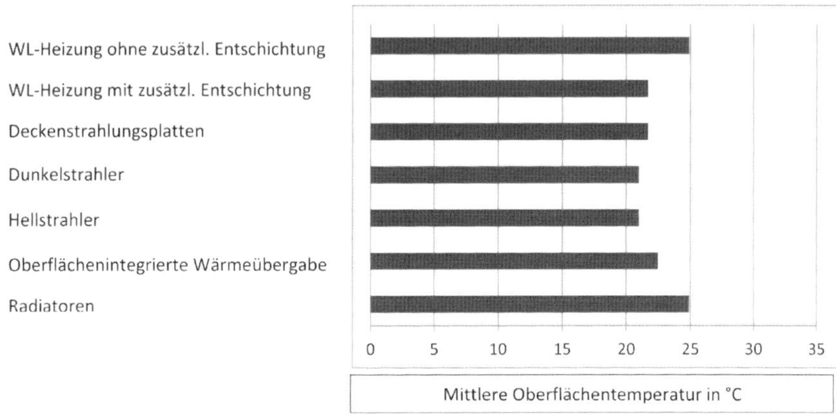

Bild 71: Oberflächentemperaturen Wand

Die Ergebnisse für Decke sind folgend dargestellt:

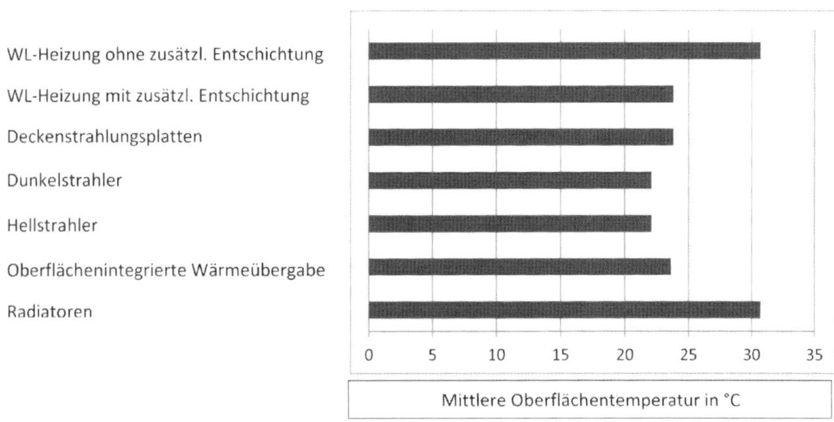

Bild 72: Oberflächentemperaturen Decken

9.3 Temperaturanpassungsfaktoren

Nachfolgende Tabellen geben einen Überblick darüber, welchen Einfluss Raumhöhe und Wärmeübergangssystem auf die Korrekturfaktoren haben:

Folgende Abkürzungen werden verwendet:

- FB: Fußboden
- AW: Außenwand
- IW: Innenwand
- DE: Decke
- DA: Dach

Tabelle 49: Temperaturanpassungsfaktoren WL-Heizung ohne zusätzlicher Entschichtung und Radiatoren

			FB	AW	IW	DE	DA
Auslegungsinnentemperatur	$\theta_{ausleg,i}$	°C	20				
angrenzende Temperatur	$\theta_{angrenz,i}$	°C	9,6*	−10,9	15	15	−10,9
Oberflächentemperatur	$\theta^*_{int,k}$	°C	20	24,9	24,9	30,7	30,7
* Jahresmittel der Außentemperatur							
Korrekturfaktoren	f_1	–	0,34	1,00	0,15	0,15	1,00
	f_2	–	0,00	0,16	0,14	0,32	0,36
$f_1 + f_2 =$	$f_{ix,k}$	–	**0,34**	**1,16**	**0,29**	**0,46**	**1,36**

Tabelle 50: Temperaturanpassungsfaktoren WL-Heizung mit zusätzlicher Entschichtung und Deckenstrahlheizung

			FB	AW	IW	DE	DA
Auslegungsinnentemperatur	$\theta_{ausleg,i}$	°C	20				
angrenzende Temperatur	$\theta_{angrenz,i}$	°C	9,6*	−10,9	15	15	−10,9
Oberflächentemperatur	$\theta^*_{int,k}$	°C	20	21,7	21,7	23,8	23,8
* Jahresmittel der Außentemperatur							
Korrekturfaktoren	f_1	–	0,34	1,00	0,15	0,15	1,00
	f_2	–	0,00	0,06	0,05	0,10	0,10
$f_1 + f_2 =$	$f_{ix,k}$	–	**0,34**	**1,06**	**0,20**	**0,25**	**1,10**

Tabelle 51: Temperaturanpassungsfaktoren Dunkel- und Hellstrahler

			FB	AW	IW	DE	DA
Auslegungsinnentemperatur	$\theta_{ausleg,i}$	°C	20				
angrenzende Temperatur	$\theta_{angrenz,i}$	°C	9,6*	–10,9	15	15	–10,9
Oberflächentemperatur	$\theta^{*}_{int,k}$	°C	20	21,7	21,7	23,8	23,8
* Jahresmittel der Außentemperatur							
Korrekturfaktoren	f_1	–	0,34	1,00	0,15	0,15	1,00
	f_2	–	0,00	0,03	0,03	0,07	0,07
$f_1 + f_2 =$	$f_{ix,k}$	–	**0,34**	**1,03**	**0,18**	**0,22**	**1,07**

Tabelle 52: Temperaturanpassungsfaktoren Oberflächenintegrierte Wärmeübergabe

			FB	AW	IW	DE	DA
Auslegungsinnentemperatur	$\theta_{ausleg,i}$	°C	20				
angrenzende Temperatur	$\theta_{angrenz,i}$	°C	8,5*	–14	15	15	–14
Oberflächentemperatur	$\theta^{*}_{int,k}$	°C	20	21,7	21,7	23,8	23,8
* Jahresmittel der Außentemperatur							
Korrekturfaktoren	f_1	–	0,34	1,00	0,15	0,15	1,00
	f_2	–	0,05	0,06	0,06	0,12	0,12
$f_1 + f_2 =$	$f_{ix,k}$	–	**0,38**	**1,06**	**0,21**	**0,27**	**1,12**

Zusammenfassend ergibt sich bei θ_e = −10,9°C, $\theta_{int,i}$ = 20 °C, Raumhöhe h_i = 12 m folgendes Bild:

Tabelle 53: Zusammenfassung Temperaturanpassungsfaktoren

Wärmeübergabe-system	**Temperaturanpassungsfaktor $f_{ix,k}$**				
	FB	**AW**	**IW**	**DE**	**DA**
		Erhöhung Faktor von → auf			
WL-Heizung o. Entschichtung	0,34	1,00 → 1,16	0,15 → 0,29	0,15 → 0,46	1,00 → 1,36
WL-Heizung m. Entschichtung	0,34	1,00 → 1,06	0,15 → 0,20	0,15 →0,25	1,00 → 1,10
Deckenstrahlplatten	0,34	1,00 → 1,06	0,15 → 0,20	0,15 →0,25	1,00 → 1,10
Dunkelstrahler	0,34	1,00 → 1,03	0,15 → 0,18	0,15 → 0,22	1,00 → 1,07
Hellstrahler	0,34	1,00 → 1,03	0,15 → 0,18	0,15 → 0,21	1,00 → 1,07
Oberflächenheizung	0,34 → 0,39	1,00 → 1,07	0,15 → 0,21	0,15 → 0,27	1,00 → 1,12
Radiatoren	0,34	1,00 → 1,16	0,15 → 0,29	0,15 → 0,46	1,00 → 1,32

Zur Verdeutlichung der Lesart der vorangestellten Tabelle soll folgendes Ablesebeispiel dienen:

Bauteil: Dach; Wärmeübergabesystem: WL-Heizung ohne zusätzlicher Entschichtung: $f_{ix,k}$ = 1,00 → 1,36, also eine Erhöhung um 36 %.

10 Außenluftvolumenstrom durch große Öffnungen

Eine vereinfachte Berechnung des Außenvolumenstroms durch große Öffnungen wird erstmals in DIN EN 12831-1, 2017-09 ermöglicht. Der Berechnungsansatz erlaubt es abzuschätzen, welche zusätzlichen Leistungen erforderlich werden, wenn große Öffnungen im Auslegungsfall langanhaltend offenstehen. Aus praktischer Sicht kann dies bei Hallengebäuden auftreten. Die Berechnungen zeigen jedoch, dass die erforderlichen Volumenströme und Leistungen sehr groß sind. Daher sind Maßnahmen zur Vermeidung des langanhaltenden Offenstehens großer Öffnungen vorzuziehen.

Liegen keine anderen konkreten Berechnungen vor, kann das in DIN/TS 12831-1:2020-04, Abschnitt 4.17 beschrieben Verfahren genutzt werden. Es gilt nur für große Öffnungen in vertikalen Außenflächen (±30°), nicht für große Öffnungen in Dächern. Wenn nicht alle großen Öffnungen gleichzeitig offenstehen, kann dies durch einen Gleichzeitigkeitsfaktor berücksichtigt werden.

10.1 Berechnung des Außenluftvolumenstroms durch große Öffnungen

10.1.1 Ermittlung der wirksamen Öffnungsflächen

Vor der Berechnung der Volumenströme sind zunächst die wirksamen Öffnungsflächen zu ermitteln. Dies geschieht durch eine festgelegte Regel, nach welcher die Öffnungen verschiedener Himmelsrichtungen (max. 8 Himmelsrichtungen: N, NO, O, SO, S, SW, W, NW) in zwei Gruppen

- Fläche Gruppe 1: $A_{\text{open,fac1,i}}$
- Fläche Gruppe 2: $A_{\text{open,fac2,i}}$

eingeteilt und zur

- Wirksamen Fläche: $A_{\text{open,fac1-2,i}}$

zusammengefasst werden. Allen Flächen einer Himmelsrichtung wird ein Index zugeordnet, beginnend mit „a“ bis max. „h“, falls alle 4 Haupt- und 4 Nebenhimmelsrichtungen große Öffnungen aufweisen. Bestimmend ist hierbei die flächenmäßig größte Öffnung. Sie gehört automatisch zur Gruppe 1 und erhält den Index „a“. Zu dieser, durch die größte Öffnung mit Index „a“ bestimmte Gruppe 1 gehören folgende weitere Gruppen:

Öffnungsfläche Gruppe 1 $A_{open,fac1,i}$ gem. DIN/TS 12831-1:2020-04, Gleichung (26):

$$A_{open,fac1,i} = \begin{cases} A_{a,i} + \min\langle A_{b,i} ; A_{n,i} \rangle \, wenn \, A_{a,i} < (A_{b,i} + A_{c,i} + \ldots + A_{n,i}) \\ A_{a,i} \, wenn \, A_{a,i} \geq (A_{b,i} + A_{c,i} + \ldots + A_{n,i}) \end{cases}$$

Daraus ergibt sich als Rest die

Öffnungsfläche Gruppe 2 $A_{open,fac2,i}$ gem. DIN/TS 12831-1:2020-04:2020-04, Gl. (27):

$$A_{open,fac2,i} = A_{a,i} + A_{b,i} + \ldots + A_{n,i} - A_{open,fac1,i}$$

Die gemeinsame Öffnungsfläche ergibt sich nun folgendermaßen:

Gemeinsame wirksame Öffnungsfläche Gruppe 1 + Gruppe 2 $A_{open,fac1\text{-}2,i}$ gem. DIN/TS 12831-1:2020-04, Gleichung (25):

$$A_{open,fac1\text{-}2,i} = (A_{open,fac1,i}{}^{-2} + A_{open,fac2,i}{}^{-2})^{-0,5}$$

10.1.2 Berechnung der Volumenströme

Grundsätzlich ergibt sich der Volumenstrom durch die Überlagerung von

- thermisch induzierten und
- durch Wind verursachte

Volumenströme. Der gesamte Volumenstrom eines Raumes durch große Öffnungen wird gem. DIN/TS 12831-1:2020-04, Gleichung (15) berechnet zu

$$q_{v,open,i} = \max\langle q_{v,open,fac1,i} + q_{v,open,fac2,i} ; q_{v,open,fac1\text{-}2,i} \rangle$$

wobei die thermisch induzierten und durch Wind verursachten Luftvolumenströme zusammengeführt werden:

Volumenstrom Gruppe 1 gem. DIN/TS 12831-1:2020-04, Gleichung (16):

$$q_{v,open,fac1,i} = \sqrt{q_{v,open,fac1,th,i}{}^2 + q_{v,open,fac1,w,i}{}^2}$$

Volumenstrom Gruppe 2 gem. DIN/TS 12831-1:2020-04, Gleichung (16):

$$q_{v,open,fac2,i} = \sqrt{q_{v,open,fac2,th,i}{}^2 + q_{v,open,fac2,w,i}{}^2}$$

Volumenstrom bei gemeinsamer Durchströmung gem. DIN/TS 12831-1:2020-04, Gleichung (17):

$$q_{v,open,fac1\text{-}2,i} = \sqrt{q_{v,open,fac1\text{-}2,th,i}{}^2 + q_{v,open,fac1\text{-}2,w,i}{}^2}$$

mit

$q_{v,open,i}$	Außenluftvolumenstrom des Raumes i durch große Öffnungen
$q_{v,open,fac1,i}$, $q_{v,open,fac2,i}$	Außenluftvolumenstrom durch die effektive Öffnungsfläche $A_{open,fac1,i}$ bzw. $A_{open,fac2,i}$
$q_{v,open,fac1,th,i}$, $q_{v,open,fac2,th,i}$	thermisch induzierter Luftvolumenstrom nach DIN/TS 12831-1:2020-04, Gleichung (18)
$q_{v,open,fac1,w,i}$, $q_{v,open,fac2,w,i}$	durch Wind verursachter Luftvolumenstrom nach DIN/TS 12831-1:2020-04, Gleichung (22)
$q_{v,open,fac1\text{-}2,i}$	Luftvolumenstrom durch die effektive gemeinsame Öffnungsfläche $A_{open,fac1\text{-}2,i}$
$q_{v,open,fac1\text{-}2,th,i}$	thermisch induzierter Luftvolumenstrom durch die effektive gemeinsame Öffnungsfläche $A_{open,fac1\text{-}2,i}$
$q_{v,open,fac1\text{-}2,w,i}$	durch Wind verursachter Luftvolumenstrom durch die effektive gemeinsame Öffnungsfläche $A_{open,fac1\text{-}2,i}$

Thermisch induzierte Volumenströme

Gruppe 1 gem. DIN/TS 12831-1:2020-04, Gleichung (18)

$$q_{v,open,fac1,th,i} = \frac{1}{3} \cdot C_D \cdot A_{open,fac1,i} \cdot \sqrt{\frac{g \cdot h_{1,i} \cdot \Delta\theta_{i\text{-}e}}{T_e}} \cdot 3600$$

Gruppe 2 gem. DIN/TS 12831-1:2020-04, Gleichung (18)

$$q_{v,open,fac2,th,i} = \frac{1}{3} \cdot C_D \cdot A_{open,fac2,i} \cdot \sqrt{\frac{g \cdot h_{2,i} \cdot \Delta\theta_{i\text{-}e}}{T_e}} \cdot 3600$$

Gemeinsame Durchströmung gem. DIN/TS 12831-1:2020-04, Gleichung (19)

$$q_{v,open,fac1\text{-}2,th,i} = C_D \cdot A_{open,fac1\text{-}2,i} \cdot \sqrt{\frac{2g \cdot h_{1\text{-}2,i} \cdot \Delta\theta_{i\text{-}e}}{T_e}} \cdot 3600$$

mit

$q_{v,open,fac1.th,i}$, $q_{v,open,fac2,th,i}$	thermisch induzierter Luftvolumenstrom durch die effektive Öffnungsfläche $A_{open,fac1,i}$ bzw. $A_{open,fac2,i}$
$Q_{v,open,fac1\text{-}2,th,i}$	thermisch induzierter gemeinsamer Luftvolumenstrom durch alle effektive Öffnungsflächen
C_D	Strömungswiderstandskoeffizient (Konstante C_D = 0,61)

$A_{open,fac1,i}$ $A_{open,fac2,i}$	Wirksame Flächen Gruppe 1 und Gruppe 2 nach DIN/TS 12831-1:2020-04, Gleichungen (26) und (27)
$A_{open,fac1-2,i}$	Wirksame Flächen aller Öffnungen bei gemeinsamer Durchströmung nach DIN/TS 12831-1:2020-04, Gleichung (25)
g	Fallbeschleunigung $g = 9{,}81$ m/s²
$h_{1,i}$ $h_{2,i}$	Höhe der effektiven Öffnungsflächen vom untersten zum höchsten Punkt aller realen Öffnungen ($h_{1,i}$ für Fassade $fac_{1;}$ $h_{2,i}$ für Fassade fac_2)
$\Delta h_{1-2,i}$	Höhendifferenz zwischen den Flächenschwerpunkten der Öffnungen Gruppe 1 und 2
$\Delta\theta_{i-e,fac1}$ $\Delta\theta_{i-e,fac2}$ $\Delta\theta_{i-e,fac1-2}$	Temperaturdifferenzen zwischen Innenluft- und Außenlufttemperatur $\theta^*_{int} - \theta_{e,0}$. Bei Räumen > 4 m ist die mittlere Innentemperatur θ^*_{int} einzusetzen. Diese wird nach DIN EN 12831-1:2020-04:2017-09, Gleichung (49) in Verbindung mit dem Erläuterungstext aus DIN/TS 12831-1:2020-04:2020-04, Abschnitt 4.17.2.2 bestimmt.
T_e	Mittlere absolute Außentemperatur $T_e = 273 + \theta_e$

Durch Wind induzierte Volumenströme

Gruppe 1 gem. DIN/TS 12831-1:2020-04, Gleichung (22)

$$q_{v,open,fac1,w,i} = 0{,}05 \cdot A_{open,fac1,i} \cdot v_{fac} \cdot 3600$$

Gruppe 2 gem. DIN/TS 12831-1:2020-04, Gleichung (22)

$$q_{v,open,fac2,w,i} = 0{,}05 \cdot A_{open,fac2,i} \cdot v_{fac} \cdot 3600$$

Gemeinsame Durchströmung gem. DIN/TS 12831-1:2020-04, Gleichung (23)

$$q_{v,open,fac1\text{-}2,w,i} = C_D \cdot A_{open,fac1\text{-}2,i} \cdot \sqrt{\Delta C_p} \cdot v_{fac} \cdot 3600$$

mit

$q_{v,open,fac1,w,i}$ $q_{v,open,fac2,w,i}$	thermisch induzierter Luftvolumenstrom durch die effektive Öffnungsfläche $A_{open,fac1,i}$ bzw. $A_{open,fac2,i}$
$q_{v,open,fac1-2,w,i}$	thermisch induzierter gemeinsamer Luftvolumenstrom durch alle effektive Öffnungsflächen
C_D	Strömungswiderstandskoeffizient (Konstante $C_D = 0{,}61$)
$A_{open,fac1,i}$ $A_{open,fac2,i}$	Wirksame Flächen Gruppe 1 und Gruppe 2 nach DIN/TS 12831-1:2020-04:2020-04, Gleichungen (26) und (27)

$A_{open,fac1\text{-}2,i}$ Wirksame Flächen aller Öffnungen bei gemeinsamer Durchströmung nach DIN/TS 12831-1:2020-04, Gleichung (25)

ΔC_p Differenz der Druckkoeffizienten zwischen Luv- und Lee-Seite mit $\Delta C_p = f_{shield} \cdot f_{height}$ nach DIN/TS 12831-1:2020-04, Tabellen 16 und 17

DIN/TS 12831-1:2020-04, Tabelle 16: Abschirmungsfaktor f_{shield}:
- Abschirmung stark: $f_{shield} = 0,5$
- Abschirmung normal: $f_{shield} = 1,0$
- Abschirmung keine: $f_{shield} = 1,5$

DIN/TS 12831-1:2020-04, Tabelle 17: Höhenfaktor f_{height}:
- $0\ m \le h_{g,z} < 15\ m$: $f_{height} = 0,75$
- $15\ m \le h_{g,z} \le 50\ m$: $f_{height} = 0,90$
- $50\ m < h_{g,z}$: $f_{height} = 1,00$

v_{fac} Mittlere lokale Windgeschwindigkeit an der Gebäudefassade nach DIN/TS 12831-1:2020-04, Gleichung (24)

$$v_{fac} = 1,36 \cdot v_{meteo} \cdot \frac{\ln \frac{h_{g,z}}{z_{0,site}}}{\ln \frac{80}{z_{0,site}}}$$

mit

v_{meteo} Meteorologische Windgeschwindigkeit, gemessen 10 m über dem Boden, in offener Lage. Ist kein lokaler Wert bekannt, ist $v_{meteo} = 3$ m/s einzusetzen

$h_{g,z}$ Mittlerer vertikaler Abstand der Lüftungszone zum Erdreich

$z_{0,site}$ Rauigkeitslänge für Windgeschwindigkeiten an der Fassade nach DIN/TS 12831-1:2020-04, Tabelle 18

- $h_{g,z} \le 80$ m: Abschirmung stark: $z_0 = 0,50$
  Abschirmung normal: $z_0 = 0,25$
  Abschirmung keine: $z_0 = 0,03$
- $h_{g,z} > 80$ m: $z_0 = 0,03$

10.1.3 Darstellung der Zusammenhänge Luftvolumenstrom große Öffnungen

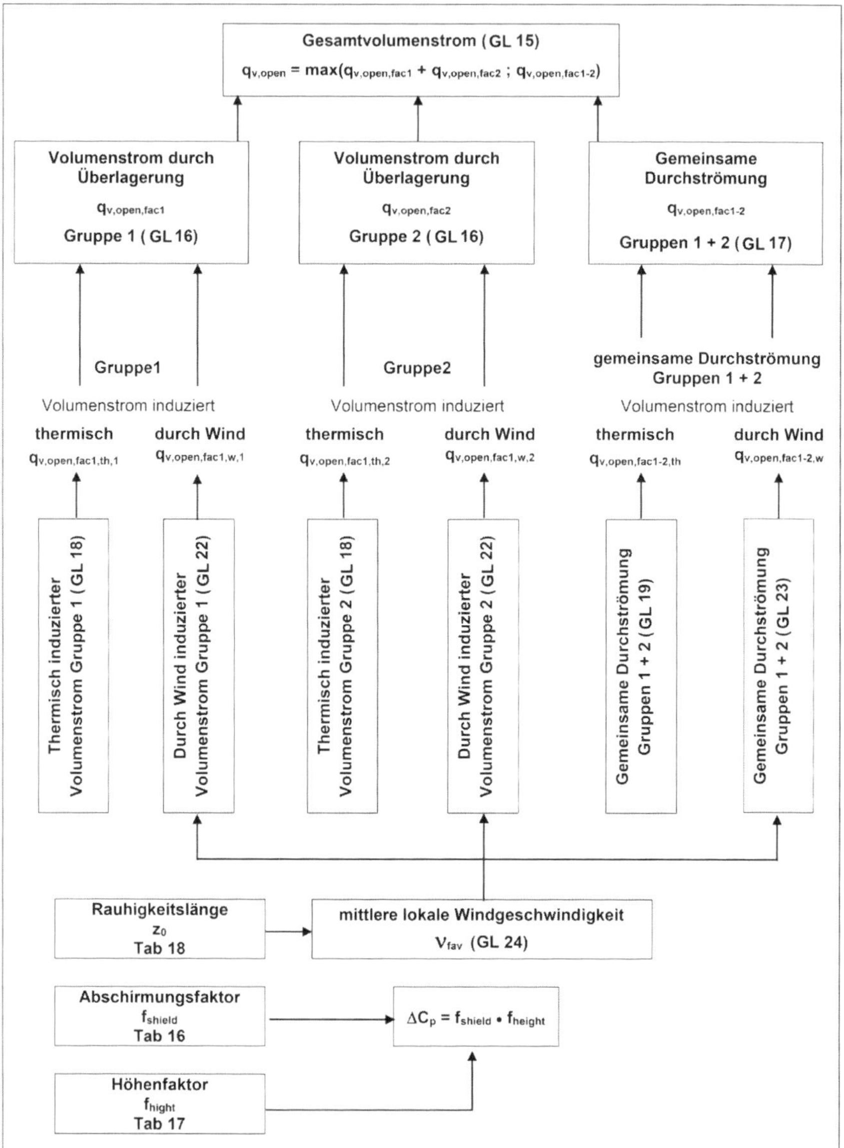

Bild 73: Berechnungsschema Luftvolumenstrom große Öffnungen nach DIN/TS 12831-1:2020-04

10.2 Beispiel

Das folgende Beispiel ist eine real gebaute Halle und wurde von der Bundesvereinigung der Firmen im Gas- und Wasserfach (figawa) zur Verfügung gestellt. In diesem Verband sind Firmen organisiert, welche speziell große Hallen mit dezentralen Wärmeübergabesystemen beheizen. Es handelt sich um eine freistehende Logistikhalle von 100 × 100 m und einer Höhe von 12 m. In der Nord- und Südwand sind große Tore vorhanden – siehe Tabelle 54.

Es soll ein Gleichzeitigkeitsfaktor von $f_{\text{GÖ}} = 0{,}2$ vorgesehen werden.

Es ist naturgemäß sehr schwierig, den Gleichzeitigkeitsfaktor zu bestimmen. Auf jeden Fall ist der Faktor mit dem Auftraggeber festzulegen bzw. von diesem vorzugeben. Es ist zu beachten, dass große Öffnungen als Abzugsflächen von Außenwänden zu behandeln sind. Daher werden diese wie Außenfenster oder Außentüren als Abzugsfläche zur jeweiligen Außenwand in das das Formblatt eingetragen. Sie haben allerdings keinen U-Wert und stellen somit auch kein Bauteil dar, dessen Transmissionswärmeverlust zu berechnen wäre. Dies ist damit begründet, dass der Lüftungswärmeverlust bei geöffneten Toren bei Weitem den Transmissionswärmverlust bei geschlossenen Toren übertrifft. Beide Verluste können aber nicht gleichzeitig auftreten.

Wichtig ist hierbei, dass für große Öffnungen das Kürzel „GÖ“ vorgesehen ist. Neben der Anzahl, der Breite und der Höhe (zur Flächenberechnung) ist noch die Höhe hu vom Bezugsniveau (in der Regel Oberkante Fertigfußboden oder Rampenhöhe) zur Unterkante der großen Öffnung einzutragen.

Da nur in zwei Himmelsrichtungen große Öffnungen vorliegen, geht die Indizierung der Öffnungsflächen auch nur von a bis b.

10.2.1 Berechnung der Öffnungsflächen der Gruppen 1 und 2

Zunächst ist die Zugehörigkeit der großen Öffnungen zu Fassade 1 oder 2 zu bestimmen:

Öffnungsfläche Gruppe 1 $A_{\text{open, fac1,i}}$ gemäß DIN/TS 12831-1:2020-04, Gleichung (26):

$$A_{\text{open,fac1,i}} = \begin{cases} A_{\text{a,i}} + \min\langle A_{\text{b,i}} ; A_{\text{n,i}} \rangle \; wenn \; A_{\text{a,i}} < (A_{\text{b,i}} + A_{\text{c,i}} + \ldots + A_{\text{n,i}}) \\ A_{\text{a,i}} \; wenn \; A_{\text{a,i}} \geq (A_{\text{b,i}} + A_{\text{c,i}} + \ldots + A_{\text{n,i}}) \end{cases}$$

Die größte Fläche ist die in der Nordwand und gehört damit automatisch in die Gruppe 1.

Summe aller Öffnungsflächen: $A_{\text{open, fac1,i}} = 90 + 18 = 108 \text{ m}^2$

1	2	3	4	5	6	7	8	9	10	11	12	13	14	15	16
Orientierung	Bauteil	Anzahl	Breite	Länge / Höhe	Bruttofläche	Abzugsfläche	Nettofläche	grenzt an	angrenzende Temperatur	mittlere Höhe über Fußboden	Korrektur-Faktor	U-Wert	Korrekturwert Wärmebrücke	Korrigierter U-Wert	Transmissions-Wärmeverlust
		n	b	l / h	A_{Brutto}	A_{Abzug}	A_{Netto}	e / a	θ_u / θ_{ij}	h_k	$f_{ix,k}$	U	ΔU_{TB}	$U_{c,equiv}$	Φ_T
			m		m²			ae/g	°C	m	-	W/m²K			kW
N	AW	1	100,00	12,00	1.200,0	125,0	1.075,0	e	-11,7	6,00	1,03	0,45	0,10	0,55	19,3
	AF	4	1,60	1,48	9,5		9,5	e	-11,7	1,84	1,01	1,00	0,10	1,10	0,3
	AT	2	1,70	2,20	7,5		7,5	e	-11,7	1,10	1,00	2,10	0,10	2,20	0,5
	GrÖ	10	3,00	3,00	90,0		90,0			0,00					
	GrÖ	1	4,00	4,50	18,0		18,0			0,00					
O	IW	1	100,00	12,00	1.200,0		1.200,0	a	15,0	6,00	0,19	1,00		1,00	7,3
S	AW	1	100,00	12,00	1.200,0	72,0	1.128,0	e	-11,7	6,00	1,03	0,45	0,10	0,55	20,3
	GrÖ	6	3,00	3,00	54,0		54,0			0,00					
	GrÖ	1	4,00	4,50	18,0		18,0			0,00					
W	IW	1	100,00	12,00	1.200,0		1.200,0	a	15,0	6,00	0,19	1,00		1,00	7,2
H	DA	1	100,00	100,00	10.000		10.000,	e	-11,7	12,00	1,07	0,30	0,10	0,40	135,4
H	FB	1	100,00	100,00	10.000		10.000,	g	9,6	0,00	0,33	0,54	0,10	0,11	18,4

Anmerkung: Zur besseren Kenntlichmachung wurde in diesem Beispiel die Norm-Bezeichnung für große Öffnungen (GO) durch das Kürzel ‚GrÖ' ersetzt.

Tabelle 54: Bauteileingabe große Öffnungen

Öffnungsfläche Gruppe 2 $A_{open,fac2,i}$:

Die Öffnungsfläche der Gruppe 2 ist demnach die Südwand.

Summe aller Öffnungsflächen: $A_{open,\,fac2,i} = 54 + 18 = 72\ m^2$

Öffnungsfläche gem. DIN/TS 12831-1:2020-04, Gleichung (25) bei gemeinsamer Durchströmung $A_{open,fac1\text{-}2,i}$:

$$A_{open,fac1\text{-}2,i} = (A_{open,fac1,i}{}^{-2} + A_{open,fac2,i}{}^{-2})^{-0,5}$$

$$A_{open,fac1\text{-}2,i} = (108^{-2} + 72^{-2})^{-0,5} = 59{,}9\ m^2$$

Nochmals zur Verdeutlichung: Da nur zwei Himmelsrichtungen mit großen Öffnungen vorhanden sind, wurde durch den Algorithmus in DIN/TS 12831-1:2020-04, Gleichung (20) die größere Öffnungsfläche, bestimmt durch den Index ‚a‘, der Fassade $A_{open,fac,1}$ zugeordnet. Dementsprechend wurde der kleineren Öffnungsfläche der Index ‚b‘ und damit der Fassade $A_{open,fac,2}$ zugeordnet.

10.2.2 Berechnung der Schwerpunkthöhen $y_{S,fac1/2,i}$, $y_{S,fac1\text{-}2,i}$ und der Höhendifferenz $\Delta h_{1\text{-}2,i}$

Diese Höhendifferenzen müssen ermittelt werden, da sie maßgeblich entscheidend sind zur Bestimmung der thermisch induzierten Volumenströme. Mit diesen Werten sind die mittleren Innenlufttemperaturen $\theta_{*int,i}$ gemäß DIN EN 12831-1:2017-09, Gleichung (49) zu berechnen. Die Temperaturdifferenzen $\theta_{i\text{-}e,fac(1,2,1\text{-}2)} = \theta_{*int,i} - \theta_e$ werden zu Berechnung der thermisch induzierten Luftvolumenströme eingesetzt, wie später in der Beispielberechnung noch genauer gezeigt wird.

Die Höhendifferenzen werden aus den Flächenschwerpunkten der jeweiligen zur Fassade 1 und 2 gehörigen Flächen und deren mittlerer Abstand von der Bezugsebene (in diesem Beispiel der Fußboden) berechnet. Diese Berechnungen sind etwas aufwendig und sollen im Folgenden nachvollziehbar dargestellt werden.

Zunächst sind die Schwerpunkthöhen der einzelnen Öffnungsflächen zu bestimmen:

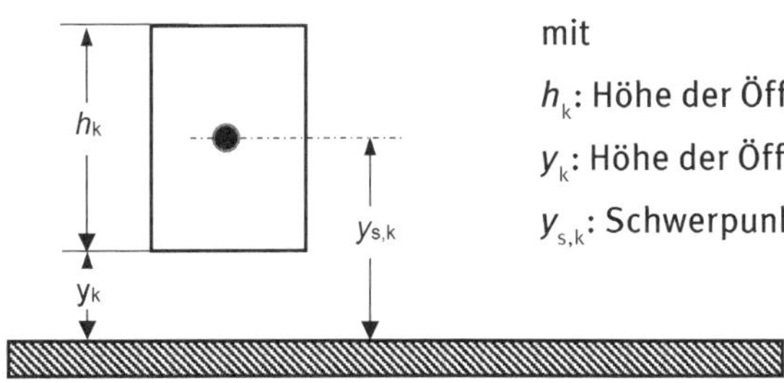

mit

h_k: Höhe der Öffnung k (k = Laufindex)

y_k: Höhe der Öffnung über OK Fußboden

$y_{s,k}$: Schwerpunkthöhe = $h_k/2 + y_{s,k}$

Fassade $A_{open,fac,1}$

1. Öffnungsfläche $A_{1,1}$:
   Höhe $h_{1,i}$ = 4,50 m, Abstand zum Boden y_k = 0 m (ebenerdig)
   Schwerpunkthöhe $y_{S,fac,1,1,i} = h_k/2 + y_{s,1}$ = 4,50 / 2 + 0 = 2,25 m
2. Öffnungsfläche $A_{2,2}$:
   Höhe $h_{1,i}$ = 3,00 m, Abstand zum Boden y_k = 0 m
   Schwerpunkthöhe $y_{S,fac,1,2,i} = h_k/2 + y_{s,2}$ = 3,00 / 2 + 0 = 1,50 m

Fassade $A_{open,fac,2}$

1. Öffnungsfläche $A_{2,1}$:
   Höhe $h_{1,i}$ = 4,50 m, Abstand zum Boden y_k = 0 m
   Schwerpunkthöhe $y_{S,fac,2,1,i} = h_k/2 + y_{s,1}$ = 4,50 / 2 + 0 = 2,25 m
2. Öffnungsfläche $A_{2,2}$:
   Höhe $h_{1,i}$ = 3,00 m, Abstand zum Boden y_k = 0 m
   Schwerpunkthöhe $y_{S,fac,2,2,i} = h_k/2 + y_{s,2}$ = 3,00 / 2 + 0 = 1,50 m

Anmerkung: In diesem Fall sind die beiden Schwerpunkthöhen gleich, da identische Höhen der großen Öffnungen (im realen Leben: Hallentore).

Nun können die Schwerpunkthöhen der Öffnungsflächen der Gruppen 1 und 2 in Abhängigkeit der Öffnungsflächen berechnet werden. Diese werden gemäß DIN/TS 12831-1:2020-04, Gleichung (21) berechnet zu

$$y_{s,fac1/2,i} = \frac{\sum (y_{s,k} \cdot A_k)}{\sum A_k}$$

Fassade $A_{open,fac,1}$

$$y_{s,fac1} = \frac{2{,}25 \cdot 18{,}0 + 1{,}50 \cdot 90{,}0}{18{,}0 \cdot 90{,}0} = \frac{175{,}5}{108{,}0} = 1{,}63\,\text{m}$$

Fassade $A_{open,fac,2}$

$$y_{s,fac2} = \frac{2{,}25 \cdot 18{,}0 + 1{,}50 \cdot 54{,}0}{18{,}0 + 54{,}0} = \frac{121{,}5}{72{,}0} = 1{,}69\,\text{m}$$

Die Höhendifferenz $\Delta h_{1\text{-}2}$ ergibt sich nun aus der Differenz dieser beiden Höhen zu

$\Delta h_{1\text{-}2}$ = | 1,63 – 1,69 | = 0,06 m

Als letzte Größe in diesem Zusammenhang ist noch die gemeinsame Schwerpunkthöhe der beiden Gruppen zu berechnen:

Aus den Werten der Schwerpunktberechnungen $y_{s,fac1}$ und $y_{s,fac2}$:

$$y_{s,fac1\text{-}2} = \frac{175{,}5 + 121{,}5}{108{,}0 + 72{,}0} = \frac{297{,}0}{180} = 1{,}65\,\text{m}$$

Der Berechnungsgang ist nachfolgend nochmals tabellarisch sowie grafisch dargestellt:

Tabelle 55: Schwerpunkthöhen $y_{S,fac1/2,i}$, $y_{S,fac1\text{-}2,i}$ und Höhendifferenz $\Delta h_{1\text{-}2}$

Zeile	Benennung	Fassade $A_{open,fac\,1}$		Fassade $A_{open,fac\,2}$	
		$A_{1,1}$	$A_{1,2}$	$A_{1,1}$	$A_{2,2}$
1	Anzahl Tore	1	10	1	6
2	Höhe h_k	4,5 m	3,0 m	4,5 m	3,0 m
3	Breite b_k	4,0 m	3,0 m	4,0 m	3,0 m
4	Öffnungsfläche $A_{k,fac1/2}$	18,0 m²	9,0 m²	18,0 m²	9,0 m²
5	Summe Öffnungsflächen ΣA_k	18,0 m²	90,0 m²	18,0 m²	54,0 m²
6	tiefster Punkt zum Bezugsniveau y_k	0 m	0 m	0 m	0 m
7	Schwerpunkthöhe $y_{s,k} = h_k/2 + y_k$	2,25 m	1,50 m	2,25 m	1,50 m
8	$y_{s,k} \cdot A_k$	40,5 m² · m	135,0 m² · m	40,5 m² · m	81,0 m² · m
9	$\Sigma A_{k,fac1/2}$	108,0 m²		72,0 m²	
10	$\Sigma y_{S,k} \cdot A_k$	175,5 m² · m		121,5m² · m	
11	$y_{S,fac1/2} = \Sigma(y_{s,k} \cdot A_k)/\Sigma A_k$ DIN/TS (21)	1,63 m		1,69 m	
12	$y_{S,fac1\text{-}2}$ (beide Gruppen) DIN/TS (21)	(175,5 + 121,5) / (108 + 72) = 1,65 m			
13	$\Delta h_{1\text{-}2} = \lvert y_{S,fac1} - y_{S,fac2} \rvert$ DIN/TS (20)	**0,06 m**			

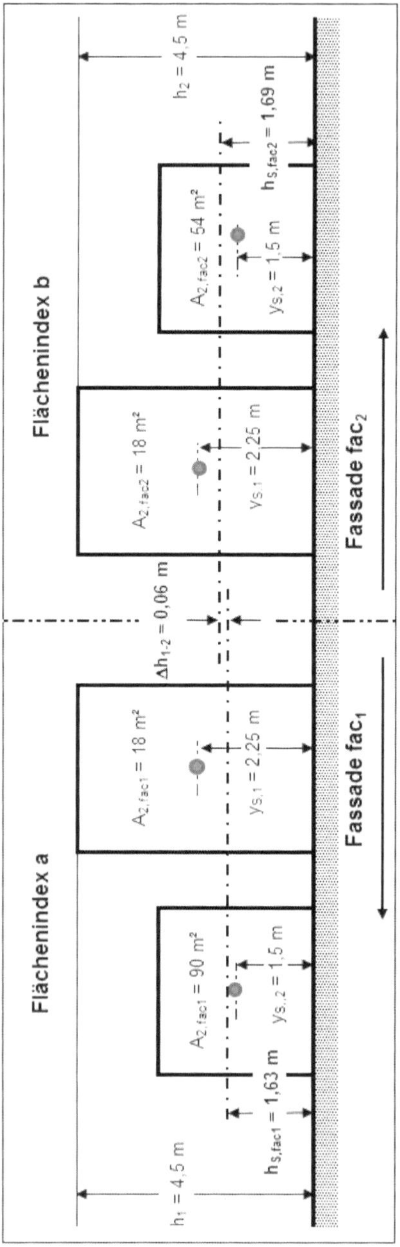

Bild 74: Grafische Darstellung der Schwerpunkthöhen und der Höhendifferenz

10.2.3 Berechnung der Volumenströme

10.2.3.1 Thermisch induzierte Volumenströme

Thermisch induzierter Volumenstrom Gruppe 1 gem. DIN/TS 12831-1:2020-04, Gleichung (19):

$$q_{v,open,fac1,th,i} = \frac{1}{3} \cdot C_D \cdot A_{open,fac1,i} \cdot \sqrt{\frac{g \cdot h_{1,i} \cdot \Delta\theta_{i\text{-}e,fac1}}{T_e}} \cdot 3600$$

Bevor der thermisch induzierte Volumenstrom mit dieser Formel berechnet werden kann, sind noch die Differenzen zwischen der Innenlufttemperatur des Raumes an der jeweiligen Öffnung und der Außentemperatur zu berechnen. Alle anderen Werte sind bekannt.

Berechnung der Variablen $\Delta\theta_{i\text{-}e}$

$\Delta\theta_{i\text{-}e} = \theta_{int} - \theta_{e,0}$

Hierzu ist anzumerken:

θ_{int} Gemäß DIN EN 12831-1:2017-09 ist für Räume > 4 m die Innentemperatur θ^*_{int} einzusetzen. Diese wird in Abhängigkeit des Wärmeübergabesystems und der Höhe des Raumes nach Gleichung (49) berechnet. Im Sonderfall der großen Öffnungen wird aber nicht die halbe Raumhöhe h/2 eingesetzt, sondern der zuvor berechnete Mittelwert der Schwerpunkthöhe aller großen Öffnungen. Als Wärmeübergabesystem wurde ein Hellstrahler gewählt

$\theta^*_{int} = \theta_{int} + G_{\theta,air,i} \cdot (h/2 - h_{occup,i}) - \Delta\theta_{rad}$

mit

$\theta_{int} = 20\,°C$

$G_{\theta,air,I} = 0{,}2$ K/m (DIN EN 12831-1:2017-09, B.2.6, Tabelle B.3)

$h/2 = 1{,}63$ m (siehe Tabelle 55)

$h_{occup,i} = 1{,}0$ m (Standardwert)

$\Delta\theta_{rad} = 1{,}5$ K (Standardwert nach DIN EN 12831-1:2017-09, B.2.6, Tabelle B.3)

Berechnung:

$\theta_{*int} = 20 + 0{,}2 \cdot (1{,}63 - 1) - 1{,}5 = 18{,}6\,°C$

$\theta_{e,0}$ Es wird zur Berechnung von Lüftungswärmeverlusten nicht die mit der Zeitkonstante korrigierte Auslegungstemperatur $\theta_{e,0}$ eingesetzt, sondern die höhenkorrigierte Außentemperatur $\theta_{e,0}$

$\theta_{e,0}$ 11,7 °C (Standort 38448 Wolfsburg, keine Höhenkorrektur, da $h_{build} - h_{ref} < 200m$)

Daraus ergibt sich:

$\Delta\theta_{i\text{-}e} = 18{,}6 - (-)11{,}7 = 30{,}3$ K

Berechnung des thermisch induzierten Luftvolumenstromes Gruppe 1:

Die Berechnung des thermisch induzierten Luftvolumenstromes Gruppe 1 erfolgt nach DIN/TS 12831-1:2020-04, Gleichung (18):

$$q_{v,open,fac1,th,i} = \frac{1}{3} \cdot C_D \cdot A_{open,fac1,i} \cdot \sqrt{\frac{g \cdot h_{2,i} \cdot \Delta\theta_{i\text{-}e,fac1}}{T_e}} \cdot 3600$$

mit

$C_D = 0{,}61$ (Konstante)

$A_{open,fac1} = 108\ m^2$

$g = 9{,}81\ m/s^2$

$h_1 = 4{,}5$ m (höchste Höhe der großen Öffnungen der Gruppe 1)

$\Delta\theta_{i\text{-}e,fac1} = 30{,}3$ K (wie zuvor berechnet)

$T_e = 261{,}3$ K (273 K + (–) 11,7°C)

Berechnung:

$$q_{v,open,fac1,th,i} = \frac{1}{3} \cdot 0{,}61 \cdot 108 \cdot \sqrt{\frac{9{,}81 \cdot 4{,}5 \cdot 30{,}3}{261{,}3}} \cdot 3600 = 178{,}866\ m^3/h$$

Berechnung des thermisch induzierten Luftvolumenstromes Gruppe 2

Die Berechnung des thermisch induzierten Luftvolumenstromes Gruppe 2 erfolgt in gleicher Weise ebenfalls nach DIN/TS 12831-1:2020-04, Gleichung (18):

$$q_{v,open,fac2,th,i} = \frac{1}{3} \cdot C_D \cdot A_{open,fac2,i} \cdot \sqrt{\frac{g \cdot h_{2,i} \cdot \Delta\theta_{i\text{-}e,fac2}}{T_e}} \cdot 3600$$

mit

$C_D = 0{,}61$ (Konstante)

$A_{open,fac2} = 72{,}0\ m^2$

$g = 9{,}81\ m/s^2$

$h_2 = 4{,}5$ m

$\Delta\theta_{\text{i-e,fac2}} = 30{,}3\ \text{K}$ (wie zuvor berechnet)

$T_e = 261{,}3\ \text{K}$ (273 K + (–) 11,7°C)

Berechnung:

$$q_{\text{v,open,fac2,th,i}} = \frac{1}{3} \cdot 0{,}61 \cdot 72 \cdot \sqrt{\frac{9{,}81 \cdot 4{,}5 \cdot 30{,}3}{261{,}3}} \cdot 3600 = 119{,}244\ \text{m}^3/\text{h}$$

Berechnung der gemeinsamen Durchströmung

Die Berechnung der gemeinsamen Durchströmung erfolgt nach DIN/TS 12831-1:2020-04, Gleichung (19):

$$q_{\text{v,open,fac1-2,th,i}} = C_D \cdot A_{\text{open,fac1-2,i}} \cdot \sqrt{\frac{2g \cdot h_{\text{1-2,i}} \cdot \Delta\theta_{\text{i-e}}}{T_e}} \cdot 3600$$

mit

$C_D = 0{,}61$ (Konstante)

$A_{\text{open,fac1-2}} = 59{,}9\ \text{m}^2$

$g = 9{,}81\ \text{m/s}^2$

$\Delta h_{1\text{-}2} = 0{,}06\ \text{m}$ (siehe Tabelle 55)

$\Delta\theta_{\text{i-e}} = 30{,}3\ \text{K}$ (wie zuvor berechnet)

$T_e = 261{,}3\ \text{K}$ (273 K + (–) 11,7°C)

Berechnung:

$$q_{\text{v,open,fac1-2,th,i}} = 0{,}61 \cdot 59{,}9 \cdot \sqrt{\frac{2 \cdot 9{,}81 \cdot 0{,}06 \cdot 30{,}3}{261{,}3}} \cdot 3600 = 48{,}606\ \text{m}^3/\text{h}$$

10.2.3.2 Durch Wind induzierte Volumenströme

Zunächst erfolgt die Ermittlung der Werte ΔC_p (Differenz der Druckkoeffizienten zwischen Luv- und Lee-Seite) und z_0 (Rauigkeitslänge für Windgeschwindigkeit an der Fassade), anschließend die Berechnung von v_{fac} (mittlere lokale Windgeschwindigkeit an der Gebäudefassade).

Zonenhöhe Δh_z = Gebäudehöhe = 12 m und somit $h_{g,z}$ = 6 m (halbe Gebäudehöhe)

Berechnung ΔC_p nach DIN/TS 12831-1:2020-04, Tabellen 16 und 17:

$$\Delta C_p = f_{\text{shield}} \cdot f_{\text{height}}$$

DIN/TS 12831-1:2020-04, Tabelle 16: Abschirmungsfaktor f_{shield}:

Abschirmung	f_{shield}
stark	0,5
normal	1,0
keine	1,5

DIN/TS 12831-1:2020-04, Tabelle 17: Höhenfaktor f_{height}:

Vertikaler Abstand der Zone zum Erdreich	f_{height}
$0\ m \leq h_{g,z} < 15\ m$	0,75
$15\ m \leq h_{g,z} \leq 50\ m$	0,90
$50\ m < h_{g,z}$	1,00

Abschirmung normal, daraus: $f_{shield} = 1{,}0$

Höhe $h_{g,z} < 15$ m, daraus: $f_{height} = 0{,}75$

$\Delta C_p = 1{,}0 \cdot 0{,}75 = 0{,}75$

Ermittlung Rauigkeitslänge z_0 aus DIN/TS 12831-1:2020-04, Tabelle 18:

Vertikaler Abstand der Zone zum Erdreich	**Abschirmung**	z_0
$h_{g,z} \leq 80\ m$	Stark	0,50
	Normal	0,25
	keine	0,03
$h_{g,z} > 80\ m$		0,03

Abschirmung normal, Höhe $h_{g,z} \leq 80$ m, daraus: $z_0 = 0{,}25$

Berechnung v_{fac}:

$$v_{fac} = 1{,}36 \cdot v_{meteo} \cdot \frac{\ln \frac{h_{g,z}}{z_{0,site}}}{\ln \frac{80}{z_{0,site}}}$$

$$v_{fac} = 1{,}36 \cdot 3{,}0 \cdot \frac{\ln \frac{6{,}0}{0{,}25}}{\ln \frac{80}{0{,}25}} = 2{,}25\,\text{m/s}$$

Durch Wind induzierter Volumenstrom Gruppe 1 gem. DIN/TS 12831-1: 2020-04, Gleichung (22):

$$q_{v,open,fac1,w,i} = 0{,}05 \cdot A_{open,fac1,i} \cdot v_{fac} \cdot 3600$$ mit

$A_{open,fac1}$ 108 m²

v_{fac} 2,25 m/s

Berechnung:

$$q_{v,open,fac1,w} = 0{,}05 \cdot 108 \cdot 2{,}25 \cdot 3600 = 43{,}740\,\text{m}^3/\text{h}$$

Durch Wind induzierter Volumenstrom Gruppe 2 gem. DIN/TS 12831-1: 2020-04, Gleichung (22):

$$q_{v,open,fac2,w,i} = 0{,}05 \cdot A_{open,fac2,i} \cdot v_{fac} \cdot 3600$$

mit

$A_{open,fac1}$ 72 m²

v_{fac} 2,25 m/s

$$q_{v,open,fac2,w} = 0{,}05 \cdot 72 \cdot 2{,}25 \cdot 3600 = 29.160\,\text{m}^3/\text{h}$$

Gemeinsame Durchströmung gem. DIN/TS 12831-1:2020-04, Gleichung (23):

$$q_{v,open,fac1\text{-}2,w,i} = C_D \cdot A_{open,fac1\text{-}2,i} \cdot \sqrt{\Delta C_p} \cdot v_{fac} \cdot 3600\,\text{h}$$ mit

$A_{open,fac1\text{-}2}$ 59,9 m²

ΔC_p 0,75

C_D 0,61

v_{fac} 2,25 m²

$$q_{v,open,fac1\text{-}2,w} = 0{,}61 \cdot 59{,}9 \cdot \sqrt{0{,}75} \cdot 2{,}25 \cdot 3600 = 256.314\, m^3/h$$

Dieser sehr hohe Wert begründet sich darin, dass der Windeinfluss als Querlüftung bei gegenüberliegenden Fassaden wesentlich effektiver ist als eine einseitige Lüftung.

10.2.3.3 Volumenstrom in den Raum aus Überlagerung thermisch und durch Wind induziert

Der gesamte Volumenstrom eines Raumes durch große Öffnungen wird gem. DIN/TS 12831-1:2020-04, Gleichung (15) berechnet zu

$$q_{v,open,i} = \max(q_{v,open,fac1,i} + q_{v,open,fac2,i}\, ; q_{v,open,fac1\text{-}2,i})$$

wobei die thermisch induzierten und durch Wind verursachten Luftvolumenströme zusammengeführt werden:

Volumenstrom durch Überlagerung Gruppe 1 gem. DIN/TS 12831-1:2020-04, Gleichung (16):

$$q_{v,open,fac1,i} = \sqrt{q_{v,open,fac1,th,i}^{\;2} + q_{v,open,fac1,w,i}^{\;2}}$$

mit

$q_{v,open,fac1,th}$ 178.866 m³/h

$q_{v,open,fac1,w}$ 43.740 m³/h

$$q_{v,open,fac1} = \sqrt{178.866^2 + 43.740^2} = 184.136\, m^3/h$$

Volumenstrom durch Überlagerung Gruppe 2 gem. DIN/TS 12831-1:2020-04, Gleichung (16):

$$q_{v,open,fac2,i} = \sqrt{q_{v,open,fac2,th,i}^{\;2} + q_{v,open,fac2,w,i}^{\;2}}$$

mit

$q_{v,open,fac2,th}$ 119.244 m³/h

$q_{v,open,fac2,w}$ 29.160 m³/h

$$q_{v,open,fac2} = \sqrt{119.244^2 + 29.160^2 = 122.758}\, m^3/h$$

Volumenstrom durch Überlagerung bei gemeinsamer Durchströmung gem. DIN/TS 12831-1:2020-04, Gleichung (17):

$$q_{v,open,fac1\text{-}2,i} = \sqrt{q_{v,open,fac1\text{-}2,th,i}^{\;2} + q_{v,open,fac1\text{-}2,w,i}^{\;2}}$$

mit

$q_{v,open,fac1\text{-}2,th,i}$ 48.600 m^3/h

$q_{v,open,fac1\text{-}2,w,i}$ 256.314 m^3/h

$$q_{v,open,fac1\text{-}2,i} = \sqrt{48.600^2 + 256.314^2} = 260.881\,m^3/h$$

Gesamtvolumenstrom des Raumes durch große Öffnungen gem. DIN/TS 12831-1:2020-04, Gleichung (15):

Der gesamte Volumenstrom eines Raumes durch große Öffnungen wird berechnet zu

$$q_{v,open,i} = \max(q_{v,open,fac1,i} + q_{v,open,fac2,i}\,;\,q_{v,open,fac1\text{-}2,i})$$

mit

$q_{v,open,fac1}$ 184.136 m^3/h

$q_{v,open,fac2}$ 122.757 m^3/h

$q_{v,open,fac1\text{-}2}$ 260.881 m^3/h

$$q_{v,open,i} = \max(184.136 + 122.758\,;\,260.684) = 306.894\,m^3/h$$

10.2.4 Eingesetzter Luftvolumenstrom durch große Öffnungen

In der Beschreibung des Beispiels ist ein Gleichzeitigkeitsfaktor von $f_{GrÖ'}$ = 0,4 festgesetzt worden. Hieraus ergibt sich letztlich der in die Heizlast einzusetzende Luftvolumenstrom zu

$$q_{v,open} = 0{,}2 \cdot 306.894\ m^3/h = 61.379\ m^3/h$$

10.3 Beispielausdruck

Im Folgenden wird der Beispielausdruck einer real gebauten Halle einer Mitgliedsfirma der figawa gezeigt.

figawa - Firmen im Gas- und Wasserfach - Hallentool Marienburger Str. 15, 50968 Köln

NORM-HEIZLAST DIN EN 12831-1:2017-09 / DIN/TS 12831-1:2020-04		Datum:	27.03.2020
Projekt-Nr. / Projekt 1-2019a	**Neubau Halle**	Bearbeiter:	Trekram

Innentemperatur	θ_{int}	20 °C

Geometrie				**Lüftung**			
Länge	l_{Geb}	100,00	m	**Mindestwert**			
Anschluß links	$l_{an,li}$	0,30	m	Mindest-Luftwechsel	n_{min}	0,10	h^{-1}
Anschluß rechts	$l_{an,re}$	0,30	m	Mindest-Luftvolumenstrom	$q_{v,min}$	11.461	m³/h
Breite	b_{Geb}	100,00	m	**Infiltration**			
Anschluß links	$b_{an,li}$	0,30	m	Luftvolumenstrom Infiltration	$q_{v,env}$	1.955	m³/h
Anschluß rechts	$b_{an,re}$	0,30	m	**Mech. Abluftvolumenstrom**	$q_{v,exh}$		m³/h
Raumfläche	A_N	9.880,4	m²	**Luftvolumenstrom große Öffnungen**			
Geschosshöhe	h_G	12,00	m	Volumenstrom 100%	$q_{v,open,100\%}$	306.894	m³/h
Deckendicke	d	0,40	m	Gleichzeitigkeitsfaktor	$f_{GrÖ}$	0,20	-
Raumhöhe	h	11,60	m	Luftvolumenstrom große Öffnungen	$q_{v,ope}$	61.379	m³/h
Raumvolumen	V	114.612	m³	**Wärmeübergabe: Hellstrahler**			
Raum-Hüllfläche	A_{env}	12.220	m²				

1	2	3	4	5	6	7	8	9	10	11	12	13	14	15	16
Orientierung	Bauteil	Anzahl	Breite	Länge / Höhe	Bruttofläche	Abzugsfläche	Nettofläche	grenzt an	angrenzende Temperatur	mittlere Höhe über Fußboden	Korrektur-Faktor	U-Wert	Korrekturwert Wärmebrücke	Korrigierter U-Wert	Transmissions-Wärmeverlust
		n	b	l / h	A_{Brutto}	A_{Abzug}	A_{Netto}	e / a	θ_u / θ_{ij}	h_k	$f_{ix,k}$	U	ΔU_{TB}	$U_{c,equiv}$	Φ_T
			m		m²			ae/g	°C	m	-	W/m²K			kW
N	AW	1	100,00	12,00	1.200,0	125,0	1.075,0	e	-11,5	6,00	1,03	0,45	0,10	0,55	19,2
	AF	4	1,60	1,48	9,5		9,5	e	-11,5	1,84	1,01	1,00	0,10	1,10	0,3
	ATü	2	1,70	2,20	7,5		7,5	e	-11,5	1,10	1,00	2,10	0,10	2,20	0,5
	GrÖ	10	3,00	3,00	90,0		90,0			0,00					
	GrÖ	1	4,00	4,50	18,0		18,0			0,00					
O	IW	1	100,00	12,00	1.200,0		1.200,0	a	15,0	6,00	0,19	1,00		1,00	7,3
S	AW	1	100,00	12,00	1.200,0	72,0	1.128,0	e	-11,5	6,00	1,03	0,45	0,10	0,55	20,2
	GrÖ	6	3,00	3,00	54,0		54,0			0,00					
	GrÖ	1	4,00	4,50	18,0		18,0			0,00					
W	IW	1	100,00	12,00	1.200,0		1.200,0	a	15,0	6,00	0,19	1,00		1,00	7,2
H	DA	1	100,00	100,00	10.000		10.000,	e	-11,5	12,00	1,07	0,30	0,10	0,40	134,7
H	FB	1	100,00	100,00	10.000		10.000,	g	9,6	0,00	0,33	0,54	0,10	0,11	18,3
TRANSMISSIONSWÄRMEVERLUST														$\Phi_{T,stand}$	207,7

Lüftungswärmeverluste	Innenlufttemperatur (DIN EN 12831, 6.3.8.3)	θ^*_{int}	19,5	°C
Außenluftvolumenstrom durch Infiltration		$q_{v,leak+ADT,z}$	1.955	m³/h
Außenluftvolumenstrom durchgroße Öffnungen		$q_{v,open,z}$	61.379	m³/h
Außenluftvolumenstrom Mindestwert	$(f_{i-z} = 1,0)$	$q_{min,z}$	11.461	m³/h
Technischer Außenluftvolumenstrom		$q_{v,tech,z}$		m³/h
Luftvolumenstrom eingesetzt $q_{v,env/min,z}$		$q_{v,env,min,z}$	63.334	m³/h
LÜFTUNGSWÄRMEVERLUST		$\Phi_{V,stand}$	666,8	

Bild 75: Beispielausdruck figawa Heizlast-Hallentool – Logistikhalle mit großen Öffnungen

10.4 Physikalische Zusammenhänge[10]

Das beschriebene Verfahren basiert auf physikalischen Zusammenhängen zur Durchströmung großer Öffnungen, die im europäischen Normenwerk (DIN EN 16798-7, vorher DIN EN 15242) dargestellt werden. Diese wiederum verweisen auf veröffentlichte Forschungsergebnisse, die u.a. beim AIVC (Air Infiltration an Ventilation Centre; www.aivc.org) zu finden sind.

Grundsätzlich gelten die nachfolgend kurz dargelegten physikalischen Grundlagen:

Nach Moor[11] kann ein physikalisches Modell aufgestellt werden, das auf aerodynamischen Grundgesetzen basiert und das die Gebäudeumströmung mit der Ermittlung von Druckdifferenzen an der Gebäudehülle zulässt.

Der an der Gebäudehülle aufgeprägte Druck ist maßgeblich für den Luftaustausch im Gebäude. Treibende Kräfte sind dabei der thermische Auftrieb und Wind.

Die Druckdifferenz durch thermischen Auftrieb ist dabei auf folgenden finalen Zusammenhang zurückzuführen:

$$\Delta p_{\text{therm}} = g \cdot z \cdot \rho_0 \cdot T_0 \cdot \left(\frac{1}{T_a} - \frac{1}{T_i} \right)$$

Hierbei sind

Δp_{therm} thermisch induzierte Druckdifferenz an der Gebäudehülle

g Erdbeschleunigung

z Höhe

p_0 Bezugsdichte

T_0 Bezugstemperatur

T_a Temperatur außen

T_i Temperatur innen

Abgeleitet wird dieser Zusammenhang aus der barometrischen Höhenformel, einer möglichen Linearisierung für übliche Gebäudehöhen sowie der allgemeinen Zustandsgleichung idealer Gase unter Berücksichtigung einer druckneutralen Zone.

10 Ausführungen: Prof. Dr. Hartmann, ITG Institut für technische Gebäudeausrüstung Dresden

11 Moor, H. Physikalische Grundlagen der Gebäudeaerodynamik im Hinblick auf die Berechnung des Luftaustausches im Rahmen des „Annex V, Air Infiltration and Ventilation Centre – AIVD“ der Internationalen Energie-Agentur, EMPA, Schweiz, Dornier GmbH, BRD, Januar 1987

Die Druckdifferenz durch Wind wird ermittelt mit:

$$\Delta p_{\text{Wind}} = \Delta C_{\text{p}} \cdot \frac{\rho}{2} \cdot w^2$$

mit

Δp_{Wind} windinduzierte Druckdifferenz an der Gebäudehülle

ΔC_{p} Differenz Druckkoeffizienten zwischen an- und abgeströmter Seite (empirisch ermittelte Werte)

ρ Dichte

w Windgeschwindigkeit

Diese beiden beschriebenen Antriebskräfte treten meist gleichzeitig auf, da praktisch nie absolute Windstille bei gleichzeitiger Temperaturgleichheit zwischen innen und außen herrscht. Diese beiden gleichzeitig wirkenden Antriebskräfte überlagern sich und beeinflussen sich gegenseitig. Mit diesem Phänomen wird in der Wissenschaft unterschiedlich umgegangen.

Daler[12] führt aus, dass einige Autoren vorschlagen, die wind- und auftriebsinduzierte Druckverteilung zu addieren. In anderen Veröffentlichungen wird lediglich eine getrennte Betrachtung der einzelnen Einflüsse und deren Lüftungswirkung vorgenommen.

Eine detailliertere theoretische Erfassung der sich überlagernden Einflussfaktoren bereitet weiterhin offensichtlich große Schwierigkeiten. In *Daler* wird Bezug nehmend auf *Warren*[13] angegeben, dass bezüglich der Gebäudedurchströmung keinesfalls eine additive Überlagerung der meteorologischen Einflüsse Außentemperatur und Wind zu erwarten ist

Die Randbedingungen für diesen Modellfall sind eine konstante Temperaturdifferenz von 25 K und weitere definierte Randbedingungen unter stationären Verhältnissen.

In Bild 76 lassen sich drei Bereiche erkennen:

- Bereich 1: nur Temperatureinfluss
- Bereich 2: kritischer Bereich mit gegenseitiger Reduzierung der Kräfte (abhängig von der Öffnungssituation, den wirksamen Höhendifferenzen und der Differenz der Druckbeiwerte)
- Bereich 3: nur Windeinfluss

---

12 Daler, R.; Hirsch, E.; Haberda, F.; Knöbel, U.; Krüger, W. Bestandsaufnahme von Einrichtungen zur freien Lüftung im Wohnungsbau, BMFT Forschungsbericht T84-028, 1984

13 Warren, P.R. Natural Infiltration Routes and their Magnitude in Houses – Part 1 Preliminary Studies of Domestic Ventilation Building Research Establishment, Garston 1976

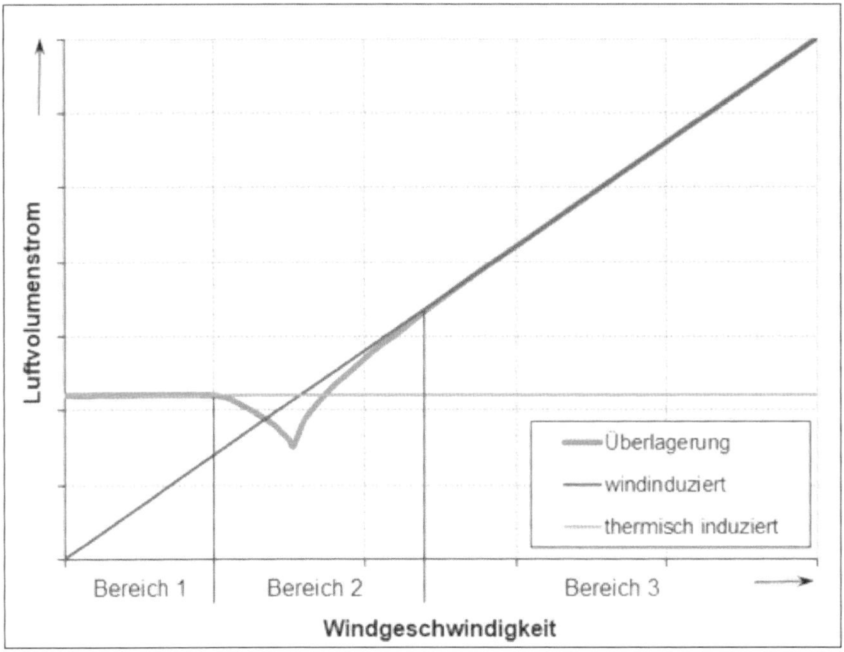

Bild 76: Überlagerung von Wind und thermischem Auftrieb nach *Warren*, 1976

In dem in DIN EN 12831-1:2017-09 beschriebenen Berechnungsalgorithmus wird daher die Überlagerung der beiden Antriebskräfte in Form eines quadratischen Ansatzes (RSS, root sum squared) berücksichtigt.

10.5 Resümee

Dieses Verfahren zur überschlägigen Bestimmung von Luftvolumenströmen durch große Öffnungen wurde in einem DIN-Gemeinschaftsausschuss aus NHRS und NABau entwickelt, mit dem Ziel einer praktikablen Anwendung des europäischen Normenwerks. Wie das Berechnungsbeispiel zeigt, können im Auslegungsfall der Heizlastberechnung große Öffnungen (wie z. B. Hallentore) erhebliche Luftvolumenströme verursachen, die im Wesentlichen auf den thermischen Auftrieb (Außenlufttemperatur deutlich unter Innenlufttemperatur) und weniger auf Windeffekte (vergleichsweise geringe mittlere Windgeschwindigkeiten bei niedrigen Außentemperaturen) zurückzuführen sind. Soll der Einfluss großer Öffnungen auf die Heizlast minimiert werden, sind technische Lösungen wie Luftschleusen oder Türluftschleier zu empfehlen.

11 Vereinfachtes Verfahren nach DIN EN 12831-1:2017-09, Abschnitt 7 – Einzelräume

Das vereinfachte Verfahren ist zur Berechnung der Heizlast einzelner Räume vorgesehen, z. B. zum Austausch und zur Bestimmung der Größe einer Heizfläche nach z. B. Sanierungsarbeiten (DIN EN 12831-1:2017-09, Tabelle 4, Zeile 2 oder DIN/TS 12831-1:2020-04, Tabelle 1, Zeile 2). Es ist nicht dafür vorgesehen, die Heizlast eines Gebäudes zu ermitteln, also z. B. eine Zusammenstellung aller Räume zur Dimensionierung des Wärmeerzeugers zu erstellen. Das vereinfachte Verfahren gilt somit nicht für Neubau sondern nur für Gebäude im Bestand mit vergleichbarer Nutzung und gleichzeitig nur für Gebäude mit freier Lüftung. Es werden nur die Standardwerte der Auslegungsinnentemperaturen eingesetzt, wobei natürlich auch die individuelle Vereinbarung nach DIN/TS 12831-1:2020-04, Abschnitt 6.4 b) zulässig ist.

11.1 Transmissionswärmeverluste

Die Berechnung der Transmissionswärmeverluste erfolgt, wie im ausführlichen Verfahren auch, nach der allgemeingültigen Beziehung aus DIN EN 12831-1:2017-09, Gleichung (51)

$$\Phi_T = \Sigma(A_k \cdot (U_K + \Delta U_{TB}) \cdot f_{x,k} \cdot (\theta_{int,i} - \theta_e)$$

mit dem Temperaturanpassungsfaktor f_x nach DIN/TS 12831-1:2020-04, Tabelle 26. Die übrigen einzelnen Symbole sind in vorigen Kapiteln ausführlich beschrieben. Aus dieser Formel ergibt sich auch, dass keine Wärmegewinne berücksichtigt werden können, da es keine negativen Temperaturanpassungsfaktoren f_x gibt.

11.2 Lüftungswärmeverluste

Die Berechnung der Lüftungswärmeverluste erfolgt nach der allgemeingültigen Beziehung aus DIN EN 12831-1:2017-09, Gleichung (53):

$$\Phi_V = V_i \cdot n_i \cdot \rho \cdot c_p \cdot (\theta_{int,i} - \theta_e)$$

mit dem Volumenstrom aus minimalem Luftwechsel von 0,5 h^{-1} nach DIN/TS 12831-1:2020-04, Tabelle 27, Zeile 1. Die übrigen einzelnen Symbole sind in vorigen Kapiteln ausführlich beschrieben.

11.3 Vereinfachungen

11.3.1 Berücksichtigung Nachbarräume

Es sind nur Transmissionswärmeverluste von Bauteilen zu berücksichtigen, welche eine Temperaturdifferenz > 4 K zum Nachbarraum aufweisen (siehe DIN/TS 12831-1:2020-04, Abschnitt 5.1.1). Das kommt praktisch nur für Räume mit einer Auslegungsinnentemperatur von 20 °C oder höher vor, welche an Flure oder Dielen mit einer Auslegungsinnentemperatur von 15 °C grenzen. Grenzt aber z. B. das Bad mit 24 °C an ein Wohnzimmer mit 20 °C, so wird der Transmissionswärmeverlust dieser Innenwand nicht berücksichtigt. Weiterhin werden keine Wärmegewinne berücksichtigt, z. B. die eines Flures mit $\theta_{int,i}$ = 15 °C, welcher an ein Bad mit $\theta_{int,i}$ = 24 °C grenzt.

11.3.2 Temperaturanpassungsfaktor

Es wird zunächst die Handhabung des ausführlichen Verfahrens dargestellt, um anschließend die Vereinfachung zu verdeutlichen:

Ausführliches Verfahren

- Angrenzender beheizter Nachbarraum:

  Der Temperaturanpassungsfaktor wird aufwendig nach DIN EN 12831-1:2017-09, Abschnitt 6.3.2.5 in Abhängigkeit von der Innentemperatur und der angrenzenden Temperatur gemäß Formeln (9), (10) und (11) ermittelt:

  $$f_x = \frac{\theta_{int,i} - \theta_x}{\theta_{int,i} - \theta_e}$$

- Angrenzender unbeheizter Nachbarraum:

  Die Auswahl des Temperaturanpassungsfaktors erfolgt aus einer umfangreichen Tabelle (DIN/TS 12831-1:2020-04, Tabelle 5) aus 34 verschiedenen Situationen.

Vereinfachtes Verfahren

Diese aufwendige Ermittlung wurde im vereinfachten Verfahren erheblich vereinfacht durch die Auswahl aus nur vier Situationen:

Tabelle 56: Temperaturanpassungsfaktor nach DIN/TS 12831-1:2020-04, Tabelle 26

Bauteil grenzt an	f_x	**Index (Angrenzart)**
Außenluft	1,0	ie
Unbeheizten Raum oder andere Wohneinheit	0,5	iu
Erdreich	0,3	ig
Beheizter Raum	0,3	ij

11.3.3 Bauteilmaße

Für die Bauteilmaße sind im ausführlichen Verfahren Außenmaße gemäß DIN/TS 12831-1:2020-04, Abschnitt 6.1 einzusetzen. Dies ist im Bestand, insbesondere beim Erstellen eines Aufmaßes, umständlich. Angrenzende Innenwände sind mit der halben Bauteildicke zu berücksichtigen, bei aneinanderstoßenden Außenwänden (Eckraum) überlappen die Außenwanddicken, werden also doppelt eingesetzt.

DIN EN 12831-1:2017-09 mit Tabelle B.3.1 bzw. DIN/TS 12831-1:2020-04, mit Tabelle 21 bieten eine Pauschalisierung an, indem Innenmaße eingegeben werden dürfen. Lediglich Außenwände werden mit einem pauschalen Faktor auf Außenmaße umgerechnet:

Tabelle 57: Verhältnis zwischen Außen- und Innenflächen nach DIN/TS 12831-1:2020-04, Tabelle 21

	Bauteil	$f_{int\text{-}ext}$
1	Vertikale Außenwände	1,25
2	Dächer	1,00
3	Oberste Geschossdecke	1,00
4	Böden/Decken gegen unbeheizte Bereiche	1,00
5	Boden gegen Erdreich	1,00

11.3.4 Außentemperatur

Im vereinfachten Verfahren wird die Norm-Außentemperatur $\theta_{e,Ref}$ ohne weitere Korrektur eingesetzt. Sowohl die Korrektur nach DIN/TS 12831-1:2020-04, Abschnitt 6.3.2, Einfluss von Höhenunterschieden, als auch die nach Abschnitt 6.3.3, Einfluss der Zeitkonstante des Gebäudes, werden vernachlässigt.

11.3.5 Wärmebrücken

Wärmebrücken dürfen gemäß DIN EN 12831-1:2017-09, Abschnitt B.3.2 pauschal mit ΔU_{TB} = 0,10 W/m² festgelegt werden. Aber es darf auch die Festlegung nach dem ausführlichen Verfahren gemäß DIN/TS 12831-1:2020-04, Abschnitt 5.3, Tabelle 2 erfolgen.

11.3.6 Bauteilflächen

Zur Ermittlung der einzelnen Bauteilflächen bestehen zwei Möglichkeiten:

- Zusammenfassung gleicher Flächen nach DIN/TS 12831-1:2020-04, Abschnitt 5.1.3;
- Bauteilflächenermittlung über die Raumfläche und Raumnutzung nach DIN/TS 12831-1:2020-04, Abschnitt 5.1.4.

11.3.6.1 Zusammenfassung gleicher Flächen nach DIN/TS 12831-1:2020-04, Abschnitt 5.1.3

Wände und Fenster gleicher Beschaffenheit (gleiche *U*-Werte, gleiche Höhen, gleiche Angrenzsituationen) können längenmäßig zusammengefasst werden.

- Die Angabe der Orientierung (Himmelsrichtung) entfällt, da Wand- oder Fensterflächen verschiedener Himmelsrichtung vereinfachend zusammengefasst werden dürfen
- Außenfenster und Außentüren werden, wie im ausführlichen Verfahren auch, von der Außenwand abgezogen. Innentüren und Innenfenster werden bei Innenwänden **nicht** als Abzugsflächen berücksichtigt.
- In den folgenden Beispielen werden Innenmaße eingesetzt; daher der Einsatz des Faktors $f_{int\text{-}ext}$ für Außenwände. Die Verwendung von Innenmaßen dürfte in der Praxis der Normal-Fall sein, da es erheblich einfacher ist, aus den Bauzeichnungen die Innenmaße abzulesen, bzw. bei Gebäuden im Bestand mit dem Zollstock die Innenmaße zu messen, als umständlich die Außenmaße zu ermitteln.

11.3.6.2 Berechnungsbeispiele für die Zusammenfassung gleicher Flächen

Bevor die Beispielberechnung näher erläutert wird, ist zunächst ein Formblatt dargestellt.

11.3.6.2.1 Formblatt

In DIN/TS 12831-1:2020-04 sind nur Formblätter zur Berechnung des ausführlichen Verfahrens normativ – also verbindlich – enthalten. Zur Berechnung des vereinfachten Verfahrens nach DIN/TS 12831-1:2020-04, Abschnitt 5.1.3, Bauteilflächen rechteckiger Bauteile, kann das nachstehend dargestellte Formblatt als Vorlage dienen:

Geschoß:		Raum-Nr.:		Bez.:			
Innentemperatur	$\theta_{int,i}$		°C	Norm-Außentemperatur	$\theta_{e,ref}$		°C
Raumlänge	l_i		m	Raumhöhe	h_i		m
Raumbreite	b_i		m	Raumvolumen	V_i		m³
Raumfläche	$A_{NGF,i}$		m²				
Geschosshöhe	$h_{G,i}$		m	Luftwechsel	n_i		h^{-1}
Deckendicke	d_i		m	Luftvolumenstrom	$q_{v,i}$		m³/h

1	2	3	4	5	6	7	8	9	10	11	12	13	14	15	16	17
BT	**An-zahl**	$L1$	$L2$	$L3$	ΣL	H/B	$f_{int-ext}$	A_{Brutto}	A_{Abzug}	A_{Netto}	**grenzt an**	f_x	U_k	$\Delta U_{TB,k}$	$U_{c,k}$	$\Phi_{T,k}$
		m					-	m²				-	W/m²K			W

Norm-Transmissionswärmeverlust			$\Sigma\Phi_{T,i}$
Norm-Lüftungswärmeverlust			$\Phi_{V,i}$
Zuschlag Aufheizleistung	W/m²		$\Phi_{hu,i}$
Norm-Heizlast	W/m²	W/m³	$\Phi_{HL,i}$

Bild 77: Blanko-Formblatt für das vereinfachte Verfahren nach DIN/TS 12831-1:2020-04, Abschnitt 5.1.3

Das Formblatt teilt sich folgendermaßen auf:

- Kopfdaten:
  - Die Eingaben in den Kopfdaten sind selbsterklärend.
  - Außentemperatur: Eintrag als Norm-Außentemperatur $\theta_{e,Ref}$ ohne weitere Korrektur.
  - Geometrie: Eintrag der Länge, der Breite und der Höhe. Die Raumfläche kann zwar aus den Angaben zur Länge und Breite berechnet werden, muss aber überschreibbar sein, um Flächen bei nicht genau rechteckigen Geometrien von Hand eintragen zu können. Dies gilt auch für das Raumvolumen.

    - Luftwechsel: Eintrag des Luftwechsels gemäß DIN/TS 12831-1:2020-04, Tabelle 27, Zeile 1, $n = 0{,}5\ h^{-1}$, wobei auch ein Luftwechsel von $0\ h^{-1}$ eingebbar sein muss, wenn es sich um einen innen liegenden Raum handelt. Der Luftvolumenstrom aus minimalem Luftwechsel errechnet sich aus dem Luftwechsel.
    - Für das folgende Beispiel wurden die geometrischen Daten (Raumlänge, Raumbreite und Raumhöhe) aus dem ausführlichen Beispiel übertragen.
- Tabellenteil:
    - Eintrag in den Spalten
        - 1 und 2: Zunächst Eingabe des Bauteils und der Anzahl dieses Bauteiles, beginnend mit einer Bruttofläche und gefolgt von der oder den dazugehörigen Abzugsfläche(n).
        - 3, 4 und 5: Es sind drei Spalten zur Eingabe von Längen verschiedener Himmelsrichtung vorgesehen.
        - 6: Die einzelnen Längen der Spalten 3, 4 und 5 werden addiert und bilden die Summe der drei Längen gleicher Bauteile.
        - 7: Eintrag der Höhe des Bauteils. Bei z. B. Eintrag eines Außenfensters oder einer Tür werden in Spalte 3 die Breite und in Spalte 6 die Höhe des Bauteils eingetragen.
        - 8: Eintrag des Faktors fint-ext; gemäß DIN/TS 12831-1:2020-04, Tabelle 21 für Außenwände $f_{int\text{-}ext} = 1{,}25$; für alle anderen Bauteile $f_{int\text{-}ext} = 1{,}00$.
        - 9, 10 und 11: Berechnungen der Bruttoflächen A_{Brutto} und Eintrag der von der Bruttofläche abzuziehende Abzugsfläche A_{Abzug} und der daraus resultierenden Nettofläche A_{Netto}.
        - 12 und 13: Eintrag der Angrenzart gemäß DIN/TS 12831-1:2020-04, Tabelle 26. Aus der Angrenzart ergibt sich in Spalte 13 der Temperaturanpassungsfaktor f_x gemäß DIN/TS 12831-1, Tabelle 26.
        - 14, 15 und 16: Eintrag des U-Wertes des Bauteils U_k, des Wärmebrückenzuschlags ΔU_{WB} und des sich aus dem U-Wert und dem Wärmebrückenzuschlages ergebende korrigierte U-Wert U_c. Der Wärmebrückenzuschlag wurde für das Beispiel zulässigerweise gemäß DIN/TS 12831-1:2020-04, Tabelle 2 mit 0,05 W/m²K eingesetzt, um vergleichbarer mit dem ausführlichen Verfahren zu sein.
        - 17: Berechnung des Transmissionswärmeverlustes.
- Ergebnisteil:
    - Die Berechnung der Ergebnisse ist selbsterklärend.

11.3.6.2.2 Ausführliches Berechnungsbeispiel für Raum 4 (Schlafen)

Beispielhaft ist Raum 4 (Schlafen) gezeigt:

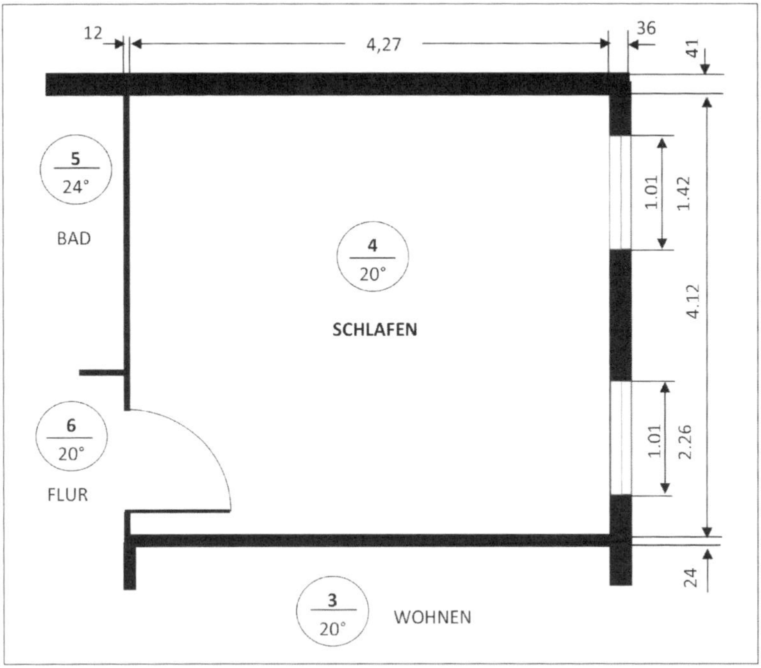

Bild 78: Darstellung Raum 4 (Schlafen)

- **Ermittlung der Außenwandlänge:**

Der U-Wert der AW 36 cm beträgt 0,33 W/m²K, der der AW 41 cm beträgt 0,34 W/m²K. Da der Unterschied der U-Werte sehr klein ist, können in diesem Beispiel die Außenwände zusammengefasst werden.

Die Abwicklung der Außenwandflächen einschließlich der Wanddicken kann Tabelle 58 entnommen werden.

Tabelle 58: Abwicklung Außenwand Raum Schlafen (AW-Längen in m, Wanddicken in cm)

Bad		Schlafzimmer					Wohnen
Nord	IW-Dicke	AW – Nord	AW-Dicke	AW-Dicke	AW – Ost	IW-Dicke	Ost
	12	4,27	36	41	4,12	24	

An diesem Beispiel soll noch einmal die Vereinfachung der Bauteilerfassung gezeigt werden: Gemäß DIN/TS 12831-1:2020-04, Abschnitt 6.1 sind Außenmaße einzusetzen. Die exakte Ermittlung der abgewickelten AW-Längen für dieses Beispiel ergibt sich daher folgendermaßen:

Ausführliches Verfahren: Länge AW Nord = ½ · 0,12 + 4,27 + 0,36 = 4,69 m

Länge AW Süd = 0,41 + 4,12 + ½ · 0,24 = 4,65 m

Summe 9,34 m

Im vereinfachten Verfahren dürfen die Innenmaße der Außenwände addiert werden:

Vereinfachtes Verfahren: Länge AW = (4,27 + 4,12) = 8,39 m

- **Vergleich mit der ausführlichen Berechnung:**

Bevor die vereinfachte Berechnung dargestellt wird, ist zunächst die Transmissionswärmeverlustberechnung der ausführlichen Berechnung gezeigt, um den Vergleich verständlicher darzustellen.

HR	BT	Anzahl	B	L/H	A_{Brutto}	A_{Abzug}	A_{Netto}	grenzt an	$\theta_{lx,x}$	$f_{lx,x}$	U_x	$\Delta U_{TB,x}$	$U_{c,equiv,x}$	$\Phi_{T,x}$
			m		m²				°C	-	W/m²K			W
N	AW	1	4,69	2,86	13,4		13,4	ie	-10,9	1,00	0,34	0,05	0,39	161
O	AW	1	4,65	2,86	13,3	3,7	9,6	ie	-10,9	1,00	0,33	0,05	0,38	112
	AF	1	1,01	1,42	1,4		1,4	ie	-10,9	1,00	1,40	0,05	1,45	64
	AT	1	1,01	2,26	2,3		2,3	ie	-10,9	1,00	1,40	0,05	1,45	102
W	IW	1	2,63	2,86	7,5		7,5	ia	24,0	-0,13	1,88		1,88	-57
W	IW	1	0,72	2,86	2,1		2,1	iae		0,10	1,88	0,05	1,93	12
H	FB	1	4,69	4,65	21,8		21,8	ig	9,6	0,34	0,58	0,05	0,37	122
Standard-Transmissionswärmeverlust													$\Sigma\Phi_{T,i}$	516

Bild 79: Formblatt ausführliches Verfahren – Raum 4 (Schlafen)

Nachfolgend eine Übersicht und Kommentierung der Differenzen der Flächen und der Transmissionswärmeverluste zwischen ausführlichem und vereinfachtem Verfahren:

Zeile	BT	Verfahren								Vergleich				Bemerkung
		ausführlich				vereinfacht 5.1.2				Mehr/Minderverluste*)				zum
		A_{br}	A_{ab}	A_k	$\Phi_{T,k}$	A_{br}	A_{ab}	A_k	$\Phi_{T,k}$	ΔA		$\Delta\Phi_{HL}$		vereinfachten Verfahren
		m²			W	m²			W	m²	%	W	%	
	1	2	3	4	5	6	7	8	9	10	11	12	13	14
1	AW	13,4		13,4	161	13,9		13,9	172	0,5	4	11	6,6	
2	AW	13,3	3,7	9,6	112	13,4	3,7	9,7	120	0,1	1	8	6,8	
3	AF	1,4		1,4	64	1,4		1,4	66			2	3,0	
4	AT	2,3		2,3	102	2,3		2,3	105			3	3,0	
5	IW	7,5		7,5	-57							57	-100	Δθ = 4 K, nicht >4 K
6	IW	2,1		2,1	12							-12	-100	vernachlässigt
7	FB	21,8		21,8	122	17,6		17,6	105	-4,2	-19	-17	-13,6	
8														
	$\Sigma\Phi_{T,i}$				516				567			51	10,0	
	$\Phi_{V,i}$				246				246					
	$\Phi_{hu,i}$													
	$\Phi_{HL,i}$				762				814			51	6,7	

*) bezogen auf das vereinfachte Verfahren gegenüber dem ausführlichen Verfahren

Bild 80: Vergleich ausführliches/vereinfachtes Verfahren – Raum 4: Schlafen

- **Erläuterungen zum Vergleich:**

  Die Übersicht ist in ihrem Tabellenteil mit den Bauteilen identisch aufgebaut wie der Ausdruck nach dem ausführlichen Verfahren, also geordnet nach den jeweiligen Himmelsrichtungen. So sollen die Unterschiede bzw. soll die Nicht-Verwendung bestimmter Bauteile zeilenweise nachvollziehbar dargestellt werden:

  1 AW Die AW-Fläche des vereinfachten Verfahrens ergibt sich aus der lichten Länge der Außenwand Nord von 4,27 m (siehe Grundriss), multipliziert mit der Raumhöhe von 2,60 m und dem Faktors $f_{int\text{-}ext} = 1{,}25$ zu 13,9 m². Das ausführliche Verfahren weist eine Fläche von 13,4 m² aus, wobei die Geschosshöhe eingesetzt wird. Der Transmissionswärmeverlust wird mit der unkorrigierten Außentemperatur $\theta_{e,Ref} = -11{,}7$ °C berechnet. Somit ergibt sich ein erhöhter Transmissionswärmeverlust von 6,6 %.

  2 AW Lichte Länge der Außenwand Ost = 4,12 m, ansonsten vorgehen wie zuvor. Außenfenster und Außentür (Zeilen 3 und 4) werden von der Bruttofläche der Außenwand abgezogen. Es ergibt sich ein erhöhter Transmissionswärmeverlust von 6,8 %.

3 + 4 AF Identische Berechnung wie im ausführlichen Verfahren;
AT der erhöhte Verlust von 3 % resultiert durch den Einsatz der Außentemperatur $\theta_{e,Ref}$

5 IW Diese Innenwand grenzt an das Badezimmer mit einer Innentemperatur von 24 °C. Die Differenz zum Schlafzimmer mit 20 °C ist nicht höher als 4 K, daher bleibt dieser Transmissionswärmeverlust von 57 W unberücksichtigt (siehe DIN/TS 12831-1:2020-04, Abschnitt 5.1.1).

6 IW Diese Innenwand wird nicht berücksichtigt. Sie grenzt an den unbeheizten innenliegenden Abstellraum. Es ergeben sich im unbeheizten Nebenraum lediglich Transmissionswärmeverluste über den Boden an das Erdreich; dagegen stehen Gewinne aus den umliegenden Nachbarräumen, die allesamt auf 20 °C beheizt werden, sodass sowieso ein sehr geringer Transmissionswärmeverlust zu erwarten ist (im ausführlichen Verfahren 12 W). Hauptsächlich wird diese Innenwand aber vernachlässigt aus dem Grunde, dass der Temperaturanpassungsfaktor im ausführlichen Verfahren mit $f_x = 0{,}1$ einzusetzen ist (DIN/TS 12831-1:2020-04, Tabelle 5, Zeile 1), im vereinfachten Verfahren aber pauschal mit $f_x = 0{,}5$. Resultat wäre ein unverhältnismäßig höherer (5-facher) Transmissionswärmeverlust.

7 FB Der Unterschied in der Berechnung des Transmissionswärmeverlustes ist wie folgt begründet:

- Verwendung der lichten Maße
- pauschalen Temperaturanpassungsfaktor $f_x = 0{,}3$ (im ausführlichen Verfahren $f_x = 0{,}34$)
- Einsatz des *U*-Wertes $U + \Delta U_{WB}$ statt Uequivalent
- Einsatz der Außentemperatur $\theta_{e,ref}$

Insgesamt ergibt sich ein etwas niedriger Transmissionswärmeverlust (105 W statt 122 W bzw. –13,6%).

- **Ergebnisse:**

Das vereinfachte Verfahren berechnet einen insgesamt um 10 % erhöhten Transmissionswärmeverlust.

Der Lüftungswärmeverlust ist identisch mit dem ausführlichen Verfahren, da beide Verfahren die Außentemperatur $\theta_{e,Ref}$ einsetzen. Daher relativiert sich die Differenz der Heizlast Φ_{HL} auf 6,7 %.

Nach diesen Erläuterungen ist der Beispielausdruck im Formblatt für das vereinfachte Verfahren nach DIN/TS 12831-1:2020-04, Abschnitt 5.1.3 ausgefüllt dargestellt:

- **Beispielausdruck:**

Der grundsätzliche Unterschied zwischen dem ausführlichen und vereinfachten Verfahren nach DIN/TS 12831-1:2020-04, Abschnitt 5.1.3 ist, dass im ausführlichen Verfahren Außenmaße eingesetzt werden, im vereinfachten Verfahren in diesem Beispiel hingegen lichte Maße. Die Außenwand wird jedoch zusätzlich noch mit dem Faktor $f_{int\text{-}ext}$ = 1,25 beaufschlagt. Somit ergeben sich für Außenflächen in aller Regel größere Flächen und für alle anderen Bauteile per se kleinere.

Geschoß: EG		Raum 4	Bez: Schlafzimmer		
Innentemperatur	$\theta_{int,i}$	20,0 °C	Norm-Außentemperatur	$\theta_{e,ref}$	-11,7 °C
Raumlänge	l_i	4,27 m	Raumhöhe	h_i	2,60 m
Raumbreite	b_i	4,12 m	Raumvolumen	V_i	45,74 m³
Raumfläche	$A_{NGF,i}$	17,59 m²			
Geschosshöhe	$h_{G,i}$	2,86 m	Luftwechsel	n_i	0,5 h⁻¹
Deckendicke	d_i	0,26 m	Luftvolumenstrom	$q_{v,i}$	22,9 m³/h

1	2	3	4	5	6	7	8	9	10	11	12	13	14	15	16	17
BT	Anzahl	$L1$	$L2$	$L3$	ΣL	H/B	$f_{int\text{-}ext}$	A_{Brutto}	A_{Abzug}	A_{Netto}	grenzt an	f_x	U_k	$\Delta U_{TB,k}$	$U_{c,k}$	$\Phi_{T,k}$
		m					-	m²				-	W/m²K			W
AW	1	4,27	4,12		8,39	2,60	1,25	27,3	3,7	23,6	ie	1,0	0,34	0,05	0,39	291
AF	1	1,01			1,01	1,42	1,00	1,4		1,4	ie	1,0	1,40	0,05	1,45	66
AT	1	1,01			1,01	2,26	1,00	2,3		2,3	ie	1,0	1,40	0,05	1,45	105
FB	1	4,27			4,27	4,12	1,00	17,6		17,6	ig	0,3	0,58	0,05	0,63	105
Norm-Transmissionswärmeverlust															$\Sigma\Phi_{T,i}$	567
Norm-Lüftungswärmeverlust															$\Phi_{V,i}$	246
Zuschlag Aufheizleistung									0,0 W/m²						$\Phi_{hu,i}$	
Norm-Heizlast									46,3 W/m²		17,8 W/m³				$\Phi_{HL,i}$	**814**

Bild 81: Formblatt vereinfachtes Verfahren nach DIN/TS 12831-1:2020-04, Abschnitt 5.1.3 – Raum 4 (Schlafen)

Im Beispielausdruck sind gleiche Flächen zusammengefasst, z. B. AW – N und AW – O zur Gesamtlänge von 8,39 m (Spalte 6) und der entsprechenden Fläche von 27,3 m² (Spalte 9), von welcher das Außenfenster und die Außentür in Spalte 11 abgezogen werden. Da keine Wärmegewinne berücksichtigt werden – in diesem Fall wurden der Transmissionswärmegewinn/-verlust durch die Innenwand West des angrenzenden Badezimmers zum betrachteten Schlafzimmer sowie der Verlust durch die Innenwand nach Westen an das unbeheizte Treppenhaus (0,72 m) nicht berücksichtigt bzw. vernachlässigt –, verringert sich in diesem Beispiel die Anzahl der Bauteile von 7 auf 4 Zeilen.

Der Lüftungswärmeverlust und eine eventuelle zusätzliche Aufheizleistung sind identisch.

11.3.6.2.3 Berechnungen und Vergleiche weiterer Räume

Im Folgenden werden nun noch die nachstehend aufgeführten Räume des EG berechnet:

- Raum 1: Küche
- Raum 2: Essen
- Raum 3: Wohnen
- Raum 5: Bad – EG
- Raum 7: WC – EG
- Raum 9: Windfang
- Raum 10: Vorräte

Die Räume im OG werden nicht berechnet, da diese aufgrund ihrer Dachschrägen ebenso aufwendig einzugeben wären, wie im ausführlichen Verfahren auch, noch dazu, dass auch die schrägen lichten Abmessungen umständlich ermittelt werden müssten.

Nachfolgend die Berechnungen der aufgeführten Räume:

- **Beispiel Raum 1 (Küche):**

  Zunächst folgt ein Ausdruck der Transmissionswärmeverlustberechnung der ausführlichen Berechnung:

HR	BT	Anzahl	b_k	l/h_k	$A_{brutto,k}$	$A_{abzug,k}$	A_k	grenzt an	$\theta_{x,k}$	$f_{ix,k}$	U_k	$\Delta U_{TB,k}$	$U_{c,equiv,k}$	$\Phi_{T,k}$
			m		m²				°C	-	W/m²K			W
N	IW	1	3,63	2,86	10,4	1,8	8,6	ia	15,0	0,16	1,28		1,28	55
	IT	1	0,90	2,01	1,8		1,8	ia	15,0	0,16	2,00		2,00	18
N	IW	1	1,39	2,86	4,0	1,8	2,2	ia	15,0	0,16	1,88		1,88	20
	IT	1	0,90	2,01	1,8		1,8	ia	15,0	0,16	2,00		2,00	18
O	IW	1	1,81	2,86	5,2		5,2	iae		0,10	1,28	0,05	1,33	21
S	AW	1	3,35	2,86	9,6	1,4	8,1	ie	-10,9	1,00	0,34	0,05	0,39	98
	AF	1	1,01	1,42	1,4		1,4	ie	-10,9	1,00	1,40	0,05	1,45	64
S	IW	1	1,67	2,86	4,8	4,3	0,4	iae		0,80	0,33	0,05	0,38	4
	IF	1	1,67	2,60	4,3		4,3	iae		0,80	1,60	0,05	1,65	177
W	AW	1	5,35	2,86	15,3	2,9	12,4	ie	-10,9	1,00	0,34	0,05	0,39	150
	AF	2	1,01	1,42	2,9		2,9	ie	-10,9	1,00	1,40	0,05	1,45	128
W	IW	1	0,54	2,86	1,5		1,5	ia	15,0	0,16	1,88		1,88	15
H	FB	1	5,35	5,02	26,9		26,9	ig	9,6	0,34	0,58	0,05	0,37	149
H	FB	1	0,54	1,39	0,8		0,8	ig	9,6	0,34	0,58	0,05	0,37	4
Standard-Transmissionswärmeverlust													$\Sigma\Phi_{T,i}$	921

Bild 82: Formblatt ausführliches Verfahren – Raum 1 (Küche)

Nachfolgend ist eine Übersicht und Kommentierung über die Differenzen der Flächen und der Transmissionswärmeverluste dargestellt:

Zeile	BT	Verfahren								Vergleich				Bemerkung
		ausführlich				vereinfacht 5.1.2				Mehr/Minderverluste*)				zum
		A_{br}	A_{ab}	A_k	$\Phi_{T,k}$	A_{br}	A_{ab}	A_k	$\Phi_{T,k}$	ΔA		$\Delta\Phi_{HL}$		vereinfachten Verfahren
		m²			W	m²			W	m²	%	W	%	
	1	2	3	4	5	6	7	8	9	10	11	12	13	14
1	IW	10,4	1,8	8,6	55	8,2		8,2	100	-2,2	-21	27	37,0	$f_{ix,k}$ = 0,3 statt 0,16
2	IT	1,8		1,8	18									nicht vorgesehen
3	IW	4,0	1,8	2,2	20	3,1		3,1	56	-0,9	-21	18	48,0	$f_{ix,k}$ = 0,3 statt 0,16
4	IT	1,8		1,8	18									nicht vorgesehen
5	IW	5,2		5,2	21									vernachlässigt
6	AW	9,6	1,4	8,1	98	15,7	1,4	14,2	176	6,1	63	78	79,5	
7	AF	1,4		1,4	64	1,4		1,4	66	0,0	2	2	3,0	
8	IW	4,8	4,3	0,4	4	4,3		4,3	114	-0,5	-10	-67	-37,3	$f_{ix,k}$ = 0,5 statt 0,8
9	IF	4,3		4,3	177									nicht vorgesehen
10	AW	15,3	2,9	12,4	150	10,9	2,9	8,0	99	-4,4	-29	-51	-33,9	
11	AF	2,9		2,9	128	2,9		2,9	132			4	3,0	
12	IW	1,5		1,5	15									vernachlässigt
13	FB	26,9		26,9	149	22,8		22,8	137	-4,9	-18	-8	-5,4	
14	FB	0,8		0,8	4									
15														
	$\Sigma\Phi_{T,i}$				**921**				**880**			**-41**	**-4,5**	
	$\Phi_{V,i}$				**320**				**320**					
	$\Phi_{hu,i}$				**186**				**186**					
	$\Phi_{HL,i}$				**1.427**				**1.386**			**-41**	**-2,9**	

*) bezogen auf das vereinfachte Verfahren gegenüber dem ausführlichen Verfahren

Bild 83: Vergleich ausführliches/vereinfachtes Verfahren – Raum 1 (Küche)

Die grundsätzlichen Gründe für die Über- oder Unterdimensionierung der Flächen und Transmissionswärmeverluste wurden im Beispiel „Raum 4 (Schlafen)“ bereits dargelegt.

Daher nachfolgend zeilenweise zusätzliche Erläuterungen:

1 + 2 IW Differenzen Transmissionswärmeverlust Spalten 12 + 13:

IT Im vereinfachten Verfahren werden Innentüren oder Innenfenster übermessen und daher nicht berücksichtigt. Aus diesem Grunde sind die Verluste des ausführlichen Verfahrens aus den Zeilen 1 und 2, Spalte 5, zum Vergleich in Spalte 12 zusammengefasst. Die Differenz der Verluste in Spalte 12 ergibt sich also aus Spalte 9 abzüglich Zeilen 1 und 2, Spalte 5, woraus sich auch die Differenz 100 – (55 + 18) = 27 W ergibt.

Größerer Transmissionswärmeverlust in vereinfachten Verfahren Spalte 9:

Diese Innenwand grenzt an den beheizten Vorratsraum mit $\theta_{int,ij}$ = 15 °C. Die Temperaturdifferenz ist somit > 4 K und der Transmissionswärmeverlust muss gemäß DIN EN 12831-1:2017-09, Abschnitt 7.3.2 berechnet werden. Zunächst wird eine kleinere Innenwandfläche berechnet, da lichte Maße eingesetzt werden. Der dennoch höhere Transmissionswärmeverlust resultiert aus dem Umstand, dass im ausführlichen Verfahren ein von der Raumtemperatur des Nachbarraumes „Vorräte" abhängiger Temperaturanpassungsfaktor f_x = 0,16 berechnet wurde, während im vereinfachten Verfahren ein solcher bei angrenzendem beheizten Nachbarraum pauschal mit f_x = 0,3 eingesetzt wird.

3 + 4 IW Siehe Erläuterung zu Spalte 1 + 2

5 IW Diese Innenwand grenzt an den unbeheizten innenliegenden Abstellraum. Es ergeben sich im Abstellraum lediglich Transmissionswärmeverluste über den Boden an das Erdreich; dagegen stehen Gewinne aus den umliegenden Nachbarräume, die allesamt auf 20 °C beheizt werden, sodass sowieso ein sehr geringer Transmissionswärmeverlust zu erwarten ist (im ausführlichen Verfahren 21 W). Hauptsächlich wird diese Innenwand aber vernachlässigt aus dem Grunde, dass der Temperaturanpassungsfaktor im ausführlichen Verfahren mit f_x = 0,1 einzusetzen ist (DIN EN 12831-1:2017-09, Tabelle 5, Zeile 1), im vereinfachten Verfahren aber pauschal mit f_x = 0,5. Resultat wäre ein unverhältnismäßig höherer (5-facher) Transmissionswärmeverlust.

6 + 7 AW
10 + 11 AF Diese werden der Nachvollziehbarkeit wegen in Bild 83 einzeln dargestellt, im Formblatt des vereinfachten Verfahrens Bild 84 aber zusammengefasst: AW: L1 = 4,82 m, L2 = 3,35 m, AF: Anzahl 3 mit L1 = 1,01 m und h = 1,42 m

8 + 9 IW
IF Diese Innenwand grenzt an den unbeheizten Wintergarten. Der Temperaturanpassungsfaktor ist im ausführlichen Verfahren mit f_x = 0,8 einzusetzen (DIN EN 12831-1:2017-09, Tabelle 5, Zeile 6); im vereinfachten Verfahren mit f_x = 0,5. Daher rührt auch der höhere Transmissionswärmeverlust des ausführlichen Verfahrens, wobei zum Vergleich in Zeile 8, Spalte 12 die Transmissionswärmeverluste der Innenwand und des Innenfensters der Zeilen 8 und 9, Spalte 5 zusammengefasst wurden.

12	IW	Vernachlässigt – Begründung siehe Zeile 5
13+14	FB	Siehe Erläuterungen zum Beispiel Raum 4 (Schlafen), Bild 80, Zeile 7.

Nachstehend der Ausdruck nach dem vereinfachten Verfahren:

Geschoß: EG		Raum 1	Bez: Küche		
Innentemperatur	$\theta_{int,i}$	20,0 °C	Norm-Außentemperatur	$\theta_{e,ref}$	-11,7 °C
Raumlänge	l_i	4,82 m	Raumhöhe	h_i	2,60 m
Raumbreite	b_i	4,74 m	Raumvolumen	V_i	59,40 m³
Raumfläche	$A_{NGF,i}$	22,85 m²			
Geschosshöhe	$h_{G,i}$	2,86 m	Luftwechsel	n_i	0,5 h^{-1}
Deckendicke	d_i	0,26 m	Luftvolumenstrom	$q_{v,i}$	29,7 m³/h

1	2	3	4	5	6	7	8	9	10	11	12	13	14	15	16	17
BT	Anzahl	$L1$	$L2$	$L3$	ΣL	H/B	$f_{int-ext}$	A_{Brutto}	A_{Abzug}	A_{Netto}	grenzt an	f_x	U_k	$\Delta U_{TB,k}$	$U_{c,k}$	$\Phi_{T,k}$
		m					-	m²				-	W/m²K			W
AW	1	4,82	3,35		8,17	2,60	1,25	26,6	4,3	22,2	ie	1,0	0,34	0,05	0,39	275
AF	3	1,01			1,01	1,42	1,00	4,3		4,3	ie	1,0	1,40	0,05	1,45	198
IW	1	3,16			3,16	2,60	1,00	8,2		8,2	ij	0,3	1,28		1,28	100
IW	1	1,21			1,21	2,60	1,00	3,1		3,1	ij	0,3	1,88		1,88	56
IW	1	1,67			1,67	2,60	1,00	4,3		4,3	iu	0,5	1,60	0,05	1,65	114
FB	1	4,82			4,82	4,74	1,00	22,8		22,8	ig	0,3	0,58	0,05	0,63	137
Norm-Transmissionswärmeverlust								69,4		69,41					$\Sigma\Phi_{T,i}$	880
Norm-Lüftungswärmeverlust															$\Phi_{V,i}$	320
Zuschlag Aufheizleistung									8,1 W/m²						$\Phi_{hu,i}$	186
Norm-Heizlast									60,6 W/m²		23,3 W/m³				$\Phi_{HL,i}$	**1.385**

Bild 84: Formblatt vereinfachtes Verfahren – Raum 1 (Küche)

Es ergibt sich eine Differenz des Transmissionswärmeverlustes von 41 W = 4,5 %. Im Gesamtvergleich mit der ausführlichen Berechnung relativiert sich die Differenz auf –2,9 %, da noch der Lüftungswärmeverlust und in diesem Beispiel auch der Zuschlag für die Aufheizleistung addiert werden müssen.

- **Beispiel Raum 2 (Essen):**

  Zunächst folgt Ausdruck der Transmissionswärmeverlustberechnung der ausführlichen Berechnung:

HR	BT	Anzahl	b_x	l/h_x	$A_{brutto,x}$	$A_{abzug,x}$	A_x	grenzt an	$\theta_{x,k}$	$f_{x,k}$	U_x	$\Delta U_{TB,x}$	$U_{c,equiv,x}$	$\Phi_{T,x}$
			m		m²				°C	-	W/m²K			W
S	IW	1	3,85	2,86	11,0	10,0	1,0	iae		0,80	0,33	0,05	0,38	9
	IF	1	3,85	2,60	10,0		10,0	iae		0,80	1,60	0,05	1,65	408
N	IW	1	3,85	2,86	11,0		11,0	iae		0,10	1,28	0,05	1,33	45
H	DE	1	3,85	2,79	10,7		10,7	iae		0,60	0,54	0,05	0,59	117
H	FB	1	4,10	3,85	15,8		15,8	ig	9,6	0,34	0,58	0,05	0,38	90
Norm-Transmissionswärmeverlust													$\Sigma\Phi_{T,i}$	669

Bild 85: Formblatt ausführliches Verfahren – Raum 2 Essen

Nachfolgend ist eine Übersicht und Kommentierung (Spalte 14) über die Differenzen der Flächen und der Transmissionswärmeverluste dargestellt:

Zeile	BT	Verfahren: ausführlich A_{br}	A_{ab}	A_k	$\Phi_{T,k}$	vereinfacht 5.1.2 A_{br}	A_{ab}	A_k	$\Phi_{T,k}$	Vergleich Mehr/Minderverluste*) ΔA		$\Delta\Phi_{HL}$		Bemerkung zum vereinfachten Verfahren
		m²			W	m²			W	m²	%	W	%	
	1	2	3	4	5	6	7	8	9	10	11	12	13	14
1	IW	11,0		11,0	9	10,0		10,0	262	-1,0	-9	-155	-37,2	$f_{x,k}$ = 0,5 statt 0,8
2	IF	10,0		10,0	408									nicht vorgesehen
3	IW	11,0		11,0	45	10,0		10,0	211	-1,0	-9	166	102	$f_{x,k}$ = 0,5 statt 0,1
4	DE	10,7		10,7	117	8,2		8,2	76	-2,5	-23	-41	-19,7	$f_{x,k}$ = 0,5 statt 0,6
5	FB	15,8		15,8	90	13,7		13,7	82	-2,1	-13	-8	-8,5	
6														
7														
	$\Sigma\Phi_{T,i}$				669				631			38	5,6	
	$\Phi_{V,i}$				124							-124	-100	
	$\Phi_{hu,i}$													
	$\Phi_{HL,i}$				**793**				**631**			**-162**	**-20,4**	

*) bezogen auf das vereinfachte Verfahren gegenüber dem ausführlichen Verfahren

Bild 86: Vergleich ausführliches/vereinfachtes Verfahren – Raum 2 Essen

In diesem Beispiel weist die ausführliche Berechnung einen Lüftungswärmeverlust aus, obwohl – da innen liegender Raum – kein minimaler Luftwechsel auftreten kann. Dies ist im Formblatt V der Vereinbarungen auch so dokumentiert. Es wird im ausführlichen Verfahren dennoch ein Luftvolumenstrom von außen berechnet, da Innenwände, welche an unbeheizte Nachbarräume grenzen, gemäß DIN EN 12831-1:2017-09, Tabelle 6, Zeile 1 zur Hüllfläche des Raumes zählen (Dichtheit des Gebäudes) und daher Infiltration auftritt. Diese Ermittlung des infiltrierten Außenluftvolumenstroms ist im vereinfachten Verfahren nicht vorgesehen. Im Gesamtvergleich mit der ausführlichen Berechnung relativiert sich dadurch die Differenz auf

–13,4 %, während der Transmissionswärmeverlust noch eine höhere Leistung von 2,6 % aufweist.

Nachstehend der Ausdruck nach dem vereinfachten Verfahren:

Geschoß: EG			Raum 2	Bez: Essen		
Innentemperatur	$\theta_{int,i}$	20,0 °C		Norm-Außentemperatur	$\theta_{e,ref}$	-11,7 °C
Raumlänge	l_i	3,85 m		Raumhöhe	h_i	2,60 m
Raumbreite	b_i	3,57 m		Raumvolumen	V_i	35,74 m³
Raumfläche	$A_{NGF,i}$	13,74 m²				
Geschosshöhe	$h_{G,i}$	2,86 m		Luftwechsel	n_i	h⁻¹
Deckendicke	d_i	0,26 m		Luftvolumenstrom	$q_{v,i}$	m³/h

1	2	3	4	5	6	7	8	9	10	11	12	13	14	15	16	17
BT	Anzahl	$L1$	$L2$	$L3$	ΣL	H/B	$f_{int-ext}$	A_{Brutto}	A_{Abzug}	A_{Netto}	grenzt an	f_x	U_k	$\Delta U_{TB,k}$	$U_{c,k}$	$\Phi_{T,k}$
		m					-	m²				-	W/m²K			W
IW	1	3,85			3,85	2,60	1,00	10,0		10,0	iu	0,5	1,60	0,05	1,65	262
IW	1	3,85			3,85	2,60	1,00	10,0		10,0	iu	0,5	1,28	0,05	1,33	211
DE	1	3,61			3,61	2,26	1,00	8,2		8,2	iu	0,5	0,54	0,05	0,59	76
FB	1	3,85			3,85	3,57	1,00	13,7		13,7	ig	0,3	0,58	0,05	0,63	82
Norm-Transmissionswärmeverlust															$\Sigma\Phi_{T,i}$	631
Norm-Lüftungswärmeverlust															$\Phi_{V,i}$	
Zuschlag Aufheizleistung								0,0 W/m²							$\Phi_{hu,i}$	
Norm-Heizlast								45,9 W/m²			17,7 W/m³				$\Phi_{HL,i}$	**631**

Bild 87: Formblatt vereinfachtes Verfahren – Raum 2 (Essen)

- **Beispiel Raum 3 (Wohnen):**

  Zunächst folgt ein Ausdruck der ausführlichen Berechnung:

HR	BT	Anzahl	b_k	l/h_k	$A_{brutto,k}$	$A_{abzug,k}$	A_k	grenzt an	$\theta_{x,k}$	$f_{ix,k}$	U_k	$\Delta U_{TB,k}$	$U_{c,equiv,k}$	$\Phi_{T,k}$
			m		m²				°C	-	W/m²K			W
O	AW	1	5,35	2,86	15,3	7,2	8,1	ie	-10,9	1,00	0,33	0,05	0,38	95
	AW	1	4,00	1,80	7,2		7,2	ie	-10,9	1,00	0,56	0,05	0,61	135
S	AW	1	3,35	2,86	9,6	1,4	8,1	ie	-10,9	1,00	0,34	0,05	0,39	98
	AF	1	1,01	1,42	1,4		1,4	ie	-10,9	1,00	1,40	0,05	1,45	64
S	IW	1	1,28	2,86	3,7	3,3	0,3	iae		0,80	0,34	0,05	0,39	3
	IF	1	1,28	2,60	3,3		3,3	iae		0,80	1,60	0,05	1,65	136
W	IW	1	1,37	2,86	3,9		3,9	iae		0,10	1,28	0,05	1,33	16
H	FB	1	5,35	4,63	24,8		24,8	ig	9,6	0,34	0,58	0,05	0,37	139
Standard-Transmissionswärmeverlust													$\Sigma\Phi_{T,i}$	686
Standard-Lüftungswärmeverlust													$\Phi_{V,i}$	286
Zuschlag Aufheizleistung							0,0 W/m²						$\Phi_{hu,i}$	
Norm-Wärmeverlust							47,6 W/m²		18,3 W/m³				$\Phi_{HL,i}$	972

Bild 88: Formblatt ausführliches Verfahren – Raum 3 (Wohnen)

Nachfolgend ist eine Übersicht und Kommentierung (Spalte 14) über die Differenzen der Flächen und der Transmissionswärmeverluste dargestellt:

Zeile	BT	Verfahren: ausführlich A_{br} m²	A_{ab} m²	A_k m²	$\Phi_{T,k}$ W	Verfahren: vereinfacht 5.1.2 A_{br} m²	A_{ab} m²	A_k m²	$\Phi_{T,k}$ W	Vergleich: Mehr/Minderverluste*) ΔA m²	ΔA %	$\Delta\Phi_{HL}$ W	$\Delta\Phi_{HL}$ %	Bemerkung zum vereinfachten Verfahren
	1	2	3	4	5	6	7	8	9	10	11	12	13	14
1	AW	15,3	7,2	8,1	95	15,7	7,2	8,5	105	0,4	2	10	10,2	
2	AW	7,2		7,2	135	7,2		7,2	139			4	3,0	TWD als Abzugsfläche
3	AW	9,6	1,4	8,2	98	10,9	1,4	9,4	117	1,3	13	19	19,1	
4	AF	1,4		1,4	64	1,4		1,4	66			2	3,0	
5	IW	3,7	3,3	0,4	3	3,3		3,3	87	-0,5	-12	-52	-37,4	$f_{b,x}$ = 0,5 statt 0,8
6	IF	3,3		3,3	136									nicht vorgesehen
7	IW	3,9		3,9	16			3,3	69	-3,9	-100	53	328	$f_{b,x}$ = 0,5 statt 0,1
8	FB	24,8		24,8	139	53,6		3,3	122	28,8	116	-17	-11,9	
9														
	$\Sigma\Phi_{T,i}$				686				705			-19	-2,8	
	$\Phi_{V,i}$				286				286					
	$\Phi_{hu,i}$													
	$\Phi_{HL,i}$				**972**				**991**			**19**	**2,0**	

*) bezogen auf das vereinfachte Verfahren gegenüber dem ausführlichen Verfahren

Bild 89: Vergleich ausführliches/vereinfachtes Verfahren – Raum 3 (Wohnen)

Zu Zeile 2 ist zusätzlich folgende Erläuterungen zu beachten:

Zeile 2 AW	Hier ist die Situation so, dass in der Außenwand-Ost eine transparente Wärmedämmung (TWD) von 7,2 m² integriert ist. Daher ist diese als Abzugsfläche zu betrachten.

Nachstehend der Ausdruck nach dem vereinfachten Verfahren:

Geschoß: EG		Raum 3	Bez. Wohnzimmer		
Innentemperatur	$\theta_{int,i}$	20,0 °C	Norm-Außentemperatur	$\theta_{e,ref}$	-11,7 °C
Raumlänge	l_i	4,82 m	Raumhöhe	h_i	2,60 m
Raumbreite	b_i	4,24 m	Raumvolumen	V_i	53,14 m³
Raumfläche	$A_{NGF,i}$	20,44 m²			
Geschosshöhe	$h_{G,i}$	2,86 m	Luftwechsel	n_i	0,5 h⁻¹
Deckendicke	d_i	0,26 m	Luftvolumenstrom	$q_{v,i}$	26,6 m³/h

1	2	3	4	5	6	7	8	9	10	11	12	13	14	15	16	17
BT	Anzahl	$L1$ m	$L2$ m	$L3$ m	ΣL m	H/B m	$f_{int-ext}$ -	A_{Brutto} m²	A_{Abzug} m²	A_{Netto} m²	grenzt an	f_x -	U_k W/m²K	$\Delta U_{TB,k}$ W/m²K	$U_{c,k}$ W/m²K	$\Phi_{T,k}$ W
AW	1	4,82	3,35		8,17	2,60	1,25	26,6	8,6	17,9	ie	1,0	0,34	0,05	0,39	221
AF	1	1,01			1,01	1,43	1,00	1,4		1,4	ie	1,0	1,40	0,05	1,45	66
AW	1	4,00			4,00	1,80	1,00	7,2		7,2	ie	1,0	0,56	0,05	0,61	139
IW	1	1,28			1,28	2,60	1,00	3,3		3,3	iu	0,5	1,60	0,05	1,65	87
IW	1	1,25			1,25	2,60	1,00	3,3		3,3	iu	0,5	1,28	0,05	1,33	69
FB	1	4,82			4,82	4,24		20,4		20,4	ig	0,3	0,58	0,05	0,63	122
Norm-Transmissionswärmeverlust								62,2		53,6					$\Sigma\Phi_{T,i}$	705
Norm-Lüftungswärmeverlust															$\Phi_{V,i}$	286
Zuschlag Aufheizleistung									0,0 W/m²						$\Phi_{hu,i}$	
Norm-Heizlast									48,5 W/m²	18,7 W/m³					$\Phi_{HL,i}$	**991**

Bild 90: Formblatt vereinfachtes Verfahren – Raum 3 (Wohnen)

- **Beispiel Raum 5 (Bad):**

  Zunächst folgt ein Ausdruck der ausführlichen Berechnung:

HR	BT	Anzahl	b_k	l/h_k	$A_{brutto,k}$	$A_{abzug,k}$	A_k	grenzt an	$\theta_{x,k}$	$f_{x,k}$	U_k	$\Delta U_{TB,k}$	$U_{c,equiv,k}$	$\Phi_{T,k}$
			m		m²				°C	-	W/m²K			W
N	AW	1	2,64	2,86	7,6	0,9	6,7	ie	-10,9	1,00	0,34	0,05	0,39	91
	AF	1	0,76	1,17	0,9		0,9	ie	-10,9	1,00	1,40	0,05	1,45	45
O	IW	1	2,63	2,86	7,5		7,5	ia	20,0	0,11	1,88		1,88	57
W	IW	1	0,40	2,86	1,1		1,1	ia	15,0	0,26	1,88		1,88	19
W	IW	1	2,23	2,86	6,4		6,4	ia	20,0	0,11	1,88		1,88	48
S	IW	1	2,64	2,86	7,6	1,8	5,7	ia	20,0	0,11	1,88		1,88	43
	IT	1	0,90	2,01	1,8		1,8	ia	20,0	0,11	2,00		2,00	14
H	FB	1	2,64	2,63	6,9		6,9	ig	9,6	0,41	0,58	0,05	0,35	51
Standard-Transmissionswärmeverlust													$\Sigma\Phi_{T,i}$	368
Standard-Lüftungswärmeverlust													$\Phi_{V,i}$	86
Zuschlag Aufheizleistung							9,8	W/m²					$\Phi_{hu,i}$	53
Norm-Wärmeverlust							93,2	W/m²	35,9	W/m³			$\Phi_{HL,i}$	507

Bild 91: Formblatt ausführliches Verfahren – Raum 5 (Bad)

Nachfolgend ist eine Übersicht und Kommentierung (Spalte 14) über die Differenzen der Flächen und der Transmissionswärmeverluste dargestellt:

Zeile	BT	Verfahren ausführlich A_{br}	A_{ab}	A_k	$\Phi_{T,k}$	Verfahren vereinfacht 5.1.2 A_{br}	A_{ab}	A_k	$\Phi_{T,k}$	Vergleich Mehr/Minderverluste*) ΔA		$\Delta\Phi_{HL}$		Bemerkung zum vereinfachten Verfahren
		m²			W	m²			W	m²	%	W	%	
	1	2	3	4	5	6	7	8	9	10	11	12	13	14
1	AW	7,6		7,6	91	8,2	0,9	8,2	102	0,6	8	11	11,7	
2	AF	0,9		0,9	45	0,9		0,9	46			1	3,0	
3	IW	7,5		7,5	57							-57	-100	kein Einsatz, da θΔ zwischen Bad und Nachbarräumen nicht > 4 K ist. Daraus resultiert der viel geringere Verlust
4	IW	1,1		1,1	19							-19	-100	
5	IW	6,4		6,4	48							-48	-100	
6	IW	7,6	1,8	5,8	43							-43	-100	
7	IT	1,8		1,8	14							-14	-100	
8	FB	6,9		6,9	51	5,4		5,4	37	-1,5	-21	-14	-28,0	
9														
10														
	$\Sigma\Phi_{T,i}$				368				184			-184	-49,9	
	$\Phi_{V,i}$				86				86					
	$\Phi_{hu,i}$				53				53					
	$\Phi_{HL,i}$				**507**				**324**			**-184**	**-36,2**	

*) bezogen auf das vereinfachte Verfahren gegenüber dem ausführlichen Verfahren

Bild 92: Vergleich ausführliches/vereinfachtes Verfahren – Raum 5 (Bad)

Nachstehend der Ausdruck nach dem vereinfachten Verfahren:

1	2	3	4	5	6	7	8	9	10	11	12	13	14	15	16	17
BT	An-zahl	$L1$	$L2$	$L3$	ΣL	H/B	$f_{int\text{-}ext}$	A_{Brutto}	A_{Abzug}	A_{Netto}	grenzt an	f_x	U_k	$\Delta U_{TB,k}$	$U_{c,k}$	$\Phi_{T,k}$
		m					-	m²			an	-	W/m²K			W
AW	1	2,52			2,52	2,60	1,25	8,2	0,9	7,3	ie	1,0	0,34	0,05	0,39	102
AF	1	0,76			0,76	1,17	1,00	0,9		0,9	ie	1,0	1,40	0,05	1,45	46
FB	1	2,52			2,52	2,16	1,00	5,4		5,4	ig	0,3	0,58	0,05	0,63	37
Norm-Transmissionswärmeverlust															$\Sigma\Phi_{T,i}$	184
Norm-Lüftungswärmeverlust															$\Phi_{V,i}$	86
Zuschlag Aufheizleistung									9,8 W/m²						$\Phi_{hu,i}$	53
Norm-Heizlast									59,5 W/m²		22,9 W/m³				$\Phi_{HL,i}$	**324**

Bild 93: Formblatt vereinfachtes Verfahren – Raum 5 (Bad)

- **Beispiel Raum 7 (WC):**

  Zunächst folgt ein Ausdruck der ausführlichen Berechnung:

HR	BT	An-zahl	b_k	l/h_k	$A_{brutto,k}$	$A_{abzug,k}$	A_k	grenzt an	$\theta_{x,k}$	$f_{ix,k}$	U_k	$\Delta U_{TB,k}$	$U_{c,equiv,k}$	$\Phi_{T,k}$
			m		m²			an	°C	-	W/m²K			W
N	AW	1	1,21	2,86	3,4	0,9	2,6	ie	-10,9	1,00	0,34	0,05	0,39	31
	AF	1	0,76	1,17	0,9		0,9	ie	-10,9	1,00	1,40	0,05	1,45	40
O	IW	1	2,23	2,86	6,4		6,4	ia	24,0	-0,13	1,88		1,88	-48
S	IW	1	1,21	2,86	3,5		3,5	ia	15,0	0,16	1,88		1,88	33
W	IW	1	2,23	2,86	6,4	1,8	4,6	ia	15,0	0,16	1,88		1,88	43
	IT	1	0,90	2,01	1,8		1,8	ia	15,0	0,16	2,00		2,00	18
H	FB	1	2,23	1,21	2,7		2,7	ig	9,6	0,34	0,58	0,05	0,37	15
Standard-Transmissionswärmeverlust													$\Sigma\Phi_{T,i}$	132

Bild 94: Formblatt ausführliches Verfahren – Raum 7 (WC)

Nachfolgend ist eine Übersicht und Kommentierung (Spalte 14) über die Differenzen der Flächen und der Transmissionswärmeverluste dargestellt:

Zeile	BT	Verfahren: ausführlich A_{br}	A_{ab}	A_k	$\Phi_{T,k}$	Verfahren: vereinfacht 5.1.2 A_{br}	A_{ab}	A_k	$\Phi_{T,k}$	Vergleich Mehr/Minderverluste*) ΔA		$\Delta\Phi_{HL}$		Bemerkung zum vereinfachten Verfahren
		m²			W	m²			W	m²	%	W	%	
	1	2	3	4	5	6	7	8	9	10	11	12	13	14
1	AW	3,4	0,9	2,6	31	3,5	0,9	2,7	33	0,1	4	2	5,8	
2	AF	0,9		0,9	40	0,9		0,9	41			1	3,0	
3	IW	6,4		6,4	-48							48	-100	$\Delta\theta$ = 4 K, nicht >4 K
4	IW	3,5		3,5	33	2,8		2,8	87	-0,7	-19	54	163	$f_{tx,x}$ = 0,16 statt 0,3
5	IW	6,4	1,8	4,6	43	4,6		4,6	140	-3,6	-57	79	184	$f_{tx,x}$ = 0,16 statt 0,3
6	IT	1,8		1,8	18									nicht vorgesehen
7	FB	2,7		2,7	15	1,9		1,9	11	-0,8	-29	-4	-23,4	
8														
9														
	$\Sigma\Phi_{T,i}$				132				312			180	136	
	$\Phi_{V,i}$				27				27					
	$\Phi_{hu,i}$													
	$\Phi_{HL,i}$				**159**				**339**			**180**	**113**	

*) bezogen auf das vereinfachte Verfahren gegenüber dem ausführlichen Verfahren

Bild 95: Vergleich ausführliches/vereinfachtes Verfahren – Raum 7 (WC)

Der höhere Transmissionswärmeverlust resultiert aus der Vernachlässigung des Wärmegewinnes der Innenwand zum Bad (Zeile 3) und dem Einsatz des pauschalierten Temperaturanpassungsfaktors von $f_x = 0{,}3$ statt des Faktors 0,16 des ausführlichen Verfahrens.

Nachstehend der Ausdruck nach dem vereinfachten Verfahren:

Geschoß: EG		Raum 7	Bez: WC		
Innentemperatur	$\theta_{int,i}$	20,0 °C	Norm-Außentemperatur	$\theta_{e,ref}$	-11,7 °C
Raumlänge	l_i	1,76 m	Raumhöhe	h_i	2,60 m
Raumbreite	b_i	1,09 m	Raumvolumen	V_i	4,99 m³
Raumfläche	$A_{NGF,i}$	1,92 m²			
Geschosshöhe	$h_{G,i}$	2,86 m	Luftwechsel	n_i	0,5 h⁻¹
Deckendicke	d_i	0,26 m	Luftvolumenstrom	$q_{v,i}$	2,5 m³/h

1	2	3	4	5	6	7	8	9	10	11	12	13	14	15	16	17
BT	Anzahl	$L1$	$L2$	$L3$	ΣL	H/B	$f_{int-ext}$	A_{Brutto}	A_{Abzug}	A_{Netto}	grenzt an	f_x	U_k	$\Delta U_{TB,k}$	$U_{c,k}$	$\Phi_{T,k}$
		m					-	m²				-	W/m²K			W
AW	1	1,09			1,09	2,60	1,25	3,5	0,9	2,7	ie	1,0	0,34	0,05	0,39	33
AF	1	0,76			0,76	1,17	1,00	0,9		0,9	ie	1,0	1,40	0,05	1,45	41
IW	1	1,09			1,09	2,60	1,00	2,8		2,8	iu	0,5	1,88	0,05	1,93	87
IW	1	1,76			1,76	2,60	1,00	4,6		4,6	iu	0,5	1,88	0,05	1,93	140
FB	1	1,76			1,76	1,09	1,00	1,9		1,9	ig	0,3	0,58	0,05	0,63	11

Norm-Transmissionswärmeverlust		$\Sigma\Phi_{T,i}$	312
Norm-Lüftungswärmeverlust		$\Phi_{V,i}$	27
Zuschlag Aufheizleistung	0,0 W/m²	$\Phi_{hu,i}$	
Norm-Heizlast	176,6 W/m² 67,9 W/m³	$\Phi_{HL,i}$	**339**

Bild 96: Formblatt vereinfachtes Verfahren – Raum 7 (WC)

- **Beispiel Raum 9 (Windfang):**

  Zunächst folgt ein Ausdruck der ausführlichen Berechnung:

HR	BT	Anzahl	b_k	l/h_k	$A_{brutto,k}$	$A_{abzug,k}$	A_k	grenzt an	$\theta_{x,k}$	$f_{ix,k}$	U_k	$\Delta U_{TB,k}$	$U_{c,equiv,k}$	$\Phi_{T,k}$
			m		m²				°C	-	W/m²K			W
N	AW	1	1,33	2,86	3,8	2,0	1,8	ie	-10,9	1,00	0,34	0,05	0,39	18
	AT	1	1,01	2,01	2,0		2,0	ie	-10,9	1,00	2,09	0,05	2,14	112
N	IW	1	1,21	2,86	3,5		3,5	ia	20,0	-0,19	1,88		1,88	-33
O	IW	1	2,29	2,86	6,5	1,8	4,7	ia	20,0	-0,19	1,88		1,88	-45
	IT	1	0,90	2,01	1,8		1,8	ia	20,0	-0,19	2,00		2,00	-18
O	IW	1	1,30	2,86	3,7	1,8	1,9	ia	20,0	-0,19	1,88		1,88	-18
	IT	1	0,90	2,01	1,8		1,8	ia	20,0	-0,19	2,00		2,00	-18
O	IW	1	0,40	2,86	1,1		1,1	ia	24,0	-0,35	1,88		1,88	-19
S	IW	1	1,39	2,86	4,0	1,8	2,2	ia	20,0	-0,19	1,88		1,88	-20
	IT	1	0,90	2,01	1,8		1,8	ia	20,0	-0,19	2,00		2,00	-18
W	IW	1	2,90	2,86	8,3	1,8	6,5	iae		0,20	1,88	0,05	1,93	65
	IT	1	0,90	2,01	1,8		1,8	iae		0,20	2,00	0,05	2,05	19
H	DE	1	1,33	4,21	5,6		5,6	ia	20,0	-0,19	0,54		0,54	-15
H	FB	1	1,91	4,21	8,0		8,0	ig	9,6	0,21	0,58	0,05	0,39	24
Standard-Transmissionswärmeverlust													$\Sigma\Phi_{T,i}$	34

Bild 97: Formblatt ausführliches Verfahren – Raum 9 (Windfang)

Nachfolgend ist eine Übersicht und Kommentierung (Spalte 14) über die Differenzen der Flächen und der Transmissionswärmeverluste dargestellt:

Zeile	BT	Verfahren ausführlich A_{br}	A_{ab}	A_k	$\Phi_{T,k}$	Verfahren vereinfacht 5.1.2 A_{br}	A_{ab}	A_k	$\Phi_{T,k}$	Vergleich Mehr/Minderverluste*) ΔA		$\Delta\Phi_{HL}$		Bemerkung zum vereinfachten Verfahren
		m²			W	m²			W	m²	%	W	%	
	1	2	3	4	5	6	7	8	9	10	11	12	13	14
1	AW	3,8	2,0	1,8	18	3,9	2,0	1,9	24	0,1	3	6	30,7	
2	AT	2,0		2,0	112	2,0		2,0	138			26	3,0	
3	IW	3,5		3,5	-33							33	-100	
4	IW	6,5	1,8	4,7	-45							45	-100	
5	IT	1,8		1,8	-18							18	-100	
6	IW	3,7	1,8	1,9	-18							18	-100	Transmissionswärmegewinne werden nicht berücksichtigt
7	IT	1,8		1,8	-18							18	-100	
8	IW	1,1		1,1	-19							19	-100	
9	IW	4,0	1,8	2,2	-20							20	-100	
10	IT	1,8		1,8	-18							18	-100	
11	IW	8,3	1,8	6,5	65	6,3		6,3	193	-3,8	-46	109	130	
12	IT	1,8		1,8	19									nicht vorgesehen
13	DE	5,6		5,6	-15							15	-100	keine Wärmegewinne
14	FB	8,0		8,0	24	7,0		7,0	42	-1,0	-12	18	75,5	
	$\Sigma\Phi_{T,i}$				34				397			363	1.067	
	$\Phi_{V,i}$				83				83					
	$\Phi_{hu,i}$													
	$\Phi_{HL,i}$				117				480			363	310	

*) bezogen auf das vereinfachte Verfahren gegenüber dem ausführlichen Verfahren

Bild 98: Vergleich ausführliches/vereinfachtes Verfahren – Raum 9 (Windfang)

Maßgeblich für die enorme Erhöhung der Transmissionswärmeverluste ist zum einen die Nichtberücksichtigung von Wärmegewinn aus Nachbarräumen (–204 W) und zum anderen die Pauschalierung der Temperaturanpassungsfaktoren (Innenwand an den Heizraum f_x = 0,5 statt 0,2 (–109 W)).

Nachstehend der Ausdruck nach dem vereinfachten Verfahren:

Geschoß: EG			Raum 9	Bez: Windfang		
Innentemperatur	$\theta_{int,i}$	15,0 °C		Norm-Außentemperatur	$\theta_{e,ref}$	-11,7 °C
Raumlänge	l_i	3,80 m		Raumhöhe	h_i	2,60 m
Raumbreite	b_i	1,85 m		Raumvolumen	V_i	18,28 m³
Raumfläche	$A_{NGF,i}$	7,03 m²				
Geschosshöhe	$h_{G,i}$	2,86 m		Luftwechsel	n_i	0,5 h⁻¹
Deckendicke	d_i	0,26 m		Luftvolumenstrom	$q_{V,i}$	9,1 m³/h

1	2	3	4	5	6	7	8	9	10	11	12	13	14	15	16	17
BT	Anzahl	$L1$	$L2$	$L3$	ΣL	H/B	$f_{int\text{-}ext}$	A_{Brutto}	A_{Abzug}	A_{Netto}	grenzt an	f_x	U_k	$\Delta U_{TB,k}$	$U_{c,k}$	$\Phi_{T,k}$
		m					-	m²				-	W/m²K			W
AW	1	1,21			1,21	2,60	1,25	3,9	2,0	1,9	ie	1,0	0,34	0,05	0,39	24
AT	1	1,01			1,01	2,01	1,00	2,0		2,0	ie	1,0	2,09	0,05	2,14	138
IW	1	2,43			2,43	2,60	1,00	6,3		6,3	iu	0,5	1,88	0,05	1,93	193
FB	1	3,80			3,80	1,85	1,00	7,0		7,0	ig	0,3	0,58	0,05	0,63	42
Norm-Transmissionswärmeverlust															$\Sigma\Phi_{T,i}$	397
Norm-Lüftungswärmeverlust															$\Phi_{V,i}$	83
Zuschlag Aufheizleistung									0,0 W/m²						$\Phi_{hu,i}$	
Norm-Heizlast									68,2 W/m²		26,2 W/m³				$\Phi_{HL,i}$	**480**

Bild 99: Formblatt vereinfachtes Verfahren – Raum 9 (Windfang)

- **Beispiel Raum 10 (Vorräte):**

  Zunächst folgt ein Ausdruck der ausführlichen Berechnung:

HR	BT	Anzahl	b_x	l/h_x	$A_{brutto,x}$	$A_{abzug,x}$	A_x	grenzt an	$\theta_{x,k}$	$f_{ix,x}$	U_x	$\Delta U_{TB,x}$	$U_{c,equiv,x}$	$\Phi_{T,x}$
			m		m²				°C	-	W/m²K			W
N	IW	1	3,63	2,86	10,4		10,4	iae		0,20	1,88	0,05	1,93	104
O	IW	1	0,54	2,86	1,5		1,5	ia	20,0	-0,19	1,88		1,88	-15
S	IW	1	3,63	2,86	10,4	1,8	8,6	ia	20,0	-0,19	1,28		1,28	-55
	IT	1	0,90	2,01	1,8		1,8	ia	20,0	-0,19	2,00		2,00	-18
W	AW	1	1,75	2,86	5,0	0,8	4,1	ie	-10,9	1,00	0,34	0,05	0,39	42
	AF	1	1,01	0,84	0,8		0,8	ie	-10,9	1,00	1,40	0,05	1,45	32
H	DE	1	3,63	1,75	6,3		6,3	ia	20,0	-0,19	0,54		0,54	-17
H	FB	1	3,63	1,75	6,3		6,3	ig	9,6	0,21	0,58	0,05	0,43	22
Standard-Transmissionswärmeverlust													$\Sigma\Phi_{T,i}$	95

Bild 100: Formblatt ausführliches Verfahren – Raum 10 (Vorräte)

Nachfolgend ist eine Übersicht und Kommentierung (Spalte 14) über die Differenzen der Flächen und der Transmissionswärmeverluste dargestellt:

Zeile	BT	Verfahren: ausführlich				Verfahren: vereinfacht 5.1.2				Vergleich: Mehr/Minderverluste*)				Bemerkung zum vereinfachten Verfahren
		A_{br}	A_{ab}	A_k	$\Phi_{T,k}$	A_{br}	A_{ab}	A_k	$\Phi_{T,k}$	ΔA		$\Delta\Phi_{HL}$		
		m²			W	m²			W	m²	%	W	%	
	1	2	3	4	5	6	7	8	9	10	11	12	13	14
1	IW	10,4		10,4	104	8,2		8,2	251	-2,2	-21	162	156	$f_{bx,k}$ = 0,5 statt 0,2
2	IW	1,5		1,5	-15									Transmissionswärmegewinne werden nicht berücksichtigt
3	IW	10,4	1,8	8,6	-55							73	-133	
4	IT	1,8		1,8	-18									
5	AW	5,0	0,8	4,1	42	5,1	0,8	4,3	53	0,1	2	11	25,2	
6	AF	0,8		0,8	32	0,8		0,8	39	0,0	6	7	21,9	
7	DE	6,3		6,3	-17							17	-100	keine Wärmegewinne
8	FB	6,3		6,3	22	5,0		5,0	30	-1,3	-21	8	35,1	
9														
	$\Sigma\Phi_{T,i}$				95				373			278	292	
	$\Phi_{V,i}$				27				27					
	$\Phi_{hu,i}$													
	$\Phi_{HL,i}$				**122**				**400**			**278**	**228**	

*) bezogen auf das vereinfachte Verfahren gegenüber dem ausführlichen Verfahren

Bild 101: Vergleich ausführliches/vereinfachtes Verfahren – Raum 10 (Vorräte)

Maßgeblich für die Erhöhung der Transmissionswärmeverluste ist die Nichtberücksichtigung von Wärmegewinnen aus Nachbarräumen (–105 W = 111 %) sowie die Pauschalierung des Temperaturanpassungsfaktors (Innenwand an den Heizraum f_x = 0,5 statt 0,2 (142 W = 142 %)).

Nachstehend der Ausdruck nach dem vereinfachten Verfahren:

Geschoß: EG		Raum 10	Bez.: Vorräte		
Innentemperatur	$\theta_{int,i}$	15,0 °C	Norm-Außentemperatur	$\theta_{e,ref}$	-11,7 °C
Raumlänge	l_i	3,16 m	Raumhöhe	h_i	2,60 m
Raumbreite	b_i	1,57 m	Raumvolumen	V_i	12,90 m³
Raumfläche	$A_{NGF,i}$	4,96 m²			
Geschosshöhe	$h_{G,i}$	2,86 m	Luftwechsel	n_i	0,5 h⁻¹
Deckendicke	d_i	0,26 m	Luftvolumenstrom	$q_{V,i}$	6,4 m³/h

1	2	3	4	5	6	7	8	9	10	11	12	13	14	15	16	17
BT	Anzahl	$L1$	$L2$	$L3$	ΣL	H/B	$f_{int-ext}$	A_{Brutto}	A_{Abzug}	A_{Netto}	grenzt an	f_x	U_k	$\Delta U_{TB,k}$	$U_{c,k}$	$\Phi_{T,k}$
		m					-	m²				-	W/m²K			W
AW	1	1,57			1,57	2,60	1,25	5,1	0,8	4,3	ie	1,0	0,34	0,05	0,39	53
AF	1	1,01			1,01	0,84	1,00	0,8		0,8	ie	1,0	1,40	0,05	1,45	39
IW	1	3,16			3,16	2,60	1,00	8,2		8,2	iu	0,5	1,88	0,05	1,93	251
FB	1	3,16			3,16	1,57	1,00	5,0		5,0	ig	0,3	0,58	0,05	0,63	30

Norm-Transmissionswärmeverlust			$\Sigma\Phi_{T,i}$	373
Norm-Lüftungswärmeverlust			$\Phi_{V,i}$	59
Zuschlag Aufheizleistung	0,0 W/m²		$\Phi_{hu,i}$	
Norm-Heizlast	86,9 W/m²	33,4 W/m³	$\Phi_{HL,i}$	**431**

Bild 102: Formblatt vereinfachtes Verfahren – Raum 10 (Vorräte)

11.3.6.2.4 Vergleiche

Es wurden zuvor insgesamt acht Räume des EG berechnet. In folgender Tabelle werden die Ergebnisse gegenübergestellt:

Tabelle 59: Vergleich der Räume

Raum	Verfahren		Vergleich		Bemerkung
	ausführliches	vereinfachtes			
	$\Phi_{HL,i}$	$\Phi_{HL,i}$	$\Delta\Phi_{HL}$		
	W	**W**	**W**	**%**	
Küche	1.427	1.386	−41	−2,9	Keine Anmerkungen
Essen	793	631	−162	−20,4	Maßgeblich für die Minderung ist der fehlende Lüftungswärmeverlust durch Infiltration (−124 W), siehe Kommentar zu Bild 86
Wohnen	972	991	19	2,0	Keine Anmerkungen

Raum	Verfahren		Vergleich		Bemerkung
	ausführliches	vereinfachtes			
	$\Phi_{HL,i}$	$\Phi_{HL,i}$	$\Delta\Phi_{HL}$		
	W	W	W	%	
Schlafen	762	814	51	6,7	Keine Anmerkungen
Bad	507	324	–184	–36,2	Keine Transmissionswärmeverluste an Nachbarräume, da $\Delta\theta$ nicht > 4 K. Dadurch fehlen 181 W, entsprechend –49,2%. Der Fußboden hat einen geringeren Transmissionswärmeverlust von –3,9 %; die Außenwand einen etwas erhöhten von 2,9 %. Insgesamt ermittelt das vereinfachte Verfahren einen um 49,9 % geringeren Transmissionswärmeverlust, welcher sich durch den Identischen Lüftungswärmeverlust und der Aufheizleistung auf –36,2 % verringert
WC	159	339	180	113	Allein die Pauschalierung der Temperaturanpassungsfaktoren f_x = 0,3 statt 0,16 berechnen einen höheren Transmissions-wärmeverlust von 133 W = 101 % und die Vernachlässigung des Wärmegewinnes durch IW an das Bad einen solchen von 48 W = 36,4 %. Insgesamt ermittelt das vereinfachte Verfahren einen um 136 % erhöhten Transmissionswärmeverlust, welcher sich durch den Identischen Lüftungswärmeverlust auf 113 % verringert, aber praktisch wird die Heizlast mehr als verdoppelt.
Windfang	117	480	363	310	Die Nichtberücksichtigung von Wärmegewinnen aus Nachbarräumen (–215 W = 556 %) und die Pauschalierung der Temperaturanpassungsfaktoren f_x = 0,5 statt 0,2 (109 W = 321 %) ergeben einen um 877 % erhöhten Transmissionswärmeverlust. Durch den Lüftungswärmeverlust relativier sich die Heizlast auf 310 %, also praktisch immer noch eine Verdreifachung.
Vorräte	122	400	278	228	Für die enorme Erhöhung des Transmissionswärmeverlustes gelten die gleichen Gründe wie bei WC und Windfang

11.3.6.2.5 Resümee

- Auf einen Vergleich aller Räume wird verzichtet, da zum einen nicht alle Räume erfasst bzw. für die vereinfachte Berechnung nicht geeignet sind und zum anderen das vereinfachte Verfahren nur einzelne Räume berechnet und keine Raumzusammenstellung kennt.
- Große Differenzen ergeben sich immer dann, wenn die Temperaturanpassungsfaktoren des ausführlichen Verfahrens sich stark von den pauschalisierten unterscheiden, z. B.:

Grenzt an unbeheizten Raum	Verfahren		Auswirkung
	ausführlich	vereinfacht	
	DIN/TS 12831-1:2020-04, Tabelle 5	DIN/TS 12831-1:2020-04, Tabelle 26	
Ohne Außenwand	0,1	0,5	+500 %
Mit drei oder mehr Außenwänden	0,8	0,5	−60 %

- Große Differenzen ergeben sich auch immer dann, wenn z. B. die Wärmeverluste von Badezimmern mit θ_{int} = 24 °C an umgebende Nachbarräume mit θ_{int} = 20 °C nicht berücksichtigt werden, da solche erst da einer Temperaturdifferenz $>$ 4 K berücksichtigt werden müssen.
- Nebenräume wie z. B. Flure oder Dielen, welche auf θ_{int} = 15 °C beheizt werden, weisen immer viel zu hohe Transmissionswärmeverluste auf, da Transmissionswärmegewinne von Nachbarräumen (z. B. Wohnen/Schlafen mit θ_{int} = 20 °C oder Bäder mit θ_{int} = 24 °C) nicht berücksichtigt werden.
- Wird mit dem vereinfachten Verfahren die Heizlast nur einzelner Räume berechnet, so ist der sich daraus ergebende Massenstrom nicht für den hydraulischen Abgleich geeignet. In einem Rohrnetz sind alle Armaturen hydraulisch voneinander abhängig, daher müssen für den hydraulischen Abgleich auch alle Räume des gleichen Rohrnetzsystems berechnet werden.

11.3.6.3 Bauteilflächenermittlung über die Raumfläche und Raumnutzung nach DIN/TS 12831-1:2020-04, Abschnitt 5.1.4

Die Ermittlung dieser Korrekturfaktoren basiert auf der statistischen Auswertung von etwa 90 Wohngebäuden (Ein- und Mehrfamilienhäuser) durch die Hochschule Magdeburg-Stendal. Der Vorteil dieser Methode liegt darin, dass der Aufwand der Erfassung der Bauteilabmessungen entfällt, also kein aufwendiges Aufmaß mit dem Zollstock bei Gebäuden im Bestand erfolgen muss.

Die Ermittlung der jeweiligen Fläche erfolgt nach der Formel

$$A = f_x \cdot A_R$$

mit

A_R Raumfläche (Innenmaße) und

f_x Flächenanteil f_W (Wand) oder f_F (Fenster)

Die Faktoren geben mit einer Wahrscheinlichkeit von 75 % einen Flächenwert an, der größer ist, als der reale Wert.

Im Folgenden werden die entsprechenden Tabellen gezeigt:

Außenwände

Tabelle 60: Faktor zur Ermittlung von Außenwandflächen (inkl. Fensterflächen) nach DIN/TS 12831-1:2020-04, Tabelle 22

	Raumart	**Anzahl Außenwände**	f_W m^2_{AW} / m^2_{Raum}
1	Wohn- und Schlafräume	1	0,82
2		2	1,26
3		3 –4	1,52
4	Küche	1	0,93
5		2	1,68
6	Bäder	1	1,17
7		2	1,32
8	Sonstige Räume	1–2	1,07

Außenfenster

Tabelle 61: Faktor zur Ermittlung von Fensterflächen nach DIN/TS 12831-1:2020-04, Tabelle 23

	Raumart	f_F
		m^2_F / m^2_{Raum}
1	Wohn- und Schlafräume	0,22
2	Küchen	0,24
3	Bäder	0,26
4	Räume ohne Fenster	0
5	Sonstige Räume oder pauschale Beurteilung ohne Berücksichtigung der Raumart	0,20

Innenwände

Tabelle 62: Vereinfachte Ermittlung von Innenwandflächen nach DIN/TS 12831-1:2020-04, Tabelle 24

	Raumart	A_{IW}
		m^2
1	Innenwand	$A_{IW} = \sqrt{A_R} \cdot h_R$
2	Innenwände	$A_{IW} = 2 \cdot \sqrt{A_R} \cdot h_R$

Decken und Fußböden

Die geometrischen Daten werden aus den Kopfdaten übernommen.

11.3.6.3.1 Formblatt

Bevor die Beispielberechnung näher erläutert wird, ist zunächst ein Formblatt dargestellt. In DIN/TS 12831-1:2020-04 sind nur Formblätter zur Berechnung des ausführlichen Verfahrens normativ dargestellt. Zur Berechnung des vereinfachten Verfahrens nach DIN/TS 12831-1:2020-04, Abschnitt 5.1.4, Bauteilflächenermittlung über die Raumfläche und Raumnutzung, kann das nachstehend dargestellte Formblatt dienen.

Geschoß:	Raum		Bez:	Typ:	
Innentemperatur	$\theta_{int,i}$	°C	Norm-Außentemperatur	$\theta_{e,ref}$	°C
Raumlänge	l_i	m	Raumhöhe	h_i	m
Raumbreite	b_i	m	Raumvolumen	V_i	m³
Raumfläche	$A_{NGF,i}$	m²			
Geschosshöhe	$h_{G,i}$	m	Luftwechsel	n_i	h⁻¹
Deckendicke	d_i	m	Luftvolumenstrom	$q_{v,i}$	m³/h

1	2	3	4	5	6	7	8	9	10	11	12	13
BT	An-zahl	f_W	$A_{brutto,k}$	$A_{abzug,k}$	A_k	$f_{int\text{-}ext}$	grenzt an	f_x	U_k	$\Delta U_{TB,k}$	$U_{c,k}$	$\Phi_{T,k}$
		-	m²			-		-	W/m²K			W
AW												
AF												
IW												
DE												
FB												
Norm-Transmissionswärmeverlust											$\Sigma\Phi_{T,i}$	
Norm-Lüftungswärmeverlust											$\Phi_{V,i}$	
Zuschlag Aufheizleistung								W/m²			$\Phi_{hu,i}$	
Norm-Heizlast								W/m²		W/m³	$\Phi_{HL,i}$	

Bild 103: Blanko-Formblatt vereinfachtes Verfahren nach DIN/TS 12831-1: 2020-04, Abschnitt 5.1.4

Kopfdaten:

Die Eingaben in den Kopfdaten sind selbsterklärend. Aus der Bezeichnung des Raumes kann der Typ (Raumart) bestimmt werden. Bei Wohn- oder Schlafzimmer ist die Typzuordnung eindeutig, Räume mit anderen Bezeichnungen (z. B. Kinder-, Gäste- oder Arbeitszimmer) können ebenfalls der Raumart „Wohnen/ Schlafen“ zugeordnet werden.

Die Raumfläche kann zwar aus den Angaben zur Länge und Breite berechnet werden, muss aber überschreibbar sein, um Flächen bei nicht genau rechteckigen Geometrien von Hand eintragen zu können. Dies gilt auch für das Raumvolumen. Der Luftvolumenstrom aus minimalem Luftwechsel errechnet sich aus dem Luftwechsel.

Tabellenteil:

Die Bauteileingabe beschränkt sich auf fünf Bauteile, welche als Vorlage starr im Formblatt aufgeführt sein können:

- **Außenwand AW:**

  Gemäß DIN/TS 12831-1:2020-04, Tabelle 22 genügt die Eingabe der Anzahl der Außenwände und der Raumnutzung zur Bestimmung des Faktor f_W. Die Fläche der Außenwand wird berechnet zu

  $$A_W = f_W \cdot A_R - A_F$$

  wobei die Fläche der Außenfenster und evtl. Außentüren abgezogen wird. Die weiteren Werte werden ebenfalls Tabellen entnommen:

  - $f_{int\text{-}ext} = 1{,}25$ (DIN/TS 12831-1:2020-04, Tabelle 21)
  - angrenzende Situation: ie (DIN/TS 12831-1:2020-04, Tabelle 26 – an Außenluft)
  - Temperatur-Anpassungsfaktor $f_x = 1{,}0$ (DIN/TS 12831-1:2020-04, Tabelle 26)

  Es sind nur noch der *U*-Wert und der Wärmebrückenzuschlag einzugeben. Der korrigierte *U*-Wert $U_{c,k}$ und der Transmissionswärmeverlust $\Phi_{T,k}$ berechnen sich wie bekannt.

- **Außenfenster AF:**

  Gemäß DIN/TS 12831-1:2020-04, Tabelle 23 genügt die Angabe der Raumnutzung. Die Fläche der Außenfenster ist unabhängig von der Größe des Raumes automatisch mit

  $$A_F = f_F \cdot A_R$$

  bestimmt. Die weiteren Werte werden wie Außenwand AW gewählt, lediglich der Temperaturanpassungsfaktor beträgt $f_{int\text{-}ext} = 1{,}00$

- **Innenwand IW:**

  Gemäß DIN/TS 12831-1:2020-04, Tabelle 24 genügt die Eingabe der Anzahl der Innenwände zur Bestimmung des Faktor f_{IW}. Die Fläche der Innenwand wird berechnet zu

  $$A_{IW} = f_{IW} \cdot A_R$$

  $f_{int\text{-}ext} = 1{,}00$ (DIN/TS 12831-1:2020-04, Tabelle 21)

  Temperaturanpassungsfaktoren:

  - $f_x = 0{,}5$, wenn angrenzende Situation = „ia“
  - $f_x = 0{,}3$, wenn angrenzende Situation = „ij“

- **Decke DE:**

  Die Fläche entspricht automatisch der Grundfläche des Raumes.

  $f_{int\text{-}ext} = 1{,}00$ (DIN/TS 12831-1:2020-04, Tabelle 21)

  Temperaturanpassungsfaktoren:

  - $f_x = 0{,}5$, wenn angrenzende Situation = „ia"
  - $f_x = 0{,}3$, wenn angrenzende Situation = „ij"

- **Fußboden FB:**

  Die Fläche entspricht automatisch der Grundfläche des Raumes.

  $f_{int\text{-}ext} = 1{,}00$ (DIN/TS 12831-1:2020-04, Tabelle 21)

  Temperaturanpassungsfaktoren:

  - $f_x = 0{,}5$, wenn angrenzende Situation = „iu"
  - $f_x = 0{,}3$, wenn angrenzende Situation = „ig"

Ergebnisteil:

Die Berechnung der Ergebnisse ist ebenfalls selbsterklärend.

11.3.6.3.2 Beispielausdrucke

Im Folgenden werden mit diesem Verfahren die Räume 4 (Schlafen), 5 (Bad EG), 7 (WC EG) sowie 10 (Vorräte) berechnet. Diese Räume eignen sich aufgrund ihrer klaren rechteckigen Form in besonderem Maße.

Die in der vorigen Beispielberechnung aufgeführten Räume 1 (Küche), 2 (Essen), 3 (Wohnen) sowie 9 (Windfang) eigen sich nicht für dieses Verfahren: Küche, Essen und Wohnen grenzen an den Wintergarten mit großer Innenfensterfassade. Der Windfang ist stark verwinkelt mit sehr kleiner Außenwandfläche und großer Grundfläche.

Es folgen die Berechnungen der einzelnen Räume.

Beispiel Raum 4 (Schlafen)

Geschoß: EG	Raum	4	Bez: Schlafzimmer		Typ: Wohnen/Schlafräume	
Innentemperatur	$\theta_{int,i}$	20,0 °C	Norm-Außentemperatur		$\theta_{e,ref}$	-11,7 °C
Raumlänge	l_i	4,27 m	Raumhöhe		h_i	2,60 m
Raumbreite	b_i	4,12 m	Raumvolumen		V_i	45,74 m³
Raumfläche	$A_{NGF,i}$	17,59 m²				
Geschosshöhe	$h_{G,i}$	2,86 m	Luftwechsel		n_i	0,5 h⁻¹
Deckendicke	d_i	0,26 m	Luftvolumenstrom		$q_{v,i}$	22,9 m³/h

1	2	3	4	5	6	7	8	9	10	11	12	13
BT	An-zahl	f_W	$f_{int-ext}$	$A_{brutto,k}$	$A_{abzug,k}$	A_k	grenzt an	f_x	U_k	$\Delta U_{TB,k}$	$U_{c,k}$	$\Phi_{T,k}$
		-	-	m²	m²	m²		-	W/m2K			W
AW	2	1,26	1,25	27,7	3,9	23,8	ie	1,00	0,34	0,05	0,39	295
AF		0,22	1,00	3,9		3,9	ie	1,00	1,40	0,05	1,45	178
IW												
DE												
FB	1		1,00	17,6		17,6	ig	0,30	0,58	0,05	0,63	105
Norm-Transmissionswärmeverlust											$\Sigma\Phi_{T,i}$	578
Norm-Lüftungswärmeverlust											$\Phi_{V,i}$	246
Zuschlag Aufheizleistung								0,0 W/m²			$\Phi_{hu,i}$	
Norm-Heizlast								46,9 W/m²		18,0 W/m³	$\Phi_{HL,i}$	**825**

Bild 104: Beispielausdruck Raum 4 (Schlafen)

Beispiel Raum 5 (Bad EG)

Geschoß: EG	Raum	5	Bez: Bad		Typ: Bäder	
Innentemperatur	$\theta_{int,i}$	24,0 °C	Norm-Außentemperatur		$\theta_{e,ref}$	-11,7 °C
Raumlänge	l_i	2,52 m	Raumhöhe		h_i	2,60 m
Raumbreite	b_i	2,16 m	Raumvolumen		V_i	14,15 m³
Raumfläche	$A_{NGF,i}$	5,44 m²				
Geschosshöhe	$h_{G,i}$	2,86 m	Luftwechsel		n_i	0,5 h⁻¹
Deckendicke	d_i	0,26 m	Luftvolumenstrom		$q_{v,i}$	7,1 m³/h

1	2	3	4	5	6	7	8	9	10	11	12	13
BT	An-zahl	f_W	$f_{int-ext}$	$A_{brutto,k}$	$A_{abzug,k}$	A_k	grenzt an	f_x	U_k	$\Delta U_{TB,k}$	$U_{c,k}$	$\Phi_{T,k}$
		-	-	m²	m²	m²		-	W/m2K			W
AW	1	1,17	1,25	8,0	1,4	6,5	ie	1,00	0,34	0,05	0,39	91
AF		0,26	1,00	1,4		1,4	ie	1,00	1,40	0,05	1,45	73
IW	2		1,00	12,1		12,1	ij	0,30	1,28	0,05	1,33	173
DE												
FB	1		1,00	5,4		5,4	ig	0,30	0,58	0,05	0,63	37
Norm-Transmissionswärmeverlust											$\Sigma\Phi_{T,i}$	374
Norm-Lüftungswärmeverlust											$\Phi_{V,i}$	86
Zuschlag Aufheizleistung								9,8 W/m²			$\Phi_{hu,i}$	53
Norm-Heizlast								94,3 W/m²		36,3 W/m³	$\Phi_{HL,i}$	**513**

Bild 105: Beispielausdruck Raum 5 (Bad EG)

Beispiel Raum 7 (WC EG)

Geschoß: EG	Raum	7	Bez: WC	Typ: Sonstige	
Innentemperatur	$\theta_{int,i}$	20,0 °C	Norm-Außentemperatur	$\theta_{e,ref}$	-11,7 °C
Raumlänge	l_i	1,76 m	Raumhöhe	h_i	2,60 m
Raumbreite	b_i	1,09 m	Raumvolumen	V_i	4,99 m³
Raumflache	$A_{NGF,i}$	1,92 m²			
Geschosshöhe	$h_{G,i}$	2,86 m	Luftwechsel	n_i	0,5 h⁻¹
Deckendicke	d_i	0,26 m	Luftvolumenstrom	$q_{v,i}$	2,5 m³/h

1	2	3	4	5	6	7	8	9	10	11	12	13
BT	Anzahl	f_W	$f_{int\text{-}ext}$	$A_{brutto,k}$	$A_{abzug,k}$	A_k	grenzt an	f_x	U_k	$\Delta U_{TB,k}$	$U_{c,k}$	$\Phi_{T,k}$
		-	-	m²	m²	m²		-	W/m2K			W
AW	1	1,07	1,25	2,6	0,4	2,2	ie	1,00	0,34	0,05	0,39	27
AF		0,20	1,00	0,4		0,4	ie	1,00	1,40	0,05	1,45	18
IW	2		1,00	7,2		7,2		0,30	1,28	0,05	1,33	91
DE												
FB	1		1,00	1,9		1,9	ig	0,30	0,58	0,05	0,63	11
Norm-Transmissionswärmeverlust											$\Sigma\Phi_{T,i}$	147
Norm-Lüftungswärmeverlust											$\Phi_{V,i}$	27
Zuschlag Aufheizleistung								0,0 W/m²			$\Phi_{hu,i}$	
Norm-Heizlast								90,7 W/m²		34,9 W/m³	$\Phi_{HL,i}$	**174**

Bild 106: Beispielausdruck Raum 7 (WC EG)

Beispiel Raum Vorräte

Geschoß: EG	Raum	10	Bez: Vorräte	Typ: Sonstige	
Innentemperatur	$\theta_{int,i}$	15,0 °C	Norm-Außentemperatur	$\theta_{e,ref}$	-11,7 °C
Raumlänge	l_i	3,16 m	Raumhöhe	h_i	2,60 m
Raumbreite	b_i	1,75 m	Raumvolumen	V_i	14,38 m³
Raumfläche	$A_{NGF,i}$	5,53 m²			
Geschosshöhe	$h_{G,i}$	2,86 m	Luftwechsel	n_i	0,5 h⁻¹
Deckendicke	d_i	0,26 m	Luftvolumenstrom	$q_{v,i}$	7,2 m³/h

1	2	3	4	5	6	7	8	9	10	11	12	13
BT	Anzahl	f_W	$f_{int\text{-}ext}$	$A_{brutto,k}$	$A_{abzug,k}$	A_k	grenzt an	f_x	U_k	$\Delta U_{TB,k}$	$U_{c,k}$	$\Phi_{T,k}$
		-	-	m²	m²	m²		-	W/m2K			W
AW	1	1,07	1,25	7,4	1,1	6,3	ie	1,00	0,34	0,05	0,39	66
AF		0,20	1,00	1,1		1,1	ie	1,00	1,40	0,05	1,45	43
IW	1		1,00	6,1		6,1	iu	0,50	1,88	0,05	1,93	158
DE												
FB	1		1,00	5,5		5,5	ig	0,30	0,58	0,05	0,63	28
Norm-Transmissionswärmeverlust											$\Sigma\Phi_{T,i}$	294
Norm-Lüftungswärmeverlust											$\Phi_{V,i}$	65
Zuschlag Aufheizleistung								0,0 W/m²			$\Phi_{hu,i}$	
Norm-Heizlast								64,9 W/m²		25,0 W/m³	$\Phi_{HL,i}$	**359**

Bild 107: Beispielausdruck Raum 10 (Vorräte)

11.3.6.3.3 Vergleiche

Nachstehend sind die Vergleiche mit den Ergebnissen der ausführlichen Berechnung dargestellt. Die Vergleiche sind nur bedingt aussagekräftig, da z.B. die Transmissionswärmeverluste kleinerer Flächen des vereinfachten Verfahrens mit teilweise mehr als doppelt so großen Temperaturkorrekturfaktoren berechnet werden. Die Vergleiche sind wie folgt gegliedert:

- Gegenüberstellung der Flächen von Außenwand, Außenfenster und Innenwänden gemäß der in DIN/TS 12831-1:2020-04, Tabellen 22, 23 und 24 aufgeführten Flächenberechnungen mit nachfolgender jeweiliger Gegenüberstellung der Transmissionswärmeverluste dieser Flächen;
- Gegenüberstellung der Heizlast (Gesamtvergleich).

Außenwände

Tabelle 63: Flächen der Außenwände

Raum	Verfahren		Differenzen		Bemerkung
	ausführliches	vereinfachtes			Die Berechnung der AW-Flächen des vereinfachten Verfahrens basiert auf den Faktoren nach DIN/TS 12831-1:2020-04, Tabelle 22.
	A_{AW}		ΔA_{AW}		
	m²		m²	%	
Schlafen	26,7	27,7	1,0	3,8	Gute Übereinstimmung
Bad	7,6	8,0	0,4	4,7	Gute Übereinstimmung
WC	3,5	2,6	−0,9	−26,7	Keine gute Übereinstimmung
Vorräte	5,0	7,4	2,4	47,9	Keine gute Übereinstimmung

Tabelle 64: Transmissionswärmeverluste der Außenwände

Raum	Verfahren		Differenzen		Bemerkung
	ausführliches	vereinfachtes			Veränderung der %-ualen Differenz zwischen Außenwandfläche und Transmissionswärmeverlust durch Außenwände
	Φ_{AW}		$\Delta\Phi_{AW}$		
	W		W	%	
Schlafen	273	295	22	8,0	**Leichte Erhöhung** der %-ualen Differenz von 3,8 (Tabelle 63) auf 8,0% **Begründung:** Die Netto-AW-Fläche des vereinfachten Verfahrens von 27,7 – 3,9 = 23,8 m² (Bild 104) ist um 3,6 % größer als die des ausführlichen Verfahrens von 23,0 m² (Bild 42, AW-N + AW-O). Desweiteren Einsatzes der Außentemperatur $\theta_{e,ref\ mit}$ = –11,7 °C (θ_e = –10,9 °C)
Bad	91	91	0	0,1	**Leichte Minderung** der %-ualen Differenz von 4,7 (Tabelle 63) auf 0,1 %. **Begründung:** Prinzipiell wie Schlafen, aber etwas kleinere AW-Netto-Fläche (–2,3 %)
WC	31	27	–4	–13,0	**Deutliche Minderung** der %-ualen Differenz von –26,7 (Tabelle 63) auf –13 %. **Begründung:** Prinzipiell wie Schlafen, aber etwas kleinere AW-Netto-Fläche (–16,1 %)
Vorräte	42	66	24	56,0	**Leichte Erhöhung** der %-ualen Differenz von 47,9 (Tabelle 63) auf 56,0 %. **Begründung:** Prinzipiell wie Schlafen, aber größere AW-Netto-Fläche (49,8 %).

Außenfenster

Tabelle 65: Flächen der Außenfenster

Raum	Verfahren		Differenzen		Bemerkung
	ausführliches	vereinfachtes			Die Berechnung der AF-Flächen basiert auf den Faktoren nach DIN/TS 12831-1:2020-04, Tabelle 23
	A_{AW}		ΔA_{AW}		
	m^2		m^2	%	
Schlafen	3,7	3,9	0,2	4,6	Gute Übereinstimmung; Ausführliches Verfahren: AF und AT wurden zusammengefasst, da AT eine Glastür = AF ist (Bild 42)
Bad	0,9	1,4	0,5	57,2	Keine gute Übereinstimmung
WC	0,9	0,4	−0,5	−57,4	Keine gute Übereinstimmung
Vorräte	0,8	1,1	0,3	30,9	Keine gute Übereinstimmung

Tabelle 66: Transmissionswärmeverluste der Außenfenster

Raum	Verfahren		Differenzen		Bemerkung
	ausführliches	vereinfachtes			Veränderung der %-ualen Differenz zwischen Außenfensterfläche und Transmissionswärmeverlust durch Außenfenster
	Φ_{AW}		$\Delta\Phi_{AW}$		
	W		W	%	
Schlafen	166	178	12	7,2	**Leichte Erhöhung** der prozentualen Differenz von 4,6 (Tabelle 65) auf 7,2 %. **Begründung:** Höherer Transmissionswärmeverlust des vereinfachten Verfahrens aufgrund der etwas größeren AF-Netto-Fläche (4,6 %) und des Einsatzes der Außentemperatur $\theta_{e,ref}$ (−11,7 °C statt −10,9 °C) mit $\Delta\theta = (20-(-)10{,}9)/(20-(-)11{,}7)$ entsprechend 2,6 %; Ausführliches Verfahren: AF-O = 64 W + AT-O = 102 W (Bild 42).

Raum	Verfahren		Differenzen		Bemerkung
	ausführliches	vereinfachtes			Veränderung der %-ualen Differenz zwischen Außenfensterfläche und Transmissionswärmeverlust durch Außenfenster
	Φ_{AW}		$\Delta\Phi_{AW}$		
	W		W	%	
Bad	45	73	28	59,5	**Leichte Erhöhung** der prozentualen Differenz von 57,2 (Tabelle 65) auf 61,1 %. **Begründung:** Höherer Transmissionswärmeverlust des vereinfachten Verfahrens aufgrund der größeren AF-Netto-Fläche (57,2 %) und des Einsatzes der Außentemperatur $\theta_{e,Ref}$ (−11,7 statt −10,9 °C) mit $\Delta\theta$ = (24−(−)10,9)/(24−(−)11,7) entsprechend 2,3 %.
WC	40	18	−22	−55,9	**Leichte Erhöhung** der prozentualen Differenz von −57,4 (Tabelle 65) auf −55,9 %. **Begründung:** Kleinerer Transmissionswärmeverlust des vereinfachten Verfahrens aufgrund der kleineren AF-Netto-Fläche (−57,4 %) und des Einsatzes der Außentemperatur $\theta_{e,Ref}$ (−11,7 statt −10,9 °C) mit $\Delta\theta$ = (20−(−)10,9)/(20−(−)11,7) entsprechend 2,6 %.
Vorräte	32	43	11	33,8	**Leichte Erhöhung** der prozentualen Differenz von 30,9 (Tabelle 65) auf 33,8 %. **Begründung:** Höherer Transmissionswärmeverlust des vereinfachten Verfahrens aufgrund der größeren AW-Netto-Fläche (30,9 %) und des Einsatzes der Außentemperatur $\theta_{e,Ref}$ (−11,7 statt −10,9 °C) mit $\Delta\theta$ = (15−(−)10,9)/(15−(−)11,7) entsprechend 3,1%.

Innenwände

Tabelle 67: Flächen der Innenwände

Raum	Verfahren		Differenzen		Bemerkung
	ausführliches	vereinfachtes			Die Berechnung der AF-Flächen basiert auf den Faktoren nach DIN/TS 12831-1:2020-04, Tabelle 23.
	A_{IW}		ΔA_{IW}		
	m²		m²	%	
Schlafen	7,5	–	7,5	–	Vereinfachtes Verfahren: keine Berücksichtigung von Transmissionswärmegewinnen. Es werden nur Innenwände eingesetzt, die eine Temperaturdifferenz $>$ 4 K zum Nachbarraum aufweisen. Weiterhin werden keine Transmissionswärmegewinne berücksichtigt (in diesem Beispiel 57 W zum Bad).
Bad	22,6	12,1	–10,5	–46,3	Keine gute Übereinstimmung
WC	9,9	7,2	–2,7	–27,2	Keine gute Übereinstimmung
Vorräte	10,4	6,1	–4,3	–41,2	Keine gute Übereinstimmung

Tabelle 68: Transmissionswärmeverluste der Innenwände

Raum	Verfahren		Differenzen		Bemerkung
	ausführliches	vereinfachtes			Große Unterschiede ergeben sich aus den Differenzen der pauschalierten Temperaturanpassungsfaktoren zu den temperaturabhängig berechneten des ausführlichen Verfahrens und daraus, dass im vereinfachten Verfahren keine Transmissionswärmegewinne berücksichtigt werden.
	Φ_{IW}		$\Delta\Phi_{IW}$		
	W		W	%	
Schlafen	–57	–	–	–	Vereinfachtes Verfahren: Es werden keine Wärmegewinne berücksichtigt; Ausführliches Verfahren: Wärmegewinn 57 W (Bild 42)

Raum	Verfahren		Differenzen		Bemerkung
	ausführliches	vereinfachtes			Große Unterschiede ergeben sich aus den Differenzen der pauschalierten Temperaturanpassungsfaktoren zu den temperaturabhängig berechneten des ausführlichen Verfahrens und daraus, dass im vereinfachten Verfahren keine Transmissionswärmegewinne berücksichtigt werden.
	Φ_{IW}		$\Delta\Phi_{IW}$		
	W		W	%	
Bad	181	173	−8,2	−4,5	**Erhebliche Minderung** der prozentualen Differenz von −46,3 (Tabelle 67) auf −4,5 % des Transmissionswärmeverlustes. **Begründung:** Temperaturanpassungsfaktor im vereinfachten Verfahren f_x = 0,3; im ausführlichen Verfahren f_x = 0,11 bzw. f_x = 0,26. Daher Berechnung eines höheren Transmissionswärmeverlustes im vereinfachten Verfahren.
WC	94	91	−2,9	−3,1	**Erhebliche Minderung** der prozentualen Differenz von −27,2 (Tabelle 67) auf −3,1 %. **Begründung:** Wie Bad (f_x = 0,3 statt 0,16)
Vorräte	104	158	53,5	51,5	**Erhebliche Erhöhung** der prozentualen Differenz von −41,2 (Tabelle 67) auf 51,5 %. **Begründung:** Temperaturanpassungsfaktor an unbeheizten Nachbarraum im vereinfachten Verfahren f_x = 0,5; im ausführlichen Verfahren f_x = 0,2. Daher Berechnung eines 2,5-fach höheren Transmissionswärmeverlustes. Darüberhinaus werden Transmissionsgewinne nicht berücksichtigt (106 W).

Tabelle 69: Gesamtvergleich

<table>
<tr><th>Raum</th><th colspan="2">Verfahren</th><th colspan="2">Differenzen</th><th>Bemerkung</th></tr>
<tr><td rowspan="3"></td><td>ausführliches</td><td>vereinfachtes</td><td colspan="2"></td><td rowspan="3">Relativierung der Unterschiede durch Einbeziehung der Lüftungswärmeverluste und ev. Aufheizzuschläge. Diese sind mit denen des ausführlichen Verfahrens identisch.</td></tr>
<tr><td colspan="2">Φ_{IW}</td><td colspan="2">$\Delta\Phi_{IW}$</td></tr>
<tr><td colspan="2">W</td><td>W</td><td>%</td></tr>
<tr><td>Schlafen</td><td>762</td><td>825</td><td>63</td><td>8,2</td><td>Gute Übereinstimmung</td></tr>
<tr><td>Bad</td><td>507</td><td>513</td><td>6</td><td>1,2</td><td>Gute Übereinstimmung</td></tr>
<tr><td>WC</td><td>159</td><td>174</td><td>15</td><td>9,5</td><td>Gute Übereinstimmung</td></tr>
<tr><td>Vorräte</td><td>154</td><td>359</td><td>205</td><td>133</td><td>Keine gute Übereinstimmung, da Wärmegewinne (155 W) nicht berücksichtigt werden.</td></tr>
</table>

11.3.6.3.4 Resümee

Es scheint, dass Räume mit „normaler" Raumtemperatur θ_{int} = 20 °C eher für dieses Verfahren geeignet sind, als höher oder niedriger temperierte Räume. Beispielsweise werden bei Bädern mit θ_{int} = 24 °C wegen $\Delta\theta > 4$ K keine Transmissionswärmeverluste berechnet, bei Fluren mit θ_{int} = 15 °C erfolgt keine Berücksichtigung von Wärmegewinnen aus Nachbarräumen.

In den vorhergehenden Beispielberechnungen stellen sich die drei ersten „normalen" Räume dementsprechend sehr gut dar. Wie schon eingangs zu diesem Kapitel ausgeführt, sind Vergleiche schwierig anzustellen, da ja neben der Pauschalisierung der Flächen in einer relativ großen Bandbreite auch noch die Pauschalisierungen der Temperaturkorrekturfaktoren mit ebenfalls großen Bandbreiten eine erhebliche Rolle spielen. Diese können das Ergebnis, nämlich die Heizlast, in durchaus akzeptable Größenordnungen bringen, sie können sich aber auch negativ addieren.

Dieses Verfahren eignet sich mehr für den Geschosswohnungsbau im Bestand, da hier meistens geometrisch einfache rechteckige Räume vorliegen.

12 Vereinfachtes Verfahren nach DIN EN 12831-1: 2017-09, Abschnitt 8 – Hüllflächenverfahren

Dieses vereinfachte Verfahren ist erstmalig in der Normenreihe DIN EN 12831 aufgenommen worden und zur Berechnung der Norm-Heizlast eines Gebäudes vorgesehen. Es gelten die gleichen Einschränkungen wie beim vereinfachten Verfahren zur Berechnung einzelner Räume (DIN EN 12831-1:2017-09, Tabelle 4, Zeilen 3 und 4, dritte Spalte bzw. DIN/TS 12831-1:2020-04, Tabelle 1, Zeile 3, Spalte 2.

Zusatz-Aufheizleistungen können in diesem Verfahren nicht berücksichtigt werden, da diese im Normalfall nur auf bestimmte einzelne Räume beaufschlagt werden.

Im vereinfachten Verfahren werden die Transmissions- und Lüftungswärmeverluste grundsätzlich so berechnet wie im ausführlichen Verfahren auch:

12.1 Transmissionswärmeverluste

Die Berechnung der Transmissionswärmeverluste erfolgt nach der Beziehung gem. DIN EN 12831-1:2017-09, Gleichung (55)

$$\Phi_T = \Sigma(A_k \cdot (U_K + \Delta U_{TB}) \cdot f_{x,k} \cdot (\theta_{build} - \theta_e)$$

mit dem Temperaturanpassungsfaktor f_x nach DIN/TS 12831-1:2020-04, Tabelle 26 (siehe auch Tabelle 56). Die übrigen einzelnen Symbole sind in vorigen Kapiteln ausführlich beschrieben.

12.2 Lüftungswärmeverluste

Die Berechnung der Lüftungswärmeverluste erfolgt nach der bekannten Beziehung gem. DIN EN 12831-1:2017-09, Gleichung (56)

$$\Phi_V = V_{build} \cdot n_{build} \cdot \rho \cdot c_p \cdot (\theta_{build} - \theta_e)$$

Die übrigen einzelnen Symbole sind in vorigen Kapiteln ausführlich beschrieben.

- Das Volumen V_{build} ist als Innenvolumen des Gebäudes einzusetzen. Gemäß DIN V 18599-1 darf vereinfachend bei Wohnbauten mit bis drei zu Vollgeschossen aus dem Bruttovolumen das Nettovolumen vereinfachend mit $V = 0{,}76 \cdot V_e$ berechnet werden.
- Der Luftwechsel n_{build} ist DIN/TS 12831-1:2020-04, Tabelle 27 zu entnehmen:

Tabelle 70: Auszug aus DIN/TS 12831-1:2020-04, Tabelle 27 – Luftwechsel n_{build}

Zeile	Anwendungsfall	Luftdichtheit		Luftwechsel n^{-1}
2	Gebäudeheizlast nach DIN EN 12831-1:2017-09, Abschnitt 8	$n_{50} \leq 3\ h^{-1}$	dichte Fenster, üblich bei Baujahren ab 1995	0,25
3		$3\ h^{-1} < n_{50} \leq 6\ h^{-1}$	mittlere Dichtheit, üblich bei Baujahren von 1977 bis 1994	0,50
4		$n_{50} > 6\ h^{-1}$	offensichtliche Undichtigkeiten, häufig bei Baujahren vor 1977	1,00

- Die Innentemperatur θ_{build} des Gebäudes wird, da es sich um Wohngebäude handelt, einheitlich für alle Räume mit θ_{build} = 20 °C bzw. nach Vereinbarung eingesetzt.

12.3 Vereinfachungen

- Für die Temperaturanpassungsfaktoren und Wärmebrückenzuschläge gelten die gleichen Tabellen und Ausführungen wie beim vereinfachten Verfahren zur Berechnung einzelner Räume.
- Als Bauteilmaße sind Außenmaße einzusetzen.
- Weitere Vereinfachung bei der Hüllflächenermittlung siehe Tabelle 62:

Tabelle 71: Vereinfachung beim geometrischen Aufmaß der Hüllfläche nach DIN/TS 12831-1:2020-04, Tabelle 25

Lfd. Nr.	Maßnahme / Bauteil	Zulässige Vereinfachung	Korrektur für den Rechengang
1a	Fensteraufmaß	Die Fensterfläche darf mit 20 % der Wohnfläche (EnEV § 2, Nr. 12) angenommen werden	Keine Korrektur notwendig

1b	Aufmaß Außentüren	Nicht erforderlich, da Türen in den Pauschalwerten für die Fensterfläche nach 1a enthaltensind.	Keine Korrektur notwendig
1c	Rollladenkästen	Bauteilfläche ≈ 10 % der Fensterfläche	Keine Korrektur notwendig
2	Vor- und Rücksprünge in den Außenwänden bis zu 0,5 m	Dürfen übermessen werden	Zuschlag von 5 % auf den Transmissionswärmeverlust Φ_T
3	Dachgauben	Die Gaube in ihren tatsächlichen geometrischen Abmessungen darf übermessen werden. Es ist lediglich die Länge der Gaube auf 0,5 m zur Korrektur für den Rechengang abzuschätzen.	Zuschlag von 10 W/K je Gaubenseitenwand auf den Transmissionswärmeverlust Φ_T Volumenerhöhung: $\Delta V_e = 9\ m^2 \cdot l_{Gaube}$ mit der auf 0,5 m genau geschätzten Länge der Gaube in m
4	Innenliegende Kellerabgänge	Dürfen übermessen werden	Zuschlag von 50 W/K je Kellerabgang auf den Transmissionswärmeverlust Φ_T Volumenerhöhung: $\Delta V_e = 35\ m^3$ je Kellerabgang
5	Flächen der Heizkörpernischen	Bauteilfläche ≈ 50 % der Fensterfläche	Keine Korrektur notwendig

12.4 Formblatt

In DIN/TS 12831-1:2020-04 sind nur Formblätter zur Berechnung des ausführlichen Verfahrens normativ – also verbindlich – dargestellt. Zur Berechnung des vereinfachten Verfahrens nach DIN/TS 12831-1:2020-04, Abschnitt 5.1.5, (Hüllflächenverfahren), kann das nachstehend dargestellte Formblatt als Vorlage dienen:

Projekt.Nr./ Projekt					Datum		
Innentemperatur	$\theta_{int,build}$		°C	Norm-Außentemperatur	θ_e		°C
Länge	l_{build}		m				
Breite	b_{build}		m	Anzahl Geschosse			-
Höhe	h_{build}		m	Dichtigkeit	n_{50}		h^{-1}
Nutzfläche	$A_{N\,build}$		m²	Luftwechsel	n_{buld}		h^{-1}
Innenvolumen	V_{build}		m²	Luftvolumenstrom	q_V		m³/h

1	2	3	4	5	6	7	8	9	10	11	12	13	14
HR	**BT**	**Anzahl**	b_k	l/h_k	$A_{brutto,k}$	$A_{abzug,k}$	A_k	**grenzt an**	$f_{ix,k}$	U_k	$\Delta U_{TB,k}$	$U_{c,equiv,k}$	$\Phi_{T,k}$
			m		m²				-	W/m²K			W
Norm-Transmissionswärmeverlust												Φ_T	
Norm-Lüftungswärmeverlust												Φ_V	
Norm-Heizlast								W/m²		W/m³		Φ_{HL}	

Bild 108: Blanko-Formular Hüllflächenverfahren nach DIN/TS 12831-1:2020-04, Abschnitt 5.1.5

Das Formblatt teilt sich folgendermaßen auf:

- **Kopfdaten:** Die Eingaben in den Kopfdaten sind selbsterklärend. Aus der Eingabe der Länge und der Breite wird die Grundfläche *A* berechnet; diese sollte aber überschreibbar sein zur Eingabe nicht rechteckiger Flächen.
- **Netto-Grundfläche** A_{build}: Diese Fläche stellt die Wohnfläche gemäß EnEV § 2, Nr. 12 dar. Im konkreten Fall ist die Wohnfläche als Summe aller beheizten Räume eingesetzt – siehe nachfolgendes Beispiel. Sie wird benötigt zur Berechnung der Fensterflächen nach DIN/TS 12831-1:2020-04, Tabelle 25, Zeile 1a (20 % der Wohnfläche).
- **Netto-Volumen** V_{build}: Dieses Volumen stellt das lichte Volumen (Innenvolumen) des Gebäudes dar. Es wird benötigt zur Berechnung des Luftvolumenstroms aus dem Luftwechsel.
- **Anzahl Geschosse**: Informative Eingabe.
- **Dichtigkeit**: Auswahl aus DIN/TS 12831-1:2020-04, Tabelle 27. Aus dieser Eingabe erfolgen der einzusetzende Luftwechsel und der Luftvolumenstrom.
- **Luftwechsel**: Aus der Angabe der Dichtigkeit erfolgt nach DIN/TS 12831-1:2020-04, Tabelle 27 der Gebäudeluftwechsel.

Tabellenteil:

Der Tabellenteil entspricht im Wesentlichen dem des ausführlichen Verfahrens. Es fehlt lediglich die Spalte der angrenzenden Temperaturen von Nachbarräumen, da diese nicht erfasst werden.

Ergebnisteil:

Die Bildung der Ergebnisse ist selbsterklärend.

12.5 Beispielberechnungen nach DIN/TS 12831-1:2020-04

Das Beispielgebäude aus der Beispielberechnung der DIN/TS 12831-1:2020-04 soll im Folgenden berechnet werden.

12.5.1 Berechnung

Projekt.Nr./ Projekt	2-2019	Einfamilienhaus Quintin Toggendorf			Datum:	14.04.2020
Innentemperatur	$\theta_{int,build}$	20 °C	Norm-Außentemperatur	θ_e		-10,9 °C
Länge	l_{build}	13,50 m	Anzahl Geschosse			2 -
Breite	b_{build}	10,00 m	Dichtigkeit	n_{50}		3 h^{-1}
Höhe	h_{build}	7,52 m	Luftwechsel	n_{build}		0,25 h^{-1}
Nutzfläche	$A_{N,build}$	196,2 m²	Luftvolumemstrom	q_V		135 m³/h
Innenvolumen	V_{build}	540,6 m³				

1	2	3	4	5	6	7	8	9	10	11	12	13	14
HR	BT	An-zahl	b_k	l/h_k	$A_{brutto,k}$	$A_{abzug,k}$	A_k	grenzt an	$f_{ix,k}$	U_k	$\Delta U_{TB,k}$	$U_{c,equ,k}$	$\Phi_{T,k}$
			m		m²				-	W/m²K			W
N	AW	1	13,50	3,75	50,6	8,8	41,9	ie	1,00	0,34	0,05	0,39	505
O	AW	1	10,00	3,75	37,5	6,5	31,0	ie	1,00	0,33	0,05	0,38	364
O	AW	1	10,00	1,89	18,9	3,3	15,6	ie	1,00	0,33	0,05	0,38	183
	AW	2	1,00	0,60	1,2	0,2	1,0	ie	1,00	0,56	0,05	0,61	19
S	AW	2	3,35	3,75	25,1	4,3	20,8	ie	1,00	0,34	0,05	0,39	250
S	IW	1	6,80	2,86	19,4	3,4	16,1	iu	0,50	0,34	0,05	0,39	97
	IF	1	6,80	2,60	17,7	3,1	14,6	iu	0,50	1,60	0,05	1,65	373
W	AW	1	10,00	3,75	37,5	6,5	31,0	ie	1,00	0,34	0,05	0,39	374
W	AW	1	10,00	1,89	18,9	3,3	15,6	ie	1,00	0,34	0,05	0,39	188
N	DA37°	1	13,5	6,26	84,5		84,5	ie	1,00	0,18	0,05	0,23	601
S	DA37°	1	13,5	6,26	84,51		84,5	ie	1,00	0,18	0,05	0,23	601
—	AF			20% derWohnfläche			39,2	ie	1,00	1,4	0,05	1,45	1.758
O	Gaube	1	3,45	10 W/K je Seitenwand				ie					309
W	Gaube	1	3,45	10 W/K je Seitenwand				ie					309
HR	FB	1	10,00	13,50	135,0		135,0	ig	0,30	0,58	0,05	0,63	788
Norm-Transmissionswärmeverlust												Φ_T	**6.718**
Norm-Lüftungswärmeverlust												Φ_V	**1.420**
Norm-Heizlast						41,5 W/m²		15,1 W/m³				Φ_{HL}	**8.138**

Bild 109: Beispielberechnung Hüllflächenverfahren nach DIN/TS 12831-1: 2020-04, Abschnitt 5.1.5

Kopfdaten:

Die Eingaben der Projekt-Nr., Projektbezeichnung, des Datums und der geometrischen Daten Länge, Breite und Höhe sind selbsterklärend.

Nutzfläche $A_{N,build}$: Diese ist die Nettogrundfläche, die nach den anerkannten Regeln der Technik, beheizt oder gekühlt wird. Im konkreten Fall wurde sie als Summe der lichten Raumflächen aller beheizten Räume des Gebäudes eingesetzt – siehe nachfolgende Tabelle 72.

Tabelle 72: Nettogrundfläche aller Raume und Gebäude

Raum		Netto-Fläche	Netto-Volumen
		A_{build}	V_{build}
Nr.	Bezeichnung	m²	m³
1	Küche	22,9	59,4
2	Essen	13,7	35,7
3	Wohnzimmer	20,4	53,1
4	Schlafzimmer	17,6	45,7
5	Bad EG	5,4	14,2
7	WC EG	1,9	5,0
9	Windfang	7,0	18,3
10	Vorräte	5,0	12,9
11	Arbeitszimmer	34,9	87,2
12	Kind 1	20,0	43,6
13	Kind 2	17,6	37,3
14	Bad OG	5,4	14,2
15	WC OG	2,4	6,1
16	Galerie	22,00	76,3
Summe Gebäude		196,2	509,1

- **Innenvolumen** V_{build}: Zur Ermittlung des Innenvolumens sind in DIN EN 12831-1:2017-09, Tabelle 12 keine präzisen Angaben gemacht worden, aber sicherlich kann in Anlehnung an die Energieeinsparverordnung das beheizte Innenvolumen für Wohngebäude mit $0{,}76 \cdot V_e$ bestimmt werden. Das

Gebäudevolumen V_e wird aus den Außenmaßen berechnet und umfasst alle beheizten Räume des Gebäudes. In diesem Beispiel liegt aber eine detaillierte Berechnung der Einzelvolumina aller Räume vor (509,1 m^3), welches für die weitere BGerechnung auch eingesetzt wird.

Gemäß DIN EN 12831-1:2017-09, Tabelle 12 ist das Innenvolumen zur Berechnung des Mindest-Luftvolumenstroms einzusetzen. Im Fall dieses Beispiels ist jedoch eine Dachgaube vorgesehen und in Verbindung mit DIN/TS 12831-1:2020-04, Tabelle 25, Zeile 3 eine Volumenerhöhung um 9 m^3 pro m Gaubenlänge vorzunehmen. Die Gaubenlänge ist auf 0,5 m aufzurunden, es ergibt sich damit eine gerundete Gaubenlänge von 3,50 m. Der zusätzliche Volumenanteil ergibt sich somit zu 9 m^3/m = 31,5 m^3 und das Innenvolumen erhöht sich von V_i = 509,1 + 31,5 auf 540,6 m^3.

- **Dichtigkeit**: Wahl der mittleren Dichtigkeit, im Beispiel mittlere Dichtigkeit $n_{50} \leq 3\ h^{-1}$; daraus ergibt sich der
- **Luftwechsel nach DIN/TS 12831-1:2020-04, Tabelle 27**: 0,25 h^{-1}
- **Luftvolumenstrom**: Die Berechnung des Luftvolumenstroms erfolgt folgendermaßen: $q_V = V_{build} \cdot n = 540{,}6 \cdot 0{,}5 = 135\ m^3/h$

  Dieser Wert des Gebäudeluftvolumenstromes deckt sich gut mit dem des ausführlichen Verfahrens Beispiel 1, von 121,6 m^3/h.

Tabellenteil:

- **Außenwände**: Alle Außenwände wurden mit Nord beginnend im Uhrzeigersinn eingegeben. Von der Außenwandfläche wurden 20 % Fensterfläche abgezogen gemäß Pauschalisierung Fläche Außenfenster (DIN/TS 12831-1:2020-04, Tabelle 25, Zeile 1a).
- **Außenfenster**: Diese wurden gemäß DIN/TS 12831-1:2020-04, Tabelle 25, Zeile 1a mit 20 % der Wohnfläche eingesetzt.
- **Innenwand Süd mit Innenfenster**: Diese Innenwand grenzt an den unbeheizten Wintergarten. Als Anpassungsfaktor wurde gemäß DIN/TS 12831-1:2020-04, Tabelle 26 der Wert f_x = 0,5 eingesetzt.
- **Gaube**: Pro Seite Gaubenwand erfolgt gemäß DIN/TS 12831-1:2020-04, Tabelle 25, Zeile 3 ein Zuschlag von 10 W/K. Entsprechend wurden 10 W · (20–(–)10,9) = 309 W pro Ost- und Westseite eingesetzt. Das Gaubendach selbst wurde durch das Dach übermessen.
- **Fußboden FB**: Die geometrischen Daten wurden aus den Kopfdaten übernommen. Als Anpassungsfaktor wurde gemäß DIN/TS 12831-1:2020-04, Tabelle 26 der Wert f_x = 0,3 eingesetzt.

12.5.2 Vergleich mit ausführlichem Verfahren

In diesem Beispiel ergibt das Hüllflächenverfahren mit einer Heizlast von 8.138 W gegenüber dem ausführlichen Verfahren mit einer Heizlast von 7.810 W einen erhöhten Wert von 327 W, entsprechend 4,2 %. Dieses Ergebnis ist erstaunlich nahe dem des ausführlichen Verfahrens.

Detaillierte Gegenüberstellung:

Tabelle 73: Vergleich Ergebnisse ausführliches mit vereinfachtem Verfahren

	Verfahren			
	ausführlich	**vereinfacht nach DIN EN 12831-1:2017-09, 8.3**		
	W			**%**
Transmission über				
Außenwände	1.866	1.882	16	0,9
Außenfenster	1,126	1.758	632	56,1
Dach	955	1.201	246	25,8
Gaube	53	618	565	1.066
∑Transmission an außen	3.949	5.460	1.511	38,3
an unbeheizte Nachbarräume	1.995	470	–1.525	–76,5
an Erdreich	638	788	150	23,6
∑Transmission	**6.582**	**6.718**	**136**	**2,1**
Lüftung	**1.228**	**1.420**	**192**	**15,6**
Heizlast	**7.810**	**8.138**	**327**	**4,2**

- **Außenwände:** Durch den pauschalen Abzug der Fensterfläche von 20% der Wohnfläche ergibt sich folgender Vergleich:

  Transmissionswärmeverlust ausführliches Verfahren: 1.866 W

  Transmissionswärmeverlust vereinfachtes Verfahren: 1.882 W

  Differenz: – 16 W

  entsprechend – 0,9 %

Hier ist anzumerken: Im vereinfachten Verfahren sollte die Summe der Außenwände deutlich höher sein als im ausführlichen Verfahren, da auch alle Außenwände von unbeheizten Räumen übermessen werden (z.B. der Heizraum). Allerdings wurde die Fensterfläche mit pauschal 20 % der Wohnfläche eingesetzt, und diese ist in diesem Beispiel ca. 58 % höher als die reale Fensterfläche – siehe folgenden Absatz:

- **Außenfenster:** Durch die Pauschalisierung des Fensteranteils mit 20 % der Wohnfläche wird eine ca. 58 % größere Fläche eingesetzt:

Fläche ausführliches Verfahren: 24,8 m²

Fläche vereinfachtes Verfahren: 39,2 m²

Differenz: 14,5 m²

entsprechend 58,3 %

Die prozentuale Überdimensionierung des Transmissionswärmeverlustes errechnet sich gemäß Tabelle 73 zu 56,1 %, also leicht verschieden von der flächenmäßigen Überdimensionierung von 58,3 %. Das hat seine Begründung darin, dass die Badezimmer auf 24 °C beheizt werden, aber das vereinfachte Verfahren pauschal für alle Räume 20 °C einsetzt.

- **Gaube:** Hier liegt eine erhebliche Überdimensionierung von >1.000 % vor. Das liegt darin begründet, dass das vereinfachte Verfahren pauschal 10 W/K und pro Gaubenseite einsetzt, woraus sich folgendes ergibt: 2 · 10 W/K · (20°C – (–)10,9°C) = 618 W. Im ausführlichen Verfahren wurden aber nur pro Seite (Bad: Ost, WC: West) 2,60 m² Gaubenwand berechnet – siehe A.2.14 und A.2.15.

Auszug aus der Berechnung des ausführlichen Verfahrens:

1	2	3	4	5	6	7	8	9	10	11	12	13	14	15
Orientierung	Bauteil	Anzahl	Breite	Länge / Höhe	Bruttofläche	Abzugsfläche	Bauteilfläche	grenzt an	angrenzende Temperatur	Temperatur-anpassung	Bauteil U-Wert	Wärmebrücken-zuschlag	Korrigierter U-Wert	Standard-Transmissions-Wärmeverlust
			b_k	l/h_k	$A_{brutto,k}$	$A_{abzug,k}$	A_k	-	$\theta_{x,k}$	$f_{x,k}$	U_k	$\Delta U_{TB,k}$	$U_{c,equiv,k}$	$\Phi_{T,k}$
			m		m²				°C	-	W/m²K			W
Bad 24 °C														
O	AW	1	2,63	0,99	2,6		2,6	ie	-10,9	1,00	0,26	0,05	0,31	28
N	DA	1	2,64	1,37	3,6		3,6	ie	-10,9	1,00	0,18	0,05	0,23	29
WC 20 °C														
W	AW	1	2,63	0,99	2,6		2,6	ie	-10,9	1,00	0,26	0,05	0,31	25
N	DA	1	1,37	1,21	1,7		1,7	ie	-10,9	1,00	0,18	0,05	0,23	12
Summe Transmissionswärmeverlust														**94 W**

Das ausführliche Verfahren errechnet für die Gaubenflächen lediglich 94 W Transmissionswärmeverlust. Durch die Pauschalierung ergibt sich in diesem Beispiel ein ca. 6,5-facher höherer Transmissionswärmeverlust.

- **Unbeheizte Nachbarräume:** Im ausführlichen Verfahren sind einige Räume enthalten, welche nicht beheizt werden, im Einzelnen das Treppenhaus, der Abstellraum unter der Treppe, natürlich der Heizungsraum, der unbeheizte Nebenraum im OG, aber auch der Dachraum über den Decken der Kinderzimmer sowie Bad und WC im OG. Diese Verluste werden im vereinfachten Verfahren nicht erfasst. In diesem Beispiel werden als Verlust an unbeheizte Nachbarräume nur die Transmissionswärmeverluste an den Wintergarten mit einem Faktor von fx = 0,5 gemäß DIN/TS 12831-1:2020-04, Tabelle 26 erfasst. Aus diesem Grund sind die Verluste an unbeheizte Nachbarräume im vereinfachten Verfahren erheblich geringer als im ausführlichen Verfahren. Wie unter den Ausführungen zu den Außenwänden bereits angemerkt, sollten die Außenverluste im Ausgleich dazu viel höher sein, aber die Pauschalisierung der Abzugsfläche der Außenfenster (20 % der Wohnfläche) relativiert diesen Umstand.
- **Fußboden:** Im Hüllflächenverfahren wird die gesamte Brutto-Grundfläche eingesetzt, im ausführlichen Verfahren dagegen nur die der beheizten Räume. Die nicht beheizten Räume sind in diesem Beispiel der Heizraum, Treppenhaus und der Abstellraum unter der Treppe. Daher reduziert sich die Fußbodenfläche von 135 m² auf 117,4 m², entsprechend –13%.

  Weitere Unterschiede:

  Der Temperaturanpassungsfaktor f_x beträgt im

  ausführlichen Verfahren: $f_x = 0{,}34$ (berechnet)

  vereinfachten Verfahren: $f_x = 0{,}30$ (DIN/TS 12831-1:2020-04, Tabelle 26)

  Der U-Wert wird berechnet im

  ausführlichen Verfahren: Berechnung $U_{equiv} = 0{,}37$ W/m²K

  vereinfachten Verfahren: $U_{Boden} + \Delta U_{WB} = 0{,}58 + 0{,}05 = 0{,}63$ W/m²K

- **Lüftungswärmeverlust:** Das vereinfachte Verfahren berechnet auch einen um ca. 16 % höheren Lüftungswärmeverlust. Die Begründung hierfür ist das eingesetzte gesamte Innenvolumen des Gebäudes, welches in diesem Beispiel noch um den Gaubenanteil vergrößert wurde.

  Insgesamt stimmt die Heizlast in diesem Beispiel mit +4,2 % Abweichung erstaunlich gut mit der Gebäudeheizlast des ausführlichen Verfahrens überein.

13 Vereinfachte Ermittlung von *U*-Werten

13.1 Vorbemerkung

In DIN/TS 12831-1:2020-04, Abschnitt 6.5 sind vereinfachte Ermittlungen von U-Werten unbekannter Bauteile angegeben. Diese sind zum größten Teil selbsterklärend, wie z. B.

- Abschnitt 6.5.2: Beurteilung anhand des Baujahres;
- Abschnitt 6.5.3: Verringerung des U-Wertes durch nachträglich aufgebrachte Wärmedämmung;
- Abschnitt 6.5.5: Grafische Ermittlung.

Abschnitt 6.5.4, Ermittlung auf Basis von Temperaturmessungen, muss hingegen im folgenden zunächst genauer betrachtet werden, da durch Messtoleranzen und/oder Messfehler große Fehlabschätzung der U-Werte vorkommen können.

13.2 U-Wert-Berechnung auf Basis von Temperaturmessungen

Bei Altbauten sind oft die Planungsunterlagen nicht mehr verfügbar. Zur Ermittlung des Wandaufbaus mit seinen einzelnen Schichten kann natürlich eine aufwendige Kernbohrung Aufschluss geben. Der *U*-Wert kann aber auch mittels Temperaturmessung berechnet werden. Dazu müssen drei Temperaturen gemessen werden:

- die Rauminnentemperatur,
- die Wandoberflächentemperatur der Innenwand und
- die Außentemperatur.

13.2.1 Grundlagen

Herleitung der Berechnungsformel:

Bei gegebenen Temperaturverhältnissen berechnet sich der Wärmestrom zu

$$\varphi = A \cdot U \cdot (\theta_{int} - \theta_e) \quad \text{in W}$$

mit

A Fläche der Wand in m²

U Wärmedurchgangskoeffizient in W/m²K

θ_{int} Innentemperatur in °C

θ_e Auslegungsaußentemperatur in °C

Setzt man die Fläche zu 1 m² und, so berechnet sich der spez. Wärmestrom zu

$$\varphi = U \cdot (\theta_{int} - \theta_e) \quad \text{in W/m}^2.$$

Innerhalb einer jeden einzelnen Schicht – vorausgesetzt, diese ist homogen – verläuft der Temperaturverlauf linear. Der Wärmestrom durch jede einzelne Schicht des Bauteils ist immer der gleiche, der Wärmestrom, welcher durch die erste Schicht strömt, strömt auch durch die zweite usw. und schließlich an die Außenluft.

Nachfolgend wird der Wärmestrom von innen nach außen im Einzelnen dargestellt:

- für den Übergangswiderstand innen:

$$\varphi = \frac{1}{R_{si}} \cdot (\theta_{int} - \theta_{w,int})$$

- für die erste Schicht:

$$\varphi = \frac{1}{R_1} \cdot (\theta_{iw,i} - \theta_{1/2})$$

- für die zweite Schicht:

$$\varphi = \frac{1}{R_2} \cdot (\theta_{1/2} - \theta_{2/3})$$

- für die *n*-te Schicht:

$$\varphi = \frac{1}{R_n} \cdot (\theta_n - \theta_{n+1})$$

- und für den Übergangswiderstand außen:

$$\varphi = \frac{1}{R_{se}} \cdot (\theta_{iw,e} - \theta_e)$$

Durch alle diese einzelnen Übergangswiderstände und Schichten strömt der gleiche Wärmestrom. Daher kann

$$U \cdot (\theta_{int} - \theta_e) = \frac{1}{R_s} \cdot (\theta_{int} - \theta_{w,int})$$

gleichgesetzt werden. Daraus ergibt sich aufgelöst nach dem unbekannten U-Wert

$$U = \frac{1}{R_s} \cdot \frac{\theta_{int} - \theta_{w,int}}{\theta_{int} - \theta_e}$$

Mit R_i = 0,13 m²K/W für ruhende Luft bei senkrechten Wänden ergibt sich nach DIN/TS 12831-1:2020-04, Gleichung (44) als Gebrauchsformel

$$U = \frac{1}{0{,}13} \cdot \frac{\theta_{int} - \theta_{w,int}}{\theta_{int} - \theta_e}$$

bzw. mit den Indices der gemessenen Werte:

$$U = \frac{1}{0{,}13} \cdot \frac{\theta_{meas,int} - \theta_{meas,si}}{\theta_{meas,int} - \theta_{meas,e}}$$

Beispiel:

Gegeben ist eine Außenwand mit unbekanntem Schichtaufbau eines Altbaus aus dem Zeitraum 1979–1983. Es werden gemessen:

- Innentemperatur: $\theta_{meas,int}$ = 21,1 °C
- Wandoberflächentemperatur auf der Rauminnenseite: $\theta_{meas,si}$ = 18,2 °C
- Außentemperatur: $\theta_{meas,e}$ = −6,9 °C

Berechnung:

$$U = \frac{1}{0{,}13} \cdot \frac{21{,}1 - 18{,}2}{21{,}1 - (-)6{,}9} = 0{,}80\ \mathrm{W/m^2K}$$

Nun sind die Messungen mit unvermeidlichen Toleranzen verbunden, nicht nur durch die Messtoleranz des Messgerätes selbst, sondern auch durch die des Messens aufgrund nicht ganz idealen Kontakts mit der Innenwandoberfläche. Nachfolgend soll gezeigt werden, wie wichtig das genaue Messen der Wandoberflächentemperatur ist. Grundlage ist eine Innentemperatur von θ_{int} = 20 °C und der *U*-Wert des obigen Beispiels.

Im folgendem werden Beispiele dargestellt mit Messungenauigkeiten von ± 1 % und ± 2 %.

Die genauen theoretischen Werte sind in den folgenden Tabellen 74 und 75 mittig angeordnet und grau hinterlegt.

Tabelle 74: U-Wert aus Messung (Messungenauigkeit ± 1 %)

1	2	3	4	5	6	7	8	9	10	11	12	13	14	15
Messungenauigkeit – 1%					0,0%					Messungenauigkeit + 1%				
Differenz		U-Wert	$\Delta\theta$	$\theta_{meas,si}$	θ_{si}	$\theta_{meas,e}$	U-Wert	$\theta_{meas,e}$	θ_{si}	$\theta_{meas,si}$	$\Delta\theta$	U-Wert	Differenz	
%	W/m²K	W	K	°C	°C	°C	W	°C	°C	°C	K	W	W	%
5,4	0,04	0,84	-0,17	16,7	**16,9**	-10		-10	**16,9**	17,0	0,17	0,76	-0,04	-5,4
6,7	0,05	0,85	-0,17	17,2	**17,4**	-5		-5	**17,4**	17,6	0,17	0,75	-0,05	-6,7
8,6	0,07	0,87	-0,18	17,7	**17,9**	0	**0,80**	0	**17,9**	18,1	0,18	0,73	-0,07	-8,6
11,8	0,09	0,89	-0,18	18,3	**18,4**	5		5	**18,4**	18,6	0,18	0,71	-0,09	-11,8
18,2	0,15	0,95	-0,19	18,8	**19,0**	10		10	**19,0**	19,1	0,19	0,65	-0,15	-18,2
37,5	0,30	1,10	-0,19	19,3	**19,5**	15		15	**19,5**	19,7	0,19	0,50	-0,30	-37,5

Tabelle 75: U-Wert aus Messung (Messungenauigkeit ± 2 %)

1	2	3	4	5	6	7	8	9	10	11	12	13	14	15
Messungenauigkeit – 2%					0,0%					Messungenauigkeit + 2%				
Differenz		U-Wert	$\Delta\theta$	$\theta_{meas,si}$	θ_{si}	$\theta_{meas,e}$	U-Wert	$\theta_{meas,e}$	θ_{si}	$\theta_{meas,si}$	$\Delta\theta$	U-Wert	Differenz	
%	W	W	K	°C	°C	°C	W	°C	°C	°C	K	W	W	%
10,8	0,09	0,89	-0,34	16,5	**16,9**	-10		-10	**16,9**	17,2	0,34	0,71	-0,09	-10,8
13,4	0,11	0,91	-0,35	17,1	**17,4**	-5		-5	**17,4**	17,7	0,35	0,69	-0,11	-13,4
17,2	0,14	0,94	-0,36	17,6	**17,9**	0	**0,80**	0	**17,9**	18,3	0,36	0,66	-0,14	-17,2
23,6	0,19	0,99	-0,37	18,1	**18,4**	5		5	**18,4**	18,8	0,37	0,61	-0,19	-23,6
36,5	0,29	1,09	-0,38	18,6	**19,0**	10		10	**19,0**	19,3	0,38	0,51	-0,29	-36,5
74,9	0,60	1,40	-0,39	19,1	**19,5**	15		15	**19,5**	19,9	0,39	0,20	-0,60	-74,9

In den Feldern der Spalten 6 und 10 sind die genauen, theoretisch berechneten Wand-Innentemperaturen in Abhängigkeit der jeweiligen Außentemperatur und des U-Wertes zum Vergleich eingetragen.

Auf der linken Seite sind in Spalte 5 die Messergebnisse der Wandinnentemperatur eingetragen mit einem Messfehler von –1 % bzw. –2 %. Dies ergibt einen Messfehler von –0,17 K bis –0,19 K bzw. –0,34 K bis –0,39 K, eingetragen in Spalte 4. Mit diesen Messfehlern sind in Spalte 3 die *U*-Werte berechnet worden und in den Spalten 1 und 2 deren Differenzen zum genauen *U*-Wert.

Auf der rechten Seite sind die Werte bei einem Messfehler +1 % und +2 % eingetragen, ansonsten sind die Spalten spiegelbildlich aufgebaut.

Beispiel:

Die Messung erfolgt bei einer Außentemperatur von 0 °C. Hieraus erfolgt die Berechnung der theoretischen Wandinnentemperatur. Zunächst wird jedoch der spezifische Wärmestrom berechnet:

$$\varphi = U \cdot (\theta_{meas,int} - \theta_{meas,e}) = 0{,}8 \cdot (20 - 0) = 16\ \mathrm{W/m^2}$$

Mithilfe folgender Gleichung (zuvor unter Grundlagen abgeleitet)

$$\varphi = \frac{1}{R_{si}} \cdot (\theta_{int} - \theta_{w,int})$$

kann die Berechnung der Wandinnentemperatur umgestellt werden, wobei für diesen Fall der gemessenen Temperaturen auch die diesbezüglichen Indizes eingesetzt wurden:

$$\theta_{w,meas,int} = \theta_{meas,int} - \varphi \cdot R_{si}$$

$$\theta_{w,meas,nt} = 20 - 16 \cdot 0{,}13 = 17{,}92\ °\mathrm{C}$$

Die theoretische Wandinnentemperatur beträgt 17,92 °C. Bei einem Messfehler von ± 1 % beträgt die Ungenauigkeit der Wandinnentemperatur von 17,92 · ± 0,01 = 0,1792, gerundet 0,18 K. Das bedeutet wiederum eine gemessene Wandinnentemperatur von 17,92 ± 0,18 K = 17,74 °C bzw. 18,1 °C. Ausgehend von diesen beiden Temperaturen wird der *U*-Wert berechnet:

$$\text{Messfehler: } -1\ \%\text{: } U = \frac{1}{0{,}13} \cdot \frac{20 - 18{,}4}{20 - 0} = 0{,}63\ \mathrm{W/m^2K}$$

$$\text{Messfehler: } +1\ \%\text{: } U = \frac{1}{0{,}13} \cdot \frac{20 - 17{,}5}{20 - 0} = 0{,}97\ \mathrm{W/m^2K}$$

Das bedeutet, dass schon bei einer Messungenauigkeit von ± 1 % ein um 8,6 % zu großer oder zu kleiner *U*-Wert berechnet wird (siehe die grafische Darstellung rechts).

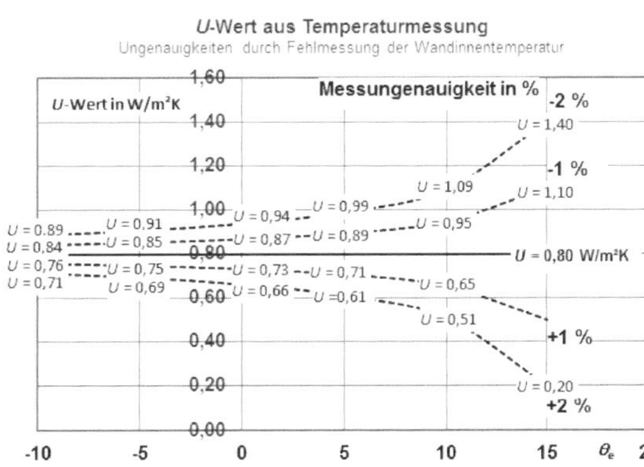

Bild 110: *U*-Wert-Ermittlung aus Temperaturmessung mit Messfehlern

Die zuvor berechneten U-Werte bei Messfehlern von $\pm$ 1 % und einer Außentemperatur von 0 °C sind in dieser Grafik abzulesen. Bei einem Messfehler von $\pm$ 2% und ebenfalls einer Außentemperatur von 0 °C werden schon folgende U-Werte berechnet:

Messfehler – 2 %: U = 0,94 W/m²K

Messfehler + 2 %: U = 0,66 W/m²K

Dies entspricht einem um 17,5 % zu großen oder zu kleinen U-Wert. Der Fehler wird dabei umso größer, je höher die Außentemperatur ist. Weiterhin ist die Ungenauigkeit vom U-Wert selbst abhängig: je kleiner der U-Wert, desto größer der relative Fehler.

Beispiele:

Situation: Außentemperatur θ_e = 0 °C und Messfehler $\pm$ 1 % wie zuvor.

Der genaue U-Wert sei 0,40 W/m²K (üblich ab 1995): U = 0,33 bzw. 0,47 W/m²K; Fehler $\pm$ 18,2 %

Der genaue U-Wert sei 1,40 W/m²K (üblich vor 1958): U = 1,37 bzw. 1,46 W/m²K; Fehler $\pm$ 4,5 %

13.2.2 Resümee

Schon sehr kleine Messungenauigkeiten haben großen Einfluss auf das Ergebnis und dessen Abweichung.

Es empfiehlt sich natürlich kalte Wintertage als Messtage zu wählen, da dann die Differenzen zwischen der Innen- und Außentemperatur sowie zwischen der Innen- und der Wandinnentemperatur größer und damit Messfehler kleiner sind. Größte Sorgfalt ist auf die Messung der Wandinnentemperatur mit einem Kontaktthermometer zu legen.

In aller Regel wird die Möglichkeit der U-Wert-Berechnung auf Basis von Temperaturmessungen wohl aber sowieso bei Altbauten (mit tendenziell schlechten, hohen U-Werten) mit unbekannten Wandaufbauten zu Anwendung kommen, insofern werden sich die Fehler in einem tolerierbaren Rahmen bewegen.

14 Schätzung der Heizlast aus Wärmemengenmessung oder Verbrauchsdaten

Diese Verfahren ermöglichen die Abschätzung der Gebäudeheizlast aus Wärmemengenmessung oder Verbrauchsdaten (DIN/TS 12831-1:2020-04, Abschnitt 7). Es darf nur angewendet werden für Gebäude im Bestand und mit freier Lüftung und ist für den Fall vorgesehen, dass im Zuge der Modernisierung ein Austausch des Wärmeerzeugers vorgesehen ist.

Die Nationale Ergänzung DIN/TS 12831-1:2020-04 beschreibt in Abschnitt 7 zwei Verfahren zur Abschätzung der Heizlast:

- 7.2: Bestimmung des Wärmeverlustkoeffizienten aus Einzelwerten der Erzeugerleistung und der Außentemperatur (Messung des Energieverbrauches über eine längere Zeitspanne und grafische Auswertung – kurz: **„Grafisches Verfahren“**)
- 7.3: Umrechnung der Jahresenergiemenge auf Basis von Vollbenutzungsstunden (Auswertung Jahresbrennstoffverbrauch – kurz: **„Verbrauchsverfahren“**)

Bevor jedoch die einzelnen Verfahren erläutert werden, sollen vorab noch wichtige Begriffe und Größen erläutert werden:

14.1 Begriffe

In DIN/TS 12831-1:2020-04, Abschnitt 7 werden einige Begriffe verwendet, die Jahresverbräuche betreffen und DIN V 18599 „Energetische Bewertung von Gebäuden – Berechnung des Nutz-, End- und Primärenergiebedarfs für Heizung, Kühlung, Lüftung, Trinkwarmwasser und Beleuchtung – Teil 5: Endenergiebedarf von Heizsystemen“ sowie DIN V 18599-8 „[...] – Teil 8: Nutz- und Endenergiebedarf von Warmwasserbereitungssystemen“ entnommen sind. Es handelt sich also um keine ansonsten in dieser Norm zur Berechnung der Heizlast üblichen Begriffe. Daher zunächst die folgenden Erläuterungen:

Tabelle 76: Erläuterung verwendeter Begriffe aus DIN V 18599

Begriff	Symbol	Einheit	Index
Die **Endenergie** umfasst alle **Verluste** zwischen der ankommenden Energie am Hausanschluss und dem **Nutzwärmebedarf** für Heizung und Warmwasser. Die **Endenergie** für den **Wärmeerzeuger** setzt sich zusammen aus $Q_{h,f} = (Q_{h,outg} + Q_{h,gen}) \cdot f_{gen,PM} - Q_{h,reg}$ DIN V 18599-5, (4) $Q_{w,f} = Q_{w,outg} + Q_{w,gen} - Q_{w,reg}$ DIN V 18599-8, (5) mit $Q_{h/w,outg}$: Erzeugernutzwärmeabgabe (Heizlast und TW) $Q_{h/W,gen}$: Verluste an den Aufstellungsraum $Q_{h/w,reg}$: regenerative Energieerträge $f_{gen,PM}$: Korrekturfaktor Pumpenmanagement In der weiteren Betrachtung spielen $f_{gen,PM}$ und $Q_{h,reg}$ keine Rolle.	$Q_{h,f}$ $Q_{w,f}$	Wh kWh	h = Heizung w = Trinkwasser f = final outg = Ausgang (g für go) gen = generieren PM = Pumpenmanagement
Die **Erzeugernutzwärme** ist der vom Wärmeerzeuger **geforderte** Bedarf, der sich zusammensetzt aus dem Bedarf zur Deckung der Heizlast und den Verlusten durch Übergabe, Verteilung und Speicherung.	$Q_{h,outg}$	Wh kWh	
Heizung (DIN V 18599-5, 4.3.2, (1)): $Q_{h,outg} = Q_{h,b} + Q_{h,ce} + Q_{h,d} + Q_{h,s}$ mit $Q_{h,b}$: Nutzwärmebedarf $Q_{h,ce}$: Wärmeverluste der Übergabe $Q_{h,d}$: Wärmeverluste der Verteilung $Q_{h,s}$: Wärmeverluste der Speicherung (falls vorhanden) **Warmwasser** (DIN V 18599-8, 4.2.1, (4)): $Q_{w,outg} = Q_{w,b} + Q_{h,ce} + Q_{h,d} + Q_{h,s}$ mit sinngemäß wie zuvor Im Folgenden sind nur noch der Nutzwärmebedarf $Q_{h,b}$ und $Q_{w,b}$ von Bedeutung.			

Begriff	Symbol	Einheit	Index
Nutzwärmebedarf ist der Oberbegriff, z.B. für Heizung Trinkwassererwärmung	 $Q_{h,b}$ $Q_{w,b}$	 Wh kWh	h = Heizung w = Trinkwasser b = Bedarf

Die Begriffe werden so ausführlich erläutert, um den Unterschied aufzuzeigen zwischen den Verlusten, welche in der Erzeugernutzwärme $Q_{h,outg}$ enthalten sind (Bedarf, Übergabe, Verteilung und ev. Speicherung), und dem Verlust, welcher noch zusätzlich auftritt durch Wärmeverluste $Q_{h,gen}$ an den Aufstellraum selbst (z. B. durch Isolierverluste des Kessels). Die Summe dieser Verluste einschließlich der Erzeugernutzwärmen $Q_{h,outg}$ und $Q_{w,outg}$ sind in der Endenergie Q_f enthalten. Diese Verluste werden bei der Berechnung der Erzeugernutzwärme aus dem Energieverbrauch in DIN/TS 12831-1:2020-04, Abschnitt 7.4 eingesetzt in $Q_{h,f}$ (Gleichung (54)) und $Q_{w,f}$ (Gleichung (55)). Ansonsten dient diese detaillierte Aufstellung nur der Vollständigkeit.

Zum besseren Verständnis dieser doch sehr spröden Thematik sind nachfolgend die Zusammenhänge noch einmal grafisch dargestellt:

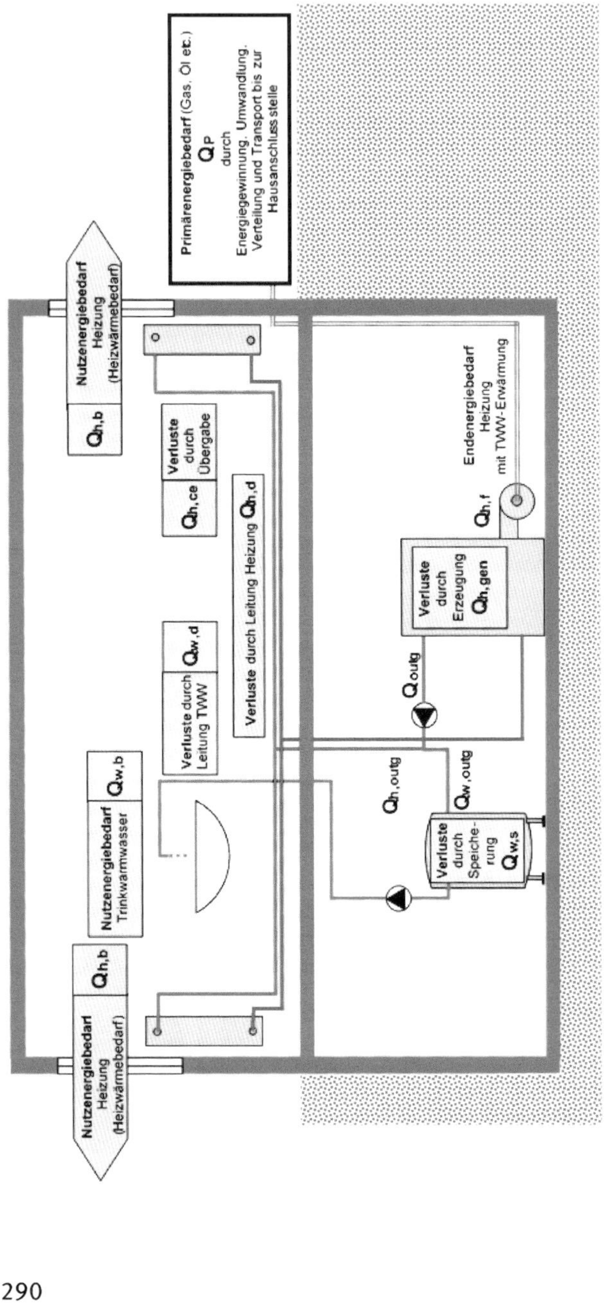

Bild 111: Schematische Darstellung der Bearbeitungsschritte von der Messung zur Erzeugerleistung

14.2 Wichtige Größen

Zunächst wird eine Übersicht über die wichtigen Größen im Zusammenhang mit der Ermittlung der Gebäudeheizlast aus dem Jahres-Brennstoffverbrauch gezeigt:

Tabelle 77: Wichtige Größen im Zusammenhang mit der Ermittlung der Gebäudeheizlast aus Jahres-Brennstoffverbrauch

Begriff	Symbol	Einheit	Index
Heizgrenztemperatur	θ_{ed}	°C	e = aussen (external) d = day (am Tage)
Gradtagzahlen	G	kd/a	Kilo = 1000, d = days (Tage) a = Anno (jährlich)
Mittlere Außentemperatur	$\theta_{m,HP}$	°C	m = mittlere HP = Heizperiode
Belastungsgrad	$\beta_{m,t}$	–	m = mittlere t = Time (Zeitspanne)
Vollbenutzungsstunden	b_{VF}	h	VF = Voll-last-Feuerungsleistung

Folgend wird auf die Bedeutung der Größen im Einzelnen eingegangen.

14.2.1 Heizgrenztemperatur θ_{ed}

Die Heizgrenztemperatur θ_{ed} stellt diejenige Außentemperatur dar, ab welcher nicht mehr geheizt werden muss. Bei tieferen Außentemperaturen als die Heizgrenztemperatur muss das Gebäude beheizt werden; bei höheren Temperaturen ist es in aller Regel nicht mehr nötig zu heizen. Die Heizgrenztemperatur ist im Wesentlichen vom Standard der Wärmedämmung abhängig, aber auch von den internen Wärmequellen (z.B. Beleuchtung, Wärmeabgabe durch die Bewohner). Bei Niedrigenergiehäusern oder Passivhäusern kann die Heizgrenztemperatur mit 10–12 °C eingesetzt werden, bei Altbauten 15–17 °C. Nachfolgende Tabelle 79 gibt einen Überblick:

Tabelle 79: Heizgrenztemperaturen

Baustandard	Heizgrenztemperatur θ_{ed}
	°C
vor 1977	15–17
1977–1995	14–16
EnEV und WSchV nach 1995	12–15
Niedrigenergiehaus	11,5–14
3-Liter-Haus	10,5–12
Passivhaus	9,5–11
Quelle: Energiedepesche 1/2007; Ermittlung der Heizgrenze (Auszug)	

14.2.2 Gradtagzahlen *G*

Die Gradtagzahlen *G* sind die Anzahl der Tage, bei denen die Außentemperatur unter der Heizgrenztemperatur liegt, summiert über die Heizperiode. Sie werden z. B. benötigt, um Vollbenutzungsstunden von Wärmeerzeugern zu berechnen. Zur genaueren Kennzeichnung werden die Bezugstemperaturen dem Symbol zugeordnet, z. B. $G_{20/12}$ mit der Bedeutung Raumtemperatur = 20 °C, mittlere Außentemperatur = 12 °C, siehe auch nachfolgende Tabelle 80.

14.2.3 Mittlere Außentemperatur $\theta_{m,HP}$

Gemeint ist die mittlere Außentemperatur $\theta_{m,HP}$ während der Heizperiode. Diese ist von der Heizgrenztemperatur abhängig. Je tiefer die Heizgrenztemperatur ist, umso tiefer ist auch die mittlere Außentemperatur, siehe auch nachfolgende Tabelle 80.

14.2.4 Belastungsgrad $\beta_{m,t}$

Der mittlere Belastungsgrad $\beta_{m,t}$ ist der Quotient zwischen der durchschnittlichen Teilbelastung und der 100%-Vollbelastung. Er kann nach DIN/TS 12831-1:2020-04, Gleichung (52) aus den Temperaturdifferenzen bestimmt werden:

$$\beta_{m,t} = \frac{\theta_e - \theta_{m,HP}}{\theta_{ed} - \theta_e}$$

mit

θ_{ed} = Heizgrenztemperatur in °C (siehe Tabelle 80)

$\theta_{m,HP}$ = mittlere Außentemperatur Heizperiode (siehe Tabelle 80)

Nachstehend eine Tabelle zur Auswahl der Heizgrenztemperatur, der mittleren Außentemperatur und der Gradtagzahlen:

Tabelle 80: Heizgrenztemperatur, mittlere Außentemperatur und Gradtagzahlen nach EnEV 2002

Heizgrenztemperatur	**mittlere Außen-temperatur**	**Gradtagzahlen**
θ_{ed}	$\theta_{m,HP}$	G
°C	°C	Kd/a
10	3,3	3.173
12	4,5	3.488
15	5,5	3.915
17	6,3	4.042
Quelle: Jagnow / Horschler / Wolf, Die neue Energieeinsparverordnung 2002, Deutscher Wirtschaftsdienst, 2002		

14.2.5 Vollbenutzungsstunden b_{VF}

Vollbenutzungsstunden stellen die Summe aller Stunden dar, in welcher ein Wärmerzeuger seine max. Leistung erbringt. Diese wird benötigt, um z.B. aus der Jahresenergiemenge die Heizlast eines Gebäudes abzuschätzen. Die Heizlast aus Jahresenergiemenge und Vollbenutzungsstunden wird nach DIN/TS 12831-1:2020-04, Gleichung (49) berechnet:

$$\Phi_{HL,build} \approx \frac{\Phi_{h,outg}}{b_{VF}}$$

in W oder kW mit

$\Phi_{h,outg}$ = Erzeugernutzwärme in W/a oder kW/a

b_{VF} = Vollbenutzungsstundenzahl des Wärmeerzeugers in h

Die Ermittlung der Vollbenutzungsstundenzahl b_{VF} kann durch zwei Methoden erfolgen:

- aus der Gradtagzahl gemäß DIN/TS 12831-1:2020-04, Gleichung (50):

$$b_{VF} = \frac{G \cdot 24}{\theta_{ed} - \theta_e}$$

mit

G = Gradtagzahl in Kd/a

24 = 24 Std/Tag

θ_{ed} = Heizgrenztemperatur in °C

θ_e = Auslegungsaußentemperatur in °C

- aus dem Belastungsgrad gemäß DIN/TS 12831-1:2020-04, Gleichung (51)

  $b_{VF} = t_h \cdot \beta_{m,t}$

  mit

  t_h = Betriebszeit der Wärmerzeugungsanlage (8.760 Std/Jahr)

  $\beta_{m,t}$ = mittlere Belastungsgrad der Wärmerzeugungsanlage (siehe Abschnitt 14.2.4)

14.3 Grafisches Verfahren

Dieses Verfahren ist in DIN/TS 12831-1:2020-04, Abschnitt 7.2 beschrieben. Es beruht auf der Messung des Brennstoffverbrauchs bei gegebenen Außentemperaturen über eine bestimmte Zeit i des Tages über einen längeren Zeitraum. Diese momentane Kesselleistung beinhaltet allerdings in aller Regel auch noch die Trinkwassererwärmung. Da es sich um den zugeführten Brennstoffverbrauch handelt, bedeutet dies den Endenergieverbrauch $Q_{f,i}$ in kWh. Dieser Verbrauch in kWh muss umgerechnet werden in die Erzeugerleistung des Kessels $\Phi_{f,i}$ in kW.

14.3.1 Berechnungsschritte

1. Umrechnung Verbrauch in Energie (Endenergie) Q_f

   Die dem Wärmeerzeuger zugeführte Energie wird durch Multiplikation des Brennstoffverbrauchs mit dem spez. Heizwert $H_{i.}$ berechnet:

   Q_f = Brennstoffverbrauch $\cdot H_i$

   Dabei ist

   Q_f = Endenergie in kWh

   H_i = Unterer Heizwert in kWh/E (E = Einheit, z.B. m³ Gas/h)

2. Umrechnung in Erzeugernutzwärme Q_{outg}

   Die vom Kessel abgegebene Erzeugernutzwärme Q_{outg} wird durch Multiplikation der Endenergie Q_f mit dem Nutzungsgrad $\eta_{h,gen}$ des Erzeugers berechnet:

   $Q_{outg} = Q_f \cdot \eta_{h,gen}$

mit

$\eta_{h,gen}$ = Nutzungsgrad

Der Nutzungsgrad kann DIN/TS 12831-1:2020-04, Tabelle 38 entnommen werden und beträgt z. B. für Brennwertkessel ab Baujahr 1995 $\eta_{h,gen} = 0{,}92$.

3. Aufteilung der Erzeugernutzwärme auf die Anteile für Heizung und Trinkwassererwärmung

   Die abgegebene Erzeugernutzwärme beinhaltet die Energie zur Erzeugung von warmem Wasser und vor allem eben auch die Energie zur Beheizung des Gebäudes. Ab der Heizgrenztemperatur wird die Erzeugernutzwärme nicht mehr zur Heizung gebraucht, sondern nur noch zur Trinkwassererwärmung. Dies wird deutlich an der parallel verlaufenden „Punktwolke" ab der Heizgrenztemperatur (siehe Bild 114). Der Mittelwert der Nutzenergiewärme ab der Heizgrenztemperatur stellt auch die Erzeugernutzwärme $Q_{w,outg}$ während der Heizperiode oberhalb der Heizgrenztemperatur dar und wird daher von der Gesamt-Erzeugernutzwärme abgezogen. Es verbleibt die Erzeugernutzwärme $Q_{h,outg}$ nur für Heizung.

   Erzeugernutzwärme für WW $Q_{w,outg}$

   $Q_{w,outg}$ = Mittelwert aller Erzeugernutzwärme ab Heizgrenztemperatur

   Erzeugernutzwärme für Heizung $Q_{h,outg}$

   $Q_{h,outg} = Q_{outg} - Q_{w,outg}$

4. Umrechnung in Erzeugerleistung $\Phi_{w,outg}$ und $\Phi_{h,outg}$

   Die Erzeugerleistung errechnet sich durch den Bezug der Nutzwärme auf die Messdauer Δt (Energie = Arbeit pro Zeit)

   $\Phi_{w,outg} = Q_{w,outg} / \Delta t$

   $\Phi_{h,outg} = Q_{h,outg} / \Delta t$

Nachstehend sind die ersten vier Berechnungsschritte noch einmal schematisch dargestellt:

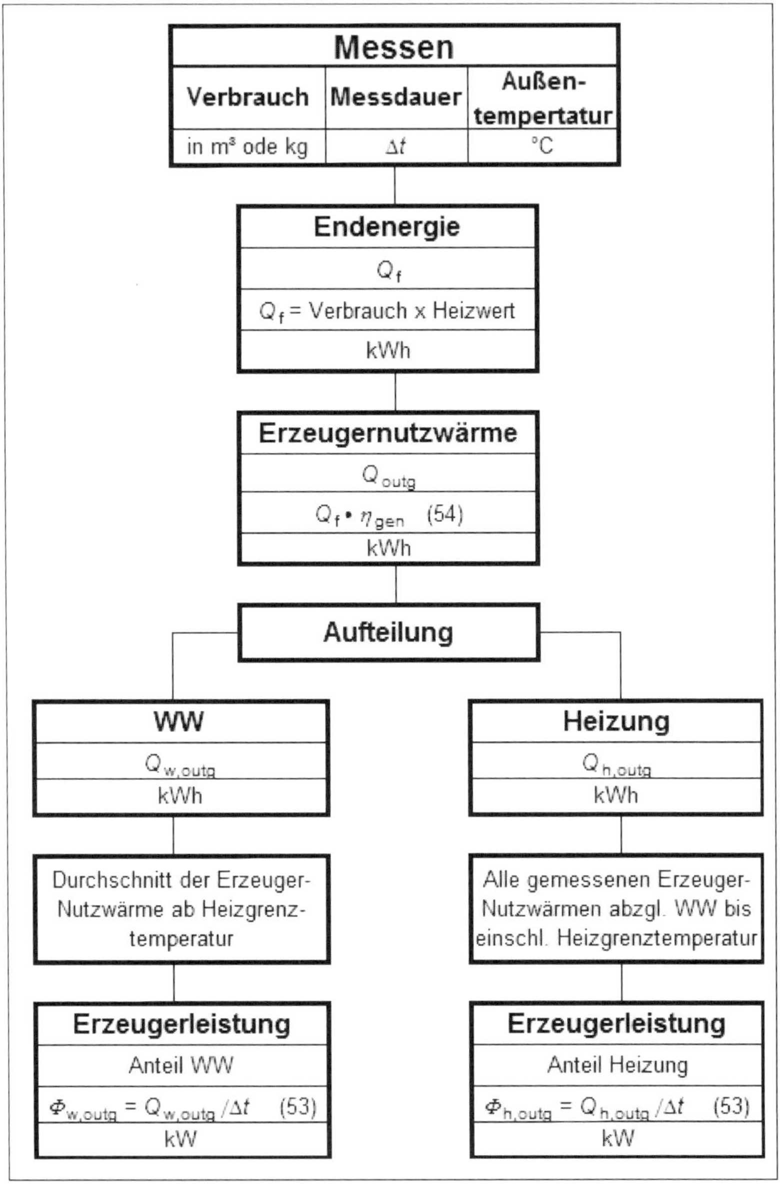

Bild 112: Schematische Darstellung der Bearbeitungsschritte von der Messung zur Erzeugerleistung

5. Auswertung

   Die Erzeugerleistungen für WW und Heizung sind mit den dazugehörigen Außentemperaturen in ein Diagramm einzutragen, wobei die

   - x-Achse die Außentemperatur θ_e und die
   - y-Achse die Erzeugerleistung θ_{outg}

   darstellt. Sowohl für die WW-Erzeugerleistung als auch für die Heizungs-Erzeugerleistung sind die Ausgleichsfunktionen zu ermitteln und als Gerade einzuzeichnen. Der Schnittpunkt markiert die Heizgrenztemperatur; die Steigung der Ausgleichsfunktion der Heizungs-Erzeugerleistung den Wärmeverlust-Koeffizienten *H* in W/K.

Am folgenden Beispiel soll dies verdeutlicht werden.

14.3.2 Beispielberechnung

Folgende Messdaten liegen vor:

Tabelle 81: Messung Einzelwerte momentaner Brennstoffverbrauch

Messung	Verbrauch	Mess-dauer	Außen-tempera-tur
	Erdgas	Δt	θ_e
Nr.	m³	Std	°C
1	11,186	11,0	-14
2	10,109	10,0	-12
3	8,945	10,0	-9
4	8,718	11,0	-6
5	7,986	9,0	-8
6	5,923	8,0	-3
7	6,157	10,0	-2
8	5,426	10,0	1
9	5,026	8,0	0
10	4,467	8,0	3
11	4,284	10,0	5
12	3,812	12,0	7
13	3,507	11,0	9

Messung	Verbrauch	Mess-dauer	Außen-tempera-tur
	Erdgas	Δt	θ_e
Nr.	m³	Std	°C
14	2,434	8,0	10
15	1,739	11,0	12
16	1,457	10,0	13
17	1,109	9,0	15
18	1,230	12,0	17
19	0,890	6,0	16
20	1,109	8,0	15
21	1,189	11,0	16
22	1,054	11,0	19
23	1,199	12,0	18
24	1,069	9,0	21
25	0,816	7,0	19
26	0,930	8,0	20

Diese Messdaten müssen nun ausgewertet werden. Zunächst wird beispielhaft der Rechengang zur Ermittlung der Erzeugerleistungen für WW und Heizung der 1. Messung dargestellt:

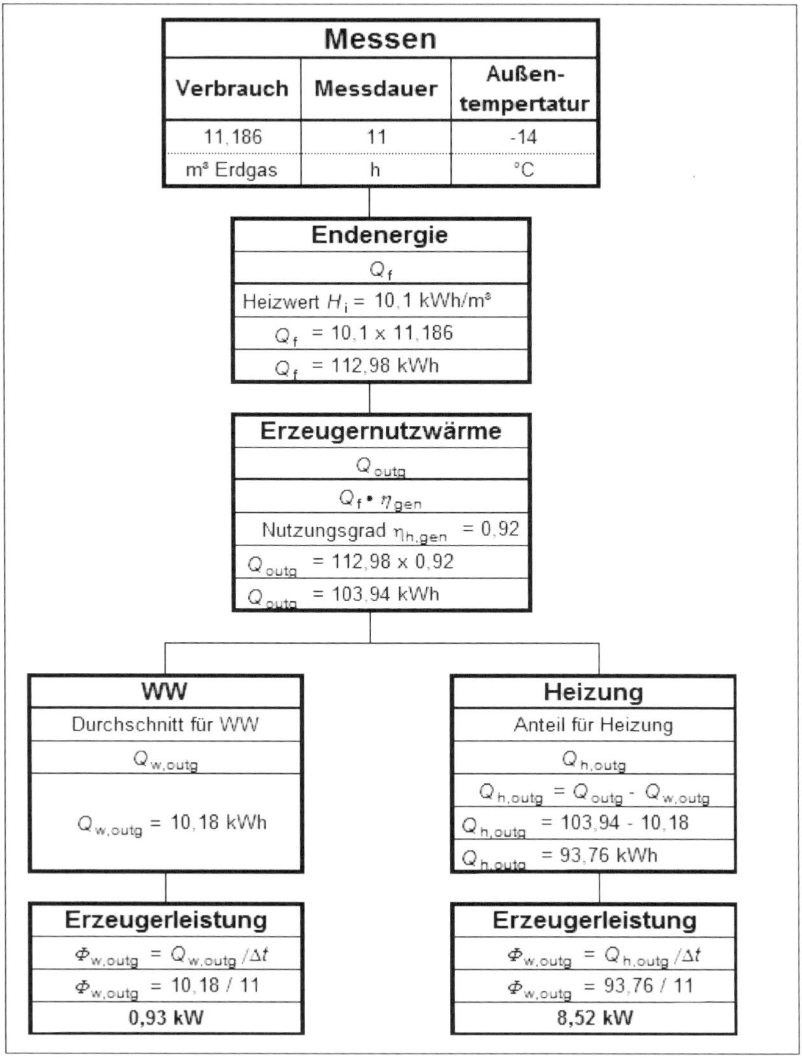

Bild 113: Beispiel Auswertung 1. Messung zur Erzeugerleistung

Die Auswertung aller Messungen ist in der nachstehend gezeigten Tabelle 82 aufgeführt:

Tabelle 82: Ermittlung der Erzeugerleistung für Heizung und Trinkwasser

1	2	3	4	5	6	7	8	9	10
Messung	Verbrauch	Mess-dauer	Außen-tempe-ratur	Ende-nergie	Erzeugernutzwärme			Erzeugerleistung	
				Gesamt		WW	Heizung	WW	Heizung
Nr.	Erdgas	Δt	θ_e	$Q_{f.i}$	$Q_{outg,i}$	$Q_{w,outg,i}$	$Q_{h,outg,i}$	$\Phi_{w,outg,i}$	$\Phi_{h,outg,i}$
					$Q_{f.i} \times \mu_{gen,i}$			$Q_{w,outg,i} / t$	$Q_{h,outg,i} / t$
	m³	Std	°C	kWh				kW	
1	11,186	10	-14	112,98	103,94	10,18	93,76	0,93	8,52
2	10,109	11	-12	102,10	93,93	10,18	83,75	1,02	8,38
3	8,945	10	-9	90,34	83,12	10,18	72,94	1,02	7,29
4	8,718	11	-6	88,05	81,01	10,18	70,83	0,93	6,44
5	7,986	9	-8	80,66	74,21	10,18	64,03	1,13	7,11
7	5,923	8	-3	59,82	55,04	10,18	44,86	1,27	5,61
6	6,157	10	-2	62,19	57,21	10,18	47,03	1,02	4,70
8	5,426	10	1	54,80	50,42	10,18	40,24	1,02	4,02
9	5,026	8	0	50,76	46,70	10,18	36,52	1,27	4,57
10	4,467	8	3	45,12	41,51	10,18	31,33	1,27	3,92
11	4,284	10	5	43,27	39,81	10,18	29,63	1,02	2,96
12	3,812	12	7	38,50	35,42	10,18	25,24	0,85	2,10

1	2	3	4	5	6	7	8	9	10
Messung	**Verbrauch**	**Messdauer**	**Außentemperatur**	**Endenergie**	**Erzeugernutzwärme**			**Erzeugerleistung**	
				Gesamt		**WW**	**Heizung**	**WW**	**Heizung**
Nr.	**Erdgas**	Δt	θ_e	$Q_{f.i}$	$Q_{outg,i}$	$Q_{w,outg,i}$	$Q_{h,outg,i}$	$\Phi_{w,outg,i}$	$\Phi_{h,outg,i}$
					$Q_{f.i} \times \mu_{gen,i}$			$Q_{w,outg,i} / t$	$Q_{h,outg,i} / t$
	m³	**Std**	**°C**	**kWh**				**kW**	
13	3,507	11	9	35,42	32,59	10,18	22,41	0,93	2,04
14	2,434	8	10	24,58	22,62	10,18	12,44	1,27	1,55
15	**1,739**	**11**	**12**	**17,56**	**16,16**	**10,18**	**5,98**	**0,93**	**0,54**
16	1,457	10	13	14,72	13,54	13,54		1,35	
17	1,109	9	15	11,20	10,30	10,30		1,14	
18	1,230	12	17	12,42	11,43	11,43		0,95	
19	0,890	6	16	8,99	8,27	8,27		1,38	
20	1,109	8	15	11,20	10,30	10,30		1,29	
21	1,189	11	16	12,01	11,05	11,05		1,00	
22	1,054	10	19	10,65	9,79	9,79		0,89	
23	1,199	12	18	12,11	11,14	11,14		0,93	
24	1,069	9	21	10,80	9,93	9,93		1,10	

1	2	3	4	5	6	7	8	9	10
Messung	Verbrauch	Mess-dauer	Außen-tempe-ratur	Ende-nergie	Erzeugernutzwärme			Erzeugerleistung	
				Gesamt		WW	Heizung	WW	Heizung
Nr.	Erdgas	Δt	θ_e	$Q_{f.i}$	$Q_{outg,i}$	$Q_{w,outg,i}$	$Q_{h,outg,i}$	$\Phi_{w,outg,i}$	$\Phi_{h,outg,i}$
					$Q_{f.i} \times \mu_{gen,i}$			$Q_{w,outg,i}$ / t	$Q_{h,outg,i}$ / t
	m³	Std	°C	kWh				kW	
25	0,816	7	19	8,24	7,58	7,58		1,08	
26	0,930	9	20	9,39	8,64	8,64		0,96	
Mittelwert Erzeugernutzwärme Qoutg,i Zeilen 16 bis 26:					10,18	Mittelwert Zeilen 1 bis 26:		1,08	

Spalte 5: Endenergie $Q_{f.i}$ = Verbrauch Erdgas in m³ × Heizwert H_i in kWh/m³ (Spalte 2 × Hi mit H_i = 10,1 kWh/m³)
Spalte 6: Erzeugernutzwärme $Q_{outg,i} = Q_{f.i} \times \mu_{gen,i}$ (Spalte 5 × $\mu_{gen,i}$ mit $\mu_{gen,i}$ = 0,92)
Spalte 7: Erzeugernutzwärme $Q_{w,outg,i}$ (Spalte 6, Zeilen 16 bis 26. Ab Zeile 16: $\Phi_{w,outg,i,} = \Phi_{outg,i,}$
Spalte 8: Erzeugernutzwärme $Q_{h,outg,i} = Q_{outg,i} - Q_{w,outg,i}$ (Spalte 6 – 7) . Zeilen 16 bis 26: Ab θ_{ed} kein Eintrag $\Phi_{h,outg,i}$
Spalte 9: Erzeugerleistung für WW: $\Phi_{w,outg,i} = Q_{w,outg,i} / t$ (Spalte 7 / Spalte 3)
Spalte 10: Erzeugerleistung für Heizung: $\Phi_{h,outg,i} = Q_{h,outg,i} / t$ (Spalte 8 / Spalte 3)

Die fett gedruckte Zeile 15 markiert die Heizgrenztemperatur bei ca. 12 °C (genauer: 11,5 °C). Der Mittelwert der Erzeugernutzwärmeabgabe für die Trinkwassererwärmung oberhalb der Heizgrenztemperatur ab 12 °C (Messung Zeile 16 bis 26) beträgt 10,18 kWh und wird vom Gesamtwert unterhalb der Heizgrenztemperatur abgezogen (Messung Zeile 1 bis 25). Es verbleibt die Erzeugernutzwärmeabgabe für die Heizung. Die Erzeugerleistungen $\Phi_{h,outg}$ und $\Phi_{w,outg}$ werden in ein Diagramm gemäß DIN/TS 12831-1:2020-04, Bild 12 eingetragen.

Dies führt zu folgender Darstellung:

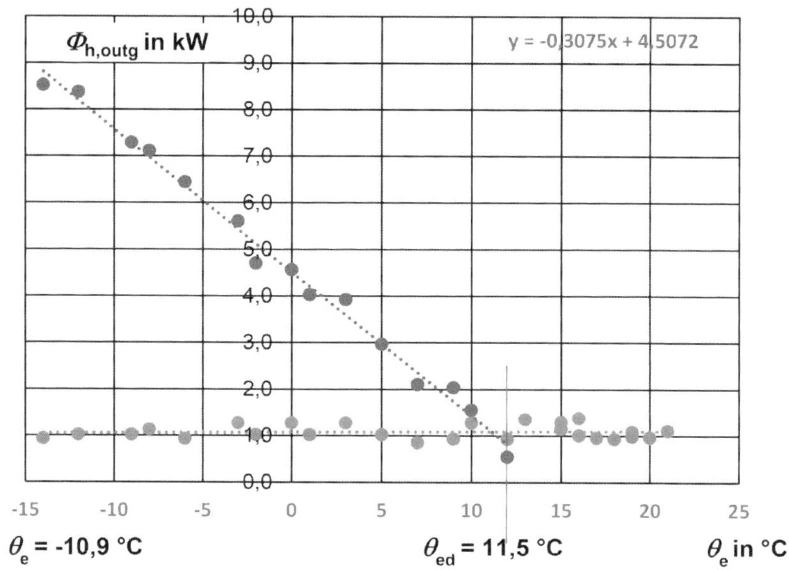

Bild 114: Einzelwerte des Erzeugerleistung $\Phi_{h,outg}$ und $\Phi_{w,outg}$

Die lineare Funktion der Erzeugerleistung für die Heizung $\Phi_{h,outg}$ in Abhängigkeit von der Außentemperatur gemäß DIN/TS12831-1:2020-04, Abschnitt 7.2.3 lautet:

$$\Phi_{outg} = H \cdot \theta_e + \Phi_{h,outg,0}$$

mit

$\Phi_{h,outg}$	Erzeugerleistung für Heizung in kW
H	Steigung der linearen Ausgleichsfunktion in W/K
θ_e	Auslegungsaußentemperatur in °C
$\Phi_{h,outg,0}$	Mathematische Konstante in kW

14.3.3 Wärmeverlustkoeffizient *H*

Exakte Bestimmung

Die mithilfe von EXCEL ermittelte lineare Gleichung lautet:

$$y = -0{,}3075\,x + 4{,}5072$$

Zur weiteren Verwendung (Abschätzung der Gebäudeheizlast) wird nur noch die Steigung *H* benötigt. Der Absolutwert der Steigung stellt den Wärmeverlustkoeffizienten $H = |-0{,}3075|$, gerundet = 0,31 kW/K dar.

Einfache Bestimmung

Zur Bestimmung der Ausgleichsfunktion und damit der Erzeugernutzwärmeabgabe und des Wärmeverlustkoeffizienten H nach der vor beschrieben exakten Methode sind mathematische Kenntnisse, wie die diese zustande kommt, erforderlich bzw. Kenntnisse im Umgang mit EXCEL, welches diese Ausgleichsfunktion berechnen kann. Im Rahmen des Genauigkeitsanspruches dieser Norm können diese Werte aber auch wie folgt bestimmt werden:

Die Wertepaare und anschließend die Ausgleichsfunktion werden von Hand in ein Diagramm in Anlehnung an das Diagramm in Bild 114 eingetragen, z.B. auf Millimeterpapier. Hierbei muss darauf geachtet werden, dass die Ausgleichfunktion als gerade Linie schwerpunktmäßig zwischen den einzelnen Messpunkten platziert wird. Die Steigung H kann dann sehr einfach bestimmt werden.

Beispiel:

Abgelesen sei eine Erzeugernutzwärmeabgabe von 7,9 kW bei einer Auslegungsaußentemperatur von θ_e = −10,9 °C. Weiterhin abgelesen wird eine Erzeugernutzwärmeabgabe von 1,0 kW bei einer Grenztemperatur von $\theta_{e,m}$ = 11,5 °C. Die Berechnung der Steigung *H* ergibt sich (auch im Fließtext von DIN/TS 12831-1:2020-04, Abschnitt 7.2.3, so beschrieben) aus

$$H = \frac{\Delta\Phi_{h,outg}}{\Delta\theta} = \frac{7{,}9 - 1{,}0}{-10{,}9 - 11{,}5} = -0{,}31\,\mathrm{kW/K}$$

14.3.4 Überschlägige Heizlast

Die Berechnung der überschlägigen Heizlast erfolgt schließlich nach DIN/TS12831-1:2020-04, Gleichung (48):

$$\Phi_{H,build} = H \cdot (\theta_{int} - \theta_e)$$

$$\Phi_{HL,build} = 0{,}31 \cdot (20 - (-)10{,}9) = 9{,}6\ \mathrm{kW}$$

wobei *H* als Absolutwert einzusetzen ist.

14.4 Verbrauchsverfahren

Die Heizlast eines Gebäudes kann sehr einfach durch den Jahresverbrauch des Brennstoffes nach DIN /TS-1:2020-04, Abschnitt 7.3 ermittelt werden. Die verbrauchte Jahresenergiemenge setzt sich in aller Regel aus dem Anteil der Heizlast und dem Anteil der Trinkwassererwärmung zusammen. Aus diesem Grunde wird nach der Berechnung des Gesamt-Endenergieverbrauches des Wärmeerzeugers der Anteil für die Warmwassererwärmung (WW-Erwärmung) ermittelt und diese von dem zuvor berechneten Gesamt- Endenergieverbrauch abgezogen. Es verbleibt der Anteil des Endenergieverbrauches für die Heizung.

14.4.1 Berechnungsschritte

1. **Gesamt-Endenergieverbrauch für Heizung und WW-Erwärmung Q_f (Umrechnung Verbrauch in Energie)**

   Die dem Wärmeerzeuger zugeführte Energie wird durch Multiplikation des Verbrauches mit dem spezifischen Heizwert H_i. berechnet:

   Q_f = Brennstoffverbrauch · H_i

   Dabei ist

   Q_f: Endenergie in kWh

   H_i: Unterer Heizwert in kWh/E (E = Einheit, z.B. m³ Gas/h)

2. **Ermittlung des Anteiles der Endenergie für die WW-Erwärmung $Q_{w,f}$**

   Der Jahresenergieverbrauch für Trinkwassererwärmung wird nach DIN/TS12831-1:2020-04, Gleichung (55) berechnet zu:

$$Q_{w,f} = \frac{Q_{w,b}}{\eta_{w,a}}$$

   mit

   $Q_{w,f}$: Endenergieverbrauch Trinkwarmwasser in Wh oder kWh

   $Q_{w,b}$: Nutzenergieverbrauch Trinkwarmwasser in Wh oder kWh (nach DIN/TS12831-1:2020-04, Gleichung (56))

   $Q_{w,b}$ = 16.000 Wh/m²a · A_{WF} in W oder 16 kWh/m²a · A_{WF} in kWh

   mit

   A_{WF}: Wohnfläche in m²

   $\eta_{w,a}$: Jahresnutzungsgrad der Trinkwarmwassererwärmung (siehe nachstehende Tabelle 83)

Tabelle 83: Anhaltswerte für Nutzungsgrade nach DIN/TS 12831-1: 2020-04, Tabelle 39

Art der Trinkwasser-erwärmung	**Nutzungsgrad $\mu_{w,a}$**	
	ohne Zirkulation	**mit Zirkulation**
Gebäudezentral	0,5 ... 0,7	EFH: 0,2 ... 0,4 MFH: 0,3 ... 0,6
Gruppenweise, wohnungszentral	0,7 ... 0,85	

3. **Ermittlung des Anteiles der Endenergie für die Heizung $Q_{h,f}$**

   Der Anteil der Endenergie für die Heizung $Q_{h,f}$ wird berechnet aus der Differenz des Gesamt-Endenergieverbrauchs abzgl. des Anteils für Warmwasser-Erwärmung:

   $$Q_{h,f} = Q_f - Q_{w,f}$$

4. **Berechnung der Erzeugernutzwärmeabgabe für die Heizung $Q_{h,outg}$**

   Die Erzeugernutzwärmeabgabe für die Heizung $Q_{h,outg}$ wird berechnet nach DIN/TS 12831-1:2020-04, Gleichung (54):

   $$Q_{h,outg} = Q_{h,f} \cdot \mu_{h,gen}$$

   mit

   Q_f:wie zuvor berechnet in kWh/a

   $\mu_{h,gen}$: Nutzungsgrad des Wärmeerzeugers

5. **Berechnung der Heizlast des Gebäudes $\Phi_{HL,build}$**

   Die (überschlägige) Gebäudeheizlast $\Phi_{HL,build}$ wird nach DIN/TS 12831-1: 2020-04, Gleichung (49) berechnet zu

   $$\Phi_{HL,build} \approx \frac{\Phi_{h,outg}}{b_{VF}}$$

   mit

   $Q_{h,outg}$: wie zuvor berechnet in kWh/a

   b_{VF}: Vollbenutzungsstundenzahl in h

Die Berechnung der Vollbenutzungsstundenzahl des Wärmeerzeugers b_{VF} kann nach zwei Methoden berechnet werden:

- Berechnung aus Gradtagzahl

$$b_{VF} = \frac{G \cdot 24}{\theta_{ed} - \theta_e}$$

mit

G: Gradtagzahl in Kd/a (siehe Tabelle 80)

θ_{ed}: Heizgrenztemperatur in °C

θ_e: Auslegungsaußentemperatur in °C

- Berechnung aus Belastungszahl

$$b_{VF} = t_h \cdot \beta_{m,t}$$

mit

t_h: Betriebszeit 8760 h

$\beta_{m,t}$: mittlerer Belastungsgrad

$$\beta_{m,t} = \frac{\theta_{ed} - \theta_{m,PH}}{\theta_{ed} - \theta_e}$$

$\theta_{m,PH}$: mittlere Außentemperatur während der Heizperiode (siehe Tabelle 80)

Diese Zusammenhänge sollen im folgenden Beispiel nochmals schematisch dargestellt werden.

14.4.2 Beispiel

Als Beispiel habe ein Einfamilienhaus einen Verbrauch von 3.515 m³ Erdgas pro Jahr, welcher die Warmwasser-Erzeugung miteinschließt. Dieses Beispiel hat keinen Zusammenhang mit dem vorigen Beispiel oder den Beispielen in Abschnitt 6.

Im folgenden Schema ist der zuvor dargestellte Berechnungsablauf grafisch übersichtlich dargestellt:

1. Der Verbrauch wird in Endenergie Q_f umgerechnet
2. Anschließend erfolgt die Aufteilung auf Warmwasser-Erwärmung und Heizung, wobei zunächst der Anteil der Warmwasser-Erwärmung $Q_{w,f}$ ermittelt werden muss, um diese von der Gesamtenergieabgabe des Wärmeerzeugers Q_f für die Heizung $Q_{h,f}$ abzuziehen.

3. Im Anschluss daran erfolgt die Berechnung der Erzeugernutzwärme $Q_{h,outg}$ und schließlich
4. die Berechnung der Erzeugerleistung $\Phi_{HL,build}$ für die Heizung, wobei zur Berechnung der Vollbenutzungsstundenzahl b_{VF} nach der 1. Methode erfolgt .

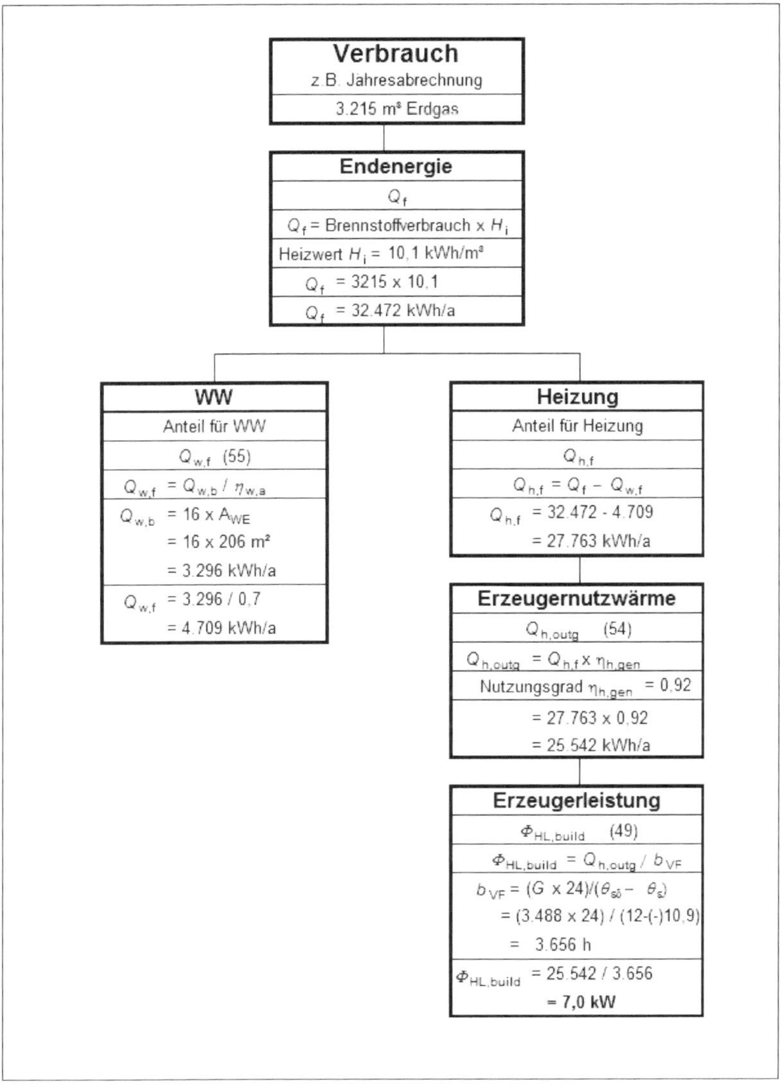

Bild 115: Beispiel Gebäudeheizlast aus Verbrauchsdaten

14.4.3 Resümee

Das grafische Verfahren bedingt eine gewisse Disziplin, da regelmäßig über einen längeren Zeitraum Verbrauch und Außentemperatur gemessen werden müssen. Es dürfte aber das genauere der beiden Verfahren sein, da zur Ermittlung nach DIN/TS 12831-1:2020-04, Abschnitt 7.2 keine Faktoren wie z.B. Belastungsgrade oder Vollbenutzungsstunden angenommen werden müssen. Das Verfahren ist umso genauer, je mehr Wertepaare gemessen werden. Es eignet sich aber offenbar nur für Fernwärme oder Gasheizungen, da z. B. ein Gaszähler mit einer Genauigkeit von 1/1000 m³ = 1 l abzulesen ist. Der Ölverbrauch wäre so einfach nicht zu ermitteln, da normalerweise – zumindest in Wohngebäuden – keine Mengenmesseinrichtung vorhanden ist.

Das Verfahren nach dem Jahresverbrauch ist hingegen das schnellste und einfachste Verfahren. Generell ist aber folgendes zu beachten:

Die rechnerische Heizlast unterstellt, dass bei Norm-Außentemperatur alle Räume auf Solltemperatur beheizt werden und dabei keine inneren und solaren Wärmequellen auftreten.

In der Realität wird dieser Zustand höchst selten auftreten. In aller Regel sind nicht alle Zimmer auf Solltemperatur beheizt, so weisen z.B. Schlafzimmer und Gästezimmer meist niedrigere Temperaturen auf. In größeren Mehrfamilienhäusern sind einzelne Parteien auch immer mal wieder abwesend, z. B. aufgrund von Urlaub oder Dienstreise, und heizen daher ebenfalls in diesen Zeiten nur eingeschränkt.

Auch beim Luftwechsel gibt es Reserven. Viele Untersuchungen zeigen, dass die Fenster bei sehr niedrigen Außentemperaturen praktisch alle geschlossen sind. Hier werden von den Bewohnern offensichtlich Defizite in der Raumluftqualität akzeptiert, wenn dafür Behaglichkeitsdefizite, durch einströmende sehr kalte Außenluft, und hohe Energieverluste vermieden werden. Auch das wird bei der Heizlastberechnung nicht berücksichtigt.

Die Heizlastberechnung betrachtet den Extremfall und für diesen wird entsprechend ausgelegt. Das Ergebnis ist damit soweit auf der sicheren Seite, dass in der Praxis auch ein paar zusätzliche negative Einflüsse verkraftet werden.

Die Abschätzung der Heizlast (oder sinnvoller: der erforderlichen Heizleistung) nach DIN/TS EN 12831-1:2020-04, Abschnitt 7 aus den Verbrauchsdaten hat diese Sicherheiten nicht. So geht in diesen Fällen nur das reale Nutzerverhalten, z.B. mit eingeschränkt beheizten Räumen, in den errechneten Wert ein. Die aus dem Verbrauch ermittelte Leistung ist daher i. d. R. geringer als die rechnerische Heizlast.

15 Historischer Rückblick

15.1 Einleitung

Überlegungen zur Erfassung des Wärmebedarfs gibt es nachweislich schon seit dem 17. Jahrhundert. So verlegte bereits im Jahre 1666 der Frankfurter Architekt, Ingenieur und Erfinder Andreas Böckler (1617–1687) ein Buch „Furnologia oder: Haushältliche Oefen“, in welchem er sich Gedanken über „die Herdstelle und die Raumheizung sowie deren holzsparendere Nutzung durch ein ausgeklügeltes System von Zügen“ macht. Durch diese sollte die Abwärme besser genutzt werden.

FURNOLOGIA
Oder:
Haußhältliche Oefen-Kunst
Nämlichen
I. Wie man nicht allein die alte bißhero gebräuchliche Oefen mit schlechten Unkosten leichtlich verbessern / und also respective mit wenigem Holtz und Kohlen einhitzen/
Sondern auch gantz
II. Neue Wärm- Koch- und Wäsch- Oefen/ so zur Gesundheit deß Menschen dienlich/ zu dem täglichen Gebrauch bequemlich / und in Ersparung deß Holtzes nützlich auffbauen und in das Werck stellen solle.
Alles auff Verlangen und Begehren sonderbahrer guter Haußhälter / auch Jedermänniglich zum Dienst / auß vielfältiger Experienz vertreulich auffgesetzet und mit darzu gehörigen Figuren vorgestellet/
Durch
GEORG ANDREAS BÖCKLER,
Architect. & Ingenieur.
Franckfurt.
In Georg Müllers Verlag /
Druckts Paulus Humm.
M DC LXVI.

Bild 116: Georg Andreas Böckler, Furnologia, Frankfurt

Quelle: Sächsische Landesbibliothek, Dresden

In den nachfolgenden Jahren erschienen weitere Vorschläge und empirische Berechnungsformeln, z.B. 1824 vom englischen Dampfmaschinen-Baumeister Thomas Tredgold (1788–1829) mit „Principles of warming and ventilation of public buildings“, 1827 von Karl Marcell Heigelin (1798–1833) aus Tübingen das „Allgemeine Handbuch der Heizung“ oder 1829 von Georg Wilhelm Munckes (1772–1847) das „Handbuch der Naturlehre für den Wärmebedarf“, welches damals ein bekanntes Nachschlagewerk wurde.

Schon 1822 beschrieb der französische Physiker J.C.E. Peclet (1793–1857) den „Durchlässigkeitsfaktor“ *k* zu

$$k_l = \frac{1}{\frac{1}{l_1} + \frac{1}{l_2} + \frac{e}{\lambda}}$$

wobei

k_l Wärmeleitkoeffizient

l_1 äußerer Wärmeleitkoeffizient

l_2 innerer Wärmeleitkoeffizient

e Dicke der Konstruktionsschicht

λ Wärmeleitungskoeffizient

bedeuten. Auch die Berechnung der Wärmemenge beschrieb Peclet mit

$$W = k \cdot (\theta_1 - \theta)$$

wobei

θ_1 Innentemperatur

θ Außentemperatur

bedeuten.[14] Die Fläche ist in dieser Formel nicht enthalten, sodass es sich wohl um einen spez. Wert handelt. Schon damals also gab es auch heute noch gültige fundamentale wissenschaftliche Erkenntnisse. Hierbei griff Peclet auf vorangegangene Studien des berühmten Mathematikers und Physikers Jean Baptiste Joseph Fourier (1768–1830) zurück, welcher übrigens die Begriffe und Formelzeichen für Wärmefluss, Temperaturgefälle oder Wärmeleitfähigkeit eingeführt hatte.

Den Begriff „Wärmetransmissionsberechnung“ verwendete als erster Carl Schinz 1861 in seinem Buch „Erforderliche Wärmemenge zur Erwärmung eines geschlossenen Raumes“.Schinz unterschied auch schon zwischen dem Wärmebedarf für Transmission und dem zur Raumlufterwärmung. Hier wären noch viele Pioniere auf diesem Gebiet zu nennen.

Im Laufe der Weiterentwicklung der Beheizung von Räumen und Gebäuden, vorangetrieben durch die Zentralheizung, wurde die Notwendigkeit einer verbindlichen Vereinheitlichung zunehmend erkannt und es bildeten sich Vereine, z.B. der 1880 von Hermann Rietschel (1847–1914) gegründete Verein „Deutsche Ingenieure für heiz- und gesundheitliche Anlagen“, dem auch Österreich angehörte. Hermann Rietschel war der Begründer der modernen Heizungs-, Klima- und Lüftungstechnik und führte die letztlich heute gültige Formel zur Berechnung des Transmissionswärmeverlustes ein:

$$Q = k \cdot F \cdot (t_i - t_a)$$

Die „Bauverwaltung der preußischen Minister der öffentlichen Arbeiten“ veröffentlichte 1885 im „Centralblatt“ eine Verordnung, nach welcher bei Aus-

14 Quelle: Klaus Usemann, Entwicklung von Heizungs- und Lüftungstechnik zur Wissenschaft, Oldenbourg Verlag, 1993

schreibungen öffentlicher Gebäude die Berechnung der Wärmeverluste verbindlich vorgeschrieben wurde mit einer detaillierten Anweisung. Maßgeblich beteiligt an diesen „Anweisungen“ war Hermann Rietschel, die damit durchaus als Vorläufer der ersten Norm bezeichnet werden können. So waren Angaben über die Raumtemperaturen, Luftwechsel, angrenzende Nachbartemperaturen, Windbeaufschlagung, Auswahl der Transmissionswärmekoeffizienten, die physikalischen Grundlagen der Transmissionswärmberechnung und das Zuschlagsverfahren beinhaltet. Der Aufbau hatte bereits große Ähnlichkeiten mit der heutigen Wärmbedarfsberechnung.

Am 12. August 1898 gründeten 48 Vertreter führender Firmen der Branche in München den Verband Deutscher Centralheizungs-Industrieller (V.D.C.I.). Zum ersten Vorsitzenden wurde Kommerzienrat Henneberg gewählt. Aus dem VDCI entstand zunächst der Bundesverband der Heizungs- und Klimaindustrie e.V. (BHKS e.V.), nach einigen Namensänderungen wurde der Verband 2012 mit seinem jetzigen Namen als Bundesindustrieverband Technische Gebäudeausrüstung e.V. (BTGA e.V.) in das Vereinsregister eingetragen. Dieser Verband schrieb seinen Mitgliedern 1907 die Berechnung des Wärmebedarfs nach den „Vorschriften des Preußischen Ministeriums der öffentlichen Arbeiten“ als „Normalien für die Berechnung von Zentralheizungsanlagen“ verbindlich vor; diese galten daher nun auch für nichtöffentliche Gebäude. Der V.D.C.I. überarbeitete diese Vorschriften nochmals 1911 und 1914. Durch den Krieg unterbrochen, erschienen erst 1919 und 1921 weitere Überarbeitungen, welche sich aber hauptsächlich auf neue Baustoffe bezogen. Das Rechenverfahren blieb zunächst unverändert. Diese letzten Überarbeitungen trugen den Titel „Regeln für die Berechnung der Wärmeverluste und Heizkörpergrößen von Warmwasser und Niederdruckdampf-Heizungsanlagen“.[15]

Die erste DIN-Norm der Reihe 4701 erschien am 11. April 1929. Am 23. April 1929 wurde der „Fachnormenausschuss für Heizungen“ gegründet.

Im Folgenden werden die einzelnen Normen besprochen und Beispielberechnungen durchgeführt. Hierbei wird auf das Beispiel der DIN/TS 12831-1: 2020-04 zurückgegriffen, welches auch schon in DIN EN 12831 Bbl. 1:2008-07 berechnet wurde.

Es werden immer die jeweils gültigen Formelzeichen eingesetzt, z.B. für die Ausgaben 1919 bis 1959 kcal/h statt W, die Temperaturdifferenz in °C statt K oder mmWS statt Pa. Weiterhin werden die jeweils verwendeten Begriffe, ob Wärmeverlust oder Wärmebedarf, eingesetzt.

15 Quelle: Klaus Usemann, Entwicklung von Heizungs- und Lüftungstechnik zur Wissenschaft, Oldenburg Verlag, 1993

15.2 DIN 4701:1929

Die „Regeln für die Berechnung des Wärmebedarfs von Gebäuden und für die Berechnung der Kessel- und Heizkörpergrößen von Heizungsanlagen“ wurden durch den Verband der Centralheizungs-Industrie e.V. im Selbstverlag erstellt und durch die Beuth Verlag GmbH Berlin vertrieben. In dieser Ausgabe wurden auch die österreichischen Verhältnisse berücksichtigt, die bislang in Österreich angewendeten Regeln verloren somit ihre Gültigkeit. Neben der eigentlichen Wärmebedarfsberechnung beinhaltete diese Norm auch die Berechnung von Kesseln und Heizkörpern. Obmann des Ausschusses war Prof. Dr.-Ing. Gröber, der zweite Nachfolger des Lehrstuhls Hermann Rietschels.

Im Folgenden wird aber nur die Wärmebedarfsberechnung behandelt.

15.2.1 Grundbegriffe (Abschnitt A)

Zunächst sind die Grundbegriffe der Berechnung der Wärmedurchgangszahl *k* (der sogenannte *k*-Wert, seit DIN EN 12831:2003-08 ersetzt durch den *U*-Wert) dargestellt, die bis heute unverändert Gültigkeit haben:

$$\frac{1}{k} = \frac{1}{\alpha_i} + \frac{1}{\alpha_a} + \frac{1}{\Lambda_1} + \frac{1}{\Lambda_2} + \ldots$$

Dabei ist

α_i die Wärmeübergangszahl innen in kcal/m² h °C

α_a die Wärmeübergangszahl außen in kcal/m² h °C

Λ die Wärmedurchlässigkeit der Bauteilschicht mit $\Lambda = \lambda/\delta$

mit

λ Wärmeleitzahl in kcal/m h °C

δ Dicke der Bauteilschicht in m

In den Zahlentafeln 2, 3 und 4 von DIN 4701:1929 sind Wärmeübergangszahlen und mittlere Wärmeleitzahlen verschiedener Baustoffe sowie Wärmedurchlässigkeitswiderstände von Luftschichten angegeben. In den Zahlentafeln 5 bis 8 sind auf 21 Seiten Konstruktionen von Wänden, Dächern, Fußböden und Decken und deren Wärmedurchgangszahlen (*k*-Zahl) angegeben.

15.2.2 Aufbau der Wärmebedarfsberechnung (Abschnitt B)

Wärmeverluste

Gemeint sind Transmissionswärmeverluste. Es werden nur die Transmissionswärmeverluste der einzelnen Bauteile (Raumbegrenzungsflächen) berechnet, mit Zuschlägen in % versehen und zum Wärmebedarf des Raumes summiert.

Der zuschlagsfreie Transmissionswärmeverlust wird berechnet zu

$$Q = k \cdot F \cdot (t_i - t_a)$$

Dabei ist

Q der Wärmeverlust in kcal/h

k die Wärmedurchgangszahl in kcal/(m² · h · °C) [16]

F die Fläche des Bauteils in m²

t_i die Lufttemperatur des zu berechnenden Raumes

t_a die Lufttemperatur im Freien oder im benachbarten Raum

Auf diese zuschlagsfreien Transmissionswärmeverluste sind Zuschläge zu machen, und zwar für jedes einzelne Bauteil des Raumes. Die Zuschläge wurden wie folgt unterschieden:

- **Zuschläge für ungünstige Lage:**

  Diese Zuschläge unterteilt in Einzelzuschläge für

  - Himmelsrichtung (Berücksichtigung der Sonnenbestrahlung)
  - Räume mit mehreren Außenwänden
  - Windangriff (nur bei ungünstiger oder außergewöhnliche ungünstiger Lage)

  Siehe hierzu auch Tabelle 93.

- **Zuschläge für Betriebsunterbrechung:**

  Siehe hierzu Tabelle 94.

- **Zuschläge für hohe Räume:**

  Als hohe Räume galten auch schon damals Räume mit einer Höhe > 4 m. Der Zuschlag betrug 1 % pro 0,5 m Überhöhe, max. jedoch 20 % (außer bei Treppenhäusern).

Alle Zuschläge in % werden zu einem Zuschlag als Multiplikator zusammengefasst (siehe auch Formblatt DIN 4701:1929, Seite 17, Spalte 18).

16 Dimensionen in damaliger Schreibweise

Wärmebedarf

Der Wärmebedarf errechnet sich aus dem Wärmeverlust zuzüglich der Multiplikation des Wärmeverlustes mit dem Zuschlagsfaktor.

Berechnungsschema:

Wärmeverlust
+ Zuschlagfaktor · Wärmeverlust

= Wärmebedarf

In diesem Sinne ist auch das Formblatt bezeichnet (DIN 4701:1929, Seite 17, Spalten 13 und 19).

Ausgabe 1929 kennt noch keine Indizes, um die einzelnen Anteile zu unterscheiden, z. B. Q_T und Q_h. Diese wurden erst in der Nachfolgenorm eingeführt.

15.2.3 Allgemein Unterlagen für die Berechnung (Abschnitt C)

Angaben über tiefste Außentemperatur

Hierunter fallen die Angaben über die tiefste Außentemperatur, welche in der Zahlentafel 1 für Deutschland (einschließlich Ostpreußen, Pommern Schlesien), Österreich und Elsass-Lothringen, gegliedert nach Regionen, angegeben sind. Die meisten Orte wurden mit –15 °C berechnet; klimatisch bevorzugte Gegenden mit –10 °C; ungünstige mit –20 °C, sehr kalte Gegend –25 °C (siehe Tabelle 95).

Angaben über das Gebäude

In diesem Abschnitt wird beschrieben, dass Grundrisse und Schnitte sowie Angaben zur Zweckbestimmung der Räume, zu Ausführungen der Türen und Fenster, ob Heizkörper in Fensternischen eingebaut werden etc. erforderlich sind. Es werden aber auch Hinweise gegeben, z. B. dass Außenwände keinen größeren *k*-Wert als 1,4 kcal/(m² · h · °C) haben sollten.

Angaben über die Lage des Gebäudes in Bezug auf Himmelsrichtung und Windangriff

Die Norm kannte bereits die normale Lage ohne Zuschläge sowie die

a) ungünstige Lage, z. B. im Abstand von 40 m keine Erhebung gleicher Größe (Häuser, Hügel), und die

b) außergewöhnlich ungünstige Lage (ungeschützt auf Erhebungen, an großen Flüssen oder Seen (siehe Tabelle 93, Spalte III).

Der Lageplan muss die Nordrichtung erkennen lassen, da die Zuschläge bauteilweise himmelsrichtungsabhängig sind. Es sind nur Außenflächen zu berücksichtigen, welche abgekühlten Winden aus Norden, Nordosten oder Osten ausgesetzt sind.

Angaben über die Innentemperaturen

In Abschnitt D sind die Innentemperaturen beheizter und unbeheizter Räume aufgelistet. Die Tabelle der Räume ist erheblich umfangreicher als in der heutigen Norm. Es fällt auf, dass z.B. Badezimmer mit 20 °C berechnet werden (siehe Tabelle 91).

Angaben über die Lüftung

Der Lüftungswärmeverlust wird nicht berechnet. In der Norm ist dazu Folgendes angemerkt:

> Der natürliche Luftwechsel durch Undichtigkeiten von Fenstern, Türen und Wänden ist in den k-Zahlen der Bauteile und in den Zuschlägen für den Windangriff berücksichtigt.[17]
>
> Bei Lüftungsanlagen ohne besondere Einrichtung der Erwärmung der Frischluft ist der Wärmebedarf für diesen Luftwechsel gesondert zu berechnen und in den gesamten Wärmebedarf des Raumes einzubeziehen.
>
> Sind besondere Einrichtungen zur Erwärmung der Frischluft vorgesehen, so sind diese getrennt zu berechnen.

Ein Beispiel für die Berücksichtigung des natürlichen Luftwechsels kann Tabelle 96 entnommen werden. Eine Formel zur Berechnung des Lüftungswärmeverlustes ist nicht angegeben.

Angaben über die Benutzungsdauer der Räume und die Betriebsweise der Heizung

Bei durchgehendem, ununterbrochenem Betrieb fällt kein Zuschlag an. Ansonsten gilt:

I: Ununterbrochener Betrieb ohne Bedienung bei Nacht, aber mit Betriebseinschränkung;

17 Anmerkung: Ein Zuschlag auf die *k*-Zahl zur Berücksichtigung des natürlichen Luftwechsels erfolgte nur auf Fenster und Türen (siehe Tabelle 96)

II: Täglich 9–12-stündige Betriebsunterbrechung;

III: Täglich 12–15-stündige Betriebsunterbrechung.

Die Zuschläge sind für Aufheizzeiten von ca. drei Stunden angegeben. Es wird empfohlen, bei großer Kälte keine Betriebsunterbrechung eintreten zu lassen; der Normalfall sollte die Betriebsweise I sein. Es wird ausdrücklich darauf hingewiesen, dass zu große Anheizzuschläge unwirtschaftlich seien und man lieber längere Aufheizzeiten als drei Stunden in Kauf nehmen solle.

15.2.4 Richtlinien für die Wahl der Zahlenwerte (Abschnitt D)

Wärmedurchgangszahlen:

Die Wärmedurchgangszahlen können den Zahlentafeln 5 bis 8 entnommen werden.

Abkühlungsflächen:

Die Abkühlungsflächen sind gegliedert in:

EF	Einfachfenster	FB	Fußboden
DF	Doppelfenster	D	Decke
IT	Innentür	EO	Einfaches Oberlicht
AT	Außentür	DO	Doppeltes Oberlicht
IW	Innenwand	Da	Dach
AW	Außenwand		

Innenfenster IF sind noch nicht aufgelistet.

Als Maße wurden für die Raumlängen und -breiten Innenmaße (lichte Maße) festgelegt, als Höhe aber schon die Geschosshöhe. Für die Bestimmung der Tür- und Fenstermaße wurde die innere Leibung der Maueröffnung festgelegt; nicht die Glasfläche. Die Längen und Flächenmaße sind auf eine Stelle hinter dem Komma abzurunden.

Wahl der Temperaturen:

a) Temperaturen im beheizten Raum – siehe Tabelle 91

b) Temperaturen im Freien – siehe Tabelle 95

c) Temperaturen unbeheizter Räume – siehe Tabelle 92

Zuschläge für die Wärmebedarfsberechnung:

a) Zuschläge für ungünstige Lage – siehe Tabelle 93

b) Zuschläge für Betriebsunterbrechung – siehe Tabelle 94

c) Zuschläge für hohe Räume – 1 % pro 0,5 m

15.2.5 Gebäudeheizlast

Die Gebäudeheizlast ergibt sich aus der Summe aller Räume.

15.2.6 Beispielberechnung

Beispielhaft werden nachgerechnet:

- Raum 1, Küche (mit Wärmeverlusten an Nachbarraum Vorräte und an den Wintergarten)
- Raum 4, Schlafen
- Raum 10 Vorräte (mit Wärmegewinn von der Küche)

15.2.6.1 Grundlagen der Berechnung:

1. Die Beispielberechnung wird für den Ort Wolfsburg durchgeführt. Dieser Ort ist in der Tabelle der tiefsten Außentemperaturen nicht aufgeführt. Da Wolfsburg aber im Dreieck Celle – Braunschweig – Helmstedt liegt, die allesamt eine tiefste Außentemperatur von –15 °C aufweisen, wurde für diese Berechnung ebenfalls –15 °C als tiefste Außentemperatur eingesetzt (siehe Klimatafel Tabelle 95).
2. Es wurde normale Lage angenommen, es gibt also keine Zuschläge wegen Windangriff für ungünstige oder außergewöhnlich ungünstige Lage (Tabelle 93 – Zuschläge für die Wärmebedarfsberechnung, Teil a): **Zuschläge für ungünstige Lage,** Zeile III).
3. Es ist keine besondere Lüftungsanlage vorgesehen.
4. Es ist Betriebsweise I vorgesehen (Tabelle 94 – Zuschläge für Betriebsunterbrechung).
5. Folgende Bauteilkonstruktionen wurden gewählt:
   - Wand nach Tabelle 94, Zeile 2: Ziegel- und Kalksandstein (Zuschlag 15 %)
   - Fußboden nach Tabelle 94: Zeile 3: Ziegelmauerwerk mit Belag (Zuschlag 10 %)
6. Die Temperaturen unbeheizter Nachbarräume oder Erdreich entstammen Tabelle 92:

- Abseitenraum zur Küche unter der Treppe: Unbeheizt, von beheizten Räumen umgeben, ohne Außenflächen: 10 °C
- Wintergarten zur Küche: Unbeheizt, oft vom Wind bestrichene Räume: 0 °C
- Heizungsraum zu Vorräte: Kesselräume: 20 °C
- Unbeheizten Nebenraum im OG, nicht direkt unter der Dachfläche, t_a = –15 °C: 5 °C
- An Außenwände anliegendes Erdreich unter der Erdoberfläche: 0 °C

7. Die Innenbauteile erhalten keine Himmelsrichtung.
8. Die Umrechnung der *U*-Werte in *k*-Werte erfolgt folgendermaßen:

   Umrechnungsfaktor: 1 kcal /h= 1,163 W

Bauteil	**2020**	**1929**
	W/m²K	kcal/m²hK
AW-36 cm	0,33	0,28
AW-41 cm	0,34	0,29
IW-24 cm	1,28	1,10
IW-12 cm	1,88	1,62
AF/AT	1,40	1,20
FB	0,58	0,50
IT	2,00	1,72
IF zum WG*)	1,60	1,38
*) Die Norm kennt noch keine IF (Innenfenster), daher als DF in der Tabelle eingesetzt		

15.2.6.2 Formblatt

Bereits die erste Norm DIN 4701:1929 sah ein Formblatt vor, wie nachfolgend dargestellt. Es war noch nicht zur Berechnung nur eines Raumes pro Seite vorgesehen. Die notwendigen Kopfdaten wurden über die Linien hinweg für den Raum frei von Hand eingetragen, wie im kommenden Beispiel gezeigt.

Tabelle 84: Blanco-Formular Wärmebedarfsberechnung DIN 4701:1929

1	2	3	4	5	6	7	8	9	10	11	12	13	14	15	16	17	18	19	20
													Zuschläge						
Bezeichnung	Himmelsrichtung	Wandstärke	Wärmedurchgangszahl k	Temperatur-unterschied	Länge	Höhe und Breite	Fläche	Anzahl	Abzug	in Rechnung gestellt	Temperaturunter-schied x Wärmedurchgangszahl	Wärmeverlust	Himmelsrichtung	mehrere Außenflächen	Windangriff	Betriebs-unterbrechung	Zuschlagsfaktor	Wärmebedarf	Bemerkung
		cm	kcal/m²h°C	°C	m	m	m²		m²	m²	kcal/m²h	kcal/h	vH	vH	vH	vH		kcal/h	

Das Formblatt ist aufgeteilt in:

Spalten 1 – 5:	Angaben zum Bauteil
Spalten 6 – 11:	Berechnung der in Rechnung gestellten Fläche. Hierbei galt die Methode Abzugsfläche vor Bruttofläche. Es wurden also zuerst Fenster- oder/und –Türflächen berechnet, damit diese Flächen von der Fläche der dazugehörigen nachfolgenden Wand abgezogen werden konnten.
Spalten 12–13:	Berechnung des zuschlagfreien Wärmeverlustes. Hierbei wurde auch der Zwischenwert Temperaturunterschied x Wärmedurchgangszahl in Spalte 12 ausgewiesen.
Spalten 14–18:	Zuordnung der Zuschläge;
Spalte 14:	Himmelsrichtung(Tabelle 93, Zeile I)
Spalte 15:	Mehrere Außenflächen (Tabelle 93, Zeile II)
Spalte 16:	Windangriff (Tabelle 93, Zeile III)
Spalte 17:	Betriebsunterbrechung (Tabelle 94)
Spalte 18:	Zusammenfassung der Zuschläge zum Zuschlagsfaktor
Spalten 19–20:	Berechnung des Wärmeverlustes des Raumes mit einer optionalen Bemerkung, wobei dieses Feld relativ klein ausgefallen ist.

Die einzelnen Bauteile der Raumbegrenzungsflächen sind zeilenweise einzutragen und am Schluss zum Wärmeverlust des Raumes zu addieren. Anschließend werden eventuelle Wärmegewinne berücksichtigt und abgezogen.

15.2.6.3 Ausdruck der Beispielberechnung

Tabelle 85: Formblatt Wärmebedarfsberechnung DIN 4701:1929

1	2	3	4	5	6	7	8	9	10	11	12	13	14	15	16	17	18	19	20
													Zuschläge						
Bezeichnung	Himmelsrichtung	Wandstärke	Wärmedurchgangszahl k	Temperaturunterschied	Länge	Höhe und Breite	Fläche	Anzahl	Abzug	in Rechnung gestellt	Temperaturunterschied x Wärmedurchgangszahl	Wärmeverlust	Himmelsrichtung	mehrere Außenflächen	Windangriff	Betriebsunterbrechung	Zuschlagsfaktor	Wärmebedarf	Bemerkung
		cm	kcal/(m²h°C)	°C	m	m	m²		m²	m²	kcal/(m²h)	kcal/h	vH	vH	vH	vH		kcal/h	
			Nr. 1, Küche (Eckraum) 20 °C 4,8 x 4,7 x 2,6 = 59,4 m³																
IT	—	—	1,72	5	0,9	2,0	1,8	1	—	1,8	9	15	—	—	—	—	1,00	15	
IW	—	24	1,10	5	3,2	2,9	9,3	1	1,8	7,5	6	41	—	—	—	15	1,15	47	
IT	—	—	1,72	5	0,9	2,0	1,8	1	—	1,8	9	15	—	—	—	—	1,00	15	
IW	—	12	1,62	5	1,2	2,9	3,5	1	1,8	1,7	8	14	—	—	—	15	1,15	16	
IW	—	24	1,10	10	1,6	2,9	4,6	1	—	4,6	11	51	—	—	—	15	1,15	59	
DF	S	—	1,20	35	1,0	1,4	1,4	1	—	1,4	42	59	—	25	—	—	1,25	74	
AW	S	41	0,29	35	3,2	2,9	9,3	1	1,4	7,9	10	81	—	5	—	15	1,20	97	
DF	S	—	1,38	20	1,7	2,6	4,4	1	—	4,4	28	122	—	25	—	—	1,25	152	
IW	S	41	0,28	20	1,7	2,9	4,9	1	4,4	0,5	6	3	—	5	—	15	1,20	3	
DF	W	—	1,20	35	1,0	1,4	1,4	2	—	2,8	42	118	5	25	—	—	1,30	153	
AW	W	41	0,29	35	4,8	2,9	13,9	1	2,8	11,1	10	114	5	5	—	15	1,25	142	
IW	—	12	1,62	5	0,5	2,9	1,5	1	—	1,5	8	12	—	—	—	15	1,15	13	
FB	—	—	0,50	20	4,8	4,5	21,6	1	—	21,6	10	215	—	—	—	10	1,10	237	
																		1.025	
			Nr. 4, Schlafzimmer (Eckraum) 20 °C 4,3 x 4,1 x 2,6 = 45,7 m³																
AW	N	41	0,29	35	4,1	2,9	11,9	1	—	11,9	10	122	10	5	—	15	1,30	158	
DF	O	—	1,20	35	1,0	1,4	1,4	1	—	1,4	42	59	10	10	—	—	1,20	71	
AT	O	—	1,20	35	1,0	2,3	2,3	1	—	2,3	42	97	10	10	—	—	1,20	116	
AW	O	36	0,28	35	4,3	2,9	12,5	1	3,7	8,8	10	87	10	5	—	15	1,30	113	
FB	—	—	0,50	20	4,3	4,1	17,6	1	—	17,6	10	176	—	—	—	10	1,10	193	
																		652	
			Nr. 10, Vorräte 15 °C 3,2 x 1,6 x 2,6 = 12,9 m³																
DF	W	—	1,20	35	1,0	0,8	0,8	1	—	0,8	42	34	5	10	—	—	1,15	39	
AW	W	41	0,28	35	1,6	2,9	4,6	1	0,8	3,8	10	38	5	5	—	15	1,25	48	
FB	—	—	0,50	20	3,2	1,6	5,1	1	—	5,1	10	51	—	—	—	10	1,10	56	
																		143	
									Wärmegewinn aus Raum Nr. 1: 15 + 47 + 13									-76	
																		66	

Die Gewinne im Raum „Vorräte“ resultieren aus der angrenzenden Innentür und den angrenzenden Innenwänden an die Küche.

15.2.7 Vergleich DIN 4701:1929 mit DIN/TS 12831-1:2020

Nachstehend wird für den Vergleich der Berechnungen nach DIN 4701:1929 sowie nach DIN/TS 12831-1:2020-04 eine Gegenüberstellung der Räume gezeigt:

Tabelle 86: Vergleich DIN 4701:1929 mit Beispielberechnung DIN/TS 12831-1:2020-04

<table>
<tr><th>1</th><th>2</th><th>3</th><th>4</th><th>5</th><th>6</th><th>7</th><th>8</th><th>9</th><th>10</th></tr>
<tr><th rowspan="3">Raum</th><th colspan="4">1929</th><th colspan="3">2020</th><th colspan="2">Differenzen</th></tr>
<tr><th>Wärme-verlust</th><th>Zuschlag Z</th><th colspan="2">Wärmebedarf</th><th>Φ_T</th><th>Φ_V</th><th>Φ_{HL}</th><th colspan="2">$\Delta\Phi_{HL}$</th></tr>
<tr><td colspan="3">kcal/h</td><td>W</td><td colspan="3">W</td><td>W</td><td>%</td></tr>
<tr><td>Küche</td><td>860</td><td>165</td><td>1.025</td><td>1.192</td><td>921</td><td>320</td><td>1241</td><td>49</td><td>4,0</td></tr>
<tr><td>Schlafen</td><td>540</td><td>112</td><td>652</td><td>758</td><td>516</td><td>246</td><td>762</td><td>4</td><td>0,5</td></tr>
<tr><td>Vorräte</td><td>55</td><td>12</td><td>66</td><td>77</td><td>95</td><td>59</td><td>154</td><td>77</td><td>k. A.</td></tr>
<tr><td colspan="10">Spalte 2: Zuschlagfreier Transmissionswärmeverlust, keine Kurzbezeichnung, im Formblatt als Wärmeverlust ausgewiesen
Spalte 3: Zuschlag auf Spalte 2
Spalten 4 und 5: keine Kurzbezeichnung, wird im Formblatt als Wärmebedarf ausgewiesen: Wärmebedarf = Zuschlagfreier Wärmverlust + Zuschläge
Spalte 5: Vergleichswert mit Spalte 8 in W
Spalten 9 und 10: Differenzen zwischen Spalte 3 und 5; der einfachheithalber als $\Delta\Phi_{HL}$ be zeichnet</td></tr>
</table>

Die Räume Küche und Schlafen liegen erstaunlich nahe beieinander. Die große Differenz des Raumes Vorräte rührt daher, dass für den angrenzenden Heizraum gemäß DIN 4701:1929 eine Raumtemperatur von 20 °C einzusetzen wäre (siehe Tabelle 92, Unbeheizte Nachbarräume). Somit hätte der Vorratsraum einen Transmissionswärmegewinn durch die angrenzende Innenwand mit einer Temperaturdifferenz von 5 K. Dieser wird aber nicht weiter berücksichtigt, da der Heizraum selbst nicht Gegenstand der Wärmebedarfsberechnung ist und in Ausgabe 1929 noch keine Gewinne von kühleren Nachbarräumen eingesetzt wurden. Es gibt also keine negativen Temperaturdifferenzen, dies wird in der Beispielberechnung entsprechend so gehandhabt. Nach DIN/TS 12831-1:2020-04, Tabelle 5, Zeile 7 ist jedoch ein Faktor f_1 = 0,2 einzusetzen. Aus diesem Faktor errechnete sich ein Transmissionswärmeverlust von 104 W (siehe Beispielberechnung Bild 48, 1. Zeile). Aus diesem Grund erfolgt in Tabelle 86 auch keine Angabe (k. A.) zur prozentualen Abweichung.

Die zuschlagfreien Transmissionswärmeverluste weisen gegenüber denen des Beispiels nach DIN/TS 12831-1:2020-04 größere Unterschiede auf. Diese sind in der Einführung des Wärmebrückenzuschlags, Verwendung von Außenmaßen statt lichten Innenmaßen und in der Absenkung der Außentemperaturen nach DIN EN 12831:2003-08 begründet

Nachstehender Tabelle kann nun eine Gegenüberstellung der Transmissionswärmeverluste des Raumes „Schlafen“ entnommen werden.

Tabelle 87: Gegenüberstellung der unbeaufschlagten Transmissionswärmeverluste nach DIN 4701:1929 sowie nach DIN/TS 12831-1:2020-04, Raum Schlafen

1	2	3	4	5	6	7
		1929		**2020**	**Differenzen**	
BT	**HR**	**Wärmeverlust**		Φ_T	$\Delta\Phi_T$	
		kcal/h	W	W	W	%
AW	N	122	141	161	20	–13,8
DF	O	59	69	64	–5	8,7
AT	O	97	113	102	–11	9,5
AW	O	87	101	112	11	–10,6
FB	H	176	205	122	–83	–40,3
Summe		**540**	**626**	**561**	**68**	**10,8**

Spalten 3 und 4: Zuschlagfreier Transmissionswärmeverlust, keine Kurzbezeichnung, im Formblatt als Wärmeverlust ausgewiesen

Spalte 4: Vergleichswert mit Spalte 5

Spalten 6 und 7: Differenzen zwischen Spalten 4 und 5 als $\Delta\Phi_T$ bezeichnet

Die Differenzen der Verluste der Außenflächen erklären sich ausschließlich durch:

- Verschiedene Außentemperaturen 1929: t_a = –15 °C, daraus Δt = 35 °C
  2020: θ_e = –10,9 °C, daraus $\Delta\theta$ = 30,9 K
- Wärmebrückenzuschlag 2020: ΔU_{TB} = 0,05 W/(m² · K)
- Flächendifferenz Innen-/Außenmaße (Beispiel AW-N) 1929: 11,9 m²
  2020: 13,4 m²

Die Umrechnung von 1929 auf 2020 am Beispiel AW-N (in W) mit *U*-Wert = 0,34 W/(m² · K) stellt sich wie folgt dar:

$$Q_{\text{T,unbeaufschlagt}} = 141 \cdot \frac{30{,}9 \cdot (0{,}34 + 0{,}05) \cdot 13{,}4}{35 \cdot 0{,}34 \cdot 11{,}9} = 161\,\text{W}$$

Dieser Wert ist identisch mit Wert nach DIN/TS 12831-1:2020-04 (siehe Tabelle 87, Spalte 5)

Die Verluste des Fußbodens an Erdreich können nicht so einfach verglichen werden, da die neue Norm mit einem äquivalenten *U*-Wert den Transmissionswärmeverlust an Erdreich vollkommen anders berechnet.

Um überhaupt vergleichen zu können, ist zu beachten, dass in DIN 4701:1929 im Wärmebedarf ein Faktor für eine Betriebsunterbrechung von 10–20 % enthalten ist (bemessen für eine Aufheizzeit von ca. 3 Stunden) – siehe Tabelle 94. Dieser Zuschlag wird für jeden Raum berechnet, nicht für einzelne, wie in den Ausgaben von DIN EN 12831 ab 2003 zulässig. Daher muss der Wärmebedarf nach DIN 4701:1929 um diesen Anteil reduziert werden, um überhaupt vergleichen zu können.

Nachstehende Tabelle 88 enthält einen Gesamtüberblick über den Vergleich des berechneten Wärmebedarf zwischen DIN 4701:1929 und DIN/TS 12831-1:2020-04. Die Werte sind ohne einen Zuschlag für Unterbrechung (1929) bzw. ohne Wiederaufheizleistung (2020) dargestellt.

Anmerkung zum Flur: Dieser grenzt an das Bad. Dieses hat nach DIN 4701:1929 eine Innentemperatur von 20 °C, daher kein $\Delta\theta$ und kein Wärmeverlust. Nach DIN/TS 12831-1:2020-04 errechnet sich ein Wärmegewinn durch das angrenzende Bad mit θ_{int} = 24 °C von 57 W. Ein prozentualer Vergleich wäre nicht aussagekräftig, daher erfolgt in Spalte 12 die Angabe k. A. (= keine Angabe).

DIN 4701:1929 berechnet nur den Transmissionswärmebedarf. Der natürliche Luftwechsel durch Fugenundichtigkeiten ist in den Zuschlägen für den Windangriff berücksichtigt und wird nicht extra ausgewiesen. In diesem Beispiel liegt aber eine normale Lage vor (DIN 4701:1929, Abschnitt C, 3), sodass kein Zuschlag einzusetzen ist (DIN 4701:1929, Abschnitt D, 4, Zeile III – nur für ungünstige und außergewöhnlich ungünstige Lage). DIN 4701:1929, berechnet in diesem Beispiel einen insgesamt um 14,9 % geringeren Wärmebedarf, wenn, wie hier zum Vergleich, der Zuschlag für Betriebsunterbrechung herausgerechnet wird. Betrachtet man die Summen der Transmissionswärmeverluste, so erkennt man, dass der Wert in Tabelle 88, Spalte 7 (1929) mit $Q_{\text{h-zu}}$ = 7.205 W den der Spalte 8 (2020) mit Φ_{HL} = 6.542 W sogar übertrifft, was natürlich in den übrigen Zuschlägen (für Himmelsrichtung, mehrere Außenflächen und Windangriff) begründet ist. DIN/TS 12831-1:2020-04 berechnet aber einen

Tabelle 88: Gesamtvergleich Wärmebedarf 1929/2020

1	2	3	4	5	6	7	8	9	10	11	12
Raum	1929						2020			Differenzen	
	Q_0	Q_Z	Q_h	Q_{zu}	$Q_h - Q_{zu}$		Φ_T	Φ_L	Φ_{HL}	$\Delta\Phi_{HL}$	
	kcal/h					W	W			W	%
Küche	860	165	1.025	69	956	1.112	921	320	1.241	129	10,4
Essen	711	47	758		758	882	669	71	740	–142	–19,2
Wohnen	636	121	757	63	694	807	686	286	972	165	17,0
Schlafen	540	111	652	49	603	701	516	246	762	61	8,0
Bad EG	169	27	196	17	180	209	368	86	454	245	54,0
Flur	86	8	94	8	86	100	–3		–3	–103	k. A.
WC EG	153	20	172	14	159	185	132	27	159	–26	–16,2
Wind-fang	25	23	48	10	38	44	34	83	117	73	62,4
Vorräte	55	12	66	11	55	65	95	59	154	89	58,1
Arbeits-raum	831	154	984	85	900	1.046	1.114	470	1.548	502	32,4
Kind 1	467	89	556	52	504	586	574	235	809	223	27,6
Kind 2	389	85	474	33	442	514	444	201	645	131	20,4
Bad OG	245	31	275	11	264	307	460	86	546	239	43,8
WC OG	118	17	135	8	126	147	66	33	99	–48	–48,6
Galeria	422	56	478	48	430	500	466	411	877	377	42,9
Summen	**5.706**	**965**	**6.671**	**476**	**6.195**	**7.205**	**6.542**	**2.614**	**9.120**	**1.361**	**14,9**

Spalte 2: Zuschlagfreier Transmissionswärmeverlust

Spalte 3: Summe Zuschläge aus Himmelsrichtung, mehrere Außenflächen, Windangriff und Betriebsunterbrechung

Spalte 4: Wärmebedarf

Spalte 5: Zuschlag für Betriebsunterbrechung (berechnet aus der Summe der bauteilweisen Zuschlägen)

Spalte 6: Transmissionswärmeverlust ohne Zuschlag für Betriebsunterbrechung (Spalte 4 – Spalte 5)

Spalte 7: Vergleichswert Spalte 6, umgerechnet in W, zu DIN/TS 12831-1:2020-04, Spalte 10

Spalte 12: %-tuale Mehr-/Minderleistung DIN/TS 12831-1:2020-04 gegenüber DIN 4701: 1929 der einzelnen Räume in Summe

Anmerkung zum Flur: Dieser grenzt an das Bad. Dieses hat 1929 eine Innentemperatur von 20 °C, daher kein $\Delta\theta$ und keinen Wärmeverlust. 2020 errechnet sich ein Wärmegewinn durch das angrenzende Bad mit θ_{int} = 24 °C von 57 W. Ein prozentualer Vergleich wäre nicht aussagekräftig (k. A. = keine Angabe).

Ausgabe 1929 berechnet nur den Transmissionswärmebedarf. Der natürliche Luftwechsel durch Fugenundichtigkeiten ist in den Zuschlägen für den Windangriff berücksichtigt und wird nicht extra ausgewiesen. In diesem Beispiel liegt aber eine normale Lage vor (DIN 4701:1929, Abschnitt C3), sodass kein Zuschlag einzusetzen ist (DIN 4701:1929, Abschnitt D4, Zeile III – nur für ungünstige und außergewöhnlich ungünstige Lage). Ausgabe 1929 berechnet in diesem Beispiel einen insgesamt um 14,9 % geringeren Wärmebedarf, wenn, wie hier zum Vergleich, der Zuschlag für eine Betriebsunterbrechung herausgerechnet wird. Betrachtet man die Summen der Transmissionswärmeverluste, so erkennt man, dass diese bei Ausgabe 1929 (Spalte 7 mit $Q_{h\text{-}zu}$ = 7.205 W) sogar höher sind als die bei Ausgabe 2020 (Spalte 8, mit Φ_{HL} = 6.542 W), was natürlich in den übrigen Zuschlägen (für Himmelsrichtung, mehrere Außenflächen und Windangriff) begründet ist. Ausgabe 2020 berechnet aber einen Lüftungswärmeverlust von 2.614 W, dem gegenüber DIN 4701:1929 keine Entsprechung hat, sodass insgesamt eine Minderleistung gegenüber 2020 von –14,9 % berechnet wird.

Innerhalb der Räume ergibt sich ein detaillierteres Bild: So hat beispielsweise der Arbeitsraum einen **geringeren** zuschlagsfreien Transmissionswärmeverlust von 831 kcal/h = 966 W gegenüber 2020 mit 1.114 W und das WC-OG einen **höheren** Transmissionswärmeverlust von 118 kcal/h = 137 W gegenüber 2020 mit 66 W. Nachstehend ist die Berechnung dieser beiden Räume nach DIN 4701:1929 gezeigt:

Tabelle 89: Wärmebedarfsberechnung Arbeitsraum und WC-OG nach DIN 4701:1929

1	2	3	4	5	6	7	8	9	10	11	12	13	14	15	16	17	18	19	20
													Zuschläge						
Bezeichnung	Himmelsrichtung	Wandstärke	Wärmedurchgangszahl k	Temperaturunterschied	Länge	Höhe und Breite	Fläche	Anzahl	Abzug	in Rechnung gestellt	Temperaturunterschied x Wärmedurchgangszahl	Wärmeverlust	Himmelsrichtung	mehrere Außenflächen	Windangriff	Betriebsunterbrechung	Zuschlagsfaktor	Wärmebedarf	Bemerkung
		cm	kcal/m²h°C	°C	m	m	m²		m²	m²	kcal/m²h	kcal/h	vH	vH	vH	vH		kcal/h	
		Nr. 101, Arbeitsraum (Eckraum) 20 ° 34,9 m² x 2,6 m = 59,4 m³																	
AW	N	—	0,29	35	4,5	0,9	4,1	1		4,1	1,18	41	10	5		15	1,30	54	
DF	N	—	1,20	35	1,5	0,9	1,4	1		1,4	1,63	57	10	5			1,15	65	
DA	N	—	0,15	35	3,2	6,3	20	1	1,4	18,8	2,91	102	10	5		10	1,25	127	
DA	N	—	0,15	35	0,9	3,3	3	1		3,0	0,46	16	10	5		10	1,25	20	
IW	O	24	1,10	15	2,3	1,9	4,4	1		4,4	4,81	72				15	1,15	83	
AW	S	41	0,29	35	2,9	0,9	2,6	1		2,6	0,76	27		5		15	1,20	32	
IW	S	41	0,29	15	1,7	0,9	1,5	1		1,5	0,45	7				15	1,15	8	
DA	S	—	0,15	35	3,2	6,3	20	1		20,2	3,12	109				10	1,10	120	
DA	S	—	0,15	35	1,4	3,5	4,9	1		4,9	0,76	27				10	1,10	29	
AF	W	—	1,20	35	1,0	1,4	1,4	2		2,8	3,37	118	5	5			1,10	130	
AW	W	41	0,29	35	9,2	2,8	25,8	1	2,8	23,0	6,71	235	5	5		15	1,25	294	
FB	H	—	0,46	5	1,8	3,2	5,8	1		5,8	2,67	13				10	1,10	15	
FB	H	—	0,46		2,9	3,6	10	1		10,4	4,85					10	1,10		
FB	H	—	0,46	5	2,2	1,3	2,9	1		2,9	1,33	7				10	1,10	7	
												831						984	
			Nr. 105, WC OG 20 ° 1,09 x 2,16 x 2,6 = 6,1 m³																
AW	N	41	0,29	35	1,1	0,9	1,0	1		1,0	10,23	10	10			15	1,25	13	
AF	N	—	1,20	35	0,8	1,5	1,2	1		1,2	42,13	51	10				1,10	56	
AW	N	20	0,22	35	1,1	1,5	1,7	1	1,2	0,5	7,82	4	10			15	1,25	4	
IW	O	12	1,62		2,2	2,9	6,4	1		6,4						15	1,15		
AW	W	20	0,22	35	2,2	1,0	2,2	1		2,2	7,82	17	5			15	1,20	21	
DE	H	—	0,46	20	2,2	1,1	2,4	1		2,4	9,29	22				10	1,10	25	
DA	N	—	0,15	35	2,2	1,1	2,4	1		2,4	5,42	13	10			10	1,20	16	
												117						**135**	

In der nachfolgenden Tabelle 90 werden die Ursachen für die Unterschiede dargestellt. Die Unterschiede der Transmissionswärmeverluste bei Flächen an Außenluft resultieren ausschließlich aus unterschiedlicher Außentemperatur, dem Wärmebrückenzuschlag und der unterschiedlichen Bemaßung (ab DIN EN 12831:2003-08 bzw. DIN EN 12831 Bbl. 1:2004-04 Außenmaße, vorher Innenmaße) und auch daraus, dass bis DIN 4701:1947-07 die Längen/Breiten/Höhen-Maße mit nur einer Nachkommastelle berechnet wurden (und nicht mit der vollen Genauigkeit, da z. B. die Flächen damals mit den gerundeten Werten und dem Rechenschieber berechnet wurden). Aus diesem Grunde sind zum Vergleich die zuschlagsfreien Transmissionswärmeverluste nach DIN 4701:1929 mit Außenmaßen, Wärmebrückenzuschlägen und der 2020 gültigen Außentemperatur umgerechnet worden. Die Differenzen im Einzelnen:

Tabelle 90: Detaillierte Gegenüberstellung der Transmissionswärmeverluste und deren Ursache an den Beispielen Arbeitsraum und WC-OG

1	2	3	4	5	6	7	8	9	10	11
	Ursprungswerte			**Umrechnung auf Rahmenbedingungen 2020**			**Vergleich**			**Bemerkungen**
	1929			**2020**			**1929**	**2020**	**Diff**	
BT	Q_h		A_{netto}		ΔU_{WB}	$\theta_{angrenz}$	Φ_T			
	kcal/h	W	m²	m²	W/m²K	°C	W			
	Arbeitsraum									
AW	41	48	4,1	4,4	0,05	10,9	53	53	0	Bei Transmissionswärmeverlusten an Außenluft gibt es keine Differenzen, wenn die Bedingungen gleichgesetzt werden (Abmessungen, Außentemperaturen, ΔU_{TB})
DF	57	66	1,4	1,2	0,05	10,9	55	55	0	
DA	102	119	18,8	21,5	0,05	10,9	153	153	0	
DA	16	19	3,0	4,4	0,05	10,9	31	31	0	
IW	72	84	4,4	5,4		5	72	86	14	An Nebenraum: b_u = 0,40, daraus 2020: $\theta_{angrenz}$ = 7,6 °C, $\Delta\theta$ = 12,4 K 1929: $\theta_{angrenz}$ = 5,0 °C, $\Delta\theta$ = 15,0 K
AW	27	31	2,6	3,0	0,05	10,9	36	36	0	An außen grenzend
IW	7	8	1,5	1,5	0,05	10,9	18	14	4	an Wintergarten: b_u = 0,80, daraus 2020: $\theta_{angrenz}$ = -4,7 °C, $\Delta\theta$ = 24,7 K 1929: $\theta_{angrenz}$ = 5,0 °C, $\Delta\theta$ = 15,0 K
DA	109	127	20,2	22,7	0,05	10,9	161	161	0	An außen grenzend
DA	27	31	4,9	4,9	0,05	10,9	34	34	0	
AF	118	137	2,8	2,9	0,05	10,9	129	128	0	
AW	235	273	23,0	24,9	0,05	10,9	300	300	0	
FB	13	16	5,8	6,4	0,05	10,9	15	17	4	2029: Andere Berechnung mit U_{equiv}
FB			10,4	10,5		9,8		38	38	An Heizraum: b_u = 0,20, daraus 2020: $\theta_{angrenz}$ = 13,8 °C, $\Delta\theta$ = 6,2 K 1929: $\theta_{angrenz}$ = 20,0 °C, $\Delta\theta$ = 0,0 K
FB	7	8	2,9	3,5	0,05	10,9	7	9	2	2020: Andere Berechnung mit U_{equiv}
	831	**966**					**1.06**	**1.114**	**50**	
	WC-OG									
AW	10	12	1,0	1,1	0,05	10,9	13	13	0	An außen grenzend
AW	51	4	0,5	0,7	0,05	10,9	6	6	0	
AF	4	59	1,2	1,1	0,05	10,9	50	50	0	
IW			6,4	7,5				-57	57	An Bad, 1929 = 20 °C, kein $\Delta\theta$
AW	17	20	2,2	2,6	0,05	10,9	25	25	0	An außen grenzend
DE	22	26	2,4	1,6			26	17	9	An Nebenraum: b_u = 0,60, daraus 2020: $\theta_{angrenz}$ = 1,5 °C, $\Delta\theta$ = 18,5 K 1929: $\theta_{angrenz}$ = 0,0 °C, $\Delta\theta$ = 0,0 K
DA	13	15	2,4	1,7	0,05	10,9	12	12	0	An außen grenzend
	117	**136**					**133**	**66**	**67**	

Spalte 3: In W umgerechneter Transmissionswärmeverlust nach 1929
Spalte 4: In Rechnung gestellte Netto-Fläche nach 1929
Spalte 5: In Rechnung gestellte Netto-Fläche nach 2020
Spalte 8: Umgerechneter Transmissionswärmeverlust auf 2020 mit Außenmaßen, ΔU_{WB} und entsprechender Außentemperatur
Spalte 9: Vergleichswert 2020 mit Spalte 8

Aus dem Vergleich lässt sich folgendes Fazit ziehen:

- Die Berechnung der zuschlagsfreien Transmissionswärmeverluste nach DIN 4701:1929 ist identisch mit DIN/TS 12831-1:2020-04. Differenzen im Ergebnis resultieren nur aus anderen Rahmenbedingungen (1929: Verwendung von Innenmaßen, kein Wärmebrückenzuschlag, tiefere Außentemperaturen)
- Nach DIN 4701:1929 wird kein Lüftungswärmeverlust berechnet.
- Die Zuschläge in DIN 4701:1929 auf den Transmissionswärmeverlust ersetzen nicht den fehlenden Lüftungswärmeverlust.
- DIN 4701:1929 hat mit dem Zuschlag für Betriebsunterbrechung einen Zuschlag, der eine Aufheizzeit von etwa 3 Stunden berücksichtigt. Dieser Zuschlag entspricht der Wiederaufheizleistung in DIN EN 12831:2003-08 und DIN/TS 12831-1:2020-04, wird aber für jeden Raum berechnet, während er in den Ausgaben 2003 und 2020 raumweise einzeln berechnet werden kann.

15.2.8 Tabellen in DIN 4701:1929

In DIN 4701:1929 sind Tabellen aufgeführt in

- Abschnitt D: Wahl der Temperaturen

und in

- Abschnitt F: Tiefste Außentemperaturen, Wärmeübergangszahlen, Wärmeleitzahlen, Wärmedurchlässigkeitswiderstände von Luftschichten und Wärmedurchgangszahlen von Wänden, Dächern, Decken und Fußböden sowie für Fenster und Türen.

15.2.8.1 Tabellen in DIN 4701:1929, Abschnitt D

Wahl der Temperaturen

- **Teil a: Temperaturen im beheizten Raum:**

Tabelle 91: Wahl der Temperaturen, Teil a): Temperaturen im beheizten Raum

1.	Wohnhäuser		
		Wohnräume, Badezimmer, Küchen	+20°
		Vorräume, Flure, Aborte	+15°
		Treppenhäuser	+10°
2.	Geschäfts- und Verwaltungsgebäude		

		Geschäfts- und Büroräume, Gaststätten, Hotelzimmer, Läden, Verkaufsräume	+20°
		Flure, Treppenhäuser, Aborte	+15°
3.	Schulen		
		Klassenzimmer, Turnhallen, Amtsräume, Wasch- und Baderäume, Hörsäle, Aulen	+20°
		Sammlungsräume, Flure, Aborte	+18°
		Treppenhäuser	+15°
4.	Krankenhäuser		
		Kranken- und Baderäume	+22°
		Operationsräume (man frage den leitenden Arzt)	bis 35°
		Diensträume, Tagesräume, Flure, Aborte	+20°
		Treppenhäuser	+15°
5.	Fabriken		
		Fabrikräume ohne Zweckbestimmung für leichte Handarbeit	+20°
		Fabrikräume ohne Zweckbestimmung für schwere Arbeit	+15°
		Gießerei	+10°
		Tischlereien	+20
		Lackierereien	bis 40°
		Montagehallen	bis 15°
6.	Strafanstalten		
		Einzelhafträume	+18°
		Arbeitsräume für leichte Beschäftigung	+18°
		Tages- und Arbeitsräume	+15°
		Schlafräume für mehrere gefangene	+10°
		Flure	+15°
7.	Verschiedenes		

		Kirchen	von +10° bis +15°
		Ausstellungshallen	von +10° bis +20°
		Markthallen	+5°
		Theater und Kino	+18°
		Garagen	+10°
		Stallungen	+12°
		Gewächshäuser – Kalthäuser	+15°
		Gewächshäuser – Warmhäuser	+25°

- **Teil b: Temperatur im Freien:**

Zitat aus DIN 4701:1929: Entsprechend den Ausführungen auf Seite 8 (hier Abschnitt 15.2.3, Angaben über tiefste Außentemperatur), ist an Hand der Zahlentafeln 1 je nach Gegend einer der Werte von –10°, –15°, –20°, –25° einzusetzen.

- **Teil c: Temperatur unbeheizter Räume:**

Tabelle 92: Wahl der Temperaturen, Teil c): Temperatur ungeheizter Räume

	Bei einer Temperatur im Freien von		
	–10°	–15°	–20°
Ungeheizte oder nicht täglich geheizte Räume mit Ausnahme der direkt unter der Dachfläche liegenden	+ 7°	+5°	+2°
Ungeheizte oder nicht täglich geheizte Räume direkt unter der Dachfläche liegenden			
mit doppelter Dachschalung oder beliebiger Dachbauart von k < 1,4	+5°	0°	–3°
mit einfacher Dachschalung	0°	–5°	–10°
ohne Dachschalung, mit Fugendichtung	0°	–5°	–10°
mit Glas oder Metalldach	–5°	–10°	–15°
ohne Schalung, ohne Fugendichtung	–5°	–10°	–15°

Ungeheizte, von beheizten Räumen umgebene Räume ohne Außenflächen	+10°	+10°	+10°
Ungeheizte, oft von der Außenluft bestrichene Räume wie Vorflure, abgeschlossene Durchfahrten, Treppenhäuser usw..	+5°	0°	–3°
Ungeheizte Kellerräume	+7°	+5°	+2°
An die Außenwand anliegendes Erdreichunter der Erdoberfläche	0°	0°	0°
Angebaute Nachbarhäuser bei Einzelheizung	+5°	+5°	+5°
Angebaute Nachbarhäuser bei Zentralheizung	+10°	+10°	+10°
Kesselräume	+20°	+20°	+20°
Erdreich unter dem Kellerfußboden	+7°	+7°	+7°

Zuschläge für die Wärmebedarfsberechnung

a) Zuschläge für ungünstige Lage:

Tabelle 93: Zuschläge für die Wärmebedarfsberechnung, Teil a): Zuschläge für ungünstige Lage

<table>
<tr><th></th><th colspan="2">Zuschlag für:</th><th>Wand</th><th>Fenster und Türen</th></tr>
<tr><td rowspan="2">I</td><td rowspan="2">Himmelsrichtung</td><td>N, NW NO, O</td><td colspan="2">10 %</td></tr>
<tr><td>W, SW, SO</td><td colspan="2">5 %</td></tr>
<tr><td rowspan="2">II</td><td rowspan="2">Räume mit mehreren Außenflächen oder Erkerausbauten</td><td>mit Fenster oder Tür in einer Außenfläche</td><td>5 %</td><td>10 %</td></tr>
<tr><td>mit Fenster oder Tür in mehreren Außenflächen</td><td>5 %</td><td>25 %</td></tr>
<tr><td rowspan="2">III</td><td rowspan="2">Lage der Außenflächen in Bezug auf den Windangriff
Nur bei N, NO, O-Lagen</td><td>a) Ungünstig</td><td>5%</td><td>25%</td></tr>
<tr><td>b) Außergewöhnlich ungünstig</td><td>10%</td><td>50 %</td></tr>
<tr><td colspan="5">Zeile I, Zuschlag Himmelsrichtung: Nur für Außenflächen. Zeile III, Lage: keine Zuschläge, wenn normale Lage</td></tr>
</table>

b) Zuschläge für Betriebsunterbrechung:

I: Ununterbrochener Betrieb ohne Bedienung bei Nacht, aber mit Betriebseinschränkung

II: Täglich 9–12-stündige Betriebsunterbrechung

III: Täglich 12–15-stündige Betriebsunterbrechung

Die Größe der Zuschläge wurde durch den Baustoff bestimmt, welcher dem beheizten Raum zugewandt ist, siehe nachfolgende Tabelle:

Tabelle 94: Zuschläge für Betriebsunterbrechung in Abhängigkeit von der Bauart und der Betriebsweise

Bauart der Wände, Decken, Fußböden usw.		**Betriebsweise**		
		I	**II**	**III**
1.	Natursteine, Kiesbeton, Fließen, Betonbußboden ohne Belag	20 %	40 %	60 %
2.	Ziegel- und Kalksandstein, Fachwerk mit Ziegelausmauerung, Betonfußboden mit Linoleumbelag	15 %	30 %	45 %
3.	Hohlziegel und Schlackenbeton, Fußboden aus Ziegelmauerwerk mit Linoleumbelag	10 %	20 %	30 %
4.	Bimsbeton, Gipsdielen, Fußboden aus Hohlziegeln oder Schlackenbeton mit Linoleumbelag	5 %	10 %	15 %
5.	Massive Holzbauweisen	4 %	8 %	12 %
6.	Holzbauarten mit Luftschichten, Barackenwände, Fußböden, verschalte Decken und Dächer. Beliebige mit innerer nur unter Putz oder Verschalung liegender Isolierung aus Kork, Torfplatten oder anderen leichten Isolierstoffen hohen Wärmeschutzes	2 %	4 %	6 %
7.	Fenster und Türen, Wände, Dächer und Decken unter 5 cm Gesamtstärke	0 %	0 %	0 %

15.2.8.2 Tabellen in Abschnitt F

Zahlentafeln

- **Zahlentafel 1: Klimatafel und tiefste Außentemperaturen:**

Tabelle 95: Klimatafel und tiefste Außentemperaturen (Auszug Zahlentafel 1)

F. Zahlentafeln.

Zahlentafel 1

Klimatafel und tiefste Außentemperaturen

a) Deutschland

Nach Angaben des Preußischen Meteorologisches Instituts. Die eingeklammerten Temperaturen sind interpoliert

Station	Jahresmittel der Windgeschwindigkeit in m/s	Mittl. Jahresminima der Lufttemperatur	Tiefste Außentemperatur f. die Berechnung
Ostpreußen			
Altstadt		-21,5	-20
Elbing		(-18,0)	-20
Heilsberg		-22,8	-25
Insterburg		-21,3	-20
Klaußen		-22,4	-20
Königsberg	5,4	-19,4	-20
Marggrabowa		-24,4	-25
Marienburg		-20,7	-20
Marienwerder		(-20,0)	-20
Memel		-18,7	-20
Ortelsburg		-23,5	-25
Osterode		-20,6	-20
Rossitten		-20	-20
Tilsit		-21	-20
Westpreußen			
Berent		-19,2	-20
Graudenz		-18,8	-20
Hannover			
Borkum	7,8	-8,5	-10
Bremervörde		-13,8	-15
Celle		-14,1	-15
Emden		-11,4	-10
Göttingen		-16,4	-15
Hannover		-13,5	-15
Hildesheim		-14,0	-15
Nienburg		-12,8	-15
Norderney		-8,2	-10
Lüneburg		-15,3	-15
Osnabrück		-14,8	-15
Uslar		(-15,5)	-15
Wilhelmshaven	5,7	-7,6	-10
Braunschweig			
Braunschweig		-14,7	-15
Helmstedt		-13,9	-15
Münster	5,5	-13,5	-15
Siegen		-16,6	-15
Rheinland			
Aachen	4,5	-11,3	-10
Barmen		(-11,2)	-10
Birkenfeld (Oldenburg)		-17,2	-15
Bonn		(-12,5)	-10
Duisburg		(-11,0)	-10
Düsseldorf		(-11,0)	-10
Elberfeld		-11,2	-10
Essen		(-11,1)	-10
Hamborn		(-11,5)	-10
Kleve		-11,3	-10
Krefeld		-11,8	-10
Koblenz		(-14,0)	-15
Köln		-10,0	-10
Leverkusen		-12,2	-10
Schwaben, Ober- und Nieder-Bayern			
Augsburg		-16,5	-15
Berchtesgaden		-16,8	-15
Mittenwald		-20,2	-20
München	1,8	-16,1	-15
Oberstdorf		-21,8	-20
Partenkirchen		-18,8	-20
Passau		-16,9	-15
Reichenhall		-12,2	-10
Rosenheim		-20,5	-20
Tegernsee		-16,4	-15
Traunstein		-18,4	-20
Weihenstephan		-20	-20
Wendelstein		-21,1	-20
Zugspitze	5,6	-25,4	-25

Zahlentafel 8: Wärmedurchgangszahlen für Fenster und Türen:

Der Wärmedurchgang durch Türen und Fenster beruht zu einem wesentlichen Teil auf dem Luftdurchtritt durch ihre Fugen. Schon bei Windstille findet ein geringer, durch die Temperaturunterschiede hervorgerufener Luftwechsel statt. Nur bei Fenstern mit vollständig dichten Fugen tritt kein Luftwechsel auf. In der nachstehenden Zahlentafel sind daher zwei Spalten für die Wärmedurchgangszahlen angegeben, welche diese Unterschiede berücksichtigen.

Tabelle 96: Wärmedurchgangszahlen für Fenster und Türen (Auszug Zahlentafel 8)

Nr.	Bauart	Fugen vollständig abgedichtet	Fugen normaler Durchlässigkeit
Türen			
	Außentür Eisen		6,5
	Außentür Holz		4,5
	einfache Balkontür, Holz mit Glasfüllung		6,5
	doppelte Balkontür, Holz mit Glasfüllung		4,5
	Innentür		3
Fenster			
	Einfachfenster, Eisenrahmen oder Bleifassung	6	8
	Einfachfenster, Holzrahmen	5	7
	Doppelverglasung, Eisenrahmen	3,5	5,5
	Doppelverglasung, Holzrahmen	2,5	4,5
	Oberlicht, einfach	5	8
	Oberlicht, doppelt	2,5	4,6

15.3 DIN 4701:1944 und DIN 4701:1947

Die Ausgabe DIN 4701:1929 wurde mit Ausgabe 1944 kurz vor Ende des 2. Weltkrieges überarbeitet und nach dem Ende des Krieges 1947 erneut herausgegeben. Die Benennung von DIN 4701 lautet nun: Regeln für die Berechnung des Wärmebedarfs von Gebäuden. Der einzige Unterschied zwischen den beiden Ausgaben 1944 und 1947 ist, dass in der Ausgabe 1944 noch die österreichischen Klimadaten enthalten waren, die in Ausgabe 1947 jedoch herausgenommen wurden. Ansonsten sind beide Ausgaben inhaltlich identisch.

Bei der Überarbeitung der Ausgabe 1929 wurde festgesetzt, dass in Ausgabe 1944/47 keine Berechnungen von Kesselgrößen und Heizflächen mehr enthalten sind, sondern dass DIN 4701 ausschließlich die Wärmebedarfsberechnung von Räumen behandelt. Die Berechnung von Kesselgrößen und die Heizkörperauslegung werden in die neuen Reihen DIN 4702 und DIN 4703 aufgenommen. Obmann dieser beiden Ausgaben war ebenfalls Prof. Gröber.

Weitere maßgebliche Festlegungen

DIN 4701:1947-07 wird Bestandteil der „Verdingungsordnung für Bauleistungen“, in denen die Berechnung des Wärmebedarfs von Gebäuden nach dieser Norm verlangt wird.

Der Wärmebedarf wird als Gebäudeeigenschaft definiert, welche mit dem vorgesehenen oder installierten Heizungssystem nichts zu tun hat.

Im Hinblick auf einen ausreichenden Wärmeschutz darf die Wärmedurchgangszahl, der *k*-Wert (oder *k*-Zahl), nicht höher sein als 1,34 kcal/($m^2 \cdot h \cdot °C$), in kalten Gegenden noch niedriger (ohne weitere Angabe).

15.3.1 Wesentliche Änderungen

Die maßgeblichsten Neuerungen wurden bereits zuvor dargelegt: Keine österreichischen Klimawerte und nur noch Behandlung der Wärmebedarfsberechnung. Zusätzlich gibt es aber weitere Neuerungen.

So erfolgt nun eine Einteilung der Berechnung in „Normale Fälle“ und „Sonderfälle“. Weiterhin entfallen die Zuschläge auf die einzelnen Bauteile (Raumbegrenzungsflächen), stattdessen werden die Zuschläge auf den zuschlagsfreien Wärmeverlust des Raumes aufgeschlagen. Hiermit vereinfacht sich die Berechnung des Wärmebedarfs erheblich und sind nach Studien (Prof. Krischer, Darmstadt) auch korrekter.

15.3.2 Wärmebedarfsberechnung für normale Fälle

Bei „normalen Fällen“ sind die Vorschriften der Norm bindend (Ausnahme: Vertraglich anders vereinbart). Als normale Fälle gelten:

- übliche Ausführung (weder außergewöhnlich schwer oder leicht);
- durchgehende Beheizung mit keinen größeren täglichen Unterbrechungen (unter 10 Stunden);
- kein außergewöhnlicher Windangriff;
- eine lichte Höhe der Räume von nicht mehr als zwei Geschoßhöhen (ca. 8 m).

Dies betrifft im Allgemeinen:

- Wohn- und Bürogebäude;
- Gaststätten, Hotelgebäude, Säle üblicher Größe;
- Krankenhäuser, Schulen, Hörsäle, Turnhallen;
- Werkstätten im Geschoßbau.

Mit dieser Gliederung werden ca. 80–90 % der Fälle erfasst.

15.3.2.1 Aufbau der Berechnung

Zunächst ist anzumerken, dass ab Ausgabe 1944-08 die Symbole mit Indizes ausgestattet wurden, z. B. zuschlagfreier Wärmeverlust mit Q_0 oder der Wärmebedarf Q_h, wobei der Index *h* sich auf die Stunde bezieht. Auch bei dieser Norm ist noch keine Ermittlung eines Lüftungswärmeverlustes vorgesehen. Eine Berücksichtigung des Lüftungswärmeverlustes ist aber im Abschnitt „Sonderfälle“ für Gebäude in außergewöhnlicher Lage erstmals vorgestellt – siehe auch Zitat in Abschnitt 15.3.10.

Die Berechnung des zuschlagfreien Wärmeverlustes erfolgt wie in Ausgabe 1929 zeilenweise für jede einzelne Raumbegrenzungsfläche. Diese werden summiert und mit den Zuschlägen versehen:

z_U für Unterbrechung der Heizung

z_A für Ausgleich der kalten Außenflächen

z_W für Windangriff

z_H für Himmelsrichtung

Alle Zuschläge in % werden zum Zuschlagfaktor *Z* zusammengefasst.

Berechnungsschema:

Dieses entspricht noch dem der Vorgängernorm:

$$\begin{array}{l} \text{Wärmeverlust } Q_0 \\ + Z \cdot \text{Wärmeverlust } Q_0 \\ \hline = \text{Wärmebedarf } Q_h \end{array}$$

In diesem Sinne ist auch das Formblatt der Ausgaben 1944-08 sowie 1947-07 bezeichnet (DIN 4701:1947-07, Seite 8, Spalten 13 und 18).

15.3.2.2 Zuschlagfreier Wärmeverlust

Dieser wird wie gehabt berechnet als Summe einer jeden Raumbegrenzungsfläche. Der Transmissionswärmeverlust einer jeden einzelnen Fläche (Bauteil) wird berechnet zu

$$q_0 = k \cdot F \cdot (t_i - t_a)$$

mit dem Index 0 für zuschlagsfreien Wärmeverlust. Hierbei bedeuten:

q_0 Wärmeverlust des einzelnen Bauteils in kcal/h

k k-Zahl des Bauteils in kcal/(m² · h · °C)

$t_i - t_a$ Temperaturdifferenz zwischen Raum- und Außentemperatur in °C

Die Summe der Verluste q_0 aller Bauteile ergibt der Raumverlust Q_0

$$Q_0 = \Sigma q_0$$

15.3.2.3 Zuschläge

Hierzu muss zunächst ein neuer Begriff erläutert werde, nämlich der *D*-Wert, welcher einen mittleren *k*-Wert der gesamten Raumbegrenzungsflächen darstellt (später Krischer-*D*-Wert benannt).

Berechnung D-Wert:

$$D = \frac{Q_0}{F \cdot (t_i - t_a)}$$

wobei

D-Wert in kcal/(m² · h · °C)

Q_0 zuschlagsfreier Wärmeverlust des Raumes

F Fläche aller Raumbegrenzungsfläche (also auch Innenflächen) in m²

$t_i - t_a$ Temperaturdifferenz zwischen Raum- und Außentemperatur in °C

Der *D*-Wert hat Einfluss auf die Zuschläge für Unterbrechung und kalte Außenflächen.

- **Zuschlag z_U für Unterbrechung:**

  Dieser Zuschlag ist vorgesehen zur Aufheizung nach einer Betriebseinschränkung oder Betriebsunterbrechung, da hierzu eine erhöhte Wärmezufuhr nötig ist.

- **Zuschlag z_A zum Ausgleich der kalten Außenflächen:**

  Dieser Zuschlag ist in dieser Ausgabe neu aufgenommen worden. Das Wohlbefinden des Menschen hängt nicht nur von der Lufttemperatur ab, sondern auch von der Oberflächentemperatur der Raumbegrenzungsflächen.

- **Zusammenfassung der Zuschläge z_U und z_A zum Zuschlag z_D:**

  Beide Zuschläge sind zum Zuschlag z_D zusammengefasst worden – siehe Tabelle 107. Sie sind grundsätzlich zur schnelleren Aufheizung nach einer Betriebsunterbrechung vorgesehen.

- **Zuschlag für z_W Windangriff:**

  Der Zuschlag berücksichtigt zwei wichtige Einflüsse – siehe Tabelle 108

  - Windstärke der Gegend

    Deutschland wird eingeteilt in zwei grundsätzliche „Windgegenden“:

    - Normale Gegenden (jede, die nicht windstark ist) und
    - Windstarke Gegend, z. B. Küstennähe, freie Ebenen, z. B. Norddeutschland

    Die Information, ob eine normale oder windstarke Gegend vorliegt, ist den Zahlentafeln über die tiefste Außentemperatur und den Angaben über windstarke Gegenden (Zahlentafel 1a) sowie der Übersichtskarte (Klimakarte von Mitteleuropa) zu entnehmen.

  - Lage des Raumes zum Windanfall

    Dieser Einfluss wurde grundsätzlich von der Vorgängernorm übernommen, begrifflich aber etwas anders ausgedrückt:

    - Windlage I: Geschützte Lage, wenn der Windschutz den Raum um mehr als ca. 2/3 seiner Entfernung von ihm überragt (z. B. in Städten)
    - Windlage II: Freie Lage, wenn der Windschutz den Raum um weniger als ca. 2/3 der Entfernung überragt
    - Windlage III: Außergewöhnliche Lage, wenn kein Windschutz vorhanden ist (Sonderfall)

- **Raumeigenschaften:**

  Grundsätzlich bestimmt die Möglichkeit der Abströmung aus dem Raum des Kaltlufteinfalles durch die Fensterfugen den Zuschlag. Ein Raum mit nur einer Außenwand mit Außenfenster wird weniger Außenluft einlassen als ein Raum mit zwei gegenüberliegenden Außenfenstern mit je einem Außenfenster in jeder Wand. Daher ist dieser Zuschlag von der Raumart abhängig:

  - Raumart I: Dreiseitig eingebaute Räume (nur eine Außenwand);
  - Raumart II: Eckräume mit Fenstern oder Türen in einer Außenwand;
  - Raumart III: Eckräume mit Fenstern oder Türen in beiden Außenwänden;
  - Raumart IV: Räume mit Fenstern in gegenüberliegenden Außenwänden. In diesem Zusammenhang sei erwähnt, dass den Autoren dieser Norm schon bewusst war, dass durch die Fugen der Fenster Außenluft in den Raum einströmt, aber sie berechneten nicht den Volumenstrom und damit auch keinen Lüftungswärmebedarf. Dieser erhöhte Wärmebedarf wurde durch diesen Zuschlag z_W in Zahlentafel 2b berücksichtigt – siehe Tabelle 108.

- **Zuschlag für z_H Himmelsrichtung:**

  Die physikalische Begründung für den Himmelsrichtungszuschlag besteht in einer gewissen Berücksichtigung der verschiedenen mittleren Sonneneinstrahlung – siehe Tabelle 109

15.3.2.4 Wärmebedarf

Der Wärmebedarf errechnet sich aus dem zuschlagsfreien Wärmebedarf durch Multiplikation mit den Zuschlägen zu

$$Q_h = Q_0 \cdot (1 + z_D/100 + z_W/100 + z_H/100)$$

Anmerkung: In den Ausgaben 1944 und 1947 wird empfohlen, die Ergebnisse einer jeden Zeile auf die nächsten vollen „10“ nach oben oder unten zu runden.

15.3.2.5 Gebäudeheizlast

Die Gebäudeheizlast ergibt sich aus der Summe aller Räume.

15.3.3 Durchführung der Berechnung

Zur Berechnung dient das nachfolgend dargestellte Formblatt. Die Kennzeichnung der Bauteile wurde etwas erweitert:

EF	Einfachfenster	IW	Innenwand
VF	Verbundfenster	AW	Außenwand
DF	Doppelfenster	FB	Fußboden
EO	Einfaches Oberlicht	De	Decke
DO	Doppeltes Oberlicht	Da	Dach
IT	Innentür	AT	Außentür

Bezüglich der Abmessungen und Nachkommastellen hat sich keine Änderung ergeben. Allerdings wird empfohlen, den Wärmeverlust einer jeden Zeile auf volle „10" zu runden.

15.3.4 Formblatt

Aufgrund der geänderten Bedingungen des Einsatzes der Zuschläge musste auch das Formblatt angepasst werden. Weiterhin wurde auch die Zugehörigkeit der einzelnen Berechnungsschritte thematisch zusammengefasst:

Tabelle 97: Blanco-Formular Wärmebedarfsberechnung

1	2	3	4	5	6	7	8	9	10	11	12	13	14	15	16	17	18
			Flächenberechnung					Wärmeverlustberechnung					Zuschläge				
Bezeichnung	Himmelsrichtung	Wandstärke	Länge	Höhe und Breite	Fläche	Anzahl	Abzug	in Rechnung gestellt	k-Zahl	Temperatur-unterschied	Temperaturunter-schied x Wärme-durchgangszahl Q_0	Zuschlagfreier Wärmeverlust	$z_U + z_A$ z_D	Wind z_W	Himmelsr. z_H	Zuschlags-faktor z	Wärmebedarf Q_H
		cm	m	m	m²		m²	m²	kcal/(m²h°C)	°C	kcal/(m²h)	kcal/h	%	%	%	1+ %	kcal/h

Das Formblatt ist aufgeteilt in:

Spalten 1–3: Angaben zu Bauteil

Spalten 4–8: Flächenberechnung

Spalten 9–13: Wärmeverlustberechnung Q_0

Spalten 14–17: Zuschläge

Spalten 18: Wärmebedarf Q_h

15.3.5 Beispielberechnung

Es werden die gleichen Räume wie zu DIN 4701:1929 berechnet. Auch die Grundlagen der Berechnung bleiben unverändert. Allerdings wurde das Formblatt modifiziert:

15.3.5.1 Grundlagen der Berechnung

1. Der Ort Wolfsburg hat seine tiefste Außentemperatur –15 °C beibehalten.
2. Eingeschränkter Betrieb, daraus zusammengefasster Zuschlag z_D = 7 %, siehe Tabelle 107.

   Anmerkung: Bei eingeschränktem Betrieb ist der Zuschlag z_D für alle D-Werte gleich, daher muss in diesem Fall der D-Wert im Formblatt nicht berechnet werden.
3. Normale Gegend, geschützte Lage. Der Zuschlag z_W muss raumweise gemäß Tabelle 108 festgelegt werden:

Küche:	Eckraum	Fall III:	z_W = 12
Schlafen:	Eckraum	Fall II:	z_W = 9
Vorräte:	Raum mit einer Außenwand	Fall I:	z_W = 13

4. Der Himmelsrichtungszuschlag wird ebenfalls raumweise bestimmt – siehe Tabelle 109:

Küche:	Eckraum Richtung SW	Zuschlag z_D = 0 %
Schlafen:	Eckraum Richtung NO	Zuschlag z_D = +5 %
Vorräte:	Raum mit einer AW N	Zuschlag z_D = +5 %

5. Temperaturen unbeheizter Nachbarräume oder Erdreich siehe Tabelle 106

   Unbeheizter Abseitenraum zur Küche unter der Treppe: An beheizte Räume grenzend: Temperaturen nach Maßgabe der umliegenden Räume wählen: 20 °C

   Wintergarten zur Küche: An Außenluft grenzend, mit Türen nach außen, t_a = –15 °C: 0 °C

   Heizungsraum angrenzend an Vorräte: Kesselräume: 20 °C

   Unbeheizter Nebenraum im OG, an Außenluft grenzend, ohne Türen nach außen, oder nur Türen nach Nebenräumen, t_a = –15 °C: 6 °C

   Temperatur Erdreich: An der Außenwand: 0 °C

15.3.5.2 Ausdruck der Beispielberechnung

Tabelle 98: Wärmebedarfsberechnung nach DIN 4701:1947-07 (Räume Küche und Schlafen)

1	2	3	4	5	6	7	8	9	10	11	12	13	14	15	16	17	18
			Flächenberechnung					Wärmeverlustberechnung					Zuschläge				
Bezeichnung	Himmelsrichtung	Wanddicke	Länge	Höhe und Breite	Fläche	Anzahl	Abzug	in Rechnung gestellt	k-Zahl	Temperaturunterschied	Temperaturunterschied x Wärmedurchgangszahl	Zuschlagfreier Wärmeverlust Q_0	ZU + ZA z_D	Wind z_W	Himmelsr. z_H	Zuschlagsfaktor Z	Wärmebedarf Q_h
		cm	m	m	m²		m²	m²	kcal/m²h°C	°C	kcal/m²h	kcal/h	%	%	%	1+%	kcal/h
Nr. 1, Küche (Eckraum) 20 °C 4,8 x 4,7 x 2,6 = 59,4 m³																	
IT	—	—	0,9	2,0	1,8	1	—	1,8	1,72	5	9	20					
IW	—	24	3,2	2,9	9,3	1	1,8	7,5	1,10	5	6	40					
IT	—	—	0,9	2,0	1,8	1	—	1,8	1,72	5	9	20					
IW	—	12	1,2	2,9	3,5	1	1,8	1,7	1,62	5	8	10					
IW	—	24	1,6	2,9	4,6	1	—	4,6	1,10								
DF	S	—	1,0	1,4	1,4	1	—	1,4	1,20	35	42	60					
AW	S	41	3,2	2,9	9,3	1	1,4	7,9	0,29	35	10	80					
DF	S	—	1,7	2,6	4,4	1	—	4,4	1,38	20	28	120					
IW	S	41	1,7	2,9	4,9	1	4,4	0,5	0,29	20	6						
DF	W	—	1,0	1,4	1,4	2	—	2,8	1,20	35	42	120					
AW	W	41	4,8	2,9	13,9	1	2,8	11,1	0,29	35	10	110					
IW	—	12	0,5	2,9	1,5	1	—	1,5	1,62	5	8	10					
FB	—	—	4,8	4,5	21,6	1	—	21,6	0,50	20	10	220					
												810	7	12	—	1,19	**960**
Nr. 4, Schlafzimmer (Eckraum) 20 °C 4,3 x 4,1 x 2,6 = 45,7 m³																	
AW	N	41	4,1	2,9	11,9	1	—	11,9	0,29	35	10	120					
DF	O	—	1,0	1,4	1,4	1	—	1,4	1,20	35	42	60					
AT	O	—	1,0	2,3	2,3	1	—	2,3	1,20	35	42	100					
AW	O	36	4,3	2,9	12,5	1	3,7	8,8	0,28	35	10	90					
FB	—	—	4,3	4,1	17,6	1	—	17,6	0,50	20	10	180					
												540	7	9	5	1,21	**650**
Nr. 10, Vorräte 15 °C 3,2 x 1,6 x 2,6 = 12,9 m³																	
DF	W	—	1,0	0,8	0,8	1	—	0,8	1,20	35	42	30					
AW	W	41	1,6	2,9	4,6	1	0,8	3,8	0,29	35	10	40					
FB	—	—	3,2	1,6	5,1	1	—	5,1	0,50	20	10	50					
												120					
Wärmegewinn aus Raum Nr. 1: 20 + 40 + 10												-70					
												50	7	13	5	1,25	**60**

Anmerkung zu Raum 1 (Küche), IW 24 cm: Diese Innenwand grenzt an den unbeheizten Abseitenraum unter der Treppe. In DIN 4701:1929 noch mit 10 °C eingesetzt, gilt nunmehr die Innentemperatur dieses Abseitenraumes nach Maßgabe der umliegenden Temperaturen – siehe Tabelle 106. Diese wurde mit

20 °C festgelegt; daher $\Delta\theta = 0$ °C und kein Transmissionswärmeverlust. Der Vollständigkeit halber und der Vergleiche mit der Vorgängernorm wegen wurde in diesem und allen kommenden Beispielen diese Zeile beibehalten.

15.3.6 Vergleich DIN 4701, Ausgaben 1929 und 1947, sowie DIN/TS 12831-1:2020

Grundsätzlich gelten dieselben Ausführungen wie unter Abschnitt 15.2 beschrieben.

15.3.6.1 Vergleich DIN 4701, Ausgaben 1929–1947

Nachstehender Tabelle kann der Vergleich der berechneten Räume entnommen werden:

Tabelle 99: Vergleich der berechneten Räume 1929 mit 1947

	1929			1947			Differenzen	
Raum	Q_0	Z	Q_h	Q_0	Z	Q_h	ΔQ_0	
	kcal/h						kcal/h	%
Küche	860	165	1025	810	150	960	50	5,2
Schlafen	540	111	652	540	110	650		
Vorräte	55	12	66	50	10	60	5	7,6

Die Differenzen der Transmissionswärmeverluste sind zum einen auf die Rundung auf volle 10 kcal/h zurückzuführen, zum anderen auch auf den Umstand, dass Ausgabe 1929 die Zuschläge noch auf jedes Bauteil einrechnete; in Ausgabe 1947 dieses hingegen nur raumweise geschah.

Nachstehend sind die Differenzen für den Raum Küche (Mehrleistung 5,2 %) dargestellt. Dieser Vergleich zeigt den Einfluss der Rundung auf glatte 10 kcal/h::

Tabelle 100: Vergleich Wärmebedarf 1929 mit 1947, Raum Küche

1	2	3	4	5	6	7	8	9	10	11	12
BT	**1929**			**1941**						**Differenzen**	
	genau			**genau**	**gerundet**		**genau**	**genau**	**gerundet**		
	Q_0	Z	Q_h	Q_0		Z	Q_h			ΔQ_h	
	kcal/h	%	kcal/h	kcal/h		–	kcal/h			kcal/h	%
IT	15	1,00	15	15,5	20						
IW	41	1,15	47	41,2	40						
IT	15	1,00	15	15,5	20						
IW	14	1,15	16	13,6	10						
IW	51	1,15	59	51,1							
DF	59	1,25	74	59,0	60						
AW	81	1,20	97	80,6	80						
DF	122	1,25	152	121,6	120						
IW	3	1,20	3	2,9							
DF	118	1,30	153	118,0	120						
AW	114	1,25	142	113,8	110						
IW	12	1,15	13	11,7	10						
FB	215	1,10	237	215,4	220						
	860		**1.025**	**860**	**810**	**1,19**	**1.023**	**963**	**960**	**–65**	**–6,7**

Spalten 2–4: 1929: Genau berechnete Transmissionswärmeverluste Q_0, Z und Q_h
Spalte 5: 1941: genau berechneter Transmissionswärmeverlust Q_0, dargestellt mit 1 NK-Stelle
Spalte 6: Auf volle 10 kcal/h auf-/abgerundete Werte Q_0, Spalte 5
Spalte 7: Zuschlag Z auf den Raum-Transmissionswärmeverlust Q
Spalte 8: Genau berechneter Transmissionswärmeverlust Q_h Spalte 5 x 7
Spalte 9: Genau berechneter Transmissionswärmeverlust Q_h mit gerundeten Wert Spalte 6 x 7
Spalte 10: Auf volle 10 kcal/h auf/abgerundete Wert Q_h, Spalte 9
Spalten 11 und 12: Differenzen, Mehr-/Minderleistung DIN 4701:1947-07 gegenüber DIN 4701:1929

Die Differenzen werden nur durch die grobe Rundung verursacht. Hierbei wird der Zuschlag auf die Summe der gerundeten Transmissionswärmeverluste der einzelnen Bauteile erhoben und dieser wird wieder gerundet. In Summe bedeutet dies einen gerundeten Transmissionswärmeverlust Q_0 von 810 W (Ausgabe 1947) gegenüber 860 kcal/h (Ausgabe 1929); im Endergebnis einen gerundeten Wärmeverlust Q_h von 960 W (Ausgabe 1947) gegenüber 1,025 kcal/h (Ausgabe 1929).

Anmerkung: In Tabelle 100, Spalte 5 sind die Transmissionswärmeverluste Q_0 mit einer NK-Stelle ausgewiesen, um zu erkennen, ob auf- oder abgerundet werden muss. Beispiel: Wenn in der 1. Zeile, IT nur 15 kcal/h dargestellt werden, ist nicht zu erkennen, ob auf- oder abgerundet werden muss. Der mit einer NK-Stelle ausgewiesene Wert von 15,5 bedeutet in diesem Fall aufrunden auf 20 kcal/h.

In nachstehender Tabelle ist ein Vergleich aller Räume gezeigt:

Tabelle 101: Vergleich aller Räume 1929 mit 1947

	1929	**1947**	**Differenzen**	
	Q_h		ΔQ_h	
Raum	**genau**	**gerundet**		
	kcal/h		**kcal/h**	**%**
Küche	1.025	960	−65	−6,7
Essen	758	820	62	7,5
Wohnen	757	690	−67	−9,6
Schlafen	652	650	−2	−0,3
Bad EG	196	200	4	2,0
Flur	94	100	6	5,9
WC EG	172	200	28	13,8
Windfang	48	10	−38	381
Vorräte	66	60	−6	−10,5
Arbeitsraum	984	1.040	56	5,4
Kind 1	556	560	4	0,7
Kind 2	474	500	26	5,2
Bad OG	275	310	35	11,2
WC OG	135	150	15	10,2
Galeria	478	460	−18	−4,0
Summen	**6.671**	**6.710**	**39**	**0,6**

Im Ergebnis beläuft sich die Differenz des Wärmebedarfs von DIN 4701:1947-07 zu DIN 4701:1929 auf lediglich 39 W = 0,6 %. Ein Extrembeispiel stellt der Windfang dar.

Tabelle 102: Vergleich Wärmebedarf 1929 mit 1947, Windfang

	1929			1947						Differenzen	
	genau			genau	gerundet		genau	genau	gerundet		
BT	Q_0	Z	Q_h	Q_0		Z	Q_h			ΔQ_h	
	kcal/h	%	kcal/h	kcal/h		–	kcal/h			kcal/h	%
AW	16	1,25	19	16	20						
AT	108	1,10	119	108	110						
IW	–28	1,00	–28	–28	–30						
IW	–39	1,00	–39	–39	–40						
IT	–15	1,00	–15	–15	–20						
IW	–16	1,00	–16	–16	–20						
IT	–15	1,00	–15	–15	–20						
IW	–17	1,00	–17	–17	–20						
IW	–18	1,00	–18	–18	–20						
IT	–15	1,00	–15	–15	–20						
DE	–13	1,00	–13	–13	–10						
FB	80	1,10	88	80	80						
	28		**50**	**25**	**10**	**1,25**	**32**	**12,5**	**10**	**–40**	**–400**

Anmerkung: Es gelten die gleichen Ausführungen wie zum Vergleich des Raumes Küche, Tabelle 100.

An diesem Beispiel ist zu sehen, wie extrem sich das große Runden, auch der Zwischenwerte, auswirken kann (s.a. Anmerkung in Abschnitt 15.3.2.4).

15.3.6.2 Vergleich DIN 4109:1947 – DIN/TS 12831-1:2020

Grundsätzlich gelten auch hier dieselben Aussagen wie zum Vergleich DIN 4109:1929 und DIN/TS 12831-1:2020-04 (siehe Abschnitt 15.2.7).

Die Werte sind ohne Zuschlag für Unterbrechung (1929) bzw. ohne Wiederaufheizleistung (2020) gewählt. Hierzu ist noch Folgendes anzumerken: In DIN 4701:1947-07 ist der Zuschlag für die Betriebsunterbrechung zu und der gegenüber DIN 4701:1929 neue Zuschlag zum Ausgleich kalter Außenflächen z_A zum gemeinsamen Zuschlag z_D zusammengefasst worden. Da sie zur schnelleren Aufheizung bei Betriebsunterbrechungen eingesetzt werden, sind sie mit der in DIN EN 12831:2003-08 eingeführten Aufheizleistung (Zuschlag Aufheizleistung) zu vergleichen und werden daher für den folgenden Vergleich herausgerechnet. Für das Beispiel liegt Betriebsweise I vor (ununterbrochener

Betrieb, ohne Bedienung bei Nacht, aber mit Betriebseinschränkung). Diese Betriebsweise hat unabhängig vom D-Wert einen Zuschlag von 7 %.

In nachstehender Tabelle ist der Vergleich mit DIN/TS 12831-1:2020-04 gezeigt.

Tabelle 103: Gesamtvergleich Wärmebedarf 1947/2020

1	2	3	4	5	6	7	8	9	10	11	12
Raum	**1947**						**2020**			**Differenzen**	
	Q_0	Q_Z	Q_h	Q_{zu}	$Q_h - Q_{zu}$		Φ_T	Φ_L	Φ_{HL}	$\Delta\Phi_{HL}$	
	kcal/h					**W**	**W**			**W**	**%**
Küche	810	150	960	60	900	1047	921	320	1.241	−194	−15,7
Essen	710	110	820	50	770	896	669	71	740	156	21,0
Wohnen	620	70	690	40	650	756	686	286	972	−216	−22,2
Schlafen	540	110	650	40	610	709	516	246	762	−53	−6,9
Bad EG	160	40	200	10	190	221	368	86	454	−233	−51,3
Flur	90	10	100	10	90	105	−3		−3	108	k. A.
WC EG	160	40	200	10	190	221	132	27	159	62	39,0
Windfang	10		10		10	12	34	83	117	−105	−90,1
Vorräte	50	10	60		60	70	95	59	154	−84	−54,7
Arbeitsraum	840	200	1.040	60	980	1140	1.114	470	1.548	−408	−26,4
Kind 1	500	60	560	40	520	605	574	235	809	−204	−25,2
Kind 2	410	90	500	30	470	547	444	201	645	−98	−15,3
Bad OG	250	60	310	20	290	337	460	86	546	−209	−38,2
WC OG	120	30	150	10	140	163	66	33	99	64	64,5
Galeria	430	30	460	30	430	500	466	411	877	−377	−43,0
Summen	**5.750**	**1.020**	**6.710**	**410**	**6.360**	**7.396**	**6.542**	**2.614**	**9.120**	**−1.724**	**−18,9**

Spalte 2: Zuschlagfreier Transmissionswärmeverlust Q_0

Spalte 3: Zuschläge $Z = z_D + z_W + z_H$

Spalte 4: Wärmebedarf Q_h

Spalte 5: Zuschlag für Betriebsunterbrechung und Ausgleich kalter Außenflächen (7 % von Spalte 2)

Spalte 6: Transmissionswärmeverlust ohne Zuschlag für Betriebsunterbrechung

Spalte 7: Vergleichswert zu Ausgabe 2020, Spalte 10, in W

15.3.7 Fazit

- Die Berechnung wurde durch die raumweise Beaufschlagung des zuschlagfreien Transmissionswärmeverlustes anstelle der bauteilweisen Beaufschlagung erheblich vereinfacht.
- Es wurde ein neuer Zuschlag z_A zum Ausgleich kalter Außenflächen eingeführt und mit dem Zuschlag z_U für Betriebsunterbrechung zum neuen Zuschlagsfaktor z_D zusammengefasst.
- Es erfolgt weiterhin keine Berechnung eines Lüftungswärmebedarfs. Allerdings ist im Anhang bereits eine physikalische Grundlage zur Berechnung des infiltrierten Luftvolumenstroms in außergewöhnlich freier Lage enthalten, welche in der Nachfolgenorm DIN 4701:1959-01 für normale Fälle eingeführt wird.
- Der Lufteinfall wird im *k*-Wert von Türen und Fenstern nicht mehr berücksichtigt. Damit wird für Normalfälle der Lüftungswärmeverlust ausschließlich mit dem Zuschlag z_W je nach Lage von 9–40 % nach DIN 4701:1947-07, Zahlentafel 2b (siehe auch Tabelle 108) berücksichtigt (siehe Zitat im Abschnitt 15.3.10, Sonderfälle).

15.3.8 Tabellen aus DIN 4701:1947

Tabelle 104: Zahlentafel 1a: Tiefste Außentemperaturen und Angaben über windstarke Gegenden (Auszug)

Aachen	-12		Landau (Pfalz)	-15	
Allenstein	-21	W	Landeck (Schles.)	-21	
Altenberg (Erzgebierge)	-18		Landsberg /Warthe)	-18	
Altenburg	-18		Landshut (bay.)	-18	
Altona	-15	W	Lauenburg (Pom.)	-18	W
Altstadt b. Gilgenberg (Ostpr.)	-21	W	Leipzig	-15	
Alzey	-15		Leverkusen	-12	
Amberg	-18				
Angermünde	-18		Metten	-18	
Annaberg (Erzgebierge)	-18		Minden	-15	
Ansbach	-18		Mittenwald (Karwendel)	-18	
			Mülheim (Ruhr)	-12	
Halle	-15		München	-18	
Hamburg	-15	W	M. Gladbach	-12	
Hameln (Westf.)	-12				
Hanau	-15		Wismar	-15	W
			Wittenberge (Bez.	-15	
Kleve	-12		Witzenhausen	-12	
Koblenz	-12		Worms	-12	
Kolberg	-18	W	Wuppertal	-15	
Köln	-12		Würzburg	-15	

Die Tabelle wurde gegenüber den Vornormen von 1929 und 1944, welche nach Regionen gegliedert waren, nach dem Alphabet sortiert. Die Temperatureinteilung wurde im 3°-Intervall vorgenommen (Vorgängernorm: 5°). Windstarke Gegenden werden mit dem Buchstaben „W“ gekennzeichnet.

Tabelle 105: Zahlentafel 1b: Wahl der Raumtemperaturen

	°C
1. **Wohnhäuser**	
Wohnräume, Badezimmer, Küchen	+20
Vorräume, Flure, Aborte	+15
Treppenhäuser	+10
2. **Geschäfts- und Verwaltungsgebäude**	
Geschäfts- und Büroräume, Gaststätten, Hotelzimmer, Läden	+20
Flure, Treppenhäuser	+20
Aborte	+15
3. **Schulen**	
Klassenzimmer, Hörsäle, Aulen, Amträume	+20
Wasch- und Baderäume, Flure, Treppenhäuser	+20
Sammlungsräume, Aborte	+15
Bei Verwaltungsgebäuden und Schulen, bei denen Flure und Treppenhäuser meist nicht abgeschlossen sind, empfiehlt es sich zwecks Vermeidung von Zugerscheinungen diese Räume ebenfalls auf 20 °C zu heizen. Krankenhäusern, Fabriken, Theatern, Kirchen usw. sind die Innentemperaturen aller Räume in Vereinbarung mit dem Auftraggeber zu vereinbaren	

Tabelle 106: Zahlentafel 1c: Temperaturen angrenzender unbeheizter Nebenräume und des Erdreiches

			Bei einer Außentemperatur von °C								
			−9	−12	−15	−18	−21	−24	−27	−30	−33
Dach-räume	Dachbauart	k < 2	0	−3	−6	−9	−12	−12	−15	−15	−18
	k = 2 bis 5		−3	−6	−9	−12	−15	−15	−18	−18	−21
		k > 2	−6	−9	−12	−15	−18	−18	−21	−21	−24
Neben-räume, deren Umfassung überwiegend	an beheizte Räume grenzend		Temperaturen nach Maßgabe der umliegenden Temperaturen wählen								
	an die Außenluft grenzen: ohne Türen oder nur mit Türen nach Nebenräumen, auch Kellerräume		+9	+6	+6	+3	+3	0	0	−3	−3
	an die Außenluft grenzen: mit Türen nach außen, zum Beispiel Durchfahrten, Vorflure, Treppenhäuser		+3	0	0	−3	−3	−6	−6	−9	−9
Erdreich	unter dem Fußboden		+6			+3				0	
	an der Außenwand		0			−3				−6	
Angebaute Nachbarhäuser	mit Zentralheizung		+15								
	mit Ofenheizung		+10								
Kesselräume			+20								

Tabelle 107: Zahlentafel 2a: Zusammengefasste Zuschläge $Z_D = Z_U + Z_A$ in %

***D*-Wert in kcal/m²h°C**	**0,10 bis 0,29**	**0,30 bis 0,69**	**0,70 bis 1,49**	**Über 1,50**
Eingeschränkter Betrieb	7	7	7	7
10-stündige Unterbrechung	20	15	15	15
14-stündige Unterbrechung	30	25	20	15

Tabelle 108: Zahlentafel 2b: Windzuschläge Z_W in %

		Räume mit einer Außenwand I	Eckräume II	Eckräume III	Räume mit gegenüberliegenden Fenstern IV
			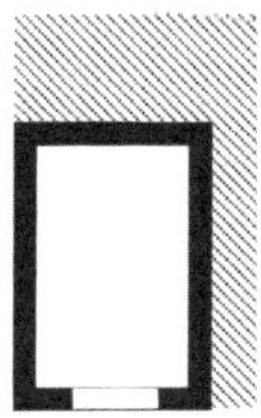	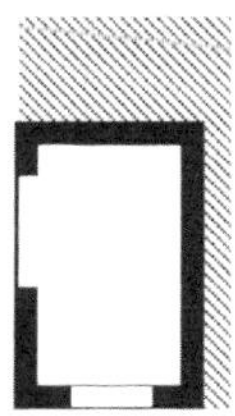	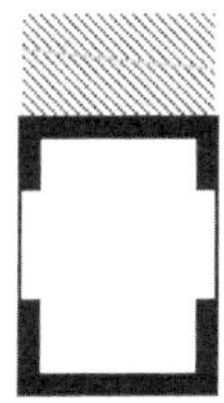
Normale Gegend	geschützte Lage	13	9	12	7
	freie Lage	27	19	24	14
Wind-starke Gegend	geschützte Lage	22	15	20	12
	freie Lage	40	28	35	20

Tabelle 109: Zahlentafel 2c: Zuschläge für Himmelsrichtung Z_H in %

Himmelsrichtung	S	SW	W	NW	N	NO	O	SO
Zuschlag Z_H	−5	0	0	+5	+5	+5	0	−5

15.3.9 Anweisung über die Berechnung der Wärmedurchgangszahlen

Wie bereits in den Vorgängerausgaben sind auch in DIN 4701:1947-07 im Abschnitt „Anweisung über die Berechnung der Wärmedurchgangszahlen bei Bauweisen, die in vorstehenden Zahlentafeln nicht aufgeführt sind“ die Grundlagen zur Berechnung der k-Werte dargestellt, um diese berechnen zu können, wenn in den Zahlentafeln entsprechende Bauteile nicht aufgeführt sind.

15.3.10 Sonderfälle

Sonderfälle stellen folgende Baumaßnahmen dar:

- Außergewöhnlich schwere oder leichte Bauweise;
- Außergewöhnlich lange Unterbrechungen der Heizung;
- Außergewöhnlich freie Lage;
- Außergewöhnliche Größe und Höhe der Räume.

Im Folgenden wird nur auf den Sonderfall „Außergewöhnlich freie Lage“ eingegangen, da hier das erste Mal von einem Lüftungswärmebedarf die Rede ist. Es wurde bereits seinerzeit Folgendes erkannt:

> Ist außergewöhnlich freie Lage gegeben, so wäre zur Berücksichtigung des Windanfalls eine Berechnung, die mit Zuschlägen auf den Wärmebedarf (gemeint ist der Transmissionswärmebedarf) arbeitet, nicht am Platze. Es ist vielmehr stets eine gesonderte Berechnung des Kälteeinfalls aufgrund der eindringenden Menge Außenluft durchzuführen. Hier kann man nicht mehr von der Fläche das Fensters ausgehen, sondern man muss die je 1 m Fugenlänge eindringende Luftmenge berechnen.

Letztlich führten diese Überlegungen dazu, dass in der Nachfolgnorm DIN 4701:1959-01 der Lüftungswärmeverlust grundsätzlich in Abhängigkeit der

- Fugendurchlässigkeit a in $m^3/mhPa^{2/3}$ und der
- Fugenlänge l in m

berechnet wird.

15.4 DIN 4701:1959

DIN 4701:1959-01 finden wachsende physikalischen Erkenntnisse zu Zusammenhängen der Wärmelehre und die Fortentwicklung von Baustoffen Berücksichtigung. Obmann des Ausschusses war Prof. Dr.-Ing. Krischer.

15.4.1 Wesentliche Änderungen

Die wesentlichen Änderungen bzw. Neuerungen sind:

- Einführung der Berechnung des Lüftungswärmebedarfs für jeden Raum. Gerade der Einfluss des Kaltlufteinfalls durch Undichtigkeiten (z. B. durch Fensterfugen) auf den Wärmeverlust wurde bisher nur mit empirischen Zuschlagsfaktoren berücksichtigt. Der Berechnung des Lüftungswärmeverlustes liegen nun physikalische Grundlagen zugrunde. Der Windzuschlag z_w entfällt daher.

- Darstellung einer Methode zur Berechnung von Transmissionswärmeverlusten an das Erdreich als Sonderfall – siehe Abschnitt 15.4.9.2. Diese wurde bisher genauso berechnet, wie ein normaler Verlust durch eine Wand, allerdings mit einer angenommenen Erdreichtemperatur. In dieser Norm wird allerdings keine Aussage über eine Erdtemperatur getroffen; aus Tabelle 1c der Ausgabe 1947 wurden diese Angaben entfernt.
- Die Aufnahme der Berechnung des Lüftungswärmebedarfs führte auch zu einer begrifflichen Präzisierung, nämlich zur Unterscheidung der Verluste bzw. Gewinne aus Transmission und Lüftung.

Neben diesen wesentlichen Änderungen erfolgten noch kleinere Änderungen und Ergänzungen:

- Überarbeitung der Tabelle tiefste Außentemperatur.
- Die Sonderfälle werden nun im Anhang behandelt. Insbesondere ist der bisherige Sonderfall „Außergewöhnlich freie Lage“ entfallen, da dieser durch die neue physikalische Berechnung des Lüftungswärmeverlustes dem „Normalfall“ zugeordnet wurde.
- Leichte Änderung der normalen Fälle (die neuen Fälle sind im Folgenden kursiv dargestellt):
  - Wohn- und Bürogebäude, Geschäftshäuser, Kasernen
  - Gaststätten, Hotelgebäude, einschließlich der Säle, sofern diese nicht als selten beheizte Räume betrieben werden sollen
  - Krankenhäuser, Schulen, Hörsäle, Turnhallen
  - Werkstätte im Geschoßbau, wobei der Wärmebedarf zum Aufheizen der zeitweise eingebrachten Gegenstände zu berücksichtigen ist
- Änderung der Sonderfälle (die neuen Fälle sind im Folgenden kursiv dargestellt):
  - Selten beheizte Gebäude (Kirchen usw.)
  - Außergewöhnlich schwere Bauart (Bunker über oder unter der Erde und dergl.) und Gebäude sehr leichter Bauart
  - Räume, die vorwiegend oder mit großen Flächen an Erdreich grenzen
  - Hallenbauten mit lichten Höhen über 8 m
  - Hochhäuser (Hinweis auf Windeinfluss)
  - Der Sonderfall „Außergewöhnlich freie Lage“ entfällt – siehe oben.

15.4.2 Wärmebedarfsberechnung für normale Fälle

Der Wärmebedarf setzt sich nun zusammen aus dem

- Transmissionswärmebedarf Q_T und dem
- Lüftungswärmebedarf Q_L

nach folgender Beziehung:

$$Q_h = Q_T + Q_L$$

Berechnungsschema:

Gegenüber den Vorgängernormen ergibt sich eine Änderung:

Transmissionswärmeverlust Q_0
+ $Z \cdot$ Transmissionswärmeverlust Q_0
= Transmissionswärmebedarf Q_T
+ Lüftungswärmebedarf Q_L

= Wärmebedarf Q_h

Mit Ausgabe 1959 wird erstmals der Lüftungswärmebedarf „physikalisch" berechnet, wie später noch ausgeführt wird.

In diesem Sinne ist auch das Formblatt bezeichnet (DIN 4701:1959-01, Seiten 10 und 11, Spalten 13 und 17).

15.4.2.1 Zuschlagsfreier Transmissionswärmeverlust

Zunächst erfolgt die Berechnung des zuschlagsfreien Transmissionswärmeverlustes. Jede einzelne Fläche (Bauteil) wird berechnet zu

$$q_0 = \mathrm{k} \cdot \mathrm{F} \cdot (t_i - t_a)$$

mit dem Index 0 für zuschlagsfreien Wärmeverlust. Hierbei bedeuten

q_0 zuschlagsfreier Wärmeverlust des einzelnen Bauteils in kcal/h

k k-Zahl des Bauteils in kcal/(m² · h · °C)

$t_i - t_a$ Temperaturdifferenz zwischen Raum- und Außentemperatur in °C

Die Summe der Verluste q_0 aller Bauteile ergibt den zuschlagsfreien Raum-Transmissionswärmeverlust Q_0

$$Q_0 = \Sigma q_0$$

15.4.2.2 Zuschläge

Der Zuschlag z_W für den Windangriff entfällt. Die übrigen Zuschläge für

- z_u für Unterbrechung
- z_A für Ausgleich kalte Außenflächen und
- z_H für Himmelsrichtung

bleiben erhalten, wobei die Zuschläge zu und zu wie auch in der Vorgängernorm zum Zuschlag z_D zusammengefasst werden. Die diesbezüglichen Tabellenwerte behalten ihre Gültigkeit und werden zum Zuschlagsfaktor Z zusammengefasst.

15.4.2.3 Transmissionswärmebedarf

Der Transmissionswärmeverlust wird unter Berücksichtigung der Zuschläge wie folgt berechnet:

$$Q_T = Q_0 \cdot Z$$

Dabei ist

Q_0 der zuschlagsfreie Transmissionswärmeverlust in kcal/h

Z der Zuschlag $1 + z_D/100 + z_H/100$

15.4.2.4 Lüftungswärmebedarf

Wurde in der Vorgängernorm die außergewöhnlich freie Lage noch als Sonderfall beschrieben, so wird nun der Lüftungswärmebedarf als normaler Fall für jeden Raum gerechnet. Das Problem ist hierbei, das einströmende Luftvolumen zu bestimmen.

Die Undichtigkeiten werden ausschließlich in den Fugen der Fenster und Türen gesehen. Diese werden mit den Variablen

- a: Durchlässigkeit der Fuge pro m Fugenlänge in m^3/h und bei einem Druckunterschied von 1 kg/m^2
- l: Die Fugenlänge der angeblasenen Fenster oder Türen

berücksichtigt.

Die Höhe des einströmenden Kaltluftvolumenstroms ist abhängig von der Differenz des Staudruckes auf der angeblasenen Seite und dem Unterdruck, welcher sich auf der windabgewandten Seite einstellt. Daher wird unterschieden zwischen der

- Gegend
    - normal
    - windstark

und der

- Lage
  - windgeschützt
  - frei
  - außergewöhnlich frei

Diese Einflüsse werden mit der neu geschaffenen Hauskenngröße *H* berücksichtigt. Diese basieren auf der Grundlage folgender angenommener Windgeschwindigkeiten:

Tabelle 110: Zugrunde gelegte Windgeschwindigkeiten für die Hauskenngröße *H*

normale Gegend	geschützte Lage:	4 m/s
	freie Lage:	6 m/s
	außergewöhnlich freie Lage	8 m/s
windstarke Gegend	geschützte Lage	6 m/s
	freie Lage:	8 m/s
	außergewöhnlich freie Lage	10 m/s

Des Weiteren ist die Größe des einströmenden Kaltluftvolumenstroms davon abhängig, wie ungehindert dieser wieder abströmen kann. Je leichter der eindringende Luftvolumenstrom abströmen kann, desto mehr strömt auch nach. Daher wird unterschieden zwischen

- Einzelhaus und
- Reihenhaus,

da bei einem Einzelhaus die Luft über drei Seiten abströmen kann, während bei einem Reihenhaus (gilt nicht für ein Eckhaus) oder bei Häusern mit mehreren Wohnungen der Luftvolumenstrom nur nach einer Seite wieder abströmen kann.

Dieser Einfluss wird durch die neu geschaffene Raumkenngröße R berücksichtigt.

In diesem Zusammenhang wurde auch noch ein Eckfensterzuschlag Z_E eingeführt, welcher nur eingesetzt wird, wenn Fenster oder Türen in der Ecke zweier aufeinanderstoßender Außenwände liegen. Dieser Faktor wird mit $Z_E = 1{,}2$ festgesetzt.

Der Lüftungswärmebedarf wird berechnet zu

$$Q_L = \Sigma(a \cdot l)_A \cdot R \cdot H \cdot (t_i - t_a) \cdot Z_E$$

mit

a Durchlässigkeit der Fuge pro m Fugenlänge in m³/h und bei einem Druckunterschied von 1 kg/m²

l Die Fugenlänge der angeblasenen Fenster oder Türen in m

R Raumkenngröße nach DIN 4701:1959/Tabelle 4c – siehe Tabelle 122

H Hauskenngröße nach DIN 4701:1959/Tabelle 4d – siehe Tabelle 123

15.4.2.5 Wärmebedarf

Der Wärmebedarf des Raumes setzt sich zusammen aus dem Transmissions- und Lüftungswärmebedarf:

$$Q_h = Q_0 \cdot (1 + z_D/100 + z_W/100 + z_H/100) + Q_L$$

$$Q_h = Q_0 \cdot z + Q_L$$

15.4.2.6 Gebäudeheizlast

Die Gebäudeheizlast ergibt sich aus der Summe aller Räume.

15.4.3 Durchführung der Berechnung

Die Berechnung wird in einem modifizierten Formblatt durchgeführt. Die Kennzeichnung der Bauteile wurde um das Bauteil ZF (Doppelt verglaste Fenster) erweitert.

Bezüglich der Abmessungen und Nachkommastellen hat sich eine Änderung ergeben in der Form, als dass Längenmaße nunmehr mit zwei Nachkommastellen angegeben werden. Das ist zwar nicht explizit beschrieben, aber der Beispielberechnung zu entnehmen. Der Beispielberechnung ist auch zu entnehmen, dass wie gehabt, der Wärmeverlust einer jeden Zeile auf volle 10 W gerundet wird.

15.4.4 Formblatt

Das Formblatt wurde modifiziert: Der Wind-Zuschlag entfällt, ansonsten hat sich das Formblatt nicht verändert. Nachstehend ist das Formular dargestellt:

Tabelle 111: Blanco-Formular Wärmebedarfsberechnung

1	2	3	4	5	6	7	8	9	10	11	12	13	14	15	16	17
			Flächenberechnung					Wärmeverlustberechnung					Zuschläge			
Bezeichnung	Himmelsrichtung	Wandstärke	Länge	Höhe und Breite	Fläche	Anzahl	Abzug	in Rechnung gestellt	k-Zahl	Temperatur-unterschied	Temperaturunter-schied x Wärme-durchgangszahl Q_0	Zuschlagfreier Wärmeverlust	$z_U + z_A$ z_D	Himmelsrichtung z_H	Zuschlags-faktor z	Wärmebedarf Q_H
		cm	m	m	m²		m²	m²	$\frac{kcal}{m^2h°C}$	°C	$\frac{kcal}{m^2h}$	$\frac{kcal}{h}$	%	%	1+ %	$\frac{kcal}{h}$

Das Formblatt ist aufgeteilt in:

Spalten 1–3:	Angaben zu Bauteil
Spalten 4–8	Flächenberechnung
Spalten 9–13:	Wärmeverlustberechnung Q_0
Spalten 14–16:	Zuschläge
Spalten 17:	Wärmebedarf Q_h

15.4.5 Beispielberechnung

Es werden die gleichen Räume wie zuvor berechnet.

15.4.6 Grundlagen der Berechnung

Für den Ort Wolfsburg wurde die tiefste Außentemperatur –15 °C beibehalten, da der Ort noch nicht in der Tabelle der tiefsten Außentemperaturen aufgenommen wurde.

Transmissionswärmeverluste

1. Eingeschränkter Betrieb, daraus zusammengefasster Zuschlag $z_D = 7\,\%$ (siehe Tabelle 119)

   Anmerkung: Bei eingeschränktem Betrieb ist der Zuschlag z_D für alle *D*-Werte gleich, daher muss in diesem Fall der *D*-Wert im Formblatt nicht berechnet werden.

2. Der Himmelsrichtungszuschlag wird ebenfalls raumweise bestimmt (siehe Tabelle 109)

Küche:	Eckraum Richtung: SW	Zuschlag $z_D = 0\,\%$
Schlafen:	Eckraum Richtung: NO	Zuschlag $z_D = +5\,\%$
Vorräte:	Raum mit einer AW: N	Zuschlag $z_D = +5\,\%$

3. Temperaturen unbeheizter Nachbarräume (siehe Tabelle 118)

   Unbeheizter Abseitenraum zur Küche unter der Treppe: An beheizte Räume grenzend: Temperaturen nach Maßgabe der umliegenden Räume wählen (wie Vorgängernorm): 2 °C

   Wintergarten zur Küche: An Außenluft grenzend, mit Türen nach außen, $t_a = -15\,°C$: 0 °C

   Heizungsraum zu Vorräte: Kesselräume (15–20 °C) wie Vorgängernorm: 20 °C

   Unbeheizter Nebenraum im OG, an Außenluft grenzend, ohne Türen nach außen, oder nur Türen nach Nebenräumen, $t_a = -15\,°C$, wie Vornorm: 6 °C

4. Temperatur Erdreich: Keine Aussage, gewählt wie im Beispiel zu DIN 4701:1947-07: 0 °C

   Anmerkung: Ausgabe 1959 hat den aufwendigen Algorithmus zur Berechnung von Verlusten an das Erdreich als Sonderfall ausgewiesen, auf ein Berechnungsbeispiel wurde allerdings verzichtet. Somit kann angenommen werden, dass die Verluste an Erdreich bei normalen Gebäuden wie gehabt berechnet werden. Im Absatz 15.4.9, „Sonderfälle“ ist aber eine ausführliche Berechnung gezeigt.

5. Wärmegewinne: Diese mussten immer schon berücksichtigt werden, wurden bisher aber separat unterhalb der abgeschlossenen Transmissionswärmebedarfsrechnung ausgewiesen. Nunmehr werden sie als negative Temperaturdifferenz in der zeilenweisen Berechnung berücksichtigt.

Lüftungswärmebedarf

1. Berechnung der Fugenlängen:

   Küche: 3 Fenster je 1,46 x 1,01 m; daraus $l = 3 \cdot 2 \cdot (1{,}01 + 1{,}42) = 14{,}58$ m

   Schlafen:

   1 Fenster 1,46 x 1,01 m; daraus $l = 2 \cdot (1{,}01 + 1{,}42)$ = 4,86 m

   1 Außentür: 2,26 x 1,01 m; daraus $l = 2 \cdot (1{,}01 + 1{,}42)$ = 6,54 m

   Summe = 11,40 m

   Vorräte: 1 Fenster 0,84 x 1,01 m; daraus $l = 2 \cdot (1{,}01 + 0{,}84) = 3{,}70$ m

2. Fugendurchlassfaktor a: Metallverbundfenster, dicht, $a = 1{,}2\ m^3/hm$ pro 1 kg/m^2.

3. Eckfensterzuschlag:

   Küche: $Z = 1{,}2$ (Fenster in Süd- und Westseite)

   Schlafen und Vorräte: $Z = 1$ (Fenster nur in Nord- bzw. in Westseite)
4. Hauskenngröße: Normale Gegend, geschützte Lage, Einzelhaus. Aus Tabelle 123: $H = 0{,}34$
5. Raumkenngröße für alle Räume: $R = 0{,}9$

15.4.6.1 Ausdruck Beispielberechnung

Tabelle 112: Wärmebedarfsberechnung nach DIN 4701:1959-01 (Räume Küche und Schlafen)

1	2	3	4	5	6	7	8	9	10	11	12	13	14	15	16	17
			Flächenberechnung					Wärmeverlustberechnung					Zuschläge			
Kurzbezeichnung	Himmelsrichtung	Wandstärke cm	Länge bzw. Breite m	Höhe m	Fläche m²	Anzahl	Abzug m²	in Rechnung gestellt m²	k-Zahl kcal/m²h°C	Temperatur-unterschied Δt °C	Δt • k kcal/m²h	Transmissions-Wärmeverlust Q_0 kcal/h	zu + zA z_D %	Himmelsr. z_H %	Zuschlags-faktor z 1+%	Wärme-bedarf $Q_T + Q_L = Q_h$ kcal/h
Nr. 1, Küche (Eckraum) 20 °C 4,8 x 4,7 x 2,6 = 59,4 m³																
IT	—	—	0,90	2,01	1,8	1	—	1,8	1,72	5	9	20				
IW	—	24	3,16	2,86	9,0	1	1,8	7,2	1,10	5	6	40				
IT	—	—	0,90	2,01	1,8	1	—	1,8	1,72	5	9	20				
IW	—	12	1,21	2,86	3,5	1	1,8	1,7	1,62	5	8	10				
IW	—	24	1,60	2,86	4,6	1	—	4,6	1,10							
DF	S	—	1,01	1,42	1,4	1	—	1,4	1,20	35	42	60				
AW	S	41	3,16	2,86	9,0	1	1,4	7,6	0,29	35	10	80				
DF	S	—	1,67	2,60	4,3	1	—	4,3	1,38	20	28	120				
IW	S	41	1,67	2,86	4,8	1	4,3	0,4	0,29	20	6					
DF	W	—	1,01	1,42	1,4	2	—	2,87	1,20	35	42	120				
AW	W	41	4,82	2,86	13,8	1	2,9	10,9	0,29	35	10	110				
IW	—	12	0,54	2,86	1,5	1	—	1,5	1,62	5	8	10				
FB	—	—	4,82	4,49	21,6	1	—	21,6	0,50	20	10	220				
												810	7	—	1,07	870
Lüftungswärmebedarf																
$Q_L = \Sigma(a \cdot l)_A \cdot H \cdot R \cdot (ti - ta) \cdot Z_E$																
$= 1{,}2 \cdot 14{,}58 \cdot 0{,}34 \cdot 0{,}9 \cdot (20 - (-)15) \cdot 1{,}2$																220
																1.090
Nr. 4, Schlafzimmer (Eckraum) 20 °C 4,3 x 4,1 x 2,6 = 45,7 m³																
AW	N	41	4,12	2,86	11,8	1	—	11,8	0,29	35	10	120				
DF	O	—	1,01	1,42	1,4	1	—	1,4	1,20	35	42	60				
AT	O	—	1,01	2,26	2,3	1	—	2,3	1,20	35	42	100				
AW	O	36	4,27	2,86	12,2	1	3,7	8,5	0,28	35	10	80				
IW	W	12	2,16	2,86	6,2	1		6,2	1,62	-2	-3	-20				
FB	—	—	4,27	4,12	17,6	1	—	17,6	0,50	20	10	180				
												520	7	5	1,12	580
Lüftungswärmebedarf																
$Q_L = \Sigma(a \cdot l)_A \cdot H \cdot R \cdot (ti - ta) \cdot Z_E$																
$= 1{,}2 \cdot 11{,}40 \cdot 0{,}34 \cdot 0{,}9 \cdot (20 - (-)15) \cdot 1$																150
																730

Tabelle 113: Wärmebedarfsberechnung nach DIN 4701: 1959-01 (Raum Vorräte)

1	2	3	4	5	6	7	8	9	10	11	12	13	14	15	16	17
			Flächenberechnung					Wärmeverlustberechnung					Zuschläge			
Kurzbezeichnung	Himmelsrichtung	Wandstärke	Länge bzw. Breite	Höhe	Fläche	Anzahl	Abzug	in Rechnung gestellt	k-Zahl	Temperatur-unterschied	Δt • k	Transmissions-Wärmeverlust Q_0	ZU + ZA Z_D	Himmelsr. Z_H	Zuschlags-faktor z	Wärme-bedarf $Q_T + Q_L = Q_h$
		cm	m	m	m²		m²	m²	$\frac{kcal}{m^2h°C}$	Δt °C	$\frac{kcal}{m^2h}$	$\frac{kcal}{h}$	%	%	1+%	$\frac{kcal}{h}$
Nr. 10, Vorräte 15 °C 3,2 x 1,6 x 2,6 = 12,9 m³																
DF	W	—	1,01	0,84	0,8	1	—	0,8	1,20	35	42	30				
AW	W	41	1,57	2,86	4,5	1	0,8	3,7	0,29	35	10	40				
IT	S		0,90	2,01	1,8	1	—	1,8	2,00	-5	-10	-20				
IW	S	24	3,16	2,86	9,0	1	1,8	7,2	1,10	-5	-6	-40				
IW	O	12	0,50	2,86	1,4	1	—	1,4	1,62	-5	-8	-10				
FB	—	—	1,57	3,16	5,0	1	—	5,0	0,50	20	10	50				
												50	7	5	1,12	**60**
Lüftungswärmebedarf																
$Q_L = \Sigma(a \cdot l_A \cdot H \cdot R \cdot (ti - ta) \cdot Z_E$																**60**
$= 1{,}5 \cdot 3{,}7 \cdot 0{,}34 \cdot 0{,}9 \cdot (20 - (-)15) \cdot 1$																**120**

15.4.7 Vergleich DIN 4701, Ausgaben 1947 und 1959, mit DIN/TS 12831-1:2020

Die Berechnung der Transmissionswärmeverluste ist grundsätzlich gleichgeblieben.

15.4.7.1 Vergleich DIN 4701, Ausgaben 1947–1959

Zunächst ist ein Vergleich mit den zuvor bereits dargestellten Beispielräumen gezeigt:

Tabelle 114: Vergleich 1947 mit 1959 – Zuschlagfreier Wärmebedarf

1	2	3	4	5	6	7	8	9	10	11
	1947			1959					Differenzen	
Raum	Q_0	Z	Q_h	Q_0	Z	Q_T	Q_L	Q_h	ΔQ_h	
	kcal/h								kcal/h	%
Küche	810	150	960	810	60	870	220	1.090	130	11,9
Schlafen	540	110	650	520	60	580	150	730	80	11,0
Vorräte	50	10	60	50	10	60	60	120	60	50,0

Spalten 2 und 5: 1947 und 1959: Zuschlagfreier Transmissionswärmeverlust Q_0

Spalte 3: Zuschläge Z für Unterbrechung und kalte Außenflächen z_D, Windangriff z_W und Himmelsrichtung z_H

Spalten 4 und 9: 1947 und 1959: Wärmebedarf des Raumes Q_h (für Differenzen Spalten 10 und 11)

Spalte 6: 1959: Zuschläge Z, Zuschlag für Windangriff entfällt, da Berechnung des Lüftungswärmeverlustes

Spalte 7: Beaufschlagter Transmissionswärmeverlust Spalte 5 + 6 als Q_T

Spalte 8: Physikalisch berechneter Lüftungswärmeverluste in Ausgabe 1959

Erläuterungen zu den Differenzen:

Prinzipiell berechnen beide Normen den gleichen zuschlagfreien Transmissionswärmeverlust, siehe z. B. Küche mit jeweils Q_0 = 810 kcal/h. Die Differenzen z. B. im Schlafzimmer (540/520 kcal/h) rühren daher, dass das angrenzende Bad mit einer Innentemperatur von 22 °C berechnet wird und daher ein Wärmegewinn entsteht. In den Vorgängernormen waren für das Bad noch 20 °C vorgesehen.

Den größten Anteil an den Differenzen hat aber die neu eingeführte Berechnung des Lüftungswärmeverlustes.

Zum Vergleich (Raum Küche):

- 1947: Zuschlagfreier Transmissionswärmeverlust Q_0 = 860 kcal/h, z_W = 12 %; daraus Anteil = 860 x 0,12 = 103 kcal/h
- 1959: Lüftungswärmebedarf aus physikalischer Berechnung = 220 kcal/h

In nachstehender Tabelle 115 ist ein Vergleich aller Räume gezeigt:

Tabelle 115: Vergleich aller Räume 1947 mit 1959

	1947			1959					Differenzen	
Raum	Q_0	Z	Q_h	Q_0	Z	Q_T	Q_L	Q_h	ΔQ_h	
	kcal/h								kcal/h	%
Küche	810	150	960	810	60	870	220	1.090	130	11,9
Essen	710	110	820	700	10	710		710	−110	−15,5
Wohnen	620	70	690	640	10	650	70	720	30	4,2
Schlafen	540	110	650	520	60	580	150	730	80	11,0
Bad EG	160	40	200	170	20	190	50	240	40	16,7
Flur	90	10	100	90		90		90	−10	−11,1
WC EG	160	40	200	150	20	170	50	220	20	9,1
Windfang	10		10	30		30	80	110	100	90,9
Vorräte	50	10	60	50	10	60	60	120	60	50,0
Arbeitsraum	840	200	1.040	830	90	920	60	980	−60	−6,1
Kind 1	500	60	560	490	10	500	70	570	10	1,8
Kind 2	410	90	500	410	50	460	150	610	110	18,0
Bad OG	250	60	310	250	30	280	210	490	180	36,7
WC OG	120	30	150	120	20	140	70	210	60	28,6
Galeria	430	30	460	420	30	450		450	−10	−2,2
Summe 1959	**5.700**	**1.010**	**6.710**	**5.680**	**420**	**6.100**	**1.240**	**7.340**	**630**	**8,6**

In Summe ergibt sich gegenüber Ausgabe 1947 ein um 8,6 % höherer Wärmebedarf, welche hauptsächlich auf die Einführung einer physikalischen Lüftungswärmeverlustberechnung zurückzuführen ist. Kleinere Ausreißer, wie z.B. Raum „Essen“, erklären sich dadurch, dass dieser Raum keine Fenster oder Türen nach außen hat (nur in den Wintergarten, dessen Türen geschlossen bleiben) und somit keine Fugenlängen. Somit berechnet Ausgabe 1959 keinen Lüftungswärmeverlust, während Ausgabe 1947 einen unvermeidlichen Zuschlag berechnet.

15.4.7.2 Vergleich DIN 4701:1959 – DIN/TS 12831-1:2020

In nachstehender Tabelle 116 ist der Vergleich mit DIN/TS 12831-1:2020-04 gezeigt. Die Werte sind ohne Zuschlag für Unterbrechung (1929) bzw. ohne Wiederaufheizleistung (2020) gewählt. Dieser Zuschlag z_D beträgt wie in Ausgabe 1947 unverändert 7 % bei Betriebsweise I. Der Zuschlag $z_{W'}$ für Windeinfluss ist ersetzt worden durch eine physikalische Berechnung des Lüftungswärmebedarfs.

Tabelle 116: Gesamtvergleich Wärmebedarf 1959/2020

1	2	3	4	5	6	7	8	9	10	11	12	13
	1959							2020			Differenzen	
Raum	Q_0	Q_Z	Q_L	Q_h	Q_{ZD}	$Q_h - Q_{ZD}$		Φ_T	Φ_L	Φ_{HL}	$\Delta\Phi_{HL}$	
	kcal/h						W	W			W	%
Küche	810	60	220	1.090	60	1.030	1.198	921	320	1.241	43	3,5
Essen	700	10		710	50	660	768	669	71	740	-28	-3,7
Wohnen	640	10	70	720	40	680	791	686	286	972	181	18,6
Schlafen	520	60	150	730	40	690	802	516	246	762	-40	-5,3
Bad EG	170	20	50	240	10	230	267	368	86	454	187	41,1
Flur	90			90	10	80	93	-3		-3	-96	3201,3
WC EG	150	20	50	220	10	210	244	132	27	159	-85	-53,6
Windfang	30			30		30	35	34	83	117	82	70,2
Vorräte	50	10	60	120		120	140	95	59	154	14	9,4
Arbeitsraum	830	90	60	980	60	920	1.070	1.114	470	1.584	514	32,5
Kind 1	490	50	70	610	30	580	675	574	235	809	134	16,6
Kind 2	410	50	150	610	30	580	675	444	201	645	-30	-4,6
Bad OG	250	30	210	490	20	470	547	460	86	546	-1	-0,1
WC OG	120	20	70	210	10	200	233	66	33	99	-134	-134,9
Galeria	420	30		450	30	420	488	466	411	877	389	44,3
Summe 1959	**5.680**	**460**	**1.160**	**7.300**	**400**	**6.900**	**8.025**	**6.542**	**2.614**	**9.156**	**1.131**	**12,4**

15.4.8 Fazit

- Die „reinen“ (zuschlagsfreien) Transmissionswärmeverluste sind bis auf die veränderten Rahmenbedingungen identisch mit denen der Vorgängernorm.
- Es entfällt der Zuschlag z_W für den Windangriff. Er wird ersetzt durch eine physikalische Berechnung des Lüftungswärmebedarfs $Q_L = V \cdot c_p \cdot \rho \cdot (t_i - t_a)$. Hierbei wird der Luftvolumenstrom durch die Fugenlänge mit entsprechenden Faktoren für die Fugendurchlässigkeit a bestimmt. Durch die neue Berechnung des Lüftungswärmebedarfs ergibt sich

ein erheblich höherer Wert als bei Berechnung als Zuschlag auf den Transmissionswärmebedarf der Vornormen.

- Es findet noch keine Beachtung eines Mindestluftwechsels statt.
- Ausgabe 1959 erfasst die Wärmegewinne benachbarter Räume mit höherer Innentemperatur bereits in der Bauteileingabe als negative Temperaturdifferenz.

15.4.9 Tabellen aus DIN 4701:1959

- **Tabelle 1a – Tiefste Außentemperaturen in °C und Angaben über windstarke Gegenden:** Wie zu diesem Kapitel eingangs bereits erwähnt, ist Tabelle 1a im Wesentlichen gleichgeblieben, lediglich die Orte in Ostpreußen, Pommern und Schlesien, wie z. B. Allenstein, Breslau, Insterburg, Schneekoppe oder Tilsit etc, sind entfallen.
- **Tabelle 1b – Raumtemperaturen:** Diese wurden modifiziert:

Tabelle 117: Wahl der Raumtemperaturen gemäß DIN 4701:1959, Tabelle 1b

Soweit durch den Auftraggeber nicht ausdrücklich andere Werte gefordert werden, sind der Wärmebedarfsberechnung folgende Werte zugrunde zu legen:		
		°C
1.	**Wohnhäuser**	
	Wohnräume, Schlafräume Küchen	+20
	Vorräume, Flure, Aborte	+15
	Treppenhäuser	+10
	Bad	+22
2.	**Geschäfts- und Verwaltungsgebäude** Geschäfts- und Büroräume, Gaststätten, Hotelzimmer, Läden Treppenhäuser, Flure, Aborte	 +20 +15

3.	**Schulen** **Vorbemerkung:** Die Temperaturen der Unterrichtsräume kann bei normaler Fensterlüftung nach den Pausen kurzfristig auf unter 18 °C absinken. Unterrichtsräume, Sonderräume für naturwissenschaftlichen Unterricht, pädagogische Zentren, als Mehrzweckräume benutzte Pausenhallen Lehrerzimmer, Verwaltungsräume, Kindergarten	+20
	Lehrküchen mit Unterricht und Werkräume	+15 bis +18
	Lehrmittelzimmer und Garderoben	+15
	Bade- und Umkleideräume,	+22
	Arzt- und Untersuchungsräume	+24
	Flure, Treppenhäuser, geschlossene Pausenhallen und Aborte in Kindergärten	+10
	Aula	+18
	Turnhalle	+15
	Gymnastikraum für orthop. Turnen	+20
Bei Krankenhäusern, Fabriken, Theatern, Kirchen usw. sind die Innentemperaturen aller Räume in Vereinbarung mit dem Auftraggeber festzusetzen.		

Es fällt auf, dass z.B. erstmals das Badezimmer auf 22 °C beheizt werden muss – bisher waren es 20 °C.

- **Tabelle 1c – Raumtemperaturen angrenzender Nebenräume:** Diese Tabelle wurde modifiziert:
  - Außentemperatur nur noch bis –24 °C (vorher bis –33 °C)
  - Wegfall Temperaturen an das Erdreich
  - Kesselräume nunmehr 15 bis 20 °C

Tabelle 118: Temperaturen angrenzender unbeheizter Nebenträume gemäß DIN 4701:1959, Tabelle 1c

<table>
<tr><td colspan="3" rowspan="2"></td><td colspan="6">Bei einer Außentemperatur von °C</td></tr>
<tr><td>–9</td><td>–12</td><td>–15</td><td>–18</td><td>–21</td><td>–24</td></tr>
<tr><td rowspan="3">Dachräume</td><td rowspan="3">Dachbau-art</td><td>$k < 2$</td><td>0</td><td>–3</td><td>–6</td><td>–9</td><td>–12</td><td>–12</td></tr>
<tr><td>$k = 2$ bis 5</td><td>–3</td><td>–6</td><td>–9</td><td>–12</td><td>–15</td><td>–15</td></tr>
<tr><td>$k > 2$</td><td>–6</td><td>–9</td><td>–12</td><td>–15</td><td>–18</td><td>–18</td></tr>
<tr><td rowspan="3">unbeheizte Neben-räume, deren Umfassung überwiegend</td><td colspan="2">an beheizte Räume grenzend</td><td colspan="6">Temperaturen nach Maßgabe der umliegenden Temperaturen wählen</td></tr>
<tr><td colspan="2">an die Außenluft grenzen, und zwar ohne Türen oder nur mit Türen nach Nebenräumen, auch Kellerräume</td><td>+9</td><td>+6</td><td>+6</td><td>+3</td><td>+3</td><td>0</td></tr>
<tr><td colspan="2">an die Außenluft grenzen, und zwar mit Türen nach außen, zum Beispiel Durchfahrten, Vorflure, Treppenhäuser</td><td>+3</td><td>0</td><td>0</td><td>–3</td><td>–3</td><td>–6</td></tr>
<tr><td rowspan="2">angrenzende Nachbarräume mit gesonderter Heizung</td><td colspan="2">zentralbeheizt</td><td colspan="6">+15</td></tr>
<tr><td colspan="2">einzeln beheizt</td><td colspan="6">+10</td></tr>
<tr><td></td><td colspan="2">Kesselräume</td><td colspan="6">+15 bis +20</td></tr>
</table>

Tabelle 119: Zusammengefasste Zuschläge $Z_D = Z_U + Z_A$ in % gemäß DIN 4701:1959, Tabelle 2a

D-Wert in kcal/m² h °C	0,10 bis 0,29	0,30 bis 0,69	0,70 bis1,49	Über 1,50
Eingeschränkter Betrieb	7	7	7	7
10-ständihge Unterbrechung	20	15	15	15
14-stündihge Unterbrechung	30	25	20	15

Tabelle 120: Zuschläge Z_H für Himmelsrichtung in % gemäß DIN 4701:1959, Tabelle 2b

Himmelsrichtung	S	SW	W	NW	N	NO	O	SO
Zuschlag Z_H	−5	0	0	+5	+5	+5	0	−5

Tabelle 121: Fugendurchlässigkeit a je m Fugenlänge für Fenster und Türen gemäß DIN 4701:1959, Tabelle 4a

		Fugendurchlässigkeiten a je m Fugenlänge
Holz- und Kunststofffenster	Einfachfenster	3,0
	Verbundfenster	2,5
	Doppelfenster und Einfachfenster mit garantierter Dichtung	2,0
Stahl- und Metallfenster	Einfachfenster	1,5
	Verbundfenster	1,5
	Doppelfenster und Einfachfenster mit garantierter Dichtung	1,2
Innentüren*)	undicht (ohne Schwelle)	40
	dicht (mit Schwelle)	15
*) Außentüren sind in der Berechnung wie Fenster zu beaufschlagen		

Tabelle 122: Raumkenngröße R für Fenster und Türen üblicher Größe gemäß DIN 4701:1959, Tabelle 4c

	Innentüren	$\frac{F_A{}^{*)}}{F_T}$	**Raumkenngröße R**
Holz- und Kunststofffenster	undicht	< 3	0,9
	dicht	$< 1{,}5$	
Stahl- und Metallfenster	undicht	< 6	
	dicht	$< 2{,}5$	
Holz- und Kunststofffenster	undicht	von 3 bis 9	0,7
	dicht	von 1,5 bis 3	
Stahl- und Metallfenster	undicht	von 6 bis 20	
	dicht	von 2,5 bis 6	

*) FA = Außenfensterfläche FT = Innentürfläche

Tabelle 123: Hauskenngröße *H*, gemäß DIN 4701:1959, Tabelle 4d

		Hauskenngröße *H*	
		Reihenhaus*)	Einzelhaus
Normale Gegend	Geschützte Lage	0,24	0,34
	Freie Lage	0,41	0,58
	Außergewöhnliche freie Lage	0,60	0,84
Windstarke Gegend	Geschützte Lage	0,41	0,58
	Freie Lage	0,60	0,84
	Außergewöhnliche freie Lage	0,82	1,13

*) Zu der Gruppe der Reihenhäuser gehören in diesem Zusammenhang alle Häuser mit mehreren Wohnungen oder abgetrennten Raumgruppen in einem Geschoss

15.4.10 Sonderfälle

15.4.10.1 Allgemein

Folgende Berechnungen gelten als Sonderfälle:

- Wärmebedarf selten beheizter Gebäude
- Wärmebedarf bei sehr schwerer Bauart
- Wärmebedarf von Hallen
- Windeinfluss von Hochhäusern

Im Besonderen aber wird im Folgenden der Wärmeverlust an das Erdreich behandelt.

15.4.10.2 Wärmeverlust an das Erdreich

Dieser wird in der Norm als Sonderfall betrachtet. Da aber hier ein Vergleich mit dem Beispiel nach DIN/TS 12831-1:2020-04 angestellt werden soll, wird nachstehend die Berechnung trotzdem dargestellt. Die Betrachtung geht davon aus, dass der Wärmeverlust sich aus zwei Anteilen zusammensetzt:

- Anteil Wärmeverlust über die Erdoberfläche an die Außenluft;
- Anteil Wärmeverlust durch das Erdreich an das Grundwasser.

Daher setzt sich auch die Formel zur Berechnung des Wärmeverlustes aus zwei Anteilen zusammen:

$$Q_0 = F_{ges} \cdot m \cdot (t_i - t'_a) + F_{ges} \cdot \frac{\lambda_E}{H} \cdot (t_i - t_E)$$

Dabei ist

F_{ges} Erdreichberührte Fläche in m²

m äquivalente Wärmedurchgangszahl als Ersatz für die k-Zahl in kcal/(m² · h · grd)

t_i Innentemperatur in °C

t'_a angenommene mittlere Wintertemperatur der Außenluft in Bodennähe (ca. 0 bis –5 °C)

λ_E Wärmeleitzahl von feuchtem Erdreich = 1,0 kcal/(m · h · grd)

t_E Erdreichtemperatur, angenommen mit 10 °C

Die äquivalente Wärmedurchgangszahl *m* muss einem Diagramm entnommen werden.

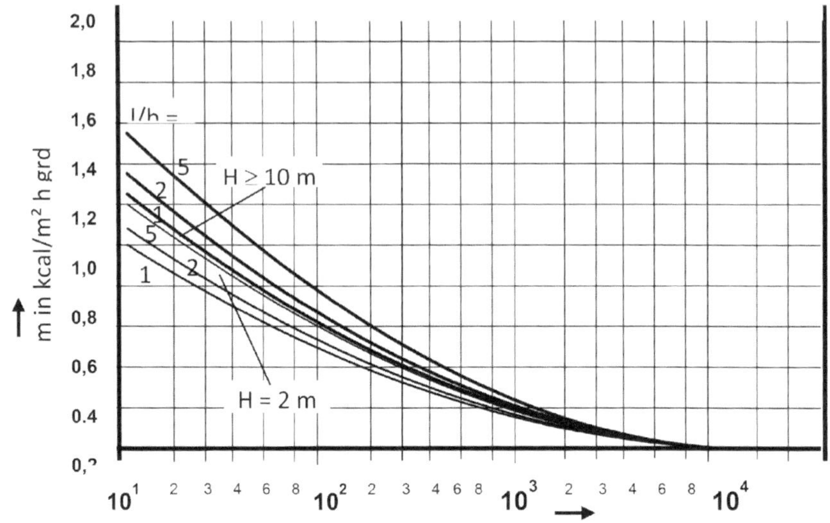

Bild 117: Diagramm zur Ermittlung der äquivalenten Wärmedurchgangszahl *m*

Der ermittelte Wert m ist gültig für eine nicht isolierte Bodenplatte. Ist die Bodenplatte isoliert, so muss m umgerechnet werden zu:

$$Q_{is} = \frac{1}{1 + m \cdot \frac{d_{is}}{\lambda_{is}}}$$

Eine Temperatur für das Erdreich wird nicht mehr ausgewiesen, stattdessen wird ein Algorithmus zur Berechnung von Transmissionsverlusten an das Erdreich angegeben.

Beispielberechnung des Raumes Küche

Annahme: Tiefe H von Bodenfläche zum Grundwasser $H \geq 10$ m

Die Gleichung lautet:

$$Q_0 = F_{ges} \cdot m \cdot (t_i - t'_a) + F_{ges} \cdot \frac{\lambda_E}{H} \cdot (t_i - t_E)$$

Werte für das Diagramm gemäß Bild 117:

$F = 26{,}9$ m²; $H = 10$ m; $l/b = 5{,}35/5{,}02 = 1{,}1$

Hieraus aus dem Diagramm abgelesen: $m = 0{,}9$ kcal/(m² · h · grd).

Berechnung des Wärmeverlustes mit $t'_a = -5\,°C$:

$$Q_0 = 26{,}9 \cdot 0{,}9 \cdot (20-(-)5) + 26{,}9 \cdot \frac{1}{10} \cdot (20-10) = 630\,\text{kcal/h}$$

Die Bodenplatte ist isoliert mit

$d_{is} = 0{,}05$ m

$\lambda_{is} = 0{,}035$ kcal/(m · h · grd)

Somit ergibt sich ein Transmissionswärmeverlust für die Bodenplatte von

$$Q_{is} = \frac{1}{1+0{,}9 \cdot \frac{0{,}05}{0{,}035}} = 280\,\text{kcal/h}$$

Vergleich der Räume Küche, Schlafen und Vorräte

In Folgender Tabelle werden für die drei Räume die Transmissionswärmeverluste nach Berechnung mit Zuschlagsfaktor verglichen mit den „physikalisch" berechneten Transmissionswärmeverlusten:

Tabelle 124: Vergleich Transmissionswärmeverluste nach Berechnung mit Zuschlagsfaktor und „physikalisch"

Raum	Berechnung	
	mit Zuschlagsfaktor	**„physikalisch"**
Küche	270	280
Schlafen	210	180
Vorräte	48	60

Die Berechnung mit Zuschlagsfaktoren ist in diesem Beispiel erstaunlich nahe an der „physikalischen" Berechnung.

15.5 DIN 4701:1983

Erstmals wurde die Reihe DIN 4701 in mehrere Teile gegliedert, um die Inhalte übersichtlicher darzustellen:

- Teil 1: Grundlagen der Berechnung
- Teil 2: Tabellen, Bilder, Algorithmen
- Teil 3: Auslegung der Raumheizeinrichtungen

Obmann des Ausschusses war Prof. Dr.-Ing. Esdorn.

15.5.1 Wesentliche Änderungen

Zunächst ist aber wesentlich, dass die Norm auf die gesetzlich vorgeschriebenen SI-Einheiten umgestellt wurde. Am auffälligsten wird dieser Umstand durch die Einheit kcal, welche durch Wh abgelöst wird (1 kcal = 1,163 Wh), sowie durch den Wechsel von °C auf K (Kelvin) bei der Bezeichnung der Temperaturdifferenz.

Infolge dessen wurden der Wärmedurchgangskoeffizient *k* von da an statt in kcal/(m² · h · grd) in W/(m² · K) sowie Drücke statt in mmWS in Pa ausgedrückt.

Ebenfalls eine wesentliche Neuerung war die Einführung von eingeschränkt beheizten Räumen – siehe Abschnitt 15.5.2.3.

Weitere Neuerungen bzw. Änderungen:

- Der Zuschlag zU für Betriebsunterbrechung entfällt ersatzlos.
- Der Zuschlage zA für kalte Außenflächen auf den gesamten zuschlagsfreien Transmissionswärmebedarf fällt weg; dieser wird nun auf den *k*-Wert aufgeschlagen (erst ab $k > 1{,}6$ W/m²K).
- Die Tabelle der tiefsten Außentemperaturen wurde überarbeitet. Orte innerhalb der DDR wurden aus der Tabelle entfernt. Die Außentemperaturen wurden in den meisten Fällen um 2 bis 3 K angehoben (Beispiel Köln: von –12 auf – 10 °C , München von –18 auf –16 °C oder Bremen von –15 °C auf –12 °C).
- Die Berechnung von Transmissionswärmeverluste an Erdreich ist kein Sonderfall mehr, sondern ein „üblicher“ Fall.
- Die Berechnung des Lüftungswärmebedarfes gilt nun auch für Hochhäuser (Berücksichtigung von Auftriebskräften). Weiterhin werden nun auch maschinelle Lüftungsanlagen berücksichtigt.
- Die „außergewöhnlich freie Lage“ entfällt ersatzlos.
- Der Eckfensterzuschlag entfällt ersatzlos.

- Zur Ermittlung des Gebäudewärmebedarfs wurde ein Gleichzeitigkeitsfaktor ς eingeführt. Dieser ist nun nicht mehr die Addition des Wärmebedarfs aller Räume.
- Die Sonderfälle beinhalten nun Aufheizzeiten für selten beheizte Gebäude, Wärmedurchgangswiderstände bei hohen Hallen und Berechnungsmethoden für Gewächshäuser
- Die bisher beigefügten umfangreiche Tabellen der *k*-Werte entfallen, zu groß ist die Vielfalt moderner Baustoffe und Mehrschichtbauweisen geworden. Übrig geblieben sind lediglich Tabellen von *k*-Werten für Türen.

Insgesamt kann aber festgehalten werden, dass die Norm erheblich komplexer und auch aufwändiger geworden ist, wobei insbesondere die vorgeschaltete Berechnung der Schwere der Bauart und die Berechnung der Transmissionswärmeverluste an Erdreich zu nennen sind.

15.5.2 Wärmebedarfsberechnung für normale Fälle

Nach DIN 4701, Ausgabe 1983 werden nur noch Bedarf und keine Verluste mehr berechnet.

Berechnungsschema:

Transmissionswärmebedarf Q_T

+ Lüftungswärmebedarf Q_L

= Wärmebedarf Q_N

In diesem Sinne ist auch das Formular aufgebaut (DIN 4701:1983-03, Tabelle 2, Spalten 9, 10 und 11 sowie in den Ergebniszeilen).

15.5.2.1 Transmissionswärmebedarf

Der Transmissionswärmeverlust eines Bauteils wird unverändert nach der in DIN 4701:1929 dargestellten grundsätzlichen Formel

$$Q = k \cdot F \cdot (t_i - t_a)$$

berechnet, allerdings hat sich die Schreibweise geändert. Es wird in Ausgabe 1983 eine Wärmestromdichte q definiert:

$$q = k_N \cdot (\vartheta_i - \vartheta_a),$$

Diese muss mit der Fläche *A* multipliziert werden. Hierbei bedeuten:

q Wärmestromdichte in W/m²

k_N Normwärmedurchgangskoeffizient in W/m²K

Der Norm-Wärmedurchgangskoeffizient selbst wird bestimmt zu

$$k_N = k + \Delta k_A + \Delta k_S$$

mit

k Wärmedurchgangskoeffizient wie gehabt in W/m²K

Δk_A Außenflächenkorrektur für kalte Außenflächen (siehe Tabelle 135)

Δk_S Sonnenkorrektur für transparente Außenflächen (Fenster) (siehe Tabelle 136)

Norm-Außentemperatur

Für den inzwischen aufgenommenen Ort Wolfsburg, der der Beispielberechnung zugrunde liegt, wurde –14°C, windstark eingesetzt. Für die Außentemperatur wird erstmals eine Korrektur in Abhängigkeit von der Speicherfähigkeit des Gebäudes vorgenommen:

$$\vartheta_a = \vartheta_a' + \Delta\vartheta_a$$

Dabei ist

ϑ_a Norm-Außentemperatur in °C

ϑ_a' Tiefste Außentemperatur nach DIN 4701-2:1983-03, Tabelle 1 in °C

$\Delta\vartheta_a$ Außentemperaturkorrektur, abhängig von der Schwere der Bauart in K

Leichte Bauart: $\Delta\vartheta_a = 0$ K; $m/\Sigma A_a <$ 600 kg/m²

Schwere Bauart: $\Delta\vartheta_a = 2$ K; $m/\Sigma A_a \leq$ 1.400 kg/m²

Sehr schwere Bauart: $\Delta\vartheta_a = 4$ K; $m/\Sigma A_a >$ 1.400 kg/m²

Dabei ist

m Speichermasse des Raumes in kg

ΣA_a Summe aller Außenflächen in m²

Die Außentemperatur-Korrektur wird einheitlich für das gesamte Gebäude festgelegt, wobei der ungünstigste Raum maßgeblich ist, also der mit der geringsten Korrektur.

Berechnung der Speichermassen:

$$m = \Sigma(0{,}5 \cdot m_{Stahl} + 2{,}5 \cdot m_{Holz} + m_{Rest})_a + 0{,}5 \cdot \Sigma(0{,}5 \cdot m_{Stahl} + 2{,}5 \cdot m_{Holz} + m_{Rest})_i$$

Erdreichberührte Bauteile

Mit der Ausgabe dieser Norm wird der bisherige Sonderfall als üblicher Fall behandelt. Auch diese Ausgabe geht davon aus, dass ein Teil des Wärmeverlustes durch das Erdreich an die Außenluft fließt, der andere Teil durch das Erdreich an das Grundwasser. Die spezifische Wärmestromdichte q wird berechnet zu

$$q = \frac{\vartheta_i - \vartheta_{AL}}{R_{AL}} + \frac{\vartheta_i - \vartheta_{GW}}{R_{GW}}$$

mit

$R_{AL} = R_i + R_{\lambda B} + R_{\lambda A} + R_a$ in m²·K/W

$R_{GW} = R_i + R_{\lambda B} + R_{\lambda E}$ in m²·K/W

$R_{\lambda E} = T/\lambda_E$ in m²·K/W

Hierbei bedeuten (übliche Werte in Klammer):

ϑ_i Innentemperatur in °C

ϑ_{AL} mittlere Temperatur über eine längere Kälteperiode in °C ($\vartheta_{AL} = \vartheta_a + 15$)

ϑ_{GW} mittlere Grundwassertemperatur in °C (10 °C)

R_{AL} äquivalenter Wärmedurchgangswiderstand Raum – Außenluft in m²·K/W

R_{GW} äquivalenter Wärmedurchgangswiderstand Raum – Grundwasser in m²·K/W

$R_{\lambda B}$ Wärmeleitwiderstand des Bauteils in m²·K/W

$R_{\lambda A}$ äquivalenter Wärmedurchgangswiderstand Erdreich – Außenluft in m²·K/W

$R_{\lambda E}$ äquivalenter Wärmedurchgangswiderstand Erdreich – Grundwasser in m²·K/W

R_i innerer Wärmeübergangswiderstand in m²·K/W

R_a äußerer Wärmeübergangswiderstand in m²·K/W

λ_E Wärmeleitfähigkeit des Erdreiches (1,2 W/m·K)

T Tiefe des Grundwassers in m

15.5.2.2 Lüftungswärmebedarf

Mit dieser Ausgabe werden erstmalig auch maschinelle Lüftungsanlagen berücksichtigt, so dass gilt:

$$Q_L = Q_{FL} + Q_{RLT'}$$

bzw.

$$Q_L = Q_{min}$$

mit

Q_L	Norm-Lüftungswärmebedarf in W
Q_{FL}	Lüftungswärmebedarf freie Lüftung in W
Q_{RLT}	Lüftungswärmebedarf raumlufttechnische Anlagen (nachströmende Außenluft infolge Unterdruck in W – wenn $V_{Ab} > V_{zu}$
Q_{min}	Mindestwert des Norm- Lüftungswärmebedarfs in W

Lüftungswärmebedarf bei freier Lüftung

Ausgabe 1983 berücksichtigt erstmals in hohen Gebäuden den Windeinfluss und die Auftriebskräfte. Es wird grundsätzlich unterschieden zwischen

- Schachttypgebäuden, in welchem die Winddruckverhältnisse überwiegen und den
- Geschoßtypgebäuden, in welchem die Auftriebskräfte überwiegen.

Die Formeln lauten für das Schachttypgebäude:

$$Q_{FLS} = [\varepsilon_{SA} \cdot \Sigma(a \cdot l)_A + \varepsilon_{SN} \cdot \Sigma(a \cdot l)_N] \cdot H \cdot r \cdot (\vartheta_i - \vartheta_a)$$

und für das Geschoßtypgebäude

$$Q_{FLG} = \varepsilon_{GA} \cdot \Sigma(a \cdot l)_A \cdot H \cdot r \cdot (\vartheta_i - \vartheta_a)$$

Dabei ist

Q_{FLS}	Lüftungswärmebedarf freie Lüftung – Schachttyp in W
Q_{FLG}	Lüftungswärmebedarf freie Lüftung – Geschosstyp in W
ε_{SA}, ε_{SN}, ε_{GA}	Höhenkorrekturfaktoren (ohne Dimension)
a	Fugendurchlasskoeffizient in $m^3/(m \cdot h \cdot Pa^{2/3})$
H	Hauskenngröße in $W \cdot h \cdot Pa^{2/3}/(m^3 \cdot K)$

Anmerkung zum Fugendurchlasskoeffizient a und Hauskenngröße H: Durch die Umstellung auf SI-Einheiten beziehen sich diese Werte auf den Druckunterschied in Pa statt mmWS (wie noch in DIN 4701:1959-01) und nehmen einen anderen Wert an.

Die Höhenkorrekturfaktoren sind DIN 4701-2:1983-03, Tabellen 11 und 12 zu entnehmen (Auszug siehe Tabelle 140), welche Faktoren für Hochhäuser bis zu 100 m enthalten.

Man kann nicht von vorneherein bestimmen, welches Gebäude ein Schachttyp, und welches Gebäude ein Geschoßtyp ist. Jedes Gebäude ist beides: Über die Treppenhäuser wirkt der Auftrieb, der Wind greift mit zunehmender Höhe das Gebäude stärker an. In den unteren Geschossen dominieren also die Auftriebskräfte; in den oberen Geschossen dominiert der Windeinfluss. Beide Einflüsse überlagern sich. Jeder Raum muss mit beiden Situationen berechnet werden und das Maximum ist als Lüftungswärmeverlust einzusetzen.

Beispiel:

Gebäudehöhe: 60 m

Werte für windschwache und normale Lage (Windgeschwindigkeit = 2 m/s):

	Höhe über Erdboden												
	0	5	10	15	20	25	30	35	40	45	50	55	60
ε_{GA}	1,0			1,2	1,4	1,5	1,6	1,7	1,9	2,0		2,1	2,2
ε_{SA}	6,8	6,0	5,1	4,4	3,5	2,5	1,2	0					
ε_{SN}	6,5	5,7	4,8	3,8	2,7	1,3	0						

Nachstehendes Bild zeigt die Höhenkorrekturfaktoren für ein 60 m hohes Gebäude:

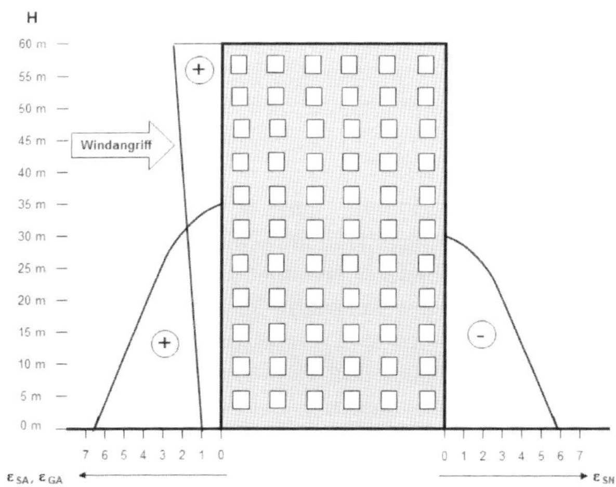

Bild 118: Darstellung der Höhenkorrekturfaktoren

Ab etwa der Hälfte der Höhe des Gebäudes aufwärts dominiert der Windeinfluss (Geschosstyp), da die in den unteren Geschossen einströmende Luft in den oberen Geschossen wieder ausströmen muss. Im Schachttypbereich addiert sich der Einfluss der angeströmten (Luv) und der nicht angeströmten Seite (Lee).

Bei Gebäuden bis 10 m sind die Korrekturfaktoren für ε_{GA} und ε_{SA} = 1,0; für ε_{SN} = 0. In diesem Falle reduziert sich die Formel zu Berechnung des Lüftungswärmebedarfes zu

$$Q_{FL} = \Sigma(a \cdot l)_A \cdot H \cdot r \cdot (\vartheta_i - \vartheta_a)$$ [18]

Lüftungswärmebedarf bei maschineller Lüftung

Es wird nur dann ein Lüftungswärmebedarf berechnet, wenn Abluftüberschuss vorliegt. Die Formel zur Berechnung des Lüftungsbedarf ΔQ_{RLT} bei maschineller Lüftung (Raumlufttechnische Anlagen) lautet daher:

$$\Delta Q_{RLT} = (V_{AB} - V_{ZU}) \cdot c_p \cdot \rho \cdot (\vartheta_i - \vartheta_U)$$

mit

V_{AB} und V_{ZU}	Ab- und Zuluftvolumenstrom in m³/h
c_p	spez. Wärmekapazität (0,34 W · h/kg · K)
ρ	Spez. Gewicht der Luft (1,2 kg/h)
$\vartheta_i - \vartheta_a$	Temperaturdifferenz zwischen der Innen- und der Zulufttemperatur

15.5.2.3 Eingeschränkt beheizte Räume

In DIN 4701, Ausgabe 1983, werden erstmals auch eingeschränkt beheizte Räume betrachtet.

Im praktischen Gebrauch werden bestimmte Räume kühler gehalten als nach Norm berechnet, z. B. das Schlafzimmer auf 15 °C oder das Gästezimmer, da diese Räume selten benutzt werden. Da aber z. B. auch eine kranke Person im Schlafzimmer im Bett liegen könnte, muss es auf 20 °C beheizbar sein. Das hat zur Folge, dass für das – angenommen – angrenzende Wohnzimmer ein erhöhter Transmissionswärmebedarf berechnet wird mit der Temperaturdifferenz von 5 K der Innenwand zum angrenzenden Schlafzimmer. Umgekehrt gilt dies aber auch: Denn die Familie könnte ja intern „umziehen" und aus persönlichen Gründen aus dem Schlafzimmer das Wohnzimmer und umgekehrt aus dem Wohnzimmer ein Schlafzimmer machen. Beide Heizflächen sind also für den

18 analog DIN 4701:1959, nur ohne Eckfensterzuschlag

normalen Betrieb überdimensioniert. Dies hat auch Konsequenzen für die Rohrnetzberechnung.

15.5.2.4 Gebäudeheizlast

Bisher ergab sich der Gebäudewärmebedarf als Summe aller Räume. Es wurde erkannt, dass dies physikalisch nicht stimmen kann, da der Wind das Gebäude gleichzeitig nur von einer Richtung aus angreifen kann. Diesen Umstand berücksichtigt der Gleichzeitigkeitsfaktor ς nach folgender Tabelle:

Tabelle 125: Gleichzeitig wirksame Lüftungswärmeanteile ς

Windverhältnisse	ς	
	Gebäudehöhe	
	m	
	≤ 10	> 10
windschwache Gegend, normale Lage	0,5	0,7
alle übrigen Fälle	0,5	0,5

Die Berechnung des Gebäudewärmeverlustes ergibt sich nun aus

$$Q_{N,Geb} = \Sigma Q_{T,i} + \varsigma \cdot \Sigma Q_{L,i},$$

wobei als $\Sigma Q_{T,i}$ nur Transmissionswärmeverluste nach außen eingesetzt werden dürfen.

15.5.3 Durchführung der Berechnung

Die Berechnung wird nach folgenden Gleichungen durchgeführt:

$$Q_N = Q_T + Q_L$$

mit

$$Q_T = A \cdot k \cdot (\vartheta_i - \vartheta_a)$$

$$Q_L = \max(Q_{FLS}; Q_{FLG}; Q_{min})$$

mit

$$Q_{FLS} = [\varepsilon_{SA} \cdot \Sigma(a \cdot l)_A + \varepsilon_{SN} \cdot \Sigma(a \cdot l)_N] \cdot H \cdot r \cdot (\vartheta_i - \vartheta_a)$$

$$Q_{FLG} = \varepsilon_{GA} \cdot \Sigma(a \cdot l)_A \cdot \mathrm{H} \cdot \mathrm{r} \cdot (\vartheta_I - \vartheta_a)$$

$$Q_{min} = \varsigma \cdot V_R$$

wie bereits zuvor beschrieben.

Die Kennzeichnung der Bauteile wurde etwas geändert bzw. vereinfacht. So entfallen Begriffe wie EF oder DF und werden zusammengefasst zum AF:

AF	Außenfenster	FB	Fußboden
AT	Außentür	IF	Innenfenster
AW	Außenwand	IT	Innentür
DA	Dach	IW	Innenwand
DE	Decke		

Bezüglich der Abmessungen und Nachkommastellen hat sich keine Änderung ergeben. Der Wärmebedarf wird nicht mehr gerundet.

15.5.4 Formblatt

Das Formblatt wurde grundlegend geändert. Zunächst ist pro Raum eine Seite vorgesehen. Weiterhin wurde das Formblatt aufgeteilt in:

- Kopfdaten: Eintrag aller relevanten projekt- und raumspezifischen Daten
- Mittelteil: Berechnung des Wärmebedarfs eines jeden Bauteils
- Ergebnisteil: Zusammenfassung aller wichtigen Ergebnisse

Nachstehend ist das Formular dargestellt:

Tabelle 126: Blanco-Formular Wärmebedarfsberechnung DIN 4701:1983-03

Projekt/Auftrag/Kommission:		Datum:	Seite
Bauvorhaben			
Raumnummer	Raumbezeichnung		

Norm-Innentemperatur	ϑ_i	°C	Hauskenngröße	H	
Norm-Außentemperatur	ϑ_a	°C	Anzahl der Innentüren	n_T	
Raumvolumen	V_R	m3	Höhe über Erdboden	h	m
Gesamt-Raumumschließungsflächen	A_{ges}	m²	Höhenkorrekturfaktor (angeströmt)	ε_{SA}	
Temperatur der nachströmenden Umgebungsluft	ϑ_U	°C	Höhenkorrekturfaktor (nicht angeströmt)	ε_{SN}	
Abluftüberschuss	ΔV	m³/h	Höhenkorrekturfaktor (angeströmt)	ε_{GA}	

1	2	3	4	5	6	7	8	9	10	11	12	13	14	15	16	17
			Flächenberechnung					Transmissions-Wärmebedarf			Luftdurchlässigkeit					
Kurzbezeichnung	Himmelsrichtung	Anzahl	Breite	Höhe bzw. Länge	Fläche	Fläche abziehen	in Rechnung gestellte Fläche	Normwärmedurchgangskoeffizient	Temperaturdifferenz	Transmissionswärmebedarf des Bauteile	Anzahl waagrechter Fugen	Anzahl senkrechter Fugen	Fugenlänge	Fugendurchlasskoeffizient	Durchlässigkeit des Bauteils	an- oder nicht angeströmt (A/N)
—	—	n	b	h	A	—	A'	k_N	$\Delta\vartheta$	Q_T	n_W	n_S	l	a	a • l	
—	—	—	m	m	m²	—	m²	$\frac{W}{m^2K}$	K	W	—	—	m	$\frac{m^3}{mhPa^{2/3}}$		

angeströmte Durchlässigkeiten	$\Sigma(a \bullet l)_A$		Norm-Lüftungswärmebedarf	Q_L	W
nicht angeströmte Durchlässigkeiten	$\Sigma(a \bullet l)_N$		Norm-Transmissionswärmebedarf	Q_T	W
Raumkennzahl	r		Krischer-Wert	D	
Lüftungswärmebedarf durch freie Lüftung	Q_{LFL}	W	anteiliger Lüftungswärmebedarf		
Lüftungswärmebedarf durch RLT-Anlagen	ΔQ_{LFL}	W	Normwärmebedarf	Q_L	W
Mindest-Lüftungswärmebedarf	$Q_{L\,min}$	W			

15.5.5 Beispielberechnung

Es werden die gleichen Räume wie zuvor berechnet.

15.5.5.1 Grundlagen der Berechnung

Kopfdaten:

Die allgemeinen Kopfdaten sind selbsterklärend. Nachfolgend ist die Dateneingabe für den Raum Küche beispielhaft dargestellt:

Innentemperatur:	20 °C
Außentemperatur:	–14 °C (Wolfsburg)
Raumvolumen:	$4{,}82 \cdot 4{,}74 \cdot 2{,}60 = 59{,}8\ m^3$
Raumumschließungsflächen:	2 x (4,82 + 4,74) x 2,60 + 2 x 4,82 x 4,74 = 92,8 m^2

Keine raumlufttechnischen Anlagen vorhanden

Hauskenngröße H	$0{,}72\ W \cdot h \cdot Pa^{2/3} /(m^3 \cdot K)$
Anzahl Innentüren:	2
Höhe über Erdreich	h = lichte Raumhöhe/2 = 2,60/ 2 = 1,3 m
Höhenkorrekturfaktoren	$\varepsilon_{SA} = 1{,}0$
	$\varepsilon_{SN} = 0$
	$\varepsilon_{SA} = 1{,}0$

Transmissionswärmeverluste:

- **Außenflächenbezogene Speichermasse für Raum 1 (Küche):**

Tabelle 127: Berechnung der spezifischen Schwere der Bauteilflächen

	d	ρ	d·ρ
	m	kg/m³	kg/m²
AW			
Innenputz	0,015	1.400	21
Mauerwerk	0,365	800	292
Außenputz	0,015	1.400	9
			322
FB			
Estrich	0,50	2.000	100
Wärmedämmung	0,050	40	2
Betonplatte	0,200	2.400	480
			582
IW-24			

	d	ρ	d·ρ
	m	kg/m³	kg/m²
Innenputz	0,015	1.400	21
Mauerwerk	0,240	1.200	288
Außenputz	0,015	1.400	21
			330
IW-12			
Estrich	0,015	1.400	21
Wärmedämmung	0,115	1.200	138
Betonplatte	0,015	1.400	21
			180

Tabelle 128: Berechnung der Flächen (Außenmaße) und der Schwere der Bauteilflächen

						innen	außen
BT	*d*	*b*	*h/l*	*A*	*m*	*m*	*m*
	m	m	m²	m²	kg/m²	kg	kg
IW	0,24	3,63	2,86	10,4	330	3.426	
IW	0,12	1,39	0,24	0,3	180	716	
IW	0,24	1,81	0,24	0,4	330	1.708	
AW	0,41	3,35	0,24	0,8	322	3.085	3.085
IW	0,41	1,67	0,24	0,4	322	1.538	
AW	0,41	5,35	0,24	1,3	322		4.927
IW	0,12	0,54	0,24	0,1	330	510	
FB	0,30	5,35	5,02	26,9	582		15.631
Summen			A_a **=**	**51,7**	**m =**	**10.983**	**23.643**

Da es keine Bauteile aus Stahl oder Holz gibt, erfolgt die Berechnung der Masse mit

$$m = \Sigma m_{\text{Rest a}} + 0{,}5 \cdot \Sigma m_{\text{Rest i}}$$

$$m = 23.643 + 0{,}5 \cdot 10.983 = 29.134 \text{ kg}$$

Berechnung der außenflächenbezogenen Speichermasse:

$$\frac{m}{\Sigma A_a} = \frac{29.134}{51{,}5} = 563 \text{ kg/m}^2 < 600 \text{ kg/m}^2$$

Daraus folgt eine Außentemperatur-Korrektur $\Delta\vartheta_a = 0$ K.

- **Außenflächen-Korrektur und Sonnenkorrektur (siehe auch Tabelle 135 und Tabelle 136):**
  - Außenflächen-Korrektur: Keine Zuschläge, da jedes Bauteil $U < 1{,}5$ kcal/m²hK
  - Sonnenkorrektur: –0,3 W/m²K für Klarglas: 1,4 – 0,3 = 1,10 W/m²K
- **Temperaturen unbeheizter Nachbarräume (siehe auch Tabelle 127):**
  - Abseitenraum zur Küche unter der Treppe:
    - Ungeheizt, von beheizten Räumen umgeben, ohne Außenflächen
    - In DIN 4701-2:1983-03, Tabelle 5 keine Entsprechung, Empfehlung (in Fußnote): Berechnen oder annehmen.
    - Annahme: 15 °C
  - Wintergarten zur Küche:
    - Keine Berücksichtigung, angenommen wie in den Vornormen: 0 °C
  - Heizungsraum zu Vorräte:
    - Heizräume: 15°C
  - Unbeheizter Nebenraum im OG:
    - ohne Gebäudeeingangstüren, $\vartheta_a = 14$ °C: 5 °C
- **Erdreich:**

  Es wird keine Erdreichtemperatur mehr angegeben, stattdessen erfolgt die Berechnung des Transmissionswärmeverlustes an das Erdreich nach folgender Formel:

$$q = \frac{\vartheta_i - \vartheta_{AL}}{R_{AL}} + \frac{\vartheta_i - \vartheta_{GW}}{R_{GW}}$$

mit folgenden Werten:

q spezifischer Transmissionswärmeverlust in W/m²

ϑ_i 20 °C

$\vartheta_{AL} = \vartheta_a + 15 = -14 + 15 = 1$ °C

ϑ_{GW} 10 °C

R_{AL} Berechnung $R_i + R_{\lambda B} + R_{\lambda A} + R_a$

R_{GW} Berechnung $R_i + R_{\lambda B} + R_{\lambda E}$

$R_{\lambda B}$ 1,2 m² · K/W (für Beton)

$R_{\lambda A}$ Berechnung nach DIN 4701-1, 1983-03, Gleichung (9)

$R_{\lambda E}$ $T/\lambda_E = 10/1{,}2 = 8{,}33$ m² · K/W

R_i 0,13 m² · K/W

R_a 0,04 m² · K/W

λ_E 1,2 W/mK

T $>$ 10 m

Berechnung $R_{\lambda A}$ gem. DIN 4701-1:1983-03, Gleichung (9)

$$R_{\lambda A} = 0{,}24 \cdot \left[A_{Boden} \cdot T^{-0{,}44} \cdot \left(\frac{l}{b} \right)^{-0{,}36} \right]^{0{,}5}$$

$$R_{\lambda A} = 0{,}24 \cdot \left[21{,}6 \cdot 10^{-0{,}44} \cdot \left(\frac{4{,}82}{4{,}49} \right)^{-0{,}36} \right]^{0{,}5}$$

$R_{\lambda A} = 0{,}66$ m² · K/W

Daraus ergeben sich:

$R_{AL} = R_i + R_{\lambda B} + R_{\lambda A} + R_a = 0{,}13 + 2{,}1 + 0{,}66 + 0{,}04 = 2{,}93$ m²K/W

$R_{GW} = R_i + R_{\lambda B} + R_{\lambda E} = 0{,}13 + 2{,}1 + 8{,}33 = 10{,}56$ m²K/W

Um im Formblatt die Transmissionswärmeverluste eintragen zu können, ist es zweckmäßig, die Widerstandswerte in die Dimension eines *k*-Wertes umzurechnen:

$k = 1/R$

dementsprechend

$k_{AL} = 1/2{,}93 = 0{,}34$ W/m²K

$k_{GW} = 1/10{,}56 = 0{,}09$ W/m²K

Die Berechnung im Formular erfolgt nun wie ein normales Bauteil mit der Besonderheit, dass wegen des zweigeteilten Transmissionswärmeverlustes an Außenluft und an Erdreich mit je zwei verschiedenen Temperaturdifferenzen die Berechnung in zwei Zeilen aufgeteilt wird. Mit den Temperaturdifferenzen

- an Außenluft: $\vartheta_i - \vartheta_{AL} = 20 - 1 = 19$ K
- an Erdreich: $\vartheta_i - \vartheta_{GW} = 20 - 10 = 10$ K

wird der Transmissionswärmeverlust wie folgt berechnet:

BT	HR	*n*	*b*	*l*	*A*	*ab*	*A'*	*k*	$\Delta\vartheta$	Q_T
			m	m	m²	–	m²	W/m²K	K	W
FB	–	1	4,82	4,49	21,6	–	21,6	0,34	19	140
								0,09	10	20

In Summe beträgt der Transmissionswärmeverlust damit 160 W

Lüftungswärmeverluste:

- **Berechnung der Fugenlängen:**

Küche: Südseite: 1 Fenster 1,46 x 1,01 m; daraus
$l = 2 \cdot (1{,}01 + 1{,}42) =$ 4,86 m

Westseite: 2 Fenster je 1,46 x 1,01 m; daraus
$l = 4 \cdot (1{,}01 + 1{,}42) =$ 9,72 m

Maximum: Westseite mit 9,72 m; gilt als angeblasen

Schlafen: 1 Fenster 1,46 x 1,01 m; daraus
$l = 2 \cdot (1{,}01 + 1{,}42) =$ 4,86 m

1 Außentür: 2,26 x 1,01 m; daraus
$l = 2 \cdot (1{,}01 + 1{,}42) =$ 6,54 m

11,40

Vorräte: 1 Fenster: 0,84 x 1,01 m; daraus
$l = 2 \cdot (1{,}01 + 0{,}84) =$ 3,70 m

- **Fugendurchlassfaktor** a**:**

  Metallverbundfenster, dicht, $a = 0{,}6\ m^3/(h \cdot m \cdot Pa^{2/3})$
- **Hauskenngröße:**

  windschwache Gegend, normale Lage, Einzelhaus.

  $H = 0{,}72\ Wh \cdot Pa^{2/3}/(m^3 \cdot K)$
- **Raumkenngröße aller Räume:**

  $r = 0{,}9$

Da das Gebäude < 10 m hoch ist, ist der Höhenkorrekturfaktor $\varepsilon_{SN} = 0$ (nicht angeströmt). Daher wird der Lüftungswärmebedarf nur mit $\Sigma(a \cdot l)_A$ berechnet. Der Höhenkorrekturfaktor ε_{SA} beträgt 1,00, daraus ergibt sich:

$$Q_{FL} = \Sigma(a \cdot l)_A \cdot H \cdot r \cdot (\vartheta_i - \vartheta_a)$$

Berechnung des Lüftungswärmebedarfs einzelnen Räume:

Küche:	Da, wie vor ausgeführt, $\varepsilon_{SN} = 0$ ist verbleibt nur $l =$	9,72 m
	$Q_{FL} = 0{,}6 \cdot 9{,}72 \cdot 0{,}72 \cdot 0{,}9 \cdot (20 - (-)14) =$	128 W
Schlafen:	$Q_{FL} = 0{,}6 \cdot 11{,}40 \cdot 0{,}72 \cdot 0{,}9 \cdot (20 - (-)14) =$	151 W
Vorräte:	$Q_{FL} = 0{,}6 \cdot 3{,}70 \cdot 0{,}72 \cdot 0{,}9 \cdot (15 - (-)14) =$	42 W

15.5.5.2 Ausdruck der Beispielberechnung

Nachstehend sind die Ausdrucke der Räume Küche, Schlafen und Vorräte gezeigt:

Tabelle 129: Wärmebedarfsberechnung nach DIN 4701-1:1983-03 (Raum Küche)

Projekt/Auftrag/Kommission:		Datum:	08.10.2019	Seite	1
Bauvorhaben		Beispielberechnung			
Raumnummer	1	Raumbezeichnung	Küche		

Norm-Innentemperatur	ϑ_i	20	°C	Hauskenngröße	H	0,72	
Norm-Außentemperatur	ϑ_a	-14	°C	Anzahl der Innentüren	n_T	2	
Raumvolumen	V_R	59,4	m3	Höhe über Erdboden	h	1,30	m
Gesamt-Raumumschließungsflächen	A_{ges}	92,8	m²	Höhenkorrekturfaktor (angeströmt)	ε_{SA}	1,0	
Temperatur der nachströmenden Umgeb	ϑ_U	—	°C	Höhenkorrekturfaktor (nicht angeströmt)	ε_{SN}	0,0	
Abluftüberschuß	ΔV	—	m³/h	Höhenkorrekturfaktor (angeströmt)	ε_{GA}	1,0	

1	2	3	4	5	6	7	8	9	10	11	12	13	14	15	16	17
			Flächenberechnung					Transmissions-Wärmebedarf			Luftdurchlässigkeit					
Kurzbezeichnung	Himmelsrichtung	Anzahl	Breite	Höhe bzw. Länge	Fläche	Fläche abziehen	in Rechnung gestellte Fläche	Normwärmedurchgangskoeffizient	Temperaturdifferenz	Transmissionswärmebedarf des Bauteile	Anzahl waagrechter Fugen	Anzahl senkrechter Fugen	Fugenlänge	Fugendurchlasskoeffizient	Durchlässigkeit des Bauteils	an- oder nicht angeströmt (A/N)
—	—	n	b	h	A	—	A'	k_N	$\Delta\vartheta$	Q_T	n_W	n_S	l	a	a • l	
—	—	—	m	m	m²	—	m²	$\frac{W}{m^2K}$	K	W	—	—	m	$\frac{m^3}{mhPa^{2/3}}$	$\frac{m^3}{h\,Pa^{2/3}}$	—
IT	N	1	0,90	2,01	1,8	—	1,81	2,00	5	18						
IW	N	1	3,16	2,86	9,0	1,8	7,2	1,28	5	46						
IT	N	1	0,90	2,01	1,8		1,81	2,00	5	18						
IW	N	1	1,21	2,86	3,5	1,8	1,7	1,88	5	16						
IW	O	1	1,81	2,86	5,2		5,2	1,28								
AF	S	1	1,01	1,42	1,4		1,4	1,40	34	68	2	2	4,86	0,6	2,9	N
AW	S	1	3,16	2,86	9,0	1,4	7,6	0,34	34	88						
IF	S	1	1,67	2,60	4,3		4,3	1,60	20	139						
IW	S	1	1,67	2,86	4,8	4,3	0,4	0,33	20	3						
AF	W	2	1,01	1,42	2,9		2,9	1,40	34	137	2	2	9,72	0,6	5,8	A
AW	W	1	4,82	2,86	13,8	2,9	10,9	0,34	34	126						
IW	W	1	0,54	2,86	1,5		1,5	1,88	5	15						
FB		1	4,82	4,49	21,6		21,6	0,34	19	140						
								0,09	10	20						

angeströmte Durchlässigkeiten	$\Sigma(a \bullet l)_A$	5,8		Norm-Lüftungswärmebedarf	Q_L	343 W
nicht angeströmte Durchlässigkeiten	$\Sigma(a \bullet l)_N$			Norm-Transmissionswärmebedarf	Q_T	834 W
Raumkennzahl	r	0,9		Krischer-Wert	D	0,264 W/m²K
Lüftungswärmebedarf durch freie Lüftung	Q_{LFL}	128	W	anteiliger Lüftungswärmebedarf		
Lüftungswärmebedarf durchRLT-Anlagen	ΔQ_{LFL}		W	**Normwärmebedarf**	**Q**	**1.177 W**
Mindest-Lüftungswärmebedarf	$Q_{L,min}$	343	W			

Tabelle 130: Wärmebedarfsberechnung nach DIN 4701-1:1983-03 (Raum Schlafen)

Projekt/Auftrag/Kommission:		Datum: 08.10.2019		Seite 4
Bauvorhaben	Beispielberechnung			
Raumnummer 1	Raumbezeichnung	Schlafen		

Norm-Innentemperatur	ϑ_i	20	°C	Hauskenngröße	H	0,72	
Norm-Außentemperatur	ϑ_a	-14	°C	Anzahl der Innentüren	n_T	1	
Raumvolumen	V_R	45,7	m3	Höhe über Erdboden	h	1,30	m
Gesamt-Raumumschließungsflächen	A_{ges}	78,8	m²	Höhenkorrekturfaktor (angeströmt)	ε_{SA}	1,0	
Temperatur der nachströmenden Umgeb	ϑ_u	—	°C	Höhenkorrekturfaktor (nicht angeströmt)	ε_{SN}	0,0	
Abluftüberschuß	ΔV	—	m³/h	Höhenkorrekturfaktor (angeströmt)	ε_{GA}	1,0	

1	2	3	4	5	6	7	8	9	10	11	12	13	14	15	16	17
			Flächenberechnung					Transmissions-Wärmebedarf			Luftdurchlässigkeit					
Kurzbezeichnung	Himmelsrichtung	Anzahl	Breite	Höhe bzw. Länge	Fläche	Fläche abziehen	in Rechnung gestellte Fläche	Normwärmedurchgangskoeffizient	Temperaturdifferenz	Transmissionswärmebedarf des Bauteile	Anzahl waagrechter Fugen	Anzahl senkrechter Fugen	Fugenlänge	Fugendurchlasskoeffizient	Durchlässigkeit des Bauteils	an- oder nicht angeströmt (A/N)
—	—	n	b	h	A	—	A'	k_N	Δϑ	Q_T	n_W	n_S	l	a	a • l	
—	—	—	m	m	m²	—	m²	$\frac{W}{m^2K}$	K	W	—	—	m	$\frac{m^3}{mhPa^{2/3}}$	—	—
AW	N	1	4,12	2,86	11,8		11,8	0,34	34	136						
AF	O	1	1,01	1,42	1,4	—	1,4	1,40	34	68	2	2	4,86	0,6	2,92	A
AT	O	1	1,01	2,26	2,3	—	2,3	1,40	34	109	2	2	6,54	0,6	3,92	A
AW	O	1	4,27	2,86	12,2		8,5	0,33	34	95						
IW	W	1	2,16	2,86	6,2		6,2	1,88	-4	-46						
FB		1	4,27	4,12	17,6		17,6	0,44	19	147						
								0,09	10	17						

angeströmte Durchlässigkeiten	$\Sigma(a \bullet l)_A$	6,8	Norm-Lüftungswärmebedarf	Q_L	264	W
nicht angeströmte Durchlässigkeiten	$\Sigma(a \bullet l)_N$		Norm-Transmissionswärmebedarf	Q_T	526	W
Raumkennzahl	r	0,9	Krischer-Wert	D	0,20	W/m²K
Lüftungswärmebedarf durch freie Lüftung	Q_{LFL}	151 W	anteiliger Lüftungswärmebedarf			
Lüftungswärmebedarf durchRLT-Anlagen	ΔQ_{LFL}	W	**Normwärmebedarf**	**Q**	**790**	**W**
Mindest-Lüftungswärmebedarf	$Q_{L,min}$	264 W				

Tabelle 131: Wärmebedarfsberechnung nach DIN 4701:1983-03 (Raum Vorräte)

Projekt/Auftrag/Kommission:		Datum: 08.10.2019	Seite 4
Bauvorhaben	Beispielberechnung		
Raumnummer 1	Raumbezeichnung	Vorräte	

Norm-Innentemperatur	ϑ_i	15 °C	Hauskenngröße	H	0,72	
Norm-Außentemperatur	ϑ_a	-14 °C	Anzahl der Innentüren	n_T	1	
Raumvolumen	V_R	12,9 m3	Höhe über Erdboden	h	1,30	m
Gesamt-Raumumschließungsflächen	A_{ges}	34,5 m²	Höhenkorrekturfaktor (angeströmt)	ε_{SA}	1,0	
Temperatur der nachströmenden Umgeb	ϑ_u	— °C	Höhenkorrekturfaktor (nicht angeströmt)	ε_{SN}	0,0	
Abluftüberschuß	ΔV	— m³/h	Höhenkorrekturfaktor (angeströmt)	ε_{GA}	1,0	

1	2	3	4	5	6	7	8	9	10	11	12	13	14	15	16	17
			Flächenberechnung					Transmissions-Wärmebedarf			Luftdurchlässigkeit					
Kurzbezeichnung	Himmelsrichtung	Anzahl	Breite	Höhe bzw. Länge	Fläche	Fläche abziehen	in Rechnung gestellte Fläche	Normwärmedurchgangskoeffizient	Temperaturdifferenz	Transmissionswärmebedarf des Bauteile	Anzahl waagrechter Fugen	Anzahl senkrechter Fugen	Fugenlänge	Fugendurchlasskoeffizient	Durchlässigkeit des Bauteils	an- oder nicht angeströmt (A/N)
—	—	n	b	h	A	—	A'	k_N	$\Delta\vartheta$	Q_T	n_W	n_S	l	a	a • l	
—	—	—	m	m	m²	—	m²	$\frac{W}{m^2K}$	K	W	—	—	m	$\frac{m^3}{mhPa^{2/3}}$	—	—
AF	W	1	1,01	0,84	0,8	—	0,8	1,40	29	34	2	2	3,7	0,6	2,2	A
AW	W	1	1,57	2,86	4,5	0,8	3,6	0,34	29	36						
IT	S	1	0,90	2,01	1,8	—	1,8	2,00	-5	-18						
IW	S	1	3,16	2,86	9,0	1,8	7,2	1,28	-5	-46						
FB		1	1,57	3,16	5,0		5,0	0,44	19	42						
								0,09	10	5						

angeströmte Durchlässigkeiten	$\Sigma(a \cdot l)_A$	2,2	Norm-Lüftungswärmebedarf	Q_L	64	W
nicht angeströmte Durchlässigkeiten	$\Sigma(a \cdot l)_N$		Norm-Transmissionswärmebedarf	Q_T	52	W
Raumkennzahl	r	0,9	Krischer-Wert	D	0,05	W/m²K
Lüftungswärmebedarf durch freie Lüftung	Q_{LFL}	42 W	anteiliger Lüftungswärmebedarf			
Lüftungswärmebedarf durchRLT-Anlagen	ΔQ_{LFL}	W	**Normwärmebedarf**	**Q**	**116**	**W**
Mindest-Lüftungswärmebedarf	$Q_{L,min}$	64 W				

15.5.6 Vergleich DIN 4701:1959 – DIN 4701-1:1983 – DIN/TS 12831-1:2020

Zunächst fällt auf, dass Ausgabe 1983 die international gültigen SI-Einheiten einführt hat. Ausgabe 1983 kennt auch keine Zuschläge auf den Transmissionswärmeverlust mehr.

15.5.6.1 Vergleich DIN 4701:1959 – DIN 4701-1:1983

Nachstehend ist der Vergleich mit der Vorgängernorm dargestellt:

Tabelle 132: Vergleich Wärmebedarf 1959 – 1983

1	2	3	4	5	6	7	8	9	10	11	12	13
	1959						1983				Differenzen	
Raum	Q_0	Z	Q_T	Q_L	Q_h		Q_T	$Q_{L,inf}$	$Q_{L,min}$	Q_h	ΔQ_h	
	kcal/h					W	Wh				W	%
Küche	810	60	870	220	1.090	1.268	899	306	344	1.243	–25	–2,0
Essen	700	10	710		710	826	623		206	829	3	0,4
Wohnen	640	10	650	70	720	837	685	63	307	992	155	15,6
Schlafen	520	60	580	150	730	849	526	151	264	790	–59	–7,5
Bad EG	170	20	190	50	240	279	343	59	92	435	156	35,8
Flur	90		90		90	105	–4			–4	–109	
WC EG	150	20	170	50	220	256	126	53	29	179	–77	–42,9
Windfang	30		30	80	110	128	70	68	90	160	32	20,0
Vorräte	50	10	60	60	120	140	52	42	64	116	24	–20,9
Arbeitsraum	830	90	920	60	980	1.140	1.134	53	504	1.638	498	30,4
Kind 1	490	10	500	70	570	663	588	63	252	840	177	21,1
Kind 2	410	50	460	150	610	709	448	145	216	664	–45	–6,8
Bad OG	250	30	280	210	490	570	476	182	92	658	88	13,4
WC OG	120	20	140	70	210	244	92	61	35	127	–117	–92,3
Galeria	420	30	450		450	523	573		441	1.014	491	48,4
Summe 1983	**5.680**	**420**	**6.100**	**1.240**	**7.340**	**8.536**	**6.631**	**1.246**	**2.936**	**9.707**	**1.171**	**12,1**

Spalte 2: Zuschlagfreier Transmissionswärmeverlust Q_0 nach DIN 4701:1959
Spalte 3: Zuschläge Z für Unterbrechung und kalte Außenflächen z_D und Himmelsrichtung z_H
Spalte 4: Zusammenfassung zum Transmissionswärmeverlust
Spalte 5: Lüftungswärmeverlust
Spalte 6: Wärmebedarf des Raumes in kcal/h nach DIN 4701:1959
Spalte 7: Umrechnung in W
Spalte 8: Transmissionswärmeverlust nach DIN 4701-1:1983
Spalte 9: Lüftungswärmeverlust aus Infiltration
Spalte 10: Mindestlüftungswärmebedarf
Spalte 11: Wärmebedarf des Raumes in W nach DIN 4701-1:1983 mit $Q_T + \max(Q_{L,min} ; Q_{L,min})$
Spalten 12 und 13: Differenzen in W und %, bezogen auf DIN 4701-1:1983

Es ergeben sich Differenzen, welche sich hauptsächlich aus folgenden Gründen erklären:

1. Neubestimmung der tiefsten Außentemperatur, im Beispiel von –15 °C auf –14 °C
2. Rundungen der Ergebnisse auf glatte 10 W finden nicht mehr statt.
3. Nunmehr „physikalische" Berechnung der Transmissionswärmeverluste an das Erdreich.

Beispiel Küche:	1959: 220 kcal/h =	256 W
	1983	128 W

4. Ausgabe 1983 führt den Mindest-Luftwechsel ein. Dieser ist in aller Regel – bei immer dichteren Gebäuden – höher als der Luftwechsel aus Infiltration.
5. Teilweise Neubestimmung und Neugliederung der Raumtemperaturen angrenzender Nebenräume.
6. Beim Raum Schlafen beträgt die Innentemperatur des angrenzendes Bades nun 24 °C, 1953 waren es noch 22 °C. Daraus resultiert 1983 ein höherer Wärmegewinn und kleinerer Transmissionswärmbedarf.

15.5.6.2 Vergleich DIN 4701-1:1983 – DIN/TS 12831-1:2020

In nachstehender Tabelle 133 ist der Vergleich mit DIN/TS 12831-1:2020-04 gezeigt:

Tabelle 133: Gesamtvergleich Wärmebedarf 1983/2020

1	2	3	4	5	6	7	8	9	10
	1983				2020			Differenzen	
Raum	Q_T	$Q_{L,inf}$	$Q_{L,min}$	Q_h	Φ_T	Φ_V	Φ_{HL}	$\Delta\Phi_{HL}$	
	W							W	%
Küche	901	306	344	1.245	921	320	1.241	−4	−0,3
Essen	623		206	829	669	71	740	−89	−12,1
Wohnen	685	63	307	992	686	286	972	−20	−2,0
Schlafen	523	151	264	787	516	246	762	−25	−3,3
Bad EG	343	59	92	435	368	86	454	19	4,2
Flur	−4			−4	−3		−3	1	−33,3
WC EG	126	53	29	179	132	27	159	−20	−12,5
Windfang	70	68	90	160	34	83	117	−43	−36,9
Vorräte	100	42	64	164	95	59	154	−10	−6,2
Arbeitsraum	1.134	53	504	1.638	1.114	470	1.584	−54	−3,4
Kind 1	588	63	252	840	574	235	809	−31	−3,8
Kind 2	448	145	216	664	444	201	645	−19	−2,9
Bad OG	476	182	92	658	460	86	546	−112	−20,6
WC OG	92	61	35	127	66	33	99	−28	−28,5
Galeria	573		441	1.014	466	411	877	−137	−15,6
Summe 1983	**6.678**	**1.245**	**2.935**	**9.728**	**6.542**	**2.614**	**9.156**	**−572**	**−6,2**

Spalte 2: Zuschlagfreier Transmissionswärmeverlust (Angaben gemäß DIN 4701:1959 und älter: in W umgerechnet)

Spalte 3: Lüftungswärmebedarf aus Infiltration

Spalte 3: Minimaler Lüftungswärmebedarf

Spalte 5: Wärmebedarf nach DIN 4701-1:1983 (der Lüftungsanteil besteht aus dem Maximum aus Infiltration bzw. Mindestwert)

Die Transmissionswärmeverluste sind in DIN 4701:1929 bis 1983 annähernd gleich, da es in diesen Normen noch keinen Wärmebrückenzuschlag gab, Innenmaße verwendet wurden und mit –15 °C bzw. –14 °C (1983) auch die Außentemperatur gleichgeblieben ist bzw. 1983 lediglich um 1 K abgesenkt wurde. Die großen Differenzen der Ausgabe 1983 haben in der Hauptsache ihre Begründung mit der Einführung eines Mindestlüftungswärmebedarfs.

15.5.7 Fazit

- Mit Ausgabe 1983 wurden die internationalen SI-Einheiten eingeführt.
- Das Formular wurde grundsätzlich neu gestaltet. Pro Raum sind nunmehr die Projekt- und Kopfdaten des Raumes einzugeben; außerdem werden im Ergebnisteil wegen der Nachvollziehbarkeit alle relevanten Werte ausgewiesen.
- Einführung eines Mindestlüftungswärmebedarfs.
- Erstmalige Berücksichtigung der Gebäudemasse zur Außentemperatur-Korrektur.
- Grundlegende Neuberechnung von Transmissionswärmeverlusten an das Erdreich.
- Einführung der Möglichkeit der Berechnung eingeschränkt beheizter Räume.
- Berücksichtigung von Wind- und Auftriebsdrücken in hohen Gebäuden und Einführung von Höhen-Korrekturfaktoren.
- Erstmalige Berücksichtigung von raumlufttechnischen Anlagen; allerdings nur für Anlagen mit Abluftvolumenstrom-Überschuss.
- Der Norm-Gebäudewärmebedarf ergibt sich nicht mehr als Summe aller einzelnen Räume. Er wird nunmehr gebildet aus der Summe des Transmissionswärmebedarfs und der Summe des Lüftungswärmebedarfs, welcher aber mit einem gleichzeitig wirksamen Lüftungswärmeanteil ς multipliziert wird.
- Die Rundung auf glatte 10 W entfällt; es wird wieder der genaue Wert in das Formular eingetragen

15.5.8 DIN 4701-2: Tabellen, Bilder, Algorithmen

Tabelle 134: Norm-Innentemperaturen ϑ_i [1)] für beheizte Räume gemäß DIN 4701-2:1983, Tabelle 2

Der Berechnung des Norm-Wärmebedarfs sind, soweit vom Auftraggeber nicht ausdrücklich andere Werte gefordert werden, die nachfolgend aufgeführten Norm-Innentemperaturen zugrunde zu legen. Bei Wohnhäusern ist zwischen Auftraggeber und Auftragnehmer jeweils zu vereinbaren, ob die

Heizungsanlage für volle Beheizung aller beheizbaren Räume oder für eine teilweise eingeschränkte Beheizung dieser Räume auszulegen ist. Bei voller Beheizung sind die Heizflächen nach lfd. Nr. 1.1, bei teilweise eingeschränkter Beheizung nach lfd. Nr. 1.2 zu bemessen. Für die Berechnung des Norm-Gebäudewärmebedarfs, der für die Dimensionierung der Wärmeversorgung maßgeblich ist, sind stets die Norm-Innentemperaturen zugrunde zu legen.

Lfd. Nr.	Raumart	Norm-Innentemperatur °C
1	**Wohnhäuser**	
1.1	vollbeheizte Gebäude	
	Wohn- und Schlafräume	+20
	Küchen	+20
	Bäder	+24
	Aborte	+20
	Geheizte Nebenräume (Vorräume, Flure[2)])	+15
	Treppenräume	+10
1.2	teilweise eingeschränkt beheizte Gebäude[3)]	
	a) Jeweils zu berechnender Raum wie lfd. Nr. 1.1	
	b) Jeweils an den zu berechnenden Raum angrenzende Räume nach Tabelle 5 dieser Norm	
2	**Verwaltungsgebäude**	
	Büroräume, Sitzungszimmer, Ausstellungsräume	
	Schalterhallen und dergl. Haupttreppenräume	+20
	Aborte	+15
	Nebenräume und Nebentreppenräume wie unter 1	
3	**Geschäftshäuser**	
	Verkaufsräume und Läden allgemein, Haupttreppenhäuser	+20
	Lebensmittelverkauf	+18
	Lager allgemein	+18

Lfd. Nr.	Raumart	Norm-Innentemperatur °C
	Käselager	+12
	Wurstlager, Fleischwarenverarbeitung und Verkauf	+15
	Aborte, Nebenräume und Nebentreppenräume wie unter 2	
4	**Hotels und Gaststätten**	
	Hotelzimmer	+20
	Bäder	+24
	Hotelhalle, Sitzungszimmer, Festsäle, Haupttreppenhäuser	+20
	Aborte, Nebenräume und Nebentreppenräume wie unter 2	
5	**Unterrichtsgebäude**	
	Unterrichtsräume allgemein, sowie Lehrerzimmer, Bibliotheken, Verwaltungsräume, Pausenhalle, und Aula als Mehrzweckräume, Kindergärten	+20
	Lehrküchen	+18
	Werkräume je nach körperlicher Beanspruchung	+15 bis 20
	Bade- und Duschräume	+24
	Arzt- und Untersuchungszimmer	+24
	Turnhallen	+20
	Gymnastikräume	+20
	Aborte, Nebenräume und Nebentreppenräume wie unter 2	
6	**Theater und Konzerträume**	
	einschließlich Vorräumen	+20
	Nebenräume und Nebentreppenräume wie unter 1	
7	**Kirchen** [4)]	
	Kirchenraum allgemein	+15

Lfd. Nr.	Raumart	Norm-Innentemperatur °C
	Bei Kirchen mit schutzwürdigen Gegenständen	nach Vereinbarung
	Aborte, Nebenräume und Nebentreppenräume wie unter 2	
8	**Krankenhäuser** [5)]	
	Operations-, Vorbereitungs- und Anaestesieräume, Räume für Frühgeborene	+25
	Alle übrigen Räume	+22
9	**Fertigungs- und Werkstatträume**	
	allgemein, mindestens	+15
	bei sitzender Tätigkeit	+20
10	**Kasernen**	
	Unterkunftsräume	+20
	Alle sonstigen Räume wie unter 5	
11	**Schwimmbäder**	
	Hallen (mindestens jedoch 2 K über Wassertemperatur)	+28
	Sonstige Baderäume, Duschräume	+24
	Umkleideräume, Nebenräume und Treppenhäuser	+22
12	**Justizvollzugsanstalten**	
	Unterkunftsräume	+20
	Alle sonstigen Räume wie unter 5	
13	**Ausstellungshallen**	
	Nach Angaben des Auftraggebers, jedoch mindestens	+15
14	**Museen und Galerien**	
	allgemein	+20
15	**Bahnhöfe**	

Lfd. Nr.	**Raumart**	**Norm-Innentemperatur °C**
	Empfangsschalter und Abfertigungsräume in geschlossener Bauart sowie Aufenthaltsräume ohne Bewirtschaftung	+15
16	**Flughäfen**	
	Empfangs- Abfertigungs- und Warteräume	+20
17	**Frostfrei zu haltende Räume**	+5

1) Für Räume mit Anlagen, die den Anwendungsbereich von DIN 1946 Teil 4 fallen, gelten die dortigen Bestimmungen
2) Innen liegende Flure in Geschoßwohnungen werden in der Regel nicht beheizt.
3) Für die Ermittlung der Raumheizleistung bei teilweise eingeschränkt beheizten Nachbarräumen kann auch die Benutzung anderer (siehe Erläuterungen zu Beginn dieser Tabelle) anerkannter Rechenansätze vereinbart werden.
4) Häufig wird eine Mindesttemperatur von 5 °C dauernd gehalten
5) Siehe auch DIN 1946, Raumlufttechnische Anlagen in Krankenhäusern.

Bei allen übrigen Gebäudearten sind die der Rechnung zugrunde liegenden Temperaturen mit dem Auftraggeber zu vereinbaren

Tabelle 135: Außenflächen-Korrektur Δk_A für den Wärmedurchgangskoeffizienten von Außenflächen gemäß DIN 4701-2:1983, Tabelle 3

Wärmedurchgangskoeffizient der Außenflächen nach DIN 4108, Teil 4 W/(m² · K)	0,0 bis 1,506	1,6 bis 2,506	2,6 bis 3,1	3,2 bis 3,5
Außenflächen-Korrektur Δk_A in W/(m² · K)	0,0	0,1	0,2	0,3

Tabelle 136: Sonnenkorrekturen Δk_S für den Wärmedurchgangskoeffizienten transparenter Außenflächen gemäß DIN 4701-2:1983, Tabelle 4

Verglasungsart	Sonnenkorrektur Δk_S
Klarglas (Normalglas)	−0,3
Spezialglas Sonderglas	$-0{,}35 \cdot g_F$
g_F = Gesamtenergiedurchlassgrad nach DIN 4108 Teil 3	

Tabelle 137: Rechenwerte für Temperaturen θ_i' in Nachbarräumen gemäß DIN 4701-2:1983, Tabelle 5

Räume	Norm-Außentemperatur °C				
	≥ –10	–12	–14	–16	≤ –18
Angrenzende Räume in teilweise eingeschränkt beheizten Wohngebäuden					
Wohn- und Schlafräume	+15	+15	+15	+15	+15
Übrige Räume wie Tabelle 2 lfd. Nr. 1.1 dieser Norm oder nach Vereinbarung mit dem Auftraggeber					
Nicht beheizte Nachbarräume [1)]					
Ohne Gebäude-Eingangstüren, auch Kellertüren	+7	+6	+5	+4	+3
Mitgebäude-Eingangstüren (z. B. Vorflure, Windfänge, eingebaute Garagen)	+4	+3	+2	+1	0
Vorgebaute Treppenräume[2)]	–5	–7	–9	–10	–11
Fremdbeheizte Nachbarräume	+15	+15	+15	+15	+15
Heizräume	+15	+15	+15	+15	+15

1) Die Tabellenwerte gelten für den Fall, dass die Nachbarräume vorwiegend an die Außenluft angrenzen. Andernfalls sind die Temperaturen nach DIN 4701-1:1983-03, Abschnitt 7.6 zu berechnen bzw. anzunehmen.

2) Eingebaute Treppenräume siehe Tabelle 6 der Norm

Anmerkung: In den hier nicht dargestellten Tabellen 6 und 7 nach DIN 4701-2, Ausgabe 1983 sind Rechenwerte für Temperaturen nicht beheizter eingebauter Treppenräume mit einer Außenwand und für nicht beheizte angrenzende Dachräume angegeben.

Tabelle 138: Rechenwerte für die Fugendurchlässigkeit von Bauteilen gemäß DIN 4701-2:1983, Tabelle 9[1) 6)]

Nr.	Bezeichnung			Gütemerkmal	Fugendurchlässigkeit	
					Fugendurchlass-koeffizient *a* $m^3/(m\ h\ Pa^{2/3})$	*a l*
1	Fenster	zu öffnen		Beanspruchungsgruppe B, C, D[4)]	0,3	–
2				Beanspruchungsgruppe A	0,6	–
3		nicht zu öffnen		normal	0,1	–
4	Türen	Außentüren	Dreh- und Schiebetüren	Sehr dicht, mit umlaufendem dichtem Anschlag	1	–
5				Normal, mit Schwelle oder unterer Dichtleiste	2	–
6			Pendeltüren	normal	20	–
7			Karuselltüren	normal	30	–
8		Innentüren		dicht, mit Schwelle	3	–
9				normal, ohne Schwelle	9	–
10	Außenwandelemente	durchgehende Fugen zwischen Fertigteilelementen		sehr dicht (mit garantierter Dichtheit)	0,1	–
11				ohne garantierter Dichtheit	1	–
12	Rollläden und Außenjalousien	Rollmechanik von außen zugünglich		normal	–	0,2
13		Rollmechanik von innen zugänglich		normal	–	4
14	Permanentlüfter (geschlossen)			sehr dicht	4[5)]	–
15				normal	7[5)]	–

1) Die Funktions- und Gütemerkmale sind vom Auftraggeber anzugeben. Niedrigere Fugendurchlässigkeiten als nach Tabelle 9 dürfen nur dann eingesetzt werden, wenn dies unter Berücksichtigung der Einbauundichtigkeiten bauseits für einen ausreichenden Zeitraum sichergestellt werden.
2) In den angegebenen Werten sind die Durchlässigkeiten evtl. einbaufugen mit berücksichtigt.
3) Bei Rahmenausweisen sind Fugen beiderseits der Stützen und der Riegel vorzusetzen.
4) Nach DIN 18055
5) Die Werte beziehen sich auf 1 m Schieberlänge und 100 mm Gesamthöhe
6) Grundlagen für weitere Bauteile: Esdorn, H., Rheinländer, J.: Zur rechnerischen Ermittlung von Fugendurchlasskoeffizienten und Druckexponenten für Bauteilfugen. HLH 29 /1978) Nr. 3

Tabelle 139: Hauskenngröße *H* gemäß DIN 4701-2:1983, Tabelle 10

Gegend	Lage des Gebäudes	Hauskenngröße *H* WhPa$^{2/3}$/m^{2}K		Zugrundeliegende Windgeschwindigkeiten
		Grundrisstyp I[1)]	Grundrisstyp II[2)]	m/s
Windschwach	normale Lage	0,72	0,52	2
	freie Lage	1,80	1,30	4
Windstark	normale Lage	1,80	1,30	4
	freie Lage	3,10	2,20	6

1) Einzelhaus nach Bild 4a bis 4c der Norm

2) Einzelhaus nach Bild 4d bis 4h der Norm

Tabelle 140: Hauskenngröße *H* und Höhenkorrekturfaktoren ε_{GA}, ε_{SA} und ε_{SN} Grundrisstyp I (Einzelhaustyp) gemäß DIN 4701-2:1983, Tabelle 11 (Auszug)

Gegend	Lage	Hauskenngröße H	Gebäudehöhe[1) 2]	ε	Höhe h über Erdreich m								
		WhPa$^{2/3}$ / m^{3}K	m		0	5	10	15	20	25	90	95	100
				ε_{GA}	1,0			1,2	1,4	1,5	2,7		2,8
windschwach	normal	0,72	100	ε_{SA}	9,4	8,8	8,1	7,5	6,8	6,1	0		
				ε_{SN}	9,1	8,5	7,8	7,0	6,2	5,4	0		
			80	ε_{SA}	8,2	7,5	6,7	6,0	5,3	4,5	0		
				ε_{SN}	7,8	7,1	6,4	5,6	4,7	3,7	0		
			60	ε_{SA}	6,8	6,0	5,2	4,4	3,5	2,5	0		
				ε_{SN}	6,5	5,7	4,8	3,8	2,7	1,3	0		
			40	ε_{SA}	5,3	4,4	3,4	2,4	1,1	0			
				ε_{SN}	4,9	4,0	2,9	1,6	0				
			20	ε_{SA}	3,5	2,4	0,9	0					
				ε_{SN}	3,0	1,8	0						
			10	ε_{SA}	1,0								
				ε_{SN}	0								
	frei	1,80	100	ε_{SA}	3,9	3,6	3,4	3,2	3,1	2,9	0		
				ε_{SN}	3,4	3,2	2,9	2,5	2,2	1,8			
			80	ε_{SA}	3,4	3,2	2,9	2,7	2,5	2,3			
				ε_{SN}	2,9	2,6	2,3	1,9	1,5	1,1			
			60	ε_{SA}	2,9	2,6	2,3	2,1	1,9	1,7			

Anmerkung: Diese Tabellen gibt es noch für die Hauskenngröße *H* = 3,1 und jeweils auch für Grundrisstyp II, insgesamt existieren vier Tabellen.

Tabelle 141: Raumkennzahlen *r* gemäß DIN 4701-2:1983, Tabelle 13

Innentüren		**Durchlässigkeiten der Fassaden $\Sigma(a \cdot l)$ m³/h Pa$^{2/3}$**	**Raumkennzahl *r***
Güte	Anzahl [1]		
normal ohne Schwelle	1	≤ 30	0,9
		> 30	0,7
	2	≤ 30	0,9
		> 30	0,7
	3	≤ 30	0,9
		> 30	0,7
dicht mit Schwelle	1	≤ 30	0,9
		> 30	0,7
	2	≤ 30	0,9
		> 30	0,7
	3	≤ 30	0,9
		> 30	0,7

1) Für Räume ohne Innentüren zwischen An- und Abströmseite (z. B. Säle, Großraumbüros, u. Ä.) gilt $r = 1{,}0$ m

2) a: Fugendurchlasskoeffizient; b: Fugenlänge

3) A: angeblasen; N: nicht angeblasen

Es werden jeweils die Werte $\Sigma(a \cdot l)$ eingesetzt, die der Berechnung von Q_{FL} zugrunde gelegt werden

Geschosstyp-Gebäude: $\Sigma(a \cdot l) = \Sigma(a \cdot l)_A$

Schachttyp-Gebäude: $\varepsilon_{SN} > 0$: $\Sigma(a \cdot l) = \Sigma(a \cdot l)_A + \Sigma(a \cdot l)_N$

$\varepsilon_{SN} = 0$: $\Sigma(a \cdot l) = \Sigma(a \cdot l)_A$

Tabelle 142: Gleichzeitig wirksame Lüftungswärmeanteile ς gemäß DIN 4701-2:1983, Tabelle 14

Windverhältnisse	ς	
	Gebäudehöhe m	
	≤ 10	≥ 10
windschwache Gegend, normale Lage	0,5	0,7
alle übrigen Fälle	0,5	0,5

15.5.9 DIN 4701-3: Auslegung der Raumheizeinrichtungen

Die Begründung für die Veröffentlichung des Teil 3 lautete seinerzeit folgendermaßen:

> Grundlage für die Leistungsbemessung der Rauheizeinrichtung ist der nach DIN 4701, Teil 1 und 2 bestimmte Norm-Wärmebedarf Q_N des Raumes. Um verschiedene Einflüsse zu berücksichtigen, die durch Abweichungen der Norm-Innentemperatur von der geringfügig heizsystemabhängigen Bezugstemperatur für die Heizflächenleistung und durch geringfügige Abweichungen zwischen Planung und Bauausführung auftreten können, wird hierauf ein Zuschlag gemacht. Für die Auslegungsleistung ergibt sich damit:
>
> $$Q_H = (1 + x) \cdot Q_N$$
>
> mit x = 0,15. (Ausnahme: Der Zuschlag kann entfallen oder reduziert werden, wenn von der Wärmeversorgungsanlage die Auslegungstemperaturen angehoben werden können).

Das bedeutete, dass mit der Norm zwar ein sehr genauer Norm-Wärmebedarf berechnet wird, aber zur Bemessung der Heizfläche ein Zuschlag von 15 % zu berücksichtigten ist.

Teil 3 der Norm 4701:1983 wurde von der Fachwelt durchaus kritisch gesehen und noch vor Erscheinen einer Nachfolgenorm zurückgezogen.

15.6 Entwurf DIN 4701-1 – Ausgabe 1995

Vor Erscheinen einer europäischen Norm, der späteren DIN EN 12831:2003, erschien noch zwei Entwürfe zur DIN 4701-1 sowie DIN 4701-2. Norm-Entwürfe geben der Fachöffentlichkeit Gelegenheit zur Diskussion, was eventuell weitere Überarbeitungen zur Folge hat, bevor die finale Norm erscheint. So vergingen bei DIN 4701-1:1983 unglaubliche 8 Jahre vom Entwurf (Gelbdruck) zur veröffentlichten Norm (Weißdruck).

Außer der Aufnahme der ehemals ostdeutschen Orte in die Klimatabelle waren im Entwurf zu DIN 4701-1:1995-08 nur marginale Änderungen aufgenommen worden:

- Ersatzlose Streichung der Norm-Außentemperaturkorrektur;
- Überarbeitung der Berechnung von Wärmeverlusten an das Erdreich;
- Ergänzung der Berechnung für Hallen;
- Mindestluftwechsel in Dachgeschossen.

Aufgrund der damals zu erwartenden längeren Übergangszeit in Verbindung mit der anstehenden europäischen Normierung wurde dieser Gelbdruck jedoch nicht mehr als Weißdruck gültig.

15.7 DIN EN 12831:2003

DIN EN 12831 wurde im August 2003 eingeführt und hatte einen sehr holprigen Start.

Die neue Norm beschreibt für alle CEN-Mitgliedsstaaten einheitlich ein ausführliches und ein vereinfachtes Berechnungsverfahren. In DIN EN 12831 sind im Anhang D Defaultwerte vorgegeben, wobei für die Norm-Außentemperaturen die Werte der DIN 4701-2, Tabelle 1 zu verwenden wären. Die Norm empfiehlt aber die neue Heizlastberechnung in Verbindung mit dem nationalen Anhang (NA) anzuwenden, denn jeder Mitgliedsstaat kann der DIN EN 12831 noch den erwähnten NA beifügen. Dieser NA beinhaltet landesspezifische Tabellen, wie Norm-Außentemperaturen (der Entwurf von DIN 4701-1:1995 berücksichtigte bereits Außentemperaturen der damals neuen Bundesländer), Norm-Innentemperaturen, Rechenwerte für Temperaturen unbeheizter Nachbarräume, Berechnungsvorschriften zur Ermittlung des Innentemperaturabfalls bei unterbrochenem Heizbetrieb, Berücksichtigung landesspezifischer Bauweisen in Bezug auf Luftdichtigkeit der Gebäude u.a.m. Der NA enthält also alle nationalen Tabellen, Rechenwerte und Eingabeparameter, die anstelle der Defaultwerte der Norm, Anhang D verwendet werden müssen. Weiterhin sind im NA die verbindlichen Berechnungsformulare dargestellt, zusätzlich wird eine Beispielberechnung durchgeführt. Obmann des Ausschusses war Prof. Dr. Ing. Kruppa.

Als Übergangsfrist für die „alte“ DIN 4701, Teile 1 und 2 wurde in der Norm selbst zwar der 31.03.2004 festgelegt, aber durch den Umstand, dass der Nationale Anhang zur DIN EN 12831 als Beiblatt 1 in Deutschland erst ab April 2004 verfügbar war, wurde die Übergangsfrist noch bis Oktober 2004 – also bis ein halbes Jahr nach Erscheinen des NA – verlängert. Ab 1. Oktober 2004 durfte dann nur noch DIN EN 12831:2003 in Verbindung mit DIN EN 12831 Bbl. 1:2004-04 zur Berechnung der Normheizlast verwendet werden.

Es zeigte sich aber, dass die neue Normung von der Fachwelt nur zögerlich angenommen wurde. Das mag zum einen an den neuen, gewöhnungsbedürftigen Begriffen und Formelzeichen liegen. In der Hauptsache jedoch kam die neue Norm deshalb schon kurz nach ihrer Erscheinung in die Kritik der Fachwelt, da im Ergebnis erheblich höhere Wärmeverluste gegenüber denen der DIN 4701 berechnet wurden, in der Größenordnung von ca. 20% höherem Raum-Wärmebedarf und ca. 40% höherer Gebäudeheizlast. Diese Kritik war teilweise so massiv, dass schon die Aussetzung der DIN EN 12831 und die Wiedereinführung der DIN 4701 gefordert wurde und zwar solange, bis die neue Norm so überarbeitet ist, dass wieder Ergebnisse in der „alten" Größenordnung berechnet werden. Es ist (wenn auch nicht physikalisch formuliert) ja früher auch warm im Gebäude geworden. Warum also nun so erheblich höhere Wärmeverluste?

Zunächst erschien zu DIN EN 12831 Bbl. 1:2004-04 bereits im März 2005 ein Korrekturblatt (DIN EN 12831 Beiblatt 1/A1:2005-03), dessen Änderungen insbesondere die Tabelle 8 (Abschirmkoeffizienten) betrafen. Berechnungen mit den ursprünglichen Tabellenwerten im Beiblatt 1 führten für große Räume zu unrealistisch hohen Lüftungswärmeverlusten. Eine unklare Formulierung der englischen Originalvorlage führte letztlich zu einer Fehlinterpretation der Tabelle 8.

Die Kritik an den im Ergebnis zu hohen Wärmeverlusten hielt jedoch an, so dass das Beiblatt 1 bereits kurze Zeit später überarbeitet werden musste.

Folgende Gründe führten zu den überhöhten Werten von DIN EN 12831 gegenüber DIN 4701:

	DIN 4701	DIN EN 12831	Grund	Auswirkung
1.	Verwendung von lichten Rohbaumassen und der Geschosshöhe	Verwendung von Außen- bzw. halben Innen-wand-dicken und der Geschosshöhe	Übereinstimmung mit der Gebäudehüllfläche nach DIN V 4108-6 und EnEV 2004	Erhöhung der Trans-missionswärmeverluste um ca. 5 % bis 10 %
2.	keine Berücksichtigung eines Wärmebrückenzuschlages	Berücksichtigung von Wärmebrücken mit ΔU_{WB} 0,05 bzw. 0,10 W/m²/K gemäß EnEV 2004 und DIN 4108-6	wissenschaftliche Unter-suchungen belegen, dass bei den heute üblichen ge-ringen Wärme-durchgangs-koeffizienten Wärme-brücken berücksichtigt werden müssen	z. B. $U = 0{,}30$ W/m²K $\Delta U_{WB} = 0{,}05$ W/m²K Erhöhung um 16,7 %,
3.	Außentemperaturkorrektur $\leq$ 600 kg/m²: 0 K 600–1400 kg/m²: 2 K $>$ 1400 kg/m²: 4 K	keine Berücksichtigung	war im Normenentwurf zu DIN 4701-1:1995 enthalten, wurde aber wieder gestrichen	z. B. $\theta_e = -12$°C Korrektur 2 K: 6,3 % Korrektur 4 K: 12,5 %
4.	Summe der Lüftungs-wärmeverluste aus Mindestluftwechsel aller Räume des Gebäudes wurden je nach Hauskenngröße mit $\zeta = 0{,}5$ oder 0,7 multipliziert	Die Summe der Lüftungswärmeverluste aus Mindestluftwechsel aller Räume wird für die Gebäudeheizlast voll eingesetzt	Per Definition ist ein Mindestluftwechsel ein Mindestluftwechsel und hat nichts mit der Anströmsituation des Windes zu tun	De facto Verdoppelung des Gebäude-Lüftungswärmeverlustes, da raumweise praktisch in jedem Falle der Mindestwärmebedarf eingesetzt wird.

Im September 2006 erschien die Überarbeitung des Beiblattes 1 vom April 2004 zur Heizlastberechnung nach DIN EN 12831 als Norm-Entwurf (Entwurf DIN EN 12831 Beiblatt 1:2006-09). Um der Fachwelt Gelegenheit zu Einsprüchen zu geben, wurde der Entwurf als Gründruck herausgegeben und eine Einspruchsfrist von 4 Monaten eingeräumt. Diese ist von vielen Fachleuten genutzt worden. Die Einsprüche selbst sind im Normenausschuss diskutiert und, soweit fachlich überzeugend und im Rahmen der nationalen Eigenständigkeit möglich, in die Folgeausgabe des nationalen Anhangs, DIN EN 12831 Beiblatt 1: 2008-07, übernommen worden.

Zunächst folgen Ausführungen zu den **Transmissionswärmeverlusten:**

Wie bereits dargelegt, wurde wissenschaftlich nachgewiesen, dass Wärmebrückenverluste nicht mehr vernachlässigt werden dürfen, sondern dass die Bedeutung von Wärmebrücken mit zunehmendem Wärmeschutz und damit einhergehenden immer geringeren U-Werten steigt. Dies wurde von Prof. Hauser und Dipl. Ing. Stiegel bereits 1995 in der Zeitschrift „Bauphysik 17, Heft 3“ veröffentlicht. Darüber hinaus ist der Wärmebrückenzuschlag bei der Berechnung des Jahresheizwärmebedarfs im Rahmen des Baugenehmigungsverfahrens durch die EnEV und DIN V 4108 zwingend vorgeschrieben. Das bedeutete genau genommen, dass auch DIN 4701 bzw. deren Nachfolgedokument zukünftig Wärmebrücken hätte berücksichtigen müssen und man in diesem Zusammenhang nicht von einem – mit 16,7 % gemäß vorheriger Übersicht, Zeile 2 doch erheblich – erhöhtem Transmissionswärmeverlust sprechen konnte.

Ein weiterer wesentlicher Einspruch betraf die Außentemperaturkorrektur aufgrund der Schwere der Bauart. Hier wurde dargelegt, dass insbesondere Niedrigenergiehäuser aufgrund der hervorragenden Wärmedämmung sehr viel langsamer auskühlen als Massivhäuser. Daher wurd in dem neuen Beiblatt 1 (DIN EN 12831 Beiblatt 1: 2008) wieder eine Außen-Temperaturkorrektur in Abhängigkeit von der wirksamen Speichermasse des Gebäudes eingeführt. Diese Korrektur war bereits aus der Berechnung des Jahresheizwärmebedarfs nach DIN V 4108-6, ausführliches Verfahren, bekannt Gleiches gilt für den spezifischen Wärmeverlustkoeffizient HT, welcher ebenfalls aus der Berechnung des Jahresheizwärmebedarfs nach DIN V 4108-6, vereinfachtes oder ausführliches Verfahren, bekannt war und nun als neuer Begriff im Rahmen der Heizlastberechnung eingeführt wurde. Die Außentemperaturkorrektur kann, wie in DIN 4701, bis zu 4 K betragen, allerdings etwas feiner abgestuft in Sprüngen von 1 K.

Nach der Überarbeitung von DIN EN 12831 Bbl. 1 blieb es also lediglich bei einer Erhöhung des Transmissionswärmeverlustes aufgrund der Verwendung von Außenmassen, insgesamt gab es also lediglich ca. 5 % bis 10 % höhere

Transmissionswärmeverluste als nach DIN 4701-1:1983. Die Herstellung von gleichen Bemaßungsregeln für Wärmeschutz in Gebäuden gemäß DIN V 4108-6, Heizlastberechnung nach DIN EN 12831 und Kühllastberechnung nach VDI 2078 war aber unbedingt zu begrüßen.

Anders verhält es sich mit dem **Lüftungswärmeverlust:**

Die physikalische Grundlage zur Berechnung des infiltrierten Luftvolumenstroms wurde gemäß DIN EN 832 und DIN V 4108-6 angeglichen. Mit den zentralen Werten der Gebäudedichtheit n50 und des raumweisen Abschirmungskoeffizienten e ist das Berechnungsverfahren der DIN EN 12831 gegenüber DIN 4701 zwar grundsätzlich verschieden, aber aufgrund der immer höheren Anforderungen der EnEV an die Dichtheit der Gebäude wird der Lüftungswärmeverlust praktisch in jedem Fall – zumindest bei Anlagen ohne mechanische Belüftung – aus dem minimalen Luftwechsel bestimmt. Insofern also weisen DIN 4701 und DIN EN 12831 den gleichen Lüftungswärmeverlust auf.

Die wesentliche Überarbeitung des neuen Beiblattes 1 betrifft den Gebäudelüftungswärmeverlust. DIN EN 12831:2003 schreibt vor, dass die Summe der minimalen Lüftungswärmeverluste aller Räume nicht mit dem Gleichzeitigkeitsfaktor 0,5 multipliziert werden darf, sondern nur die Summe aus natürlicher Infiltration. Genau dies wurde in der Überarbeitung geändert: Die Summe der Lüftungswärmeverluste aus dem Mindestluftwechsel aller Räume des Gebäudes wird wieder mit einem Gleichzeitigkeitsfaktor von 0,5 multipliziert. Die Begründung für die Halbierung des Mindest-Luftvolumenstromes für das Gebäude liegt darin, dass dieser nicht gleichzeitig für das gesamte Gebäude vorgehalten werden muss. Es werden im täglichen Leben die Räume nicht gleichzeitig genutzt: Flure, Gästezimmer, die Kinder sind in der Schule, das Schlafzimmer wird sowieso kühler gehalten und ev. abends gelüftet, bei sehr kalten Tagen wird die Fensterlüftung eingeschränkt etc. Mit dieser Änderung entspricht das überarbeitete DIN EN 12831 Bbl. 1:2008-07 dem normalen Nutzerverhalten.

Ergebnis der Änderungen im neuen Beiblatt 1 von 2008 gegenüber 2004:

Nach Überarbeitung des Beiblatt 1 wurde der Gebäudewärmebedarf sowie der raumweise Wärmebedarf wieder in der gleichen Größenordnung wie DIN 4701 berechnet bzw. berechnete sich ein lediglich um ca. 3 bis 6 % höheren Wert, wenn man ca. 60 % Transmissionswärmeverluste und 40 % Lüftungswärmeverluste annahm, und zwar ausschließlich daraus resultierend, dass nunmehr Außenmaße zu verwenden sind. Wie dargelegt, hätte man auch in DIN 4701 bereits Wärmebrücken berücksichtigen müssen.

Berücksichtigt man zusätzlich, dass im Entwurf der DIN 4701-1 von 1995 keine Außentemperaturkorrektur mehr vorgesehen war und dass DIN EN 12831 nicht mehr den Auslegungszuschlag x = 0,15 nach DIN 4701-3 kennt (also einen Zuschlag von 15% auf die Heizfläche), ermittelte die neue Heizlastberechnung nach DIN EN 12831 nun eher kleinere Heizflächen als zuvor nach DIN 4701.

Diese Ausführungen gelten allerdings nur für Gebäude bis 10 m Höhe. Gebäude über 10 m Höhe kann man gar nicht vergleichen, da DIN EN 12831 keine Höhenkorrekturfaktoren ε_{SA} und ε_{SN} kennt. Je nach Hauskenngröße konnte nach DIN 4701 bei einem 100 m hohen Gebäude ein bis zu fast 13-fach höherer Lüftungswärmeverlust im Erdgeschoss gegenüber einem niedrigen Gebäude berechnet werden. Bei hohen Gebäuden berechnete DIN EN 12831 also in jedem Fall geringere, teilweise sogar erheblich geringere Werte als DIN 4701.

Weitere Überarbeitungen des Beiblattes 1 von Juli 2008 gegenüber April 2004 betreffen zunächst formal:

- Fortlaufende Neunummerierung der Tabellen in 1, 2, 3, etc. anstelle von z.B. 1a, 1b oder 10a etc. Die folgenden Tabellenverweise beziehen sich schon auf die neue Nummerierung.

Weitere inhaltliche Änderungen betrafen:

- Präzisere Aufteilung der mechanisch infiltrierten Luftvolumenströme in die Aufteilung der Nachströmung von außen und die Überströmung von Nachbarräumen;
- Aufnahme einer vereinfachten Ermittlung der Wieder-Aufheizleistung aufgrund von Nutzungsprofilen;
- Überarbeitung der Tabelle 9 (Mindest-Luftwechsel nmin), insbesondere keine Angabe mehr von nmin für Büros und Schulzimmer (in DIN EN 12831 Bbl. 1:2004-04: für Schulzimmer nmin = 2 h^{-1}). Diese sind nun mit dem Bauherrn zu vereinbaren.
- Überarbeitung der Tabelle 10, Richtwerte der Luftdichtigkeit n_{50} in Anlehnung an DIN V 18599-2
- Unzulässigkeit der Verwendung des vereinfachten Verfahrens, da dieses zu noch höheren Heizleistungen führte. Das vereinfachte Berechnungsverfahren durfte ohnehin nur bei Wohngebäuden bis zu 3 Wohneinheiten und mit einer Luftdichtigkeit der Gebäudehülle vom n_{50} bis zu 3 h^{-1} angewendet werden.
- Diesbezügliche Überarbeitungen der Formblätter und der Beispielberechnung
- Umbenennung der Summe aus Transmissionswärmeverlust und Lüftungswärmeverlust von „Netto"-Heizlast in die physikalisch richtige Bezeichnung Norm-Heizlast. Die Zusatz-Aufheizleistung ist daher nicht mehr Bestandteil

der Norm-Heizlast. Die Summe von Norm-Heizlast und Zusatz-Aufheizleistung wird als Auslegungs-Heizleistung bezeichnet.

- Umstellung der Formelzeichen auf internationale Zeichen, wie nachfolgend gezeigt.

15.7.1 Neue Begriffe, Symbole und Indizes

Die Formelzeichen aus Tabelle 143 wurden auf internationale Zeichen umgestellt:

Tabelle 143: DIN EN 12831: Begriffe gleicher Bedeutung, aber mit unterschiedlichen Symbole

Zeichen			Bedeutung	Einheit
alt	neu			
k	U		Wärmedurchgangskoeffizient	W/m²K
Q	Φ	Phi	Wärmestrom	W
ϑ	θ	Theta	Temperatur	°C
β	n		Luftwechsel	h^{-1}

Die Begriffe aus Tabelle 144 wurden neu in DIN EN 12831 aufgenommen:

Tabelle 144: Neue Begriffe in DIN EN 12831

Symbol	Bedeutung	Einheit	Bemerkung
H	Wärmeverlustkoeffizient	W/K	$H_T + H_V$
H_T	Transmissionswärmeverlust-koeffizient	W/K	
H_V	Lüftungswärmeverlustkoeffizient	W/K	
b, e, f	verschiedene Korrekturfaktoren	–	
ψ (Psi)	längenbezogener Wärmedurchgangskoeffizient	W/mK	wird in DIN EN 12831 Bbl. 1: 2004-04 nicht verwendet

Symbol	Bedeutung	Einheit	Bemerkung
f_c (ΔU_{WB})	Wärmebrückenzuschlag	W/m²K	im Folgenden nur als ΔU_{WB} bezeichnet
τ	Thermische Zeitkonstante mit $\tau = c_{wirk} / H_{abs}$	*h*	Diese wird benötigt, wenn bei gut gedämmten Gebäuden eine Außentemperaturkorrektur vorgenommen werden soll
n_{50}	Luftdurchlässigkeitswert	h^{-1}	LW für das gesamte Gebäude bei Δp = 50 Pa – in etwa mit dem Fugendurchlasskoeffizient *a* vergleichbar
e	Abschirmungskoeffizient	–	in etwa mit Hauskenngröße *H* vergleichbar
B'	Parameter zur Berechnung von Verlusten an das Erdreich	m	Flächen/Umfangverhältnis
P	Erdreich berührter Umfang der Bodenplatte	m	
z	Tiefe der Bodenplatte	m	unter Erdbodenniveau
G_W	Korrekturfaktor für den Wärmeübergang an das Grundwasser	–	
Φ_{RH}	Wiederaufheizleistung für unterbrochenen Heizbetrieb	W	

Neben den neuen Begriffen entfallen auch eine Reihe alter, gewohnter Begriffe. Daraus lassen sich schon wesentliche Änderungen gegenüber DIN 4701 erkennen:

Tabelle 145: DIN EN 12831: Entfallene Begriffe aus DIN 4701

Symbol	Einheit	Bedeutung
$\Delta\vartheta_a$	K	Die Berechnung der außenflächenbezogenen Speichermasse entfällt
$m/\Sigma A_a$	kg/m²	
Δk_a	W/m²K	Die k-Wert-Korrektur $k_N = k + \Delta k_a + \Delta k_s$ entfällt
Δk_s	W/m²K	
k_N	W/m²K	
a	m³/mhPa$^{2/3}$	Der Lüftungswärmeverlust aus freier Lüftung Schachttyp $Q_L = [\varepsilon_{SA} \cdot \Sigma(a \cdot l)_A + \varepsilon_{SN} \cdot \Sigma(a \cdot l)_N] \cdot H \cdot r \cdot (\vartheta_i - \vartheta_a)$ entfällt. Der Höhenkorrekturfaktor ε_{GA} behält seine Bedeutung, aber ohne Index
l	m	
H	WhPa$^{2/3}$/ m³K	
r	–	
ε_{SA}		
ε_{SN}		
ϑ_{AL}	°C	Die Transmissionswärmeverluste an Erdreich $q = (\vartheta_i - \vartheta_{AL}) / R_{AL} + (\vartheta_i - \vartheta_{GW}) / R_{GW}$ werden gänzlich anders berechnet
R_{AL}	m²K/W	
R_{GW}	m²K/W	

Auch die Verwendung der Indizes in DIN EN 12831 änderte sich in einigen Fällen gegenüber DIN 4701:

Tabelle 146: DIN EN 12831: Anders verwendete Indizes gegenüber DIN 4701

DIN 4701			EN 12831		
Symbol	**Bedeutung**	**Beispiel**	**Symbol**	**Bedeutung**	**Beispiel**
a	außen	ϑ_a	e	external	θ_e
i	innen	ϑ_i	int	internal	θ_{int}
			u	unbeheizt (unheated)	b_u
			g	erdreichberührt (ground)	f_{g1}
L	Lüftung	Q_L	V	Ventilation	Φ_V
			RH	reheat	f_{RH}
FL	Freie Lüftung	Q_{FL}	inf	infiltriert	V_{inf}
RLT	RLT-Anlage	ΔQ_{RLT}	mech,inf	Mechanisch infiltriert	$V_{mech,inf}$
			su	Zuluft (suplay = versorgen)	V_{su}
			ex	Abluft (extern)	V_{ex}

Somit ändert sich z. B. die Schreibweise zur Berechnung des Gesamt-Normwärmeverlustes von

- DIN 4701: $Q_N = Q_T + Q_L$ in
- DIN EN 12831: $\Phi_i = \Phi_{T,i} + \Phi_{V,i}$

mit Index i für Raum-Nr. i.

15.7.2 Wesentliche Änderungen in DIN EN 12831:2003 gegenüber DIN 4701:1983

Zunächst werden in der folgenden Übersicht die wesentlichen Änderungen dargestellt:

Transmissionswärmeverluste

- Zwingende Berücksichtigung eines Wärmebrückenzuschlags ΔU_{WB} analog DIN V 4108-6 und damit auch analog der EnEV 2004.
- Berechnung des „Zwischenwertes“ H_T. Dies war bedingt durch die Einführung von Korrekturfaktoren bei der Berechnung der Transmissionswärmeverluste an beheizte oder unbeheizte Nachbarräume und stellte insbesondere einen engen Zusammenhang zur DIN V 4108-6 und damit zur EnEV 2004 her.
- Vollständig andere Berechnung von Wärmeverlusten an das Erdreich.
- Zulässigkeit einer Außentemperaturkorrektur, aber nicht in Abhängigkeit von der außenflächenbezogenen Speichermasse, sondern von der thermischen Zeitkonstante $\tau = C_{wirk} / H$. Diese Werte konnten der Berechnung des Jahresheizwärmebedarfs nach DIN V 4108-6, ausführliches Verfahren, in Rahmen des Baugenehmigungsverfahrens nach EnEV entnommen werden.
- Keine Berücksichtigung von teilweise eingeschränkt beheizten Räumen im Rahmen der Heizlastberechnung. Dies konnte jedoch auch zukünftig durchaus mit dem Auftraggeber vereinbart werden.
- Die *k*-Wert-Berechnung (neu *U*-Wert) war nicht mehr Bestandteil der Norm.

Lüftungswärmeverluste

- Berechnung des „Zwischenwertes“ H_V.
- Die Berechnung des Lüftungswärmeverlustes durch natürliche Infiltration erfolgte gänzlich anders und wurde vom Prinzip her DIN V 4108-6 angepasst.
- Insbesondere wurde der Einfluss der Auftriebskräfte (ε_{SA}, ε_{SN}) nicht mehr berücksichtigt. Der Windeinfluss in Form des Höhenkorrekturfaktors ε blieb erhalten und war in DIN EN 12831 Bbl. 1 identisch zur DIN 4701 geregelt.
- Berücksichtigung von mechanischer Zuluft.

Zusatz-Aufheizleistung durch unterbrochenen Heizbetrieb

Zur schnelleren Aufheizung nach unterbrochenem Heizbetrieb wurde die Zusatz-Aufheizleistung eingeführt. Diese muss aber ausdrücklich mit dem Bauherrn vereinbart werden. Diese entspricht der neuen DIN/TS 12831-1:2020-04 und wird hier nicht weiter beschrieben.

Wegfall des Auslegungszuschlages auf die Dimensionierung der Heizflächen

Der Auslegungszuschlag x = 0,15 nach DIN 4701-3:1983, also 15 % Zuschlag auf die Heizflächen, entfiel.

Formblätter

- DIN 4701 enthielt nur ein Formblatt zur raumweisen Berechnung des Norm-Wärmebedarfs.
- DIN EN 12831 stellte zusätzlich noch Formblätter für die Allgemeinen Gebäudekenngrößen, zur raumweisen Festlegungen der Innentemperaturen, Luftwechselraten und evtl. Wiederaufheizzeiten sowie die Zusammenstellung aller Räume und der Gebäudeheizlast zur Verfügung.

Wärmebedarfsberechnung für normale Fälle

Der Gesamt-Normwärmeverlust wurde wie zuvor berechnet zu

$$\Phi_i = \Phi_{T,i} + \Phi_L$$

Entsprechend verwendete DIN EN 12831 Bbl. 1:2008-07 wieder den Begriff der Verluste.

Berechnungsschema:

Transmissionswärmeverlust Φ_T

\+ Lüftungswärmeverlust Φ_L

= Norm-Heizlast Φ_{HL}

\+ Zusatz-Aufheizleistung Φ_{RH}

Auslegungs-Heizleistung $\Phi_{HL,Ausleg}$

Wie schon diesem Schema zu entnehmen ist, führte DIN EN 12831:2003 zusammen mit DIN EN 12831 Bbl. 1:2008-07 wieder die Aufheizleistung für unterbrochenen Heizbetrieb ein und ändert die Begriffe Wärmebedarf in Heizleistung.

In diesem Sinne war auch das entsprechende Formular aufgebaut (siehe auch Tabelle 148, Spalte 16).

Die Berechnung des Transmissionswärmeverlustes hat sich formal geändert, indem zunächst der Transmissions-Wärmeverlustkoeffizient berechnet wurde (als Zwischenwert) und anschließend der Transmissionswärmeverlust. Die Berechnung des Lüftungswärmeverlustes war grundsätzlich anders, da zunächst der infiltrierte Luftvolumenstrom ermittelt wurde und daraus der Lüftungswärmeverlust.

15.7.2.1 Transmissionswärmeverlust

Gemäß DIN EN 12831 wurde zunächst den Transmissionswärmeverlustkoeffizient berechnet:

$$H_T = A \cdot U$$

Dabei ist

H_T Transmissionswärmeverlustkoeffizient in W/K

A Fläche in W

U Wärmedurchgangskoeffizient (U-Wert) in W/(m² · K)

Erst im Anschluss wurde der Transmissionswärmeverlust, z. B. an Außenluft, berechnet mit

$$\Phi_{T,e} = H_T \cdot (\theta_{int} - \theta_e)$$

Die Gesamtformel zur Berechnung des Transmissionswärmeverlustes $\Phi_{T,i}$ eines Raumes nach DIN EN 12831 lautete also:

$$\Phi_{T,i} = (H_{T,ie} + H_{T,uie} + H_{T,ig} + H_{T,ij}) \cdot (\theta_{int} - \theta_e)$$ mit den Indizes

T	Transmissionswärmeverlust	
i	Raum-Nummer *i*	
e	external	Verlust nach außen
u	unheated = unbeheizt	Verlust an unbeheizte Nachbarräume
g	ground = Erdreich	Verlust an Erdreich
ij	Raum-Nr. i an Raum-Nr. j	Verlust an beheizte Nachbarräume
int	internal	innen

Die Transmissionswärmeverluste im Einzelnen stellten sich wie folgt dar:

Außenluft

Berücksichtigung eines Wärmebrückenzuschlages: $H_{T,ie} = A \cdot (U + U_{WB})$

Unbeheizte Nachbarräume

Ebenfalls Berücksichtigung eines Wärmebrückenzuschlages. Berechnung des Transmissionswärmeverlustes mit einem Temperatur-Korrekturfaktor b_u siehe Tabelle 163

$$H_{T,ie} = A \cdot (U + U_{WB}) \cdot b_u$$

Verluste an das Erdreich

Die Berechnung entspricht exakt der der Ausgabe DIN/TS 12831-1:2020-04

$$H_{T,ig} = f_{g1} \cdot f_{g2} \cdot A \cdot (U + U_{WB}) \cdot G_W$$

Beheizte Nachbarräume

Keine Berücksichtigung des Wärmebrückenzuschlages:

$$H_{T,ie} = A \cdot (U + U_{WB}) \cdot f_{ij} \quad \text{mit } f_{ij} = (\theta_{int} - \theta_{ij}) / (\theta_{int} - \theta_e)$$

15.7.2.2 Lüftungswärmeverlust

In DIN 4701:1983 sowie noch im Entwurf 1995 wurden die Undichtigkeiten eines jeden einzelnen Raumes mit einem Fugendurchlassfaktor a und der Fugenlänge l als Produkt $\Sigma(a \cdot l)$ für eine Reihe von verschiedenen „Undichtigkeitsquellen" wie Fenster, Türen, Außenwänden aus Fertigbauteilen, Rollläden, in Außenwänden eingebaute Permanentlüfter und Rolltore berücksichtigt.

DIN EN 12831:2003 berücksichtigt normalerweise keine raumweisen Undichtigkeiten, sondern bestimmt im Allgemeinen die Gebäudeundichtigkeit mit dem aus der EnEV und DIN V 4108-6 eingeführten Luftdichtigkeitswert n_{50}. Dieser Wert stellt den Luftwechsel in h^{-1} bei einem definierten Differenzdruck von 50 Pa zwischen Außen und Innen des Gebäudes dar.

Analog der Transmissionswärmeverlustberechnung wurde der Lüftungswärmeverlust berechnet zu:

$$H_V = V \cdot c_p \cdot \rho$$

Dabei ist

H_V Lüftungswärmeverlustkoeffizient in W/K

$c_p \cdot \rho$ Konstante 0,34 Wh/(m³ · K)

Erst im Anschluss wurde der Lüftungswärmeverlust berechnet mit:

$$\Phi_{V,i} = H_V \cdot (\theta_{int} - \theta_e)$$

Der Luftvolumenstrom berechnete sich schließlich mit:

$$\dot{V} = \dot{V}_{\text{inf,i}} + \dot{V}_{\text{su,i}} \cdot f_{\text{V,i}} + \dot{V}_{\text{mech,inf,i}}$$

mit den Anteilen

$\dot{V}_{\text{inf,i}}$	infiltrierter Luftvolumenstrom in m³/h
$\dot{V}_{\text{su,i}}$	konditionierter Zuluftvolumenstrom in m³/h
$f_{\text{V,i}}$	Reduktionsfaktor
$\dot{V}_{\text{mech,inf,i}}$	Überschuss Abluftvolumenstrom in m³/h

Berechnung des infiltrierten Luftvolumenstroms

Der infiltrierte Luftvolumenstrom berechnete sich zu:

$$\dot{V}_{\text{inf}} = 2 \cdot V_{\text{i}} \cdot n_{50} \cdot e_{\text{i}} \cdot \varepsilon$$

mit

n_{50} Luftwechselrate bei einer Druckdifferenz von 50 Pa (siehe Tabelle 166)

e Abschirmungskoeffizient (siehe Tabelle 168)

ε Höhenkorrekturfaktor (siehe Tabelle 168)

Zusätzlich galt der Vergleich mit dem Mindestwert:

$$\dot{V}_i = \max(\dot{V}_{\text{inf,i}}, \dot{V}_{\text{min,i}})$$

15.7.3 Beispielberechnung

15.7.3.1 Grundlagen der Berechnung

Kopfdaten:

Die allgemeinen Kopfdaten sind selbsterklärend. Nachfolgend ist die Dateneingabe für den Raum Küche beispielhaft dargestellt:

Norm-Innentemperatur	q_{int}	20 °C
Mindes-Luftwechsel	n_{min}	0,50 h^{-1}
Abmessungen		
Raumbreite	b_R	4,82 m
Raumlänge	l_R	4,74 m
Raumfläche	A_R	22,85 m²
Geschosshöhe	h_G	2,86 m
Deckendicke	d	0,26 m
Raumhöhe	h_R	2,60 m
Raumvolumen	V_R	59,40 m^3
Erdreich		
Tiefe unter Erdreich	z	0,00 m
Erdreichberührter Umfang	P	12,18 m
B'-Wert – raumweise	B'	4,53 m
Infiltration		
Luftdichtheit	n_{50}	3,0 h^{-1}
Koeffizient Abschirmklasse	e	0,03
Höhe über Erdreich	h	1,43 m
Höhen-Korrekturfaktor	ε	1,00

Die Kennzeichnung der Bauteile wurde beibehalten und um das Dachfenster DA ergänzt.

Transmissionswärmeverluste:

1. Wärmebrückenzuschlag: $\Delta U_{WB} = 0{,}05$ W/m²K
2. Temperaturen unbeheizter Nachbarräume (siehe Tabelle 163)
   - Abseitenraum zur Küche unter der Treppe: Ohne Außenwände (z. B. Flure) $b_u = 0{,}10$
   - Wintergarten zur Küche: Mit drei Außenwänden $b_u = 0{,}80$
   - Heizungsraum zu Vorräte: Heizräume $b_u = 0{,}20$

Lüftungswärmeverluste:

1. Luftdichtheit — $n_{50} = 3{,}0\ h^{-1}$
2. Koeffizient Abschirmklasse (siehe Tabelle 168)
   - Küche (Eckraum) — e = 0,3
   - Schlafen (Eckraum) — e = 0,3
   - Vorräte (nur eine Außenwand) — e = 0,2
3. Höhe über Erdreich h/2 = 2,86/2 — h = 1,43 m
4. Höhen-Korrekturfaktor (< 10) (siehe Tabelle 169) — $\varepsilon = 1{,}0$

15.7.3.2 Formblatt

Das Formblatt wurde den neuen Rechenvorschriften angepasst, insbesondere der Teil des Formblattes, welcher die Berechnung des Lüftungswärmebedarfs betrifft. Die entsprechenden Spalten aus DIN 4701:1983 ($a \cdot l$) entfielen entsprechend ersatzlos. Zur Berechnung des Lüftungswärmebedarfs wurde nunmehr der infiltrierte Luftvolumenstrom berechnet und daraus der Lüftungswärmebedarf. Als Zusatzinformation wurde in den Zeilen der Bauteile der Wärmeverlustkoeffizient H_T ausgewiesen. Außerdem wurden die Kopfdaten erweitert.

Eine wesentliche Änderung betraf die Eingabereihenfolge der Bauteile (Raumbegrenzungsflächen): Bisher wurden zuerst die sogenannten Abzugsflächen eingegeben, um die Fläche zu ermitteln, welche von der nachfolgenden Bruttofläche abgezogen werden musste. Das war in Zeiten des Rechenschiebers auch sehr vernünftig. Nun wurde zuerst die Bruttofläche eingetragen und anschließend die zu dieser Fläche gehörigen Abzugsflächen. Die Abzugsflächen bekamen auch keinen Eintrag der Himmelsrichtung, da diese – logischerweise – derjenigen der Bruttofläche entsprachen. Damit war das ausgefüllte Formular auch besser zu überprüfen.

Nachstehend ist das Formular dargestellt:

Tabelle 147: Blanco-Formular Wärmebedarfsberechnung nach DIN EN 12831 Bbl. 1:2008

Projekt-Nr.:/ Bezeichnung			
RAUM-HEIZLAST	Datum:	Seite R	
Wohneinheit	Geschoss	Raum-Nr. /	

Norm-Innentemperatur	θ_{int}	______	°C	**Infiltration**			
Mindes-Luftwechsel	n_{min}	______	h^{-1}	Luftdichtheit	n_{50}	______	h^{-1}
Abmessungen				Koeffizient Abschirmklasse	e	______	-
Raumbreite	b_R	______	m	Höhe über Erdreich	h	______	m
Raumlänge	l_R	______	m	Höhen-Korrekturfaktor	ε	______	-
Raumfläche	A_R	______	m²	**Mechanische Belüftung**			
Geschosshöhe	h_G	______	m	Zuluft-Volumenstrom	V_{su}	______	m³/h
Deckendicke	d	______	m	- Temperatur	θ_{su}	______	°C
Raumhöhe	h_R	______	m	- Korrekturfaktor	$f_{V,su}$	______	-
Raumvolume	V_R	______	m³	Abluft-Volumenstrom	V_{ex}	______	m³/h
Erdreich				Überströmung	$V_{mech,inf,ij}$	______	m³/h
Tiefe unter	z	______	m	- Temperatur	$\theta_{mech,inf,i}$	______	°C
Erdreichberührter	P	______	m	- Korrekturfaktor	$f_{V,mech,inf,}$	______	-
B'-Wert raumweise	B'	______	m	mech. Infiltration von außen	$V_{mech,inf,}$	______	m³/h

1	2	3	4	5	6	7	8	9	10	11	12	13	14	15	16
Orientierung	Bauteil	Anzahl	Breite	Höhe / Länge	Bruttofläche	Abzugsfläche	Nettofläche	grenzt an	angrenzende Temperatur	Korrektur-faktoren	U-Wert	Korrekturwert Wärmebrücke	Korrigierter U-Wert	Wärmeverlust-koeffizient	Transmissions-wärmeverlust
		n	b	l / h	A_{Brutt}	A_{Abzu}	A_{Netto}	e/u	θ_{ij} /θ_u	e/b_u	U	ΔU_W	$U_{c/eq}$	H_T	Φ_T
		m			m²			g/ij	°C	f_{g2}/f_{ij}	W/m²K			W/K	W
TRANSMISSIONSWÄRMEVERLUST															

Mindest-Luftvolumenstrom	V_{min}	______	m³/h	______
aus natürlicher Infiltration	V_{inf}	______	m³/h	______
aus mechanischem Zuluftvolumenstrom	$V_{inf} \cdot f_{V,su}$	______	m³/h	______
aus mech. Infiltrierten Volumenstrom	$V_{mech,inf,e} + V_{mech,inf,ij} \cdot$	______	m³/h	______
thermisch wirksamer Luftvolumenstrom	$\mathbf{V_{therm}}$	______	m³/h	
LÜFTUNGSWÄRMEVERLUST	$\mathbf{H_V / \Phi_V}$			
NORM-HEIZLAST	$\mathbf{\Phi_{HL}}$	W/m²	W/m³	
ZUSATZ-AUFHEIZLEISTUNG	$\mathbf{\Phi_{RH}}$	f_{RH} =	W/m²	
AUSLEGUNGS-HEIZLEISTUNG	$\mathbf{\Phi_{HL\text{-}Ausleg}}$			

15.7.3.3 Ausdruck der Beispielberechnung

Nachstehend sind die Ausdrucke der Räume Küche, Schlafen und Vorräte gezeigt:

Tabelle 148: Heizlastberechnung nach DIN EN 12831 Bbl. 1: 2008 (Raum Küche)

Projekt-Nr. 1-2019		Beispielberechnung			
RAUM-HEIZLAST		Datum: 09.10.2019		Seite R	
Wohneinheit	Geschoss EG	Raum-Nr./Name 1 Küche			
Norm-Innentemperatur	θ_{int}	20 °C	**Infiltration**		
Mindes-Luftwechsel	n_{min}	0,50 h^{-1}	Luftdichtheit	n_{50}	3,0 h^{-1}
Abmessungen			Koeffizient Abschirmklasse	e	0,03 -
Raumbreite	b_R	4,82 m	Höhe über Erdreich	h	1,43 m
Raumlänge	l_R	4,74 m	Höhen-Korrekturfaktor	ε	1,00 -
Raumfläche	A_R	22,85 m²	**Mechanische Belüftung**		
Geschosshöhe	h_G	2,86 m	Zuluft-Volumenstrom	V_{su}	m³/h
Deckendicke	d	0,26 m	- Temperatur	θ_{su}	°C
Raumhöhe	h_R	2,60 m	- Korrekturfaktor	$f_{V,su}$	-
Raumvolumen	V_R	59,40 m³	Abluft-Volumenstrom	V_{ex}	m³/h
Erdreich			Überströmung Nachbarräume	$V_{mech,inf,ij}$	m³/h
Tiefe unter Erdreich	z	0,00 m	- Temperatur	$\theta_{mech,inf,ij}$	°C
Erdreichberührter Umfang	P	12,18 m	- Korrekturfaktor	$f_{V,mech,inf,ij}$	-
B'-Wert raumweise	B'	4,53 m	mech. Infiltration von außen	$V_{mech,inf,a}$	m³/h

1	2	3	4	5	6	7	8	9	10	11	12	13	14	15	16
Orientierung	Bauteil	Anzahl	Breite	Höhe / Länge	Bruttofläche	Abzugsfläche	Nettofläche	grenzt an	angrenzende Temperatur	Korrektur-faktoren	U-Wert	Korrekturwert Wärmebrücke	Korrigierter U-Wert	Wärmeverlust-koeffizient	Transmissions-wärmeverlust
		n	b	l / h	A_{Brutto}	A_{Abzug}	A_{Netto}	e/u	θ_{ij} / θ_u	e/b_u	U	ΔU_{WB}	$U_{c,equiv}$	H_T	Φ_T
			m			m²		g/ij	°C	f_{g2}/f_{ij}		W/m²K		W/K	W
N	IW	1	3,63	2,86	10,4	1,8	8,6	ij	15	0,15	1,28		1,28	1,61	55
	IT	1	0,90	2,01	1,8		1,8	ij	15	0,15	2,00		2,00	0,53	18
N	IW	1	1,39	2,86	4,0	1,8	2,2	ij	15	0,15	1,88		1,88	0,60	20
	IT	1	0,90	2,01	1,8		1,8	ij	15	0,15	2,00		2,00	0,53	18
O	IW	1	1,81	2,86	5,2		5,2	u		0,10	1,28	0,05	1,33	0,69	23
S	AW	1	3,35	2,86	9,6	1,4	8,1	e	-14	1,00	0,34	0,05	0,39	3,18	108
	AF	1	1,01	1,42	1,4		1,4	e	-14	1,00	1,40	0,05	1,45	2,08	71
S	IW	1	1,67	2,86	4,8	4,3	0,4	u		0,80	0,33	0,05	0,38	0,13	4
	IF	1	1,67	2,60	4,3		4,3	u		0,80	1,60	0,05	1,65	5,73	195
W	AW	1	5,35	2,86	15,3	2,9	12,4	e	-14	1,00	0,34	0,05	0,39	4,85	165
	AF	2	1,01	1,42	2,9		2,9	e	-14	1,00	1,40	0,05	1,45	4,16	141
W	IW	1	0,54	2,86	1,5		1,5	ij	15	0,15	1,88		1,88	0,43	15
H	FB	1	5,35	5,02	26,9		26,9	ig		0,34	0,58	0,05	0,32	4,26	145
H	FB	1	0,54	1,39	0,8		0,8	ig		0,34	0,58	0,05	0,32	0,12	4
TRANSMISSIONSWÄRMEVERLUST							H_T / Φ_T							28,90	**983**

Mindest-Luftvolumenstrom	V_{min}	29,7 m³/h	343
aus natürlicher Infiltration	V_{inf}	10,7 m³/h	124
aus mechanischem Zuluftvolumenstrom	$V_{inf} \cdot f_{V,su}$	m³/h	
aus mech. Infiltrierten Volumenstrom	$V_{mech,inf,e} + V_{mech,inf,ij} \cdot f_{V,mech,inf,ij}$	m³/h	
thermisch wirksamer Luftvolumenstrom	V_{therm}	**29,7** m³/h	

LÜFTUNGSWÄRMEVERLUST	H_V / Φ_V		10,10	**343**
NORM-HEIZLAST	Φ_{HL}	W/m²	W/m³	**1.326**
ZUSATZ-AUFHEIZLEISTUNG	Φ_{RH}	f_{RH} =	9,4 W/m²	**215**
AUSLEGUNGS-HEIZLEISTUNG	$\Phi_{HL-Ausleg}$			**1.541**

Tabelle 149: Heizlastberechnung nach DIN EN 12831 Bbl. 1: 2008 (Raum Schlafen)

Projekt-Nr. 1-2019	Beispielberechnung		
RAUM-HEIZLAST	Datum: 09.10.2019	Seite	R

Wohneinheit		Geschoss		EG Raum-Nr./Name 4		Schlafen	
Norm-Innentemperatur	θ_{int}	20	°C	**Infiltration**			
Mindes-Luftwechsel	n_{min}	0,50	h^{-1}	Luftdichtheit	n_{50}	3,0	h^{-1}
Abmessungen				Koeffizient Abschirmklasse	e	0,03	-
Raumbreite	b_R	4,27	m	Höhe über Erdreich	h	1,43	m
Raumlänge	l_R	4,12	m	Höhen-Korrekturfaktor	ε	1,00	-
Raumfläche	A_R	17,59	m²	**Mechanische Belüftung**			
Geschosshöhe	h_G	2,86	m	Zuluft-Volumenstrom	V_{su}		m³/h
Deckendicke	d	0,26	m	- Temperatur	θ_{su}		°C
Raumhöhe	h_R	2,60	m	- Korrekturfaktor	$f_{V,su}$		-
Raumvolumen	V_R	45,74	m³	Abluft-Volumenstrom	V_{ex}		m³/h
Erdreich				Überströmung Nachbarräume	$V_{mech,inf,ij}$		m³/h
Tiefe unter Erdreich	z	0,00	m	- Temperatur	$\theta_{mech,inf,ij}$		°C
Erdreichberührter Umfang	P	21,80	m	- Korrekturfaktor	$f_{V,mech,inf,ij}$		-
B'-Wert raumweise	B'	4,33	m	mech. Infiltration von außen	$V_{mech,inf,a}$		m³/h

1	2	3	4	5	6	7	8	9	10	11	12	13	14	15	16
Orientierung	Bauteil	Anzahl	Breite	Höhe / Länge	Bruttofläche	Abzugsfläche	Nettofläche	grenzt an	angrenzende Temperatur	Korrektur-faktoren	U-Wert	Korrekturwert Wärmebrücke	Korrigierter U-Wert	Wärmeverlust-koeffizient	Transmissions-wärmeverlust
		n	b	l / h	A_{Brutto}	A_{Abzug}	A_{Netto}	e/u	θ_{ij} / θ_u	e/b_u	U	ΔU_{WB}	$U_{c/equiv}$	H_T	Φ_T
			m		m²			g/ij	°C	f_{g2}/f_{ij}	W/m²K			W/K	W
N	AW	1	4,69	2,86	13,4		13,4	e	-14	1,00	0,34	0,05	0,39	5,23	178
O	AW	1	4,65	2,86	13,3	3,7	9,6	e	-14	1,00	0,33	0,05	0,38	3,64	124
	AF	1	1,01	1,42	1,4		1,4	e	-14	1,00	1,40	0,05	1,45	2,08	71
	AT	1	1,01	2,26	2,3		2,3	e	-14	1,00	1,40	0,05	1,45	3,31	113
W	IW	1	2,63	2,86	7,5		7,5	ij	24	-0,12	1,88		1,88	-1,66	-57
FB	FB	1	4,69	4,65	21,8		21,8	ig		0,34	0,58	0,05	0,33	3,51	119
TRANSMISSIONSWÄRMEVERLUST														16,11	548

TRANSMISSIONSWÄRMEVERLUST H_T / Φ_T

Mindest-Luftvolumenstrom	V_{min}	22,87	m³/h	264
aus natürlicher Infiltration	V_{inf}	8,2	m³/h	95
aus mechanischem Zuluftvolumenstrom	$V_{inf} \cdot f_{V,su}$		m³/h	
aus mech. Infiltrierten Volumenstrom	$V_{mech,inf,e} + V_{mech,inf,ij} \cdot f_{V,mech,inf,ij}$		m³/h	
thermisch wirksamer Luftvolumenstrom	V_{therm}	22,9	m³/h	

LÜFTUNGSWÄRMEVERLUST	H_V / Φ_V			7,78	264
NORM-HEIZLAST	Φ_{HL}	W/m²	W/m³		812
ZUSATZ-AUFHEIZLEISTUNG	Φ_{RH}	f_{RH} =	W/m²		
AUSLEGUNGS-HEIZLEISTUNG	$\Phi_{HL\text{-}Ausleg}$				812

Tabelle 150: Heizlastberechnung nach DIN EN 12831 Bbl. 1: 2008 (Raum Vorräte)

Projekt-Nr. 1-2019	Beispielberechnung		
RAUM-HEIZLAST	Datum: 09.10.2019	Seite	R

Wohneinheit	Geschoss	EG	Raum-Nr./Name	10	Vorräte	
Norm-Innentemperatur	θ_{int}	15 °C	**Infiltration**			
Mindes-Luftwechsel	n_{min}	0,50 h^{-1}	Luftdichtheit	n_{50}	3,0 h^{-1}	
Abmessungen			Koeffizient Abschirmklasse	e	0,02 -	
Raumbreite	b_R	3,16 m	Höhe über Erdreich	h	1,43 m	
Raumlänge	l_R	1,57 m	Höhen-Korrekturfaktor	ε	1,00 -	
Raumfläche	A_R	4,96 m²	**Mechanische Belüftung**			
Geschosshöhe	h_G	2,86 m	Zuluft-Volumenstrom	V_{su}	m³/h	
Deckendicke	d	0,26 m	- Temperatur	θ_{su}	°C	
Raumhöhe	h_R	2,60 m	- Korrekturfaktor	$f_{V,su}$	-	
Raumvolumen	V_R	12,90 m³	Abluft-Volumenstrom	V_{ex}	m³/h	
Erdreich			Überströmung Nachbarräume	$V_{mech,inf,ij}$	m³/h	
Tiefe unter Erdreich	z	0,00 m	- Temperatur	$\theta_{mech,inf,ij}$	°C	
Erdreichberührter Umfang	P	5,38 m	- Korrekturfaktor	$f_{V,mech,inf,ij}$	-	
B'-Wert raumweise	B'	2,36 m	mech. Infiltration von außen	$V_{mech,inf,a}$	m³/h	

1	2	3	4	5	6	7	8	9	10	11	12	13	14	15	16
Orientierung	Bauteil	Anzahl	Breite	Höhe / Länge	Bruttofläche	Abzugsfläche	Nettofläche	grenzt an	angrenzende Temperatur	Korrektur-faktoren	U-Wert	Korrekturwert Wärmebrücke	Korrigierter U-Wert	Wärmeverlust-koeffizient	Transmissions-wärmeverlust
		n	b	l / h	A_{Brutto}	A_{Abzug}	A_{Netto}	e/u	θ_{ij}/θ_u	e/b_u	U	ΔU_{WB}	$U_{c/equiv}$	H_T	Φ_T
			m			m²		g/ij	°C	f_{g2}/f_{ij}		W/m²K		W/K	W
N	IW	1	3,63	2,86	10,4		10,4	u		0,20	1,88	0,05	1,93	4,01	116
O	IW	1	0,54	2,86	1,5		1,5	ij	20	-0,17	1,88	0,05	1,93	-0,51	-15
S	IW	1	3,63	2,86	10,4	1,8	8,6	ij	20	-0,17	1,28	0,05	1,33	-1,97	-57
	IT	1	0,9	2,01	1,8		1,8	ij	20	-0,17	2,00	0,05	2,05	-0,64	-19
W	AW	1	1,75	2,86	5,0	0,8	4,2	e	-14	1,00	0,34	0,05	0,39	1,62	47
	AF	1	0,84	1,01	0,8		0,8	e	-14	1,00	1,40	0,05	1,45	1,23	36
H	DE	1	3,63	1,75	6,4		6,4	ij	20	-0,17	0,54		0,54	-0,59	-17
H	FB	1	3,63	1,75	6,4		6,4	g		0,22	0,58	0,05	0,40	0,82	24
TRANSMISSIONSWÄRMEVERLUST	H_T / Φ_T													3,97	**115**

Mindest-Luftvolumenstrom	V_{min}	6,4	m³/h	64
aus natürlicher Infiltration	V_{inf}	1,5	m³/h	15
aus mechanischem Zuluftvolumenstrom	$V_{inf} \cdot f_{V,su}$		m³/h	
aus mech. Infiltrierten Volumenstrom	$V_{mech,inf,e} + V_{mech,inf,ij} \cdot f_{V,mech,inf,ij}$		m³/h	
thermisch wirksamer Luftvolumenstrom	V_{therm}	**6,4**	m³/h	

LÜFTUNGSWÄRMEVERLUST	H_V / Φ_V		2,19	**64**
NORM-HEIZLAST	Φ_{HL}	W/m²	W/m³	**179**
ZUSATZ-AUFHEIZLEISTUNG	Φ_{RH}	f_{RH} =	W/m²	
AUSLEGUNGS-HEIZLEISTUNG	$\Phi_{HL-Ausleg}$			**179**

15.7.4 Vergleich DIN 4701:1983 – DIN EN 12831 Bbl. 1:2008 – DIN/TS 12831-1:2020-04

15.7.4.1 Vergleich DIN 4701:1983 – DIN EN 12831 Bbl. 1:2008

In nachstehender Tabelle ist der Vergleich zwischen DIN 4701:1983 und DIN EN 12831 Bbl. 1:2008 gezeigt:

Tabelle 151: Vergleich Heizlast 1983 – 2008

Raum	1983			2008			Differenzen	
	Q_T	Q_L	Q_h	Φ_T	Φ_V	Φ_{HL}	$\Delta\Phi_H$	
	W						W	%
Küche	834	343	1.177	983	343	1.326	149	−11,2
Schlafen	526	264	790	548	264	812	22	−2,7
Vorräte	32	64	96	115	64	179	-3	−46,4*)

Transmissionswärmeverluste

Nach DIN EN 12831 Bbl. 1: 2008-07 berechnet sich eine höhere Heizlast als gemäß der Vorgängernorm DIN 4701:1983. Dieser Umstand ist zunächst durch die Umstellung von lichten Innenmaßen auf Außenmaße und die Einführung des Wärmebrückenzuschlages begründet.

- Beispiel für die Erhöhung des Transmissionswärmeverlustes an der AW-S in der Küche:

Tabelle 152: Änderung der Raummaße 1983–2008

	b	h	A_{Brutto}	A_{Abzug}	A_{Netto}	Differenzen	
	m		m²			m²	%
1983	3,16	2,86	9,0	1,4	7,6		
2008	3,35	2,86	9,6	1,4	8,2	0,54	6,6

Tabelle 153: Einfluss Wärmebrückenzuschlag

	A_{Netto}	*k*- bzw. *U*-Wert	ΔU_{WB}	U_c	$\Delta\theta$	Φ_T	Differenzen	
	m²	W/m²K			K	W	W	%
1983	7,6	0,35		0,34	34	88		
2008	8,1	0,34	0,05	0,39	34	108	-21	-18,5

Zum anderen ist die Berechnung von Transmissionswärmeverlusten an unbeheizte Nachbarräume geändert worden: Statt angrenzende Temperaturen zu berücksichtigen wurden Korrekturfaktoren b_u eingeführt.

- Beispiel IW-N angrenzend an Heizraum (2008; Korrekturfaktor b_u siehe Tabelle 164):

Tabelle 154: Auswirkung Korrekturfaktor b_u

			b	*l* / *h*	A_{Brutto}	A_{Abzug}	A_{Netto}	*e* / *u*	θ_{ij} / θ_u	*e* / b_u	*U*	ΔU_{WB}	U_c	Φ_T
			m		m²			g/ij	°C	f_{g2} / f_{ij}	W/m²K			W
2008	N	IW	3,63	2,86	10,4		10,4	*u*		0,20	1,88	0,05	1,93	116
1983	Raum Vorräte und Nachbarraum (Heizraum) θ_{int} = 15 °C (siehe Tabelle 137), kein $\Delta\theta$													0

Lüftungswärmeverluste

In diesen Beispielen überwiegt der Lüftungswärmebedarf gemäß dem Mindestwert, so dass der Lüftungswärmeverlust entsprechend gleichgeblieben ist. Das ist begründet in der Entwicklung immer dichterer Fenster. Dennoch ist nachstehend ein Vergleich der berechneten Luftvolumen aus freier Lüftung dargestellt:

Tabelle 155: Vergleich infiltrierter Luftvolumenstrom 1983–2008

	1983		2008			Differenzen	
	Berechnung QLFL	Q_{LFL}	**Berechnung** Φ_{inf}	V_{inf}	Φ_{inf}	$\Delta\Phi_{inf}$	
		W		**m³/h**	**W**	**W**	**%**
Küche	$Q_{LFL} = \Sigma(a \cdot l) \cdot H \cdot r \cdot (\theta_i - \theta_a)$ Der Luftvolumenstrom ist implizit in $\Sigma(a \cdot l)$ enthalten	306	$Q = 0{,}34 \cdot V \cdot (\theta_i - \theta_a)$ Berechnung des konkreten Luftvolumenstroms mit $V_{inf} = 2 \cdot V_i \cdot n_{50} \cdot e_i \cdot \varepsilon_i$	10,7	124	−182	−156,1
Schlafen		151		8,2	95	−56	−253,3
Vorräte		42		1,5	15	−26	−31,8

Aufgrund der vollkommen verschiedenen Ansätze zur Berechnung des infiltrierten Luftvolumenstroms können die enormen Unterschiede an dieser Stelle nicht weiter kommentiert werden.

Tabelle 156: Vergleich Gesamtübersicht 1983–2008

1	2	3	4	5	6	7	8	9	10	11
Raum	**1983**				**2008**				**Differenzen**	
	Q_T	$Q_{L,inf}$	$Q_{L,min}$	Q_N	Φ_T	$\Phi_{V,inf}$	$\Phi_{V,min}$	Φ_{HL}	$\Delta\Phi_{HL}$	
	W								**W**	**%**
Küche	899	306	344	1.243	983	124	344	1.327	84	6,3
Essen	623		206	829	617		206	823	−6	−0,7
Wohnen	685	63	307	992	718	108	307	1.025	33	3,2
Schlafen	526	151	264	790	548	95	264	812	22	2,7
Bad EG	343	59	92	435	378	22	92	470	35	7,4
Flur	−4			−4					4	k. A.
WC EG	126	53	29	179	140	7	29	169	−10	−5,9
Windfang	70	68	90	160	53	21	90	143	−17	−11,9
Vorräte	52	42	64	116	115	15	64	179	63	35,2
Arbeits-raum	1134	53	504	1.638	1.224	158	504	1.728	90	5,2
Kind 1	588	63	252	840	681	94	252	933	93	10,0
Kind 2	448	145	216	664	494	93	216	710	46	6,5
Bad OG	476	199	92	675	529	22	92	621	−54	−8,7

1	2	3	4	5	6	7	8	9	10	11
Raum	**1983**				**2008**				**Differenzen**	
	Q_T	$Q_{L,inf}$	$Q_{L,min}$	Q_N	Φ_T	$\Phi_{V,inf}$	$\Phi_{V,min}$	Φ_{HL}	$\Delta\Phi_{HL}$	
	W								**W**	**%**
WC OG	92	61	35	153	92	8	35	127	−26	−20,5
Galeria	573		441	1.014	591	159	441	1.032	18	1,7
Summe 1983	**6.631**	**1.246**	**2.936**	**9.707**	**7.163**	**926**	**2.936**	**10.099**	**392**	**3,7**

Spalte 5: $Q_N = Q_T + \max(Q_{L,inf}\,;\,Q_{L,min})$
Spalte 9: $\Phi_{HL} = \Phi_T + \max(\Phi_{L,inf}\,;\,\Phi_{L,min})$
Spalte 10 und 11: Differenzen bezogen auf 2008

Der Transmissionswärmebedarf von 6.631 W (Ausgabe 1983) erhöht sich nach DIN EN 12831 Bbl. 1:2008 auf 7.163 W. Das entspricht einer Steigerung um 7,4 %, eben hauptsächlich verursacht durch den zuvor beschriebenen Sachverhalt. Insgesamt erhöht sich der Wärmebedarf durch den Einfluss des Lüftungswärmebedarfs in diesem Beispiel um nur 3,7 %, wobei anzumerken ist, dass in den WCs und dem Badezimmer OG nach DIN 4701:1983 der Lüftungswärmebedarf aus Infiltration höher ist als der Mindestwert. Das hat mit der Verschiedenheit der Berechnung des infiltrierten Luftvolumenstroms zu tun.

- **Beispiel Bad-OG:**

1983: $Q_{LFL} = \Sigma(a \cdot l) \cdot H \cdot r \cdot (\theta_i - \theta_a)$

mit

$a = 0{,}6\ \text{m}^3/(\text{m} \cdot \text{h} \cdot \text{Pa}^{2/3})$

$l = 3 \cdot 2 \cdot (0{,}76 + 1{,}48) = 13{,}44$ m (drei Fenster)

$H = 0{,}72\ \text{W} \cdot \text{h} \cdot \text{Pa}/(\text{m}^3 \cdot \text{K})$

$r = 0{,}9$

$(\theta_i - \theta_a) = 34$ K

$Q_{LFL} = 0{,}6 \cdot 13{,}44 \cdot 0{,}72 \cdot 0{,}9 \cdot (\theta_i - \theta_a) = 199$ W

2008: $V_{inf} = 2 \cdot V_i \cdot n_{50} \cdot e_i \cdot \varepsilon_i$

mit

$V_{i'} = 14{,}15\ \text{m}^3$

$n_{50} = 3\ n^{-1}$

$e_i = 0{,}02$ (moderate Abschirmung, einer dem Wind ausgesetzte Fassade)

$\varepsilon_i = 1{,}0$ ($H < 10$ m)

$V_{inf} = 2 \cdot 14{,}2 \cdot 3 \cdot 0{,}02 \cdot 1{,}0 = 1{,}7$ m³

$\Phi_{V,inf} = 0{,}34 \cdot 0{,}9 \cdot 38 = 22$ W

Auch an diesem Beispiel ist der extreme Unterschied zwischen den Berechnungsmethoden DIN 4701:1983 sowie nach Din EN 12831:2003 zu sehen.

15.7.4.2 Vergleich DIN EN 12831 Bbl. 1:2008 – DIN/TS 12831-1:2020

In nachstehender Tabelle ist der Vergleich zwischen DIN EN 12831 Bbl. 1:2008 und DIN/TS 12831-1:2020-04 gezeigt:

Tabelle 157: Vergleich Heizlast 2008/2020

Raum	2008			2020				
	Φ_T	Φ_V	Φ_{HL}	Φ_T	Φ_V	Φ_{HL}	Differenzen	
	W						W	%
Küche	983	343	1.326	921	320	1.241	–85	–6,8
Schlafen	548	264	812	516	246	762	–50	–6,6
Vorräte	115	64	179	95	59	154	–25	–16,2

Auch in diesem Fall gilt, dass der Lüftungswärmebedarf aus dem Mindestwert eingesetzt wird. Die Differenzen des Transmissionswärmeverlustes resultieren ausschließlich auf der Absenkung der Außentemperatur und der Außentemperaturkorrektur, in diesem Beispiel von –14 °C auf –10,9 °C (Wolfsburg).

Freie Lüftung – Infiltration

Tabelle 158: Vergleich infiltrierte Luftvolumenströme 2008–2020

	2008				2020					
Berech-nungs-formel	$V_{inf,i} = 2 \cdot V_R \cdot n_{50} \cdot e_i \cdot \varepsilon_i$ (mit $\varepsilon_i = 1{,}0$)				$q_{v,env,i} = 2 \cdot A_{env,i} \cdot q_{env,50} \cdot f_{qv,z}$ (siehe Abschnitt 4.3.1)					
Raum	V_R	n_{50}	e	V_{inf}	A_{env}	q_{50}	$f_{qv,z}$		Differenzen	
	m³/h	h⁻¹	–	m³/h	m²	m³/m²h	–	m³/h	m³/h	%
Küche	59,4	3	0,03	10,7	34,8	2	0,05	7,0	−3,7	−53,5
Schlafen	45,7	3	0,03	8,2	28,8	2	0,05	5,8	−2,5	−43,1
Vorräte	12,0	3	0,02	1,4	15,4	2	0,05	3,1	1,5	49,7

Der Vergleich zeigt nur, dass die Berechnungsansätze verschieden sind und nicht verglichen werden können. Aber in der Praxis – ohne mechanische Belüftung – wird sowieso meistens der Mindestwert des Lüftungswärmebedarfs eingesetzt. Bei mechanischer Belüftung wird unterstellt, dass die Volumenströme so bemessen sind, dass sie den Mindestluftvolumenstrom bzw. andere hygienische Vorschriften berücksichtigen.

Tabelle 159: Gesamtvergleich Wärmebedarf 2008–2020

1	2	3	4	5	6	7	8	9	10	11
Raum	**2008**				**2020**				**Differenzen**	
	Φ_T	$\Phi_{V,inf}$	$\Phi_{V,min}$	Φ_{HL}	Φ_T	$\Phi_{V,inf}$	$\Phi_{V,min}$	Φ_{HL}	$\Delta\Phi_{HL}$	
	W								**W**	**%**
Küche	983	124	343	1327	921	75	320	1241	−86	−6,9
Essen	617		206	823	669	71	71	740	−83	−11,2
Wohnen	718	108	307	1025	686	70	286	972	−53	−5,5
Schlafen	548	95	264	812	516	62	246	762	−50	−6,5
Bad EG	378	22	92	470	368	18	86	454	−16	−3,5
Flur					−3			−3	−3	k.A.
WC EG	140	7	29	169	132	7	27	159	−10	−6,3

1	2	3	4	5	6	7	8	9	10	11
Raum	**2008**				**2020**				**Differenzen**	
	Φ_T	$\Phi_{V,inf}$	$\Phi_{V,min}$	Φ_{HL}	Φ_T	$\Phi_{V,inf}$	$\Phi_{V,min}$	Φ_{HL}	$\Delta\Phi_{HL}$	
	W								**W**	**%**
Windfang	53	21	90	143	34	22	83	117	−26	−22,2
Vorräte	115	15	64	179	95	28	59	154	−25	−16,3
Arbeits-raum	1224	158	504	1728	1114	231	470	1584	−144	−9,1
Kind 1	681	94	252	933	574	106	235	809	−124	−15,3
Kind 2	494	93	216	710	444	86	201	645	−65	−10,1
Bad OG	529	22	92	621	460	39	86	546	−75	−13,7
WC OG	92	8	35	127	66	19	33	99	−28	−28,3
Galeria	591	159	441	1032	466	99	411	877	−155	−17,7
Summe 2008	**7163**	**926**	**2936**	**10.099**	**6542**	**933**	**2614**	**9156**	**−943**	**−10,3**

Nach DIN/TS 12831-1:2020-04 wird ein verminderter Wärmebedarf von ca. 10 % berechnet. Der verminderte Transmissionswärmebedarf ist auf die zuvor aufgeführten Gründe (abgesenkte Außentemperatur in Verbindung mit der Außentemperaturkorrektur oder anderen Korrekturfaktoren) zurückzuführen, bei dem Lüftungswärmebedarf (Mindestwert) nur auf die abgesenkte Außentemperatur.

- **Beispiel Küche: Umrechnung des Wertes 2020:**

  $\Phi_{V,min,umgerechnet} = \Phi_{V,min,2020} \cdot \Delta\theta_{2008}/\Delta\theta_{2020} = 320 \cdot (20 - (-)14)/(20 - (-)11{,}7) = 343\ W$

Fazit

DIN EN 12831:2003 sowie der Nationale Anhang DIN EN 12831 Beiblatt 1:2008 sind die ersten Normen, welche in internationaler Zusammenarbeit im Rahmen des CEN (Europäisches Komitee für Normung) erarbeitet wurden. Aus diesem Grunde ist von den deutschen Vorgängernormen außer den physikalischen Grundlagen

- Transmissionswärmeverlust: $\Phi_T = A \cdot U \cdot \Delta\theta$
- Lüftungswärmeverlust: $\Phi_V = V \cdot c_p \cdot \rho \cdot \Delta\theta$

nicht viel übriggeblieben:

- Umbenennung des Begriffes „Wärmebedarf" in „Heizlast";
- Einführung des Wärmeverlustkoeffizient *H* in die Heizlastberechnung (in Anlehnung an EnEV und DIN V 4108-6);
- Verwendung von Außenmaßen statt Innenmaße;
- Einführung eines Wärmbrückenzuschlages;
- Neue Berechnungsformeln für Transmissionswärmeverluste an das Erdreich;
- Keine Tabellen mehr mit Temperaturen angrenzender Räume, stattdessen Einführung von Korrekturfaktoren;
- Vollkommen andere Berechnung des infiltrierten Luftvolumenstroms in Abhängigkeit des Raumvolumens, der Lage, der Höhe über Grund und der Dichtigkeit des Gebäudes;
- Einführung eines Aufheizzuschlages bei unterbrochenem Heizbetrieb;
- Aufnahme eines vereinfachten Berechnungsverfahren;
- Erweiterung der Formblätter zur Dokumentation der Gebäudedaten, Vereinbarungen, Raum-Heizlastberechnung, Zusammenfassung der Ergebnisse und Gebäudeheizlast.

15.7.5 Tabellen

Die Norm-Außentemperaturen in DIN EN 12831 Bbl. 1:2008-07, Tabelle 1 (s. Tabelle 160) wurden exakt der DIN 4701-2 entnommen, jedoch unter Hinzunahme der Klimazonen nach DIN 4701 und des Jahresmittels der Außentemperatur. Diese Temperatur wird zur Berechnung erdreich berührter Flächen benötigt sowie zur Festlegung von Innentemperaturen angrenzender Räume anderer Wohneinheiten oder Gebäude. Die Angabe *W* über windstarke Gegend findet in DIN EN 12831 keine Berücksichtigung mehr und entfällt daher.

Tabelle 160: Norm-Außentemperaturen gemäß DIN EN 12831 Bbl. 1:2008-07, Tabelle 1 (Auszug)

Ort	PLZ	Klimazonen nach DIN 4710	Norm-Außentemperatur θ_e [°C]	Jahresmittel der Außentemperatur $\theta_{m,e}$ [°C]
Aach, Hegau	78267	11	−14	3,0
Aachen	52062*	5	−12	9,7
Aalen, Württ.	73430*	13	−16	8,0
Ahlen, Westf.	59227*	5	−12	9,7
Ahrensberg	38707	3	−12	8,7
Alsdorf, Rheinl.	52477	5	−12	9,7
Altena, Westf.	58762	6	−12	7,2
Altenburg b. Bernburg	06429	4	−14	8,7
Alzey	55232	6	−12	7,2
Amberg, Oberpf.	92224	13	−16	8,0
Andernach	56626	7	−12	8,6
Apolda	99510	9	−14	7,9
Wurzen	04808	4	−14	9,5
Zeitz	39249	4	−14	9,5
Zerbst	39349	4	−14	9,5
Zittau	02763	10	−16	6,3
Zweibrücken	66487	6	−12	6,8
Zwickau	08056	9	−14	7,9

Städte mit mehr als einer Postleitzahl sind mit der niedrigsten PLZ eingetragen und mit * gekennzeichnet.

Tabelle 161: Außentemperaturkorrektur in Abhängigkeit der thermischen Zeitkonstante des Gebäudes gemäß DIN EN 12831 Bbl. 1:2008-07, Tabelle 2

Gebäudezeitkonstante τ [h][a]	Außentemperaturkorrektur [K]
< 100	0
100–140	1
141–210	2
211–280	3
> 280	4

[a] Die Berechnung der Gebäudezeitkonstante erfolgt nach DIN EN 12831 Bbl. 1, Gleichung (11) mit $\tau = C_{wirk} / H$

Tabelle 162: Norm-Innentemperaturen gemäß DIN EN 12831 Bbl. 1:2008-07, Tabelle 4

lfd. Nr.	Raumart	Norm-Innentemperatur θ_{int} [°C]
1	Wohn- und Schlafräume	+ 20
2	Büroräume, Sitzungszimmer, Ausstellungsräume, Haupttreppenräume, Schalterhallen	+ 20
3	Hotelzimmer	+ 20
4	Verkaufsräume und Läden allgemein	+ 20
5	Unterrichtsräume allgemein	+ 20
6	Theater- und Konzerträume	+ 20
7	Bade- und Duschräume, Bäder, Umkleideräume, Untersuchungszimmer (generell jede Nutzung für den unbekleideten Bereich)	+ 24
8	WC-Räume	+ 20
9	Beheizte Nebenräume (Flure, Treppenhäuser)	+ 15

Diese Tabelle ist gegenüber DIN 4701 erheblich verkürzt worden. Angaben zu Sonderräumen, wie z. B. Käselager mit einer Innentemperatur von 12 °C, sind mit dem Bauherrn speziell zu vereinbaren.

Tabelle 163: Korrekturfaktor ΔU_{WB} gemäß DIN EN 12831 Bbl. 1:2008-07, Tabelle 5:

	$f_c(\Delta U_{WB})$ **für Bauteile (Wände) [W/m²K]**	**Bemerkung**
ohne bauseitiger Berücksichtigung von Wärmebrücken	0,10	DIN V 4108-6, Punkt 5.5.2.2 pauschal ohne Nachweis
mit bauseitiger Berücksichtigung von Wärmebrücken – nach DIN 4108, Beiblatt	0,05	DIN V 4108 – 6, Punkt 5.5.2.2 mit Bezug auf DIN 4108-2
detaillierter Nachweis der Wärmebrückenzuschläge für alle Bauteile (siehe Punkt 7.1.1 DIN EN 12831, Formel 3)	$f_c(\Delta U_{WB}) = \frac{\Sigma_l \Psi_l \cdot l_l \cdot e_l}{A_k}$	DIN V 4108 – 6, Punkt 5.5.2.2 mit Bezug auf EN ISO 10211-Teile 1 und 2

Bei detailliertem Nachweis gemäß DIN EN ISO 10211, Teile 1 und 2 können die ermittelten Werte flächenbezogen umgerechnet werden, um in das Heizlast-Formular eingesetzt werden zu können.

Tabelle 164: Temperatur-Reduktionsfaktor b_u für unbeheizte Nachbarräume gemäß DIN EN 12831 Bbl. 1:2008-07, Tabelle 6

Unbeheizter Raum			b_u [–]
Nachbarräume			
mit einer Außenwand, ohne äußeren Türen			0,40
mit einer Außenwand, mit äußeren Türen			0,50
mit zwei Außenwände, ohne äußeren Türen			0,50
mit zwei Außenwände, mit äußeren Türen			0,60
mit drei Außenwand (auch außen liegende Treppenhäuser)			0,80
Heizungsaufstellungsraum (Heizraum)			0,20
Kellerräume			
ohne Fenster / äußere Türen			0,40
ohne Fenster / äußere Türen			0,50
Innenliegende Treppenräume			
Annahme	Gebäudehöhe [m]	Geschoss	
$\frac{\Sigma H_{T,iu}}{\Sigma H_{T,ue}} = 3,0$	unter 20 m	EG und KG	0,45
		1.OG	0,30
		über 1. OG	0,25
	über 20 m	EG und KG	0,65
		1.OG	0,47
		2.OG	0,38
		3. und 4. OG	0,33
		5. bis 7. OG	0,29
		über 7. OG	0,26
Geschlossene Dachräume			
Dachaußenfläche	Wärmedurchgangskoeffizient U [W/m²K]		
	nach außen U_{ue}	zu beheizten Räumen U_{iu}	
undicht (n = 2,5 h^{-1})	5	1,25	0,85
		0,63	0,90
	2,5	1,25	0,80
		0,63	0,90
dicht (n = 0,5 h^{-1})	5	1,25	0,85
		0,63	0,90
	2,5	1,25	0,75
		0,63	0,85
	1,0	1,25	0,55
		0,63	0,70
	0,5	1,25	0,50
		0,63	0,65
	0,25	1,25	0,40
		0,63	0,60
aufgeständerte Böden (Böden über einen Kriechraum)			0,8

Tabelle 165: Bestimmung der Temperatur des Nachbarraumes gemäß DIN EN 12831 Bbl. 1:2008-07, Tabelle 7

Räume	$\theta_{Nachbarraum}$ **[°C]**
Angrenzender Raum einer anderen Gebäudeeinheit (Apartment)	$\frac{\theta_{int} + \theta_{m,e}}{2}$
Angrenzender Raum eines separaten Gebäudes	$\theta_{m,e}$

Tabelle 166: Mindestluftwechselzahl n_{min} gemäß DIN EN 12831 Bbl. 1:2008-07, Tabelle 8

Raumart [a)]	n_{min} **[h⁻¹]**
bewohnbarer Raum (Standardfall)	0,5
Küche $\leq$ 20 m³	1,0
Küche $>$ 20 m³	0,5
WC oder Badezimmer mit Fenster	0,5
Nebenräume, innen liegende Räume	0,0
a) innen liegende Bäder und Toilettenräume sind mit Lüftungsanlagen zu rechnen	

Tabelle 167: Luftwechsel bei 50 Pa Druckdifferenz n_{50} gemäß DIN EN 12831 Bbl. 1:2008-07, Tabelle 9

Kategorie	**Richtwerte für Luftdichtheit bei 50 Pa**	**Bemessungswerte** n_{50} **[h⁻¹]**
Ia.	Nach EnEV errichtete Gebäude mit raumlufttechnischen Anlagen (auch Wohnungslüftungsanlagen)	1,5
Ib.	Nach EnEV errichtete Gebäude ohne raumlufttechnische Anlagen	3
II.	Nicht nach EnEV errichtete Gebäude mit mittlerer Dichtheit	4
III.	Fälle, die nicht den v. g. Kategorien entsprechen und z. B. Wohngebäude im Bestand (wenig dicht);	6
IV.	Vorhandensein offensichtlicher Undichtheiten, wie z. B. offene Fugen in der Luftdichtheitsschicht der wärmeübertragenden Umfassungsfläche (sehr undicht).	10

Tabelle 168: Abschirmungskoeffizient *e* gemäß DIN EN 12831 Bbl. 1:2008-07, Tabelle 10

Abschirmungsklasse	***e* [–]** **beheizter Raum mit**		
	keiner dem Wind ausgesetzten Fläche bzw. Fassade	einer dem Wind ausgesetzten Fläche bzw. Fassade	mit mehr als einer dem Wind ausgesetzten Fläche bzw. Fassade
keine Abschirmung (Gebäude in windreichen Gegenden, Hochhäuser in Stadtzentren)	0	0,03	0,05
moderate Abschirmung (Gebäude im Freien, umgeben von Bäumen bzw. anderen Gebäuden, Vorstädte)	0	0,02	0,03
gute Abschirmung (Gebäude mittlerer Höhe in Stadtzentren, Gebäude in bewaldeten Regionen)	0	0,1	0,02

Tabelle 169: Höhenkorrekturfaktor ε nach Lage des Raumes über Erdreichniveau gemäß DIN EN 12831 Bbl. 1:2008-07, Tabelle 11

Höhe des beheizten Raumes über dem Erdreichniveau [m] (Raummitte bis Erdreichniveau)	**Höhenkorrekturfaktor ε [–]**
0–10	1,0
> 10–20	1,2
> 20–30	1,5
> 30–40	1,7
> 40–50	2,0
> 50–60	2,1

Höhe des beheizten Raumes über dem Erdreichniveau [m] (Raummitte bis Erdreichniveau)	Höhenkorrekturfaktor ε [–]
> 60–70	2,3
> 70–80	2,4
> 80–90	2,6
> 90–100	2,8

15.8 Überblick der Ergebnisse von DIN 4701:1929 bis DIN/TS 12831-1:2020-04

	1929	1944/48	1953	1983	2008	2020
Transmission	6.636	6.629	6.606	6.678	7.163	6.542
Zuschläge	1.123	1.175	535			
freie Lüftung			1.349	1.246	926	933
Mindestwert				2.936	2.936	2.543
Gleichzeitigkeitsfaktor Lüftung				0,5	0,5	0,5
Norm-Heizlast	**7.759**	**7.804**	**8.490**	**8.146**	**8.631**	**7.814**
Alle Leistungen in W						

Transmissionswärmeverluste:

Die berechneten Tramsmissionswärmeverluste liegen bis DIN 4701:1983 nahe beieinander. Die Begründung für die anschließende Abweichung in 2008 liegt hauptsächlich darin, dass ab DIN EN 12831 Bbl.1:2008-07 die Verwendung von Außenmaßen und eines Wärmebrückenzuschlags vorgeschrieben wurde. Ein kleinerer Einfluss, auch auf die früheren Ausgaben, liegt darin, dass die Norm-Außentemperaturen gesenkt wurden und sich manche Innentemperaturen angrenzender Nachbarräume oder angrenzender unbeheizter Nachbarräume änderten.

Die Änderungen der Norm-Außentemperatur war bis DIN EN 12831 Bbl. 1:2008-07 geringfügig (siehe Tabelle 170). Eine deutliche Absenkung der Norm-Außentemperatur wurde erst mit DIN/TS 12831-1:2020-04 vorgenommen, was sich auch im Transmissionswärmeverlust 2020 erkennbar auswirkt.

Zuschläge:

Die Normen DIN 4701, Ausgaben 1929 und 1944/47 berechneten nur den Transmissionswärmeverlust. Die Zuschläge auf den zuschlagfreien Transmissionswärmeverlust berücksichtigten spezielle bauteil- (1929) bzw. raumweise (1944/47) Gegebenheiten wie Betriebsunterbrechungen, Himmelsrichtung (zur Berücksichtigung der Sonnenstrahlung), Anzahl der Außenwände und den Windzuschlag in Abhängigkeit der Lage (geschützt oder ungeschützt). Mit diesem letzten Zuschlag wurden erhöhte Verluste durch Windeinfluss und damit schon ein Lüftungswärmeverlust berücksichtigt.

Mit DIN 4701:1959 wurde erstmals der Lüftungswärmeverlust „physikalisch" berechnet, die Zuschläge für Betriebsunterbrechung, kalte Außenflächen und Himmelsrichtung wurden allerdings beibehalten.

Erst ab DIN 4701:1983 wurden keine Zuschläge mehr auf den Transmissionswärmeverlust berechnet.

Freie Lüftung:

Wie soeben bereits erwähnt, wurden die Lüftungswärmeverluste erst ab DIN 4701:1959 „physikalisch" berechnet und dann in folgender Weise:

- DIN 4701, Ausgaben 1959 und 1983: In Abhängigkeit von Fugendurchlasskoeffizienten und deren Länge;
- DIN EN 12831:2003-08, DIN EN 12831 Bbl. 1:2008-07: In Abhängigkeit des Raumvolumens und dessen Dichtigkeit (einschließlich Fenster und Wände);
- DIN EN 12831-1:2017-09; DIN/TS 12831-1:2020-04: In Abhängigkeit der Raum-Umfassungsflächen nach außen und deren Dichtigkeit.

Mindestwert Lüftung:

Mit DIN 4701:1983 wurde ein hygienischer Mindest-Luftwechsel eingeführt; in aller Regel von LW = 0,5-fach.

Gleichzeitigkeitsfaktor Lüftung:

Mit DIN 4701:1983 wurde ein Gleichzeitigkeitsfaktor für den Gebäude-Lüftungswärmebedarf eingeführt und zwar in folgender Weise:

- DIN 4701:1983 und DIN EN 12831 Bbl. 1:2008-07:
Gleichzeitigkeitsfaktor $\varsigma = 0,5$ (in aller Regel)
- DIN/TS 12831-1:2020-04: Orientierungsfaktor $f_{dir} = 2,0$

Weitere Erläuterungen siehe Anmerkungen zum Orientierungsfaktor in Abschnitt 4.3.3.4. Dieser Faktor f_{dir} entspricht mit $1/f_{dir}$ dem Gleichzeitigkeitsfaktor $\varsigma = 0,5$.

Norm-Heizlast:

Gemäß DIN 4701, Ausgaben 1929 bis 1959 wurde die Summe zur Bestimmung des Gebäudewärmebedarfs gebildet aus den Transmissions- und Lüftungswärmeverlusten aller Räume.

Ab DIN 4701:1983 erfolgte eine Addition des Transmissionswärmebedarf mit dem Anteil $\varsigma \cdot$ Lüftungswärmebedarf.

Zusammenfassung:

Insgesamt ist es einerseits erstaunlich, andererseits durchaus erwartbar, wie nahe die Ergebnisse der verschiedenen Normen-Ausgaben beieinanderliegen. Die Berechnung des Transmissionswärmeverlustes hat sich bis auf veränderte Rahmenbedingungen (Außentemperatur, Wärmebrückenzuschlag, Außentemperaturkorrektur, Temperaturen angrenzender beheizter oder nicht beheizter Nachbarräume) nicht geändert.

Einen großen Wandel erfuhr hingegen die Berechnung des Lüftungswärmebedarfs:

- **DIN 4701, Ausgaben 1929 und 1944/47:** Berücksichtigung durch Zuschläge (Windeinfluss) auf die K-Werte (U-Werte).
- **DIN 4701, Ausgaben 1959 und 1983:** Grundlage der Berechnung waren Fugendurchlasskoeffizienten in Verbindung mit den Fugenlängen von Fenstern und Türen unter der Annahme von dichten, luftundurchlässigen Wänden, so dass Außenluft nur durch die Fugen von Fenstern und Türen einströmen konnte. Die Hauskenngröße berücksichtigte den Windeinfluss und die Lage des Gebäudes.
- **DIN 4701:1983:** Zusätzliche Einführung eines Mindestlüftungswärmebedarfs.
- **DIN EN 12831:2003, Bbl. 1:2008:** Grundlage der Berechnung waren das Raumvolumen in Verbindung mit der Luftwechselrate (Durchlässigkeitswert) n_{50}, Faktoren zur Berücksichtigung der Abschirmung und der Lage sowie Höhenkorrekturfaktoren. Hierbei wurde davon ausgegangen, dass die Fugen der Fenster und Türen inzwischen eine sehr hohe Dichtigkeit aufweisen und die Wände nicht zu 100 % dicht sind, so dass die allgemeine Dichtigkeit mit der Luftwechselrate n_{50} beschrieben wurde.

- **DIN 12831-1:2017, DIN/TS 12831-1:2020:** Zusammenfassung der Zugehörigkeiten von Räumen zu einer Lüftungszone. Zunächst Berechnung des infiltrierten Luftvolumenstromes über die Außenflächen in Verbindung mit einer hüllflächenbezogenen Luftdurchlässigkeit (diese entspricht der Luftwechselrate n_{50}) und Faktoren zur Berücksichtigung der Abschirmung, der Anzahl an Fassaden und der Höhe über Erdoberkante. Anschließend Aufteilung des infiltrierten Zonenvolumenstromes auf die einzelnen Räume im Verhältnis der Raum-Außenflächen zur Außenfläche der Zone.

15.9 Entwicklung der tiefsten Außentemperaturen

Die Tabellen der tiefsten Außentemperaturen wurden zwar in jeder Ausgabe überarbeitet, meistens jedoch beibehalten oder gesenkt. In DIN 4701:1929 waren die Orte noch nach Gebieten gegliedert, einschließlich Ostpreußen, Pommern, Schlesien, Österreich und Elsaß-Lothringen. Die Außentemperaturen wurden in 5-K-Stufen angegeben: –10 °C, –15 °C, –20 °C, –25 °C.

DIN 4701:1944 übernahm noch die Gebiete und Orte der Vorgängernorm, nun wurden die Außentemperaturen aber in 3-K-Stufen eingeteilt: –12 °C, –15 °C, –18 °C, –21 °C.

DIN 4701:1947 beinhaltete noch die Gebiete Ostpreußen, Pommern und Schlesien, aber nicht mehr Österreich.

Ab DIN 4701:1959 waren nur noch die westdeutschen Städte angegeben, die Einteilung der Außentemperaturen erfolgte weiterhin in 3-K-Stufen.

In DIN 4701:1983 waren weiterhin nur die westdeutschen Städte angegeben. Die Außentemperaturen wurden allerdings nun in 2-K-Stufen angegeben, von –10 °C bis –24 °C auf der Zugspitze. Außerdem wurden die Außentemperaturen um 1–2 K gesenkt (z. B. für Köln von –12 °C auf –10 °C).

Im Entwurf zu DIN 4701, Ausgabe 1995 waren die Orte der ehemaligen DDR wieder aufgenommen worden. Diese verblieben auch in DIN EN 12831 Bbl. 1:2008 der Nachfolgenorm DIN EN 12831:2003.

Mit DIN/TS 12831-1:2020-04 entfielen die Tabellen der tiefsten Außentemperaturen komplett. Stattdessen liegt der Norm eine CD mit Temperaturangaben zu Orten sämtlicher 8.199 Postleitzahlen-Gebiete bei, welche vom Deutschen Wetterdienst (DWD) zur Verfügung gestellt wurden. Durch die Orientierung an Postleitzahlen-Gebieten entsteht nun teilweise die Situation, dass für einen Ort unterschiedliche Außentemperaturen (und auch unterschiedliche weitere Informationen) eingesetzt werden müssen, z. B. für Berlin mit 632 verschiedenen Postleitzahlen und Temperaturangaben von –11,1 bis –13,3 °C. Das hat zur Folge, dass nunmehr die Außentemperatur mit einer Nachkommastelle ausgewiesen werden muss, was in Anbetracht des Genauigkeitsanspruches der Norm mit den vielen Faktoren durchaus als übertrieben angesehen werden kann.

Nachstehend ist ein Überblick zur Entwicklung der tiefsten Außentemperaturen gegeben:

Tabelle 170: Entwicklung der tiefsten Außentemperaturen (Auszug)

Ort	**1929**	**1944/ 1947**	**1959**	**1983**	**2003**	**2020**		
						∅	**max**	**min**
Aachen	–10	–12	–12	–12	–12	–8,0	–7,1	–8,8
Köln	–10	–12	–12	–10	–10	––7,9	–7,0	–8,7
Berlin	–15	–15	–15	–14	–14	–12,2	–11,1	–13,3
München	–15	–18	–18	–16	–16	–12,5	–11,1	–13,9
Hannover	–15	–15	–15	–14	–14	–10,7	–10,0	–11,3
Hamburg	–10	–15	–15	–12	–12	–9,6	–8,7	–10,5
Stuttgart	–15	–15	–15	–12	–12	–10,6	–9,3	–11,8
Badenweiler	–10	–15	–12	–14	–14	–12,5	kein max/min	

Anhang: Berechnungsbeispiele aus DIN/TS 12831-1:2020-04 – Ermittlung Gebäudevolumen und Raumgeometrien

A.1 Gebäudevolumen

Zunächst wird die Berechnung des Gebäudevolumens V_{build} gezeigt. Dieses wird benötigt zum Eintrag in Formblatt G1 (Allgemeine Gebäudedaten), zur Berechnung der spezifischen Wärmespeicherkapazität und damit zur Ermittlung der thermischen Zeitkonstante τ des Gebäudes.

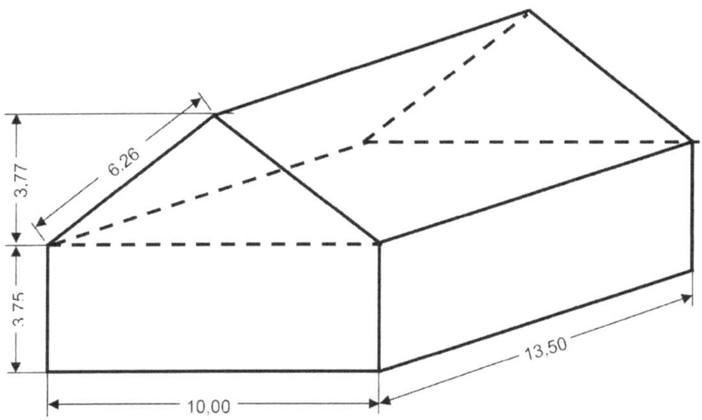

Bild 119: Gebäudegeometrie

Berechnung Volumen V_e						
Teilvolumen	**Stirnform**	**Formel**	l	b	h	V_e
			m	**m**	**m**	**m³**
Kubus	Rechteck	$l \cdot b \cdot h$	13,50	10,00	3,75	506,3
Dachraum	Dreieck	$l \cdot b \cdot h / 2$	13,50	10,00	3,77	254,5
Summe						**760,7**

A.2 Raumgeometrien

Die „normalen“ Räume, wie z.B. das Schlafzimmer, haben einen rechteckigen Grundriss und eine festgelegte Raumhöhe und sind somit mit ihrer Geometrie in den Kopfdaten des Formblattes R (Raumheizlast) einfach zu beschreiben.

Bei einigen Räumen dieses Beispiels ist die Berechnung der Raumfläche und des Raumvolumens aufwendiger, da die Raumflächen nicht rein rechteckig sind und/oder durch schräge Wände oder Dächer keine einheitliche Raumhöhe vorliegt.

Grundsätzlich werden zur Berechnung der Raumfläche A_{NGF} und des Raumvolumens V lichte Maße, zur Berechnung der Transmissionswärmeverluste der einzelnen Bauteile Außenmaße eingesetzt.

Dem Verfasser ist sehr wohl bewusst, dass in der täglichen Praxis manche Länge übermessen wird (Zeit ist schließlich Geld), und dies mag im Rahmen des Genauigkeitsanspruchs der Norm auch tolerierbar sein, für dieses Buch wurden allerdings alle Maße prinzipiell exakt bestimmt.

Im Folgenden werden die geometrischen Daten gegliedert in:

- Kopfdaten zur Berechnung der Raumfläche und des Raumvolumens mit lichten Maßen sowie der Hüllflächen Aenv und der erdreichberührten relevanten Werte A_g und P;
- Bauteile (Raumbegrenzungsflächen) mit Außenmaßen zur Berechnung der Transmissionswärmeverluste.

A.2.1 Raum 1 – Küche

Kopfdaten

Raum 1 (Küche) hat eine rechteckige Grundfläche. Die Grundfläche setzt sich aus drei rechteckigen Teilflächen (TF) zusammen.

Tabelle 171: Raum 1 (Küche): Ermittlung lichte Raumfläche A_{NGF} und Abmessungen l und b_m

Teilfläche	l	b	A_{NGF}	b_m	Zwischenrechnung	Bemerkung
	m	m	m²	m		
TF 1	4,82	4,49	21,64			Große Hauptfläche
TF 2	0,66	1,21	0,80		l = 0,54 + 0,24/2	TF vor der Tür zum Windfang
TF 3	3,57	0,12	0,43		b = 0,24/2	TF halbe gedachte IW
Summe	ΣA_{NGF} =		22,87			
Mittlere Breite $b_m = A_{NGF} / l = 22{,}87 / 4{,}82 =$				4,74		

Nachstehend ist Ermittlung der Hüllfläche Aenv und der erdreichberührten Werte dargestellt:

Tabelle 172: Raum 1 (Küche): Ermittlung Hüllfläche A_{env}

HR	BT	*b*	*h*	*A*	grenzt an	Bemerkung
		m	m	m²		
O	IW	1,81*)	2,86	5,18	iae	an unbeheizte Abstell-kammer
S	AW	3,35	2,86	9,58	ie	einschl. Außenfenster
S	IW	1,67	2,86	4,78	iae	an Wintergarten, einschl. Fenster
W	AW	5,35	2,86	15,30	ie	einschl. Außenfenster
Summe		ΣA_{NGF} =		**34,83**		
*) 1,69 m + 0,5 · 0,24 m (Wanddicke)						

Tabelle 173: Raum 1 (Küche): Ermittlung Erdreichberührte Fläche A_g

Teilfläche	*l*	*b*	A_{NGF}	b_m
	m	m	m²	m
TF 1	5,35	5,02	26,86	
TF 2	1,39	0,54	0,75	
Summe		ΣA_g =	**27,61**	
Mittlere Breite $b_m = A_{NGF} / l = 27,61 / 5,35 =$				5,16

Tabelle 174: Raum 1 (Küche): Ermittlung Exponierter Umfang *P*

HR	BT	*b*	grenzt an	Bemerkung
		m		
O	IW	1,81*)	iae	an unbeheizte Abstellkammer
S	AW	3,35	ie	einschl. Außenfenster
S	IW	1,67	iae	an Wintergarten, einschl. Fenster
W	AW	5,35	ie	einschl. Außenfenster
Summe	**P =**	**12,18**		
*) siehe folgenden Abschnitt „Bauteile" – Innenwand Ost				

Folgende Tabelle fasst alle Einträge für die Kopfdaten zusammen:

Tabelle 175: Raum 1 (Küche): Eintrag in den Kopfdaten

Abmessungen			
Raumlänge	l	4,82	m
Raumbreite	b	4,74	m
Raumfläche	A_{NGF}	22,85	m²
Geschoßhöhe	h_G	2,86	m
Deckendicke	d	0,26	m
Raumhöhe	h	2,60	m
Raumvolumen	V	59,40	m³
Raumhüllfläche	A_{env}	34,83	m²
Erdreich			
Bodenfläche	A_g	27,61	m
Exponierter Umfang	P	12,18	m

Bauteile

Die Maße sind der Grundrisszeichnung zu entnehmen. Zum Eintrag einiger Bauteilabmessungen sind noch folgende Erläuterungen zu beachten:

Innenwand Ost an Treppenhaus: Die Länge ist als lichtes Maß mit 1,69 m angegeben. Es muss noch die halbe Innenwanddicke von ½ 0,24 = 0,12 m hinzugerechnet werden. Daraus ergibt sich die Länge l = 1,81 m.

Innenwand Süd an Wintergarten: Die Länge beträgt laut Grundriss 1,67 m. Es handelt sich in diesem Fall aber um das Innenfenster, so dass die Höhe der Innenwand selbst mit dem Außenmaß 2,86 m einzutragen ist, die Höhe der Abzugsfläche Innenfenster aber mit der Raumhöhe 2,60 m.

Die vollständige Zusammenstellung der Bauteile kann dem Beispielausdruck Formblatt R entnommen werden (Abschnitt 6.3.2.5, Bild 39).

A.2.2 Raum 2 – Essen

Kopfdaten

Raum 2 (Essen) hat eine rechteckige Grundfläche mit l = 3,85 m, b = 3,57 m und h = 2,60 m. Für die Innenwand Süd gelten die gleichen Ausführungen wie zuvor für Raum 1 (Küche). Da keine weiteren Besonderheiten vorliegen, erfolgt nachstehend direkt die Ermittlung der Hüllfläche A_{env} und erdreichberührten Werte:

Tabelle 176: Raum 2 (Essen): Ermittlung Hüllfläche A_{env}

HR	**BT**	***b***	***h***	A_{env}	**grenzt an**	**Bemerkung**
		m	**m**	**m²**		
N	IW	3,85	2,86	11,01	iae	an unbeheizte Abstellkammer
S	IW	3,85	2,86	11,01	iae	an Wintergarten
H	DE	3,85	2,79	10,74	iae	an unbeheizten Nebenraum OG
Summe			ΣA_{env} =	**32,76**		

Die erdreichberührte Bodenfläche berechnet sich zu A_g = 3,85 · 4,10 = 15,78 m²

Tabelle 177: Raum 2 (Essen): Ermittlung Exponierter Umfang *P*

HR	BT	*b*	grenzt an	Bemerkung
		m		
N	IW	3,85	iae	an unbeheizte Abstellkammer
S	IW	3,85	iae	an Wintergarten, einschl. Fenster
Summe	**P =**	**7,70**		

Die vollständige Zusammenstellung der Kopfdaten kann dem Beispielausdruck Formblatt R entnommen werden (Abschnitt 6.3.2.5, Bild 40).

Bauteile

Die Maße sind der Grundrisszeichnung zu entnehmen. Zum Eintrag der Decke in den Bauteilabmessungen sind noch folgende Erläuterungen zu beachten: Die Breite der Decke von 2,79 m ist der Grundrisszeichnung OG (Nebenraum) zu entnehmen.

Die vollständige Zusammenstellung der Bauteile kann dem Beispielausdruck Formblatt R entnommen werden (Abschnitt 6.3.2.5, Bild 40).

A.2.3 Raum 3 – Wohnen

Kopfdaten

Die Grundfläche von Raum 3 (Wohnen) setzt sich aus zwei rechteckigen Grundflächen zusammen.

Tabelle 178: Raum 3 (Wohnen): Ermittlung lichte Raumfläche A_{NGF} und Abmessungen l und b_m

Teilfläche	l	b	A_{NGF}	b_m	Bemerkung
	m	m	m²	m	
TF 1	4,82	4,15	20,00		Große Hauptfläche
TF 2	3,57	0,12	0,43		TF halbe gedachte IW zum Essen
Summe		ΣA_{NGF} **=**	**20,43**		
Mittlere Breite	$b_m = A_{NGF} / l = 20,43 / 4,82 =$			4,24	

Nachstehend ist die Ermittlung der Hüllfläche A_{env} und erdreichberührten Werte dargestellt:

Tabelle 179: Raum 3 (Wohnen): Ermittlung Hüllfläche A_{env}

HR	**BT**	***b***	***h***	A_{env}	**grenzt an**	**Bemerkung**
		m	**m**	**m²**		
O	AW	5,35	2,86	15,30	ie	an außen
S	AW	3,35	2,86	9,58	ie	an außen
S	IW	1,28	2,86	3,66	iae	an Wintergarten
W	IW	1,37	2,86	3,92	ie	an unbeheizte Abstellkammer
Summe			ΣA_{env} **=**	**32,46**		

Damit beläuft sich die erdreichberührte Bodenfläche auf: $A_g = 5{,}35 \cdot 4{,}63 = 24{,}77\ m^2$

Tabelle 180: Raum 3 (Wohnen): Ermittlung Exponierter Umfang *P*

HR	**BT**	***b***	**grenzt an**	**Bemerkung**
		m		
O	AW	5,35	ie	an außen
S	AW	3,35	ie	an außen
S	IW	1,28	iae	an Wintergarten, einschl. Fenster
W	IW	1,37	iae	an unbeheizte Abstellkammer
Summe	**P =**	**11,35**		

Folgende Tabelle 181 fasst alle Einträge für die Kopfdaten zusammen:

Tabelle 181: Raum 3 (Wohnen): Eintrag in den Kopfdaten

Abmessungen			
Raumlänge	l	4,82	m
Raumbreite	b	4,24	m
Raumfläche	A_{NGF}	20,44	m²
Geschoßhöhe	h_G	2,86	m
Deckendicke	d	0,26	m
Raumhöhe	h	2,60	m
Raumvolumen	V	53,14	m³
Raumhüllfläche	A_{env}	32,46	m²
Erdreich			
Bodenfläche	A_g	24,77	m
Exponierter Umfang	P	11,35	m

Bauteile

Die Maße sind der Grundrisszeichnung zu entnehmen. Zum Eintrag einiger Bauteilabmessungen sind noch folgende Erläuterungen zu beachten:

Außenwand Ost: Die Abzugsfläche TWD (transparente Wärmedämmung) ist gemäß Ostansicht zu bestimmen.

Innenwand West an Treppenhaus: Die Länge ist mit 1,25 m angegeben. Es müssen noch die halbe Innenwanddicke von ½ 0,24 = 0,12 m hinzugerechnet werden. Daraus ergibt sich die Länge = 1,37 m.

Innenwand Süd an Wintergarten: Es gelten die gleichen Ausführungen wie zu Raum 1 (Küche).

Die vollständige Zusammenstellung der Bauteile kann dem Beispielausdruck Formblatt R entnommen werden (Abschnitt 6.3.2.5, Bild 41).

A.2.4 Raum 4 – Schlafen

Kopfdaten

Raum 4 (Schlafen) hat eine rechteckige Grundfläche mit l = 4,27 m, b = 4,12 m und h = 2,60 m. Da keine weiteren Besonderheiten vorliegen, erfolgt nachstehend direkt die Ermittlung der Hüllfläche A_{env} und erdreichberührten Werte:

Tabelle 182: Raum 4 (Schlafen): Ermittlung Hüllfläche A_{env}

HR	BT	b	h	A_{env}	grenzt an	Bemerkung
		m	m	m²		
N	AW	4,69	2,86	13,41	ie	an außen
O	AW	4,65	2,86	13,30	ie	an außen
W	IW	0,72	2,86	2,01	iae	an unbeheizte Abstellkammer
Summe			ΣA_{env} =	**28,77**		

Damit beläuft sich die erdreichberührte Bodenfläche auf: $A_g = 4{,}69 \cdot 4{,}65 = 21{,}81\ m^2$

Tabelle 183: Raum 4 (Schlafen): Ermittlung Exponierter Umfang P

HR	BT	b	grenzt an	Bemerkung
		m		
N	AW	4,69	ie	an außen
O	AW	4,65	ie	an außen
W	IW	0,72	iae	an unbeheizte Abstellkammer
Summe	**P =**	**10,02**		

Die vollständige Zusammenstellung der Kopfdaten kann dem Beispielausdruck Formblatt R entnommen werden (Abschnitt 6.3.2.5, Bild 42).

Bauteile

Die Maße sind der Grundrisszeichnung zu entnehmen.

Zum Eintrag Innenwand West an den unbeheizten Abstellraum unter der Treppe zum OG ist noch folgende Erläuterung zu beachten:

Die Länge ergibt sich aus der Gesamtbreite des Schlafzimmers abzüglich der Breite des Bades 4,65 m – 2,63 m = 2,02 m; abzüglich der Breite des Flurs von 1,30 m = 2,02 m – 1,30 m = 0,72 m.

Die vollständige Zusammenstellung der Bauteile kann dem Beispielausdruck Formblatt R entnommen werden (Abschnitt 6.3.2.5, Bild 42).

A.2.5 Raum 5 – Bad

Raum 5 (Bad) hat eine rechteckige Grundfläche mit l = 2,52 m, b = 2,16 m und h = 2,60 m. Da keine weiteren Besonderheiten vorliegen, erfolgt nachstehend direkt die Ermittlung der Hüllfläche A_{env}, der erdreichberührten Bodenfläche A_g sowie des exponierten Umfangs P:

- Hüllflüche: Nur AW Nord: $A_{env} = 2{,}64 \cdot 2{,}86 = 7{,}55\,m^2$
- Erdreichberührte Bodenfläche: $A_g = 2{,}64 \cdot 2{,}63 = 6{,}94\,m^2$
- Exponierter Umfang: Nur AW-Nord, $P = 2{,}64\,m$

Kopfdaten

Die vollständige Zusammenstellung der Kopfdaten kann dem Beispielausdruck Formblatt R entnommen werden (Abschnitt 6.3.2.5, Bild 43).

Bauteile

Die vollständige Zusammenstellung der Bauteile kann dem Beispielausdruck Formblatt R entnommen werden (Abschnitt 6.3.2.5, Bild 43).

A.2.6 Raum 6 – Flur

Raum 6 (Flur) hat eine rechteckige Grundfläche. Die im Grundriss ausgewiesene Breite von 1,30 m (Außenmaß) muss um die halben Innenwanddicken korrigiert werden. Daraus folgt das Maß b = 1,30 – 0,12/2 – 0,12/2 = 1,18 m. In diesem Fall handelt es sich um einen innen liegenden Raum, für welchen gemäß DIN/TS 12831-1:2020-04, Abschnitt 4.3.2 der für das gesamte Gebäude berechnete Wert P eingesetzt werden müsste. Da aber andererseits dieser Raum an den unbeheizten Abstellraum (unter der Treppe) grenzt, gilt gemäß DIN/TS 12831-1:2020-04, Bild 2 die angrenzende Länge als exponierter Umfang P.

Die Ermittlung der Hüllfläche A_{env}, der erdreichberührten Bodenfläche A_g sowie des exponierten Umfangs P gestaltet sich folgendermaßen:

- Hüllfläche: Nur IW-Süd: $A_{env} = 2{,}64 \cdot 2{,}86 = 7{,}55\ m^2$
- Erdreichberührte Bodenfläche: $A_g = 2{,}64 \cdot 1{,}30 = 3{,}43\ m^2$
- Exponierter Umfang: Nur IW-Süd, $P = 2{,}64\ m$

Kopfdaten

Die vollständige Zusammenstellung der Kopfdaten kann dem Beispielausdruck Formblatt R entnommen werden (Abschnitt 6.3.2.5, Bild 44).

Bauteile

Die vollständige Zusammenstellung der Bauteile kann dem Beispielausdruck Formblatt R entnommen werden (Abschnitt 6.3.2.5, Bild 44).

A.2.7 Raum 7 – WC EG

Raum 7 (WC EG) hat eine rechteckige Grundfläche mit $l = 1{,}76\ m$, $b = 1{,}09\ m$ und $h = 2{,}60\ m$. Da keine weiteren Besonderheiten vorliegen, erfolgt nachstehend direkt die Ermittlung der Hüllfläche A_{env}, der erdreichberührten Bodenfläche A_g sowie des exponierten Umfangs P:

- Hüllfläche: Nur IW-Süd: $A_{env} = 1{,}21 \cdot 2{,}86 = 3{,}46\ m^2$
- Erdreichberührte Bodenfläche: $A_g = 2{,}23 \cdot 1{,}21 = 2{,}70\ m^2$
- Exponierter Umfang: Nur IW-Nord, $P = 1{,}21\ m$

Kopfdaten

Die vollständige Zusammenstellung der Kopfdaten kann dem Beispielausdruck Formblatt R entnommen werden (Abschnitt 6.3.2.5, Bild 45).

Bauteile

Die vollständige Zusammenstellung der Bauteile kann dem Beispielausdruck Formblatt R entnommen werden (Abschnitt 6.3.2.5, Bild 45).

A.2.8 Raum 8 – Treppenhaus

Raum 8 (Treppenhaus) wird als unbeheizter Nebenraum behandelt. Es wird dennoch als Raum Nr. 8 aufgenommen, da er im Lüftungsverbund zwischen Galerie und Windfang steht und daher das Raumvolumen erfasst werden muss. Da die Treppe vom EG zum OG das Treppenhaus volumenmäßig praktisch halbiert, wird mit hinreichender Genauigkeit die halbe Geschoßhöhe zuzgl. Deckendicke eingesetzt:

$$h = 2{,}86 / 2 + 0{,}26 = 1{,}69 \text{ m}$$

Der Raum hat eine rechteckige Grundfläche, gemindert um den Installationsschacht. Die Maße der lichten Länge und Breite berechnen sich zu

$$l = 3{,}85 - 0{,}24/2 - 0{,}24/2 = 3{,}61 \text{ m}$$

$$b = 1{,}97 - 0{,}24/2 = 1{,}80 \text{ m.}$$

Die geringe Reduzierung der Grundfläche und damit des Raumvolumens durch den Installationsschacht wird vernachlässigt.

Kopfdaten

Die Kopfdaten sind entsprechend folgendermaßen einzutragen:

Tabelle 184: Raum 8 (Treppenhaus): Eintrag in den Kopfdaten

Abmessungen			
Raumlänge	l	3,61	m
Raumbreite	b	1,80	m
Raumfläche	A_{NGF}	6,50	m²
Geschosshöhe	h_G		m
Deckendicke	d		m
Raumhöhe	h	1,69	m
Raumvolumen	V	10,98	m³

Bauteile

Hier erfolgt kein Eintrag, da für Raum 8 als unbeheizter Raum keine Transmissionswärmeverlustberechnung vorgenommen wird.

A.2.9 Raum 9 – Windfang

Die Grundfläche von Raum 9 (Windfang) setzt sich aus zwei rechteckigen Grundflächen zusammen:

Tabelle 185: Raum 9 (Windfang): Ermittlung lichte Raumfläche A_{NGF} und Abmessungen l und b_m

Teilfläche	l	b	A_{NGF}	b_m	**Zwischenrechnung**
	m	**m**	**m²**	**m**	
TF 1	3,80	1,21	4,60		l = 2,29 + 1,92 – 0,41 = 3,80 m
TF 2	1,92	1,27	2,44		
Summe		ΣA_{NGF} **=**	**7,04**		
Mittlere Breite $b_m = A_{NG} / l = 6,92 / 3,80 =$				1,85	

Nachstehend ist die Ermittlung der Hüllfläche A_{env} und erdreichberührten Werte dargestellt:

Tabelle 186: Raum 9 (Windfang): Ermittlung Hüllfläche A_{env}

HR	**BT**	b	h	A_{env}	**grenzt an**	**Bemerkung**
		m	**m**	**m²**		
N	AW	1,33	2,86	3,80	iae	an unbeheizte Abstellkammer
W	IW	2,90	2,86	8,29	iae	an Wintergarte, einschl. Fenster
Summe			ΣA_{env} **=**	12,10		

Damit beläuft sich die erdreichberührte Bodenfläche auf: $A_g = 4,69 \cdot 4,65 = 21,81$ m²

Tabelle 187: Raum 9 (Windfang): Ermittlung Erdreichberührte Fläche A_g

Teilfläche	***l***	***b***	$\boldsymbol{A_g}$	$\boldsymbol{b_m}$
	m	**m**	**m²**	**m**
TF 1	4,21	1,33	5,60	
TF 2	1,92	1,27	2,44	
Summe		$\Sigma A_g =$	**8,04**	**1,91**

Tabelle 188: Raum 9 (Windfang): Ermittlung Exponierter Umfang *P*

HR	**BT**	***b***	**grenzt an**	**Bemerkung**
		m		
N	AW	1,33	iae	an unbeheizte Abstellkammer
W	IW	2,90	iae	an Wintergarte, einschl. Fenster
Summe	***P* =**	4,23		

Die Kopfdaten sind entsprechend folgendermaßen einzutragen:

Tabelle 189: Raum 9 (Windfang): Eintrag in den Kopfdaten

Abmessungen			
Raumlänge	l	3,80	m
Raumbreite	b	1,85	m
Raumfläche	A_{NGF}	7,03	m²
Geschosshöhe	h_G	2,86	m
Deckendicke	d	0,26	m
Raumhöhe	h	2,60	m
Raumvolumen	V	18,28	m³
Raumhüllfläche	A_{env}	12,10	m²
Erdreich			
Bodenfläche	A_g	8,04	m
Exponierter Umfang	P	4,23	m

Bauteile

Die Maße sind der Grundrisszeichnung zu entnehmen. Zum Eintrag einiger Bauteilabmessungen sind noch folgende Erläuterungen zu beachten:

Decke: Das Maß der Breite von 1,33 m ist dem Grundriss OG zu entnehmen (Fläche vor WC OG)

Fußboden: Die Breite von 1,85 m ergibt sich als mittlere Breite (siehe Tabelle 185)

A.2.10 Raum 10 – Vorräte

Raum 10 (Vorräte) hat eine rechteckige Grundfläche mit l = 3,16 m, b = 1,75 m und h = 2,60 m.

Nachstehend ist die Ermittlung der Hüllfläche A_{env} und der erdreichberührten Werte dargestellt:

Tabelle 190: Raum 10 (Vorräte): Ermittlung Hüllfläche A_{env}

HR	**BT**	***b***	***h***	A_{env}	**grenzt an**	**Bemerkung**
		m	**m**	**m²**		
N	IW	3,63	2,86	10,38	iae	an unbeheizte Abstellkammer
W	AW	1,75	2,86	5,01	iae	an Wintergarte, einschl. Fenster
Summe			ΣA_{env} =	**15,39**		

Damit beläuft sich die erdreichberührte Bodenfläche auf: A_g = 3,63 · 1,75 = 6,34 m²

Tabelle 191: Raum 10 (Vorräte): Ermittlung Erdreichberührter Umfang P

HR	**BT**	***b***	**grenzt an**	**Bemerkung**
		m		
N	IW	3,63	iae	an unbeheizte Abstellkammer
W	AW	1,75	iae	an Wintergarte, einschl. Fenster
Summe	P =	**5,38**		

Kopfdaten

Die vollständige Zusammenstellung der Kopfdaten kann dem Beispielausdruck Formblatt R entnommen werden (Abschnitt 6.3.2.5, Bild 48).

Bauteile

Die vollständige Zusammenstellung der Bauteile kann dem Beispielausdruck Formblatt R entnommen werden (Abschnitt 6.3.2.5, Bild 48).

A.2.11 Raum 101 – Arbeitszimmer

Die Raumgeometrie von Raum 101 (Arbeitszimmer) ist im Formblatt R nicht einfach mit der Eingabe der Raumlänge, -breite und -höhe zu beschreiben. In diesem Fall müssen die Raumfläche A_{NGF} und das Raumvolumen V separat berechnet werden. Zur Nachvollziehbarkeit wird die mittlere Raumhöhe ausgewiesen, welche sich aus $h_m = V / A_{NGF}$ ergibt.

Das Arbeitszimmer besteht aus drei Teilbereichen, die sich unter einem schrägen Dach befinden:

- Vorderer Bereich im Westen mit b = 9,18 m und l = 3,16 m.
- Hinterer Bereich im Norden vor dem WC mit b = 2,16 m und l = 1,33 m.
- Hinterer Bereich im Süden vor dem Nebenraum mit b = 2,26 m und l = 1,39 m

Kopfdaten

- **Grundfläche:**

  Das Arbeitszimmer hat keine abgehängte Decke; die obere Abdeckung ist das Dach.

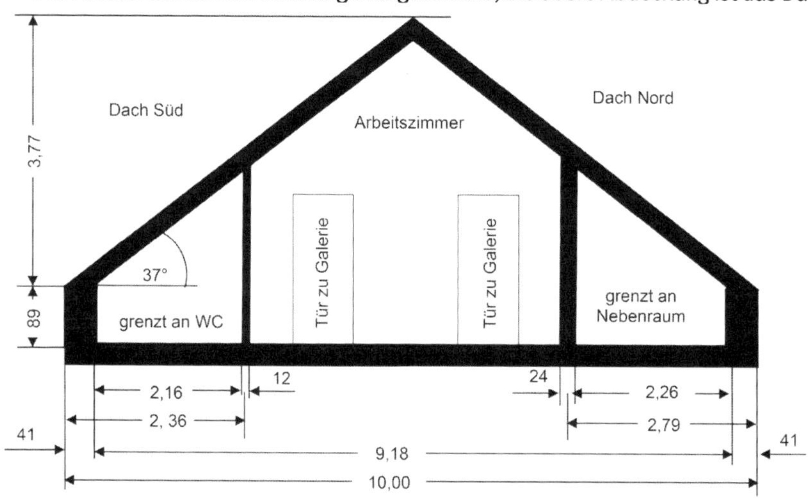

Bild 120: Raum 101 (Arbeitszimmer): Darstellung im Schnitt

Tabelle 192: Raum 101 (Arbeitszimmer): Ermittlung Grundfläche Arbeitszimmer

Teilfläche		b	l	A_{NGF}	Bemerkung
		m	m	m²	
TF1 West	vorderer Bereich West	9,18	3,16	29,01	$b = 10 - 2 \cdot 0{,}41$
TF2 Nord	hinterer Bereich vor WC Ost	2,16	1,33	2,87	$l = 1{,}21 + 0{,}12$
TF3 Süd	hinterer Bereich vor Nebenraum Ost	2,26	1,33	3,01	$l = 1{,}21 + 0{,}12$
Summe			$\Sigma A_{NGF} =$	**34,89**	

- **Raumvolumen:**

  Das Raumvolumen setzt sich aus den Teil-Raumvolumina VTB der drei Teilbereiche zusammen. Jede dieser Teilbereiche besteht aus einem dreieckigen oberen Bereich, welcher durch die Dachschräge begrenzt ist, und einem rechteckigen unteren Bereich mit der Brüstungshöhe 0,89 m. Zur Berechnung der Teil-Volumina werden im Folgenden die mittleren lichten Wandhöhen ermittelt und mit der Länge des Teilbereiches multipliziert:

  $V_{TB} = A_{W,TF} \cdot l_{TF}$

  Teilbereich 1: Vorderer Bereich West, Länge $l = 3{,}16$ m (siehe Tabelle 193)

  Dieser Bereich ist folgendermaßen aufgeteilt:

  - Der obere Bereich stellt ein Dreieck dar mit $b = 9{,}18$ m und einer noch zu berechnenden lichten Höhe h mithilfe der Dachneigung von 37°. Diese wird berechnet zu

    $h = b/2 \cdot \tan \alpha = b/2 \cdot \tan 37° = 9{,}18 / 2 \cdot 0{,}754 = 3{,}46$ m

  - Der untere Bereich stellt ein Rechteck dar mit $b = 9{,}18$ m und $h = 0{,}89$ m.

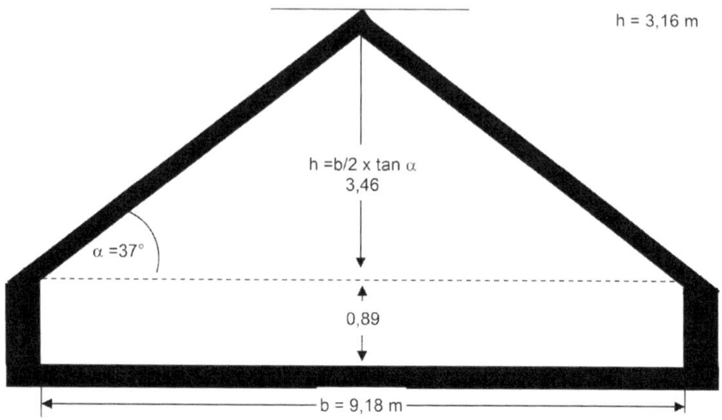

Bild 121: Raum 101 (Arbeitszimmer): Darstellung AW-Ost

Tabelle 193: Raum 101 (Arbeitszimmer): Berechnung Teilfläche AW-West und Teilvolumen 1 vorderer Bereich

Bereich	Form	Berechnung	h	b	$A_{AW,TF1}$	l	V_{TB1}
		der Fläche	m	m	m²	m	m³
oberer	Dreieck	$A = h \cdot b / 2$	3,46	9,18	15,88		
unterer	Rechteck	$A = h \cdot b$	0,89	9,18	8,17		
Berechnung Teilfläche und -Volumen				$\Sigma A_{AW,TF1}$ =	**24,05**	**3,16**	**76,00**

Teilbereich 2: Hinterer Bereich zum WC Nord, Länge l = 1,33 m

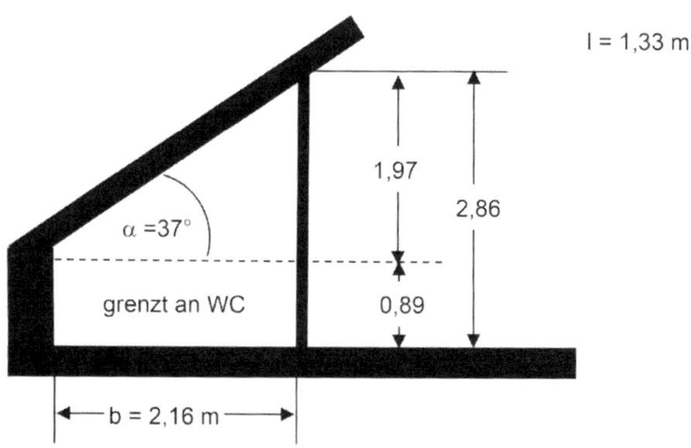

Bild 122: Raum 101 (Arbeitszimmer): Darstellung IW-Ost an WC

Dieser Bereich ist folgendermaßen aufgeteilt:

- Der obere Bereich stellt ein Dreieck dar mit $b = 2{,}16$ m und der Höhe, welche sich aus der Differenz der Geschosshöhe abzgl. der Brüstungshöhe ergibt:

  $h = 2{,}86 - 0{,}89 = 1{,}97$ m
- Der untere Bereich stellt ein Rechteck dar mit $b = 2{,}16$ m und $h = 0{,}89$ m.

Tabelle 194: Raum 101 (Arbeitszimmer): Berechnung Teilfläche IW-Ost und Teilvolumen 2 hinterer Bereich an WC

Bereich	**Form**	**Berechnung der Fläche**	h	b	$A_{IW,TF2}$	l	V_{TB2}
			m	**m**	**m²**	**m**	**m³**
oberer	Dreieck	$A = h \cdot l / 2$	1,97	2,16	2,13		
unterer	Rechteck	$A = h \cdot l$	0,89	2,16	1,92		
Berechnung Teilfläche und -Volumen		**ΣAIW,TF2 =**			**4,05**	**1,33**	**5,39**

Teilbereich 3: Hinterer Bereich zum Nebenraum Nord, Länge l = 1,33 m (siehe Tabelle 194)

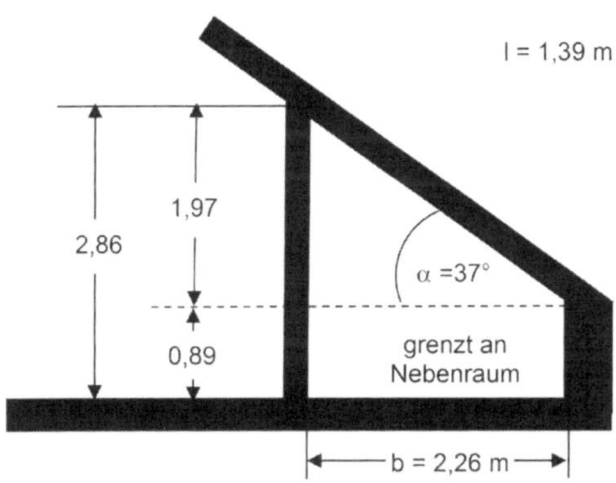

Bild 123: Raum 101 (Arbeitszimmer): Darstellung IW-Ost an Nebenraum

Dieser hintere Bereich zum Nebenraum ist folgendermaßen aufgeteilt:

- Der obere Bereich stellt ein Dreieck dar mit $b = 2{,}16$ m und der Höhe, welche sich aus der Differenz der Geschosshöhe abzgl. der Brüstungshöhe ergibt:

  $h = 2{,}86 - 0{,}89 = 1{,}97\,\text{m}$
- Der untere Bereich stellt ein Rechteck dar mit $b = 2{,}26\,\text{m}$ und $h = 0{,}89\,\text{m}$.

Tabelle 195: Raum 101 (Arbeitszimmer): Berechnung Teilfläche IW-Ost und -Volumen hinterer Bereich an Nebenraum

Bereich	**Form**	**Berechnung der Fläche**	h	b	$A_{IW,TF3}$	l	V_{TB3}
			m	**m**	**m²**	**m**	**m³**
oberer	Dreieck	$A = h \cdot l / 2$	1,97	2,26	2,23		
unterer	Rechteck	$A = h \cdot l$	0,89	2,26	2,01		
Berechnung Teilfläche und -Volumen				$\Sigma A_{IW,TF3}$ =	**4,24**	**1,39**	**5,89**

Nach der abgeschlossenen Berechnung der drei Teil-Volumina werden diese addiert und die mittlere lichte Raumhöhe zum Eintrag in den Kopfdaten kann berechnet werden:

Tabelle 196: Raum 101 (Arbeitszimmer): Zusammenfassung des lichten Raumvolumens und der mittl. Raumhöhe

Teilbereich	**Volumen V**	**Fläche A_{NGF}**	**mittlere $h_m = V/A_{NGF}$**
	m³	**m²**	**m**
1	76,00		
2	5,39		
3	5,89		
Summe	**87,28**	**34,89**	**2,50**

Nachstehende Tabelle 197 dient der Ermittlung der Hüllflächen A_{env}:

Tabelle 197: Raum 101 (Arbeitszimmer): Ermittlung Hüllfläche A_{env}

HR	BT	*b**)	*h**)	A_{env}	grenzt an	Bemerkung
		m	m	m²		
N	AW	4,96	0,89	4,41	ie	an außen
N	DA	3,63	6,26	22,72	ie	an außen
N	DA	1,33	3,29	4,38	ie	an außen
O	IW	2,79	1,88	5,25	iae	an Nebenraum
S	AW	5,02	0,89	4,47	ie	an außen
S	DA	3,63	6,26	22,72	ie	an außen
S	DA	1,39	3,49	4,85	ie	an außen
W	AW	10,00	2,78	27,80	ie	an außen
H	FB	3,63	2,90	10,53	iae	an Heizraum
Summe			**ΣAenv =**	**107,30**		
*) Maße siehe Tabelle 203 – Raum 101 (Arbeitszimmer): Zusammenfassung für Raumtabelle						

Die Kopfdaten sind entsprechend folgendermaßen einzutragen:

Tabelle 198: Raum 101 (Arbeitszimmer): Eintrag in den Kopfdaten

Abmessungen			
Raumlänge	*l*		m
Raumbreite	*b*		m
Raumfläche	A_{NGF}	34,89	m²
Geschoßhöhe	h_G		m
Deckendicke	*d*		m
Raumhöhe	*h*	2,50	m
Raumvolumen	*V*	87,28	m³
Raumhüllfläche	A_{env}	107,30	m²

In den Kopfdaten werden nur die Netto-Raumfläche A_{NGF} und die mittlere Raumhöhe h eingetragen. Diesem Raum mit verwinkelter Grundfläche und schrägem Dach kann keine eindeutige rechtwinklige Geometrie ($l \cdot b \cdot h$) zugeordnet werden. Daher bleiben die Felder Raumbreite und -länge sowie Geschosshöhe und Deckendicke in diesem Beispiel leer.

Bauteile

Die folgenden Berechnungen werden mit Außenmaßen durchgeführt.

- **Berechnung Dachlängen:**

  Zur Berechnung der schrägen Dachlängen sind die Dachneigung und die horizontalen Längen bekannt. Die Berechnung erfolgt nach der Beziehung

  $l_{schräg} = b / \cos \alpha$

  Dachschräge $\alpha = 37°$; $\cos 37° = 0{,}799$

Tabelle 199: Raum 101 (Arbeitszimmer): Berechnung der Dachlängen

Bereich	$b_{horizontal}$	**Berechnung**	$l_{Dach\ 37°}$
	m	l_{Dach} **=** h**/cos** α	**m**
vorderer Bereich N- und S-Dach	$b/2 = 10/2 = 5{,}00$	5,00 / 0,799	6,22
hinterer Bereich vor WC, N-Dach	2,63 (aus Grundriss)	2,63 / 0,799	3,29
hinterer Bereich vor Nebenraum, S-Dach	2,79 (aus Grundriss)	2,79 / 0,799	3,49

- **Außenwand West**

  Diese Außenwand setzt sich aus dem oberen Bereich in Form eines Dreieckes und dem unteren Bereich in Form eines Rechteckes zusammen. Beide Flächen müssen berechnet und aus der Summe dieser Flächen und der Breite des Bereichs die mittlere AW-Höhe ermittelt werden.

Tabelle 200: Raum 101 (Arbeitszimmer): Berechnung mittlere Geschosshöhe vorderer Bereich (AW West)

Bereich	Form	Berechnung der Fläche	h	b	$A_{AW,West}$	b_m und h
			m	m	m²	m
oberer	Dreieck	$A = h \cdot b / 2$	3,77	10,00	18,85	
unterer	Rechteck	$A = h \cdot b$	0,89	10,00	8,90	
Summe				$\Sigma A_{AW,West} =$	**27,75**	
Eintrag in Formblatt R				Breite b		**10,00**
				$h_m = A_{AW} / b =$ 27,75 / 10,00 =		**2,78**

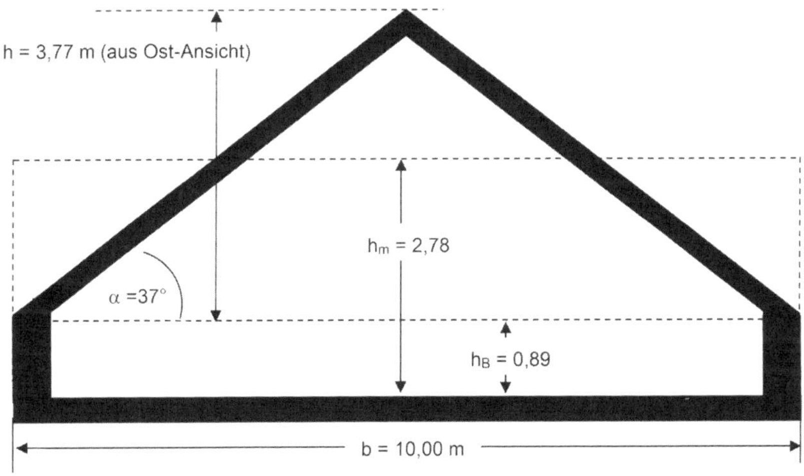

Bild 124: Raum 101 (Arbeitszimmer): Darstellung AW-West

Innenwand Ost zum WC

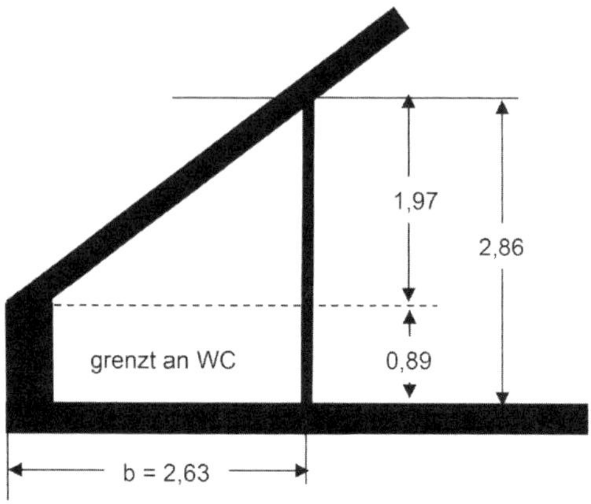

Bild 125: Darstellung IW-Ost an WC

Dieser hintere Bereich zum WC ist folgendermaßen aufgeteilt:

- Der obere Bereich stellt ein Dreieck dar mit $b = 2{,}63\,\text{m}$ und der Höhe, welche sich aus der Differenz der Geschosshöhe abzgl. der Brüstungshöhe ergibt
  $h = 2{,}86 - 0{,}89 = 1{,}97\,\text{m}$
- Der untere Bereich stellt ein Rechteck dar mit $b = 2{,}63$ m und $h = 0{,}89$ m.

Tabelle 201: Raum 101 (Arbeitszimmer): Berechnung mittlere Geschosshöhe hinterer Bereich (Ost) zum WC

Bereich	**Form**	**Berechnung der Fläche**	h	b	$A_{AW,West}$	b **und** h_m
			m	**m**	**m²**	**m**
oberer	Dreieck	$A = h \cdot l/2$	1,97	2,63	2,60	
unterer	Rechteck	$A = h \cdot l$	0,89	2,63	2,34	
Summe				$\Sigma A_{IW,Ost} =$	**4,94**	
Eintrag in Formblatt R				Breite b		**2,63**
				$h_m = A_{IW} / b =$ 4,69 / 2,63 =		**1,88**

Innenwand Ost zum Nebenraum

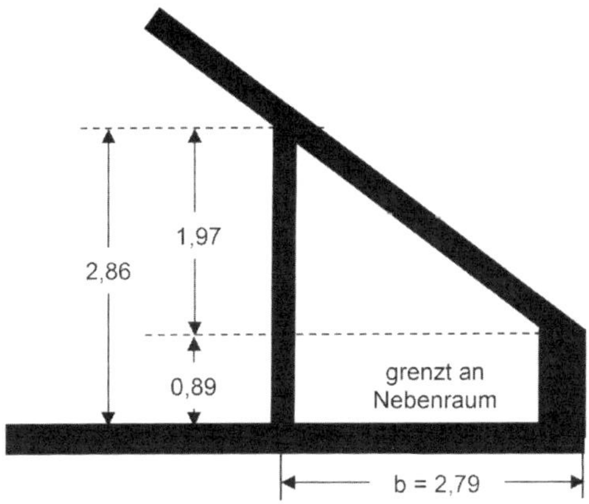

Bild 126: Darstellung IW-Ost an Nebenraum

Dieser hintere Bereich zum Nebenraum ist folgendermaßen aufgeteilt:

- Der obere Bereich stellt ein Dreieck dar mit $b = 2{,}79$ m und der Höhe, welche sich aus der Differenz der Geschosshöhe abzgl. der Brüstungshöhe ergibt
  $h = 2{,}86 - 0{,}89 = 1{,}97$ m
- Der untere Bereich stellt ein Rechteck dar mit $b = 2{,}79$ m und $h = 0{,}89$ m.

Tabelle 202: Raum 101 (Arbeitszimmer): Berechnung mittlere Geschosshöhe hinterer Bereich Ost zum Nebenraum

Bereich	Form	Berechnung der Fläche	h	b	$A_{IW,Ost}$	b und h_m
			m	m	m²	m
oberer	Dreieck	$A = h \cdot l / 2$	1,97	2,79	2,60	
unterer	Rechteck	$A = h \cdot l$	0,89	2,79	2,48	
Summe				$\Sigma A_{IW,Ost} =$	**5,23**	
Eintrag in Formblatt R				Breite b		**2,79**
				$h_m = A_{IW} / b =$ 5,23 / 2,79 =		**1,88**

- **Berechnung Fußbodenflächen:**
  - FB an Raum „Heizung“:
    - Der Heizraum gilt als unbeheizter Raum mit $f_1 = 0{,}2$ gemäß DIN/TS 12831-1:2020-04, Tabelle 5, Zeile 7.
    - Bodenfläche laut Grundriss: $A_g = 3{,}63 \cdot 2{,}90 = 10{,}53$ m²
  - FB an Raum „Vorräte“:
    - Der Raum „Vorräte“ wird auf 15 °C beheizt.
    - Bodenfläche laut Grundriss: $A_g = 3{,}63 \cdot 1{,}75 = 6{,}35$ m²
  - FB an Raum „Windfang“:
    - Der Raum „Windfang“ wird ebenfalls auf 15 °C beheizt.
    - Teil-Bodenfläche laut Grundriss: $A_g = 2{,}63 \cdot 1{,}33 = 3{,}50$ m²
  - FB an Raum „Küche“:
    - Der Raum „Küche“ wird auf 20 °C beheizt und es entsteht kein Transmissionswärmeverlust, da beide Räume die gleiche Standard-Innentemperatur aufweisen. Ein Transmissionswärmeverlust kann entstehen, wenn Komforttemperaturen im Arbeitszimmer oder der Küche eingesetzt werden.
    - Teil-Bodenfläche 1 laut Zeichnung: $A_g = 5{,}35 \cdot 3{,}63 = 14{,}92$ m²
    - Teil-Bodenfläche 2 laut Zeichnung: $A_g = 2{,}79 \cdot (5{,}02 - 3{,}63) = 2{,}79 \cdot 1{,}39 = 3{,}88$ m²
- **Zusammenstellung für Bauteiltabelle:**

  Nachstehend ist die Zusammenfassung für Eintrag in das Berechnungsformular R (ohne Abzugsflächen) gezeigt:

Tabelle 203: Raum 101 (Arbeitszimmer): Zusammenfassung für Raumtabelle

Orientierung	Bauteil	*b*	*l* / *h*	A_{Brutto}	Bemerkung
		m	m	m²	Quelle
N	AW	4,96	0,89	4,4	aus Zeichnung
N	DA 37°	3,63	6,26	22,7	Tabelle 197
N	DA 37°	1,33	3,29	4,4	Tabelle 197
O	IW	2,63	1,88	4,9	an WC, Tabelle 201
O	IW	2,79	1,88	5,3	an Nebenraum, Tabelle 202
S	AW	5,02	0,89	4,5	aus Zeichnung
S	DA 37°	3,63	6,26	22,7	Tabelle 197
S	DA 37°	1,39	3,49	4,9	Tabelle 197
W	AW	10,00	2,78	27,8	Tabelle 197
H	FB	2,90	3,63	10,5	an Heizraum, aus Zeichnung
H	FB	1,75	3,63	6,4	an Vorräte, aus Zeichnung
H	FB	2,63	1,33	3,5	an Windfang, aus Zeichnung
H*)	FB	5,35	3,63	19.4	an Küche, aus Zeichnung
H*)	FB	2,79	1,39	3,9	an Küche, aus Zeichnung
*) wird nicht eingesetzt, wenn der Standardfall berechnet wird, da beide Räume die gleiche Innentemperatur aufweisen					

A.2.12 Raum 102 – Kind 1

Raum 102 (Kind 1) hat eine abgehängte Decke als obere Abdeckung. Folgende Skizze des Querschnitts Nord – Süd mit Blick nach Westen auf beide Kinderzimmer verdeutlicht dies:

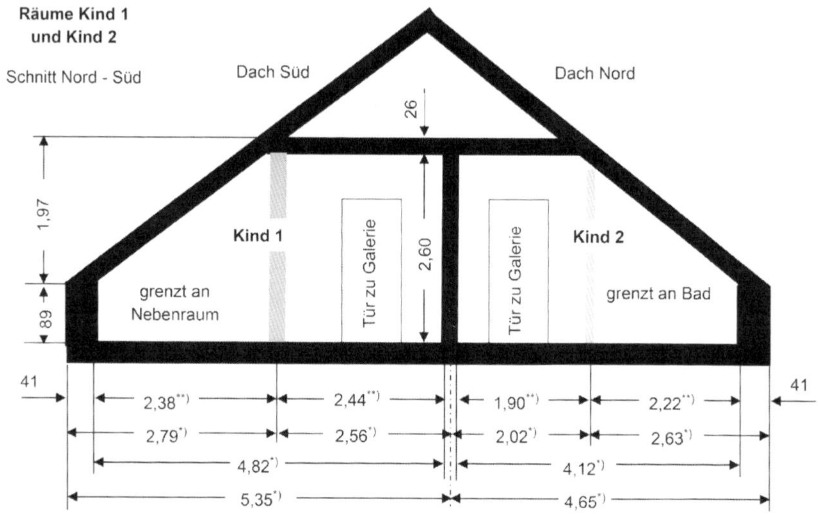

*) Maße entnommen aus Grundriss OG

**) lichte Maße ermittelt zur Berechnung des Raumvolumens (Kind 1: Tabelle 204 / Kind 2: Tabelle 210)

Bild 127: Räume 102 (Kind 1) und 103 (Kind 2): Darstellung IW-West an Nebenraum, Galerie und Bad

Kopfdaten

- **Grundfläche:**

  Die Grundfläche ergibt sich aus den Maßen des Grundrisses zu

  $A_{NGF} = l \cdot b = 4{,}82 \cdot 4{,}15 = 20{,}00\ m^2$

- **Raumvolumen:**

  Zur Berechnung des Raumvolumens wird im Folgenden zunächst die mittlere Raumhöhe ermittelt.

  $V = A_{NGF} \cdot h_m$

Die Berechnung der mittleren Raumhöhe erfolgt mit der Wandfläche IW-West (auch AW-Ost) und der lichten Raumbreite b = 4,82 m. Die IW-West (auch AW-Ost) setzt sich aus drei Einzelflächen zusammen:

- oberer Bereich unter der Schräge als Dreieck mit einer vertikalen Breite $b = 2{,}38$ m. Die Höhe dieses Dreieckbereiches ergibt sich aus der Differenz Raumhöhe – Brüstungshöhe $h = 2{,}60 - 0{,}89 = 1{,}97$ m;
- unterer Bereich unter der Schräge als Rechteck mit $b = 2{,}38$ m und $h = 0{,}89$ m;
- Nebenbereich unter der vertikalen Decke als Rechteck mit $b = 2{,}44$ m und $h = 2{,}60$ m.

Tabelle 204: Raum 102 (Kind 1): Berechnung lichte IW-Fläche und mittleren Raumhöhe *h*

Bereich	**Form**	**Berechnung der Fläche**	***h***	***b***	$A_{IW,West}$	***l* und h_m**
			m	**m**	**m²**	**m**
oberer	Dreieck	$A = h \cdot b / 2$	1,71	2,38	2,03	
unterer	Rechteck	$A = h \cdot b$	0,89	2,38	2,12	
Neben	Rechteck	$A = h \cdot b$	2,60	2,44	6,34	
Summe				$\Sigma A_{IW,Ost} =$	**4,94**	
Eintrag in Formblatt R			Länge *l* (aus Grundriss)			**4,82**
			$h_m = A_{Wand} / b = 10{,}05 / 4{,}82 =$			**2,18**

Nachstehend ist die Ermittlung der Hüllflächen A_{env} dargestellt:

Tabelle 205: Raum 102 (Kind 1): Ermittlung Hüllfläche A_{env}

HR	BT	*b**)	*h**)	*A*	grenzt an	Bemerkung
		m	m	m²		
O	AW	5,35	2,38	12,73	ie	an außen
S	AW	3,35	0,89	2,98	ie	an außen
S	IW	1,28	0,89	1,14	iae	an Wintergarten
S	DA	4,63	3,27	15,14	ie	an außen
W	IW	2,79	1,87	5,22	iae	an Nebenraum
H	DE	4,63	2,56	11,85	iae	an Dachraum
Summe				**49,06**		
*) Maße siehe Tabelle 209 – Raum 102 (Kind 1): Zusammenfassung für Raumtabelle						

Die Kopfdaten sind entsprechend folgendermaßen einzutragen:

Tabelle 206: Raum 102 (Kind 1): Eintrag in den Kopfdaten

Abmessungen			
Raumlänge	l	4,82	m
Raumbreite	b	4,15	m
Raumfläche	A_{NGF}	20,00	m²
Geschoßhöhe	h_G		m
Deckendicke	d		m
Raumhöhe	h	2,18	m
Raumvolumen	V	43,56	m³
Raumhüllfläche	A_{env}	49,06	m²

Die Maße der Raumlänge und -Breite sind dem Grundriss zu entnehmen. Das Raumvolumen berechnet sich aus der mittleren lichten Raumhöhe und der Grundfläche:

$$A_{NGF} \cdot h = 20{,}00 \cdot 2{,}18 = 43{,}56 \text{ m}^3$$

Da die mittlere lichte Raumhöhe berechnet wurde, bleiben die Felder Geschosshöhe und Deckendicke in diesem Beispiel leer.

Bauteile

Die folgenden Berechnungen werden mit Außenmaßen durchgeführt.

- **Dach:**

  Die einzusetzende Höhe ergibt sich aus der Geschoßhöhe abzüglich der Brüstungshöhe

  $h = 2{,}86 - 0{,}89 = 1{,}97\,\text{m}$

  und der Länge des Daches

  $b_{\text{Dach}} = h \,/\, \sin\alpha$; Dachschräge $\alpha = 37°$; $\sin 37° = 0{,}602$

  $l_{\text{Dach}}\ 37° = 1{,}97 \,/\, 0{,}602 = 3{,}27\ \text{m}$

- **Außenwand Ost:**

  Die Außenwand Ost setzt sich aus drei Einzelflächen zusammen:

  - Oberer Bereich als Dreieck mit einer noch zu berechnenden horizontalen Breite *b*. Die Höhe dieses Dreieckbereiches ergibt sich aus der Differenz Raumhöhe – Brüstungshöhe $h = 2{,}86 - 0{,}89 = 1{,}97\,\text{m}$. Daraus die errechnet sich die Breite

    $b = h \,/\, \tan\alpha = 1{,}97 \,/\, 0{,}754 = 2{,}61\ \text{m}$;

  - Unterer Bereich unter der Schräge als Rechteck mit der zuvor berechneten Breite $b = 2{,}61$ m und der Brüstungshöhe $h = 0{,}89$ m;
  - Nebenbereich unter der vertikalen Decke als Rechteck mit $b = 5{,}35 - 2{,}61 = 2{,}74$ m und $h = 2{,}74$ m.

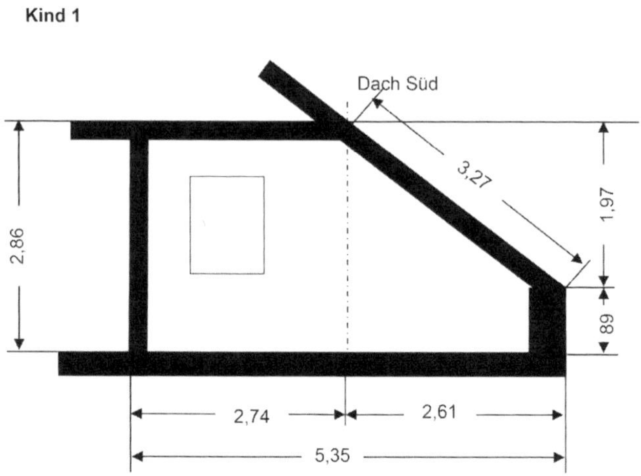

Bild 128: Raum 102 (Kind 1): Darstellung AW-Ost

Tabelle 207: Raum 102 (Kind 1): Berechnung AW-Fläche und der mittleren AW-Höhe Ost

Bereich	**Form**	**Berechnung der Fläche**	***h***	***b***	A_{AW}	***l* und h_m**
			m	**m**	**m²**	**m**
oberer	Dreieck	$A = h \cdot b / 2$	1,97	2,61	2,57	
unterer	Rechteck	$A = h \cdot b$	0,89	2,61	2,32	
Neben	Rechteck	$A = h \cdot b$	2,86	2,74	7,83	
Summe Teilfläche					**12,73**	
Eintrag in Formblatt R			Länge *l* (aus Grundriss)			**5,35**
			$h_m = A_{AW} / b = 12,73 / 5,35 =$			**2,38**

- **Innenwand West:**

  Diese Fläche muss ermittelt werden, da der Nebenraum unbeheizt ist und daher ein Transmissionswärmeverlust auftritt. Die Innenwand setzt sich aus zwei Einzelflächen zusammen:

  - oberer Bereich als Dreieck mit einer vertikalen Breite $b = 2,79$ m. Die Höhe dieses Dreieckbereiches ergibt sich aus der Differenz Raumhöhe – Brüstungshöhe $h = 2,86 - 0,89 = 1,97$ m;

- unterer Bereich unter der Schräge als Rechteck mit $b = 2{,}79$ m und $h = 0{,}89$ m.

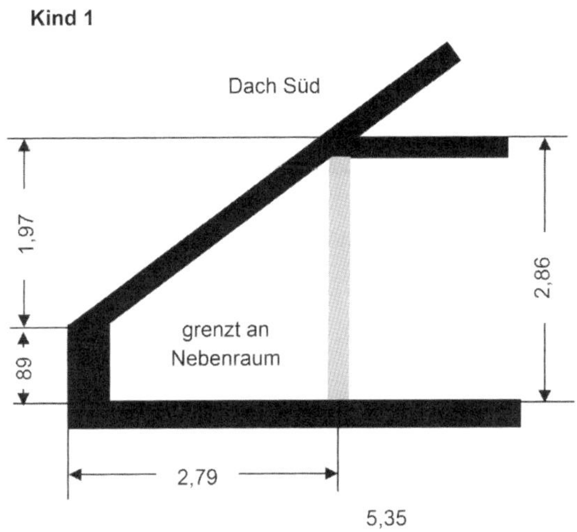

Bild 129: Raum 102 (Kind 1): Darstellung IW-West zum Nebenraum

Tabelle 208: Raum 102 (Kind 1): Berechnung IW-Fläche zum Nebenraum und der mittleren IW-Höhe

Bereich	**Form**	**Berechnung der Fläche**	h	b	A_{IW}	b **und** h_m
			m	**m**	**m²**	**m**
oberer	Dreieck	$A = h \cdot b / 2$	1,97	2,79	2,75	
unterer	Rechteck	$A = h \cdot b$	0,89	2,79	2,48	
Summe Teilfläche					**5,23**	
Eintrag in Formblatt R			Breite b (aus Grundriss)			**2,79**
			$h_m = A_{IW} / b = 5{,}23 / 2{,}79 =$			**1,87**

- **Zusammenstellung für die Bauteile:**

Nachstehend ist die Zusammenfassung für den Eintrag in das Berechnungsformular R (ohne Abzugsflächen) gezeigt:

Tabelle 209: Raum 102 (Kind 1): Zusammenfassung für Raumtabelle

Orientierung	Bauteil	b	l / h	A_{Brutto}	Bemerkung Quelle
		m	m	m²	
O	AW	5,35	2,38	12,6	Tabelle 207
S	AW	3,35	0,89	4,0	aus Zeichnung bis Gaube WC
S	DA 37°	4,63	3,27	15,2	l aus Bild 128
W	IW	2,79	1,87	5,2	an Nebenraum Bild 129
W*)	IW	2,56	2,86	7,3	zur Galerie
H	DE	4,63	2,56	11,9	an Dachraum, aus Zeichnung

*) wird nicht eingesetzt, wenn der Standardfall berechnet wird, da beide Räume die gleiche Innentemperatur aufweisen

A.2.13 Raum 103 – Kind 2

Die Skizze Querschnitt Nord – Süd ist in der Beschreibung von Raum 102 (Kind 1) dargestellt (siehe Abschnitt A.2.12).

Kopfdaten

- **Berechnung der Grundfläche:**

  Die Grundfläche ergibt sich aus den Maßen des Grundrisses:

  $A_{NGF} = l \cdot b = 4{,}27 \cdot 4{,}12 = 17{,}59 \text{ m}^2$

- **Berechnung Raumvolumen:**

  Zur Berechnung des Raumvolumens wird analog zu Raum 102 (Kind 1) im Folgenden zunächst die mittlere Raumhöhe ermittelt.

  Die Berechnung der mittleren lichten Raumhöhe erfolgt aus der lichten Wandfläche (IW-West oder AW-Ost) und der Raumbreite $b = 4{,}12$ m. Die IW-West (oder AW-Ost) setzt sich aus drei Einzelflächen zusammen:

- oberer Bereich unter der Schräge als Dreieck mit einer vertikalen Breite $b = 2{,}22$ m (siehe Abschnitt A.2.12, Bild 127).

  Die Höhe dieses Dreieckbereiches ergibt sich aus der Differenz Raumhöhe – Brüstungshöhe $h = 2{,}60 - 0{,}89 = 1{,}97$ m;
- unterer Bereich unter der Schräge als Rechteck mit $b = 2{,}22$ m und $h = 0{,}89$ m;
- Nebenbereich unter der vertikalen Decke als Rechteck mit $b = 2{,}02$ m und $h = 2{,}60$ m. Die Breite dieses Nebenbereiches berechnet sich zu $b = 4{,}12 - 2{,}22 = 1{,}90$ m.

Tabelle 210: Raum 103 (Kind 2): Berechnung lichte AW-Fläche und mittleren Raumhöhe h

Bereich	**Form**	**Berechnung der Fläche**	h	b	$A_{IW,West}$	l **und** h_m
			m	**m**	**m²**	**m**
oberer	Dreieck	$A = h \cdot b / 2$	1,97	2,02	1,99	
unterer	Rechteck	$A = h \cdot b$	0,89	2,02	1,80	
Neben	Rechteck	$A = h \cdot b$	2,60	1,90	4,94	
Summe Fläche AW					**8,73**	
Eintrag in Formblatt R			Breite b (aus Grundriss)			**4,12**
			$h_m = A_{AW} / b = 8{,}73 / 4{,}12 =$			**2,12**

Nachstehend ist die Ermittlung der Hüllflächen dargestellt:

Tabelle 211: Raum 103 (Kind 2): Ermittlung Hüllfläche A_{env}

HR	**BT**	***b***)*	***h***)*	A_{env}	**grenzt an**	**Bemerkung**
		m	**m**	**m²**		
N	AW	4,69	0,89	4,17	ie	an außen
N	DA	4,69	3,27	15,34	ie	an außen
O	AW	4,65	3,31	10,74	ie	an Wintergarten
H	DE	4,69	2,01	9,47	iae	an Dachraum
Summe			ΣA_{env} **=**	**39,73**		
*) Maße siehe Tabelle 215 – Raum 103 (Kind 2): Zusammenstellung für Raumtabelle						

Die Kopfdaten sind entsprechend folgendermaßen einzutragen:

Tabelle 212: Raum 103 (Kind 2): Eintrag in den Kopfdaten

Abmessungen			
Raumlänge	l	4, 27	m
Raumbreit	b	4,12	m
Raumfläche	A_{NGF}	17,59	m²
Geschoßhöhe	h_G		m
Deckendicke	d		m
Raumhöhe	h	2,12	m
Raumvolumen	V	37,29	m³
Raum-Hüllfläche	A_{env}	39,73	m²

Die Maße der Raumlänge und -Breite sind dem Grundriss zu entnehmen. Das Raumvolumen berechnet sich aus der mittleren lichten Raumhöhe und der Grundfläche:

$$A_{NGF} \cdot h = 17{,}59 \cdot 2{,}12 = 37{,}29 \text{ m}^3$$

Da die mittlere lichte Raumhöhe berechnet wurde, bleiben die Felder Geschosshöhe und Deckendicke in diesem Beispiel leer.

Bauteile

Die folgenden Berechnungen werden mit Außenmaßen durchgeführt.

- **Dach:**

  Die einzusetzende Höhe und die Länge des Dachses entsprechen denen des Raumes 102 (Kind 1):

  $h = 1{,}97$ m

  $l_{\text{Dach } 37°} = 3{,}27$ m

- **Außenwand Ost:**

  Die Außenwand Ost setzt sich aus drei Einzelflächen zusammen:

  - oberer Bereich unter der Schräge als Dreieck genau wie Kind 1 mit einer vertikalen Breite $b = 2{,}61$ m und einer Höhe $h = 1{,}97$ m;
  - unterer Bereich unter der Schräge als Rechteck mit $b = 2{,}61$ m und $h = 0{,}89$ m;
  - Nebenbereich unter der vertikalen Decke als Rechteck mit $b = 4{,}65 - 2{,}61 = 2{,}04$ m und $h = 2{,}86$ m.

Tabelle 213: Raum 103 (Kind 2): Berechnung mittlere AW-Fläche und der mittleren Geschoßhöhe h_m

Bereich	**Form**	**Berechnung der Fläche**	***h***	***b***	A_{AW}	***b* und h_m**
			m	**m**	**m²**	**m**
oberer	Dreieck	$A = h \cdot b / 2$	1,97	2,61	2,57	
unterer	Rechteck	$A = h \cdot b$	0,89	2,61	2,32	
Neben	Rechteck	$A = h \cdot b$	2,86	2,04	5,83	
Summe Teilfläche				ΣA_{AW} =	**10,73**	
Eintrag in Formblatt R			Breite *b* (aus Grundriss)			**4,65**
			$h_m = A_{AW} / b = 10{,}73 / 4{,}65 =$			**2,31**

- **Innenwand West:**

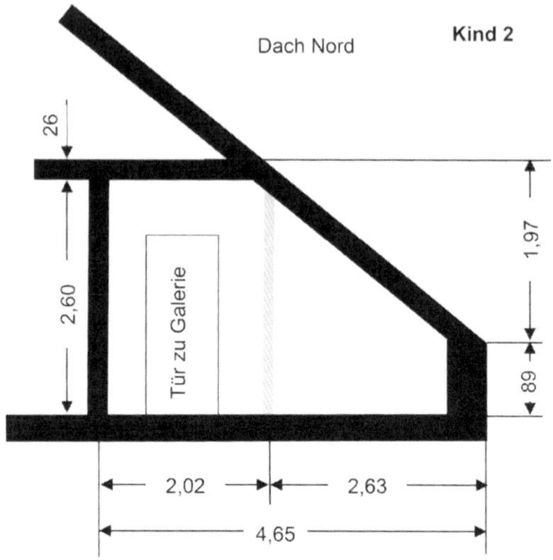

Bild 130: Raum 103 (Kind 2): Darstellung IW-West zum Bad und der Galerie

Die Innenwand West zum Bad setzt sich aus zwei Einzelflächen zusammen:

- oberer Bereich unter der Schräge als Dreieck mit einer vertikalen Breite b_{vert} = 2,63 m. Die Höhe dieses Dreieckbereiches ergibt sich aus der Differenz Raumhöhe – Brüstungshöhe h = 2,86 – 0,89 = 1,97 m;
- unterer Bereich unter der Schräge als Rechteck mit b = 2,63 m und h = 0,89 m.

Tabelle 214: Raum 103 (Kind 2): Berechnung mittlere lichte IW-Fläche und der mittleren Raumhöhe hm

Bereich	Form	Berechnung der Fläche	h	b	A_{IW}	b und h_m
			m	m	m²	m
oberer	Dreieck	$A = h \cdot b / 2$	1,97	2,63	2,59	
unterer	Rechteck	$A = h \cdot b$	0,89	2,63	2,34	
Summe Teilfläche					**4,93**	
Eintrag in Formblatt R			Breite b (aus Grundriss)			**2,63**
			$h_m = A_{IW} / b = 4,93 / 2,63 =$			**1,88**

- **Zusammenstellung für Bauteiltabelle:**

Tabelle 215: Raum 103 (Kind 2): Zusammenstellung für Raumtabelle

Orientierung	Bauteil	b	l / h	A_{Brutto}	Bemerkung
		m	m	m²	Quelle
N	AW	4,69	0,89	4,2	aus Grundriss
N	DA 37°	4,69	3,27	15,2	aus Grundriss und Bild 128
O	AW	4,65	2,31	10,7	aus Tabelle 213
W	IW	2,63	1,88	4,9	aus Grundriss und Tabelle 214
H	DE	4,69	2,02	9,5	an Dachraum, aus Grundriss

A.2.14 Raum 104 – Bad OG

Raum 104 (Bad OG) hat eine rechteckige Grundfläche mit einer Raumlänge $l = 2{,}52$ m und einer Raumbreite $b = 2{,}16$ m. Gemäß folgender Darstellung wird die Raumhöhe des nördlichen Teils durch das Gaubendach etwas gemindert. Im Rahmen des Genauigkeitsanspruches der Norm wird in diesem Fall dennoch vereinfachend die lichte Raumhöhe $h = 2{,}60$ m eingesetzt.

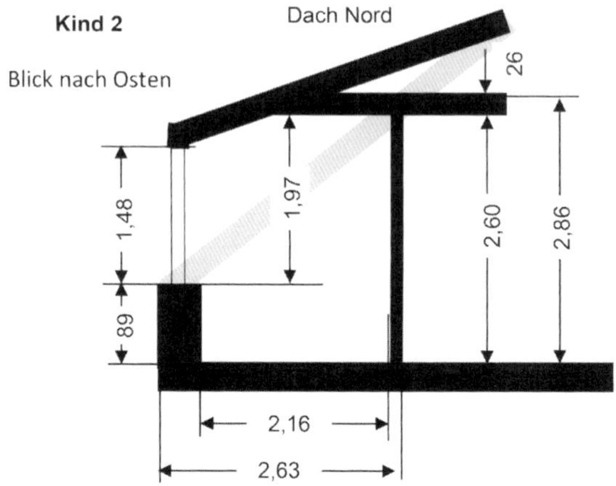

Bild 131: Raum 104 (Bad OG): Darstellung AW/IW[19]-Ost

Tabelle 216: Raum 104 (Bad OG): Ermittlung Hüllfläche A_{env}

HR	BT	*b**)	*h**)	*A*	grenzt an	Bemerkung
		m	m	m²		
N	AW	2,64	0,89	2,35	ie	an außen
N	AW	2,64	1,48	3,91	ie	an außen
O	AW	2,63	0,99	2,60	ie	an außen
H	DE	2,64	1,32	3,48	iae	an Dachraum
N	DA	2,64	1,37	3,62	ie	an außen
Summe				**15,96**		
*) Maße siehe Tabelle 219 – Raum 104 (Bad OG): Zusammenfassung für Raumtabelle						

19 Die Bezeichnung „AW/IW" resultiert aus dem Umstand, als dass diese Wand sowohl eine Außenwand ist als Gaube, als auch als Innenwand an das Kinderzimmer Kind 2

Kopfdaten

Die vollständige Zusammenstellung der Kopfdaten kann dem Beispielausdruck Formblatt R entnommen werden (Abschnitt 6.3.2.5, Bild 52).

Bauteile

- **Außenwand Nord:**

  Diese Außenwand besteht aus einem Anteil der Außenwand (41 cm) mit der Brüstungshöhe h = 0,89 m und einem Anteil der Gauben-Außenwand mit einer Höhe gemäß Westansicht des Gebäudes von h = 1,48 m. In dieser Gauben-Außenwand sind auch die Außenfenster eingesetzt. In der Nordansicht sind drei Außenfenster dargestellt. Diese werden mit einer Breite von 0,76 m (wie die Außenfenster im Bad EG) und einer Höhe von 1,48 m eingesetzt.

- **Außen/Innenwand Ost:**

  Hierbei handelt es sich teilweise um eine Gauben-Außenwand und eine Innenwand an das zweite Kinderzimmer (Raum 103 – Kind 2). Beide Teile der Außenwand weisen unterschiedliche U-Werte und Temperaturdifferenzen auf. Daher müssen die einzelnen Flächenanteile ermittelt werden:

  Berechnung der Gesamtfläche der Außen/Innenwand (vereinfacht): $2{,}63 \cdot 2{,}86 = 7{,}52\ m^2$

Tabelle 217: Raum 104 (Bad OG): Berechnung des Anteils der Außenwand 41 cm

Bereich	**Form**	**Berechnung der Fläche**	h	b	$A_{AW/IW}$	b **und** h_m
			m	**m**	m^2	**m**
oberer	Dreieck	$A = h \cdot b / 2$	1,97	2,63	2,59	
unterer	Rechteck	$A = h \cdot b$	0,89	2,63	2,34	
Summe Teilfläche					**4,93**	
Eintrag in Formblatt R			Breite b (aus Grundriss)			**2,63**
			$h_m = A_{IW} / b = 4{,}93 / 2{,}63 =$			**1,88**

Tabelle 218: Raum 104 (Bad OG): Berechnung des Anteiles der Gauben-Außenwand

Beschreibung	Fläche		b / h_m	Bemerkung / Quelle
	Bez	**m²**	**m**	
Gesamtfläche AW-Ost	A_{AWIW}	7,52		
Anteil AW 41 cm	A_{TF1}	4,93		Tabelle 217 – Raum 104 (Bad OG): Berechnung des Anteils der Außenwand 41 cm
Anteil Gauben-AW als Differenz	A_{TF2}	**2,59**		
Breite der AW		$b =$	2,63	
daraus mittlere Höhe = A_{TF2} / b =		$h_m =$	0,99	zum Eintrag in die Bauteiltabelle

- **Innenwand West:**

  Diese Innenwand grenzt an Raum 105 (WC OG) mit folgenden vereinfachten Maßen (wie auch AW-Ost): $2{,}63 \cdot 2{,}86 = 7{,}52\ m^2$

- **Decke:**

  Die Decke grenzt an den unbeheizten Dachraum. Vereinfacht wird die Breite mit der halben Raumbreite angenommen:

  $b = 2{,}63 / 2 = 1{,}32\ m$

- **Dach:**

  Die andere Hälfte der Breite des Badezimmers (siehe Decke) ergibt sich aus der horizontalen Breite des Daches. Das Dach hat eine Schräge von 20° (aus der Zeichnung gemessen). Daher ergibt sich die Breite des Daches zu

  $b_{Dach,\,20°} = 1{,}32 / \cos 20° = 1{,}32 / 0{,}946 = 1{,}37\ m$

- **Zusammenstellung für die Bauteiltabelle:**

Tabelle 219: Raum 104 (Bad OG): Zusammenfassung für Raumtabelle

Orientierung	Bauteil	*b*	*l* / *h*	A_{Brutto}	Bemerkung
		m	m	m²	Quelle
N	AW	2,64	0,89	2,35	aus Grundriss
N	AW	2,64	1,48	3,91	aus Grundriss (Fensterhöhe)
O	IW	2,63	1,88	4,94	an Kind 2, Tabelle 217
O	AW	2,63	0,99	2,60	grenzt an außen, Gaube, Tabelle 218
S	IW	2,64	2,86	7,55	grenzt an Galerie
W	IW	2,63	2,86	7,52	grenzt an WC
H	DE	2,64	1,32	3,48	
H	DA	2,64	1,37	3,62	

A.2.15 Raum 105 – WC OG

Raum 105 (WC OG) hat eine rechteckige Grundfläche mit einer Raumlänge l = 1,21 m, einer Raumbreite b = 2,16 m und analog Bad eine lichte Raumhöhe von 2,60 m.

Tabelle 220: Raum 105 (WC OG): Ermittlung Raumhüllfläche A_{env}

HR	BT	*b*	*h*	*A*	grenzt an	Bemerkung
		m	m	m²		
N	AW	1,21	0,89	1,08	ie	an außen
N	AW	1,21	1,49	1,79	ie	an außen
W	AW	2,63	0,99	2,60	ie	an außen (Gaube)
H	DE	1,32	1,21	1,60	iae	an Dachraum
N	DA	1,37	1,21	1,65	ie	an außen
Summe				**8,73**		

Kopfdaten

Die vollständige Zusammenstellung der Kopfdaten kann dem Beispielausdruck Formblatt R entnommen werden (Abschnitt 6.3.2.5, Bild 53).

Bauteile

Die Außenwand Nord und die Innenwand West entsprechen sinngemäß der Außenwand Nord und der Innenwand Ost des Raums 104 (Bad OG) und werden daher nicht erneut aufgeführt (siehe auch Ausdruck Beispielberechnung, Abschnitt 6.3.2.5, Bild 53)

A.2.16 Raum 106 – Galerie

Kopfdaten

- **Grundfläche:**

  Die Abmessungen zur Berechnung der Grundfläche müssen noch ermittelt werden, da in der Grundrisszeichnung Außenmaße dargestellt sind:

Tabelle 221: Raum 106 (Galerie): Ermittlung Grundfläche Arbeitszimmer

		Außenmaße (aus Grundriss)	Wanddicke		Summe Wanddicke	Lichte Maße
Länge	*l*	5,18 m	West: ½ 12 cm	Ost: ½ 24 cm	0,18 m	5,00 m
Breite	*b*	4,58 m	Süd: ½ 24 cm	Nord: ½ 12 cm	0,18 m	4,40 m
Raumfläche					ΣA_{NGF} =	**22,00 m²**

- **Raumvolumen:**

  Die Galerie hat keine abgehängte Decke; die obere Abdeckung ist das Dach. Die Berechnung des Raumvolumens erfolgt auf der Basis von lichten Maßen. Hierzu ist noch die Ermittlung der in folgendem Bild 132 dargestellen Abmessungen erforderlich.

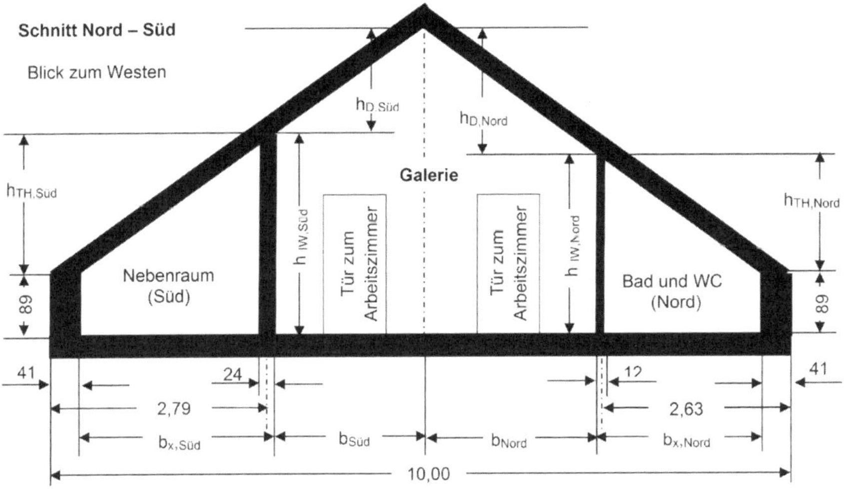

Bild 132: Raum 106 (Galerie): Schnitt mit den zu bestimmenden Maßen

Die Galerie ist aufgeteilt in einen südlichen und nördlichen Bereich, welche jeweils weiterhin in einen oberen und unteren Bereich aufgeteilt sind:

- **Raumvolumen Südseite:**

  Dieses Raumvolumen setzt sich, wie zuvor beschrieben, aus dem oberen dreieckigen und dem unteren rechteckigen Bereich zusammen.

  Oberer Bereich (unter dem Dach):

  Hierzu ist die Kenntnis der Breite $b_{\text{D,Süd}}$ erforderlich. Aus den Grundrissen ergibt sich (mit ½ Gebäudebreite = 10.00 / 2 = 5,00 m):

  $b_{\text{D,Süd}} = 5{,}00 - 2{,}79 - 0{,}12 = 2{,}09$ m

  Daraus wiederum ergibt sich:

  $h_{\text{D,Süd}} = 2{,}09 \cdot \tan 37° = 2{,}09 \cdot 0{,}754 = 1{,}57$ m

  (Index D = Dach)

  Unterer Bereich:

  Die Höhe der Innenwand setzt sich aus der Brüstungshöhe von 0,89 m und der noch zu berechnenden Teilhöhe $h_{\text{TH,Süd}}$ bis zur Dachschräge zusammen. Diese wird grundsätzlich berechnet zu:

  $h_{\text{TH,Süd}} = b_{\text{x,Süd}} \cdot \tan \alpha$.

  Die Breite $b_{\text{x,Süd}}$ muss noch ermittelt werden. Aus den Grundrissmaßen ergibt sich:

$b_{x,Süd} = 2{,}79 - 0{,}41 + ½ \cdot 0{,}24 = 2{,}50$ m

Daraus wiederum ergeben sich:

$h_{TH,Süd} = 2{,}50 \cdot \tan 37° = 2{,}50 \cdot 0{,}754 = 1{,}88$ m

und schließlich die Höhe Innenwand Süd:

$h_{IW\text{-}Süd} = 0{,}89 + 1{,}88 = 2{,}77$ m

Tabelle 222: Raum 106 (Galerie): Ermittlung Volumen Südseite

	Berechnung		***h***	***b***	$A_{IW,Süd}$	***l***	$V_{Süd}$
Bereich	**Form**		**m**	**m**	**m²**	**m**	**m³**
oberer	Dreieck	$A = h \cdot b / 2$	1,57	2,09	1,65		
unterer	Recht-eck	$A = h \cdot b$	2,77	2,09	5,8		
				$\Sigma A_{IW,Nord}$ =	**7,43**	**5,00**	**37,15**

Siehe hierzu auch Bild 133.

- **Raumvolumen Nordseite:**

  Die Ermittlung erfolgt analog zur Südseite:

  $b_{D,Nord} = 5{,}00 - 2{,}63 - 0{,}06 =$ 2,31 m

  $h_{D,Nord} = 2{,}31 \cdot \tan 37° = 2{,}31 \cdot 0{,}754 =$ 1,74 m

  $b_{x,Nord} = 2{,}63 - 0{,}41 + ½ \cdot 0{,}12 =$ 2,16 m

  $h_{TH,Nord} = 2{,}16 \cdot \tan 37° = 2{,}28 \cdot 0{,}754 =$ 1,63 m

  $h_{IW\text{-}Nord} = 0{,}89 + 1{,}63 =$ 2,52 m

Tabelle 223: Raum 106 (Galerie): Ermittlung Volumen Nordseite

	Berechnung		***h***	***b***	$A_{IW,Nord}$	***l***	***V***
Bereich			**m**	**m**	**m²**	**m**	**m³**
oberer	Dreieck	$A = h \cdot b / 2$	1,74	2,31	2,01		
unterer	Rechteck	$A = h \cdot b$	2,52	2,31	5,82		
				$\Sigma A_{IW,Nord}$ =	**7,83**	**5,00**	**39,15**

- **Raumvolumen und mittlere Raumhöhe:**

Tabelle 224: Raum 106 (Galerie): Berechnung mittlere lichte Raumhöhe und Raumvolumen

	A_{NGF}	V	$h_m = V / A_{NGF}$
Seite	**m²**	**m³**	**m**
Südseite		37,15	
Nordseite		39,15	
Summen	**22,00**	**76,30**	**3,47**

Schnitt Nord – Süd (Blick zum Westen)

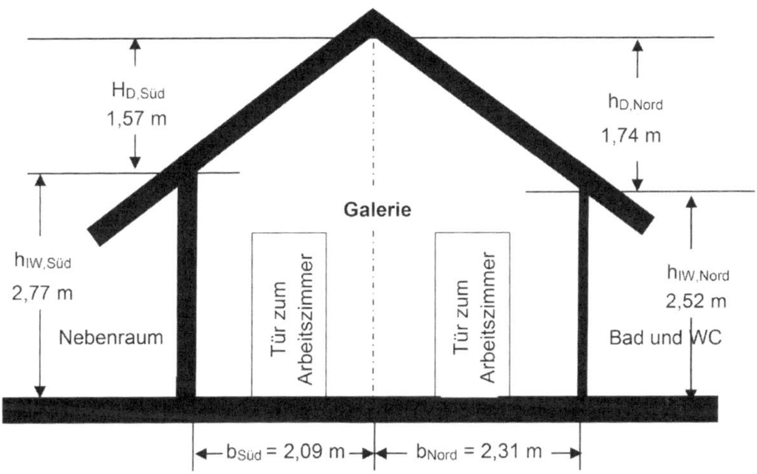

Bild 133: Raum 106 (Galerie): Schnitt mit den zu bestimmenden lichten Maßen

Nachstehend ist die Ermittlung der Hüllflächen dargestellt:

Tabelle 225: Raum 106 (Galerie): Ermittlung Hüllfläche A_{env}

HR	BT	*b**)	*h**)	A_{env}	grenzt an	Bemerkung
		m	m	m²		
N	DA	5.18	3,04	15.75	ie	an außen
O	IW	4,58	0,90	4,12	ie	an außen
S	IW	3,85	2,86	11,01	iae	an Wintergarten
S	DA	5,18	2,92	15,13	ie	an außen
Summe			ΣA_{env} =	**46,01**		
*) Maße siehe Tabelle 230						

Die Kopfdaten sind entsprechend folgendermaßen einzutragen:

Tabelle 226: Raum 106 (Galerie): Eintrag in den Kopfdaten

Abmessungen			
Raumbreite	b	5,00	m
Raumlänge	l	4,40	m
Raumfläche	A_{NGF}	22,00	m²
Geschoßhöhe	h_G		m
Deckendicke	d		m
Raumhöhe	h	3,47	m
Raumvolumen	V	**76,30**	m³
Raum-Hüllfläche	A_{env}	**46,01**	m²

Die Maße der Raumlänge und -breite sind dem Grundriss zu entnehmen. Da die mittlere lichte Raumhöhe berechnet wurde, bleiben die Felder Geschosshöhe und Deckendicke in diesem Beispiel leer.

Bauteile

Die folgenden Berechnungen werden mit Außenmaßen durchgeführt.

- **Dach:**

  Es kann entnommen werden:

  - Aus Bild 133: $h_{IW\text{-}Nord}$ = 0,89 + 1,63 = 2,52 m
  - Aus Tabelle 222: Lichtes Innenmaß zur Innenwand Nebenraum
    $b_{Süd}$ = 2,09 m
  - Aus Tabelle 223: Lichtes Innenmaß zur Innenwand Bad/WC
    b_{Nord} = 2,31 m

Tabelle 227: Raum 106 (Galerie): Berechnung Dachlängen Galerie

Seite	Lichtes Maß	Wanddicke	Außenmaß	Berechnung Dachlänge	
	$b_{Süd}$ / b_{Nord}	WD	$b_{außen}$	$l_{Dach} = b / \cos\alpha$	l_{Dach}
	m	m	m		m
Süd	2,09	0,24	2,33	2,33 / 0,798	2,92
Nord	2,31	0,12	2,43	2,43 / 0,798	3,04

- **Innenwand Ost:**

  Diese Innenwand hat die gleichen Maße wie die Innenwand West der Kinderzimmer (Räume 102 und 103). Der Unterschied ist jedoch, dass die Kinderzimmer eine Decke haben, sodass der Innenwandteil oberhalb der Decke an den unbeheizten Dachraum grenzt. So berechnet sich die Höhe aus der Differenz der Gesamt-Dachgeschoßhöhe abzüglich der Höhe der Kinderzimmer.

Tabelle 228: Raum 106 (Galerie): Ermittlung Höhe unter Dachschräge

	Zwischenwerte	Höhen
Gesamthöhe	3,77 + 0,89 =	4,66 m
Geschoßhöhe Kinderzimmer	abzüglich	2,86 m
Höhe unter Dachschräge		**1,80 m**

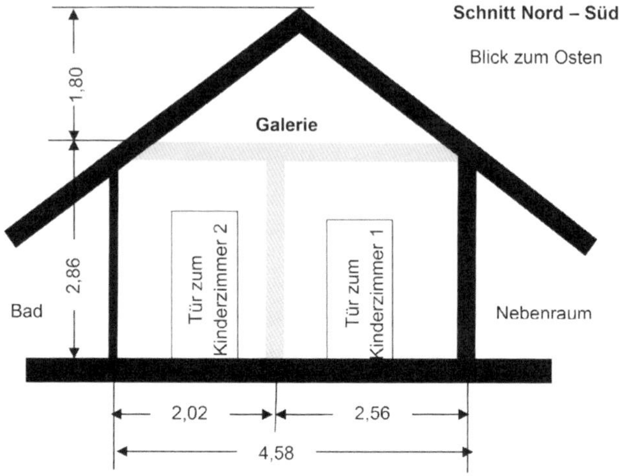

Die Berechnung der Fläche Innenwand Ost und der mittleren Höhe Dachbereich erfolgt folgendermaßen:

Tabelle 229: Raum 106 (Galerie): Ermittlung Mittlere Höhe Dachbereich

	Form	*b*	*h*	$A_{Dachbereich}$	h_m
		m	m	m²	m
Dachbereich	Dreieck $A = b \cdot h / 2$	4,58	1,80	4,12	
	$h_m = A / b =$ **4,12 / 4,58**				**0,90**

- **Zusammenstellung für die Bauteiltabelle:**

  Nachstehend ist die Zusammenfassung für den Eintrag in das Berechnungsformular R (ohne Abzugsflächen) gezeigt:

Tabelle 230: Raum 106 (Galerie): Zusammenfassung für Raumtabelle

Orientierung	Bauteil	*b*	*l* / *h*	A_{Brutto}	Bemerkung
		m	m	m²	Quelle
N	IW	2,64	2,86	7,6	an Bad
N	DA37°	5,18	3,04	15,7	Tabelle 225
O*)	IW	2,56	2,86	7,3	an Raum Kind 1
O*)	IW	2,02	2,86	5,8	an Raum Kind 2
O	IW	4,58	0,90	4,1	an Dachraum
S	IW	3,85	2,86	11,0	an Nebenraum
S	DA37°	5,18	2,92	15,1	Tabelle 225
H	FB	1,58	1,33	2,0	an Windfang

*) wird nicht eingesetzt, wenn der Standardfall berechnet wird, da beide Räume die gleiche Innentemperatur aufweisen